Visual C#

从入门到精通（第10版）

[英] 约翰·夏普（John Sharp）/著　　周　靖/译

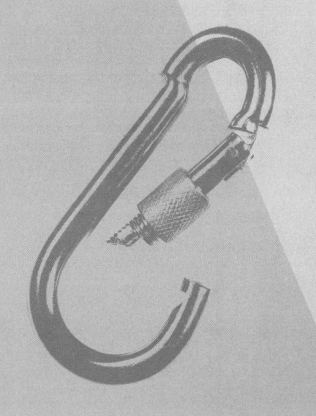

清華大學出版社

北京

内 容 简 介

C#作为微软的旗舰编程语言，是编写高效应用程序的语言，深受程序员喜爱。本书沿袭深受读者欢迎的 Step by Step 风格，围绕语言的基础知识和新功能进行了全面的介绍，同时借助于练习来引导读者逐步构建云端应用等。全书共 27 章，结构清晰，叙述清楚。所有练习均在 Visual Studio 2022 简体中文版上进行过全面演练。无论是刚开始接触面向对象编程的新手，还是打算迁移到 C#的 C、C++或 Java 程序员，都可以从本书中汲取到新的知识，迅速掌握 C#编程技术。

北京市版权局著作权合同登记号　图字：01-2022-3217

Authorized translation from the English language edition, entitled MICROSOFT VISUAL C# STEP BY STEP, TENTH EDITION by SHARP, JOHN. Published with the authorization of Microsoft Corporation by Pearson Education, Inc. Copyright 2021 by Pearson Education, Inc.

CHINESE SIMPLIFIED language edition published by TSINGHUA UNIVERSITY PRESS LIMITED, Copyright 2022.

本书简体中文版由 Pearson Education 授予清华大学出版社出版与发行。未经出版者许可，不得以任何方式复制或传播本书的任何部分。

本书封面贴有 Pearson Education 防伪标签，无标签者不得销售。
版权所有，侵权必究。举报：010-62782989，beiqinquan@tup.tsinghua.edu.cn。

图书在版编目（CIP）数据

Visual C#从入门到精通：第 10 版/(英)约翰·夏普(John Sharp)著；周靖译. —北京：清华大学出版社，2022.9
　书名原文：Microsoft Visual C# Step by Step, 10th Edition
　ISBN 978-7-302-61764-8

Ⅰ. ①V⋯　Ⅱ. ①约⋯　②周⋯　Ⅲ. ①C 语言—程序设计　Ⅳ. ①TP312.8

中国版本图书馆 CIP 数据核字（2022）第 161834 号

责任编辑：文开琪
封面设计：李　坤
责任校对：周剑云
责任印制：刘海龙
出版发行：清华大学出版社
　　　　　网　　　址：http://www.tup.com.cn, http://www.wqbook.com
　　　　　地　　　址：北京清华大学学研大厦 A 座　　邮　　编：100084
　　　　　社 总 机：010-83470000　　　　　　　　邮　　购：010-62786544
　　　　　投稿与读者服务：010-62776969, c-service@tup.tsinghua.edu.cn
　　　　　质量反馈：010-62772015, zhiliang@tup.tsinghua.edu.cn
印 装 者：小森印刷霸州有限公司
经　　销：全国新华书店
开　　本：178mm×230mm　　印　张：45.5　　字　数：986 千字
版　　次：2022 年 10 月第 1 版　　　　印　次：2022 年 10 月第 1 次印刷
定　　价：189.00 元

产品编号：097097-01

前言

过去 20 年，很多事情都发生了变化。为了好玩，我有时会拿起 2001 年出版的第 1 版，并感慨自己当年的天真。当然，C#当时达到了完美编程语言的巅峰。C#和.NET Framework 在开发界引起了轰动，其反响一直持续到今天。现在，两者非但没有泯然于众，反而在软件开发界的地位变得越来越重要。C#和.NET 并不像 2001 年那些反对者最初所叫嚣的那样是一种单一的平台，而是逐渐证明自己是一种完整的多平台解决方案，无论你是为 Windows、macOS、Linux 还是 Android 构建应用程序。此外，C#和.NET 已经证明自己是许多基于云的系统的首选运行库。没有它们，Azure 怎么可能这么火？

过去，大多数常用编程语言只是时不时地更新一下，往往相隔数年。以 Fortran 为例，会看到名为 Fortran 66、Fortran 77、Fortran 90、Fortran 95、Fortran 2003、Fortran 2008 和 Fortran 2018 的标准。这就是过去 55 年中的 7 次更新。虽然这种相对缓慢的变化周期有利于稳定性，但也可能导致停滞不前。问题在于，开发人员必须解决的问题的性质变化很快，他们所依赖的工具最好能跟上步伐，这样才能开发出有效的解决方案。微软.NET 提供的正是这样一个不断发展的框架，C#语言也会相应地更新，从而最好地利用平台的优势。所以，和 Fortran 相比，C#语言自首次发布以来经历了快速迭代，仅过去 5 年内就有 6 个版本问世，2022 年甚至会再次发布 C#语言的一个新版本。C#语言仍然支持 20 多年前写的代码，但通过不断对语言进行补充和增强，现在能用更优雅的代码和更简洁的构造来创建解决方案。出于这个原因，本书也要定期进行更新，现在已经是第 10 版了！

C#语言的进化历程简要概述如下。

- C# 1.0 于 2001 年亮相。

- 几年后随着 C# 2.0 和 Visual Studio 2005 的问世，该语言新增了几个重要特性，包括泛型、迭代器和匿名方法等。

- 随 Visual Studio 2008 发布的 C# 3.0 新增了更多特性，包括扩展方法、Lambda 表达式以及语言集成查询(Language Integrated Query，LINQ)。

- 2010 年发布的 C# 4.0 继续增强，改善了与其他语言和技术的互操作性。新增特性包括具名参数和可选参数，另外还有 dynamic 类型(指示语言的"运行时"对对象进行晚期绑定)。在随 C# 4.0 发布的.NET Framework 中，最重要的增补就是"任务并行库"(Task Parallel Library，TPL)。可用 TPL 构建具有良好伸缩性的应用程序，从而快速和简单地发挥多核处理器的能力。

- C# 5.0 通过 async 方法修饰符和 await 操作符提供了对异步任务的原生支持。

- C# 6.0 是一次增量式升级，新添了许多有利于简化开发的特性，包括字符串插值(再也不需要 String.Format 了)、改进的属性实现方式以及表达式主体方法等。

- C# 7.0~ C# 7.3 进一步增强，提高了生产力并移除了 C#一些不合时宜的设计。例如，现在属性访问器方法可作为表达式主体成员实现，方法支持以元组形式返回多个值，简化了 out 参数的用法，switch 语句开始支持模式和类型匹配。还有其他许多小的调整，解决了开发人员的众多关切，比如允许写异步 Main 方法。

- C# 8.0、C# 9.0 和 C# 10.0 延续上一版的做法，继续对语言进行增强以提高可读性和帮助开发人员提高生产力。一些主要的新增特性包括 record 类型(用来构建不可变的引用类型)、扩展了模式匹配(现在能在整个语言中使用这个特性，不只局限于在 switch 语句中使用)、顶级语句(现在能将 C#作为脚本语言使用，不必总是写一个 Main 方法)、默认接口方法、静态局部函数、异步可清理(asynchronous disposable)类型以及其他许多特性，所有这些都会在本书中讲到。

虽然微软的 Windows 是运行 C#应用程序最重要的平台，但现在也可通过.NET 运行时在其他操作系统(包括 Linux)上运行用 C#写的代码。这样一来，程序更容易在多种环境中运行。另外，Windows 支持高度交互性的应用程序，它们可以进行数据共享和协作，还可以连接云服务。Windows 最引人注目的是对 UWP(Universal Windows Platform，通用 Windows 平台)应用的支持。这种应用设计在任何 Windows 10 或 Windows 11 设备上运行，无论这些设备是全功能的桌面系统、笔记本和平板，还是资源有限的智能手机和物联网(IoT)设备。熟悉 C#语言的核心特性后，下一步是掌握如何开发能在所有这些平台上运行的应用。

云已成为许多系统架构中的一个重要元素——从大型企业应用，到在便携式设备上运行的移动应用，所以，我决定在本书最后一章重点讨论这方面的开发。

Visual Studio 开发环境使这些特性变得很容易使用，大量新向导和增强显著提升了开发人员的生产力。这本书的写作过程中，我感受到了许多乐趣，希望你的阅读也如此！

本书适合哪些读者

本书假定读者要使用 Visual Studio 和.NET 6(以及更高版本)学习基础的 C#编程知识。学完本书后，会对 C#语言有一个全面和透彻的理解，会用它来开发响应灵敏、易于伸缩且能在 Windows 操作系统上运行的应用程序。

本书不适合哪些读者

本书面向刚开始接触 C#语言的开发人员，所以重点会侧重于 C#语言本身。本书不涉及企业级和全局 Windows 应用程序开发技术，比如 ADO.NET、ASP.NET、Azure 或 Windows Presentation Foundation(WPF)。要了解这些知识，可参考微软出版社出版的其他书籍。

导读

本书可以帮助读者掌握多种基本开发技能。无论是刚开始学习编程，还是从另一种语言(C、C++、Java 或 Visual Basic)转向 C#，本书都能提供帮助。参考下表，找到最合适自己的起点即可。

读者类型	步骤
面向对象编程的新手	1. 按照稍后"示例代码"一节的步骤安装练习文件 2. 顺序阅读第 1 章～第 22 章 3. 有一定经验后，如有兴趣，继续完成第 23 章～第 27 章的学习
熟悉 C 语言等过程式编程语言，但新涉足 C#	1. 按照稍后"示例代码"一节的步骤安装练习文件 2. 略读前 5 章来获得对 C#语言和 Visual Studio 2022 的大致印象，然后重点阅读第 6 章～第 22 章 3. 有一定经验后，如有兴趣，继续完成第 23 章～第 27 章的学习
从 C++或 Java 等面向对象语言迁移到 C#	1. 按照稍后"示例代码"一节的步骤安装练习文件 2. 略读前 7 章来获得对 C#和 Visual Studio 2022 的大致印象，然后重点阅读第 8 章～第 22 章 3. 阅读第 23 章～第 27 章了解如何构建 UWP 应用程序
从 Visual Basic 语言迁移到 C#	1. 按照稍后"示例代码"一节的步骤安装练习文件 2. 顺序阅读第 1 章～第 22 章 3. 阅读第 23 章～第 27 章了解如何构建 UWP 应用程序 4. 阅读每章末尾的"快速参考"小节，了解 C#语言和 Visual Studio 2022 特有的信息
做完所有练习后再将本书用作参考	1. 按目录查主题 2. 阅读章末"快速参考"，查看语法和技术要点归纳

本书大多数章节都通过实例方便读者巩固刚学到的知识。无论感兴趣的是哪个主题，都注意先下载并安装好示例代码。

本书约定和特色

本书通过一些约定来增强内容的可读性，以便于读者理解。

- 每个练习都用编号的操作步骤来完成。
- "注意"等特色段落提供了成功完成一个步骤需要了解的额外信息或替代方案。
- 要求读者输入的文本**加粗**显示。
- 两个按键名称之间的加号(+)意味着必须同时按下这两个键。例如，按 Alt+Tab 意味着按住 Alt 键，再按 Tab 键。
- 描述菜单操作时，采用"文件"|"打开"的形式，意思是从"文件"菜单中选择"打开"命令。

系统需求

为了完成本书的练习，需要准备以下硬件和软件：

- Windows 10/Windows 11 家庭、专业、教育或企业版
- Visual Studio 2022 社区、专业或企业版的最新版本。安装时最起码选择以下"工作负荷"：
  - 通用 Windows 平台开发
  - .NET 桌面开发
  - ASP.NET 和 Web 开发
  - Azure 开发
  - 数据存储和处理
  - .NET Core 跨平台开发

> **注意** 本书所有练习和示例代码都用 Visual Studio Community 2022 开发和测试。它们在 Visual Studio Professional 2022 和 Visual Studio Enterprise 2022 中都应该能正常工作，无须进行任何修改。

- 1.8 GHz 或更快的 64 位处理器(推荐四核或以上)。不支持 ARM 处理器
- 4 GB 或更多 RAM
- 硬盘空间：850 MB～210 GB 可用空间，具体取决于所安装的特性；典型安装需要 20～50 GB 可用空间
- 显卡支持最低 720p 分辨率(1280 × 720)；Visual Studio 在 WXGA 分辨率(1366 × 768)或更高分辨率下发挥得最好
- 下载软件和示例代码需要网络连接

取决于 Windows 配置，可能需要以管理员身份安装和配置 Visual Studio。

电脑上要启用开发人员模式以创建和运行 UWP 应用。详情参考"启用设备进行开发"(https://msdn.microsoft.com/library/windows/apps/dn706236.aspx)。

示例代码

本书大多数章节都包含互动练习供练手。从以下网址下载示例代码(包括练习完成前后的两种格式)：

https://MicrosoftPressStore.com/VisualCsharp10e/downloads

https://bookzhou.com

安装示例代码很简单，在"文档"文件夹中新建 Microsoft Press 文件夹，再在其中新建 VCSBS 子文件夹，最后打开下载的 zip 文件，将其中的 chapter 1~chapter 27 文件夹解压到该文件夹中。①

准备好的示例代码目录结构如下图所示。

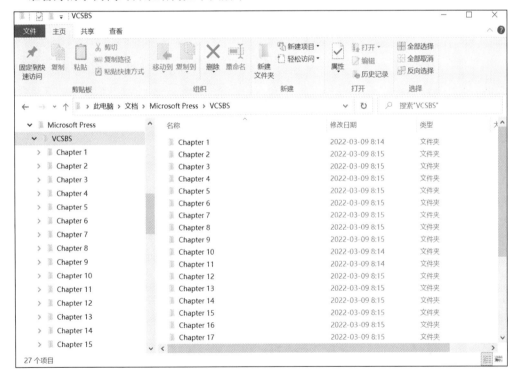

---

① 译注：本书将路径"C:\Users*YourName*\Documents"简称为"文档"文件夹。可在 Windows 文件资源管理器的地址栏输入**%UserProfile%\Documents** 打开该文件夹。

使用示例代码

本书每一章都解释了在什么时候以及如何使用练习文件。需要练习文件时，书中会给出相应的指示，帮助你打开正确的文件。

> 🗨 **重要提示** 许多例子都依赖示例代码没有包含的 NuGet 包。这些包在首次生成项目时自动下载。如首次打开一个项目且不生成，Visual Studio 可能报告大量引用无法解析的错误。生成一次即可完成引用的解析，错误将消失。

下表总结了本书用到的所有 Visual Studio 项目和解决方案，它们以文件夹的形式进行分组以便查找。练习通常会为同一个项目提供初始文件和完成后的版本。已完成的项目存储在带有- Complete 后缀的文件夹中。

项目/解决方案	说明
第 1 章	
HelloWorld	该项目帮你上手，指导你用文本编辑器手动创建一个简单程序，并显示基于文本的欢迎辞
HelloWorld2	演示如何使用.NET 命令行界面(CLI)来自动生成并运行一个简单的 C#应用程序
TestHello	该 Visual Studio 项目显示一条欢迎辞
HelloUWP	该项目打开一个窗口，提示用户输入自己的姓名，并显示相应的欢迎辞
第 2 章	
PrimitiveDataTypes	演示如何使用基元类型声明变量，如何向变量赋值，如何在窗口中显示值
MathsOperators	演示算术操作符(+、−、*、/、%)
第 3 章	
Methods	改进上个项目的代码，体会如何使用方法来建立代码的结构
DailyRate	指导你写自己的方法，执行方法，使用 Visual Studio 调试器来单步执行方法
DailyRate Using Optional Parameters	演示如何让方法获取可选参数，如何使用具名参数来调用方法
Factorial	演示计算阶乘的递归方法
第 4 章	
Selection	演示如何用嵌套 if 语句实现复杂逻辑，例如比较两个日期的相等性
SwitchStatement	这个简单的程序用一个 switch 语句将字符转换成相应的 XML 形式
SwitchStatement using Pattern Matching	SwitchStatement 项目的修正版，使用模式匹配来简化 switch 语句中的逻辑

项目/解决方案	说明
第 5 章	
WhileStatement	用 while 语句逐行读取源文件，在窗体上的文本框中显示每一行
DoStatement	使用 do 语句将十进制数转换成八进制数
第 6 章	
MathsOperators	改进第 2 章的 MathsOperators 项目，试验会造成程序执行失败的各种未处理异常。然后用 try 和 catch 关键字使应用程序更健壮，防止因为错误输入或操作而失败
第 7 章	
Classes	演示如何定义自己的类，为它添加公共构造器、方法和私有字段；还演示如何用 new 关键字创建类的实例，如何定义静态方法和字段
第 8 章	
Parameters	演示值类型和引用类型的参数的区别，还演示如何使用 ref 和 out 关键字
第 9 章	
StructsAndEnums	定义结构来表示日期
第 10 章	
Cards	使用数组来建模纸牌游戏中的一手牌
第 11 章	
ParamsArrays	演示如何使用 params 关键字使方法能接受任意数量的实参
第 12 章	
Vehicles	用继承创建交通工具类的一个简单层次结构，还演示如何定义虚方法
ExtensionMethod	演示如何为 int 类型创建扩展方法，允许将整数从十进制转换成其他进制
第 13 章	
Drawing	实现图形绘图包的一部分。用接口定义要由几何图形对象公开并实现的方法
第 14 章	
GarbageCollectionDemo	演示如何使用 Dispose 模式实现异常安全的资源清理
第 15 章	
Drawing Using Properties	扩展第 13 章的 Drawing 项目，用属性封装类的数据
AutomaticProperties	演示如何为类创建自动属性，如何用它们初始化类的实例
Student enrollment	演示如何使用 record 类型来建模结构化的不可变类型
第 16 章	
Indexers	该项目使用了两个索引器，一个根据姓名查电话号码，另一个根据电话号码查姓名

项目/解决方案	说明
第 17 章	
BinaryTree	演示如何使用泛型生成类型安全的结构，可包含任何类型的元素
BuildTree	演示如何使用泛型实现类型安全的方法，可获取任何类型的参数
第 18 章	
Cards	升级第 10 章的代码，演示如何用集合建模一手牌
第 19 章	
BinaryTree	演示如何实现泛型 IEnumerator<T>接口，为泛型 Tree 类创建枚举器
IteratorBinaryTree	用迭代器为泛型 Tree 类生成枚举器
第 20 章	
Delegates	演示如何通过委托调用方法，将方法的逻辑和调用方法的应用程序分开。然后对项目进行扩展，演示如何用事件提醒对象发生了某事，以及如何捕捉事件并执行必要的处理
第 21 章	
QueryBinaryTree	演示如何通过 LINQ 查询从二叉树对象获取数据
第 22 章	
ComplexNumbers	定义新类型来建模复数，并为这种类型实现常用的操作符
第 23 章	
GraphDemo	生成并在 UWP 窗体上显示复杂图表。用单线程执行计算
Parallel GraphDemo	使用 Parallel 类对创建和管理任务的过程进行抽象
GraphDemo With Cancellation	中途得体地取消任务
ParallelLoop	演示何时不该使用 Parallel 类创建和运行任务
第 24 章	
GraphDemo	修改第 23 章的同名项目，使用 async 关键字和 await 操作符来异步计算图表数据
PLINQ	使用并行任务，用 PLINQ 查询数据
CalculatePI	使用统计学采样计算 PI 的近似值。使用了并行任务
ParallelTest	演示并行线程不受控制地访问共享数据的危险性
第 25 章	
Customers	实现能自动适应不同屏幕分辨率和设备大小的用户界面。用户界面使用 XAML 样式更改字体和背景图片

项目/解决方案	说明
第 26 章	
DataBinding	修改上一章的 Customers 项目，使用数据绑定在 UI 中显示从数据源获取的客户资料；还演示了如何实现 **INotifyPropertyChanged** 接口，以允许用户界面更新客户资料，并将改动发送回数据源
ViewModel	这个版本的 Customers 项目通过实现 Model-View-ViewModel 模式，将 UI 同数据源访问逻辑分开
第 27 章	
Web Service	该解决方案包含一个 Web 应用程序来提供 REST Web 服务，Customers 应用程序用它获取和修改一个 SQL Server 数据库中的客户数据。Web 服务使用实体框架来访问数据库。数据库和 Web 服务在 Azure 上运行
Customers with insert and update features	该解决方案更新了 Customers 项目，使用 REST 网络服务来创建新客户和修改现有客户的资料

简明目录

详细目录

第 I 部分 Visual C#和 Visual Studio 2022 概述

第 II 部分 理解 C#对象模型

第Ⅲ部分　用 C#定义可扩展类型

第Ⅳ部分　用 C#构建 UWP 应用

第 I 部分
Visual C#和 Visual Studio 2022 概述

这是本书的概述部分，介绍 C#语言的基础知识，展示如何开始用 Visual Studio 2022 构建应用程序。

第 I 部分学习如何在 Visual Studio 中新建项目、声明变量、用操作符创建值、调用方法以及写许多语句来实现 C#程序。还要学习如何处理异常，以及如何用 Visual Studio 调试器调试代码，找出可能妨碍应用程序正常工作的问题。

欢迎进入 C#编程世界

学习目标

- 创建 C#控制台应用程序
- 使用 Microsoft Visual Studio 2022 编程环境
- 理解命名空间的作用
- 创建简单的 C#图形应用程序

本章是 Visual Studio 2022 入门指引。Visual Studio 2022 是 Windows 应用程序理想的编程环境，提供了丰富的工具集，是写 C#代码的好帮手。本书将循序渐进解释它的众多功能。本章用 Visual Studio 2022 构建简单 C#应用程序，为开发高级 Windows 解决方案做好铺垫。

1.1 写第一个 C#程序

开始学习几乎所有编程语言时，最简单的方法就是写一个大家非常熟悉的"Hello World!"应用程序。这是一个简单的程序，从计算机控制台运行，显示消息"Hello World!"。

> **注意** 控制台应用程序是在"命令提示符"窗口而非图形用户界面(GUI)中运行的应用程序。

Visual Studio 2022 提供了一个图形化交互式开发环境(Interactive Development Environment，IDE)。IDE 提供了编辑器、语法检查、文件管理和项目组织工具等丰富的功能。它能提高开发人员的生产力，但刚开始接触可能会有点不知所措。为方便上手，本章前几个练习将在 Windows 命令提示符下工作，并使用一套称为.NET 命令行界面(Command-Line

Interface，CLI)的工具。这些工具是作为 Visual Studio 2022 的一部分安装的。将使用"记事本"编写 C#程序。一旦创建了几个简单的应用程序，并对其机制有了基本了解之后，就会切换到 Visual Studio IDE。

> **生成并运行 Hello World!应用程序**

1. 单击 Windows 的"开始"按钮，输入 **cmd** 或**命令**，按 Enter 键。

2. 然后，在"命令提示符"窗口中，输入 **cd C:\Users*YourName*\Documents\Microsoft Press\VCSBS\Chapter 1**，切换到第 1 章示例代码所在的文件夹。将路径中的 *YourName* 替换成你自己的 Window 用户名。

注意　为节省篇幅，下文将路径 C:\Users*YourName*\Documents 简称为"文档"文件夹。

3. 输入以下命令来新建 HelloWorld 文件夹：

   `md HelloWorld`

4. 输入 **Notepad**，按 Enter 键。

5. 如下图所示，在"记事本"程序中输入以下代码：

   `System.Console.WriteLine("Hello World!");`

在这行代码中，WriteLine 函数将作为实参传递的字符串(圆括号内的值)写到一个特定的目的地。WriteLine 函数属于一个名为 Console 的类，后者可以想像成屏幕(但还有其他类型的控制台)。任何传给 Console 类的 WriteLine 方法的文本都会被打印到控制台(即屏幕)上。Console 类是 C#提供的一个对象库的一部分。这个库中的东西被归整到一个名为 System 的命名空间中。在 System 命名空间及其相应的库中，包含了一些用于在 C#语言中执行基本操作的实用工具(utility)类。随着本书的进行，将进一步探索许多这样的类。

注意　严格地说，从属于类的函数(例如 WriteLine)称为"方法"。将从第 3 章开始学习自己写"方法"。

6. 在"记事本"中保存文件，将文件保存到刚才在"文档"文件夹中新建的 Microsoft Press\VCSBS\Chapter 1\HelloWorld 文件夹，并命名为 Program.cs。注意，"记事本"

程序默认使用.txt 扩展名，在"保存类型"框中选择"所有文件(*.*)"即可自由选择扩展名。

7.　在"记事本"中选择"文件"｜"新建"来创建一个新的空白文本文件。

8.　输入以下代码：

```
<Project Sdk="Microsoft.NET.Sdk">
  <PropertyGroup>
    <OutputType>Exe</OutputType>
    <TargetFramework>net6.0</TargetFramework>
  </PropertyGroup>
</Project>
```

这是 C#项目文件的一个例子。.NET CLI 工具将用该文件将你的代码编译成一个可执行的应用程序。文件的内容指定了要创建的可执行文件的类型(EXE 文件)，以及用于生成和运行该应用程序的.NET 运行时的版本(.NET 6.0)。本书后面会讲到，还可以创建其他类型的可执行文件，例如可由许多应用程序共享的动态链接库(DLL)。

9.　在"记事本"中保存文件，另存为"文档"文件夹的 Microsoft Press\VCSBS\Chapter 1\HelloWorld 子文件夹中的 Program.cspro。

10.　关闭"记事本"，返回"命令提示符"窗口，然后运行以下命令进入 HelloWorld 子文件夹：

```
cd HelloWorld
```

11.　如下图所示，运行 **dir** 命令，验证文件夹包含两个文件：Program.cspro 和 Program.cs。

```
C:\Users\trans\Documents\Microsoft Press\VCSBS\Chapter 1\HelloWorld>dir
 驱动器 C 中的卷是 Windows 10 x64(SSD)
 卷的序列号是 D87D-E647

 C:\Users\trans\Documents\Microsoft Press\VCSBS\Chapter 1\HelloWorld 的目录

2022-03-09  08:54    <DIR>          .
2022-03-09  08:54    <DIR>          ..
2022-03-09  08:45                41 Program.cs
2022-03-09  08:54               167 Program.csproj
               2 个文件            208 字节
               2 个目录 401,727,082,496 可用字节

C:\Users\trans\Documents\Microsoft Press\VCSBS\Chapter 1\HelloWorld>
```

12.　输入以下命令来生成并运行程序：

```
dotnet run
```

.NET CLI 工具可能会下载和安装一、两个额外的库和一份开发证书，此时屏幕上会显示一些提示消息。最后应出现文字"Hello World!"，这就是程序的输出。

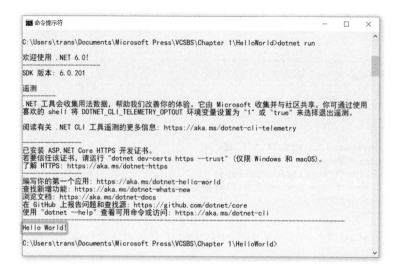

```
命令提示符                                                    ─   □   ×

C:\Users\trans\Documents\Microsoft Press\VCSBS\Chapter 1\HelloWorld>dotnet run

欢迎使用 .NET 6.0!

SDK 版本: 6.0.201

遥测
───────
.NET 工具会收集用法数据,帮助我们改善你的体验。它由 Microsoft 收集并与社区共享。你可通过使用
喜欢的 shell 将 DOTNET_CLI_TELEMETRY_OPTOUT 环境变量设置为 "1" 或 "true" 来选择退出遥测。

阅读有关 .NET CLI 工具遥测的更多信息: https://aka.ms/dotnet-cli-telemetry

已安装 ASP.NET Core HTTPS 开发证书。
若要信任该证书,请运行 "dotnet dev-certs https --trust" (仅限 Windows 和 macOS)。
了解 HTTPS 有关: https://aka.ms/dotnet-https

编写你的第一个应用: https://aka.ms/dotnet-hello-world
查找新增功能: https://aka.ms/dotnet-whats-new
浏览文档: https://aka.ms/dotnet-docs
在 GitHub 上报告问题和查找源: https://github.com/dotnet/core
使用 "dotnet --help" 查看可用命令或访问: https://aka.ms/dotnet-cli
───────────────────────────────────────────────────────────────
Hello World!

C:\Users\trans\Documents\Microsoft Press\VCSBS\Chapter 1\HelloWorld>
```

13. 重复运行一次 **dotnet run** 命令。这一次,.NET CLI 工具无须下载任何库或证书,因为它们已经安装好了,所以,只输出"Hello World!"。

Hello World! 应用程序写起来快速而简单,但采用的做法是手动添加项目文件,使.NET CLI 工具能理解如何生成和运行程序。这对简单的应用程序来说没有问题,但更复杂的系统可能需要大量配置和更复杂的项目文件。例如,一个应用程序可能需要几个不同的库,项目文件必须指定这些库的名称以及.NET CLI 工具应该从哪里下载它们。幸好,.NET CLI 能自动处理这种复杂性,或至少使其容易管理。

下个练习将创建另一个版本的 Hello World!,但这次让.NET CLI 工具为你自动生成项目文件。

> ### 用.NET CLI 工具生成并运行 C#项目

1. 在"命令提示符"窗口中,回到"文档"文件夹中的 Microsoft Press\VCSBS\Chapter 1 子文件夹。

   cd C:\Users\YourName\Documents\Microsoft Press\VCSBS\Chapter 1

2. 新建文件夹 HelloWorld2。

   md HelloWorld2

3. 进入 HelloWorld2 文件夹。

   cd HelloWorld2

4. 运行以下命令来新建一个控制台应用程序。其中,**console** 是.NET CLI 用于生成应用程序的一个模板的名称。

   dotnet new console

.NET CLI 在为新的控制台应用程序创建 C#项目文件时，会显示几条提示消息，如下图所示。

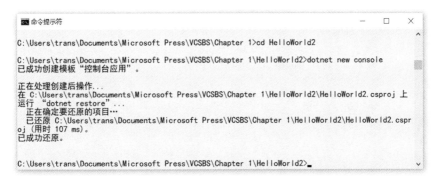

注意 .NET CLI 提供了其他几个模板来创建其他类型的应用程序，比如 ASP.NET Web 应用程序或 Windows Forms 图形应用程序。

5. 运行 **dir** 来列出 HelloWorld2 文件夹的内容。

   随后会看到项目文件 HelloWorld2.csproj、C#源代码文件 Program.cs 以及一个子文件夹 obj。obj 文件夹包含一些配置文件和其他一些数据，.NET CLI 用它们编译和运行应用程序。

6. 在"命令提示符"窗口中输入 **notepad HelloWorld2.csproj**。或者启动"记事本"，按 Ctrl+O 打开 HelloWorld2 文件夹中的 HelloWorld2.csproj。如果采用后一种方法，可能需要在"文件类型"文本框中选择"全部文件(*.*)"才能看到扩展名不是.txt 的文件。

7. HelloWorld2.csproj 文件中的内容如下所示：

```
<Project Sdk="Microsoft.NET.Sdk">
  <PropertyGroup>
    <OutputType>Exe</OutputType>
    <TargetFramework>net6.0</TargetFramework>
    <ImplicitUsings>enable</ImplicitUsings>
    <Nullable>enable</Nullable>
  </PropertyGroup>
</Project>
```

8. 用类似的方法打开 Program.cs 文件，其中包含以下代码：

```
// See https://aka.ms/new-console-template for more information
Console.WriteLine("Hello, World!");
```

可以看出，除了以//开头的注释语句，源代码和上个练习完全一致。这是 C#语言新的"顶级语句"写法，即不需要包含一个程序入口点方法 Main。事实上，它会在后台转换成以下完整形式：

```csharp
using System;

namespace HelloWorld2
{
    class Program
    {
        static void Main(string[] args)
        {
            Console.WriteLine("Hello World!");
        }
    }
}
```

可以看出，完整源代码比简化后的单行代码复杂得多，尽管它们做的事情完全一样。上述代码定义了一个名为 Program 的类，其中包含一个名为 Main 的方法。在 C#中，所有可执行代码都必须在一个方法中定义，所有方法都必须属于一个类或结构。第 7 章会详细讨论类，第 9 章会详细讨论结构。

Main 方法是程序入口点。必须像本例的 Program 类那样把它定义成静态(static)方法；否则，在运行应用程序时，.NET Framework 可能无法把它识别为应用程序的入口点(第 3 章将详细讨论方法。第 7 章将详细讨论静态方法)。

上个练习并没有创建 Program 类或 Main 方法。在最新版本的 C#中，对于一个简单的应用程序(如上个练习所示)，如果不提供一个入口点，C#编译器就会自动创建一个。在许多情况下，这能避免你写不必要的模板代码。但在后台，.NET CLI 提供的控制台应用程序模板总是创建一个 Program 类和一个 Main 方法。此外，其他类型的应用程序使用不同的方式来标记一个不使用 Main 方法的程序的入口点。这些类型的应用程序的模板也会在后台生成适当的启动代码。本章后面的 1.7 节"创建图形应用程序"会展示一个例子。

至于 using 语句和 namespace 定义，本章稍后会进行详细说明。

9. 不要改变任何东西，关闭"记事本"程序，返回"命令提示符"。

10. 和上个练习一样，运行 **dotnet run** 来编译并运行 HelloWorld2 应用程序。
结果是屏幕上打印出消息"Hello World!"。

1.2 开始在 Visual Studio 2022 环境中编程

了解 C#应用程序的基本结构之后，应该关注 Visual Studio 2022 了。Visual Studio 2022 编程环境提供了丰富的工具，能创建在 Windows 上运行的各种规模的 C#项目，甚至能在项目中无缝集成用不同语言(比如 C++、Visual Basic 和 F#)写的模块。下个练习将启动 Visual Studio 2022 并创建另一个版本的 Hello World! 控制台应用程序。

1. 单击"开始",输入 **Visual Studio 2022** 并按 Enter 键。或者,单击图标来启动程序。
    将启动 Visual Studio 2022 并显示如下图所示的起始页。

2. 从"开始使用"区域单击选中"创建新项目"。
    随后会显示"创建新项目"对话框,其中列出了一些作为构建应用程序的起点的模
    板。模板按语言和应用程序类型分类。

3. 完成以下选择,最后单击"下一步"按钮。

    a. 在"所有语言"下拉列表中选择 C#。

    b. 在"所有平台"下拉列表中选择"Windows"。

    c. 在"所有项目类型"下拉列表中选择"控制台"。

    d. 选择"控制台应用(.NET Framework)"模板。

4. 如下图所示，在"配置新项目"对话框中输入以下值，最后单击"创建"按钮。

a. 在"项目名称"文本框中输入 **TestHello**。

b. 在"位置"文本框中输入 **C:\Users*YourName*\Documents\Microsoft Press\VCSBS\Chapter 1**。将路径中的 *YourName* 替换为自己的 Windows 用户名。更简单的方法是单击省略号按钮来定位目录。

c. "解决方案名称"保持 TestHello 不变。

d. 确定未勾选"将解决方案和项目放在同一目录中"。

e. "框架"选项保持默认值不变。

Visual Studio 将用"控制台应用(.NET Framework)"模板创建项目，并显示如下图所示的项目初始代码。

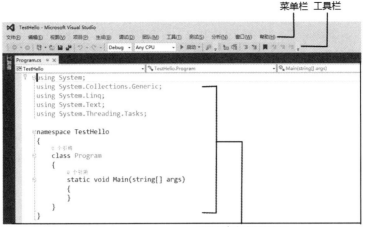

代码和文本编辑器窗口

可利用屏幕顶部的菜单栏访问编程环境提供的各项功能。和其他所有 Windows 程序一样，菜单和命令可通过键盘或鼠标访问。菜单栏下方是工具栏，提供了一系列快捷按钮，用于执行最常用的命令。

占据 IDE 大部分的"代码和文本编辑器"窗口显示了源代码文件的内容。编辑含有多个文件的项目时，每个源代码文件都有自己的"标签"，标签显示的是文件名。单击标签，即可在"代码和文本编辑器"中显示对应的源代码文件。

IDE 最右侧是"解决方案资源管理器"，如下图所示。

"解决方案资源管理器"显示了项目相关文件的名称以及其他内容。双击文件名即可在"代码和文本编辑器"中显示该文件的内容。

5. 写代码之前，先了解一下"解决方案资源管理器"列出的文件，它们是作为项目的一部分由 Visual Studio 2022 自动创建的。

- **解决方案"TestHello"** 解决方案文件位于最顶级，每个应用程序都有一个。一个解决方案可包含一个或多个项目，Visual Studio 2022 利用解决方案文件来组织项目。在文件资源管理器中查看"文档"文件夹下方的 Microsoft Press\

VCSBS\Chapter 1\TestHello 文件夹，会发现该文件的实际名称是 TestHello.sln。

- **TestHello** C#项目文件。每个项目文件都引用一个或多个包含项目源代码以及其他内容(比如图片)的文件。一个项目的所有源代码都必须使用相同的编程语言。在文件资源管理器中，该文件的实际名称是 TestHello.csproj，保存在"文档"文件夹下的 Microsoft Press\VCSBS\Chapter 1\TestHello\TestHello 子文件夹中。

- **Properties** 这是 TestHello 项目中的一个文件夹。展开会发现 AssemblyInfo.cs 文件。AssemblyInfo.cs 是用于为程序添加"特性"(attribute)的特殊文件，比如作者姓名和写程序的日期等。还可利用特性修改程序运行方式。具体如何使用这些特性超出了本书范围。

- 引用 该文件夹包含对已编译好的代码库的引用。编译 C#代码时，这些引用会转换成库，并获得唯一名称。Microsoft .NET Framework 将这种库称为**程序集**(assembly)。开发人员利用程序集打包自己开发的有用功能，并分发给其他程序员供其使用。展开"引用"文件夹会看到 Visual Studio 2022 在项目中添加的一组默认程序集引用。利用这些程序集可访问.NET Framework 的大量常用功能。本书通过练习帮助你熟悉这些程序集。

- **App.config** 应用程序配置文件。由于可选，所以并非肯定存在。可在其中指定设置，让应用程序在运行时修改其行为，例如修改运行应用程序的.NET Framework 版本。本书以后会更多地讲到该文件。

- **Program.cs** 由模板生成的 C#源代码文件。项目最初创建时，"代码和文本编辑器"显示的就是该文件，稍后要用自己的代码替换该文件的默认内容。

1.3 用 Visual Studio 2022 写第一个程序

之前说过，Program.cs 文件定义了 **Program** 类，其中包含名为 **Main** 的程序入口点方法。

🔍**重要提示** C#语言区分大小写。**Main** 首字母必须大写。

后面的练习将修改代码以便在控制台中显示消息"Hello *YourName*!"，将使用 Visual Studio 而不是 CLI 来生成并运行该程序。还将学习如何使用命名空间对代码的各种元素进行分区。

➤ **利用"智能感知"(IntelliSense)在 Visual Studio 中写代码**

1. 在显示了 Program.cs 文件的"代码和文本编辑器"中，将光标定位到 **Main** 方法的左大括号{后面，按 Enter 键另起一行。

2. 如下图所示，在新行中键入单词 **Console**，这是由应用程序引用的程序集提供的一个类。Console 类提供了在控制台窗口中显示消息和读取键盘输入的方法。

键入单词 **Console** 的首字母 **C** 会自动出现"智能感知"列表，其中包含当前上下文有效的所有 C#关键字和数据类型。可继续键入其他字母，也可在列表中滚动并用鼠标双击 Console 项。还有一个办法是，一旦键入 **Cons**，智能感知列表就会自动定位到 Console 这一项，此时按 Tab 键或 Enter 键即可选中并输入它。

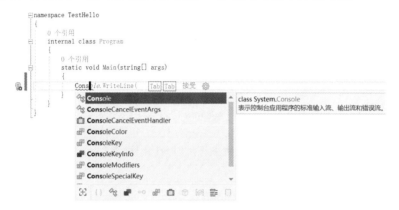

3. 紧接着单词 Console 输入一个句点。如下图所示，随后会出现另一个智能感知列表，其中显示了 Console 类的方法、属性和字段。

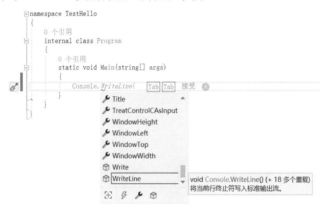

4. 在列表中滚动，选中 **WriteLine** 并按 Enter 键。也可在输入句点后直接按 Tab 键选择默认方法(最常用的方法)。

随后，智能感知列表关闭，Console.后会添加 WriteLine 字样。新语句如下所示(尚不完整)：

```
Console.WriteLine
```

5. 输入方法的起始圆括号 **(**。随后出现智能感知提示，其中显示了 WriteLine 方法支持的参数。WriteLine 是重载方法。换言之，Console 类包含多个名为 WriteLine

的方法，实际上有 18 个之多。可用 WriteLine 方法的不同版本输出不同类型的数据(将在第 3 章讨论重载方法)。现在的新语句如下所示：

```
Console.WriteLine(
```

提示　单击上下箭头或者按上下键，以切换到 WriteLine 的不同重载版本。

6. 输入结束圆括号)，再加一个分号。现在的新语句如下所示：

```
Console.WriteLine();
```

7. 移动光标，在 WriteLine 后面的圆括号中输入字符串"Hello *YourName*!"，引号也包括在内(将 *YourName* 替换成你的名字)。现在的新语句如下所示：

```
Console.WriteLine("Hello YourName!");
```

提示　好习惯是先连续输入一对匹配的字符，例如(和)以及{和}，再在其中填写内容。先填写内容容易忘记输入结束字符。

智能感知图标

在类名后输入句点，"智能感知"将显示类的每个成员的名称。每个成员名称左侧有一个指示成员类型的图标。下表总结了图标及其代表的类型。

图标	含义
⬡	方法(第 3 章)
🔧	类(第 7 章)
■	结构(第 9 章)
▤	枚举(第 9 章)
⬡	扩展方法(第 12 章)
●○	接口(第 13 章)
▣	委托(第 17 章)
⚡	事件 (第 17 章)
{}	命名空间(下一节)

在不同上下文中输入代码，可能看到其他"智能感知"图标。

➢ 生成并运行控制台应用程序

1. 从"生成"菜单中选择"生成解决方案"。这样会编译 C#代码并生成(build)可运行的程序。在"代码和文本编辑器"下方会显示"输出"窗格。

提示　如果"输出"窗格没有出现,请从"视图"菜单中选择"输出"。

"输出"窗格显示如下所示的消息,告诉你程序的编译过程。

```
已启动生成…
1>------ 已启动生成: 项目: TestHello, 配置: Debug Any CPU ------
1>  TestHello -> C:\Users\trans\Documents\Microsoft Press\
VCSBS\Chapter 1\TestHello\TestHello\bin\Debug\TestHello.exe
========== 生成: 成功 1 个, 失败 0 个, 最新 0 个, 跳过 0 个 ==========
```

代码中的错误在"错误列表"窗格中显示。下图显示了在 WriteLine 语句的 **Hello John** 文本后忘记输入结束引号的后果。注意,一个错误有时可能导致多个编译错误。

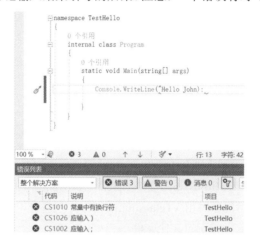

提示　在"错误列表"窗格中双击错误,光标会移到导致错误的代码行。另外,输入不能编译的代码,Visual Studio 会在其下方实时显示红色波浪线。

仔细按前面的步骤操作,就不应出现任何错误或警告,程序应成功生成。

提示　生成前不必手动存盘,"生成解决方案"命令会自动存盘。在"代码和文本编辑器"的标签中,文件名后的星号表明自上次存盘以来文件内容已被修改。

2.　从"调试"菜单中选择"开始执行(不调试)"或按快捷键 Ctrl+F5。
　　将打开命令窗口并运行程序,显示"Hello *YourName*!"消息,程序等待用户按任意键继续,如下图所示。

3. 确认当前焦点是这个命令窗口，按 Enter 键(或任意其他键)。

   命令窗口关闭，并返回 Visual Studio。

4. 在"解决方案资源管理器"中单击 TestHello 项目(而不是解决方案)，然后单击"解决方案资源管理器"工具栏中的"显示所有文件"按钮(如下图所示)。如果看不到该按钮，单击>>按钮找到它。

随后，Program.cs 文件的上方会显示 bin 和 obj。这两项直接对应于项目文件夹(\Microsoft Press\VCSBS\Chapter 1\TestHello\TestHello)中的 bin 和 obj 文件夹。这些文件夹在生成应用程序时由 Visual Studio 创建，包含应用程序的可执行版本，以及用于生成和调试应用程序的其他文件。

5. 在"解决方案资源管理器"中展开 bin 文件夹。

   随后显示另一个名为 Debug 的文件夹。

6. 在"解决方案资源管理器"中展开 Debug 文件夹。

   随后显示更多子项，其中 TestHello.exe 是编译好的程序。从"调试"菜单选择"开始执行(不调试)"运行的就是它。其他文件包含用调试模式运行程序(从"调试"菜单选择"开始调试")时要由 Visual Studio 2022 使用的信息。

   也可以对应用程序进行 release build(发行生成)。这种生成不包括调试信息，而且更紧凑(运行时可能更快)。创建并测试好一个应用程序后，就可以生成它的发行版本并将其部署给用户。如下图所示，可在 Visual Studio 工具栏中选择 Release 配置，再用"生成"菜单中的"生成解决方案"命令来创建一个发行版本。

1.4 使用命名空间

前面的例子只是一个很小的程序，但小程序可能很快变成大程序。程序规模扩大带来了两个问题。其一，代码越多，越难理解和维护。其二，更多代码通常意味着更多类和方法，要求跟踪更多名称。随着名称越来越多，极有可能因为两个或多个名称冲突而造成项目无法生成。例如，可能试图创建两个同名的类。如果程序引用了其他开发人员写的程序集，后者同样使用了大量名称，这个问题将变得更严重。

过去，程序员通过为名称添加某种形式的限定符前缀来解决名称冲突问题。但这并不是好的方案，因其不具有扩展性。名称变长后，打字时间就增多了，还要花更多时间来反复阅读令人费解的一长串的名字，真正花在写程序上的时间就少了。

命名空间(namespace)可解决这个问题，它为类这样的项创建容器。不同命名空间中的同名类不会发生混淆。可用 `namespace` 关键字在 **TestHello** 命名空间中创建 **Greeting** 类，如下所示：

```
namespace TestHello
{
    class Greeting
    {
        ...
    }
}
```

然后，在自己的程序中使用 **TestHello.Greeting** 引用 **Greeting** 类。如果有人在不同命名空间(例如 **NewNamespace**)中也创建了 **Greeting** 类，并把它安装到你的机器上，你的程序仍然可以正常工作，因为程序使用的是 **TestHello.Greeting** 类。若要使用另一名开发者的 **Greeting** 类，你要用 **NewNamespace.Greeting** 进行引用。

作为好习惯，所有类都应该在命名空间中定义，Visual Studio 2022 环境默认使用项目名称作为顶级命名空间。.NET Core 和.NET Framework 提供的库也遵循该约定，每个类都在一个命名空间中。例如，**Console** 类在 **System** 命名空间中。这意味着它的全名实际是 **System.Console**。事实上，1.1 节写的第一个应用程序使用的就是这种完全限定的名称。

当然，如果每次都必须写类的全名，似乎还不如添加限定符前缀，或者就用 **SystemConsole** 之类的全局唯一名称来命名类。幸好，可在程序中使用 **using** 指令解决该问题。返回 Visual Studio 2022 中的 **TestHello** 程序，观察"代码和文本编辑器"窗口中的 Program.cs 文件，会注意到文件顶部的以下语句：

```
using System;
```

这就是 **using** 指令，用于将某个命名空间引入作用域。在此之后，同一文件的后续代码就不再需要显式限定 **System** 命名空间中的类。由于 **System** 命名空间包含的类很常用，所以每次新建控制台项目，Visual Studio 2022 都自动添加该 using 指令。创建其他类型的项目时，Visual Studio 还会默认添加对其他命名空间的引用。如代码需要引用非默认的命名空间，可在源代码文件的顶部自行添加更多 using 指令。

> 📑注意　注意，某些 using 指令呈现灰色，表明当前应用程序未用到这些命名空间，写好程序后可删除。当然，如以后要用到这些命名空间中的项，必须再次添加。

1.5　命名空间和程序集

using 指令将命名空间中的项引入作用域，使你不必在代码中完全限定类的名称。类被编译成程序集(assembly)。程序集是一个通常以.dll 作为扩展名的文件，尽管严格来说，以.exe 为扩展名的可执行程序也是程序集。

一个程序集可以包含许多类。诸如 System.Console 这样的类是由与 Visual Studio 配套安装的程序集提供的。.NET Core 和.NET Framework 提供的类库包含成千上万的类。如果它们都在同一个程序集中，程序集就会变得很大，而且难以维护。如果 Microsoft 要更新一个类中的一个方法，就不得不将整个类库分发给所有开发者！出于这个原因，类库被分割成若干个程序集，按其执行的功能或实现的技术进行划分。例如，.NET Core 使用一个名为 System.Runtime.dll 的"核心"程序集，其中包含所有常用 C#类型。其他程序集包含的类负责向控制台写入(如 System.Console)、操作数据库、访问 Web 服务、构建 GUI 等。

要使用某个程序集中的类，必须在项目中添加对该程序集的引用。然后，在代码中添加 using 指令，将该程序集的命名空间中的项引入作用域，以便在你的代码中访问它们。使用 Visual Studio 创建应用程序时，你选择的模板会自动包含对适当程序集的引用。要为.NET Core 项目添加对额外程序集的引用，可以使用 Visual Studio 的 NuGet 包管理器。本书以后会详情说明。

> 📑注意　.NET Core 的"核心"程序集是 System.Runtime.dll，.NET Framework 的"核心"程序集则是 mscorlib.dll，两者包含许多相似的类和方法。然而，这两个程序集是不同的，不能互换。mscorlib 中的类和方法是 Windows 特有的实现，而 System.Runtime.dll 中的类和方法是跨平台的——被设计成可以在 Windows、Linux 和 macOS 上工作。System.Runtime.dll 程序集目前并不包含 mscorlib 中的所有特性。但是，不要尝试将 mscorlib 程序集添加到.NET Core 应用程序中。如需 Windows 特有的功能，请使用基于.NET Framework 的模板，而不是基于.NET Core 的。如果这一切听起来过于专业，不必担心，因为 Microsoft 正在努力统一这两套库。计划是在未来将.NET Core 和.NET Framework 统一为单一的"运行时"和一套简单命名为".NET"的程序集。

程序集和命名空间并非肯定是一对一的关系。一个程序集可以包含许多命名空间中定义的类，而一个命名空间可以跨越多个程序集。这一切初一听，非常令人困惑，但习惯就好。

1.6 对代码进行注释

一些代码包含两个正斜杠(//)，后跟一些文本，这称为**注释**。它们会被编译器忽略，但对开发人员来说很有用，因为可用注释来记录代码实际采取的操作。例如：

```
Console.ReadLine(); // 等待用户按 Enter 键
```

从两个正斜杠到行末的所有文本都被编译器忽略。也可用/*添加多行注释。编译器将跳过它之后的一切内容，直到遇到*/(可能出现在多行之后)。例如：

```
/* 这是一个多行注释，
编译器将跳过所有文本，
直到遇到 */
```

建议尽量使用详细的注释对自己的代码进行编档。还可利用注释临时禁用一行或多行代码，比如在测试或调试的时候。

1.7 创建图形应用程序

前面使用 Visual Studio 2022 创建并运行了一个基本的控制台应用程序。Visual Studio 2022 编程环境还包含创建 Windows 10/11 图形应用程序所需的一切。其中一些模板称为"通用 Windows 平台"(Universal Windows Platform，UWP)，因其创建的应用能在所有 Windows 设备上运行，比如台式机、平板和手机。可以交互式设计 Windows 应用程序的用户界面(UI)，Visual Studio 2022 将自动生成代码来实现你设计的 UI。

Visual Studio 2022 允许用两个视图查看图形应用程序：**设计视图**和**代码视图**。可在"代码和文本编辑器"窗口中修改和维护图形应用程序的代码和逻辑；"设计视图"窗口则用于 UI 布局。两个视图可自由切换。

以下练习演示如何使用 Visual Studio 2022 创建图形应用程序。程序显示一个简单窗体。其中有用于输入姓名的文本框，还有一个按钮，单击按钮将弹出一个消息框来显示个性化的欢迎辞。

注意 本书第Ⅳ部分会具体讲述如何开发 UWP 应用。

➢ **在 Visual Studio 2022 中创建图形应用程序**

1. 如果 Visual Studio 2022 显示的还是上个练习的项目，就选择"文件"|"新建"|"项目"。如果 Visual Studio 2022 已经关闭，请启动它并选择"创建新项目"。

---

2. 在下图所示的"创建新项目"对话框中，从"语言"下拉列表中选择 C#，从"平台"下拉列表中选择 Windows，并从"项目类型"下拉列表中选择 UWP。选择"空白应用(通用 Windows)"模板并单击"下一步"。

3. 在"配置新项目"对话框中输入以下值，最后单击"创建"按钮。

a. 在"项目名称"文本框中输入 **HelloUWP**。

b. 在"位置"文本框中输入 **C:\Users*YourName*\Documents\Microsoft Press\VCSBS\Chapter 1**。将路径中的 *YourName* 替换为你的 Windows 用户名。更简单的方法是单击省略号按钮来定位目录。

c. 从"解决方案"下拉列表中选择"创建新解决方案"。

注意 如果之前已经在 Visual Studio 2022 中编辑一个项目，那么新建项目时就会出现"解决方案"下拉列表。如果是重启 Visual Studio 2022 并从起始页选择创建新项目，则不会出现该下拉列表。

---

d. "解决方案名称"保持 HelloUWP 不变。

e. 确定未勾选"将解决方案和项目放在同一目录中"。

随后会出现一个对话框，要求指定应用程序在什么版本的 Windows 上运行。Microsoft 建议总是选择最新版本的 Windows。但是，如果开发的是企业应用，要求在较旧的版本上运行，就将"最低版本"设为用户当前使用的最旧的 Windows 版本。但是，不要随便设置一个最低版本，否则可能限制你的应用程序的某些功能。

4. 如下图所示，接受默认设置(默认设置在不同的电脑上可能有所不同，具体取决于安装的是哪个 Windows 版本)。

5. 首次创建 UWP 应用可能要求启用 Windows 开发人员模式，会跳出 Windows 设置屏幕。请启用"开发人员模式"。

6. 如下图所示，在随后出现的对话框中，由于"开发人员模式"会绕过一些 Windows 安全特性，所以你需要对自己的选择进行确认。请单击"是"按钮。随后，可能会下载并安装相应的安装包，以提供额外的功能来支持对 UWP 应用的调试。

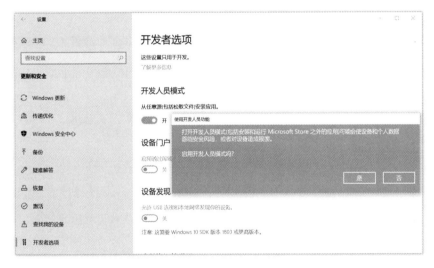

注意　虽然不是从 Windows Store 下载的外部应用可能泄漏个人数据并招致其他安全风险，但只有启用了开发人员模式，才能生成并测试自己的应用程序。

7. 返回 Visual Studio。创建好应用之后，看一下解决方案资源管理器。
不要被模板名称给骗了。虽然叫"空白应用"，但该模板实际提供了大量文件，并包含数量可观的代码。例如，展开 MainPage.xaml 文件夹，会发现名为 MainPage.xaml.cs 的 C#文件。

8. 如下图所示，选择这个文件并在"代码和文本编辑器"窗口中显示它。将在该文件中添加应用程序的代码。

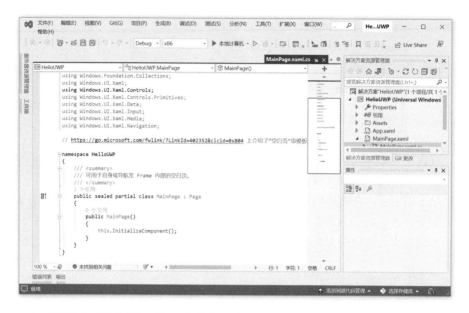

9. 在"解决方案资源管理器"窗格中双击 MainPage.xaml。该文件包含 UI 布局。如下图所示,设计视图显示了该文件的两种形式。

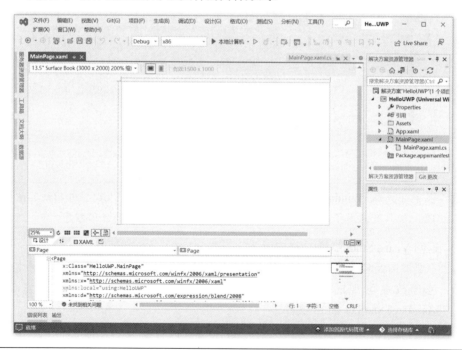

📝**提示** 可关闭或自动隐藏"输出"窗格和"错误列表"窗格,留出更多空间来显示设计视图。

顶部默认模拟一台 Surface Book 的屏幕。可利用图中标注的百分比下拉列表框(或者利用 Ctrl+鼠标滚轮)来放大缩小该屏幕。底部是屏幕内容的 XAML 描述。XAML 是 XML 风格的一种语言,UWP 应用通过它定义窗体布局及其内容。会用 XML,XAML 也不难。

> **注意** XAML 全称是 eXtensible Application Markup Language,即"可扩展应用程序标记语言","通用 Windows 平台"(UWP)应用通过它定义 GUI 布局。通过本书的练习会学到更多 XAML 相关知识。

讲到这里,有必要澄清一下术语。在传统 Windows 应用程序中,UI(用户界面)由一个或多个"窗口"(window)构成,而在 UWP 应用中,对应术语是"页"或"页面"(page)。为简洁起见,本书用"窗体"(form)统称两者。但是,仍然用"窗口"一词指代 Visual Studio 2022 开发环境的界面元素,比如"设计视图"窗口和"代码和文本编辑器"窗口。

下个练习将在设计视图中布局 UI,向应用程序显示的窗体添加三个控件。另外,还要检查 Visual Studio 2022 为了实现这些控件而自动生成的 XAML 代码。

➤ 创建用户界面(UI)

1. 如下图所示,单击设计视图左侧的"工具箱"标签。

随后出现工具箱,显示了可放到窗体上的各种组件和控件。默认选择的是工具箱的"常规"区域,目前尚未包含任何控件。

2. 展开"常用 XAML 控件"区域。该区域显示了大多数图形应用程序都要用到的控件。

> **提示** "所有 XAML 控件"区域显示了更完整的控件列表。

3. 如下图所示,在"常用 XAML 控件"区域单击 TextBlock,将 TextBlock 控件拖放到设计视图显示的窗体。

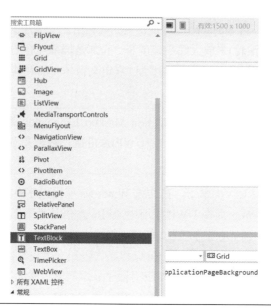

确定选择的是 **TextBlock** 控件而非 **TextBox** 控件。如果将错误的控件拖放到窗体，
单击它并按 Delete 键即可删除。

这样便在窗体上添加了一个 **TextBlock** 控件(稍后要把它移到正确位置)。工具箱从
视图中消失。

如希望工具箱始终可见，同时不想它遮住窗体的任何部分，可以单击工具箱标题栏
右侧的"自动隐藏"按钮(看起来像一枚图钉)。这样工具箱将固定在 Visual Studio
2022 窗口左侧，设计视图相应收缩，以适应新的窗口布局。但如果屏幕分辨率较
低，这样可能会损失不少空间。再次单击"自动隐藏"按钮，工具箱将再次消失。

4. 窗体上的 **TextBlock** 控件可能不在理想的地方。单击并拖动来重新定位。把
TextBlock 控件定位到窗体左上角(本例不要求特别精准)。注意，可能要先在控件外
单击，再重新单击它，才能在设计视图中移动。

在底部窗格中，窗体的 XAML 描述现在包含了 **TextBlock** 控件及其属性。其中，
Margin 属性用于指定位置，**Text** 属性用于指定控件上默认显示的文本，
HorizontalAlignment 和 **VerticalAlignment** 属性指定这些文本的对齐方式，
TextWrapping 属性指定这些文本是否自动换行。

TextBlock 的 XAML 代码如下所示(你的 **Margin** 属性值会有所区别，具体取决于控
件在窗体中的位置)。

```
<TextBlock HorizontalAlignment="Left" Margin="211,166,0,0" TextWrapping="Wrap"
Text="TextBlock" VerticalAlignment="Top"/>
```

XAML 窗格和设计视图相互影响。也可在 XAML 窗格中编辑值，更改会在设计视图中反映。例如，可直接修改 Margin 属性值来改变 TextBlock 控件的位置。

5. 如果当前没有显示属性窗格，可从"视图"菜单选择"属性窗口"。属性窗口默认在屏幕右下角显示，位于"解决方案资源管理器"的下方。可利用设计视图下方的 XAML 窗格来编辑控件属性，但属性窗口提供了更方便的方式来修改窗体上的各个项以及当前项目中的其他项的属性。

属性窗口上下文关联；换言之，它总是显示当前选定项的属性。单击窗体任意位置 (TextBlock 控件除外)，属性窗口将显示 Grid 元素的属性。如下图所示，观察 XAML 窗格，会发现 TextBlock 控件包含在 Grid 元素中。所有窗体都包含一个 Grid 元素，它控制要显示的各个项的布局。例如，可在 Grid 元素上添加行和列来定义表格布局。

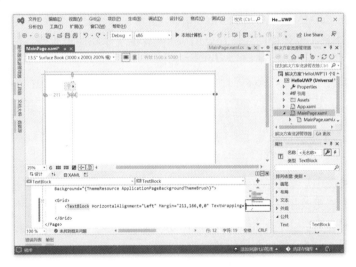

6. 在设计视图中单击 TextBlock 控件，属性窗口将显示它的属性。

7. 在属性窗口中展开"文本"。如下图所示，将 FontSize 属性更改为 **30 px**，然后按 Enter 键。该属性在字体名称下拉列表框旁边。

8. 在设计视图底部的 XAML 窗格中，检查 TextBlock 控件的定义代码。滚动到行末，会看到 FontSize="30"。在属性窗口中进行的任何更改都自动反映到 XAML 定义中，反之亦然。

   在 XAML 窗格中将 FontSize 属性值更改为 36。注意，在设计视图和属性窗口中，TextBlock 文本字号都会改变。

9. 在属性窗口中检查 TextBlock 控件的其他属性。随便修改以体验效果。注意发生更改的属性会添加到 XAML 窗格的 TextBlock 定义中。添加到窗体的每个控件都有一组默认属性。除非值被更改，否则在 XAML 窗格中不显示。

10. 将 TextBlock 控件的 Text 属性从默认的 **TextBlock** 更改为 **Please enter your name**。可直接在 XAML 窗格中编辑 Text 属性，也可在属性窗口中编辑(该属性在 "公共" 区域)。注意在设计视图中，TextBlock 控件的文本相应地改变。

11. 在设计视图中选定窗体，再次打开工具箱。

12. 从工具箱将一个 TextBox 控件拖放到窗体上，移至 TextBlock 控件下方。

13. 在设计视图中，将鼠标放到 TextBox 控件左右两侧的把柄上。指针应变成双向箭头，表明现在能更改控件大小。拖动把柄，直到和上方的 TextBlock 控件左右对齐。边线对齐时，会自动显示指示线，如下图所示。若是控件太小，以至于看不清楚句柄 (小方块)，可利用前面介绍的技术放大视图。

14. 如下图所示，在选定 TextBox 控件的前提下，在属性窗口的顶部，将 Name 属性的值从<无名称>更改为 **userName**。另外，将字号更改为 **36 px**，与 TextBlock 控件保持一致。

注意　第2章会详细讲解控件和变量的命名约定。

15. 再次打开工具箱，将一个 Button 控件拖放到窗体，定位到 TextBox 右侧，使按钮和文本框的底部水平对齐。

16. 使用属性窗口，将 Button 控件的 Name 属性更改为 **ok**，将字号更改为 **36 px**，将 Content 属性(在"公共"区域)更改为 **OK**。

17. 验证窗体上的按钮文本相应发生了变化，现在显示"OK"。

18. 在按钮的属性窗口的"布局"区域，将 Width(宽度)属性更改为 **120**。现在的窗体如下图所示。

注意　可利用设计视图左上角的下拉列表观察窗体在不同屏幕大小和分辨率下的渲染情况。本例默认视图是分辨率为 3000 × 2000 的 13.5 英寸 Surface Book 屏幕。可利用下拉列表右侧的两个按钮切换横向和纵向视图。

19. 选择"生成"｜"生成解决方案"，验证项目成功生成。

20. 如下图所示，确定"调试目标"下拉列表选定的是"本地计算机"。可能默认是"设备"并试图连接 Windows 手机设备，导致生成失败。然后从"调试"菜单中选择"开始调试"。

应用程序将运行并显示窗体，如下图所示。

注意 以调试模式运行 UWP 应用，顶部会出现调试工具栏。可用它跟踪用户在窗体上的导航，并监视控件内容的变化。暂时可以忽略它，单击左箭头最小化。

21. 在文本框中输入自己的名字来覆盖"TextBox"字样，单击 OK 按钮，但什么都不会发生。还要添加代码处理单击 OK 按钮之后发生的事情，这是下一步的任务。

22. 返回 Visual Studio 2022，从"调试"菜单选择"停止调试"。还可单击窗体右上角的 X 按钮来关闭窗体，从而停止调试并返回 Visual Studio。

没写任何一行代码，就成功创建了一个图形应用程序。程序目前还没多大用处(很快就要自己写代码了)，但 Visual Studio 2022 实际已自动生成了大量代码，这些代码执行所有图形应用程序都必须执行的常规任务，例如启动和显示窗口。写自己的代码之前，有必要知道 Visual Studio 自动生成了哪些代码，这是下一节的任务。

1.7.1 探索通用 Windows 平台应用程序

在"解决方案资源管理器"中展开 MainPage.xaml 节点。双击 MainPage.xaml.cs 文件，窗体的代码就会出现在可以进行代码和文本编辑的窗口中，如下所示:

```
using System;
using System.Collections.Generic;
using System.IO;
using System.Linq;
using System.Runtime.InteropServices.WindowsRuntime;
using Windows.Foundation;
using Windows.Foundation.Collections;
using Windows.UI.Xaml;
using Windows.UI.Xaml.Controls;
using Windows.UI.Xaml.Controls.Primitives;
using Windows.UI.Xaml.Data;
using Windows.UI.Xaml.Input;
using Windows.UI.Xaml.Media;
```

```
using Windows.UI.Xaml.Navigation;

// https://go.microsoft.com/fwlink/?LinkId=402352&clcid=0x804 介绍了"空白页"项模板

namespace HelloUWP
{
    /// <summary>
    /// 可用于自身或导航至 Frame 内部的空白页。
    /// </summary>
    public sealed partial class MainPage : Page
    {
        public MainPage()
        {
            this.InitializeComponent();
        }
    }
}
```

除了大量 using 指令(用于引入大多数 UWP 应用都要用到的命名空间)，文件中还包含了
MainPage 类的定义，但别的就没有了。MainPage 类包含一个构造器来调用
InitializeComponent 方法。构造器是和类同名的特殊方法，在创建类的实例时执行，其代
码用于初始化实例。第 7 章将详细介绍构造器。

类包含的代码实际上比 MainPage.xaml.cs 显示的多得多。然而，大多数代码都是根据窗
体的 XAML 描述来自动生成的，已自动隐藏。这些代码执行的操作包括创建和显示窗体以及
创建和定位窗体上的各个控件等。

📝提示　显示设计视图时，可从"视图"菜单选择"代码"(或者按 F7)，立即查看该页的
　　　　C#代码。

你可能会想，Main 方法去哪里了？应用程序运行时，窗体如何显示？控制台应用程序是
由 Main 定义程序入口点，图形应用程序则稍有不同。

在"解决方案资源管理器"中，还会注意到另一个源代码文件，即 App.xaml。展开该文
件的节点会看到 App.xaml.cs 文件。UWP 应用是由 App.xaml 提供应用程序入口点。双击
App.xaml.cs 会看到如下所示的代码。

```
using System;
using System.Collections.Generic;
using System.IO;
using System.Linq;
using System.Runtime.InteropServices.WindowsRuntime;
using Windows.ApplicationModel;
using Windows.ApplicationModel.Activation;
using Windows.Foundation;
using Windows.Foundation.Collections;
using Windows.UI.Xaml;
using Windows.UI.Xaml.Controls;
using Windows.UI.Xaml.Controls.Primitives;
```

```csharp
using Windows.UI.Xaml.Data;
using Windows.UI.Xaml.Input;
using Windows.UI.Xaml.Media;
using Windows.UI.Xaml.Navigation;

namespace HelloUWP
{
    /// <summary>
    /// 提供特定于应用程序的行为，以补充默认的应用程序类。
    /// </summary>
    sealed partial class App : Application
    {
        /// <summary>
        /// 初始化单一实例应用程序对象。这是执行的创作代码的第一行，
        /// 已执行，逻辑上等同于 main() 或 WinMain()。
        /// </summary>
        public App()
        {
            this.InitializeComponent();
            this.Suspending += OnSuspending;
        }

        /// <summary>
        /// 在应用程序由最终用户正常启动时进行调用。
        /// 将在启动应用程序以打开特定文件等情况下使用。
        /// </summary>
        /// <param name="e">有关启动请求和过程的详细信息。</param>
        protected override void OnLaunched(LaunchActivatedEventArgs e)
        {
            Frame rootFrame = Window.Current.Content as Frame;

            // 不要在窗口已包含内容时重复应用程序初始化，
            // 只需要确保窗口处于活动状态
            if (rootFrame == null)
            {
                // 创建要充当导航上下文的框架，并导航到第一页
                rootFrame = new Frame();

                rootFrame.NavigationFailed += OnNavigationFailed;

                if (e.PreviousExecutionState == ApplicationExecutionState.Terminated)
                {
                    //TODO: 从之前挂起的应用程序加载状态
                }

                // 将框架放在当前窗口中
                Window.Current.Content = rootFrame;
            }

            if (e.PrelaunchActivated == false)
            {
                if (rootFrame.Content == null)
                {
```

```
            // 当导航堆栈尚未还原时，导航到第一页，
            // 并通过将所需信息作为导航参数传入来配置
            // 参数
            rootFrame.Navigate(typeof(MainPage), e.Arguments);
        }
        // 确保当前窗口处于活动状态
        Window.Current.Activate();
    }
}

/// <summary>
/// 导航到特定页失败时调用
/// </summary>
///<param name="sender">导航失败的框架</param>
///<param name="e">有关导航失败的详细信息</param>
void OnNavigationFailed(object sender, NavigationFailedEventArgs e)
{
    throw new Exception("Failed to load Page " + e.SourcePageType.FullName);
}

/// <summary>
/// 在将要挂起应用程序执行时调用。
/// 无须知道应用程序会被终止还是会恢复，
/// 并让内存内容保持不变。
/// </summary>
/// <param name="sender">挂起的请求的源。</param>
/// <param name="e">有关挂起请求的详细信息。</param>
private void OnSuspending(object sender, SuspendingEventArgs e)
{
    var deferral = e.SuspendingOperation.GetDeferral();
    //TODO: 保存应用程序状态并停止任何后台活动
    deferral.Complete();
    }
  }
}
```

以上代码大多数都是注释(以"///"开头)，其他语句现在不需要理解。最关键的是加粗的 OnLaunched 方法。该方法在应用程序启动时运行，它的代码导致应用程序新建一个 Frame 对象，在这个"框架"(frame)中显示 MainPage 窗体并激活它。目前不要求掌握代码具体如何工作以及具体的语法，只需记住它决定着应用程序启动时如何显示窗体。

1.7.2　向图形应用程序添加代码

了解图形应用程序的结构之后，接着写代码让程序干点儿"实事"。下个练习将编写在用户单击 OK 按钮后运行的 C#代码。代码会显示一条个性化的欢迎辞，其中会用到用户在 TextBox 控件中输入的名字。

1. 在"解决方案资源管理器"中双击 MainPage.xaml，在设计视图中打开。

2. 在设计视图中单击 OK 按钮选定它。

3. 如下图所示，在属性窗口中选择"事件处理程序"按钮(上面有一个闪电图标)。

属性窗口显示 Button 控件的事件列表。所谓"事件"，是指通常需要做出响应的一个操作，比如用户单击按钮。可以自己写代码来响应某个事件。

4. 在 Click 事件旁边的文本框中输入 okClick，按 Enter 键。随后将打开 MainPage.xaml.cs，并在 MainPage 类中自动添加 okClick 方法，如下所示。

```
private void okClick(object sender, RoutedEventArgs e)
{
}
```

现在不理解代码的语法没有关系，第 3 章会详细讲解。

5. 在文件顶部添加以下加粗的 using 语句，省略号代表省略的语句。

```
using System;
...
using Windows.UI.Xaml.Navigation;
using Windows.UI.Popups;
```

6. 在 okClick 方法中添加以下加粗的代码。

```
void okClick(object sender, RoutedEventArgs e)
{
    MessageDialog msg = new MessageDialog($"Hello {userName.Text}");
    _ = msg.ShowAsync(); // 显示消息框，但忽略返回值

}
```

单击 OK 按钮将运行上述代码。同样，语法目前无须深究(只需确定输入的和显示的一致)，具体将在随后的几章学习。只需理解第一个语句创建 MessageDialog 对象，

向它传递消息 "Hello *YourName*"，其中 *YourName* 是你在 TextBox 中输入的名字。第二个语句实际显示该 MessageDialog，使它在屏幕上出现。MessageDialog 类在 Windows.UI.Popups 命名空间中定义，所以要在步骤 5 添加相应的 using 语句。

注意　ShowAsync() 方法会返回一个值，但本例并不关心这个值。换言之，我们只想用该方法显示一个消息框。对于这样的情况，可用一个下画线(_)代表变量名，表示你有意丢弃返回值。删除 _=这两个字符，上述代码仍能工作，但 Visual Studio 会在这行代码下方添加绿色波浪线以示警告。鼠标移到上方，会显示警告消息："由于此调用不会等待，因此在此调用完成之前将会继续执行当前方法。请考虑将 "await" 运算符应用于调用结果。"简单地说，这表明你事实上忽略了返回值，但自己可能没意识到。在这种情况下，好的编程实践是始终明确表明你的意图，即有意要忽略返回值。用下画线(_)取代变量名，称为"弃元"。

---

7. 单击窗口上方的 MainPage.xaml 标签重新显示设计视图。

8. 在底部的 XAML 描述中检查 Button 元素，但不要进行任何改动。注意，它现在包含一个 Click 属性，该属性引用了 okClick 方法，如下所示：

```
<Button x:Name="ok" ... Click="okClick" />
```

9. 选择"调试" | "开始调试"。

10. 在随后出现的窗体中，在文本框内输入自己的名字，然后单击 OK 按钮。随后将显示一条消息来欢迎你，如下图所示。

11. 单击"关闭"按钮来关闭消息框。

12. 返回 Visual Studio 2022，在"调试"菜单中选择"停止调试"。

其他类型的图形应用程序

除了 UWP 应用，Visual Studio 2022 还支持创建其他类型的图形应用程序。它们针对的是特定环境，无法在不修改的情况下跨平台运行。

- **WinUI3 应用**　WinUI3 是用于构建图形应用程序的一套最新的 API 和工具。UWP 应用在一个安全沙盒中运行，但高的安全性限制了一些可用的功能。WinUI3 应用则作为原生桌面应用运行，对 Windows 提供的所有功能有完全的访问权限。这时你肯定会问："为什么这本书还是使用 UWP 而不是 WinUI3？"答案是，在本书写作时，WinUI3 仍然是一项正在进行的工作，没有完全完成。使用 UWP 提供了一定程度的稳定性，而 WinUI3 还不具备这种稳定性。本书未来出新版本时，我倒希望将所有示例和代码都切换到 WinUI3。此外，微软已经表明，在 WinUI3 的第一个发行版本中，不会包含相应的图形设计工具。这意味着你将不得不手动开发用户界面——要么从头开始手工打造自己的 XAML 标记，要么使用各种 C# API。所以，为了保持简单，我选择在本书的大部分内容中坚持使用 UWP；它并不影响 C#，只是影响你创建 UI 的方式。

- **.NET MAUI 应用**　MAUI 是指"多平台应用程序用户界面"(Multi-platform Application User Interface)。.NET MAUI 应用可在 Windows 和非 Windows 设备上运行。支持的操作系统包括 Android、macOS、iOS 和 iPadOS。用 .NET MAUI 创建的移动和桌面应用可在多种平台上不加修改地运行，其中包括 Microsoft Surface、Mac Mini、iPhone 和 Android 平板。.NET MAUI 超出了本书的范围，但其本质与构建 UWP 应用程序非常相似。仍然是用 XAML 定义用户界面，用 C# 编写应用逻辑。但是，它能使用的控件和 UWP 应用有一些区别。此外，由于底层操作系统和设备功能的性质，应用程序的结构也略有不同。但是，一旦知道了如何创建 UWP 应用，就可以很容易地转向 .NET MAUI 应用。

- **WPF 应用**　WPF 全称是 "Windows Presentation Foundation"，在 Windows 桌面上运行，不能灵活适应不同设备和不同尺寸规格。提供了极其强大的矢量图形框架，允许用户在各种桌面分辨率下无缝地操作。WPF 的许多核心功能 UWP 应用也支持，但 WPF 的一些额外功能只有强大的台式电脑才支持。

- **Windows 窗体应用**　Windows Forms 是较老的图形库，最早可追溯到 .NET Framework 问世之初。从名字就可以看出，它使用 Windows 早期提供的 "图形设备接口"(GDI) 来构建传统的、基于窗体(forms)的应用程序。虽然该框架上手方便，但既不具备 WPF 的功能和伸缩性，也不具备 UWP 的可移植性。

目前要构建图形应用，除非有特别正当的理由，否则建议无脑选择 UWP 模板。

小结

本章讲述了如何使用 Visual Studio 2022 创建、生成和运行应用程序；创建了控制台应用程序，在控制台窗口中显示输出；还创建了具有简单 GUI 的图形应用程序。

- 如果希望继续学习下一章，请继续运行 Visual Studio 2022，然后阅读第 2 章。
- 如果希望现在就退出 Visual Studio 2022，请选择"文件"|"退出"。如果看到"保存"对话框，请单击"是"按钮保存项目。

第 1 章快速参考

目标	操作

使用.NET CLI 新建控制台应用程序	在命令行上运行以下命令来创建应用：
	
	`dotnet new console`
	
	用以下命令生成并运行应用：
	
	`dotnet run`

使用 Visual Studio 2022 新建控制台应用程序	选择"文件"|"新建"|"项目"来打开"创建新项目"对话框。选择 C#语言、Windows 平台和"控制台"项目类型。选择"控制台应用(.NET Framework)"模板。在"配置新项目"对话框中指定项目名称、位置和解决方案名称。在"位置"文本框中为项目文件选择目录。应用程序的目标框架保持当前设置不变
使用 Visual Studio 2022 新建 UWP 应用	选择"文件"|"新建"|"项目"打开"创建新项目"对话框。选择 C# 语言、Windows 平台和"UWP"项目类型。选择"空白应用(通用 Windows)"模板。在"配置新项目"对话框中指定项目名称、位置和解决方案名称。指定应用程序要在什么目标 Windows 版本上运行
生成应用程序	选择"生成"|"生成解决方案"
以调试模式运行应用程序	选择"调试"|"开始调试"(F5)
运行应用程序而不调试	选择"调试"|"开始运行(不调试)"(Ctrl+F5)

第 2 章

使用变量、操作符和表达式

学习目标

- 理解语句、标识符和关键字
- 使用变量存储信息
- 使用基元数据类型
- 使用+和-以及其他算术操作符
- 变量递增递减
- 声明隐式类型的局部变量

第1章讲述了如何用 Microsoft Visual Studio 2022 编程环境生成和运行控制台应用程序和图形应用程序。本章学习 Microsoft Visual C#的语法和语义元素,包括语句、关键字和标识符;学习 C#语言内建的基元数据类型以及每种类型所容纳的值的特征;学习如何声明和使用局部变量(只存在于方法或其他小段代码内的变量);学习 C#算术操作符;学习如何使用操作符来处理值;还将学习如何控制含有两个或更多操作符的表达式。

2.1 理解语句

语句是执行操作的命令,如计算值,存储结果,或者向用户显示消息。我们组合各种语句来创建方法。第 3 章将更详细地介绍方法。目前暂时将**方法**视为具名的语句序列。第 1 章介绍过的 Main 就是方法的例子。

C#语句遵循良好定义的规则集。这些规则描述语句的格式和构成,统称为**语法**。对应地,描述语句做什么的规范统称为**语义**。最简单也是最重要的一个 C#语法规则是,所有语句都必须以分号终止。例如,如果忘记加上用于终止的分号,以下语句将不能编译:

```
Console.WriteLine("Hello World!");
```

📝 **提示** C#是"自由格式"语言，意味着所有空白(如空格字符或换行符)仅充当分隔符，除此之外毫无意义。换言之，编译器会忽略这些空白。所以，你可按照自己喜欢的样式安排语句布局。简单的、统一的布局样式使程序更易阅读和理解。

学好语言的窍门是先了解其语法和语义，然后采用自然的、符合语言习惯的方式使用语言。这会使程序更容易维护。那些自以为聪明、但不好读的代码只会使人迷惑。无论是你还是其他人，需要重新审视当时写的代码时，都会一脸的懵逼。本书为很多非常重要的C#语句提供了实际的例子。

2.2 使用标识符

标识符是对程序中的各个元素进行标识的名称。这些元素包括命名空间、类、方法和变量(后面很快就会讲到变量)。在 C#语言中选择标识符时必须遵循以下语法规则。

- 只能使用字母(大写和小写)、数字和下画线。
- 标识符必须以字母或下画线开头。

例如，result、_score、footballTeam 和 plan9 是有效标识符；result%、footballTeam$和 9plan 则不是。

🐛 **重要提示** C#区分大小写。例如，footballTeam 和 FootballTeam 是不同的标识符。

2.3 C#语言的关键字

C#语言保留 77 个标识符供自己使用，程序员不可出于自己的目的而重用这些标识符。这些标识符称为**关键字**，每个关键字都有特定含义。关键字的例子包括 class、namespace 和 using 等。随着本书讨论的深入，将学习大多数关键字的含义。下面列出了这些关键字。

abstract	do	in	protected	true
as	double	int	public	try
base	else	interface	readonly	typeof
bool	enum	internal	ref	uint
break	event	is	return	ulong
byte	explicit	lock	sbyte	unchecked
case	extern	long	sealed	unsafe
catch	false	namespace	short	ushort
char	finally	new	sizeof	using
checked	fixed	null	stackalloc	virtual
class	float	object	static	void
const	for	operator	string	volatile

continue	foreach	out	struct	while
decimal	goto	override	switch	
default	if	params	this	
delegate	implicit	private	throw	

> **提示** C#语言在"代码和文本编辑器"窗口中，输入的关键字默认自动显示成蓝色。

C#还使用了以下标识符。这些不是 C#保留关键字，可作为自己方法、变量和类的名称使用，但尽量避免这样做。

add	global	select
alias	group	set
ascending	into	value
async	join	var
await	let	when
descending	nameof	where
dynamic	orderby	yield
from	partial	
get	remove	

2.4 使用变量

变量是容纳值的一个存储位置。可将变量想象成计算机内存中容纳临时信息的容器。程序每个变量在其使用范围内都必须有无歧义名称。我们用该名称引用变量容纳的值。例如，存储商品价格可创建 cost 变量，并将价格存储到该变量。以后引用 cost 变量，获取的值就是之前存储的价格。

2.4.1 命名变量

为变量采用恰当的命名规范来避免混淆。作为开发团队的一员，这一点尤其重要。统一的命名规范有助于减少 bug。下面是一些常规建议。

- 不要以下画线开头。虽然在 C#语言中合法，但限制了和其他语言(如 Visual Basic)的代码的互操作性。
- 不要创建仅大小写不同的标识符。例如，不要同时使用 **myVariable** 和 **MyVariable** 变量，它们很易混淆。而且在 Visual Basic 这样不区分大小写的语言中，类的可重用能力也会受限。
- 名称以小写字母开头。
- 在包含多个单词的标识符中，从第二个单词起，每个单词都首字母大写(称为 camelCase 记号法)。
- 不要使用匈牙利记号法。Visual C++开发人员熟悉这种记号法。不明白匈牙利记号法也不必深究。

例如，score、footballTeam、_score 和 FootballTeam 都是有效变量名，但后面两个不推荐。

2.4.2 声明变量

变量容纳值。C#语言能存储和处理许多类型的值，包括整数、浮点数和字符串等。声明变量时，必须指定它要容纳的数据的类型。

变量类型和名称在声明语句中声明。例如，以下语句声明 age 变量来容纳 int 值。记住所有语句必须以分号终止：

```
int age;
```

int 是 C#语言基元数据类型之一(后面会讲到其他基元数据类型)。

> **注意** Visual Basic 程序员注意，C#语言不允许隐式变量声明。所有变量必须显式声明之后才能使用。

变量声明好后就可以赋值。以下语句将值 42 赋给 age。同样，最后的分号必不可少：

```
age = 42;
```

等号(=)是**赋值操作符**，作用是将右侧的值赋给左侧的变量。赋值后可在代码中使用名称 age 来引用其容纳的值。以下语句将变量 age 的值写到控制台：

```
Console.WriteLine(age);
```

> **提示** 在 Visual Studio 2022 的"代码和文本编辑器"窗口中，鼠标放到变量名上会提示变量类型。

2.4.3 指定数值

变量类型决定了变量能容纳什么数据以及数据的处理方式。例如，数值变量显然不能容纳"Hello"这样的字符串值。但有时赋给变量的值的类型并非总是那么清晰。

以字面值 42 为例[①]。它是数值。更具体地说是整数，可直接赋给整数类型的变量。但如果赋给非整型(比如浮点变量)会发生什么？答案是 C#会悄悄地将整数值转换为浮点值。关系不大，但不推荐。推荐的做法是明确指定你想把字面值 42 当作浮点数，而不是因为不小心才把它赋给不匹配类型的变量。为数值附加 F 后缀就可以，例如：

```
float myVar; // 声明浮点变量
myVar = 42F; // 将浮点值赋给变量
```

[①] 译注：字面值(literal)是直接在代码中输入的值，包括数字和字符串值。也称为直接量或文字常量。本书使用"字面值"。

那么，值 0.42 是什么类型的表达式？含小数点的所有数值都是双精度浮点数，称为 double 值。下一节会讲到，double 具有比 float 更大的范围和更高的精度。主动附加 F 后缀才能将值 0.42 赋给 float 变量 (这也是 C#编译器的强制要求):

```
myVar = 0.42F;
```

C#语言还有其他数值类型：long 是长整数，范围比整数大；decimal 是小数，能容纳精确的小数值(float 和 double 在计算时可能被取整，所以只能算是近似值)。long 值用后缀 L 指定，decimal 值用 M 指定[①]。

前面这些话听起来比较琐碎，但将不当类型的值赋给变量而造成程序出错实在是太常见了。例如，计算小数位很长的一个值，将结果存储到 float 变量中，可能发生什么？最糟糕的结果是一些小数位被截掉。这样一来，你发射的航天探测器会完美错过火星，向太阳系中不知深处的空间前进！

2.5　使用基元数据类型

C#语言内建许多**基元数据类型**[②]，用于存储常用的数值、字符串、字符和 Boolean 值。下表总结了 C#语言最常用的基元数据类型及其取值范围。

类型	说明	大小(位)	范围	示例
int	整数	32	$-2^{31} \sim 2^{31} - 1$	int count; count = 42;
long	整数(更大范围)	64	$-2^{63} \sim 2^{63} - 1$	long wait; wait = 42L;
float	浮点数	32	$-3.4 \times 10^{-38} \sim 3.4 \times 10^{38}$	float away; away = 0.42F;
double	双精度(更精确)浮点数	64	$\pm 5.0 \times 10^{-324} \sim \pm 1.7 \times 10^{308}$	double trouble; trouble = 0.42;
decimal	货币值(具有比 double 更高的精度和更小的范围)	128	28 位小数	decimal coin; coin = 0.42M;
string	字符的序列	每字符 16 位	不适用	string vest; vest = "forty two";
char	单字符	16	单字符	char grill; grill = 'x';
bool	布尔值	8	true 或 false	bool teeth; teeth = false;

[①] 译注：为什么用 M 代表 decimal，一个原因是 D 已被 double 占用，另一个原因是 M 代表 Money，金融计算肯定需要精确。

[②] 译注："基元数据类型"(primitive data type)是文档的译法。有时也称"基本数据类型"或"原始数据类型"。

2.5.1　未赋值的局部变量

变量声明时会包含一个随机值，直至被明确赋值。C 和 C++程序的许多 bug 都是由于误用了未赋值的变量。但是，C#不允许使用未赋值的变量。变量只有赋值后才能使用，否则程序无法编译。这就是所谓的**明确赋值规则**。例如，由于 age 尚未赋值，所以以下语句造成编译错误(错误 CS0165：使用了未赋值的局部变量 age)：

```
int age;
Console.WriteLine(age); // 编译错误
```

2.5.2　显示基元数据类型的值

以下练习使用名为 PrimitiveDataTypes 的 C#程序演示几种基元数据类型的工作方式。

> **显示基元数据类型的值**

1. 如果 Visual Studio 2022 正在运行，选择"文件"|"打开"|"项目/解决方案"，如下图所示。

如果还没有运行 Visual Studio 2022，请启动它，然后在右侧窗格中选择"打开项目或解决方案"，如下图所示。

随后出现"打开项目/解决方案"对话框。

2. 切换到"文档"文件夹下的\Microsoft Press\VCSBS\Chapter 2\PrimitiveDataTypes 子文件夹。

3. 选择解决方案文件 PrimitiveDataTypes，单击"打开"。

   随后将加载解决方案。"解决方案资源管理器"将显示 PrimitiveDataTypes 项目，如下图所示。

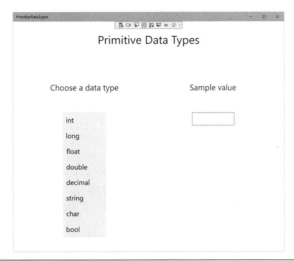

> **注意** 解决方案文件使用 .sln 扩展名，例如 PrimitiveDataTypes.sln。解决方案可包含一个或多个项目。项目文件使用 .csproj 扩展名。如果打开项目而不是解决方案，Visual Studio 2022 自动为它创建新的解决方案文件。不注意的话，可能会造成困扰，可能稍有不慎就为同一个项目生成多个解决方案。

4. 选择"调试"|"开始调试"。相比直接运行应用程序，以这种方式运行应用程序可以更容易地捕捉并报告错误。

5. 在 Choose a data type(选择数据类型)列表中单击 string 类型。

   forty two 这个值会出现在 Sample value(示例值)文本框中。

6. 单击列表中的 int 类型。

   Sample value 文本框显示值 to do，表明用于显示 int 值的语句还没有写好。

7. 单击列表中的每种数据类型。确定用于 double 和 bool 类型的代码都还没有实现。

8. 返回 Visual Studio 2022，选择"调试"|"停止调试"。也可关闭窗口来停止调试。

➢ **在代码中使用基元数据类型**

1. 在"解决方案资源管理器"中展开 PrimitiveDataTypes 项目，双击 MainPage.xaml 文件。

   应用程序的窗体将出现在"设计视图"窗口中。

提示 如屏幕不够大，窗体显示不完全，可用快捷键 Ctrl+Alt+=和 Ctrl+Alt+-或 Ctrl+鼠标滚轮放大缩小窗体，或从设计视图左下角的下拉列表中选择显示比例。

2. 在 XAML 窗格向下滚动，找到 **ListBox** 控件的标记。该控件在窗体左侧显示数据类型列表，其代码如下(省略了一些属性)：

```
<ListBox x:Name="type" ... SelectionChanged="typeSelectionChanged">
  <ListBoxItem>int</ListBoxItem>
  <ListBoxItem>long</ListBoxItem>
  <ListBoxItem>float</ListBoxItem>
  <ListBoxItem>double</ListBoxItem>
  <ListBoxItem>decimal</ListBoxItem>
  <ListBoxItem>string</ListBoxItem>
  <ListBoxItem>char</ListBoxItem>
  <ListBoxItem>bool</ListBoxItem>
</ListBox>
```

ListBox 控件将每个数据类型显示成单独的 **ListBoxItem**。应用程序运行时，如果单击列表项，会发生 **SelectionChanged** 事件(比如，第 1 章描述的单击按钮时发生 **Click** 事件)。该程序是在发生该事件时调用 MainPage.xaml.cs 文件中定义的 **typeSelectionChanged** 方法。

3. 选择"视图"|"代码"，或者按功能键 F7。
随后，"代码和文本编辑器"窗口中显示 MainPage.xaml.cs 文件的内容。

注意 记住，可以用"解决方案资源管理器"来访问代码，展开 MainPage.xaml 后双击 MainPage.xaml.cs。

4. 在文件中找到 **typeSelectionChanged** 方法。
要在当前项目查找特定内容，可在"编辑"菜单中选择"查找和替换"|"快速查找"(Ctrl+F)。随后会打开搜索框。输入要查找的某一项的名称，单击"查找下一个"按钮，如下图所示。

默认不区分大小写。要区分大小写，单击搜索框下方的"区分大小写"按钮(Aa)。也可以不用"编辑"菜单，直接按快捷键 Ctrl+F 进行快速查找，按快捷键 Ctrl+H 进行快速替换。

除了快速查找，还可利用"代码和文本编辑器"窗口上方的类成员下拉列表查找方法。列表显示了类定义的所有方法、变量和其他项(以后会详细讲述)。从列表中选择 typeSelectionChanged。光标便会直接跳至该方法，如下图所示。

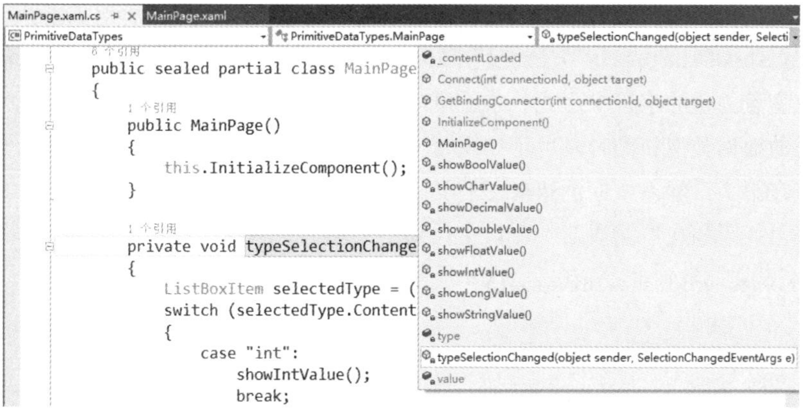

如果有其他语言的编程经验，或许已猜到 typeSelectionChanged 方法的工作原理。如果没有，第 4 章会详细讲解这些代码。目前只需要理解一点：单击 ListBox 控件中的列表项时，那一项的细节会被传给该方法，后者以此来决定接下来要做什么。例如，单击 float 的话，会调用 showFloatValue 方法。

5. 向下滚动代码，找到 showFloatValue 方法，如下所示：

```
private void showFloatValue()
{
    float floatVar;
    floatVar = 0.42F;
    value.Text = floatVar.ToString();
}
```

方法主体包含三个语句。第一个声明 float 类型的变量 floatVar，第二个将值 0.42F 赋给变量 floatVar。

🐞**重要提示**　F 是类型后缀，指出值 0.42 应被当作 float 值。如忘记添加 F 后缀，值 0.42 默认被当作 double 值。这样程序将无法编译，因为如果不写额外的代码，就不能将一种类型的值赋给另一种类型的变量。C#语言在这方面很严格。

第三个语句在窗体的 **value** 文本框显示该变量的值。多留意一下该语句。第 1 章说过，文本框要显示内容须设置其 **Text** 属性。第 1 章是用 XAML 来做，但还可像本例那样采用编程方式。注意，是用以前所介绍的用于运行方法的"点"记号法访问对象的属性。还记得第 1 章介绍的 **Console.WriteLine** 方法吗？另外，为 **Text** 属性提供的数据必须是字符串而不能是数字。将数字赋给 **Text** 属性，程序将无法编译。幸好，.NET 库通过 **ToString** 方法提供了帮助。

.NET Framework 的所有数据类型都有 **ToString** 方法，用于将对象转换成字符串形式。**showFloatValue** 方法使用 **float** 类型的 **floatVar** 变量的 **ToString** 方法生成该变量的值的字符串形式。字符串可安全赋给 **value** 文本框的 **Text** 属性。创建自己的数据类型和类时，也可实现 **ToString** 方法指定如何用字符串表示类的对象。将在第 7 章学习如何创建自己的类。

6. 在"代码和文本编辑器"窗口中找到如下所示的 **showIntValue** 方法：

```
private void showIntValue()
{
    value. Text = "to do";
}
```

在列表框中单击 **int** 类型时会调用 **showIntValue** 方法。

7. 在 **showIntValue** 方法开头(起始大括号后另起一行)输入以下加粗显示的两个语句：

```
private void showIntValue()
{
    int intVar;
    intVar = 42;
    value.Text = "to do";
}
```

第一个语句创建变量 **intVar** 来容纳 **int** 值。第二个将值 42 赋给变量。

8. 在方法的原始语句中，将字符串"to do"改成 **intVar.ToString()**。方法现在像下面这样：

```
private void showIntValue()
{
    int intVar;
    intVar = 42;
    value.Text = intVar.ToString();
}
```

9. 在"调试"菜单中选择"开始调试"。
窗体再次出现。

---

10. 从列表框选择 int 类型。确定 Sample value 框显示值 42。

11. 返回 Visual Studio 2022，在"调试"菜单中选择"停止调试"命令。

12. 在"代码和文本编辑器"窗口中找到 showDoubleValue 方法。

13. 编辑 showDoubleValue 方法，添加加粗显示的代码：

```
private void showDoubleValue()
{
    double doubleVar;
    doubleVar = 0.42;
    value.Text = doubleVar.ToString();
}
```

代码和 showIntValue 方法相似，只是创建 double 变量 doubleVar，赋值 0.42。

14. 在"代码和文本编辑器"窗口中找到 showBoolValue 方法。

15. 编辑 showBoolValue 方法：

```
private void showBoolValue()
{
    bool boolVar;
    boolVar = false;
    value.Text = boolVar.ToString();
}
```

代码和之前的例子相似，不过 boolVar 变量只能容纳布尔值 true 或 false。本例赋值 false。

16. 在"调试"菜单中选择"开始调试"。

17. 从 Choose a data type 列表中选择 int、double 和 bool 类型。在每一种情况下，都验证 Sample value 列表框中显示的是正确的值。

18. 返回 Visual Studio 2022，在"调试"菜单中选择"停止调试"。

2.6 使用算术操作符

C#支持我们小时候学过的常规算术操作符：加号(+)、减号(-)、星号(*)和正斜杠(/)分别执行加、减、乘、除。它们称为**操作符**或**运算符**，对值进行"操作"或"运算"来生成新值。在下例中，moneyPaidToConsultant 变量最终容纳的是值 750(每天的费用)和值 20(天数)的乘积，结果就是要付给顾问的钱。

```
long moneyPaidToConsultant;
moneyPaidToConsultant = 750 * 20;
```

2.6.1　操作符和类型

不是所有操作符都适合所有数据类型。操作符能不能应用于某个值要取决于值的类型。例如，可对 char、int、long、float、double 或 decimal 类型的值使用任何算术操作符。但除了加法操作符(+)，不能对 string 类型的值使用其他任何算术操作符。对于 bool 类型的值，则什么算术操作符都不能用。所以以下语句是不允许的，因为 string 类型不支持减法操作符(从一个字符串减另一个字符串没有意义)：

```
// 编译时错误
Console.WriteLine("Gillingham" - "Forest Green Rovers");
```

操作符+可用于连接字符串值。使用需谨慎，因为可能得到出乎意料的结果。例如，以下语句在控制台中写入"431"(而不是"44")：

```
Console.WriteLine("43" + "1");
```

提示　.NET 库提供了 Int32.Parse 方法。要对作为字符串存储的值执行算术运算，可先用 Int32.Parse 将其转换成整数值。

字符串插值

C#现在完全不鼓励用+操作符连接字符串。

之所以要连接字符串，通常是为了生成插入了变量值的一个字符串。例如以下语句：

```
string username = "John";
string message = "Hello " + userName;
```

而利用字符串插值(string interpolation)技术，则可以这样写：

```
string username = "John";
string message = $"Hello {userName}";
```

开头的$符号表明这是插值字符串，{和}之间的任何表达式都要求值并置换。无前置$符号，字符串{username}将按字面意思处理。

字符串插值比+操作符高效得多。由于.NET 库处理字符串的方式，用+来连接字符串可能消耗大量内存。字符串插值可读性更强，更不容易出错(只不过这一点存在争议)。

还要注意，算术运算的结果类型取决于操作数类型。例如，表达式 5.0 / 2.0 的值是 2.5。

[①] 译注：本书统一为"操作符"和"操作数"。

两个操作数的类型均是 double，结果也是 double。在 C#语言中，带小数点的字面值肯定是 double 值，而不是 float 值，目的是保留尽可能高的精度。但表达式 5 / 2 的结果是 2。两个操作数的类型均是 int，结果也是 int。C#在这种情况下总是对值进行向下取整。

另外，混合使用不同的操作数类型，情况会变得更复杂。例如，表达式 5 / 2.0 包含 int 值和 double 值。C#编译器检测到这种不一致的情况，自动生成代码将 int 转换成 double 再执行计算。所以，以上表达式的结果是 double 值(2.5)。能这样写，但不建议。

C#还支持你或许不太熟悉的一个算术操作符，即取模(模除、余数)操作符。它用百分号 (%)表示。x % y 的结果就是用 x 除以 y 所得的余数。例如，9 % 2 结果是 1，因为 9 除以 2，结果是 4 余 1。

注意 如果熟悉 C 和 C++，就知道它们不允许对 float 类型的值和 double 类型的值使用取模操作符。但 C#允许。取模操作符适用于所有数值类型，而且结果不一定为整数。例如，表达式 7.0 % 2.4 结果是 2.2。

数值类型和无穷大

C#语言的数字还有另两个特性是你必须了解的。例如，任何数除以 0 所得的结果是无穷大，超出了 int，long 和 decimal 类型的范围。所以，计算 5 / 0 这样的表达式会出错。但 double 和 float 类型实际上有一个可以表示无穷大的特殊值，因此表达式 5.0 / 0.0 的值是 ∞(无穷大)。该规则唯一的例外是表达式 0.0 / 0.0。通常，如果 0 除以任何数，结果都是 0，但任何数除以 0 结果是无穷大。表达式 0.0 / 0.0 会陷入一种自相矛盾的境地：值既是 0，又是无穷大。针对这种情况，C#语言提供了另一个值 NaN，即"not a number"。所以，如果计算表达式 0.0 / 0.0，则结果为 NaN。

求值结果 NaN 和∞可在更大的表达式中使用。例如，计算 10 + NaN，结果是 NaN；计算 10 + ∞，结果是∞；计算∞ * 0，结果是 NaN。注意，NaN 和∞必须是另一个表达式的求值结果。

2.6.2 深入了解算术操作符

以下练习演示如何对 int 类型的值使用算术操作符。

➢ **运行 MathsOperators 项目**

1. 如果尚未运行 Visual Studio 2022，请先启动。

2. 打开 MathsOperators 解决方案，它位于"文档"文件夹下面的 \Microsoft Press\VCSBS\Chapter 2\MathsOperators 子文件夹。

3. 在"调试"菜单中选择"开始调试"命令。
   随后将显示如下图所示的窗体。

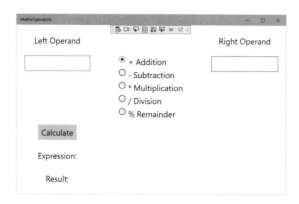

4. 在 Left Operand(左操作数)文本框中输入 **54**。

5. 在 Right Operand(右操作数)文本框中输入 **13**。

   随后，可以向两个文本框中的值应用任意操作符。

6. 单击 - Subtraction(减)单选钮，再单击 Calculate(计算)按钮。

   Expression(表达式)框中的文本变成 54-13，Result(结果)框显示 0。这明显是错的。

7. 单击/ Division(除)，再单击 Calculate 按钮。

   Expression 文本框中的文本变成 54 / 13，Result 框再次显示 0。

8. 单击% Remainder(取模)，再单击 Calculate 按钮。Expression 框中的文本变成 54 %
   13，Result 框再次显示 0。测试其他数字和操作符组合，证实目前结果都显示 0。

注意　输入任何非整数的操作数，应用程序检测到错误并显示消息 "Input string was not in
a correct format."。第 6 章将介绍如何捕捉和处理错误/异常。

9. 返回 Visual Studio 并选择"调试" | "停止调试"。

MathsOperators 应用程序目前没有实现任何计算。下个练习将进行改进。

➤ 在 MathsOperators 应用程序中执行计算

1. 在设计视图下的窗口中显示 MainPage.xaml 窗体，根据需要，在"解决方案资源管
   理器"的 MathsOperators 项目中双击 MainPage.xaml。

2. 选择"视图" | "其他窗口" | "文档大纲"。

   随后将打开如下图所示的"文档大纲"窗口，其中列出了窗体上各个控件的名称和
   类型。"文档大纲"窗口提供一个简单的方式在复杂窗体中定位并选择控件。控件
   分级显示，最顶级的是构成窗体的 Page。如第 1 章所述，UWP 应用的"页"包含
   一个 Grid 控件，其他控件都放在该 Grid 中。在"文档大纲"中展开 Grid 节点就
   会看到其他控件。其他控件以另一个 Grid 开始(外层 Grid 作为 frame 或框架使用，
   内层 Grid 包含窗体上出现的控件)。展开内层 Grid 将列出窗体上的所有控件。

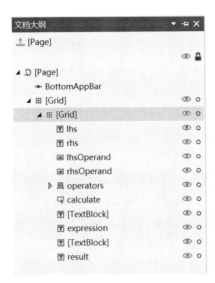

单击任何控件，对应元素在设计视图中突出显示。类似，在设计视图中选中控件，对应控件在"文档大纲"窗口中突出显示。单击"文档大纲"窗口右上角的图钉按钮来固定窗口，更好地体验这个功能。

3. 在窗体上单击供用户输入数字的两个 TextBox 控件。在"文档大纲"窗口中，确认它们分别命名为 lhsOperand 和 rhsOperand。

   窗体运行时，这两个控件的 Text 属性都容纳了用户输入的值。

4. 在窗体底部，确认用于显示表达式的 TextBlock 控件命名为 expression，用于显示计算结果的 TextBlock 控件命名为 result。

5. 关闭"文档大纲"窗口。

6. 选择"视图"|"代码"，在"代码和文本编辑器"窗口中显示 MainPage.xaml.cs 文件的代码。

7. 在"代码和文本编辑器"窗口中找到 addValues 方法，如下所示：

```
private void addValues()
{
    int lhs = int.Parse(lhsOperand.Text);
    int rhs = int.Parse(rhsOperand.Text);
    int outcome = 0;
    // TODO: Add rhs to lhs and store the result in outcome
    expression.Text = $"{lhsOperand.Text} + {rhsOperand.Text}";
    result.Text = outcome.ToString();
}
```

第一个语句声明了一个 int 变量，名为 lhs，初始化为用户在 lhsOperand 框中输入的整数。记住 TextBox 控件的 Text 属性包含字符串，但 lhs 是 int，所以必须先将字符串转换为整数，然后才能赋给 lhs。int 数据类型提供了 int.Parse 方法来执行这个转换。

第二个语句声明 int 变量 rhs。rhsOperand 框中的值转换为 int 之后赋给它。

第三个语句声明 int 变量 outcome。

一条注释指出要将 lhs 和 rhs 加到一起，结果存储到 outcome 中。这将在下个步骤实现。

第五个语句利用字符串插值构造一个字符串来显示要执行的计算，并将结果赋给 expression.Text 属性，因而字符串显示在窗体的 expression 框中。

最后一个语句将计算结果赋给 result 框的 Text 属性以显示。记住 Text 属性的值是字符串，而计算结果是 int，所以必须先转换成字符串才能赋给 Text 属性。这正是 int 类型的 ToString 方法的作用。

8. 在 addValues 方法中部的注释下添加以下加粗显示的语句：

```
private void addValues()
{
    int lhs = int.Parse(lhsOperand.Text);
    int rhs = int.Parse(rhsOperand.Text);
    int outcome=0;
    // TODO: Add rhs to lhs and store the result in outcome
    outcome = lhs + rhs;
    expression.Text = $"{lhsOperand.Text} + {rhsOperand.Text}";
    result.Text = outcome.ToString();
}
```

该语句对表达式 lhs + rhs 进行求值，结果存储到 outcome 中。

9. 检查 subtractValues 方法。该方法遵循相似的模式，需要添加语句计算从 lhs 减去 rhs 的结果，并存储到 outcome 中。在方法中添加以下加粗显示的语句：

```
private void subtractValues()
{
    int lhs = int.Parse(lhsOperand.Text);
    int rhs = int.Parse(rhsOperand.Text);
    int outcome=0;
    // TODO: Subtract rhs from lhs and store the result in outcome
    outcome = lhs - rhs;
    expression.Text = $"{lhsOperand.Text} - {rhsOperand.Text}";
    result.Text = outcome.ToString();
}
```

10. 检查 mutiplyValues，divideValues 和 remainderValues 方法。它们同样缺失了执行指定计算的关键语句。添加缺失的语句(加粗显示)：

```
private void multiplyValues()
{
    int lhs = int.Parse(lhsOperand.Text);
    int rhs = int.Parse(rhsOperand.Text);
    int outcome = 0;
    // TODO: Multiply lhs by rhs and store the result in outcome
    outcome = lhs * rhs;
    expression.Text = $"{lhsOperand.Text} * {rhsOperand.Text}";
    result.Text = outcome.ToString();
}

private void divideValues()
{
    int lhs = int.Parse(lhsOperand.Text);
    int rhs = int.Parse(rhsOperand.Text);
    int outcome = 0;
    // TODO: Divide lhs by rhs and store the result in outcome
    outcome = lhs / rhs;
    expression.Text = $"{lhsOperand.Text} / {rhsOperand.Text}";
    result.Text = outcome.ToString();
}

private void remainderValues()
{
    int lhs = int.Parse(lhsOperand.Text);
    int rhs = int.Parse(rhsOperand.Text);
    int outcome = 0;
    // TODO: Work out the remainder after dividing lhs by rhs and store the result
    outcome = lhs % rhs;
    expression.Text = $"{lhsOperand.Text} % {rhsOperand.Text}";
    result.Text = outcome.ToString();
}
```

➤ 测试 MathsOperators 应用程序

1. 在"调试"菜单中选择"开始调试"以生成并运行应用程序。

2. 在 Left Operand 文本框中输入 **54**，在 Right Operand 文本框中输入 **13**。单击
   + Addition，单击 Calculate 按钮。Result 文本框显示值 **67**。

3. 单击 - Subtraction，单击 Calculate。验证结果是 **41**。

4. 单击* Multiplication，单击 Calculate。验证结果是 **702**。

5. 单击/ Division，单击 Calculate。验证结果是 **4**。在现实生活中，54/13 的结果应该
   是 **4.153846…**(如此重复)。但是，这不是现实生活；这是 C#! 正如前面解释的，在
   C#中，整数除以整数结果也是整数。

6. 单击% Remainder，单击 Calculate。验证结果是 **2**。

处理整数时，54 除以 13，余数是 2。计算机求值过程是 54 - ((54/13) * 13) = 2。每一步都向下取整。平时我说(54/13) * 13 不等于 54，你们肯定以为我的数学是体育老师教的！

7. 返回 Visual Studio 并停止调试。

2.6.3 控制优先级

优先级控制表达式中各个操作符的求值顺序。例如以下表达式，它使用了操作符+和*:

2 + 3 * 4

没有优先级规则，该表达式会造成歧义。先加还是先乘？不同求值顺序造成不同结果。

- 如果先加后乘，那么加法运算(2 + 3)的结果将成为操作符*的左操作数，所以整个表达式的结果是 5 * 4，即 20。
- 假如先乘后加，那么乘法运算(3 * 4)的结果将成为操作符+的右操作数，所以整个表达式的结果是 2 + 12，即 14。

在 C#语言中，乘法类操作符(*、/和%)的优先级高于加法类操作符(+和-)。所以 2 + 3 * 4 的结果是 14。

可用圆括号覆盖优先级规则，强制操作数按你希望的方式绑定到操作符。例如在以下表达式中，圆括号强迫 2 和 3 绑定到操作符+(得 5)，结果成为操作符*的左操作数，最终结果是 20:

(2 + 3) * 4

📝**注意** 本书所指圆括号是()；大括号或花括号是{}；方括号是[]；尖括号是<>。

2.6.4 使用结合性对表达式进行求值

操作符优先级只能解决部分问题。如果表达式中的多个操作符具有相同优先级怎么办？这就要用到结合性的概念。**结合性**是指操作数的求值方向(向左或向右)。例如，以下表达式同时使用操作符/和*:

4 / 2 * 6

该表达式仍有可能造成歧义。是先除还是先乘？两个操作符优先级相同，但求值顺序至关重要，因为可能获得两个不同的结果。

- 如果先除，除法运算(4 / 2)的结果成为操作符*的左操作数，整个表达式的结果是 (4/2) * 6，即 12。
- 如果先乘，乘法运算的结果(2 * 6)成为操作符/的右操作数，整个表达式的结果是 4/(2 * 6)，即 4/12。

在这种情况下,操作符的结合性决定表达式如何求值。操作符*和/都具有左结合性,即操作数从左向右求值。在本例中,4/2 在乘以 6 之前求值,所以正确结果是 12。

2.6.5 结合性和赋值操作符

C#语言的等号(=)是赋值操作符。所有操作符都依据它们的操作数返回一个值。赋值操作符也不例外。它取两个操作数;右操作数被求值,结果保存到左操作数中。赋值操作符返回的就是赋给左操作数的值。例如,以下语句的赋值操作符返回值 10,这也是赋给变量 myInt 的值:

```
int myInt;
myInt = 10; // 赋值表达式的值是 10
```

一切都很符合逻辑,但你同时也会感到不解,这到底有什么意义? 意义在于,由于赋值操作符返回一个值,所以可在另一个赋值语句中使用该值,例如:

```
int myInt;
int myInt2;
myInt2 = myInt = 10;
```

赋给变量 myInt2 的值就是赋给 myInt 的值。赋值语句把同一个值赋给两个变量。要将多个变量初始化为同一个值,这个技术十分有用。它使任何读代码的人清楚理解所有变量都具有相同的值。

```
myInt5 = myInt4 = myInt3 = myInt2 = myInt = 10;
```

通过这些讨论,你可能已推断出赋值操作符具有从右向左的结合性。最右侧的赋值最先发生,被赋的值从右向左,在各个变量之间传递。任何变量之前有过值,就用当前赋的值覆盖。

但是,使用这样的语法构造时要小心。新手 C#程序员易犯的错误是试图将赋值操作符的这种用法与变量声明一起使用,例如:

```
int myInt, myInt2, myInt3 = 10;
```

语法没有错误(能通过编译),但做的事情可能跟你想的不同。实际上,它声明的是变量 myInt,myInt2 和 myInt3,并将 myInt3 初始化为 10。但是,它并没有初始化 myInt 或者 myInt2。如果尝试在以下表达式中使用 myInt 或者 myInt2:

```
myInt3 = myInt / myInt2;
```

编译器会报告以下错误:

```
使用了未赋值的局部变量 "myInt"
使用了未赋值的局部变量 "myInt2"
```

2.7　变量递增和递减

使变量加 1 可以使用+操作符：

```
count = count + 1;
```

然而使变量加 1 是 C#的一个非常普遍的操作，所以专门为这个操作设计了++操作符。例如，使变量 count 递增 1 可以像下面这样写：

```
count++;
```

对应地，--操作符从变量中减 1：

```
count--;
```

++和--是**一元操作符**，即只有一个操作数。它们具有相同的优先级和左结合性。

前缀和后缀

递增(++)和递减(--)操作符的不同之处在于，它们既可以放在变量前，也可以放在变量后。在变量前使用，称为这个操作符的**前缀形式**；在变量之后使用，则称为这个操作符的**后缀形式**。如下面几个例子所示：

```
count++; // 后缀递增
++count; // 前缀递增
count--; // 后缀递减
--count; // 前缀递减
```

对于被递增或递减的变量，++或--的前缀和后缀形式没有区别。例如，count++使 count 的值递增 1，++count 也会使其递增 1。那么为何还要提供两种不同的形式？为了理解这个问题，必须记住一点：++和--都是操作符，而所有操作符都要返回值。count++返回递增前的 count 值，而++count 返回递增后的 count 值。示例如下：

```
int x;
x = 42;
Console.WriteLine(x++);  // 执行这个语句后，x 等于 43，但控制台上输出的是 42
x = 42;
Console.WriteLine(++x); // 执行这个语句后，x 等于 43，控制台上输出的也是 43
```

其实很好记，只需看表达式各个元素(操作符和操作数)的顺序即可。在表达式 x++中，变量 x 先出现，所以先返回它现在的值，然后再递增；在表达式++x 中，++操作符先出现，所以先对 x 进行递增，再将新值作为表达式的值返回。

while 语句和 do 语句经常利用这些操作符，第 5 章将详细讲述这些语句。如果只是孤立地使用递增和递减操作符[①]，请统一使用后缀形式。

2.8　声明隐式类型的局部变量

本章前面通过指定数据类型和标识符来声明变量，如下所示：

```
int myInt;
```

以前说过，变量使用前必须赋值。可以在同一个语句中声明并初始化变量，如下所示：

```
int myInt = 99;
```

还可像下面这样做(假定 myOtherInt 是已初始化的整数变量)：

```
int myInt = myOtherInt * 99;
```

记住，赋给变量的值必须具有和变量相同的类型。例如，只能将 int 值赋给 int 变量。C#语言的编译器可迅速判断变量初始化表达式的类型，如果和变量类型不符，就会明确告诉你。

此外，还可要求 C#语言的编译器根据表达式推断变量类型，并在声明变量时自动使用该类型。为此，只需用 var 关键字代替类型名称，如下所示：

```
var myVariable = 99;
var myOtherVariable = "Hello";
```

两个变量 myVariable 和 myOtherVariable 称为**隐式类型**的变量。var 关键字告诉编译器根据变量的初始化表达式推断变量类型。在本例中，myVariable 是 int 类型，而 myOtherVariable 是 string 类型。必须注意，var 只是在声明变量时提供一些方便。但变量一经声明，就只能将编译器推断的那种类型的值赋给它。例如，不能再将 float，double，string 值赋给 myVariable。还要注意，只有提供了初始化表达式，才能使用关键字 var。以下声明非法，会导致编译错误：

```
var yetAnotherVariable;  // 错误 - 编译器不能推断类型
```

纯化论者不喜欢这个设计，质疑像 C#这样优雅的语言，为何竟然允许 var 这样的东西？它更像是在助长程序员偷懒，使程序变得难以理解,而且更难找出错误(还容易引入新的 bug)。但相信我，var 在 C#语言中占有一席之地是有缘故的。学完后面几章就能深切体会。目前应坚持使用明确指定了类型的变量；除非万不得已，否则不要使用隐式类型的变量。

---

① 译注：将递增或递减表达式作为一行单独的语句使用，例如 count++;。

重要提示 如果用 Visual Basic 写过程序，就可能非常熟悉 Variant 类型，该类型可在变量中保存任意类型的值。这里要强调的是，应该忘记当年用 VB 编程时学到的有关 Variant 变量的一切。两个关键字虽然貌似有联系，但 var 和 Variant 完全是两码事。在 C#中用 var 关键字声明变量之后，赋给变量的值的类型就固定下来，必须是初始化变量的值的类型，不能随便改变！

小结

本章讲述了如何创建和使用变量，讲述了 C#变量的常用数据类型，还讲述了标识符的概念。本章使用许多操作符构造表达式，并探讨了操作符的优先级和结合性如何影响表达式求值顺序。

- 如果希望继续学习下一章，请继续运行 Visual Studio 2022，然后阅读第 3 章。
- 如果希望现在就退出 Visual Studio 2022，请选择"文件"|"退出"。如果看到"保存"对话框，请单击"是"按钮保存项目。

第 2 章快速参考

目标	操作
声明变量	按顺序写数据类型名称、变量名和分号，示例如下： `int outcome;`
声明并初始化变量	按顺序写数据类型名称、变量名、赋值操作符、初始值和分号，示例如下： `int outcome = 99;`
更改变量值	按顺序写变量名、赋值操作符、用于计算新值的表达式和分号，示例如下： `outcome = 42;`

生成变量值的字符串形式	调用变量的 ToString 方法，示例如下：
	
	`int intVar = 42;`
	`string stringVar = intVar.ToString();`

将 string 转换成 int	调用 System.Int32.Parse 方法，示例如下：
	
	`string stringVar = "42";`
	`int intVar = System.Int32.Parse(stringVar);`

目标	操作
覆盖操作符优先级	在表达式中使用圆括号强制求值顺序，示例如下： `(3 + 4) * 5`
将多个变量初始化为同一个值	使用赋值语句初始化所有变量，示例如下： `myInt4 = myInt3 = myInt2 = myInt = 10;`
递增或递减变量	使用++或--操作符，示例如下： `count++;`

第 3 章

方法和作用域

学习目标

- 声明方法，向方法传递数据，以及从方法返回数据
- 调用方法
- 定义局部和类作用域
- 使用集成调试器逐语句和逐过程调试方法
- 为方法使用可选参数和具名参数

第 2 章讲述了如何声明变量，如何使用操作符创建表达式，如何利用优先级和结合性控制多个操作符的求值顺序。本章要讨论方法，要学习如何声明和调用方法，如何利用实参和形参向方法传递数据，如何利用 return 语句从方法返回数据，还要学习如何利用 Microsoft Visual Studio 2022 集成调试器来调试方法。如果方法的工作不符合预期，就可利用这个技术跟踪方法执行情况。最后要学习如何让方法获取可选参数，以及如何用具名参数调用方法。

3.1 创建方法

方法是具名的语句序列。如果以前用过其他编程语言，如 C 语言、C++语言或者 Visual Basic 语言，就可将方法视为与函数或者子程序相似的东西。每个方法都有名称和主体。**方法名**应该是一个有意义的标识符，它用英语描述了方法的用途(例如用于计算所得税的方法可命名为 calculateIncomeTax)。**方法主体**包含方法被调用时实际执行的语句。此外，还可向方法提供数据供处理，并让它返回处理结果。方法是一个基本的、强大的编程机制。

3.1.1　声明方法

声明 C#方法的语法如下所示：

```
returnType methodName ( parameterList )
{
    // 这里添加方法主体语句
}
```

- returnType(返回类型)是类型名称，指定方法返回的数据类型。可以是任何类型，如 int 或 string。要写不返回值的方法，必须用关键字 void 取代 returnType。
- methodName(方法名)是调用方法时所用的名称。方法名和变量名遵循相同的标识符命名规则。例如，addValues 是有效方法名，而 add$Values 不是。应该为方法名采用 camelCase 命名风格，例如 displayCustomer(显示客户)。
- parameterList(参数列表)是可选的，描述了允许传给方法的数据的类型和名称。在圆括号内填写参数列表时，要像声明变量那样，先写类型名，再写参数名。两个或更多参数必须以逗号分隔。
- 方法主体语句是调用方法时要执行的代码。必须放到大括号({})中。

重要提示　C、C++和 Visual Basic 程序员注意，C#语言不支持全局方法。所有方法必须在类的内部，否则无法编译。

以下是 addValues 方法的定义，它返回 int 值，获取两个 int 参数 leftHandSide 和 rightHandSide：

```
int addValues(int leftHandSide, int rightHandSide)
{
    // ...
    // 这里添加方法主体语句
    // ...
}
```

注意　必须显式指定方法的参数类型和返回类型。不能使用 var 关键字。

以下是 showResult 方法的定义，它不返回任何值，获取名为 answer 的一个 int 参数：

```
void showResult(int answer)
{
    // ...
}
```

注意，要用关键字 void 来指定方法，要求它不返回任何值。

重要提示 Visual Basic 程序员注意，C#不允许使用不同的关键字来区分返回值的方法(VB 称为函数)和不返回值的方法(VB 称为过程、子例程或者子程序)。C#要么显式指定返回类型，要么指定 void。

3.1.2　从方法返回数据

如果希望方法返回数据(返回类型不是 void)，必须在方法内部写 return 语句。为此，请先写关键字 return，然后添加计算返回值的表达式，最后写分号。表达式的类型必须与方法指定的返回类型相同。也就是说，假如函数返回 int 值，则 return 语句必须返回 int，否则程序无法编译。下面是一个例子：

```
int addValues(int leftHandSide, int rightHandSide)
{
    // ...
    return leftHandSide + rightHandSide;
}
```

return 通常放到方法尾部，因其导致方法结束，控制权返回调用方法的那个语句，return 后的任何语句都不执行(如果 return 语句之后有其他语句，编译器会发出警告)。

如果不希望方法返回数据(返回类型 void)，可利用 return 语句的一个变体立即从方法中退出。为此，请先写关键字 return，紧跟一个分号。如下所示：

```
void showResult(int answer)
{
    // 显示 answer
    Console.WriteLine($"The answer is {answer}");
    return;
}
```

如果方法什么都不返回，甚至可以省略 return 语句，因为一旦执行到方法尾部的结束大括号(})，方法就会自动结束。可以这样写，但不推荐。

3.1.3　使用表达式主体方法

有的方法十分简单，就是执行单一任务或返回计算结果，不涉及任何额外逻辑。C#允许以一种简化的形式写由单个表达式构成的方法。这种方法仍然可以获取参数并返回值，和以前见过的方法并无二致。以下代码是 addValues 方法和 showResult 方法的简化版本：

```
int addValues(int leftHandSide, int rightHandSide) => leftHandSide + rightHandSide;
void showResult(int answer) => Console.WriteLine($"The answer is {answer}");
```

主要区别是使用=>操作符引用构成方法主体的表达式，而且没有 return 语句。表达式的值自动作为返回值。如果表达式不返回值，则为 void 方法。

表达式主体方法和普通方法在功能上实际并无区别，只是语法简化了。类似这样的设计称为**语法糖**。以后会看到表达式主体方法省略了大量多余的{和}字符，使代码的可读性更强，使程序更清晰。

以下练习将演示第 2 章的 MathsOperators 项目的另一个版本。新版本用一些小方法进行改进。以这种方式分解代码，程序更易理解和维护。

➢ **分析方法定义**

1. 如果 Visual Studio 2022 尚未运行，请启动。

2. 打开"文档"文件夹中的\Microsoft Press\VCSBS\Chapter 3\Methods 子文件夹中的 Methods 解决方案。

3. 在"调试"菜单中选择"开始调试"。

   Visual Studio 2022 生成并运行应用程序。显示结果和第 2 章的应用程序一样。

4. 重新熟悉一下这个应用程序，体会它如何工作。最后返回 Visual Studio 2022。

5. 选择"调试" | "停止调试"。

6. 在"代码和文本编辑器"窗口中显示 MainPage.xaml.cs 文件的代码。在"解决方案资源管理器"中展开 MainPage.xaml，再双击 MainPage.xaml.cs。

7. 在"代码和文本编辑器"窗口中找到 addValues 方法，如下所示：

```
private int addValues(int leftHandSide, int rightHandSide)
{
    expression.Text = $"{leftHandSide} + {rightHandSide}";
    return leftHandSide + rightHandSide;
}
```

   addValues 方法包含两个语句。第一个在窗体上的 **expression** 框中显示算式。第二个语句使用+操作符的 **int** 版本计算 **int** 变量 **leftHandSide** 和 **rightHandSide** 之和，并返回结果。记住，两个 **int** 相加结果也是 **int**，所以 addValues 方法的返回类型是 **int**。

   subtractValues、multiplyValues、divideValues 和 remainderValues 这几个方法采用的模式类似。

📖**注意** 暂时不必关心方法定义开头的 **private** 关键字，将在第 7 章学习它的含义。

8. 在"代码和文本编辑器"窗口中找到 showResult 方法，如下所示：

```
private void showResult(int answer) => result.Text = answer.ToString();
```

   这是一个表达式主体方法,作用是在 **result** 框中显示 **answer** 参数值的字符串形式。由于不返回值，所以方法返回类型是 **void**。

方法最小长度没有限制。能用方法避免重复，并使程序更易读，就应毫不犹豫使用方法，无论该方法有多小。同样，方法最大长度也没有限制。但应保持方法代码的精炼，足够完成一项任务就可以了。如果方法长度超过一个屏幕，就考虑分解成更小的方法来增强可读性。

3.2 调用方法

方法存在的目的就是被调用！用方法名调用方法，指示它执行既定任务。如方法要获取数据(由参数决定)，就必须提供这些数据。要返回数据(由返回类型决定)，就应以某种方式捕捉返回的数据。

3.2.1 方法的调用语法

调用 C#方法的语法如下：

```
result = methodName ( argumentList )
```

- methodName(方法名)必须与要调用的方法的名称完全一致。记住，C#语言是区分大小写的。
- result =这个部分可选。如指定，result 变量将包含方法返回值。如果返回类型是 void(不返回任何值)，就必须省略 result =。如果省略 result，同时方法返回值，那么方法虽会运行，但返回值会被丢弃。
- argumentList(实参列表)提供由方法接收的数据。必须为每个参数(形参)提供参数值(实参)，而且每个实参都必须兼容于形参的类型。如果方法有两个或更多参数，那么提供实参时必须以逗号分隔不同实参。

重要提示 每个方法调用都必须包含一对圆括号，即使调用无参方法。

为加深印象，下面再次列出 addValues 方法：

```
int addValues(int leftHandSide, int rightHandSide)
{
    // ...
}
```

addValues 方法有两个 int 参数，所以调用时必须提供两个以逗号分隔的 int 实参，如下所示：

```
addValues(39, 3); // 正确方式
```

还可将 39 和 3 替换成 int 变量名。int 变量值会作为实参传给方法，如下所示：

```
int arg1 = 99;
int arg2 = 1;
addValues(arg1, arg2);
```

下面列举了错误的 addValues 调用方式：

```
addValues;                  // 编译错误，无圆括号
addValues();                // 编译错误，无足够实参
addValues(39);              // 编译错误，无足够实参
addValues("39", "3");       // 编译错误，类型错误
```

addValues 方法返回 int 值，可在允许使用 int 值的任何地方使用它。例如：

```
int result = addValues(39, 3);    // 作为赋值操作符的右操作数
showResult(addValues(39, 3));     // 作为实参传给另一个方法调用
```

以下练习继续使用 Methods 应用程序，这次要分析一些方法调用。

➤ **分析方法调用**

1. 返回 Methods 项目。如果刚完成上一个练习，该项目应该已经在 Visual Studio 2022
   中打开；否则从"文档"文件夹的\Microsoft Press\VCSBS\Chapter 3\Methods 子文件
   夹中打开。

2. 在"代码和文本编辑器"窗口中显示 MainPage.xaml.cs 文件的代码。

3. 找到 calculateClick 方法，观察 **try{** 之后的两个语句(try 语句的详情将在第 6 章
   讨论)：

   ```
   int leftHandSide = System.Int32.Parse(lhsOperand.Text);
   int rightHandSide = System.Int32.Parse(rhsOperand.Text);
   ```

   这两个语句声明 int 变量 leftHandSide 和 rightHandSide。注意变量的初始化方
   式。两个语句都调用了 System.Int32 结构的 Parse 方法(System 是命名空间，Int32
   是该命名空间中的结构)。以前见过该方法，它获取一个 string 并把它转换成 int。
   执行这两个语句后，用户在窗体上的 lhsOperand 和 rhsOperand 文本框中输入的任
   何内容都会转换成 int 值。

4. 观察 calculateClick 方法的第 4 个语句(在 if 语句和另一个起始大括号之后)：

   ```
   calculatedValue = addValues(leftHandSide, rightHandSide);
   ```

   该语句调用 addValues 方法，将 leftHandSide 和 rightHandSide 变量值作为实参
   传递。addValues 方法的返回值将存储到 calculatedValue 变量中。

5. 再看下一个语句：

   ```
   showResult(calculatedValue);
   ```

   该语句调用 showResult 方法，将 calculatedValue 这个变量值作为实参进行传递。
   showResult 方法不返回值。

6. 在"代码和文本编辑器"窗口中找到前面讨论过的 showResult 方法。该方法只有一个语句,如下所示:

```
result.Text = answer.ToString();
```

注意,即使无参,调用 ToString 方法也要添加圆括号。

> 📝提示　调用其他对象的方法时,要在方法名前面附加对象名前缀。在上例中,表达式 answer.ToString()调用 answer 对象的 ToString 方法。

3.2.2　从方法返回多个值

有时想从方法返回多个值。例如在 Methods 项目中,divideValues 和 remainderValues 这两个操作可合并成单个方法,一次性返回两个操作数的商和余。这可通过返回元组来实现。

元组(tuple)其实就是一个小的值的集合。在方法定义中指定一个类型列表即可指示它返回元组。与此同时,方法主体中的 return 语句也要指定返回一个值列表。注意类型必须一一对应。

```
(int, int) returnMultipleValues(...)
{
   int val1;
   int val2;
   ... // 计算 val1 和 val2 的值
   return(val1, val2);
}
```

调用方法时需提供对应的变量列表来容纳结果。

```
int retVal1, retVal2;
(retVal1, retVal2) = returnMultipleValues(...);
```

如果只对其中一个返回值感兴趣,可以使用第 1 章介绍过的"弃元"语法。在下例中,程序只对元组中的第二个值感兴趣,丢弃第一个:

```
int retVal2;
(_, retVal2) = returnMultipleValues(...);
```

以下练习演示如何创建和调用返回元组的方法。

> ➤ 创建和调用返回元组的方法

1. 返回 Methods 项目。在"代码和文本编辑器"窗口中显示 MainPage.xaml.cs。
2. 找到 divideValues 和 remainderValues 方法并将它们删除。
3. 添加以下方法:

```
private (int, int) divide(int leftHandSide, int rightHandSide)
{
}
```

该方法返回两个值的一个元组，对应 leftHandSide 和 rightHandSide 变量的商和余。

4. 在方法主体添加以下加粗的代码，计算并返回包含结果的元组：

```
private (int, int) divide(int leftHandSide, int rightHandSide)
{
    expression.Text = $"{leftHandSide} / {rightHandSide}";
    int division = leftHandSide / rightHandSide;
    int remainder = leftHandSide % rightHandSide;
    return (division, remainder);
}
```

5. 在 calculateClick 方法中找到比较靠后的以下代码：

```
else if (division.IsChecked.HasValue && division.IsChecked.Value)
{
    calculatedValue = divideValues(leftHandSide, rightHandSide);
    showResult(calculatedValue);
}
else if (remainder.IsChecked.HasValue && remainder.IsChecked.Value)
{
    calculatedValue = remainderValues(leftHandSide, rightHandSide);
    showResult(calculatedValue);
}
```

6. 删除这些代码。divideValues 方法和 remainderValues 方法不复存在，被替换成了单个 divide 方法。

7. 将删除的内容替换成以下代码：

```
else if (division.IsChecked.HasValue && division.IsChecked.Value)
{
    int division, remainder;
    (division, remainder) = divide(leftHandSide, rightHandSide);
    result.Text = $"{division} remainder {remainder}";
}
```

代码调用 divide 方法，在 result 文本框中显示返回值。

8. 在解决方案资源管理器中双击 MainPage.xaml，在设计视图中显示窗体。

9. 单击% Remainder 单选钮，按 Delete 键从窗体上删除。

10. 选择"调试" | "开始调试"来生成并运行应用程序。

11. 在 Left Operand 文本框中输入 **59**，在 Right Operand 文本框中输入 **13**，单击/ Division，再单击 Calculate 按钮。

12. 如下图所示，验证 Result 文本框显示消息"4 remainder 7"（商 4 余 7）。

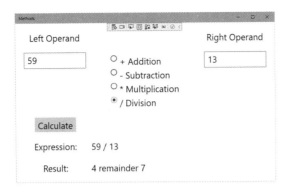

13. 关闭程序，返回 Visual Studio。

3.3 使用作用域

创建变量目的是容纳值。可在应用程序的多个位置创建变量。例如，Methods 项目的 calculateClick 方法创建 int 变量 calculatedValue，把它初始化为 0。如下所示：

```
private void calculateClick(object sender, RoutedEventArgs e)
{
   int calculatedValue = 0;
   ...
}
```

变量有效期(生存期)始于定义位置，终于方法结束时。换言之，在同一方法内，后续语句都可使用该变量(变量创建并赋值后才能使用)。方法执行完毕，变量随之消失，不可在别的地方使用。

如某变量能在程序特定位置使用，就说该变量在那个位置"处于作用域内"或者说"在范围中"(in scope)。calculatedValue 变量具有方法作用域，能在 calculateClick 方法内访问，但在方法外不能。还可定义其他作用域的变量；例如可定义在方法外部，但在类内部的变量，该变量可由类内的所有方法访问。我们说该变量具有类作用域(class scope)。

换言之，变量**作用域**或**范围**是指该变量能起作用的程序区域。除了变量有作用域，方法也有。标识符(无论代表变量还是方法)的作用域和它的声明位置有关，稍后会具体解释。

3.3.1 定义局部作用域

界定方法主体的大括号({})定义了方法作用域。方法主体声明的任何变量都具有那个方法的作用域；方法结束，它们也随之消失。另外，它们只能由方法内部的代码访问。这种变量称为**局部变量**，因其局部于声明它们的方法，不在其他任何方法的作用域中。换言之，不能利用局部变量在不同方法之间共享信息。示例如下：

```
class Example
{
    void firstMethod()
    {
        int myVar;
        ...
    }
    void anotherMethod()
    {
        myVar = 42; // 错误 - 变量越界(变量不在当前方法的作用域中)
        ...
    }
}
```

上述代码无法编译，因为 anotherMethod 方法试图使用不在其作用域内的 myVar 变量。
myVar 变量只供 firstMethod 方法内的语句使用，而且必须是声明 myVar 变量之后的语句。

3.3.2 定义类作用域

界定类主体的大括号({})定义了类作用域。在类主体中(但不能在某个方法中)声明的任何
变量都具有那个类的作用域。类定义的变量称为**字段**。和局部变量相反，可用字段在不同方
法之间共享信息。示例如下：

```
class Example
{
    void firstMethod()
    {
        myField = 42; // ok
        ...
    }
    void anotherMethod()
    {
        myField ++; // ok
        ...
    }

    int myField = 0;
}
```

变量 myField 在类内部定义，而且位于 firstMethod 方法和 anotherMethod 方法外部，
所以具有类作用域，可由类的所有方法使用。

这个例子还有一点要注意。方法中的变量必须先声明再使用，但字段不同，可在类的任
何位置定义。可先在方法中使用字段，再在方法后声明字段，让编译器来打点一切！[①]虽然
编译器能帮你打点，但大多程序员认为在类的开头，在使用它们的方法之前声明字段是很
好的编程实践；这有助于提高可读性，帮助理解方法所使用的数据。

---

① 译注：在编译器生成的 IL 代码中，字段实际还是先声明并初始化再使用的。

3.3.3　重载方法

　　两个标识符同名，而且在同一个作用域中声明，就说它们被**重载**(overloaded)。重载的标识符通常是 bug，会在编译时捕捉到并报错。例如，在同一个方法中声明两个同名局部变量会报告编译错误。类似地，在同一个类中声明两个同名字段，或者在同一个类中声明两个完全一样的方法，也会报告编译错误。这表面上似乎不值一提，因为反正编译时都会报错。但确实有一个办法能真正地、不报错地重载标识符。这种重载不仅有用，而且必要。

　　以 Console 类的 WriteLine 方法为例，以前曾用该方法向屏幕输出字符串。但在"代码和文本编辑器"窗口中键入 WriteLine 后，会自动弹出"智能感知"列表，其中列出了 18 个不同的版本！每个版本都获取一组不同的参数。其中有个版本不获取任何参数，只是输出空行；有个版本获取一个 bool 参数并输出它的字符串形式(True 或 False)；还有一个版本获取一个 decimal 参数并输出它的字符串形式，等等。程序编译时，编译器检查实参类型并调用与之匹配的版本。下面是一个例子：

```
static void Main()
{
    Console.WriteLine("The answer is ");
    Console.WriteLine(42);
}
```

　　要针对不同数据类型或不同信息组别执行相同的操作，重载是一项十分有用的技术。如方法有多个实现，每个实现都有不同的参数集，就可重载该方法。这样每个版本都有相同的方法名，但有不同的参数数量或者/以及不同的参数类型。调用方法时，提供以逗号分隔的实参列表，编译器根据实参数量和类型来选择匹配的重载版本。但要注意，虽然能重载方法的参数，但不能重载方法的返回类型。也就是说，不能声明仅返回类型有别的两个方法(编译器虽然很聪明，但还没有聪明到那种程度)。

3.3.4　编写方法

　　以下练习创建方法来计算一名顾问的收费金额，假定该顾问每天收取固定费用。首先制定程序逻辑，再利用"生成方法存根向导"写出符合该逻辑的方法。接着在控制台应用程序中运行方法，以便对程序有一个印象。最后用 Visual Studio 调试器检查方法调用。

> ➤　**制定应用程序逻辑**

1.　在 Visual Studio 2022 中打开"文档"文件夹下\Microsoft Press\VCSBS\Chapter 3\DailyRate 子文件夹中的 DailyRate 解决方案。

2.　在"解决方案资源管理器"中双击 Program.cs 文件，在"代码和文本编辑器"窗口中显示代码。该程序只是作为代码的测试床使用。应用程序运行时会调用 run 方法。

方法中包含要测试的代码。为了理解方法的调用方式，要对类有一定理解，详情参见第 7 章。

3. 在 run 方法主体的大括号之间添加以下加粗显示的语句：

```
void run()
{
    double dailyRate = readDouble("Enter your daily rate: ");
    int noOfDays = readInt("Enter the number of days: ");
    writeFee(calculateFee(dailyRate, noOfDays));
}
```

第一个语句调用 readDouble 方法(马上写)，要求用户输入顾问每天收费金额。下个语句调用 readInt 方法(也是马上写)来获取天数。最后调用 writeFee 方法(马上写)在屏幕上显示结果。注意，传给 writeFee 方法的是 calculateFee 方法(最后一个要写的方法)的返回值，后者获取每天收费金额和天数，计算要支付的总金额。

> 注意　由于尚未写好 readDouble 方法、readInt 方法、writeFee 方法和 calculateFee 方法，所以"智能感知"无法在输入上述代码时自动列出它们。另外，先不要生成程序，因为肯定会失败。

➤ 使用"生成方法存根向导"编写方法

1. 在"代码和文本编辑器"窗口中右击 run 方法中的 readDouble 方法调用。随后弹出一个快捷菜单，其中包含用于创建和编辑代码的命令，如下图所示。

2. 从弹出的快捷菜单中选择"快速操作和重构"。

Visual Studio 发现 readDouble 方法不存在,所以打开一个向导允许你生成该方法的存根。它会根据 readDouble 调用来确定参数和返回值类型,并推荐一个默认实现,如下图所示。

3. 单击"生成方法"Program.readDouble"",Visual Studio 随后在代码中添加以下方法:

```
private double readDouble(string v)
{
    throw new NotImplementedException();
}
```

新方法使用 private 限定符创建,这方面的详情将在第 7 章讲述。方法主体目前只是抛出 NotImplementedException 异常(第 6 章详细讨论异常)。将在下一步将主体替换成自己的代码。

4. 从 readDouble 方法中删除 throw 语句,替换成以下加粗显示的代码:

```
private double readDouble(string v)
{
    Console.Write(v);
    string line = Console.ReadLine();
    return double.Parse(line);
}
```

上述代码将变量 v 中的字符串输出到屏幕。v 是调用方法时传递的字符串参数,其中包含提示输入每日收费金额的消息。

注意 Console.Write 方法与前几个练习中的 Console.WriteLine 方法很相似,只是最后不输出换行符。

用户输入一个值,该值被 ReadLine 方法读入一个字符串中,并通过 double.Parse 方法转换成 double 值。结果作为方法调用的返回值传回。

5. 在 run 方法中右击 readInt 方法调用，从弹出的快捷菜单中选择"快速操作和重构"。用同样的方式生成如下所示的 readInt 方法：

```
private int readInt(string v)
{
    throw new NotImplementedException();
}
```

6. 将 readInt 方法主体中的 throw 语句替换成以下加粗显示的代码：

```
private int readInt(string v)
{
    Console.Write(v);
    string line = Console.ReadLine();
    return int.Parse(line);
}
```

这个代码块和 readDouble 方法很相似。唯一有区别的是返回 int 值，所以要用 int.Parse 方法将用户输入的字符串转换成整数。

7. 在 run 方法中右击 calculateFee 方法调用，从弹出的快捷菜单中选择"快速操作和重构"。用同样的方式生成如下所示的 calculateFee 方法：

```
private object calculateFee(double dailyRate, int noOfDays)
{
    throw new NotImplementedException();
}
```

注意，Visual Studio 根据传递的实参来生成形参名称。如果觉得不合适，可以更改。更让人感兴趣的是，方法的返回类型是 object。这表明 Visual Studio 无法根据当前上下文判断方法返回什么类型的值。object 类型意味着可能返回任何"对象"；在方法中添加具体的代码时，应该把它修改成自己需要的类型。object 类型的详情将在第 7 章讲述。

8. 修改 calculateFee 方法定义使它返回一个 double：

```
private double calculateFee(double dailyRate, int noOfDays)
{
    throw new NotImplementedException();
}
```

9. 修改 calculateFee 方法主体，把它变成表达式主体方法。删除大括号，用 => 指定方法主体。该表达式计算两个参数值的乘积。

```
private double calculateFee(double dailyRate, int noOfDays) => dailyRate * noOfDays;
```

10. 右击 run 方法中的 **writeFee** 方法调用,选择"快速操作和重构",单击"生成方法"Program.writeFee""。

注意,Visual Studio 根据 calculateFee 方法的定义推断 **writeFee** 方法的参数应该是一个 double。另外,由于方法调用没有使用返回值,所以返回类型是 void:

```
private void writeFee(double v)
{
    ...
}
```

📝**提示** 如熟悉语法,也可直接在"代码和文本编辑器"窗口中输入,并非一定要用"快速操作和重构"菜单选项。

---

11. 将 **writeFee** 方法主体替换成以下加粗语句,计算费用,增加 10%佣金。同样改成表达式主体方法。

```
private void writeFee(double v) => Console.WriteLine($"The consultant's fee is: {v * 1.1}");
```

12. 在"生成"菜单中选择"生成解决方案"。

➤ **测试程序**

1. 选择"调试"|"开始运行(不调试)"。

Visual Studio 生成程序并运行。稍后会出现一个控制台窗口。

2. 在 Enter Your Daily Rate(输入每天收费金额)提示后输入 **525**,按 Enter 键。

3. 在 Enter The Number of Days(输入天数)提示后输入 **17**,按 Enter 键。

程序会在控制台窗口输出以下消息:

```
The consultant's fee is: 9817.5
```

4. 按 Enter 键关闭应用程序并返回 Visual Studio。

3.4 使用 Visual Studio 调试器来调试方法

Visual Studio 提供了强大的调试功能,使你能看到应用程序如何逐行执行。如需了解为什么程序没有按预期的运行,或者想看看另一个开发者写的应用程序逻辑如何在各个方法之间流动,这个功能就非常有用。

下个练习将利用 Visual Studio 2022 调试器以"慢动作"运行程序。将看到每个方法被调用的时刻(这称为跳入方法,即 step into,UI 中翻译成"逐语句"),并看到方法的 return 语句如何将控制权返还给调用者(这称为跳出方法,即 step out)。可利用"调试"工具栏中的工具在方法中跳入和跳出。此外，以"调试"模式运行应用程序时，"调试"菜单提供了和工具栏按钮一一对应的命令。

➤ **使用 Visual Studio 2022 调试器来单步执行**

1. 在"代码和文本编辑器"窗口中找到 run 方法。

2. 鼠标指向 run 方法的第一个语句：

   ```
   double dailyRate = readDouble("Enter your daily rate: ");
   ```

3. 右击该行，从弹出菜单中选择"运行到光标处"。

   程序开始运行，并在抵达上述语句时暂停。"代码和文本编辑器"窗口左侧的黄色箭头指明当前要执行的语句，语句本身还会用黄色背景突出显示，如下图所示。

```
Program.cs + X
C# DailyRate                        ▼  ⚡ DailyRate.Program              ▼  ⚡ run()
       1 个引用
       class Program
       {
           0 个引用
           static void Main(string[] args)
           {
               (new Program()).run();
           }

           1 个引用
           void run()
           {
⇨              double dailyRate = readDouble("Enter your daily rate: ");
               int noOfDays = readInt("Enter the number of days: ");
               writeFee(calculateFee(dailyRate, noOfDays));
           }
```

4. 选择"视图"|"工具栏"，确定已勾选"调试"。注意，"调试"工具栏也许停靠在其他工具栏旁边。如果仍然看不见，试着使用"视图"菜单中的"工具栏"命令暂时隐藏它，并留意哪些按钮从界面上消失了。然后再次显示该工具栏。"调试"工具栏如下图所示。①

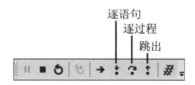

5. 单击"调试"工具栏中的"逐语句"按钮。

---

① 译注：由于历史原因，人们看到 VS 中文版的各种调试命令时，一直都很难理解它们的真正含义。逐语句、逐过程和跳出分别对应 Step Into、Step Over 和 Step Out。其中，Step Into 和 Step Over 最难区分。何谓"过程"？这个词是 VB 盛行时候的产物。所谓"逐过程"(Step Over)，是指如果在调试时遇到其他"过程"(C#称为"方法"，C++称为函数)调用，就直接调用它(Over 它)，不跳进去对其中语句进行单步调试。相反，如果选择"逐语句"(Step Into)，就会跳入被调用的过程(方法或函数)，对其中的语句进行调试。Step Out 很好理解，就是直接执行当前过程(方法或函数)剩余的语句，然后跳出该代码块，返回上一级调用位置。

调试器跳入正在调用的方法。黄色箭头指向 readDouble 方法的起始大括号。

6. 再次单击"逐语句"，指针指向第一个语句：

```
Console.Write(v);
```

提示　按 F11 等同于单击"调试"工具栏的"逐语句"按钮。

7. 在"调试"工具栏中单击"逐过程"按钮。
    这会导致方法执行下一个语句而不调试它。如果要调用方法，但不想跳入方法并单步调试其中每个语句，就可采取这个操作。黄色箭头指向方法第二个语句，程序在控制台窗口显示 Enter your daily rate 提示并返回 Visual Studio 2022。这时控制台窗口会隐藏到 Visual Studio 2022 后面。

提示　按 F10 等同于单击"调试"工具栏的"逐过程"按钮。

8. 再次在"调试"工具栏中单击"逐过程"按钮。
    黄色箭头消失，控制台窗口获得焦点，因为程序正在执行 Console.ReadLine 方法，等待用户输入。

9. 在控制台窗口中键入 **525**，按 Enter 键继续。
    控制权返回 Visual Studio 2022。黄色箭头在方法第 3 行出现。

10. 鼠标指向方法第 2 行或第 3 行的 line 变量引用(具体哪一行不重要)。
    随后出现屏幕提示(参见下图)，指出 line 变量当前值是"525"。可利用该功能判断当执行到特定语句时，变量是否设置成自己期望的值。

```
1 个引用
private double readDouble(string v)
{
    Console.Write(v);
    string line = Console.ReadLine();
    return double.Parse(line);   已用时间 <= 7,023ms
                           line   "525"
}
```

11. 在"调试"工具栏中单击"跳出"按钮。
    这个操作会导致方法在不被打断的前提下一直执行到末尾。readDouble 方法执行完毕后，黄色箭头指回 run 方法的第一个语句。该语句正要结束执行。

提示　按组合键 Shift + F11 等同于单击"调试"工具栏的"跳出"按钮。

12. 在"调试"工具栏中单击"逐语句"按钮。
    黄色箭头移至 run 方法的第二个语句：

```
int noOfDays = readInt("Enter the number of days: ");
```

13. 在"调试"工具栏中单击"逐过程"按钮。

这次选择直接运行方法，而不逐语句调试。控制台窗口再次出现，提示输入天数。

14. 在控制台窗口中输入 **17**，按 Enter 键继续。控制权返回 Visual Studio 2022。黄色箭头移至 run 方法的第三个语句：

```
writeFee(calculateFee(dailyRate, noOfDays));
```

15. 在"调试"工具栏中单击"逐语句"按钮。

黄色箭头跳至定义了 calculateFee 方法主体的表达式。该方法先于 writeFee 方法被调用。因其返回值被用作 writeFee 方法的参数。

16. 在"调试"工具栏中单击"跳出"按钮。

黄色箭头跳回 run 方法的第三个语句。

17. 在"调试"工具栏中单击"逐语句"按钮。

这次黄色箭头跳至定义了 writeFee 方法主体的语句。

18. 鼠标指向方法定义中的 v 变量。"屏幕提示"将显示 v 的值(8925)。

19. 在"调试"工具栏中单击"跳出"按钮。

随后，控制台窗口显示消息"The consultant's fee is: 9817.5"。如果控制台窗口隐藏在 Visual Studio 2022 后面，请把它带到前台来观察。黄色箭头回到 run 方法的第三个语句。

20. 在"调试"菜单中选择"继续"，或者单击"调试"工具栏上的"继续"按钮，使程序一直运行，不在每个语句处暂停。

📝提示 如果在"调试"工具栏上看不到"继续"按钮，请单击工具栏最后的"添加或移除按钮"下拉菜单，勾选"继续"使该按钮出现。快捷键是 F5。

应用程序将一直运行至结束。注意，"调试"工具栏在应用程序结束时消失。它默认只在以调试模式运行应用程序时出现。

调试器的另一个强大功能是能在调试时修改正在运行的代码；换言之，不需要停止应用程序并重新启动它。这可以显著减少调试应用程序所需的时间。下个练习将看到这个技术的一个简单例子。

➤ **在调试会话中修改代码**

1. 在"代码和文本编辑器"窗口中找到 readDouble 方法。

2. 右击 Console.Write(v);语句，指向"断点"，再选择"插入断点"。以"调试"模式运行应用程序时，应用程序会在抵达该语句时暂停并由调试器接管。

插入断点后，语句会在"代码和文本编辑器"中突出显示，同时在左侧边缘显示一个大红点。

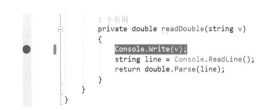

```
1 个引用
private double readDouble(string v)
{
    Console.Write(v);
    string line = Console.ReadLine();
    return double.Parse(line);
}
}
```

3. 在"调试"菜单中选择"开始调试"。

应用程序会启动，但在抵达断点时暂停。

4. 在"调试"工具栏中单击"逐过程"按钮，允许执行该语句。

5. 切换到应用程序的控制台窗口，此时应显示消息"Enter your daily rate:"，提示用户在同一行上输入一个值。

但这个时候，你想要更改消息的显示方式，想在消息末尾添加一个换行符。

6. 切换回正以调试模式运行应用程序的 Visual Studio。

7. 不要停止程序的运行，将 Console.Write(v);语句改为 Console.WriteLine(v);。

8. 右击修改好的语句，选择"设置下一条语句"，如下图所示。

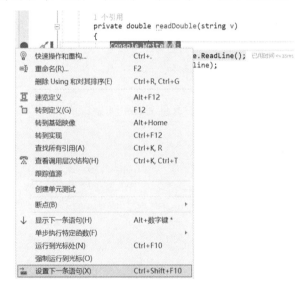

这会导致调试器返回那个语句，所以下次选择"逐过程"时，会重复执行该语句。

注意 如果构建的是 UWP 应用(而不是控制台应用)，也可以在调试会话期间修改用户界面的 XAML 布局。为此，当应用暂停于某个断点时，对 XAML 描述进行必要的修改。然后，在 Visual Studio 工具栏中单击"热重载"按钮。如下图所示，该按钮有一个火焰图标，会导致 UI 的热重载。

9. 在"调试"工具栏中单击"逐过程"按钮，执行修改过的语句。

10. 切换回应用程序的控制台窗口。原来显示的消息还在。但因为重复执行了语句，所以会多出一条"Enter your daily rate:"消息，但光标现在定位在下一行，因为 `Console.WriteLine` 多输出了一个换行符，如下图所示。

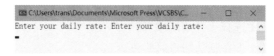

11. 返回 Visual Studio 并单击工具栏上的"继续"。

12. 输入和上个练习一样的值，允许应用程序运行完毕。

    结果应该和之前一样。

13. 从"调试"菜单中选择"删除所有断点"，将断点从 `readDouble` 方法中移除。

14. 在 Visual Studio 显示的消息框中选择"是"以确认移除断点。

3.4.1 重构代码

Visual Studio 非常有用的一个功能是重构代码。有时需要在应用程序的多个位置写相同(或非常相似)的代码。这时可选定并右击输入的代码块，从弹出菜单中选择"快速操作和重构"，再单击"提取方法"。所选代码会移动到一个名为 `NewMethod` 的新方法中。向导能自动判断方法是否要获取参数和返回某值。

方法生成后，应将方法名修改成有意义的名称。如下图所示，Visual Studio 会自动修改调用了该方法的语句以使用新名称。

```
                    void run()
                    {
 ⑨ ▾                    double dailyRate = readDouble("Enter your daily rate: ");
提取方法        ▶   第 13 到 14 行
提取本地函数              {
                            NewMethod();
                        }
                                                                    ultant's fee is: {v * 1.1}");
                    private void NewMethod()
                    {
                        double dailyRate = readDouble("Enter your daily rate: ");   dailyRate * noOfDays;

                    预览更改
```

3.4.2 嵌套方法

大的方法有时需要分割成小的辅助方法，以测试复杂功能，并验证大的方法的每一部分都能良好工作。这还有助于增强可读性，并使大的方法更容易维护。

注意 "大的方法"和"辅助方法"并非 C#语言的官方术语。我只是说一个方法(大的方法)可以分解成更小的部分(辅助方法)。

方法(无论大方法还是辅助方法)默认可在定义它的类中访问，并可从类的其他任何方法中调用。但由于辅助方法仅由一个大方法使用，所以有必要使它们局部于调用它们的大方法。这样可确保辅助方法在给定上下文中工作，防止不慎被别的方法使用。这是实现封装的一个好的实践，大方法(包括它调用的辅助方法)的内部工作方式在别的方法那里是看不见的。这个实践减少了大方法之间的依赖性，可安全修改大方法及其调用的辅助方法的实现，不至于影响到应用程序的其他元素。

如下个练习所示，为了创建辅助方法，需要把它们嵌套到大方法内部。该练习计算阶乘。可以用阶乘(factorial)计算 n 个项有多少排列方式。正整数 n 的阶乘用递归方式定义成 n * factorial $(n - 1)$，其中 1 的阶乘是 1。例如，3 的阶乘是 3 * factorial(2)，后者等于 2 * factorial(1)，后者等于 1。所以计算结果是 3 * 2 * 1 = 6。包含 3 项的一个集合可以有 6 种不同的排列组合。类似地，4 项有 24 种排列组合(4 * factorial(3))；5 项则有 120 种排列组合(5 * factorial(4))。

➤ 计算阶乘

1. 如果 Visual Studio 2022 尚未运行，请启动。

2. 打开位于"文档"文件夹下的\Microsoft Press\VCSBS\Chapter 3\Factorial 子文件夹中的 Factorial 解决方案。

3. 双击 Program.cs 显示代码。

4. 在 run 方法中添加以下加粗显示的语句：

```
void run()
{
    Console.Write("Please enter a positive integer: ");
    string inputValue = Console.ReadLine();
    long factorialValue = CalculateFactorial(inputValue);
    Console.WriteLine($"Factorial({inputValue}) is {factorialValue}");
}
```

代码提示输入一个正整数，把它传给 CalculateFactorial 方法再显示结果。

5. 在 run 方法后添加新方法 CalculateFactorial，获取字符串参数 input，返回一个 long(长整型)。

```
long CalculateFactorial(string input)
{
}
```

6. 在 CalculateFactorial 方法起始大括号后添加加粗显示的语句：

```
long CalculateFactorial(string input)
{
    int inputValue = int.Parse(input);
}
```

语句将输入的字符串值转换为整数(未验证是否输入有效正整数，第 6 章解决)。

7. 在 CalculateFactorial 方法中添加嵌套方法 factorial，获取一个 int，返回一个 long。该方法负责实际的阶乘计算。

```
long CalculateFactorial(string input)
{
    int inputValue = int.Parse(input);
    long factorial (int dataValue)
    {
    }
}
```

8. 在 factorial 方法主体中添加以下加粗的语句。代码用之前描述的递归算法计算输入值的阶乘。

```
long CalculateFactorial(string input)
{
    int inputValue = int.Parse(input);
    long factorial (int dataValue)
    {
        if (dataValue == 1)
        {
            return 1;
        }
        else
        {
            return dataValue * factorial(dataValue - 1);
        }
    }
}
```

9. 在 CalculateFactorial 方法中调用 factorial 方法，传递输入值并返回结果：

```
long CalculateFactorial(string input)
{
    int inputValue = int.Parse(input);
    long factorial (int dataValue)
    {
        if (dataValue == 1)
        {
            return 1;
        }
        else
        {
            return dataValue * factorial(dataValue - 1);
        }
    }
    long factorialValue = factorial(inputValue);
    return factorialValue;
}
```

10. 在"调试"菜单中选择"开始执行(不调试)"。

    Visual Studio 2022 生成并运行程序，显示控制台窗口。

11. 在 Please enter a positive integer (输入正整数)提示之后输入 **4** 并按 Enter 键。

    程序在控制台窗口显示以下消息：

    ```
    Factorial(4) is 24
    ```

12. 按 Enter 键关闭应用程序并返回 Visual Studio 2022。

13. 再次运行程序并输入 **5**，这次显示的结果如下：

    ```
    Factorial(5) is 120
    ```

14. 请自行尝试其他值。如输入的数字太大(例如 60)，结果会超出 long 的范围，所以会看到不正确的结果。第 6 章会讲到如何用 checked 异常处理这种情况。

3.5   使用可选参数和具名参数

前面讲述了如何定义重载方法来实现方法的不同版本，让它们获取不同的参数。生成使用了重载方法的应用程序时，编译器判断每个方法调用应使用哪个版本。这是面向对象语言的常见功能，并非只有 C#支持。

但开发人员完全可能采用其他语言和技术生成 Windows 应用程序和组件，那些语言和技术可能并不遵守这些规则。C#和其他.NET Framework 语言的一个重要特点是能与使用其他技术开发的应用程序和组件进行互操作。"组件对象模型"(Component Object Model，COM)是在.NET Framework 外部运行的 Windows 应用程序和服务所使用的一项基本技术。(事实上，.NET Framework 使用的公共语言运行时也严重依赖于 COM，Windows 10 的 Windows Runtime 也是如此。)COM 不支持重载方法；相反，它允许方法获取可选参数。为了方便在 C#解决方案中集成 COM 库和组件，C#也支持可选参数。

可选参数在其他情况下也很有用。有时参数类型的差异不足以使编译器区分不同的实现，造成无法使用重载技术。这时可选参数能提供一个简单、好用的解决方案。例如以下方法：

```
public void DoWorkWithData(int intData, float floatData, int moreIntData)
{
    ...
}
```

DoWorkWithData 方法获取三个参数，包括两个 int 和一个 float。现在，假定要提供只获取两个参数(intData 和 floatData)的一个实现：

```
public void DoWorkWithData(int intData, float floatData)
{
    ...
}
```

调用 DoWorkWithData 方法时，可提供恰当类型的两个或三个参数，编译器根据参数类型判断调用哪个重载版本：

```
int arg1 = 99;
float arg2 = 100.0F;
int arg3 = 101;

DoWorkWithData(arg1, arg2, arg3);    // 调用三个参数的重载版本
DoWorkWithData(arg1, arg2);          // 调用两个参数的重载版本
```

到目前为止一切还好。但要实现 DoWorkWithData 的另外两个版本，只获取第一个参数和第三个参数，那么或许会草率地写出以下重载版本：

```
public void DoWorkWithData(int intData)
{
    ...
}
public void DoWorkWithData(int moreIntData)
{
    ...
}
```

问题在于，对于编译器，这两个重载版本完全一样，程序无法编译。编译器报告以下错误："类型"*typename*"已定义了一个名为"DoWorkWithData"的具有相同参数类型的成员。"为了理解为什么会这样，可以采用反证法。假定上述代码合法，那么执行以下语句：

```
int arg1 = 99;
int arg3 = 101;

DoWorkWithData(arg1);
DoWorkWithData(arg3);
```

应该调用 DoWorkWithData 的哪个重载？使用可选参数和具名参数能解决该问题。

3.5.1 定义可选参数

指定可选参数是在定义方法时使用赋值操作符为该参数提供默认值。以下 optMethod 方法的第一个参数是必须要有的，因其没有提供默认值，但第二个和第三个参数可选：

```
void optMethod(int first, double second = 0.0, string third = "Hello")
{
    ...
}
```

可选参数只能放在必需参数之后。

含可选参数的方法在调用方式上与其他方法无异。都是指定方法名，提供任何必需参数(实参)。区别在于，与可选参数对应的实参可以省略，方法运行时会为省略的实参使用默认值。下例第一个 optMethod 方法调用为三个参数都提供了值。第二个调用只提供了两个值，

对应第一个和第二个参数。方法运行时，第三个参数使用默认值"Hello"：

```
optMethod(99, 123.45, "World");    // 全部三个参数都提供了实参
optMethod(100, 54.321);            // 只为前两个参数提供了实参
```

3.5.2　传递具名参数

C#语言默认根据每个实参在方法调用中的位置判断对应形参。所以在上一节第二个示例方法调用中，两个实参分别传给 optMethod 方法的 **first** 和 **second** 形参，因为它们在方法声明中的顺序如此。C#还允许按名称指定参数。这样就可按照不同顺序传递实参。要将实参作为具名参数传递，必须输入参数名，一个冒号，然后是要传递的值。下例执行和上一节的例子相同的功能，只是参数按名称指定：

```
optMethod(first : 99, second : 123.45, third : "World");
optMethod(first : 100, second : 54.321);
```

具名参数允许实参按任意顺序传递。可像下面这样重写 optMethod 方法调用：

```
optMethod(third : "World", second : 123.45, first : 99);
optMethod(second : 54.321, first : 100);
```

还允许省略实参。例如，调用 optMethod 方法时，可以只指定 **first** 和 **third** 这两个参数的值，**second** 参数使用默认值。如下所示：

```
optMethod(first : 99, third : "World");
```

还可兼按位置和名称指定实参。但要求先指定按位置的实参，再指定具名的实参：

```
optMethod(99, third : "World");    // 第一个实参按位置来定
```

3.5.3　消除可选参数和具名参数的歧义

使用可选参数和具名参数可能造成歧义。需要知道编译器如何解决歧义，否则可能得到出乎预料的结果。假定 optMethod 被定义成重载方法，如下所示：

```
void optMethod(int first, double second = 0.0, string third = "Hello")
{
    ...
}

void optMethod(int first, double second = 1.0, string third = "Goodbye", int fourth = 100 )
{
    ...
}
```

这是完全合法的 C#代码，符合方法重载规则。编译器能区分两个方法，因为两者的参数列表不同。但如果调用 optMethod 方法，忽略与一个或多个可选参数对应的实参，就可能出问题：

```
optMethod(1, 2.5, "World");
```

同样合法，但应该调用哪个版本？答案是和方法调用最匹配的。所以，最后选择获取 3 个参数的版本，而不是获取 4 个参数的版本。这确实说得通。再来看看以下调用：

```
optMethod(1, fourth : 101);
```

在上述代码中，对 optMethod 的调用省略了 second 和 third 参数的实参，但通过具名参数的形式为 fourth 参数提供了实参。optMethod 只有一个版本能匹配这个调用，所以这不是问题。但下面这个调用就有点儿伤脑筋了：

```
optMethod(1, 2.5);
```

这次 optMethod 的两个版本都不能完全匹配提供的实参。两个版本中，second、third 和 fourth 都是可选参数。所以，应该选择获取 3 个参数的版本，为 third 参数使用默认值，还是选择获取 4 个参数的版本，为 third 和 fourth 参数使用默认值？答案是两个都不选。编译器认为这是有歧义的方法调用，所以不允许编译。以下 optMethod 方法调用都有歧义：

```
optMethod(1, third : "World");
optMethod(1);
optMethod(second : 2.5, first : 1);
```

本章最后一个练习将修改 DailyRate 项目，实现获取可选参数的方法，并用具名参数调用它们。还要测试一些常见的例子，理解 C#编译器如何解析涉及可选参数和具名参数的方法调用。

➢ **定义并调用获取可选参数的方法**

1. 在 Visual Studio 2022 中打开"文档"文件夹下的\Microsoft Press\VCSBS\Chapter 3\ DailyRate Using Optional Parameters 子文件夹中的 DailyRate 解决方案。

2. 在"解决方案资源管理器"中双击 Program.cs，在"代码和文本编辑器"窗口中显示代码。目前基本是空白的，只有 Main 方法以及 run 方法的架子。

3. 在 Program 类的 run 方法后添加 calculateFee 方法。它和上一组练习实现的方法相似，只是要获取两个具有默认值的可选参数。还要打印一条消息，指出调用的是哪个版本的 calculateFee。在后续步骤中将添加方法的重载实现。

```
private double calculateFee(double dailyRate = 500.0, int noOfDays = 1)
{
    Console.WriteLine("calculateFee using two optional parameters");
    return dailyRate * noOfDays;
}
```

4. 在 Program 类中添加 calculateFee 方法的另一个实现，如下所示。该版本获取一个可选参数(double dailyRate)。计算并返回一天的收费金额。

```
private double calculateFee(double dailyRate = 500.0)
{
    Console.WriteLine("calculateFee using one optional parameter");

    int  defaultNoOfDays = 1;
    return dailyRate * defaultNoOfDays;
}
```

5. 添加 calculateFee 的第三个实现。该版本无参，使用硬编码的每日费率(400 元)和
   收费天数(1 天)。

```
private double calculateFee()
{
    Console.WriteLine("calculateFee using hardcoded values");
    double defaultDailyRate = 400.0;
    int defaultNoOfDays = 1;
    return defaultDailyRate * defaultNoOfDays;
}
```

6. 在 run 方法中添加以下加粗语句来调用 calculateFee 并显示结果。

```
public void run()
{
    double fee = calculateFee();
    Console.WriteLine($"Fee is {fee}");
}
```

提示　要在调用方法的语句中快速查看方法定义，可右击方法调用，并从弹出菜单中选择
　　　"速览定义"。下图展示了 calculateFee 方法的"速览定义"窗口。

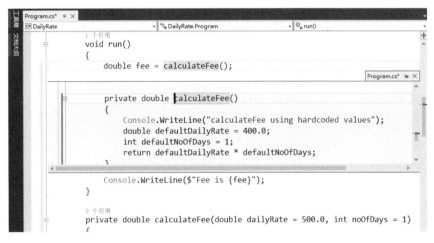

如果代码分散于多个文件，或者虽在同一个文件但文件很长，该功能就很实用。

---

7. 在"调试"菜单中选择"开始执行(不调试)"来生成并运行程序。程序在控制台窗
   口中运行，显示以下消息：

```
calculateFee using hardcoded values
Fee is 400
```

run 方法调用的是 calculateFee 的无参版本，而不是任何获取可选参数的版本。这是由于该版本和方法调用最匹配。

按任意键关闭控制台窗口并返回 Visual Studio。

8. 在 run 方法中修改调用 calculateFee 的语句(加粗部分)：

```
public void run()
{
    double fee = calculateFee(650.0);
    Console.WriteLine($"Fee is {fee}");
}
```

9. 在"调试"菜单中选择"开始执行(不调试)"生成并运行程序。程序在控制台窗口中运行，显示以下消息：

```
calculateFee using one optional parameter
Fee is 650
```

这次调用 calculateFee 获取一个可选参数的版本，仍然和方法调用最匹配。

按任意键关闭控制台窗口并返回 Visual Studio。

10. 在 run 方法中再次修改调用 calculateFee 的语句：

```
public void run()
{
    double fee = calculateFee(500.0, 3);
    Console.WriteLine($"Fee is {fee}");
}
```

11. 在"调试"菜单中选择"开始执行(不调试)"来生成并运行程序。程序在控制台窗口中运行，显示以下消息：

```
calculateFee using two optional parameters
Fee is 1500
```

这次调用 calculateFee 获取两个可选参数的版本。

按任意键关闭控制台窗口并返回 Visual Studio。

12. 在 run 方法中修改调用 calculateFee 的语句，通过名称指定 dailyRate 参数值：

```
public void run()
{
    double fee = calculateFee(dailyRate : 375.0);
    Console.WriteLine($"Fee is {fee}");
}
```

13. 在"调试"菜单中选择"开始执行(不调试)"来生成并运行程序。程序在控制台窗口中运行，显示以下消息：

```
calculateFee using one optional parameter
Fee is 375
```

和步骤 8 一样，调用的是 calculateFee 获取一个可选参数的版本。虽然使用了具名参数，但编译器对方法调用进行解析的方式没有发生改变。

按任意键关闭控制台窗口并返回 Visual Studio。

14. 在 run 方法中修改调用 calculateFee 的语句，通过名称指定 noOfDays 参数值：

```
public void run()
{
    double fee = calculateFee(noOfDays : 4);
    Console.WriteLine($"Fee is {fee}");
}
```

15. 在"调试"菜单中选择"开始执行(不调试)"来生成并运行程序。程序在控制台窗口中运行，显示以下消息：

```
calculateFee using two optional parameters
Fee is 2000
```

这次调用 calculateFee 获取两个可选参数的版本。调用中省略了第一个参数 (dailyRate)，并通过名称指定了第二个参数的值。获取两个可选参数的 calculateFee 是唯一匹配的版本。

按任意键关闭控制台窗口并返回 Visual Studio。

16. 修改获取两个可选参数的 calculateFee 方法的实现。将第一个参数的名称更改为 theDailyRate，并更新 return 语句，如以下加粗的部分所示：

```
private double calculateFee(double theDailyRate = 500.0, int noOfDays = 1)
{
    Console.WriteLine("calculateFee using two optional parameters");
    return theDailyRate * noOfDays;
}
```

17. 在 run 方法中修改调用 calculateFee 的语句，然后通过名称指定 theDailyRate 参数值：

```
public void run()
{
    double fee = calculateFee(theDailyRate : 375.0);
    Console.WriteLine($"Fee is {fee}");
}
```

18. 在"调试"菜单中选择"开始执行(不调试)"来生成并运行程序。程序在控制台窗口中运行，显示以下消息：

```
calculateFee using two optional parameters
Fee is 375
```

这次调用获取两个可选参数的版本，仍然最匹配，因为只有该版本有 **theDailyRate** 参数名。提供具名参数，编译器会将参数名和方法声明中指定的参数名比较，并选择参数名称匹配的方法。如调用时提供的实参是 **aDailyRate: 375.0**，程序就无法编译了，因为找不到和该名称匹配的参数。

按任意键关闭控制台窗口并返回 Visual Studio。

小结

本章讲述了如何定义方法来实现具名代码块。学习了如何向方法传递参数，以及如何从方法返回数据。另外还知道了如何调用方法、传递实参并获取返回值。学习了如何通过不同参数列表来重载方法，还知道了变量的作用域如何影响其作用范围。然后用 Visual Studio 2022 调试器对代码进行单步调试。最后学习了如何写获取可选参数的方法，如何使用具名参数调用方法。

- 如果希望继续学习下一章，请保持 Visual Studio 2022 的运行状态，然后接着阅读第 4 章。
- 如果希望立即退出 Visual Studio 2022，请选择"文件"|"退出"。如果看到"保存"对话框，单击"是"按钮保存项目。

第 3 章快速参考

目标	操作

声明方法	在类内部写方法。指定方法名，参数列表和返回类型。后面是一对大括号中的方法主体。示例如下：
	
	`int addValues(int leftHandSide, int rightHandSide)`
	`{`
	`    ...`
	`}`

从方法返回值	在方法内部写 return 语句。示例如下： `return leftHandSide + rightHandSide;`
从方法提前返回	使用单独的 return 语句： `return;`

定义表达式主体方法	用 => 加表达式来定义方法主体，最后添加分号。示例如下：
	
	`double calculateFee(double dailyRate, int noOfDays)`
	`    => dailyRate * noOfDays;`

目标	操作
调用方法	写方法名，在圆括号中添加必要的实参。示例如下： `addValues(39, 3);`

调用返回元组的方法	还是像上面那样调用方法，但将结果赋给一组圆括号中的变量。返回的元组中的每个值都对应一个变量。示例如下：
	`int division, remainder;`
	`(division, remainder) = divide(leftHandSide, rightHandSide);`

使用"生成方法存根向导"	右击方法调用，从弹出菜单中选择"快速操作和重构"

创建嵌套方法	在方法主体中定义另一个方法。示例如下：
	`long CalculateFactorial(string input)`
	`{`
	`    ...`
	`    long factorial (int dataValue)`
	`    {`
	`        if (dataValue == 1)`
	`        {`
	`            return 1;`
	`        }`
	`        else`
	`        {`
	`            return dataValue * factorial(dataValue - 1);`
	`        }`
	`    }`
	`    ...`
	`}`

显示"调试"工具栏	选择"视图"|"工具栏"，勾选"调试"
跳入方法并逐语句调试(Step into)	单击"调试"工具栏中的"逐语句"按钮，或者从菜单栏选择"调试"|"逐语句"，或者按功能键 F11
跳出方法，忽略对方法中的其他语句的调试，一路执行到方法尾(Step out)	单击"调试"工具栏中的"跳出"按钮，或者从菜单栏选择"调试"|"跳出"，或者按组合键 Shift+F11
直接执行所调用的方法,不进入其中调试(Step over)	单击"调试"工具栏中的"逐过程"按钮，或者从菜单栏中选择"调试"|"逐过程"，或者按功能键 F10

为方法指定可选参数	在方法声明中为参数提供默认值。示例如下：
	`void optMethod(int first, double second = 0.0,`
	`           string third = "Hello")`
	`{`
	`    ...`
	`}`

利用具名参数向方法提供实参	在方法调用中指定参数名。示例如下： `optMethod(first : 100, third : "World");`

第 4 章

使用判断语句

学习目标

- 声明布尔变量
- 使用布尔操作符创建结果为 true 或 false 的表达式
- 使用 if 语句，依据布尔表达式的结果做出判断
- 使用 switch 语句做出更复杂的判断

第 3 章讲述了如何利用方法来分组相关语句，还介绍了如何利用参数向方法传入数据，如何使用 return 语句从方法传出数据。将程序分解成一系列方法，每个方法都负责一项具体任务或计算，这是必要的设计策略。许多程序都需要解决既大又复杂的问题。将程序分解成方法有助于理解问题，集中精力每次解决一个问题。

第 3 章写的方法很简单，语句都是顺序执行的。但为了解决现实世界的问题，还需要根据情况在方法中选择不同的执行路径。本章将介绍具体做法。

4.1 声明布尔变量

和现实世界不同，程序世界的每件事情要么黑，要么白；要么对，要么错；要么真，要么假。例如，假定创建整数变量 x，把值 99 赋给它，然后问："x 中包含值 99 吗？"答案显然是肯定的。如果问："x 小于 10 吗？"答案显然是否定的。这些正是**布尔(Boolean)表达**式的例子。布尔表达式肯定求值为 true 或 false。

Visual C#支持 bool 数据类型。bool 变量只能容纳两个值之一：true 或 false。例如以下语句声明 bool 变量 areYouReady，将 true 值赋给它，并在控制台上输出其值：

```
bool areYouReady;
areYouReady = true;
Console.WriteLine(areYouReady); // 控制台输出 True
```

> **注意** 对于这些问题，并非所有编程语言都会做出相同回答。例如，未赋值的变量包含未定义的值，不能说它肯定小于 10。正是因为这个原因，新手在写 C 和 C++程序时容易出错。Microsoft Visual C#编译器解决这个问题的方案是确保变量在访问前已经赋值。访问未赋值变量的程序无法编译。

4.2 使用布尔操作符

布尔操作符是求值为 true 或 false 的操作符。C#语言提供了几个非常有用的布尔操作符，其中最简单的是 NOT(求反)操作符，它用感叹号(!)表示。!操作符求布尔值的反值。在上例中，如变量 areYouReady 为 true，则表达式!areYouReady 求值为 false。

4.2.1 理解相等和关系操作符

两个更常用的布尔操作符是相等(==)和不等(!=)操作符。这两个二元操作符判断一个值是否与相同类型的另一个值相等，结果是 bool 值。下表演示这些操作符，以 int 变量 age 为例。

操作符	含义	示例	结果(假定 age = 42)
==	等于	age == 100	false
!=	不等于	age != 0	true

不要混淆相等操作符(==)和赋值操作符(=)。表达式 x==y 比较 x 和 y，两个值相等就返回 true。而表达式 x=y 是将 y 的值赋给 x。

与==和!=密切相关的是**关系操作符**，它们判断一个值是小于还是大于同类型的另一个值。下表演示了这些操作符。

操作符	含义	示例	结果(假定 age = 42)
<	小于	age < 21	false
<=	小于或等于	age <= 18	false
>	大于	age > 16	true
>=	大于或等于	age >= 42	true

4.2.2 理解条件逻辑操作符

C#还提供了另两个布尔操作符：逻辑 AND(逻辑与)操作符(用&&表示)和逻辑 OR(逻辑或)操作符(用||表示)。这两个操作符统称**条件逻辑操作符**，作用是将两个布尔表达式或值合并成一个布尔结果。这两个二元操作符与相等/关系操作符相似的地方是结果也为 true 或 false。不同的地方是操作的值(操作数)本身必须是 true 或 false。

只有作为操作数的两个布尔表达式都为 true，&&操作符的求值结果才为 true。例如，只有在 percent 大于或等于 0，并且小于或等于 100 的前提下，以下语句才会将 true 值赋给 validPercentage：

```
bool validPercentage;   // 有效百分数
validPercentage = (percent >= 0) && (percent <= 100);
```

两个操作数任何一个为 true，操作符||的求值结果就为 true，它判断两个条件是否有任何一个成立。例如，以下语句在 percent 小于 0 或大于 100 的情况下将值 true 赋给 invalidPercentage(无效百分比)：

```
bool invalidPercentage;
invalidPercentage = (percent < 0) || (percent > 100);
```

提示 新手常犯的错误是在合并两个测试时只对 percent 变量命名一次，就像下面这样：

percent >= 0 && <= 100 // 该语句不能编译

使用圆括号有助于避免这种错误，同时也有助于澄清表达式。例如，可对比以下两个表达式：

validPercentage = percent >= 0 && percent <= 100
    validPercentage = (percent >= 0) && (percent <= 100)

两个表达式结果一样，因为操作符&&优先级低于>=和<=。但第二个更清晰。

4.2.3 短路求值

操作符&&和||都支持**短路求值**。有时根本没必要两个操作数都求值。例如，假定操作符&&的左操作数求值为 false，整个表达式的结果肯定是 false，无论右操作数的值是什么。类似地，如果操作符||的左操作数求值为 true，整个表达式的结果肯定是 true。这时操作符&&和||将跳过对右侧布尔表达式的求值。下面是一些例子：

```
(percent >= 0) && (percent <= 100)
```

在这个表达式中，如 percent 小于 0，那么操作符&&左侧的布尔表达式求值为 false。该值意味着整个表达式的结果肯定是 false，所以不对右侧表达式求值。再如下例：

```
(percent < 0) || (percent > 100)
```

在这个表达式中，如 percent 小于 0，那么操作符 || 左侧的布尔表达式求值为 true。该值意味着整个表达式的结果肯定是 true。所以不对右侧表达式求值。

精心设计使用了条件逻辑操作符的表达式，可避免不必要的求值以提升代码性能。将容易计算、简单的布尔表达式放到条件逻辑操作符左边，将较复杂的放到右边。许多情况下，程序并不需要对更复杂的表达式进行求值。

> 注意　可在布尔表达式中调用一个返回 true/false 值的布尔方法。但要注意的是，在使用了短路的布尔表达式中，某些方法在发生短路时不会执行。

4.2.4　操作符的优先级和结合性总结

下表总结了迄今为止学过的所有操作符的优先级和结合性。同一类别的操作符具有相同优先级。各类别按优先级从高到低排列。

类别	操作符	描述	结合性
主要(Primary)	()	覆盖优先级	
	++	后递增	左
	--	后递减	
一元(Unary)	!	逻辑 NOT	
	+	加	
	-	减	左
	++	前递增	
	--	前递减	
乘(Multiplicative)	*	乘	
	/	除	左
	%	求余(取模)	
加(Additive)	+	加	左
	-	减	
关系(Relational)	<	小于	
	<=	小于或等于	左
	>	大于	
	>=	大于或等于	
相等(Equality)	==	等于	左
	!=	不等于	

类别	操作符	描述	结合性
条件 AND(Conditional AND)	&&	逻辑 AND	左
条件 OR(Conditional OR)	||	逻辑 OR	左
赋值(Assignment)	=	右操作数赋给左操作数，返回所赋的值	右

注意，操作符&&和||的优先级不同，前者高于后者。

4.2.5 模式匹配

C# 8.0 包括新的**模式匹配**功能。模式扩展了许多 C#语句的判断能力。还可以使代码比以前更简洁、更易读。

模式匹配使用 is 运算符。用一个例子可以很容易地解释布尔表达式的模式匹配。当且仅当 percent 变量的值大于等于 0 而且小于等于 100 时，以下语句才会将 true 赋给布尔变量 validPercentage：

```
bool validPercentage;
int percent = ... ;
validPercentage = (percent >= 0) && (percent <= 100);
```

利用模式匹配，上述表达式可简化成如下形式：

```
validPercentage = (percent is >= 0 and <= 100);
```

is 操作符与布尔操作符 and(称为 conjunctive 模式操作符)和 or(disjunctive 模式操作符)一起工作。is 不支持&&或||。此外，模式匹配只能一个变量匹配一个模式。例如，以下代码试图对两个变量 dancingAbility 和 singAbility 进行求值，但不起作用(不能编译)：

```
canMoveToNextStage = (dancingAbility is >= 7 and singingAbility is >= 7);
```

C#模式匹配还提供了与 is 一起使用的 not 操作符。它类似于!操作符，但只对模式起作用。以下代码展示了判断 percent 变量的值是否在 0~100 之间的另一个办法：

```
validPercentage = (percent is not < 0 and not > 100);
```

4.3 使用 if 语句做判断

if 语句根据布尔表达式的结果选择执行两个不同的代码块。

4.3.1 理解 if 语句的语法

if 语句的语法如下所示(if 和 else 是 C#语言的关键字)：

```
if ( booleanExpression )
    statement1;  // 语句1
else
    statement2;  // 语句2
```

如果 booleanExpression(布尔表达式)求值为 true，就运行 statement1；否则运行 statement2。else 关键字和后续的 statement2 可选。如果没有 else 子句，而且 booleanExpression 为 false，那么什么事情都不会发生，程序继续执行 if 语句之后的代码。注意，布尔表达式必须放在圆括号中，否则无法编译。

例如，以下 if 语句递增秒表的秒针(暂时忽略分钟)。如 seconds 值是 59，就重置为 0；否则就用操作符++来递增：

```
int seconds;
...
if (seconds == 59)
    seconds = 0;
else
    seconds++;
```

拜托，只用布尔表达式！

if 语句中的表达式必须放在一对圆括号中。此外，表达式必须是布尔表达式。另一些语言(尤其是 C 和 C++)允许使用整数表达式，编译器自动将整数值转换成 true(非 0 值)或 false(0)。C#不允许这样做，看到这样的表达式会报告编译错误。

如果在 if 语句中不慎写了赋值表达式，而不是执行相等性测试，C#编译器也能识别出这个错误。例如：

```
int seconds;
...
if (seconds = 59) // 编译错误
    ...
if (seconds == 59) // 正确
```

在本该用==的地方用了=，是C/C++程序容易出现bug的另一个原因。在 C 和 C++中，会将所赋的值(59)悄悄转换成布尔值(任何非 0 值都被视为 true)，造成每次都执行 if 语句之后的代码。

另外，布尔变量可作为 if 语句的表达式使用，但必须放在圆括号中：

```
bool inWord;
...
if (inWord == true) // 可以这样写，但不常见
...
if (inWord) // 更常见的写法
```

4.3.2 使用代码块分组语句

在前面的 if 语法中，if (booleanExpression)后面只有一个语句，关键字 else 后面也只有一个语句。但经常要在布尔表达式为 true 的前提下执行两个或更多语句。这时可将要运行的语句分组到新方法中，然后调用方法。但更简单的做法是将语句分组到**代码块**(block)。代码块是用大括号封闭的一组语句。

下例两个语句将 seconds 重置为 0，并使 minutes 递增。这两个语句被放到代码块中。如果 seconds 的值等于 59，整个代码块都会执行：

```
int seconds = 0;
int minutes = 0;
...
if (seconds == 59)
{
    seconds = 0;
    minutes++;
}
else
{
    seconds++;
}
```

> **重要提示**　遗漏大括号造成两个严重后果。首先，C#编译器只将第一个语句(seconds = 0;)与 if 语句关联，下个语句(minutes++;)不再成为 if 语句的一部分。其次，当编译器遇到 else 关键字时，不会将它与前一个 if 语句关联，所以会报告一个语法错误。因此，一个好习惯是用代码块定义 if 语句的每个分支，即使其中只有一个语句。这样一来，以后添加代码更省心。

代码块还界定了一个新的作用域。可在代码块内部定义变量，这些变量在代码块结束时消失。如以下代码所示：

```
if (...)
{
    int myVar = 0;
    ... // myVar 能在这里使用
} // myVar 在这里消失
else
{
    // 这里不能使用 myVar 了
    ...
}
// 这里不能使用 myVar 了
```

4.3.3 嵌套 if 语句

可在一个 if 语句中嵌套其他 if 语句。这样可以链接一系列布尔表达式。它们依次测试，直至其中一个求值为 true。在下例中，假如 day 值为 0，则第一个测试的值为 true，值 "Sunday" 将被赋给 dayName 变量。假如 day 值不为 0，则第一个测试失败，控制传递给 else 子句。该子句运行第二个 if 语句，将 day 的值与 1 进行比较。注意，只有第一个 if 测试为 false，才执行第二个 if 语句。类似地，只有第一个 if 测试和第二个 if 测试为 false，才执行第三个 if。

```
if (day == 0)
{
    dayName = "Sunday";
}
else if (day == 1)
{
    dayName = "Monday";
}
else if (day == 2)
{
    dayName = "Tuesday";
}
else if (day == 3)
{
    dayName = "Wednesday";
}
else if (day == 4)
{
    dayName = "Thursday";
}
else if (day == 5)
{
    dayName = "Friday";
}
else if (day == 6)
{
    dayName = "Saturday";
}
else
{
    dayName = "unknown";
}
```

以下练习要写一个方法，使用嵌套 if 语句比较两个日期。

➤ 编写 if 语句

1. 如果尚未运行，请先启动 Microsoft Visual Studio 2022。

2. 打开 Selection 解决方案，它位于"文档"文件夹下的\Microsoft Press\VCSBS\

Chapter 4\Selection 子文件夹。

3. 在"调试"菜单中选择"开始调试"。

Visual Studio 2022 生成并运行应用程序。窗体显示两个 DatePicker 控件，分别名为 firstDate 和 secondDate。两个控件都显示了当前日期，

4. 单击 Compare 按钮。

窗口下半部分的文本框显示以下内容：

```
firstDate == secondDate : False
firstDate != secondDate : True
firstDate <  secondDate : False
firstDate <= secondDate : False
firstDate >  secondDate : True
firstDate >= secondDate : True
```

结果显然有问题。布尔表达式 firstDate == secondDate 应该为 true，因为 firstDate 和 secondDate 都被设为今天的日期。事实上，在上述结果中，似乎只有<和>=的结果才是正确的！运行结果如下图所示。

5. 返回 Visual Studio 2022 并停止调试。

6. 在"代码和文本编辑器"窗口中显示 MainPage.xaml.cs 的代码。

7. 找到 compareClick 方法，如下所示：

```
private void compareClick(object sender, RoutedEventArgs e)
{
    int diff = dateCompare(firstDate.Date.LocalDateTime, secondDate.Date.LocalDateTime);
    info.Text = "";
    show("firstDate == secondDate", diff == 0);
    show("firstDate != secondDate", diff != 0);
    show("firstDate < secondDate", diff < 0);
    show("firstDate <= secondDate", diff <= 0);
    show("firstDate > secondDate", diff > 0);
```

```
        show("firstDate >= secondDate", diff >= 0);
    }
```

单击窗体上的 Compare 按钮将执行该方法。firstDate.Date.LocalDateTime 和 secondDate.Date.LocalDateTime 这两个表达式容纳 DateTime 值，代表在 firstDate 和 secondDate 控件上显示的日期。DateTime 数据类型和 int 或 float 等数据类型相似，只是包含子元素以便访问日期的不同组成部分，如年、月或日。 compareClick 方法向 dateCompare 方法传递两个 DateTime 值，后者比较两个值。 如果相同返回 int 值 0，第一个小于第二个返回-1，第一个大于第二个返回+1。日 历上越是靠后的日期越大(例如，同一年中，1月2日大于1月1日)。将在下个步骤 讨论 dateCompare 方法。

show 方法在窗体下半部分的 info 文本框控件中汇总比较结果。

8. 找到 dateCompare 方法，如下所示：

```
private int dateCompare(DateTime leftHandSide, DateTime rightHandSide)
{
    // TO DO
    return 42;
}
```

该方法目前返回固定值，而不是通过比较实参返回 0，-1 或+1。这解释了为什么应 用程序不像预期的那样工作！ 需要在方法中实现正确比较两个日期的逻辑。

9. 在 dateCompare 方法中删除// TO DO 注释和 return 语句。

10. 在 dateCompare 方法主体添加以下加粗显示的代码：

```
private int dateCompare(DateTime leftHandSide, DateTime rightHandSide)
{
    int result = 0;

    if (leftHandSide.Year < rightHandSide.Year)
    {
        result = -1;
    }
    else if (leftHandSide.Year > rightHandSide.Year)
    {
        result = 1;
    }
}
```

暂时不要生成应用程序。dateCompare 方法尚未完成，生成会失败。

如果表达式 leftHandSide.Year < rightHandSide.Year 求值为 true，那么 leftHandSide 中的日期肯定就早于 rightHandSide 中的日期，所以程序将 result 变量设为-1。否则，如果表达式 leftHandSide.Year > rightHandSide.Year 求值 为 true，则 leftHandSide 中的日期肯定就晚于 rightHandSide 中的日期，所以程

序将 result 变量设为 1。

如果 leftHandSide.Year < rightHandSide.Year 和 leftHandSide.Year > rightHandSide.Year 两个表达式都求值为 false，两个日期的 Year 属性值肯定相同，所以接着比较两个日期中的月份。

11. 在 dateCompare 方法主体添加以下加粗显示的代码，放到上个步骤添加的代码之后即可：

```
private int dateCompare(DateTime leftHandSide, DateTime rightHandSide)
{
    ...
    else if (leftHandSide.Month < rightHandSide.Month)
    {
        result = -1;
    }
    else if (leftHandSide.Month > rightHandSide.Month)
    {
        result = 1;
    }
}
```

这些语句使用和比较年份相似的逻辑来比较月份。如果 leftHandSide.Month < rightHandSide.Month 和 leftHandSide.Month > rightHandSide.Month 两个表达式都求值为 false，两个日期的 Month 属性值肯定相同，所以最后比较两个日期中的天数。

12. 在 dateCompare 方法主体添加以下加粗显示的代码，放到之前添加的代码之后：

```
private int dateCompare(DateTime leftHandSide, DateTime rightHandSide)
{
    ...
    else if (leftHandSide.Day < rightHandSide.Day)
    {
        result = -1;
    }
    else if (leftHandSide.Day > rightHandSide.Day)
    {
        result = 1;
    }
    else
    {
        result = 0;
    }

    return result;
}
```

leftHandSide.Day < rightHandSide.Day 和 leftHandSide.Day > rightHandSide.Day 两个表达式如果都求值为 false，那么两个日期的 Day 属性值肯定就相同。按目

前的逻辑，Month 值和 Year 值已经相同，所以两个日期肯定相同，所以将 result 的值设为 0。

最后一个语句返回 result 变量当前存储的值。

13. 在"调试"菜单中选择 "开始调试"。

应用程序将重新生成和启动。

14. 单击 Compare 按钮。

文本框显示以下内容：

```
firstDate == secondDate : True
firstDate != secondDate : False
firstDate < secondDate: False
firstDate <= secondDate: True
firstDate > secondDate: False
firstDate >= secondDate: True
```

这些结果对于相同的两个日期是正确的。

15. 为第二个 DatePicker 控件选择一个靠后的日期再单击 Compare 按钮，如下图所示。

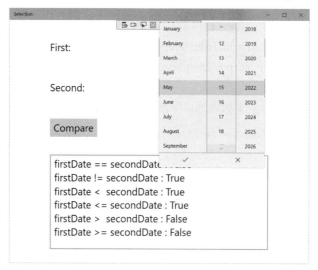

文本框显示以下内容：

```
firstDate == secondDate: False
firstDate != secondDate: True
firstDate < secondDate: True
firstDate <= secondDate: True
firstDate > secondDate: False
firstDate >= secondDate: False
```

当第一个日期早于第二个日期时，上述结果是正确的。

16. 测试其他日期，验证结果都符合预期。完成后返回 Visual Studio 2022 并停止调试。

实际应用程序中的日期比较

在体验了如何使用一系列长和复杂的 if 和 else 语句之后，我有责任提醒大家，在实际的应用程序中，并不以这种方式比较日期。练习中的 dateCompare 方法有两个参数，即 leftHandSide 和 rightHandSide，它们都是 DateTime 值。程序逻辑只比较日期，没有比较时间(也没有显示)。两个 DateTime 值要真正"相等"，不仅日期要一样，时间也要一样。比较日期和时间是很常见的操作，所以 DateTime 类型内建了 Compare 方法。Compare 方法获取两个 DateTime 实参并进行比较。返回小于 0 的值表明第一个实参小于第二个实参，返回大于 0 的值表明第一个实参大于第二个，返回 0 表明两个实参代表相同日期和时间。

4.4 使用 switch 语句做判断

使用嵌套 if 语句时，有时所有 if 语句看起来都相似，因为都在对完全相同的表达式进行求值，唯一区别是每个 if 语句都将表达式的结果与不同的值进行比较。例如以下代码块，它用 if 语句判断 day 变量的值对应星期几：

```
if (day == 0)
{
   dayName = "Sunday";
}
else if (day == 1)
{
   dayName = "Monday";
}
else if (day == 2)
{
   dayName = "Tuesday";
}
...
else
{
   dayName = "Unknown";
}
```

这时可将嵌套 if 语句改写成 switch 语句，简化编程并增强可读性。

4.4.1 理解 switch 语句的语法

switch 语句语法如下(switch、case 和 default 是 C#关键字)：

```
switch ( controllingExpression )
{
case constantExpression :
```

```
        statements
        break;
case constantExpression :
        statements
        break;
...
default :
        statements
        break;
}
```

controllingExpression(控制表达式)只求值一次,而且必须包含在圆括号中。然后逐个检查 constantExpression(常量表达式),找到和 controllingExpression 值相等的,就执行由它标识的代码块(constantExpression 称为 case 标签)。进入代码块后,将一直执行到 break;语句。遇到 break;后,switch 语句结束,程序从 switch 语句结束大括号之后的第一个语句继续执行。没有找到任何匹配的 case 标签,就运行由可选的 default 标签所标识的代码块。

> **注意** 每个 constantExpression 值都必须唯一,使 controllingExpression 只能与它们当中的一个匹配。如果 controllingExpression 的值和任何 constantExpression 的值都不匹配,也没有 default 标签,程序就从 switch 的结束大括号之后的第一个语句继续执行。

所以,前面的嵌套 if 语句可改写成以下 switch 语句:

```
switch (day)
{
    case 0 :
        dayName = "Sunday";
        break;
    case 1 :
        dayName = "Monday";
        break;
    case 2 :
        dayName = "Tuesday";
        break;
    ...
    default :
        dayName = "Unknown";
        break;
}
```

4.4.2 遵守 switch 语句的规则

switch 语句很有用,但使用须谨慎。switch 语句要严格遵循以下规则。

● switch 语句的控制表达式只能是某个整型(int、char 或 long 等)或 string。其他类型只能使用 if 语句。

可为 switch 的控制表达式使用 float 和 double 这两种数据类型，但没什么意义。这是因为浮点值是近似值(再精确也是近似值)，而不是确定的值。只有 int、long 和 decimal 才是"说一不二"的。

- case 标签必须是常量表达式，如 42(控制表达式是 int)，'4'(控制表达式是 char) 或"42"(控制表达式是 string)。要想在运行时计算 case 标签的值，就只能用 if 语句。
- case 标签必须唯一，不允许两个 case 标签具有相同的值。
- 可以连续写多个 case 标签(中间不间插额外的语句)，指定在多种情况下都运行相同的语句。如果这样写，最后一个 case 标签之后的代码将适用于所有 case。但如果两个标签之间有额外的代码，就不能从第一个标签贯穿(也称直通)到第二个标签，编译器会报错。例如：

```
switch (trumps)
{
    case Hearts :
    case Diamonds :          // 允许直通——标签之间无额外代码
        color = "Red";       // Hearts 和 Diamonds 两种情况都执行相同的代码
        break;
    case Clubs :
        color = "Black";
    case Spades :            // 出错——标签之间有额外代码
        color = "Black";
        break;
}
```

break 语句是阻止直通的最常见方式，也可用 return 或 throw 语句代替。return 从 switch 语句所在的方法退出，throw 抛出异常并中止 switch 语句。throw 语句的详情在第 6 章讨论。

switch 语句的直通规则

如果间插了额外语句，就不能从一个 case 直通到下个 case。所以，我们可以自由安排 switch 语句的各个区域，不用担心会改变其含义(就连 default 标签都能随意摆放；它通常放在最后，但并不强求)。

C 和 C++程序员注意，C#要求为 switch 语句的每个 case(包括 default)提供 break 语句。这是好事；在 C 和 C++程序中，很容易因为忘记添加 break 语句而直通到后面的标签，造成不容易被发现的 bug。

但如果真的需要，也可在 C#中模拟 C++的直通行为，具体做法是用 goto 语句转到下个 case 或 default 标签。但这是不推荐的，本书也不打算介绍具体怎么做！

以下练习要完成一个程序来读取字符串中的字符，将每个字符映射成对应的 XML 形式。例如，<字符在 XML 中具有特殊含义(用于构成元素)，所以要正确显示就必须转换成"<"，使 XML 处理器知道这是数据而不是 XML 指令的一部分。类似规则也适用于>，&，'和"等字符。要写 switch 语句来测试字符的值，将特殊 XML 字符作为 case 标签使用。

> ➢ **编写 switch 语句**

1. 如果尚未运行 Visual Studio 2022，请启动。
2. 打开 SwitchStatement 项目，位于"文档"文件夹下的\Microsoft Press\VCSBS\Chapter 4\SwitchStatement 子文件夹。
3. 在"调试"菜单中选择"开始调试"。
    Visual Studio 2022 生成并运行应用程序。窗体包含两个文本框，中间用 Copy 按钮分开。
4. 在上方文本框中键入以下示例文本：

    inRange = (lo <= number) && (hi >= number);

5. 单击 Copy 按钮。
    所有内容逐字复制到下方文本框，不对<，&和>字符进行转换，如下图所示。

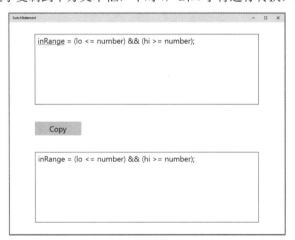

6. 返回 Visual Studio 2022 并停止调试。
7. 在"代码和文本编辑器"窗口中显示 MainPage.xaml.cs 的代码，从中找到 copyOne 方法，如下所示：

```
private void copyOne(char current)
{
    switch (current)
    {
        default:
```

```
            target.Text += current;
            break;
        }
    }
```

copyOne 方法将作为参数指定的字符附加到下方文本框显示的文本末尾。方法目前包含一个 switch 语句，其中只有一个 default 操作。下面将修改 switch 语句来转换 XML 特殊字符，例如将字符<转换成字符串"<"。

8. 在 switch 语句的{之后、default 标签之前添加以下加粗显示的语句：

```
switch (current)
{
    case '<' :
        target.Text += "&lt;";
        break;
    default:
        target.Text += current;
        break;
}
```

如果当前复制的字符是<，上述代码将字符串"<"附加到正在输出的文本末尾。

9. 在新加的 break 语句之后、default 标签之前添加以下语句：

```
case '>' :
    target.Text += "&gt;";
    break;
case '&' :
    target.Text += "&amp;";
    break;
case '\"' :
    target.Text += "&#34;";
    break;
case '\'' :
    target.Text += "&#39;";
    break;
```

注意   在 C#语言和 XML 中，单引号(')和双引号(")有特殊含义，分别用于界定字符和字符串常量。最后两个 case 中的反斜杠(\)是转义符，指示 C#编译器把这些字符当作字面值，而不是当作定界符。

10. 在"调试"菜单中选择"开始调试"。

11. 在上方文本框中键入以下文本：

```
inRange = (lo <= number) && (hi >= number);
```

12. 单击 Copy 按钮。
    语句被复制到下方文本框。这次每个字符都会在 switch 语句中进行 XML 映射处理。

target 文本框显示以下转换结果:

```
inRange = (lo &lt;= number) &amp;&amp; (hi &gt;= number);
```

13. 再用其他字符串做试验,验证所有特殊字符(<、>、&、"和')都得到正确处理。

14. 返回 Visual Studio 并停止调试。

4.5 为 switch 表达式使用模式匹配

switch 语句是一个强大的构造,但有时显得有点冗长,难以理解。switch 表达式与 switch 语句相似,只是它会产生一个值。听起来区别不大,但它比听起来要有用得多。

在 C#中,表达式的模式匹配能力有时会使 switch 表达式成为比 switch 语句更合理的选择。例子包括复杂的校验规则和数据分类。例如,假定要确定一个名为 measure 的变量属于哪个取值范围。可能的范围包括负数(<0)、零、单位数(1~9)、双位数(10~99)和大数(100 或以上)。以下代码显示了如何进行这种分类。结果存储到 string 变量 range 中。

```
int measurement = ...;
string range = measurement switch
{
    < 0 => "负数",
    0 => "零",
    >= 1 and <= 9 => "单位数",
    >= 10 and <= 99 => "双位数",
    >= 100 => "大数"
};
```

注意以下语法要点。

- switch 关键字作为操作符使用。例子中的 measurement 变量和模式匹配块(大括号之间的代码)则是操作数。
- 在模式匹配块中,每行都包含一个模式和一个作为结果来求值的表达式,两者用=>分隔。
- 每一对模式/表达式由一个逗号分隔。没有 break 语句。
- 模式遵循和前面描述的 if 语句相同的语法。

如某个模式匹配 switch 操作符的第一个操作数,就对=>右侧的表达式进行求值。

switch 表达式必须捕捉第一个操作数可能出现的所有值。在运行时,如操作数没有匹配的模式,会收到错误信息"switch 表达式没有处理其输入类型的所有可能值(不详尽)"。可用下画线字符(_)作为一个总括符,它匹配之前未处理的所有情况。

switch 表达式还支持一系列 switch 语句不支持的情况。在阅读本书的过程中,会看到很多这样的例子。

> 使用 switch 表达式

1. 返回上个练习的 SwitchStatement 解决方案。

2. 找到 CopyOne 方法，如下所示：

```
private void copyOne(char current)
{
    switch (current)
    {
        case '<':
            target.Text += "&lt;";
            break;
        case '>':
            target.Text += "&gt;";
            break;
        case '&':
            target.Text += "&amp;";
            break;
        case '\"':
            target.Text += "&#34;";
            break;
        case '\'':
            target.Text += "&#39;";
            break;
        default:
            target.Text += current;
            break;
    }
}
```

3. 删除整个 switch 语句，替换成以下加粗的 switch 表达式：

```
private void copyOne(char current)
{
    target.Text += current switch
    {
        '<' => "&lt;",
        '>' => "&gt;",
        '&' => "&amp;",
        '\"' => "&#34;",
        '\'' => "&#39;",
        _ => current
    };
}
```

该 switch 表达式执行模式匹配来判断要在输出中附加的值。注意最后的总括符_，它捕捉其他所有情况。另外，不要忘记在语句末尾添加分号。

相较于之前的 switch 语句，这个表达式更简洁、更可读。

4. 选择"调试"｜"开始调试"。

5. 在上方文本框中键入以下示例文本：

```
inRange = (lo <= number) && (hi >= number);
```

6. 单击 Copy 按钮。验证程序的输出和之前一样。

7. 返回 Visual Studio 并停止调试。

小结

本章讨论了布尔表达式和变量，讲述了 `if` 和 `switch` 语句如何用布尔表达式做出判断，还练习了用布尔操作符合并布尔表达式。

- 如果希望继续学习下一章，请继续运行 Visual Studio 2022，然后阅读第 5 章。
- 如果希望现在就退出 Visual Studio 2022，请选择"文件"|"退出"。如果看到"保存"对话框，请单击"是"按钮保存项目。

第 4 章快速参考

目标	操作
判断两个值是否相等	使用操作符==或!=，示例如下： `answer == 42`
比较两个表达式的值	使用操作符<、<=、>或>=，示例如下： `age >= 21`
声明布尔变量	声明 bool 类型的变量 `bool inRange;`

创建布尔表达式，只有两个条件都为 true，表达式才为 true	使用操作符&&，示例如下：
	
	`inRange = (lo <= number)`
	`    && (number <= hi);`

创建布尔表达，只要两个条件的任何一个为 true，表达式就为 true	使用操作符‖，示例如下：
	
	`outOfRange = (number < lo)`
	`    ‖ (hi < number);`

条件为 true 时运行一个语句	使用 if 语句，示例如下：
	
	`if (inRange)`
	`    process();`

目标	操作

条件为 true 时运行多个语句	使用 if 语句和代码块，示例如下：
	
	``
	if (seconds == 59)
	{
	  seconds = 0;
	  minutes++;
	}
	``

将不同语句与控制表达式的不同值关联	使用 switch 语句，示例如下：
	
	``
	switch (current)
	{
	  case 0:
	    ...
	    break;
	  case 1:
	    ...
	    break;
	  default :
	    ...
	    break;
	}
	``

根据一个控制表达式的值，将不同的值赋给一个变量	使用 switch 表达式，示例如下：
	
	``
	string result = current switch
	{
	    < 0 => "below zero",
	    0 => "zero",
	    > 0 and < 100 => "between zero and a hundred",
	    _ => "greater than a hundred"
	};
	``

第 5 章

使用复合赋值和循环语句

学习目标

- 使用复合赋值操作符更新变量值
- 使用循环语句 while、for 和 do
- 单步执行 do 语句，观察变量值的变化

第 4 章讲述了如何使用 if 语句和 switch 语句选择性地运行语句。本章介绍如何使用各种循环(也称为迭代)语句重复运行一个或多个语句。写循环语句时经常要控制重复次数。为此可以使用一个变量，每次重复都更新它的值，并在变量抵达特定值时停止重复。因此，还要介绍如何在这些情况下使用特殊的赋值操作符来更新变量值。

5.1 使用复合赋值操作符

前面讲过如何用算术操作符创建新值。例如以下语句使用操作符+创建比变量 answer 大 42 的值，新值在控制台显示：

```
Console.WriteLine(answer + 42);
```

还讲过如何用赋值语句更改变量值。以下语句使用赋值操作符=将 answer 的值变成 42：

```
answer = 42;
```

要在变量的值上加 42，可在同一个语句中使用赋值和加法操作。例如，以下语句在 answer 上加 42，新值再赋给 answer。换言之，在运行该语句之后，answer 的值比之前大 42：

```
answer = answer + 42;
```

虽然这是有效的语句，但有经验的程序员不这样写。在变量上加一个值是常见操作，所以 C#语言专门提供了+=操作符来简化。在 answer 上加 42，有经验的程序员会这样写：

```
answer += 42;
```

任何算术操作符都可以像这样与赋值操作符合并，从而获得**复合赋值操作符**。

不要这样写	要这样写
variable = variable * number;	variable *= number;
variable = variable / number;	variable /= number;
variable = variable % number;	variable %= number;
variable = variable + number;	variable += number;
variable = variable - number;	variable -= number;

📝**提示** 复合赋值操作符具有和简单赋值操作符(=)一样的优先级和右结合性。

操作符+=可作用于字符串；从而将一个字符串附加到另一个字符串末尾。例如，以下代码在控制台上显示"Hello John"：

```
string name = "John";
string greeting = "Hello ";
greeting += name;
Console.WriteLine(greeting);
```

但其他任何复合赋值操作符都不能作用于字符串。

📝**提示** 变量递增或递减 1 不要使用复合赋值操作符，而是使用操作符++和--。例如，不要这样写：

```
count += 1;
```

而是这样写：

```
count++;
```

5.2 编写 while 语句

以下 while 语法允许在条件为 true 时反复运行一个语句：

```
while ( booleanExpression )
    statement
```

先求值布尔表达式 booleanExpression(注意必须放在圆括号中)，为 true 就运行语句(statement)。再次求值 booleanExpression，仍为 true 就再次运行语句。再次求值……如此反复，直至求值为 false，此时 while 语句退出，从 while 构造后的第一个语句继续。while

语句在语法上和 if 语句相似 (事实上，除关键字不同，语法完全一样)，具体如下。

- 表达式必须是布尔表达式。
- 布尔表达式必须放在圆括号中。
- 首次求值布尔表达式如果如果为 false，那么语句一次都不运行。
- 要在 while 的控制下执行两个或更多语句，必须用大括号将语句分组成代码块。

以下 while 语句向控制台写入值 0～9。一旦变量 i 的值变成 10，while 语句中止，不再运行代码块。

```
int i = 0;
while (i < 10)
{
    Console.WriteLine(i);
    i++;
}
```

所有 while 语句都应在某个时候终止。新手常犯错误是忘记添加最终造成布尔表达式求值为 false 的语句来终止循环。在上例中，这个语句就是 i++;。

注意 while 循环的变量 i 控制循环次数。这是常见的设计模式，具有这个作用的变量有时也称为**哨兵变量**。还可创建嵌套循环，这种情况下一般延续该命名模式来使用 j，k 甚至 l 等作为哨兵变量名。

提示 和 if 语句一样，建议总是为 while 语句使用代码块，即使其中只有一个语句。这样以后添加代码更省心。不这样做，只有 while 后的第一个语句才会与之关联，造成难以发现的 bug。例如以下代码:

```
int i = 0;
while (i < 10)
   Console.WriteLine(i);
   i++;
```

将无限循环，无限显示零，因为只有 Console.WriteLine 语句才和 while 关联，i++;语句虽然缩进但那只是给人看的，编译器并不把它视为循环主体的一部分。

以下练习写一个 while 循环，每次从源文件读取一行内容，将其写入表单上的一个文本框。

➤ **编写 while 语句**

1. 在 Visual Studio 2022 中打开 WhileStatement 解决方案，它位于"文档"文件夹下的 \Microsoft Press\VCSBS\Chapter 5\WhileStatement 子文件夹。

2. 在"调试"菜单中选择"开始调试"。
   Visual Studio 2022 生成并运行应用程序。应用程序本身是一个简单的文本文件查看器，用于打开文件并显示其内容。

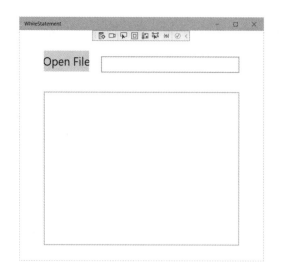

3. 单击 Open File 按钮。

随后将显示"打开"对话框并显示"文档"文件夹的内容，如下图所示(不同的计算机的文件和文件夹列表可能有所不同)。

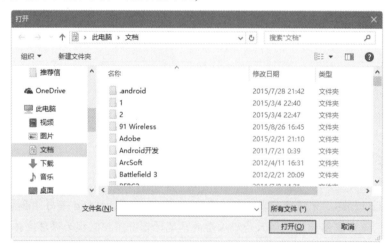

可利用该对话框切换到一个文件夹并选择要显示的文件。

4. 切换到"文档"文件夹下的\Microsoft Press\VCSBS\Chapter 5\WhileStatement\WhileStatement 子文件夹。

5. 选择 MainPage.xaml.cs 文件，单击"打开"按钮。

文件名 MainPage.xaml.cs 在小文本框显示，但文件内容没有在大文本框中显示。这是由于尚未实现代码来读取并显示源文件内容。下面的步骤将添加这个功能。

6. 返回 Visual Studio 2022 并停止调试。

---

7. 在"代码和文本编辑器"窗口中打开 MainPage.xaml.cs 文件，找到 openFileClick 方法。一旦在"打开"对话框中选择文件并单击"打开"按钮就会调用该方法。目前不需要理解方法的细节，只需知道方法提示用户指定文件(通过 FileOpenPicker 或 OpenFileDialog 窗口)并打开指定文件以进行读取。

openFileClick 方法的最后两个语句很重要：

```
TextReader reader = new StreamReader(inputStream.AsStreamForRead());
displayData(reader);
```

第一个语句声明 TextReader 变量 reader。TextReader 是.NET Framework 提供的类，用于从文件等来源读取字符流。它在 System.IO 命名空间中。该语句确保用户指定文件中的数据可供 TextReader 对象使用，然后就可通过该对象从文件读取数据。最后一个语句调用 displayData 方法，将 reader 作为参数传递。方法使用 reader 对象读取数据并在屏幕上显示，稍后将实现该方法。

8. 找到 displayData 方法。它目前如下所示：

```
private void displayData(TextReader reader)
{
    // TODO: add while loop here
}
```

主体仅一行注释，马上就要添加代码来获取并显示数据。

9. 将//TODO 注释替换成以下语句：

```
source.Text = "";
```

source 对象是窗体上最大的那个文本框。把它的 Text 属性设为空字符串("")，就可清除当前显示的任何文本。

10. 继续输入以下语句：

```
string line = reader.ReadLine();
```

上述语句声明 string 变量 line，调用 reader.ReadLine 方法把文件中的第一行文本读入变量。方法要么返回读取的一行文本；要么返回特殊值 null 来表明没有更多的行可供读取。

11. 继续输入以下代码：

```
while (line is not null)
{
    source.Text += line + '\n';
    line = reader.ReadLine();
}
```

该 while 循环依次读取文件每一行，直到没有更多行。

while 循环判断 line 变量值。不为 null 就显示读取的行，具体做法是将该行附加到 source 文本框的 Text 属性，并在行末添加换行符('\n')。TextReader 对象的 ReadLine 方法读取行时会自动删除换行符，所以要手动添加。在下次迭代之前，while 循环读取下一行文本。如此反复。没有更多文本，ReadLine 将返回 null 值，造成 while 循环终止。

> 注意　也可用 != null 测试空值。但是，测试表达式 is not null 有助于提高可读性。

12. 在 while 循环的结束大括号(})之后添加以下语句：

```
reader.Dispose();
```

这将释放与文件关联的资源并关闭文件。这是一个好习惯。除了释放访问文件所需的内存和其他资源，还使其他应用程序能使用该文件。

13. 在"调试"菜单中选择"开始调试"命令。

14. 窗体出现之后单击 Open File。

15. 在"打开"对话框中切换到"文档"文件夹下的 \Microsoft Press\VCSBS\Chapter 5\WhileStatement\WhileStatement 子文件夹，选择 MainPage.xaml.cs 文件，单击"打开"按钮。

> 注意　不要打开非文本文件。例如，打开可执行程序或图形文件会显示二进制信息的文本形式。如果文件很大，应用程序可能挂起，需要强制终止。

这次所选文件的内容会在文本框中完整显示，可看到刚才输入的代码，如下图所示。

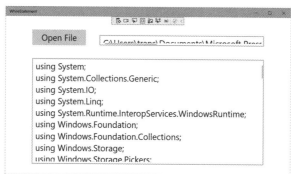

16. 在文本框中滚动文本，找到 displayData 方法。验证方法包含刚才添加的代码。

17. 返回 Visual Studio 2022 并停止调试。

5.3　编写 for 语句

C#语言中的大多数 while 循环语句都具有以下常规结构：

```
initialization
while (Boolean expression)
{
  statement
  update control variable
}
```

for 语句提供了这种结构的更正式版本，它将 initialization(初始化)、Boolean expression(布尔表达式)与 update control variable(更新控制变量)合并到一起。用过 for 语句就能体会到它的好处，其中包括防止遗漏初始化和更新控制变量的代码，减小写出无限循环代码的机率。以下是 for 语句的语法：

```
for (initialization; Boolean expression; update control variable)
    statement
```

其中，statement(语句)是 for 循环主体，要么是一个语句，要么是用大括号{}封闭的代码块。

前面展示过 while 循环的一个例子，它显示 0~9 的整数。下面用 for 循环改写：

```
for (int i = 0; i < 10; i++)
{
    Console.WriteLine(i);
}
```

初始化(int i = 0)只在循环开始时发生一次。如布尔表达式(i < 10)求值为 true，就运行语句(Console.WriteLine(i);)。随后，控制变量更新(i++)，布尔表达式重新求值，如仍为 true，语句再次执行，控制变量更新，布尔表达式重新求值……如此反复。

注意三点：第一，初始化只发生一次；第二，初始化后先执行循环主体语句，再更新控制变量；第三，更新控制变量后再重新求值布尔表达式。

提示　和 while 语句一样，建议总是为 for 循环主体使用代码块，即使其中只有一个语句。这样以后添加代码更省心。

for 语句的三个部分都可省略。如省略布尔表达式，布尔表达式就默认为 true。以下 for 语句将一直运行：

```
for (int i = 0; ;i++)
{
    Console.WriteLine("简直停不下来!");
}
```

省略初始化和更新部分会得到一个看起来很奇怪的 for 循环，如下所示：

```
int i = 0;
for (; i < 10; )
{
    Console.WriteLine(i);
    i++;
}
```

for 语句的初始化、布尔表达式和更新控制变量这三个部分必须用分号分隔，即使某个部分的实际内容并不存在。

如有必要，可在 for 循环中提供多个初始化语句和多个更新语句(布尔表达式只能有一个)。为此，请用逗号分隔不同的初始化和更新语句，如下例所示：

```
for (int i = 0, j = 10; i <= j; i++, j--)
{
    ...
}
```

最后用 for 循环重写上个练习的 while 循环：

```
for (string line = reader.ReadLine(); line != null; line = reader.ReadLine())
{
    source.Text += line + '\n';
}
```

理解 for 语句作用域

前面说过，可在 for 语句的"初始化"部分声明新变量。这种变量的作用域限于 for 语句主体。for 语句结束，变量消失。该规则造成两个重要后果。首先，不能在 for 语句结束后使用变量，因为它已不在作用域中。下面是一个例子：

```
for (int i = 0; i < 10; i++)
{
    ...
}
Console.WriteLine(i); // 编译错误
```

其次，可在两个或更多 for 语句中使用相同变量名，因为每个变量都在不同作用域中。下面是一个例子：

```
for (int i = 0; i < 10; i++)
{
    ...
}
for (int i = 0; i < 20; i += 2) // okay
{
    ...
}
```

5.4 编写 do 语句

while 和 for 语句都在循环开始时测试布尔表达式，意味着如果首次测试布尔表达式为 false，循环主体一次都不运行。do 语句则不同，它的布尔表达式在每次循环之后求值，所以主体至少运行一次。

do 语句的语法如下(不要忘记最后的分号)：

```
do
    statement
while (booleanExpression);
```

多个语句构成的循环主体必须是放在{}中的代码块。以下语句向控制台输出 0~9，这次使用 do 语句：

```
int i = 0;
do
{
    Console.WriteLine(i);
    i++;
}
while (i < 10);
```

break 语句和 continue 语句

第 4 章用 break 语句跳出 switch 语句。还可用它跳出循环。执行 break 后，系统立即终止循环，并从循环之后的第一个语句继续执行。在这种情况下，循环的"更新"和"继续"条件都不会重新判断。

相反，continue 语句造成当前迭代结束，立即开始下一次迭代(在重新求值布尔表达式之后)。下面是在控制台上输出 0~9 的例子的另一个版本，这次使用 break 语句和 continue 语句：

```
int i = 0;
while (true)
{
    Console.WriteLine("continue " + i);
    i++;
    if (i < 10)
        continue;
    else
        break;
}
```

代码看起来令人难受。在许多编程守则中，都建议慎用 continue 语句，或者根本不用，因为它很容易造成难以理解的代码。continue 语句的行为还让人捉摸不透。例如，在 for 语句中执行 continue 语句，会在运行 for 语句的"更新(控制变量)"部分之后，才开始下一次迭代。

下例写 do 语句将正的十进制数转换成八进制的字符串形式。伪代码如下：

将十进制数存储到变量 dec 中
do 以下事情：
　　dec 除以 8，存储余数
　　将 dec 设为上一步得到的商

```
while dec 不等于 0
    按相反顺序合并每一次得到的余
```

例如，将十进制数 999 转换成八进制的步骤如下。

1. 999 除以 8，商 124 余 7。
2. 124 除以 8，商 15，余 4。
3. 15 除以 8，商 1 余 7。
4. 1 除以 8，商 0，余 1。
5. 反序合并每一步的余，结果是 1747。这就是 999 转换成八进制的结果。

➤ 写 do 语句

1. 在 Visual Studio 2022 中打开 DoStatement 解决方案，它位于"文档"文件夹下的 \Microsoft Press\VCSBS\Chapter 5\DoStatement 子文件夹。
2. 在设计视图中显示 MainPage.xaml 窗体。
    窗体左侧是 number 文本框。用户在此输入十进制数。单击 Show Steps 按钮后，会生成该数字的八进制形式。右侧 steps 文本框显示每个计算步骤的结果。
3. 在"代码和文本编辑器"窗口中显示 MainPage.xaml.cs 的代码。找到 showStepsClick 方法。该方法在单击 Show Steps 按钮后运行，目前为空。
4. 将以下加粗显示的代码添加到 showStepsClick 方法：

    ```
    private void showStepsClick(object sender, RoutedEventArgs e)
    {
        int amount = int.Parse(number.Text);
        steps.Text = "";
        string current = "";
    }
    ```

    第一个语句使用 int 类型的 Parse 方法将 number 文本框的 Text 属性中存储的字符串值转换成 int 值。
    第二个语句将右侧文本框 steps 的 Text 属性设为空字符串，清除显示的文本。
    第三个语句声明 string 变量 current，初始化为空字符串。该字符串存储每一次迭代生成的八进制数位。
5. 将以下加粗的 do 语句添加到 showStepsClick 方法：

    ```
    private void showStepsClick(object sender, RoutedEventArgs e)
    {
        int amount = int.Parse(number.Text);
        steps.Text = "";
        string current = "";

        do
        {
    ```

```
        int nextDigit = amount % 8;
        amount /= 8;
        int digitCode = '0' + nextDigit;
        char digit = Convert.ToChar(digitCode);
        current = digit + current;
        steps.Text += current + "\n";
    }
    while (amount != 0);
}
```

该算法反复计算 amount 变量除以 8 所得的余数。每次得到的余数都是正在构造的
新字符串的下一个数位。最终，amount 变量将减小至 0，循环结束。注意循环主体
至少执行一次。这个"至少执行一次"的行为正是我们需要的，因为即使是数字 0，
也是有一个八进制数位的。

进一步研究代码，do 循环的第一个语句如下：

```
int nextDigit = amount % 8;
```

该语句声明 int 变量 nextDigit 并初始化为 amount 的值除以 8 之余。该值范围是
0~7。

第二个语句如下：

```
amount /= 8;
```

这是复合赋值语句，相当于 amount = amount / 8;。如果 amount 的值是 999，那
么在执行这个语句之后，amount 的值就是 124。

下一个语句如下：

```
int digitCode = '0' + nextDigit;
```

该语句要稍微解释一下！每个字符都有唯一代码，具体由操作系统使用的字符集决
定。在 Windows 常用的字符集中，字符'0'的代码是整数值 48。字符'1'的代码是
49，字符'2'的代码是 50，以此类推，直到字符'9'，它的代码是 57。C#允许将字
符当作整数处理，允许对它们执行算术运算。但这样做会将字符码作为值使用。所
以，表达式'0' + nextDigit 的结果是 48~55 之间的值(记住，nextDigit 的值在
0~7 之间)，对应等价的八进制数位的代码。

do 语句的第四个语句如下：

```
char digit = Convert.ToChar(digitCode);
```

该语句声明 char 变量 digit 并初始化为 Convert.ToChar(digitCode)方法调用的
结果。Convert.ToChar 方法获取字符码(一个整数)，返回与之对应的字符。所以，
假如 digitCode 的值是 54，Convert.ToChar(digitCode)返回字符'6'。

总之，do 循环的前 4 个语句计算与用户输入的数字对应的最低有效八进制数位(最
右边的数位)。下个任务是将这个数位附加到要输出的字符串之前，如下所示：

```
current = digit + current;
```

do 循环的下一个语句如下：

```
steps.Text += current + "\n";
```

该语句将迄今为止得到的八进制数位添加到 **steps** 文本框，还为每次输出都附加换行符，使每次输出在文本框中都单独占一行。

最后，do 循环末尾用 **while** 子句对循环条件进行求值：

```
while (amount != 0);
```

如 **amount** 的值目前不为 0，就开始下一次循环。

最后一个练习使用 Visual Studio 2022 调试器来单步执行上述 do 语句，以理解工作原理。

> ➤ **单步执行 do 语句**

1. 在打开 MainPage.xaml.cs 文件的"代码和文本编辑器"窗口中，将光标移到 **showStepsClick** 方法的第一个语句：

```
int amount = int.Parse(number.Text);
```

2. 右击该语句，从弹出的快捷菜单中选择"运行到光标处"。

3. 窗体出现后，在左侧文本框中键入 **999**，单击 Show Steps。

   程序暂停运行，Visual Studio 2022 进入调试模式。"代码和文本编辑器"窗口左侧出现一个黄色箭头，标记当前要执行的语句。

4. "代码和文本编辑器"窗口下方的窗格中单击"局部变量"标签，如下图所示。

5. 如果"调试"工具栏不可见，请显示它(选择"视图"|"工具栏"|"调试")。注意，工具栏上的命令在"调试"菜单中均有对应。

6. 在"调试"工具栏上单击"逐语句"按钮(或者按F11键)。

   调试器将运行当前语句:

   ```
   int amount = int.Parse(number.Text);
   ```

   在"局部变量"窗格中，amount 的值变成 999，黄色箭头指向下一个语句。

7. 再次单击"逐语句"按钮。

   调试器运行以下语句:

   ```
   steps.Text = "";
   ```

   该语句不影响"局部变量"窗格的显示，因为 steps 是窗体控件，不是局部变量。黄色箭头指向下一个语句。

8. 再次单击"逐语句"按钮。

   调试器运行以下语句:

   ```
   string current = "";
   ```

   黄色箭头指向 do 循环起始大括号。do 循环主体有三个局部变量: nextDigit，digitCode 和 digit。注意它们在"局部变量"窗口中显示，值均为 0。

9. 单击"逐语句"按钮。

   黄色箭头指向 do 循环主体的第一个语句。

10. 单击"逐语句"按钮。

    调试器运行以下语句:

    ```
    int nextDigit = amount % 8;
    ```

    在"局部变量"窗口中，nextDigit 的值变成 7，这是 999 除以 8 之余。

11. 单击"逐语句"按钮。

    调试器运行以下语句:

    ```
    amount /= 8;
    ```

    在"局部变量"窗口中，amount 的值变成 124。

12. 单击"逐语句"按钮。

    调试器运行以下语句:

    ```
    int digitCode = '0' + nextDigit;
    ```

    在"局部变量"窗口中，digitCode 变量的值变成 55。这是'7'的字符码(48 + 7)。

13. 单击"逐语句"按钮。

调试器运行以下语句：

```
char digit = Convert.ToChar(digitCode);
```

在"局部变量"窗口中，digit 的值变成'7'。"局部变量"窗口同时显示 char 值的数值形式(本例是 55)和字符形式(本例是'7')。

注意，在"局部变量"窗口中，current 变量的值仍是""。

14. 单击"逐语句"按钮。

调试器运行以下语句：

```
current = current + digit;
```

在"局部变量"窗口中，current 的值变成"7"。

15. 单击"逐语句"按钮。

调试器运行以下语句：

```
steps.Text += current + "\n";
```

该语句在 steps 文本框中显示文本"7"，后跟换行符，确保以后的输出从文本框的下一行开始(窗体隐藏在 Visual Studio 后面，所以看不到)。黄色箭头移至 do 循环末尾的结束大括号。

16. 单击"逐语句"按钮。

黄色箭头指向 while 语句，准备求值 while 条件，判断是结束还是继续 do 循环。

17. 单击"逐语句"按钮。

调试器运行以下语句：

```
while (amount != 0);
```

amount 的值是 124，表达式 124 != 0 求值结果是 true，所以进行下一次循环。黄色箭头跳回 do 循环的起始大括号。

18. 单击"逐语句"按钮。

黄色箭头再次指向 do 循环的第一个语句。

19. 连续单击"逐语句"按 钮，重复三次 do 迭代，观察变量值在"局部变量"窗口中的变化。

20. 第 4 次迭代结束时，amount 值变成 0，current 值变成"1747"。黄色箭头指向 do 循环的 while 条件：

```
while (amount != 0);
```

amount 目前是 0，所以表达式 amount != 0 求值结果是 false，do 循环终止。

21. 单击"逐语句"按钮。

调试器运行以下语句：

```
while (amount != 0);
```

和预期一样，do 循环终止，黄色箭头移至 showStepsClick 方法的结束大括号。

22. 单击工具栏上的"继续"按钮或者按 F5。

窗体随后出现，显示为创建 999 的八进制形式所经历的 4 个步骤：7, 47, 747 和 1747，如下图所示。

23. 返回 Visual Studio 2022 并停止调试。

小结

本章讲述了如何使用复合赋值操作符更新数值变量以及如何在一个字符串上附加另一个字符串，同时还讲述了如何使用 while, for 和 do 语句在布尔条件为 true 的前提下重复执行代码。

- 如果希望继续学习下一章，请继续运行 Visual Studio 2022，然后阅读第 6 章。
- 如果希望现在就退出 Visual Studio 2022，请选择"文件"|"退出"。如果看到"保存"对话框，请单击"是"按钮保存项目。

第 5 章快速参考

目标	操作
在变量(variable)上加一个值(amount)	使用复合加法操作符。示例如下： variable += amount;
从变量(variable)中减一个值(amount)	使用复合减法操作符。示例如下： variable -= amount;

目标	操作

条件为 true 时运行一个或多个语句	使用 while 语句。示例如下：
	
	```\nint i = 0;\nwhile (i < 10)\n{\n Console.WriteLine(i);\n i++;\n}\n```
	还可使用 for 语句。示例如下：
	
	```\nfor (int i = 0; i < 10; i++)\n{\n Console.WriteLine(i);\n}\n```

一次或反复多次执行语句，至少执行一次	使用 do 语句。示例如下： ```\nint i = 0;\ndo\n{\n Console.WriteLine(i);\n i++;\n}\nwhile (i < 10);\n```

第 6 章

管理错误和异常

学习目标

- 使用 try 语句、catch 语句和 finally 语句处理异常
- 使用 checked 关键字和 unchecked 关键字控制整数溢出
- 使用 throw 关键字从方法中抛出异常
- 使用 finally 块写总是运行的代码(即使在发生异常之后)

之前学习了执行常规任务所需要的核心 C#语句,这些常规任务包括编写方法,声明变量,用操作符创建值,用 if 语句和 switch 语句选择运行代码,以及用 while 语句、for 语句和 do 语句重复运行代码。但是一直没有提到程序可能出错的问题。

生活并非总是一帆风顺。轮胎可能被扎破,电池可能被耗尽,螺丝起子并非总是放在老地方,应用程序的用户可能进行了出乎预料的操作。在计算机的世界里,磁盘可能出故障,有问题的程序可能影响机器上运行的其他程序(比如由于程序 bug 造成耗尽所有内存),无线网络可能在最不恰当的时候断开了连接,甚至一些自然现象(比如附近的一次闪电)也会造成电源或网络故障。错误可能在程序运行的任何阶段发生,其中许多都不是程序本身的问题。那么,如何进行检测并尝试进行修复?

人们多年来为此研发了大量机制。早期系统(如 UNIX)采用的典型方案要求在每次方法出错时都由操作系统设置一个特殊全局变量。每次调用方法后都检查全局变量,判断方法是否成功。和大多数面向对象编程语言一样,C#没有用这种痛苦的、折磨人的方式处理错误。相反,它使用的是**异常**。为了写出健壮的 C#应用程序,必须完全掌握异常。

作为第 Ⅰ 部分的最后一章,本章要讲述 C#语句如何通过抛出异常来通知报错,如何使用 try 语句、catch 语句和 finally 语句捕捉和处理这些异常所代表的错误。通过本章的学习,读者将进一步掌握 C#语言,为顺利学习第 Ⅱ 部分的内容打下牢固的基础。

6.1 尝试执行代码并捕捉异常

事实上，很难保证代码总是像预期的那样工作。有许多原因会造成出错，其中许多都不是程序员能控制的。任何应用程序都必须能检测错误，并以得体的方式处理：要么纠正，要么在纠正不了的情况下清楚地报告出错原因。

错误任何时候都可能发生，使用传统技术为每个语句手动添加错误检测代码，不仅劳神费力，而且还容易出错。另外，如果每个语句都需要错误处理逻辑来管理每个阶段都可能发生的每个错误，会很容易迷失方向，失去对程序主要流程的把握。幸好，在 C#语言中利用异常和异常处理程序[①]，可以很容易地区分实现程序主逻辑的代码与处理错误的代码。为了写支持异常处理的应用程序，要做下面两件事。

第一，代码放到 try 块中(try 是 C#关键字)。代码运行时，会尝试执行 try 块内的所有语句。如果没有任何语句产生异常，这些语句将一个接一个运行，直到全部完成。但一旦出现异常，就跳出 try 块，进入一个 catch 处理程序中执行。

第二，紧接着 try 块写一个或多个 catch 处理程序(catch 也是 C#关键字)来处理可能发生的错误。每个 catch 处理程序都捕捉并处理特定类型的异常，可在 try 块后面写多个 catch 处理程序。try 块中的任何语句造成错误，"运行时"都会生成并抛出异常。然后，"运行时"检查 try 块之后的 catch 处理程序，将控制权移交给匹配的处理程序。

下例在 try 块中尝试将文本框中的内容转换成整数值，调用方法计算值，将结果写入另一个文本框。为了将字符串转换成整数，要求字符串包含一组有效的数位，而不能是一组随意的字符。如果字符串包含无效字符，int.Parse 方法抛出 FormatException 异常，并将控制权移交给对应的 catch 处理程序。catch 处理程序结束后，程序从整个 try/catch 块之后的第一个语句继续。注意，如果没有和异常对应的处理程序，就说异常未处理(稍后会讨论这种情况)。

```
try
{
    int leftHandSide = int.Parse(lhsOperand.Text);
    int rightHandSide = int.Parse(rhsOperand.Text);
    int answer = doCalculation(leftHandSide, rightHandSide);
    result.Text = answer.ToString();
}
catch (FormatException fEx)
{
```

---

① 译注：本书按照约定俗成的译法，将 exception handler 翻译成"异常处理程序"，但请把它理解成"用于异常处理的构造"。同样的道理也适用于"catch 处理程序"，它其实是指"catch 构造"。

---

132 | Visual C#从入门到精通(第 10 版)

```
    // 处理异常
    ...
}
```

catch 处理程序采用与方法参数相似的语法指定要捕捉的异常。在下面的例子中，一旦抛出 FormatException 异常，fEx 变量就会被填充一个对象，其中包含了异常的细节。FormatException 类型提供大量属性供检查造成异常的确切原因。其中不少属性是所有异常通用的。例如，Message 属性包含错误的文本描述。处理异常时可利用这些信息，例如可以把细节记录到日志文件，或者向用户显示有意义的消息，并要求重试。

6.1.1 未处理的异常

如果 try 块抛出异常，但没有对应的 catch 处理程序，那么会发生什么？在前例中，lhsOperand 文本框可能确实包含一个整数，但该整数超出了 C#允许的整数范围(例如"2147483648")。在这种情况下，int.Parse 语句会抛出 OverflowException 异常，而 catch 处理程序目前只能捕捉 FormatException 异常。如果 try 块是某个方法的一部分，那个方法将立即退出，并返回它的调用方法。如果它的调用方法有 try 块，"运行时"会尝试定位 try 块之后的一个匹配 catch 处理程序并执行。如果调用方法没有 try 块，或者没有找到匹配的 catch 处理程序，调用方法退出，返回它的更上一级的调用方法……以此类推。如果最后找到匹配的 catch 处理程序，就运行它，然后从捕捉(到异常的)方法的 catch 处理程序之后的第一个语句继续执行。

> **重要提示** 捕捉到异常后，将从"捕捉方法"中的 catch 处理程序之后的第一个语句继续，这个 catch 处理程序是实际捕捉到异常的 catch 块。控制不会回到造成异常的方法。

由内向外遍历了所有调用方法之后，如果还是找不到匹配的 catch 处理程序，整个程序终止，报告发生了**未处理的异常**。

可以很容易地检查应用程序生成的异常。以"调试"模式运行应用程序(选择"调试"|"开始调试")并发生异常，会出现如下图所示的对话框。应用程序暂停，便于判断造成异常的原因。

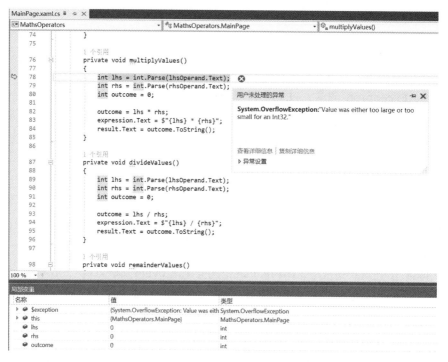

应用程序在抛出异常并导致调试器介入的语句停止。此时可检查变量值，可更改变量的值，还可使用"调试"工具栏和各种调试窗格，从抛出异常的位置单步调试代码。

6.1.2　使用多个 catch 处理程序

通过前面的讨论，我们知道不同错误可能抛出不同类型的异常。为了解决这个问题，可以提供多个 catch 处理程序。所有 catch 处理程序依次列出，像下面这样：

```
try
{
    int leftHandSide = int.Parse(lhsOperand.Text);
    int rightHandSide = int.Parse(rhsOperand.Text);
    int answer = doCalculation(leftHandSide, rightHandSide);
    result.Text = answer.ToString();
}
catch (FormatException fEx)
{
    //...
}
catch (OverflowException oEx)
{
    //...
}
```

try 块中的代码抛出 FormatException 异常，和 FormatException 对应的 catch 块开

始运行。抛出 OverflowException 异常，和 OverflowException 对应的 catch 块开始运行。

> 说明 如果 FormatException catch 块的代码自己又抛出了 OverflowException 异常，
> 不会造成相邻的那个 OverflowException catch 块的运行。相反，异常会传给调
> 用当前代码的方法。换言之，该异常会"传播"至调用栈的上一级。本节前面有相
> 关的描述。

6.1.3 捕捉多个异常

　　C#语言和 Microsoft .NET Framework 的异常捕捉机制相当完善。.NET Framework 定义了
许多异常类型，包括程序可能抛出的大多数异常。一般不可能为每个可能的异常都写对应的
catch 处理程序——某些异常可能在写程序时都没有想到。那么，如何保证所有可能的异常
都被捕捉并处理呢？

　　这个问题的关键在于各个异常之间的关系。异常用**继承层次结构**进行组织。该继承层次结
构由多个"家族"构成(第 12 章将详细讨论继承)。FormatException 和 OverflowException
异常都属于 SystemException 家族。该家族还包含其他许多异常。SystemException 本身又
是 Exception 家族的成员，而 Exception 是所有异常的"老祖宗"。捕捉 Exception 相当
于捕捉所有可能发生的异常。

> 说明 Exception 包含众多异常，其中许多异常是专供.NET Framework 的各种组件使用
> 的。虽然一些异常较难理解，但知道如何捕捉它们总是没错。

以下代码演示如何捕捉所有可能的异常：

```
try
{
    int leftHandSide = int.Parse(lhsOperand.Text);
    int rightHandSide = int.Parse(rhsOperand.Text);
    int answer = doCalculation(leftHandSide, rightHandSide);
    result.Text = answer.ToString();
}
catch (Exception ex)  // 这是常规 catch 处理程序，能捕捉所有异常
{
    //...
}
```

　　最后还有一个问题：异常与 try 块之后的多个 catch 处理程序匹配会发生什么？假如一
个处理程序捕捉 FormatException，另一个捕捉 Exception，最终运行哪一个(还是两个都
运行)？

　　异常发生后将运行由"运行时"发现的第一个匹配的异常处理程序，其他处理程序会被
忽略。如果让一个处理程序捕捉 Exception，后面又让另一个捕捉 FormatException，后者

永远都不会运行。因此，在 **try** 块之后，应将较具体的 catch 处理程序放在较常规的 catch 处理程序之前。没有发现较具体的，就运行较常规的。

📝**提示**　如果真的决定捕捉 Exception，可以从 catch 处理程序中省略它的名称，因为默认捕捉的就是 Exception:

```
catch
{
    // …
}
```

但不推荐这样做。传入 catch 处理程序的异常对象可能包含异常的重要信息。使用这个无参 catch 构造可能无法利用这些信息。

6.1.4　筛选异常

用 when 关键字加一个布尔表达式，可筛选与 catch 处理程序匹配的异常，确保异常处理程序仅在满足额外条件时才触发。比如下面的例子:

```
bool catchErrors = ...;
try
{
    ...
}
catch (Exception ex) when (catchErrors == true)
{
// 仅在 catchErrors 变量为 true 时才处理异常
}
```

本例依据 catchErrors 变量值选择性地处理所有异常(Exception 类型)。值为 false 不处理，将运行默认异常处理机制。值为 true 才运行 catch 块中的代码。

以下练习演示当应用程序抛出未处理的异常时会发生什么，然后写 try 块来捕捉异常。

➤　**观察 Windows 如何报告未处理的异常**

1.　如果尚未运行，请启动 Visual Studio 2022。

2.　打开 MathsOperators 解决方案，它位于"文档"文件夹下的 \Microsoft Press \VCSBS\Chapter 6\MathsOperators 子文件夹。

　　这是第 2 章同名程序的另一个版本，当初用于演示各种算术操作符。

3.　在"调试"菜单中选择"开始执行(不调试)"命令。

💡**说明**　不要以调试模式运行本练习的应用程序。

　　在随后出现的窗体中，要在 Left Operand(左操作数)文本框中故意输入会造成异常的文本，证明程序的这个版本不够健壮。

---

4. 在 Left Operand 文本框输入 **John**，在 Right Operand 文本框输入 **2**，单击+ Addition 按钮，再单击 Calculate 按钮。

这个无效输入会触发 Windows 默认异常处理机制。应用程序直接终止并返回桌面。

了解 Windows 如何捕捉和报告未处理异常之后，接着练习处理无效输入和防止发生未处理异常，使应用程序更健壮。

➢ 写 try/catch 块

1. 返回 Visual Studio 2022。
2. 选择"调试" | "开始调试"。

📖**注意** 这次要以调试模式运行本练习的应用程序。

---

3. 窗体出现后，在 Left Operand 文本框中输入 **John**，在 Right Operand 文本框中输入 **2**，单击+ Addition 按钮，再单击 Calculate 按钮。

这会抛出与前面相同的异常，但由于以调试模式运行，Visual Studio 会捕捉并报告异常。

如下图所示，Visual Studio 突出显示导致异常的语句，在一个对话框中描述异常，本例显示的是"Input string was not in a correct format"(输入字符串的格式不正确)。

```
1 个引用
private void addValues()
{
    int lhs = int.Parse(lhsOperand.Text);          ⊗
    int rhs = int.Parse(rhsOperand.Text);
    int outcome = 0;

    outcome = lhs + rhs;
    expression.Text = $"{lhs} + {rhs}";
    result.Text = outcome.ToString();
}
1 个引用
private void subtractValues()
{
    int lhs = int.Parse(lhsOperand.Text);
    int rhs = int.Parse(rhsOperand.Text);
```

用户未处理的异常

System.FormatException:"Input string was not in a correct format."

查看详细信息 | 复制详细信息
▷ 异常设置

可看出 addValues 方法内部的 int.Parse 调用抛出了一个 FormatException 异常。现在的问题是方法不能将文本"John"解析成有效数字。

4. 在异常对话框中单击"查看详细信息"。

随后出现"快速监视"对话框，展开异常后可看到如下图所示的信息。

> **提示** 有的异常是之前发生的其他异常的结果，Visual Studio 报告的是该链条的最后一环，之前的异常才是真正的"肇事者"。可在对话框中展开 InnerException 属性民查看之前的异常。InnerException 中可能还有其他 InnerException。一路深挖，直到 InnerException 属性值为 null 的异常(如上图所示)。此时便抵达最内层的异常，也就是最早的异常，它才是真正需要修正的"元凶"。

5. 关闭"快速监视"对话框，在 Visual Studio 中选择"调试" | "停止调试"。

6. 在"代码和文本编辑器"窗口显示 MainPage.xaml.cs。找到 addValues 方法。

7. 添加 **try** 块，把方法内部的语句包围起来。在 **try** 块后添加针对 FormatException 的 catch 块。新增的代码加粗显示：

```
try
{
    int lhs = int.Parse(lhsOperand.Text);
    int rhs = int.Parse(rhsOperand.Text);
    int outcome = 0;

    outcome = lhs + rhs;
    expression.Text = $"{lhs} + {rhs}";
    result.Text = outcome.ToString();
}
catch (FormatException fEx)
{
    result.Text = fEx.Message;
}
```

发生 FormatException 异常，它的处理程序会将异常对象的 Message 属性中的文本写入窗体底部的 result 文本框。

8. 在"调试"菜单中选择"开始调试"命令。

9. 窗体出现后，在 Left Operand 文本框中输入 **John**，在 Right Operand 文本框中输入 **2**，单击+ Addition 按钮，再单击 Calculate 按钮。

   catch 处理程序成功捕捉 FormatException，Result 文本框显示消息："Input string was not in a correct format"。应用程序的健壮性现在稍微增强了一些。

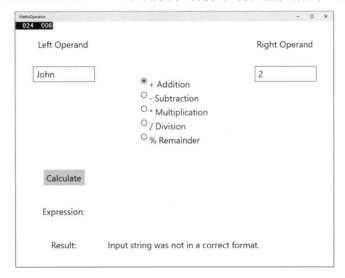

10. 用数字 **10** 替换 John，在 Right Operand 按钮框中输入 **Sharp**，单击 Calculate 按钮。由于 try 块将对这两个文本框进行解析的语句都包围起来了，所以同一个异常处理程序能处理两个文本框的用户输入错误。

11. 用数字 **20** 替换 Right Operand 文本框中的 Sharp，单击 Calculate 按钮。应用程序像预期的那样工作，在 Result 文本框中显示 30。

12. 在 Left Operand 文本框中用 **John** 替换数字 10，单击 - Subtraction 单选钮。Visual Studio 启动调试器并再次报告 FormatException 异常。这次错误在 subtractValues 方法中发生，它还没有添加 try/catch 块。

13. 选择"调试"|"停止调试"。

6.1.5 传播异常

为 addValues 方法添加 try/catch 块使其变得更健壮，但同样的异常处理机制还要应用于其他方法，包括 subtractValues、multiplyValues、divideValues 和 remainderValues。所有代码都很相似，每个方法都要重复大量一样的代码。由于每次单击 Calculate 都是通过 calculateClick 方法来调用这些方法。所以为了避免重复的异常处理代码，有必要将异常处理机制放到 calculateClick 方法中。根据 6.1.1 节"未处理的异常"的描述，任何算术运算方法发生 FormatException 异常，都会传回 calculateClick 方法进行处理。

> **将异常传回调用方法**

1. 在"代码和文本编辑器"窗口中显示 MainPage.xaml.cs 文件的代码，找到 addValues 方法。

2. 删除 addValues 方法中的 **try** 块和 **catch** 处理程序，恢复其原始状态，如下所示：

```csharp
private void addValues()
{
    int leftHandSide = int.Parse(lhsOperand.Text);
    int rightHandSide = int.Parse(rhsOperand.Text);
    int outcome = 0;

    outcome = lhs + rhs;
    expression.Text = $"{lhs} + {rhs}";
    result.Text = outcome.ToString();
}
```

3. 找到 calculateClick 方法并添加 **try/catch** 块，如以下加粗显示的代码所示：

```csharp
private void calculateClick(object sender, RoutedEventArgs e)
{
    try
    {
        if ((bool)addition.IsChecked)
        {
            addValues();
        }
        else if ((bool)subtraction.IsChecked)
        {
            subtractValues();
        }
        else if ((bool)multiplication.IsChecked)
        {
            multiplyValues();
        }
        else if ((bool)division.IsChecked)
        {
            divideValues();
        }
        else if ((bool)remainder.IsChecked)
        {
            remainderValues();
        }
    }
    catch (FormatException fEx)
    {
```

```
            result.Text = fEx.Message;
        }
    }
```

4. 选择"调试"菜单中的"开始调试"命令。

5. 窗体出现后,在 Left Operand 文本框中输入 **John**,在 Right Operand 文本框中输入 **2**,单击+ Addition 按钮,再单击 Calculate 按钮。

 和之前一样,`catch` 处理程序成功捕捉 `FormatException`,Result 文本框显示消息:"Input string was not in a correct format"。但异常是在 `addValues` 方法中抛出,由 `calculateClick` 方法的 `catch` 块捕捉。

6. 单击 – Subtraction,再单击 Calculate 按钮。

 这次是 `subtractValues` 方法抛出的异常传回 `calculateClick` 方法进行处理。

7. 测试 * Multiplication,/ Division 和 % Remainder 等算术运算,以验证 `FormatException` 异常都被正常捕捉和处理。

8. 返回 Visual Studio 并停止调试。

注意 是否在方法中捕捉某个异常取决于应用程序的本质。有时需要尽可能当场捕捉,有时需要传回上级调用方法捕捉。

6.2 使用 checked 和 unchecked 进行整数运算

第 2 章讲过如何对基元数据类型(如 `int` 和 `double`)使用二元算术操作符(如+和*)。还讲过基元数据类型是固定大小。例如,C#语言的 `int` 是 32 位大小。由于 `int` 大小固定,所以能轻松推算出它支持的值的范围:-2147483648~2147483647。

提示 要使用 `int` 的最小或最大值,用 `int.MinValue` 和 `int.MaxValue` 属性更佳。

`int` 固定大小引起一个问题。例如,在当前值已经是 2147483647 的一个 `int` 上加 1 会发生什么?答案取决于应用程序如何编译。C#编译器默认允许悄悄溢出。换言之,将得到一个错误答案(事实上,在最大值上加 **1**,会溢出至最大的负数值,结果是-2147483648)。这是出于对性能的考虑:在几乎所有程序中,整数算术都是常见的运算,每个整数表达式都进行溢出检查将严重影响性能。为此承担的风险大多数时候都能接受,因为你知道(或希望)自己的 `int` 值不会超过限制。但假如不想冒这个险,也可手动启用溢出检查功能。

提示 Visual Studio 2022 允许设置项目属性来启用或禁用溢出检查。在"解决方案资源管理器"中选定项目,右击并选择"属性"。在项目属性对话框中单击"生成"标签。单击右下角的"高级"按钮。在"高级生成设置"对话框中勾选或清除"检查算术溢出"选项。

不管如何编译，在代码中都可用 checked 和 unchecked 关键字选择性打开和关闭程序一个特定部分的整数溢出检查。这些关键字会覆盖项目的编译器选项。

6.2.1 编写 checked 语句

checked 语句是以 checked 关键字开头的代码块。checked 语句中的任何整数运算溢出都抛出 OverflowException 异常，如下例所示：

```
int number = int.MaxValue;
checked
{
    int willThrow = number++;
    Console.WriteLine("永远都执行不到这里");
}
```

🐾**重要提示**　只有直接在 checked 块中的整数运算才会检查。例如，对于块中的方法调用，不会检查所调用方法中的整数运算。

还可用 unchecked 关键字创建强制不检查溢出的代码块。unchecked 块中的所有整数运算都不检查，永远不抛出 OverflowException 异常。例如：

```
int number = int.MaxValue;
unchecked
{
    int wontThrow = number++;
    Console.WriteLine("会执行到这里");
}
```

6.2.2 编写 checked 表达式

还可使用 checked 和 unchecked 关键字控制单独整数表达式的溢出检查。只需用圆括号将表达式封闭起来，并在之前附加 checked 或 unchecked 关键字。如下例所示：

```
int wontThrow = unchecked(int.MaxValue + 1);    // 不抛出异常
int willThrow = checked(int.MaxValue + 1);      // 抛出异常
```

复合操作符(例如+=和-=)和递增(++)/递减(--)操作符都是算术操作符，都可用 checked 和 unchecked 关键字控制。记住，x += y;等同于 x = x + y;。

🐾**重要提示**　不能使用 checked 和 unchecked 关键字控制浮点(非整数)运算。checked 和 unchecked 关键字只适合 int 和 long 等整型运算。浮点运算永远不抛出 OverflowException 异常，即使让浮点数除以 0.0。2.5.1 节说过，.NET Framework 有专门表示无穷大的机制。

下面练习使用 Visual Studio 2022 执行 checked 算术运算。

使用 checked 表达式

1. 返回 Visual Studio 2022。

2. 在"调试"菜单中选择"开始调试"命令。
   接着试验两个大数相乘。

3. 在 Left Operand 文本框中输入 **9876543**，在 Right Operand 文本框中也输入 **9876543**，单击* Multiplication，再单击 Calculate 按钮。
   Result 文本框显示值 **-1195595903**。负数肯定不对。之所以得到错误结果，是因为在执行乘法运算时，悄悄溢出了 `int` 类型的 32 位限制。

4. 返回 Visual Studio 2022 并停止调试。

5. 在"代码和文本编辑器"窗口显示 MainPage.xaml.cs，找到 `multiplyValues` 方法：

```
private void multiplyValues()
{
    int lhs = int.Parse(lhsOperand.Text);
    int rhs = int.Parse(rhsOperand.Text);
    int outcome = 0;

    outcome = lhs * rhs;
    expression.Text = $"{lhs} * {rhs}";
    result.Text = outcome.ToString();
}
```

   乘法溢出发生在 `outcome = lhs * rhs;` 语句中。

6. 编辑该语句，对表达式执行 checked 运算：

```
outcome = checked(lhs * rhs);
```

   这样就实现了对乘法运算的检查。溢出将抛出 `OverflowException` 异常而非假装返回一个答案。

7. 选择"调试"菜单中的"开始调试"命令。
   继续试验两个大数相乘。

8. 在 Left Operand 文本框中输入 **9876543**，在 Right Operand 文本框中也输入 **9876543**，单击* Multiplication，再单击 Calculate 按钮。
   Visual Studio 2022 启动调试器，报告乘法运算导致 `OverflowException` 异常。现在需捕捉异常来得体地处理错误。

9. 选择"调试"|"停止调试"。

10. 在 MainPage.xaml.cs 中找到 `calculateClick` 方法。

11. 在现有的 `FormatException` 处理程序后添加以下加粗显示的 catch 块：

```
private void calculateClick(object sender, RoutedEventArgs e)
{
```

```
try
{
    ...
}
catch (FormatException fEx)
{
    result.Text = fEx.Message;
}
catch (OverflowException oEx)
{
    result.Text = oEx.Message;
}
```

这个异常的处理逻辑和 FormatException 相同，但仍有必要对两者进行区分，而不是写一个常规的 Exception catch 处理程序，因为将来可能决定以不同方式处理两个异常。

12. 在"调试"菜单中选择"开始调试"命令，生成并运行应用程序。

13. 在 Left Operand 文本框中输入 **9876543**，在 Right Operand 文本框中也输入 **9876543**，单击* Multiplication，再单击 Calculate 按钮。

    第二个 catch 块成功捕捉 OverflowException 异常，Result 文本框显示消息 "Arithmetic operation resulted in an overflow"（算术运算导致溢出）。

14. 返回 Visual Studio 并停止调试。

异常处理和 Visual Studio 调试器

Visual Studio 调试器默认只在发生未处理异常时才中断应用程序。但有时需要调试异常处理程序本身。这样就需要在异常被应用程序捕捉之前跟踪它们。可以很容易地启用该功能。选择"调试" | "窗口" | "异常设置"。随后会在"代码和文本编辑器"窗口下方显示"异常设置"窗格。

在"异常设置"窗格中展开"Common Language Runtime Exceptions"，向下滚动，找到并勾选"System.OverflowException"。

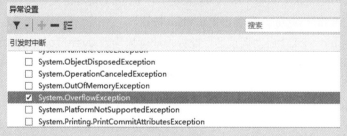

现在若发生 OverflowException 异常，Visual Studio 将启动调试器，可利用"调试"工具栏上的"逐语句"按钮跳入 catch 处理程序。

6.3　抛出异常

假定要实现 monthName(月份名称)方法，它接收 int 参数并返回对应月份名称。例如，monthName(1)返回"January"，monthName(2)返回"February"。问题是，如果传递的整数实参小于 1 或大于 12，方法应返回什么？最好的答案是什么都不返回，应抛出异常。

.NET Framework 类库包含专为这种情况设计的大量异常类。大多数时候都能从中找到符合要求的(创建自己的异常类也很容易，但需掌握更多 C#知识)。对于本例，.NET Framework 的 ArgumentOutOfRangeException 类刚好满足要求。用 throw 语句抛出异常，下例使用了这个技术。monthName 方法使用一个 switch 表达式将月份编号转换成对应的月份名称：

```
public string monthName(int month) => month switch {
    1 => "January",
    2 => "February",
    ...
    12 => "December",
    _ => throw new ArgumentOutOfRangeException("Bad month")
};
```

throw 语句抛出含异常细节的一个异常对象。本例用 new 关键字新建并初始化一个 ArgumentOutOfRangeException 对象，构造器(第 7 章详述)用提供的字符串填充对象的 Message 属性。

以下练习将修改 MathsOperators 项目，如果用户未选择和操作符对应的单选钮，单击计算按钮就会抛出异常。

> **注意**　该练习显得有点"刻意"，因为好的设计会提供默认操作符。但该程序就是为了要
> 说明这一点。

> **抛出异常**

1. 返回 Visual Studio 2022。
2. 在"调试"菜单中选择"开始调试"命令。
3. 在 Left Operand 文本框中输入 **24**，在 Right Operand 文本框中输入 **36**，然后单击 Calculate 按钮。
   Expression 文本和 Result 文本框什么都不显示。不仔细检查，恐怕还不知道尚未选择操作符，因此有必要在 Result 文本框中输出诊断消息，提醒尚未选择操作符。
4. 返回 Visual Studio 并停止调试。
5. 在"代码和文本编辑器"窗口显示 MainPage.xaml.cs 的代码，然后找到并检查 calculateClick 方法，如下所示：

```csharp
private int calculateClick(object sender, RoutedEventArgs e)
{
    try
    {
        if ((bool)addition.IsChecked)
        {
            addValues();
        }
        else if ((bool)subtraction.IsChecked)
        {
            subtractValues();
        }
        else if ((bool)multiplication.IsChecked)
        {
            multiplyValues();
        }
        else if ((bool)division.IsChecked)
        {
            divideValues();
        }
        else if ((bool)remainder.IsChecked)
        {
            remainderValues();
        }
    }
    catch (FormatException fEx)
    {
        result.Text = fEx.Message;
    }
    catch (OverflowException oEx)
    {
        result.Text = oEx.Message;
    }
}
```

addition、subtraction、multiplication、division 和 remainder 是窗体上显示的各个操作符单选钮。每个单选钮都有 IsChecked 属性，指出是否已选定。IsChecked 是可空布尔值。如选定，值为 true；否则为 false(可空值将在第 8 章讨论)。层叠的 if 语句依次检查每个单选钮，判断具体哪个被选中。单选钮是互斥的，一次只能选中一个。没有任何单选钮被选中，就没有任何 if 语句的条件为 true，不会调用任何计算方法。

为了处理没有选中任何单选钮的情况，可在 if-else 结构中添加一个 else 子句，在发生这种情况时向 Result 文本框输出消息。但更好的做法是将检测/通知错误的代码与捕捉/处理错误的代码分开。

6. 在 `if-else` 结构末尾添加 `else` 子句来抛出 InvalidOperationException 异常。如以下加粗显示的代码所示：

```
if ((bool)addition.IsChecked)
{
    addValues();
}
...
else if ((bool)remainder.IsChecked)
{
    remainderValues();
}
else
{
    throw new InvalidOperationException("No operator selected");
}
```

7. 在"调试"菜单中选择"开始调试"命令，生成并运行应用程序。

8. 在 Left Operand 文本框中输入 **24**，在 Right Operand 文本框中输入 **36**，不选择要执行什么计算，单击 Calculate 按钮。

   Visual Studio 检测到 InvalidOperationException 异常并显示异常对话框。应用程序虽抛出异常，但尚未捕捉。

9. 选择"调试" | "停止调试"命令。

前面写了 throw 语句，证实它能抛出异常，接着写 catch 处理程序捕捉该异常。

➢ **捕捉异常**

1. 在"代码和文本编辑器"窗口显示 MainPage.xaml.cs，找到 calculateClick 方法。在方法现有两个 catch 处理程序之后，添加以下加粗显示的 catch 处理程序：

```
...
catch (FormatException fEx)
{
    result.Text = fEx.Message;
}
catch (OverflowException oEx)
{
    result.Text = oEx.Message;
}
catch (InvalidOperationException ioEx)
{
    result.Text = ioEx.Message;
}
```

代码捕捉 InvalidOperationException 异常。没有选择任何操作符并单击 Calculate 将抛出该异常。

2. 在"调试"菜单中选择"开始调试"命令，生成并运行应用程序。

3. 在 Left Operand 文本框中输入 **24**，在 Right Operand 文本框中输入 **36**，不选择任何计算，单击 Calculate 按钮。

   Result 文本框显示消息"No operator selected"。

📖说明　如应用程序自动切换到 Visual Studio 调试器，可能是因为你允许 Visual Studio 捕捉所有 CLR 异常。在此情况下，请选择"调试"｜"继续"。完成本练习后，记得禁止 Visual Studio 捕捉 CLR 异常(Common Language Runtime Exceptions)。

---

4. 返回 Visual Studio 并停止调试。

应用程序的健壮性已获得大幅增强，但仍有几个可能发生的异常未被捕捉，它们会造成应用程序执行失败。例如，试图除以 0 会抛出未处理的 DivideByZeroException(虽然浮点数除以 0 不会抛出异常，但整数除以 0 会抛出异常)。为了解决问题，一个办法是在 calculateClick 方法内添加更多的 catch 处理程序。但更好的方案是在 catch 处理程序列表的末尾添加常规 catch 处理程序来捕捉 Exception。这样就能捕捉一切未处理的异常。

📖说明　虽然能捕捉 Exception 来捕捉一切异常，但特定的异常还是需要单独捕捉的。异常处理越具体，维护代码和发现问题越容易。只有真正罕见的异常才适合用 Exception 捕捉。我们出于练习的目的将"除以 0"(DivideByZeroException)异常划分到这个类别。但在专业软件中，该异常应专门处理。

➤ **捕捉未处理的异常**

1. 在"代码和文本编辑器"中显示 MainPage.xaml.cs，找到 calculateClick 方法，在现有的一系列 catch 处理程序的末尾，添加以下常规 catch 处理程序：

```
catch (Exception ex)
{
    result.Text = ex.Message;
}
```

该 catch 处理程序捕捉所有未处理的异常，无论异常具体是什么类型。

📖注意　一定要将这个异常处理程序放到列表末尾。如放到开头，其他所有异常处理程序都不会执行。

---

2. 在"调试"菜单中选择"开始调试"。

   现在试验一些已知会造成异常的计算，确定它们都会被捕捉。

3. 在 Left Operand 文本框中输入 **24**，在 Right Operand 文本框中输入 **36**，单击 Calculate 按钮。

   确定 Result 文本框仍显示"No operator selected"。消息由 InvalidOperationException

处理程序生成。

4. 在 Left Operand 文本框中输入 **John**，单击+Addition，再单击 Calculate 按钮。

确定 Result 文本框显示 "Input string was not in a correct format"。消息由 `FormatException` 处理程序生成。

5. 在 Left Operand 文本框中输入 **24**，在 Right Operand 文本框中输入 **0**，单击/Division，再单击 Calculate 按钮。

确定 Result 文本框显示 "Attempted to divide by zero"。它由刚才添加的常规 `Exception` 处理程序生成。

6. 试验值的其他组合，验证异常情况都得到处理，不会造成应用程序失败。

7. 结束后返回 Visual Studio 并停止调试。

使用 throw 表达式

throw 表达式语义上和 throw 语句相似。区别在于，凡是能使用表达式的地方都能使用 throw 表达式。例如，假定要将字符串变量 name 设为用户在窗体上的 nameField 文本框中输入的内容，但前提是用户真正输入了一个值，否则就抛出一个"未输入值"异常。可使用以下代码：

```
string name;
if (nameField.Text != "")
{
    name = nameField.Text;
}
else
{
    throw new Exception("未输入值"); // 这是 throw 语句
}
```

能用，但不优雅。可用 throw 表达式加一个?:操作符简化上述代码。?:操作符相当于针对一个表达式的 if...else 语句。作为三元条件操作符，它要获取三个操作数：

条件 ？第一个表达式 ：第二个表达式

首先求值"条件"，为 true 就求值"第一个表达式"，为 false 就求值"第二个表达式"。例如：

```
// 用 throw 表达式改写
string name = nameField.Text != "" ? nameField.Text : throw new Exception("未输入值");
```

在本例中，如 nameField 文本框不为空，就将 Text 属性的值存储到 name 变量中。否则求值 throw 表达式来抛出异常。一行代码就做了前面好多行代码所做的事情。

6.4　使用 finally 块

记住，抛出异常会改变程序执行流程。这意味着不能保证当一个语句结束之后，它后面的语句肯定会运行，因为前一个语句可能抛出异常。之前说过，当 catch 处理程序运行完毕，会从整个 try/catch 块之后的语句继续，而不是从抛出异常的语句之后继续。

以下是摘自第 5 章的例子。很容易以为 while 循环结束后肯定调用 reader.Dispose。毕竟，它就在代码中，这是明摆着的事儿。

```
TextReader reader = ...;
...
string line = reader.ReadLine();
while (line is not null)
{
    ...
    line = reader.ReadLine();
}
reader.Dispose();
```

不执行某个语句，有时没问题，但许多时候都会有大问题。假如一个语句的作用是释放它之前的语句获取的资源，不执行该语句就会造成资源得不到释放。上例清楚演示了这一点，比如，打开文件进行读取，将获取一个资源(文件句柄)，必须调用 reader.Dispose 释放该资源，否则迟早用光所有文件句柄，造成无法打开更多文件。如果觉得文件句柄过于普通，那么换成数据库连接呢？

解决方案是写一个 finally 块，放到其中的语句总是运行(无论是否抛出异常)。finally 块要么紧接在 try 块之后，要么紧接最后一个 catch 块之后。只要程序进入与 finally 块关联的 try 块，finally 块始终都会运行，即使发生异常。如抛出异常，而且在本地捕捉到该异常，那么首先运行异常处理程序，然后运行 finally 块。如没有在本地捕捉到异常(也就是说，"运行时"必须在调用栈的上一级搜索匹配的处理程序)，那么首先运行 finally 块，再搜索异常处理程序。无论如何，finally 块总是运行。

所以可用以下方案确保 reader.Dispose 总是得到调用：

```
TextReader reader = ...;
...
try
{
    string line = reader.ReadLine();
    while (line != null)
    {
        ...
        line = reader.ReadLine();
    }
}
finally
```

```
{
    if (reader != null)
    {
        reader.Dispose();
    }
}
```

即使读取文件时发生异常，**finally** 块也保证 reader.Dispose 语句得到执行。第 14 章将介绍解决该问题的另一个方案(使用 using 语句)。

小结

本章讲述了如何使用 **try** 和 **catch** 构造捕捉和处理异常。讲述了如何使用 checked 和 unchecked 这两个关键字来允许和禁止整数溢出检查。还讲述了在检测到异常时如何抛出异常。最后讲述了如何用 **finally** 块确保关键代码总是执行，即使发生了异常。

- 如果希望继续学习下一章，请继续运行 Visual Studio 2022，然后阅读第 7 章。
- 如果希望现在就退出 Visual Studio 2022，请选择"文件"|"退出"。如果看到"保存"对话框，请单击"是"按钮保存项目。

第 6 章快速参考

目标	操作
捕捉特定异常	写 catch 处理程序捕捉特定的异常类。示例如下: ```try
{
...
}
catch (FormatException fEx)
{
...
}```
确保整数运算总是进行溢出检查	使用 checked 关键字。示例如下: ```int number = Int32.MaxValue;
checked { number++; }```
抛出特定异常	使用 throw 语句。示例如下: ```throw new FormatException(source);```

目标	操作
用 catch 处理程序捕捉所有异常	写 catch 处理程序来捕捉 Exception。示例如下： ```\ntry\n{\n ...\n}\ncatch (Exception ex)\n{\n ...\n}\n```
确保特定代码总是运行，即使前面抛出了异常	将代码放到 finally 块中，示例如下： ```\ntry\n{\n ...\n}\nfinally\n{\n // 总是运行\n}\n```

第II部分
理解 C#对象模型

第 I 部分介绍了如何声明变量、用操作符创建值、调用方法以及写语句实现方法。有了这些知识储备，就可进入下一阶段的学习：将方法和数据合并到自己的功能数据结构中。

第 II 部分将讨论类和结构。它们是对构成 C#程序的实体和其他数据项进行建模的两种基本类型。将讨论如何根据类和结构的定义来创建对象和值类型，.NET 如何管理它们的生存期，如何利用继承创建类层次结构，以及如何利用数组来容纳数据项。

创建并管理类和对象

学习目标

- 定义类来包含一组相关的方法和数据项
- 使用 public 和 private 关键字控制类成员的可访问性
- 编写并调用构造器
- 使用 static 关键字创建可由类的所有实例共享的方法和数据
- 理解如何创建匿名类

类提供了对应用程序操纵的实体进行建模的便利机制。**实体**既可代表具体的东西(如客户),也可代表抽象的东西(如事务处理)。任何系统在设计时都要确定哪些实体是重要的,分析它们要容纳什么信息和提供哪些功能。类容纳的信息用**字段**存储,类执行的操作用**方法**实现。

> **注意** .NET 库包含数量众多的类,前面已用过不少(如 Console 和 Exception)。

7.1 理解分类

英语里面的**类**(class)是**分类**(classification)的词根。设计类的过程就是对信息进行分类,将相关信息放到有意义的实体中。所有人都会分类——并非只有程序员才会。例如,所有汽车都有通用的行为(都能转向、制动、加速等)和通用的属性(都有方向盘、发动机等)。人们用"汽车"一词泛指具有这些行为和属性的对象。只要所有人都认同一个词的意思,这个系统就能很好地发挥作用,可以使用简练的形式表达复杂而精确的意思。不会分类,很难想象人们如何思考与交流。

既然分类已在我们思考和交流的过程中根深蒂固，那么在写程序时，也很有必要对问题及其解决方案中固有的概念进行分类，然后用编程语言对这些类进行建模。这正是包括Microsoft Visual C#在内的现代面向对象编程语言的宗旨。

7.2　封装的目的

封装是定义类时的重要原则。其中心思想是：使用类的程序不应关心类内部如何工作。程序只需创建类的实例并调用类的方法。只要方法能做到它们宣称能做到的事情，程序就不关心它们具体如何实现。例如在调用Console.WriteLine方法时，肯定不会想去了解Console类将数据输出到屏幕的复杂细节。类为了执行其方法，可能要维护各种内部状态信息，还要在内部采取各种行动。在使用类的程序面前，这些额外的状态信息和行动是隐藏的。因此，封装有时称为**信息隐藏**，它实际有以下两个目的：

- 将方法和数据合并到类中，也就是为了支持分类；
- 控制对方法和数据的访问，也就是为了控制类的使用。

7.3　定义并使用类

C#用 class 关键字定义新类。类的数据和方法放在类的主体中(两个大括号之间)。以下Circle类包含方法(计算圆的面积)和数据(圆的半径)：

```
class Circle
{
    int radius;
    double Area()
    {
        return Math.PI * radius * radius;
    }
}
```

> **注意**　Math 类包含用于执行数学计算的方法，还用一些字段定义了数学常量。其中，Math.PI 字段包含值 3.14159265358979，即圆周率(pi)的近似值。

类主体包含的是一般的方法(如 **Area**)和字段(如 **radius**)。记住，C#术语将类中的变量称为**字段**。第 2 章讲过如何声明变量，第 3 章讲过如何编写方法，所以实际上没有多少新语法。

Circle 类的使用方式和之前用到的其他类型相似。以 **Circle** 为类型名称创建变量，再以有效的数据初始化它。下面是一个例子：

```
Circle c;          // 创建 Circle 变量
c = new Circle(); // 初始化
```

注意这里使用了 new 关键字。以前在初始化 int 或 float 变量时是直接赋值：

```
int i;
i = 42;
```

但**类**类型的变量不能像以前那样赋值。一个原因是 C#没有提供将字面值赋给类变量的语法，例如，不能像下面这样写：

```
Circle c;
c = 42;
```

等于 42 的 Circle 是什么意思？另一个原因涉及"运行时"对类类型的变量的内存进行分配与管理的方式，这方面的详情将在第 8 章讨论。目前只需接受这样一个事实：new 关键字将新建类的实例。所谓"类的实例"，更通俗的说法就是"对象"。

但是，可以直接将类的实例赋给相同类型的另一个变量，例如：

```
Circle c;
c = new Circle();
Circle d;
d = c;
```

但如果这样赋值，实际发生的事情或许并不是你想象的那样。第 8 章将解释具体原因。

> **重要提示**　类和对象不要混淆。类是类型的定义，对象则是该类型的实例，是在程序运行时创建的。换言之，类是建筑蓝图，对象是按蓝图建造的房子。同一个类可以有多个实例，正如同一张蓝图可以建造多栋房子。

类型推断和 new 操作符

在之前的例子中，new 表达式中的类名 Circle 实际可以省略。可以简单地这样写：

```
Circle c;
c = new();
```

C#编译器知道 c 是一个 Circle 变量，所以会默认创建一个新的 Circle 对象。至于是在 new 表达式中包含还是省略类型，这通常属于个人偏好。但是，某些时候必须在 new 表达式中指定类型(以后会看到几个例子)。

另一方面，如果将声明和初始化合并成单个语句，省略类型会使代码更简洁。例如：

```
Circle c = new();
```

除此之外，还可将 c 变量声明为一个 var，同时为 new 操作符指定类型(我自己首选这种风格)：

```
var c = new Circle();
```

7.4 控制可访问性

令人惊讶的是，Circle 类目前没有任何实际的用途。默认情况下，方法和数据封装到类中，就和外部世界划清了界线。类的其他方法能看见类的字段(如 radius)和方法(如 Area)，但外界看不见。换言之，它们是类"私有"的。所以，虽然能创建 Circle 对象，但访问不了 radius 字段，也调用不了 Area 方法。因此，该类目前没有多大的用处。但是，可用 public 和 private 关键字修改字段或方法的定义，以决定它们是否能从外部访问。

- 只能从类内部访问的方法或字段是私有的。声明私有方法或字段需在声明前添加 private 关键字。默认添加的就是该关键字，但作为良好编程实践，应显式将字段和方法声明为 private，以免困惑。

- 方法或字段如果既能从类的内部访问，也能从外部访问，就说它是公共的。声明公共方法或字段需在声明前添加 public 关键字。

以下是修改过的 Circle 类。这次 Area 方法声明为公共方法，radius 声明为私有字段：

```
class Circle
{
    private int radius;
    public double Area()
    {
        return Math.PI * radius * radius;
    }
}
```

注意 C++程序员注意，public 或 private 关键字后面不要加冒号。每个字段和方法声明都要重复 public 或 private 关键字。

虽然 radius 被声明为私有字段；不能从类的外部访问，但能在类的内部访问。这正是 Area 方法能访问 radius 字段的原因。尽管如此，Circle 类的作用目前依然有限，因为还无法初始化 radius 字段。解决方案是使用构造器。

提示 方法中声明的变量不会自动初始化，但类的字段会自动初始化为 0, false 或 null，具体视类型而定。不过，好的编程实践是始终显式初始化字段。

命名和可访问性

许多企业规定了自己的编码样式，标识符命名是其中一环，目的是加强代码的可维护性。出于对类成员可访问性的考虑，推荐采用以下字段和方法命名规范(C#未强制这些规范)。

- 公共标识符以大写字母开头。例如 Area 以 A 而非 a 开头，因为它是公共的。这是所谓的 PascalCase 命名法(因为最早在 Pascal 语言中使用)。

- 非公共标识符(包括局部变量)以小写字母开头。例如 radius 以 r 而非 R 开头，因为它是私有的。这是所谓的 camelCase 命名法。

有的企业只将 camelCase 命名法用于方法，私有字段以下画线开头，例如 _radius。本书的私有方法和字段采用 camelCase 命名法。

上述规则仅有一个例外：类名应以大写字母开头。构造器必须完全和类同名，所以私有构造器也以大写字母开头。

重要提示 不要声明名称仅大小写不同的两个公共成员，否则不区分大小写的其他语言(如 Microsoft Visual Basic)的开发者可能无法在其解决方案中集成该类。

7.5 使用构造器

使用 new 关键字创建对象时，"运行时"必须根据类的定义构造对象。必须从操作系统申请内存区域，在其中填充类定义的字段，然后调用构造器执行任何必要的初始化。

构造器(constructor)是在创建类的实例时自动运行的方法[①]。它与类同名，能获取参数，但不能返回任何值(void 都不能加)。每个类至少要有一个构造器。不提供构造器，编译器自动生成一个什么都不做的默认构造器。自己写默认构造器很容易——添加与类同名的公共方法，不返回任何值就可以了。下例展示了有默认构造器的 Circle 类，这个自己写的构造器能将 radius 字段初始化为 0：

```
class Circle
{
    private int radius;

    public Circle() // 默认构造器
    {
        radius = 0;
    }

    public double Area()
    {
        return Math.PI * radius * radius;
    }
}
```

注意 C#默认构造器是无参构造器。不管编译器生成还是自己写，默认构造器都必定无参。非默认构造器(有参构造器)可以随便写，详见下一节。

本例的构造器标识为 public。省略该关键字，构造器默认为私有 (和其他方法和字段一

---

① 译注：出于某些考虑，本书使用"构造器"而非"构造函数"。类似地，使用"析构器"而非"析构函数"。

样)。私有构造器不能在类的外部使用，造成无法从 Circle 类的外部创建 Circle 对象。但并不是说私有构造器完全无用。只是具体用处超出了本书的范围。

添加公共构造器后，Circle 类就可以使用了，可在外部使用它的 Area 方法。注意，用圆点记号法调用 Circle 对象的 Area 方法：

```
Circle c;
c = new Circle();
double areaOfCircle = c.Area();
```

7.5.1 重载构造器

现在可以声明 Circle 变量，让它指向新建的 Circle 对象，并调用它的 Area 方法。但工作还没有结束，还有最后一个问题需要解决。所有 Circle 对象的面积都是 0，因为默认构造器把 radius 设为 0 之后，radius 的值就没有变过(radius 字段是私有的，初始化后不好改变它的值)。为了解决这个问题，必须认识到构造器本质上还是方法。和所有方法一样可以重载。我们知道，Console.WriteLine 方法有好几个版本，每个版本都获取不同参数。类似地，构造器也可以有多个版本。下面在 Circle 类中添加一个构造器，取半径作为参数。

```
class Circle
{
    private int radius;

    public Circle() // 默认构造器
    {
        radius = 0;
    }

    public Circle(int initialRadius) // 重载的构造器
    {
        radius = initialRadius;
    }

    public double Area()
    {
        return Math.PI * radius * radius;
    }
}
```

注意 构造器在类中的顺序无关紧要。

然后可在新建 Circle 对象时调用该构造器，如下所示：

```
Circle c;
c = new Circle(45);
```

生成应用程序时，编译器根据为 new 操作符指定的参数判断应该使用哪个构造器。本例传入一个 int，所以编译器生成的代码将调用获取一个 int 参数的构造器。

C#的一个重要特点是，一旦为类写了任何构造器，编译器就不再自动生成默认构造器。所以，一旦写了构造器，让它接收一个或多个参数，同时还想要默认构造器，就必须自己写一个(无参构造器)。

分部类

类可以包含大量方法、字段、构造器以及以后会讲到的其他项。一个功能齐全的类可能相当大。C#允许将类的源代码拆分到单独的文件中。这样，大型类的定义就可用较小的、更易管理的部分进行组织。Visual Studio 2022 为通用 Windows 平台(UWP)应用采用的就是这种代码组织技术。开发者可编辑的源代码在一个文件中维护，窗体布局变化时由 Visual Studio 生成的代码在另一个文件中维护。

类被拆分到多个文件中之后，要在每个文件中使用 partial(分部)关键字定义类的不同部分。例如，假定 Circle 类被拆分到两个文件中，分别是 circ1.cs(包含构造器)和 circ2.cs(包含方法和字段)，那么 circ1.cs 的内容如下：

```
partial class Circle
{
    public Circle()                 // 默认构造器
    {
        this.radius = 0;
    }

    public Circle(int initialRadius) // 重载的构造器
    {
        this.radius = initialRadius;
    }
}
```

circ2.cs 的内容如下：

```
partial class Circle
{
    private int radius;
    public double Area()
    {
        return Math.PI * this.radius * this.radius;
    }
}
```

编译拆分到多个文件的类时，必须向编译器提供全部文件。

以下练习定义一个类来建模二维平面中的点。类包含两个私有字段，用于保存点的横坐标 x 和纵坐标 y。此外，类还包含用于初始化这两个字段的构造器。将用 new 关键字创建类的实例，并调用构造器初始化它。

➢ **编写构造器并创建对象**

1. 如 Microsoft Visual Studio 2022 尚未启动，请启动。

2. 打开 Classes 解决方案，它位于"文档"文件夹下的\Microsoft Press\VCSBS\Chapter 7\Classes 子文件夹。

3. 在"解决方案资源管理器"中双击 Program.cs 文件，在"代码和文本编辑器"窗口中显示它。

4. 找到 Program 类中的 Main 方法。

Main 方法调用了 doWork 方法。对 doWork 方法的调用封闭在 try 块中，try 块之后是 catch 处理程序。可利用这个 try/catch 块在 doWork 方法中写以前一般出现在 Main 中的代码，并可放心地知道所有异常都会被捕捉。doWork 方法目前还是"光杆司令"，只有一条// TODO:注释。

```
class Program
{
    static void doWork()
    {
        // TODO: Test the Point class:
    }

    static void Main(string[] args)
    {
        try
        {
            doWork();
        }
        catch (Exception ex)
        {
            Console.WriteLine(ex.Message);
        }
    }
}
```

提示 TODO:注释常用于标注以后要加工的代码，指出此处应完成什么工作。例如 //TODO: 实现 doWork 方法。Visual Studio 能识别这种注释，可利用"任务列表"窗口快速定位。选择"视图"|"任务列表"来打开该窗口。如下图所示，"任务列表"窗口默认在"代码和文本编辑器"窗口下方显示。所有 TODO 注释都被列出，双击即可在"代码和文本编辑器"中定位。

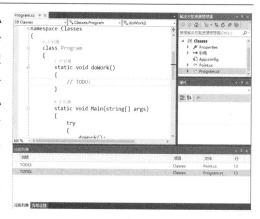

5. 在"代码和文本编辑器"窗口中打开 Point.cs 文件。

   文件定义了 Point 类,用于表示 x 和 y 坐标所定义的点。类中目前只有//TODO:注释。

6. 返回 Program.cs 文件,找到 Program 类中的 doWork 方法。编辑 doWork 方法主体,用以下语句替换// TODO:注释:

   ```
   Point origin = new Point();
   ```

7. 选择"生成"|"生成解决方案"。

   程序成功生成,没有报错,因为编译器自动生成了 Point 类的默认构造器。但看不到该构造器的 C#代码,编译器不可能帮你添加源代码。

8. 返回 Point.cs 文件中的 Point 类。用公共构造器(接受两个 int 参数 x 和 y,调用 Console.WriteLine 方法在控制台上输出这些参数的值)替换// TODO:注释,如以下加粗的代码所示。Point 类现在应该像下面这样:

   ```
   class Point
   {
       public Point(int x, int y)
       {
           Console.WriteLine($"x:{x}, y:{y}");
       }
   }
   ```

9. 选择"生成"|"生成解决方案"。

   这次编译器报错,如下所示:

   未提供与"Point.Point(int, int)"的必需形参"x"对应的实参

   doWork 对默认构造器调用失败,因为现在不再有默认构造器。一旦为 Point 类写了自己的构造器,编译器就不再自动生成默认构造器。对策是自己写一个。

10. 编辑 Point 类来添加公共默认构造器。它调用 Console.WriteLine 方法,在控制台上输出字符串"Default constructor called"。现在的 Point 类像下面这样:

    ```
    class Point
    {
        public Point()
        {
            Console.WriteLine("Default constructor called");
        }

        public Point(int x, int y)
        {
            Console.WriteLine($"x:{x}, y:{y}");
        }
    }
    ```

11. 选择"生成"|"生成解决方案"。程序成功生成。

12. 如以下加粗的代码所示，在 Program.cs 文件中编辑 doWork 方法主体，声明 Point 变量 bottomRight。使用获取两个参数的构造器初始化该 Point。参数值分别使用 **2496** 和 **1664**，表示分辨率为 2496×1664(15 英寸 Surface 3 的分辨率)的屏幕右下角坐标。现在的 doWork 方法如下所示：

```
static void doWork()
{
    Point origin = new Point();
    var bottomRight = new Point(2496, 1664);
}
```

13. 在"调试"菜单中选择"开始执行(不调试)"。

应用程序顺利生成并运行，在控制台输出以下消息：

```
Default constructor called
x:2496, y:1664
```

14. 按 Enter 键终止程序运行并返回 Visual Studio 2022。

现在要在 Point 类中添加两个 int 字段来表示点的 x 坐标和 y 坐标，然后修改构造器来初始化这些字段。

15. 在 Point.cs 文件中编辑 Point 类，添加两个私有 int 字段 x 和 y，如以下加粗的代码所示。现在的 Point 类应该像下面这样：

```
class Point
{
    private int x, y;

    public Point()
    {
        Console.WriteLine("Default constructor called");
    }

    public Point(int x, int y)
    {
        Console.WriteLine($"x:{x}, y:{y}");
    }
}
```

接着编辑第二个 Point 构造器，将 x 和 y 字段初始化成 x 和 y 参数的值。但要留意一个陷阱。不小心可能写出如下所示的构造器：

```
public Point(int x, int y)
{
    x = x;    // 错误写法
    y = y;    // 错误写法
}
```

虽然代码能够编译,但这些语句存在严重歧义。编译器如何知道在 x = x; 这样的语句中,第一个 x 是字段,第二个 x 是参数?事实上,编译器根本就不会区分!如果方法的参数与某个字段同名,在该方法的任何语句中,参数都将覆盖字段。所以上述构造器实际做的事情是将参数赋给它自己,根本不会修改字段。这显然不是我们所希望的。

对策是用 this 关键字限定哪些变量是参数,哪些变量是字段。为变量附加 this 前缀,意思就是"这个对象(this)的字段"。

16. 修改获取两个参数的 Point 构造器,用以下加粗显示的代码替换 Console.WriteLine 语句:

```
public Point(int x, int y)
{
    this.x = x;
    this.y = y;
}
```

17. 编辑 Point 类的默认构造器,将 x 字段和 y 字段初始化为-1(同时删除 Console.WriteLine 语句)。虽然目前没有参数来"捣乱",但作为好的编程实践,仍应使用 this 明确指出它们是字段引用:

```
public Point()
{
    this.x = -1;
    this.y = -1;
}
```

18. 选择"生成"|"生成解决方案"。确定代码成功编译,不会显示错误或警告(也可运行它,只是还不能产生任何输出)。

如果方法从属于一个类,而且操纵的是类的某个实例的数据,就称为**实例方法**。本章稍后会讲到其他种类的方法。以下练习为 Point 类添加实例方法 DistanceTo,用于计算两点之间的距离。

> **编写并调用实例方法**

1. 编辑 Point.cs 文件中的 Point 类,在构造器之后添加以下公共实例方法 DistanceTo。它接收 Point 参数 other 并返回一个 double:

```
class Point
{
    ...
    public double DistanceTo(Point other)
    {
    }
}
```

下面要添加 DistanceTo 实例方法的主体代码，计算并返回两个 Point 对象之间的距离。两个对象中，第一个 Point 是发出调用的对象，第二个 Point 是作为参数传递的对象。首先计算 x 和 y 坐标差值。

2. 在 DistanceTo 方法中声明 int 变量 xDiff，初始化为 this.x 和 other.x 的差值，如加粗代码所示：

```
public double DistanceTo(Point other)
{
    int xDiff = this.x - other.x;
}
```

3. 再声明 int 变量 yDiff，初始化为 this.y 和 other.y 的差值，如加粗代码所示：

```
public double DistanceTo(Point other)
{
    int xDiff = this.x - other.x;
    int yDiff = this.y - other.y;
}
```

> **注意** 虽然 x 和 y 是私有字段，但类的其他实例可以访问它们。"私有"是类级别上的私有，而对象级的私有。同一个类的两个实例能相互访问私有数据，但访问不了其他类的实例中的私有数据。

用勾股定理计算两点之间的距离，即 xDiff 与 yDiff 的平方和的平方根。System.Math 类提供了 Sqrt 方法来计算平方根。

4. 声明 double 变量 distance 来容纳计算结果。

```
public double DistanceTo(Point other)
{
    int xDiff = this.x - other.x;
    int yDiff = this.y - other.y;
    double distance = Math.Sqrt((xDiff * xDiff) + (yDiff * yDiff));
}
```

5. 在 Distance 方法末尾添加 return 语句返回 distance 值：

```
public double DistanceTo(Point other)
{
    int xDiff = this.x - other.x;
    int yDiff = this.y - other.y;
    double distance = Math.Sqrt((xDiff * xDiff) + (yDiff * yDiff));
    return distance;
}
```

下面测试 DistanceTo 方法。

6. 返回 Program 类中的 doWork 方法。在声明并初始化 Point 变量 origin 和 bottomRight 的语句后声明 double 变量 distance。

7. 调用 origin 对象的 DistanceTo 方法，将 bottomRight 对象作为参数传递。结果用于初始化 distance 变量。

现在的 doWork 方法应该像下面这样：

```
static void doWork()
{
    Point origin = new Point();
    Point bottomRight = new Point(2496, 1664);
    double distance = origin.DistanceTo(bottomRight);
}
```

注意 有"智能感知"帮助，输入 origin 之后的句点会自动列出 DistanceTo 方法。

8. 在 doWork 方法中再添加一个语句，使用 Console.WriteLine 方法将 distance 变量的值输出到控制台。最终的 doWork 方法如下所示：

```
static void doWork()
{
    Point origin = new Point();
    Point bottomRight = new Point(2496, 1664);
    double distance = origin.DistanceTo(bottomRight);
    Console.WriteLine($"Distance is: {distance}");
}
```

9. 在"调试"菜单中选择"开始执行(不调试)"。

10. 确定控制台窗口显示 1568.4546534726467。按 Enter 键关闭程序并返回 Visual Studio。

7.5.2 解构对象

构造器(constructor)创建并初始化对象(通常是填充它包含的字段)。**解构器**(deconstructor) 则检查对象并提取它的字段的值[①]。以上个练习的 Point 类为例，可像下面这样实现解构器来获取 x 字段和 y 字段的值：

```
class Point
{
    private int x, y;
...

    public void Deconstruct(out int x, out int y)
    {
        x = this.x;
```

[①] 译注：解构器是 C# 7 新增的语法糖，不要和第 14 章讲述的析构器(destructor)混淆。

```
        y = this.y;
    }
}
```

以下是关于解构器的重要事实。

- 必须命名为 Deconstruct。
- 必须是 void 方法。
- 必须获取一个或多个参数。这些参数用对象中的字段的值填充。
- 参数用 out 修饰符加以标记。意味着如果向其赋值,这些值会传回调用者。out 参数将在第 8 章详述。
- 方法主体代码向参数赋值。

调用解构器的方式和调用返回一个元组的方法一样(参见第 3 章)。只需创建元组并将对象赋给它,例如:

```
Point origin = new Point();
...
(int xVal, int yVal) = origin;
```

C#在幕后运行解构器,向其传递元组中定义的变量。解构器中的代码则填充这些变量。例如,假定没有修改 Point 类的默认构造器,现在 xVal 和 yVal 变量都应包含值-1。

除了解构器,还有其他方式获取对象中的字段的值。第 15 章讲述了传统做法,用"属性"做同样的事情。

7.6 理解静态方法和数据

上个练习使用了 Math 类的 Sqrt 方法;类似地,之前在 Circle 类中用过 Math 类的 PI 字段。有没有觉得调用 Sqrt 方法(Math.Sqrt)和使用 PI 字段(Math.PI)的方式有点儿奇怪?是直接在类的上面调用方法,也是直接在类的上面使用字段,而不是先创建 Math 类的对象,再在这个对象的基础上调用方法和使用字段。这好比写 Point.DistanceTo 而不是写 origin.DistanceTo。到底发生了什么,为什么能这样写?

事实上,并非所有方法都天生从属于类的某个实例。这些称为**工具方法**或**实用方法**,通常提供了有用的、和类的实例无关的功能。Sqrt 方法就是一个例子。如果把 Sqrt 设计成 Math 类的实例方法,就必须先创建 Math 对象,然后才能在那个对象上调用 Sqrt:

```
Math m = new Math();
double d = m.Sqrt(42.24);
```

这太麻烦了。Math 对象对平方根计算没有任何帮助。Sqrt 需要的所有输入数据都已在参数列表中提供,结果也通过方法返回值传给调用者。对象在这里是不必要的,强迫 Sqrt 成为实例方法不是好主意。

注意 除了 Sqrt 方法和 PI 字段，Math 类还包含其他用于数学计算的工具方法，如 Sin，Cos，Tan 和 Log 等。

C#所有方法都必须在类的内部声明。但如果把方法或字段声明为 **static**(静态)，就可使用类名调用方法或访问字段。下面展示了 Math 类的 Sqrt 方法具体如何声明：

```
class Math
{
    public static double Sqrt(double d)
    {
        ...
    }
    ...
}
```

可以像下面这样调用 Sqrt 方法：

```
double d = Math.Sqrt(42.24);
```

静态方法不依赖类的实例，不能在其中访问类的任何实例字段或实例方法。相反，只能访问标记为 **static** 的其他方法和字段。

7.6.1 创建共享字段

静态字段能在类的所有对象之间共享(非静态字段则局部于类的实例)。在下例中，每次新建 Circle 对象，Circle 构造器都使 Circle 类的静态字段 NumCircles 递增 1：

```
class Circle
{
    private int radius;
    public static int NumCircles = 0;

    public Circle() // 默认构造器
    {
        radius = 0;
        NumCircles++;
    }

    public Circle(int initialRadius) // 重载的构造器
    {
        radius = initialRadius;
        NumCircles++;
    }
}
```

NumCircles 字段由所有 Circle 对象共享，所以每次新建实例，NumCircles++;语句递增的都是相同的数据。从类外访问 NumCircles 字段，要以 Circle 作为前缀，而不是以类的实例名称作为前缀。例如：

```
Console.WriteLine($"Number of Circle objects: {Circle.NumCircles}");
```

7.6.2　使用 const 关键字创建静态字段

用 const 关键字声明的字段称为常量字段, 是一种特殊的静态字段, 值永远不变。关键字 const 是 "constant"(常量)的简称。const 字段虽然也是静态字段, 但声明时不用 static 关键字。只有数值类型(如 int 或 double)、字符串(string)类型和枚举(enum)类型的字段才能声明为 const 字段(枚举在第 9 章讨论)。这样设计是有原因的, 但具体的解释超出了本书范围。例如, 在真正的 Math 类中, PI 就被声明为 const 字段:

```
class Math
{
    ...
    public const double PI = 3.14159265358979;
}
```

7.6.3　理解静态类

C#允许声明静态类。静态类只能包含静态成员(使用该类创建的所有对象都共享这些成员的单一拷贝)。静态类纯粹作为工具方法和字段的容器使用。静态类不能包含任何实例数据或方法。另外, 用 new 操作符创建静态类的对象没有意义, 编译器会报错。为了执行初始化, 静态类允许包含一个默认构造器, 前提是该构造器也被声明为静态。其他任何类型的构造器都是非法的, 编译器会报错。

要定义自己的 Math 类, 其中只包含静态成员, 应该像下面这样写:

```
public static class Math
{
    public static double Sin(double x) {…}
    public static double Cos(double x) {…}
    public static double Sqrt(double x) {…}
    ...
}
```

注意　真正的 Math 类不这样写, 它还是有一些实例方法的。

7.6.4　静态 using 语句

任何时候调用静态方法或引用静态字段, 都必须指定方法或字段所属的类, 比如 Math.Sqrt 或 Console.WriteLine。静态 using 语句允许将类引入作用域, 以便在访问静态成员时省略类名。这类似于用普通的 using 语句将命名空间引入作用域。下例对此进行了演示。

```
using static System.Math;
using static System.Console;
...
var root = Sqrt(99.9);
WriteLine($"The square root of 99.9 is {root}");
```

注意在 using 语句中使用了 static 关键字。本例将 System.Math 和 System.Console 类的静态方法引入作用域(类名要附加命名空间前缀进行完全限定)。然后就可直接调用 Sqrt 和 WriteLine 方法了。编译器自行判断方法属于哪个类。但这样会产生潜在的维护问题。虽然能少写点代码,但别人维护你的代码时就得多花点功夫了,因为哪个方法属于哪个类变得不太明显了。Visual Studio 的"智能感知"功能可提供一定程度的帮助,但开发人员在通读代码时,会不好跟踪造成 bug 的原因。静态 using 语句使用须谨慎。个人倾向于不用,但选择权完全属于你!

本章最后练习在 Point 类中添加一个私有静态字段。它初始化为 0,在两个构造器中都要递增。还要写公共静态方法返回该字段的值(代表已创建的 Point 对象数量)。

> **写静态成员并调用静态方法**

1. 在 Visual Studio 2022 的"代码和文本编辑器"窗口中显示 Point 类。
2. 在 Point 类中,在第一个构造器之前添加 int 类型的私有静态字段 objectCount。声明时初始化为 0。

```
class Point
{
    private int x, y;
    private static int objectCount = 0;

    public Point()
    {
        ...
    }
    ...
}
```

注意 private 关键字和 static 关键字顺序任意。不过,首选顺序是 private static。

3. 在两个 Point 构造器中添加语句来递增 objectCount 字段,如加粗的代码所示:

```
class Point
{
    private int x, y;
    private static int objectCount = 0;

    public Point()
    {
```

```
    this.x = -1;
    this.y = -1;
    objectCount++;
}

public Point(int x, int y)
{
    this.x = x;
    this.y = y;
    objectCount++;
}
...
}
```

每次创建对象都会调用构造器。只要在每个构造器(包括默认构造器)中递增，objectCount 就能反映出迄今为止创建的对象总数。这个策略之所以奏效，是因为 objectCount 是共享的静态字段。如果 objectCount 是实例字段，则每个对象都有自己的 objectCount 字段，会被设为 1。

现在的问题是 Point 类的用户如何知道创建了多少 Point 对象？objectCount 是私有字段，不能在类外使用。下策是将 objectCount 变成公共字段。但这会破坏类的封装性，无法保证值是正确的，因为任何人都能改变该字段的值。上策是提供公共静态方法来返回 objectCount 字段值。这正是下面要做的工作。

4. 在 Point 类中添加公共静态方法 ObjectCount，返回 int 值但不获取任何参数。在方法主体中返回 objectCount 字段值，如以下加粗的代码所示。

```
class Point
{
    ...
    public static int ObjectCount() => objectCount;
}
```

5. 在"代码和文本编辑器"窗口中显示 Program 类，在 doWork 方法中添加语句(如以下加粗的代码所示)将 Point 类的 ObjectCount 方法返回值输出到屏幕。

```
static void doWork()
{
    Point origin = new Point();
    Point bottomRight = new Point(1366, 768);
    double distance = origin.distanceTo(bottomRight);
    Console.WriteLine($"Distance is: {distance}");
    Console.WriteLine($"Number of Point objects: {Point.ObjectCount()}");
}
```

要用类名 Point 作为前缀来调用 ObjectCount 方法，而不要使用某个 Point 变量的名称(如 origin 或 bottomRight) 作为前缀。由于调用 ObjectCount 时已创建了两个 Point 对象，所以方法应返回值 2。

6. 在"调试"菜单中选择"开始执行(不调试)"。

  确认在控制台窗口中，在显示了距离值之后，显示的 Point 对象的数量是 2。

7. 按 Enter 键结束程序并返回 Visual Studio。

7.7 匿名类

匿名类是没有名字的类。虽然听起来奇怪，但这种类有时相当好用。本书以后会讲到需要这种类的场合，尤其是在使用查询表达式的时候(第 21 章)。目前只需知道它们有用。

创建匿名类的办法是以 new 关键字开头，后跟一对{ }，在大括号中定义想在类中包含的字段和值，如下所示：

```
myAnonymousObject = new { Name = "John", Age = 47 };
```

该类包含两个公共字段，名为 Name(初始化为字符串"John")和 Age(初始化为整数 47)。编译器根据用于初始化字段的数据类型推断字段类型。

定义匿名类时，编译器为该类生成只有它自己知道的名称。这带来了一个有趣的问题：既然不知道类名，如何创建正确类型的变量，并把类的实例分配给它？在上例中，myAnonymousObject 变量的类型是什么？答案是根本不知道类型是什么——这正是匿名类的意义。但使用 var 关键字将 myAnonymousObject 声明为隐式类型的变量，问题就解决了，如下所示：

```
var myAnonymousObject = new { Name = "John", Age = 54 };
```

以前说过，如果使用 var 关键字，对变量进行初始化的表达式是什么类型，编译器就用这个类型创建变量。在本例中，表达式的类型名称就是编译器自己为匿名类生成的名称。

可用熟悉的点记号法访问对象中的字段，如下所示：

```
Console.WriteLine($"Name: {myAnonymousObject.Name} Age: {myAnonymousObject.Age}"};
```

甚至能创建匿名类的其他实例，在其中填充不同的值：

```
var anotherAnonymousObject = new { Name = " Diana", Age = 57 };
```

C#编译器根据字段名称、类型、数量和顺序判断匿名类的两个实例是否具有相同类型。本例的变量 myAnonymousObject 和 anotherAnonymousObject 包含相同数量的字段，而且字段不仅名称和类型相同，顺序也相同，所以两个变量被认为是同一匿名类的实例。这意味着可以执行下面这样的赋值操作：

```
anotherAnonymousObject = myAnonymousObject;
```

注意 上述赋值语句的结果或许不是你想象的那样。对象变量赋值问题将在第 8 章讲述。

匿名类有时虽然好用，但内容存在着相当多的限制。例如，匿名类只能包含公共字段，字段必须全部初始化，不可以是静态，而且不能定义任何方法。本书将来还会用到匿名类，届时将学习它们的更多知识。

小结

本章讲述了如何定义类，类的字段和方法默认私有，不可由类外部的代码访问。但可用 public 关键字公开字段和方法。讲述了如何使用 new 关键字创建类的新实例，以及如何定义对类的实例进行初始化的构造器。最后讲述了如何实现静态字段和方法，提供不依赖于类的具体实例的数据和操作。

- 如果希望继续学习下一章，请继续运行 Visual Studio 2022，然后阅读第 8 章。
- 如果希望现在就退出 Visual Studio 2022，请选择"文件"|"退出"。如果看到"保存"对话框，请单击"是"按钮保存项目。

第 7 章快速参考

目标	操作

声明类	先写关键字 class，再写类名，再写一对{}。类的方法和字段在大括号中声明。示例如下：
	
	``
	class Point
	{
	    ...
	}
	``

声明构造器	写与类同名的方法，但没有返回类型(包括 void)。示例如下：
	
	``
	class Point
	{
	    public Point(int x, int y)
	    {
	        ...
	    }
	}
	``

调用构造器	使用关键字 new，后跟恰当的构造器，提供恰当的参数。示例如下： ``` Point origin = new Point(0, 0); ```

目标	操作

声明静态方法	在方法声明之前添加关键字 **static**。示例如下：
	
	``
	class Point
	{
	    public static int ObjectCount()
	    {
	        ...
	    }
	}
	``

调用静态方法	使用"*类名.方法名*"这种形式。示例如下：
	
	``
	int pointsCreatedSoFar = Point.ObjectCount();
	``

声明静态字段	在字段的声明之前添加关键字 **static**。示例如下：
	
	``
	class Point
	{
	    ...
	    private static int objectCount;
	}
	``

声明常量字段	在字段声明之前添加关键字 **const**，省略关键字 **static**。示例如下：
	
	``
	class Math
	{
	    ...
	    public const double PI = ...;
	}
	``

访问静态字段	使用"*类名.静态字段名*"这种形式。示例如下：
	
	``
	double area = Math.PI * radius * radius;
	``

第 8 章

理解值和引用

学习目标

- 理解值类型和引用类型的区别
- 理解 null 值和可空类型
- 使用关键字 ref 和 out 来修改方法实参的传递方式
- 理解计算机内存针对值类型和引用类型的不同组织方式
- 通过装箱将值转换成引用
- 通过拆箱和转型(强制类型转换)将引用转换回值

第 7 章讲述了如何声明类,如何使用关键字 new 创建对象。还讲述了如何使用构造器初始化对象。本章讲述*基元数据类型*(如 int,double 和 char)和*类类型*(如 Circle)的区别。

8.1 复制值类型的变量和类

C#大多数基元类型(包括 int,float,double 和 char 等,但不包括 string,原因稍后解释)都是**值类型**。将变量声明为值类型,编译器会生成代码来分配足以容纳这种值的内存块。例如,声明 int 类型的变量会导致编译器分配 4 字节(32 位)内存块。向 int 变量赋值(例如 42),将导致值被复制到内存块中。

类类型(如第 7 章讲述的 Circle 类)则以不同方式处理。声明 Circle 变量时,编译器不生成代码来分配足以容纳一个 Circle 的内存块。相反,它唯一做的事情就是分配一小块内存,其中刚好可以容纳得下一个地址。以后,Circle 实际占用内存块的地址会填充到这里。该地址称为对内存块的**引用**。Circle 对象实际占用的内存是在使用 new 关键字创建对象时分配的。

类是**引用类型**的一个例子。引用类型容纳对内存块的引用。为了写高效的 C#程序，有必要理解值类型和引用类型的区别。

声明 int 变量 i，将值 42 赋给它，再声明 int 变量 copyi，将 i 赋给 copyi，那么 copyi 将容纳与 i 相同的值(42)。虽然 copyi 和 i 容纳的值大小一样，但事实上已经有两个内存块，其中都包含值 42：一个块为 i 分配，一个为 copyi 分配。修改 i 的值不会改变 copyi 的值。下面用代码进行演示：

```
int i = 42;        // 声明并初始化 i
int copyi = i;     // copyi 包含 i 中的数据的拷贝，i 和 copyi 都包含值 42
i++;               // i 递增不影响 copyi；i 现在包含 43，copyi 仍然包含 42
```

将 c 声明为类类型(比如 Circle)的结果完全不同。将 c 声明为 Circle，c 就能引用 Circle 对象；c 实际容纳的是内存中的一个 Circle 对象的地址。将变量 refc 也声明为 Circle，将 c 赋给 refc，refc 将容纳和 c 一样的地址；换言之，现在只存在一个 Circle 对象，refc 和 c 都引用它。下面用代码进行演示：

```
Circle c = new Circle(42);
Circle refc = c;
```

下图对这两个例子进行了说明。Circle 对象中的符号@代表引用，容纳的是内存地址。

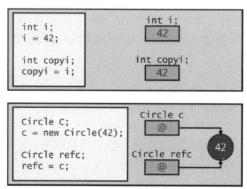

该区别十分重要。尤其要注意，这意味着方法参数的行为取决于它们是值类型还是引用类型。将在下面的练习中体验这个差异。①

---

① 译注：本书一般不区分 parameter 和 argument。但必要时会说 argument 是"实参"，表明它是实际传入的参数值，parameter 是"参数"或"形参"，表明它是实参的"占位符"。

引用类型的复制与私有数据

要将 c 引用的 Circle 对象的内容复制给 refc 引用的 Circle 对象，而不是复制引用，必须让 refc 引用 Circle 类的新实例，再将数据逐字段地从 c 复制到 refc。一种可能的写法如下：

```
Circle refc = new Circle();
refc.radius = c.radius;   // 不要这样做
```

但如果 Circle 类有任何成员是私有的(例如 radius 字段)，就不能复制这个数据。私有字段应作为属性公开，再通过属性读取 c 的数据并复制给 refc。详情在第 15 章介绍。

另外，类可以提供 Clone 方法来返回自己的新实例，并填充相同的数据。Clone 方法能访问对象的私有数据，并直接将数据复制到同一个类的另一个实例中。例如，Circle 类的 Clone 方法可以这样定义：

```
class Circle
{
    private int radius;
    // 省略了构造器和其他方法
    ...
    public Circle Clone()
    {
        // 创建新的 Circle 对象
        Circle clone = new Circle();

        // 将私有数据从 this 复制到 clone
        clone.radius = this.radius;

        // 返回包含克隆数据的新 Circle 对象
        return clone;
    }
}
```

如果所有私有数据都是值类型，这个方式没有任何问题。但是，如果包含任何引用类型的字段(例如，可以扩展 Circle 类来包含上一章的 Point 对象，以指定圆心位置)，这种引用类型也需要提供 Clone 方法，否则 Circle 类的 Clone 方法只是复制对这些字段的引用。只复制引用称为"浅拷贝"。如果提供了 Clone 方法，能够复制引用的对象,就称为"深拷贝"。

上述代码还带来了一个有趣的问题：私有数据到底"私有"在哪里？ 前面说过，private 关键字创建了不能从类外访问的字段或方法。但是，这并不是说它只能由单个对象访问。创建同一个类的两个对象，它们分别能访问对方的私有数据。这听起来很怪，但事实上 Clone 这样的方法正是依赖于这个原理。clone.radius = this.radius;这样的语句之所以能够工作，正是因为可以从 Circle 类的当前实例中访问 clone 对象的私有 radius 字段。所以，"私有"实际是指"在类的级别上私有"，而非"在对象级别上私有"。另外，私有和静态是两码事。字段声明为私有，类的每个实例都有一份自己的数据。声明为静态，每个实例都共享同一份数据。

1. 如 Microsoft Visual Studio 2022 尚未启动，请启动。

2. 打开 Parameters 解决方案，它位于"文档"文件夹下的 \Microsoft Press\VCSBS\Chapter 8\Parameters 子文件夹。

   项目包含三个 C#代码文件，分别是 Pass.cs，Program.cs 和 WrappedInt.cs。

3. 在"代码和文本编辑器"窗口中打开 Pass.cs 文件。该文件定义了 Pass 类。该类目前空白，只有一条// TODO:注释。

📝提示　可以使用"任务列表"窗口定位解决方案中的所有 TODO 注释。

4. 在 Pass 类中添加名为 Value 的公共静态方法，替换原来的// TODO:注释，如以下加粗的代码所示。该方法接收一个名为 param 的 int 参数(一个值类型)，返回类型是 void。在 Value 的主体中，直接将值 42 赋给 param。

```
namespace Parameters
{
    class Pass
    {
        public static void Value(int param)
        {
            param = 42;
        }
    }
}
```

📋注意　方法定义为静态，目的是简化练习。这样可直接在 Pass 类上调用 Value 方法，而不必先创建新的 Pass 对象。但是，本练习所阐述的原则同样适合实例方法。

5. 在"代码和文本编辑器"窗口中打开 Program.cs 文件，找到 Program 类的 doWork 方法。程序开始运行时，doWork 方法将由 Main 方法调用。正如第 7 章解释的那样，该方法调用被封闭在一个 try 块中，try 块之后是一个 catch 处理程序。

6. 在 doWork 方法中添加 4 个语句，分别执行以下任务。

   a. 声明名为 i 的局部 int 变量，初始化为 0。

   b. 使用 Console.WriteLine，将 i 的值输出到控制台。

   c. 调用 Pass.Value 方法，将 i 作为实参传递。

   d. 再次将 i 的值输出到控制台。

   在调用 Pass.Value 前后调用 Console.WriteLine，可以看出对 Pass.Value 的调用是否改变了 i 的值。完成后的 doWork 方法应该像下面这样，新增语句加粗显示：

```
static void doWork()
{
```

```
int i = 0;
Console.WriteLine(i);
Pass.Value(i);
Console.WriteLine(i);
}
```

7. 在"调试"菜单中选择"开始执行(不调试)",生成并运行程序。

8. 确定值 0 在控制台窗口中输出了两次。

    Pass.Value 内部的赋值操作是用实参的拷贝来进行的,原始实参 i 完全未受影响。

9. 按 Enter 键关闭应用程序。

    接着,让我们来看看传递包装在类中的 int 参数会是什么情况。

10. 在"代码和文本编辑器"窗口中打开 WrappedInt.cs 文件。文件包含 WrappedInt 类。
    这是一个空白类,只有一条 // TODO:注释。

11. 在 WrappedInt 类中添加 int 类型的公共实例字段 Number,如加粗的代码所示:

```
namespace Parameters
{
    class WrappedInt
    {
        public int Number;
    }
}
```

12. 在"代码和文本编辑器"窗口中打开 Pass.cs 文件。在 Pass 类中添加名为 Reference
    的公共静态方法,接收一个名为 param 的 WrappedInt 参数,返回类型为 void。
    Reference 方法的主体将 42 赋给 param.Number,如下所示:

```
public static void Reference(WrappedInt param)
{
    param.Number = 42;
}
```

13. 在"代码和文本编辑器"窗口中打开 Program.cs 文件。在 doWork 方法中再添加 4
    条语句来执行以下任务。

    a. 声明 WrappedInt 类型的局部变量 wi,并通过调用默认构造器,把它初始化为一
       个新的 WrappedInt 对象。

    b. 将 wi.Number 的值输出到控制台。

    c. 调用 Pass.Reference 方法,将 wi 作为实参来传递。

    d. 再次将 wi.Number 的值输出到控制台。

    和前面一样,调用 Console.WriteLine,可以验证对 Pass.Reference 的调用是否
    更改了 wi.Number 的值。现在的 doWork 方法应该像下面这样(新增语句加粗显示):

```
static void doWork()
{
```

```
// int i = 0;
// Console.WriteLine(i);
// Pass.Value(i);
// Console.WriteLine(i);

WrappedInt wi = new WrappedInt();
Console.WriteLine(wi.Number);
Pass.Reference(wi);
Console.WriteLine(wi.Number);
}
```

14. 在"调试"菜单中选择"开始执行(不调试)",生成并运行程序。

这一次,控制台窗口显示的两个值对应于调用 Pass.Reference 方法前后的 wi.Number 值。请验证这两个值是 0 和 42。

15. 按 Enter 键关闭应用程序,返回 Visual Studio 2022。

在这个练习中,wi.Number 被编译器生成的默认构造器初始化为 0。wi 变量包含对新建的 WrappedInt 对象(其中包含一个 int)的引用。然后,wi 变量作为实参传给 Pass.Reference 方法。由于 WrappedInt 是类(一个引用类型),所以 wi 和 param 将引用同一个 WrappedInt 对象。在 Pass.Reference 方法中,通过 param 变量对对象的内容进行的任何改动都会在方法结束之后通过 wi 变量反映出来。下图展示了 WrappedInt 对象作为实参传给 Pass.Reference 方法时发生的事情。

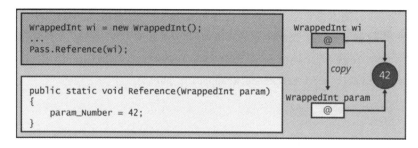

8.2 理解 null 值和可空类型

变量应尽量在声明时初始化。对于值类型,下述代码可谓司空见惯:

```
int i = 0;
double d = 0.0;
```

为了初始化引用类型(例如类)的变量,可以创建类的新实例,并将对新实例的引用赋给引用变量,如下所示:

```
Circle c = new Circle(42);
```

到目前为止,一切都很完美。但是,如果并不想真的创建新对象又该怎么办呢?例如,或许只想用变量来存储对一个现有对象的引用。在下例中，Circle 类型的变量 copy 先被初始化，但稍后又将对另一个 Circle 对象的引用赋给它。

```
Circle c = new Circle(42);
Circle copy = new Circle(99);    // 随便用一个值来初始化 copy
...
copy = c;                        // copy 和 c 引用同一个对象
```

将 c 赋给 copy 后，copy 原来引用的 Circle 实例会发生什么事情？那个实例已经用半径值 42 进行了初始化。一旦将 c 赋给 copy，copy 就会引用 c 所引用的实例，copy 原来引用的实例就"落单"了，现在不存在对它的任何引用。在这种情况下，"运行时"通过**垃圾回收机制**来回收内存。第 14 章将详细介绍垃圾回收。就目前来说，只需知道垃圾回收是一个可能比较耗时的操作；不要创建从来不用的对象，否则只会浪费时间和资源。

很多人会有疑问：反正变量在程序运行到某个地方时都会被赋值为对另一个对象的引用，提前初始化有什么意义？但请记住，不在声明时初始化，这是一个很不好的习惯，可能造成代码出问题。例如，迟早会遇到这样的情况：只有在变量不包含引用时才允许该变量引用一个对象，如下所示：

```
Circle c = new Circle(42);
Circle copy;                     // 未初始化!!!
...
if (copy == // 只有 copy 未初始化时才向 copy 赋值，但这里应该填什么？)
{
    copy = c:                    // copy 和 c 引用同一个对象
    ...
}
```

if 语句测试 copy 变量，看它是否已初始化。但这个变量应该和哪个值进行比较呢？答案是使用名为 null 的特殊值。

C#允许将 null 值赋给任意引用变量。值为 null 的变量表明该变量不引用内存中的任何对象。所以上述代码的正确形式是：

```
Circle c = new Circle(42);
Circle copy = null;              // 声明的同时进行初始化，这是好的编程实践
...
if (copy is null)
{
    copy = c:                    // copy 和 c 引用同一个对象
    ...
}
```

注意　也可用== null 检查空引用。但是，is null 读起来更自然。类似地，检查非空引用时可用 is not null 或!= null。

8.2.1 空条件操作符

可用空条件操作符更简洁地测试空值，使用它需为变量名附加问号(?)前缀。例如，以下代码在 Circle 对象为空时调用其 Area 方法：

```
Circle c = null;
Console.WriteLine($"The area of circle c is {c.Area()}");
```

这造成 Circle.Area 方法抛出一个 NullReferenceException。这很合理，因为无法计算不存在的一个圆的面积。为避免该异常，可先检测 Circle 对象是否为 null，再决定是否调用其 Area 方法：

```
if (c is not null)
{
    Console.WriteLine($"The area of circle c is {c.Area()}");
}
```

c 为空，就不向命令提示符窗口写入任何内容。还可在尝试调用 Circle.Area 方法前用空条件操作符判断 c 是否为空：

```
Console.WriteLine($"The area of circle c is {c?.Area()}");
```

c 为空就不调用它的 Area 方法。在本例中，命令提示符窗口显示以下文本：

```
The area of circle c is
```

两种方式均有效，可满足不同情况下的需要。空条件操作符有利于保持代码简洁。以后为嵌套引用类型(可能都为空)处理复杂属性时，该操作符特别好用。

除了空条件操作符，C#还提供了两个空合并(null-coalescing)操作符。第一个是??，它是一个二元操作符，如左操作数不为空，就返回该操作数的值；否则返回右操作数的值。在下面的例子中，如果 c 不为空，就将对 c 的引用赋给 c2；否则，将对一个新 Circle 对象的引用赋给 c2。

```
Circle c = ...; // c 可能为空，也可能是对一个新的 Circle 对象的引用
...
var c2 = c ?? new Circle(42) ;
```

第二个是空合并赋值操作符??=，该操作符仅在左操作数为空时，才将其右侧操作数的值赋值给左操作数。如左操作数引用的是其他值，则不会发生任何改变。

```
Circle c = ...; // c 可能为空，也可能是对一个新的 Circle 对象的引用
Circle c3 = ...; // c3 可能为空，也可能是对一个新的 Circle 对象的引用
...
var c3 ??= c; // 只有在 c3 为空时才向其赋值；否则不修改它
```

8.2.2　使用可空类型

null 值在初始化引用类型时非常有用，但 null 本身就是引用，不能把它赋给值类型，在 C#中，以下语句是非法的：

```
int i = null;   // 非法
```

但利用 C#定义的一个修饰符，可将变量声明为**可空**值类型。可空值类型在行为上与普通值类型相似，但可将 null 值赋给它。要用问号(?)指定可空值类型，如下所示：

```
int? i = null;   // 合法
```

为了判断可空变量是否包含 null，可采取和引用类型一样的测试办法：

```
if (i is null)
    ...
```

可将恰当值类型的表达式直接赋给可空变量。以下例子全部合法：

```
int? i = null;
int j = 99;
i = 100;          // 将值类型的常量赋给可空变量
i = j;            // 将值类型的变量赋给可空变量
```

反之则不然，不可将可空变量赋给普通值类型变量，所以基于上面对 i 和 j 的定义，以下语句非法：

```
j = i;   // 非法
```

考虑到变量 i 可能包含 null，而 j 是不能包含 null 的值类型，所以像这样处理是合理的。这还意味着如果一个方法希望接收的是一个普通值类型参数，就不能将一个可空变量作为实参传给它。例如在上个练习中，Pass.Value 方法希望接收普通 int 参数，所以以下方法调用无法编译：

```
int? i = 99;
Pass.Value(i);   // 编译错误
```

注意　不要混淆可空类型和空条件操作符。前者的问号加在类型名称后，后者加在变量名称后。

8.2.3　理解可空类型的属性

可空类型公开了两个属性，用于判断类型是否实际包含非空的值，以及该值是什么。其中，HasValue 属性判断可空类型是包含一个值，还是包含 null。如果包含值，可用 Value 属性获取该值。如下所示：

```
int? i = null;
...
if (!i.HasValue)
{
    // i 为 null，就将 99 赋给它
    i = 99;
}
else
{
    // i 不为 null，就显示它的值
    Console.WriteLine(i.Value);
}
```

第 4 章讲过，NOT 操作符(!)是对布尔值进行求反操作。以上代码段测试可空变量 i，如果它不包含值(而是为 null)，就把值 99 赋给它；否则就显示变量的值。在这个例子中，和直接测试 null 值相比，即 if (i == null)，使用 HasValue 属性并没有什么优势。此外，读取 Value 属性还不如直接读取 i 的值呢！不过，之所以有这些明显的缺陷，是由于 int? 属于那种十分简单的可空类型。以后完全可能创建更复杂的值类型，并用它们来声明可空变量，届时就能体会到 HasValue 和 Value 属性的优势了。第 9 章将演示几个例子。

📘**注意**　可空类型的 Value 属性是只读的。可用该属性读取变量的值，但不能修改。修改要用普通的赋值语句。

8.3　使用 ref 参数和 out 参数

向方法传递实参时，对应的参数(形参)默认会用实参的拷贝来初始化——不管参数是值类型(例如 int)，可空类型(例如 int?)，还是引用类型(例如 WrappedInt)。换言之，随便在方法内部进行什么修改，都不会影响作为参数传递的变量的原始值。例如在以下代码中，向控制台输出的值是 42，而不是 43。doIncrement 方法递增的只是实参(arg)的拷贝，原始实参不递增。

```
static void doIncrement(int param)
{
    param++;
}

static void Main()
{
    int arg = 42;
    doIncrement(arg);
    Console.WriteLine(arg); // 输出 42，而不是 43
}
```

通过前一个练习，我们知道如果一个方法的参数(形参)是引用类型，那么使用那个参数来进行的任何修改都会改变传入的实参所引用的数据。这里的关键在于，虽然引用的数据发

生了改变，但传入的实参没有变——它仍然引用同一个对象。换言之，虽然可以通过参数来修改实参引用的对象，但不可能修改实参本身(例如，无法让它引用不同的对象)。大多数时候，这个保证都非常重要，它有助于减少程序 bug。但少数情况下，我们希望方法能实际地修改一个实参。为此，C#语言专门提供了 ref 关键字和 out 关键字。

8.3.1 创建 ref 参数

为参数(形参)附加 ref 前缀，C#编译器将生成代码传递对实参的引用，而不是传递实参的拷贝。使用 ref 参数，作用于参数的所有操作都会作用于原始实参，因为参数和实参引用同一个对象。作为 ref 参数传递的实参也必须附加 ref 前缀。这个语法明确告知开发人员实参可能改变。下面是前一个例子的修改版本，这次使用了 ref 关键字：

```
static void doIncrement(ref int param)    // 使用了 ref
{
    param++;
}

static void Main()
{
    int arg = 42;
    doIncrement(ref arg);                 // 传递实参时也要附加 ref
    Console.WriteLine(arg);               // 输出 43
}
```

这一次，由于向 doIncrement 方法传递的是对原始实参的引用而非拷贝，所以用这个引用进行的任何修改都会反映到原始实参中。因此，向控制台输出的是 43。

"变量使用前必须赋值"规则同样适合方法实参。不能将未初始化的值作为实参传给方法，即便是 ref 实参。例如，下例的 arg 没有初始化，所以代码无法编译。doIncrement 方法中的 param++;语句相当于 arg++;，而只有当 arg 有一个已定义的值的时候，arg++才是允许的。

```
static void doIncrement(ref int param)
{
    param++;
}

static void Main()
{
    int arg;                              // 未初始化
    doIncrement(ref arg);
    Console.WriteLine(arg);
}
```

8.3.2 创建 out 参数

编译器会在调用方法之前验证其 ref 参数已被赋值。但有时希望由方法本身初始化参数，所以希望向其传递未初始化的实参。这时要用到 out 关键字。

out 关键字的语法和 ref 关键字相似。可为参数(形参)附加 out 前缀，使参数成为实参的别名。和使用 ref 一样，向参数应用的任何操作都会应用于实参。为 out 参数传递实参时，实参也必须附加 out 关键字作为前缀。

关键字 out 是 output(输出)的简称。向方法传递 out 参数之后，*必须*在方法内部对其进行赋值，如下例所示：

```
static void doInitialize(out int param)
{
    param = 42; // 在方法中初始化 param
}
```

下面的例子无法编译，因为 doInitialize 没有向 param 赋值：

```
static void doInitialize(out int param)
{
    // 什么都不做
}
```

由于 out 参数必须在方法中赋值，所以调用方法时不需要对实参进行初始化。例如，以下代码调用 doInitialize 来初始化变量 arg，然后在控制台上输出它的值：

```
static void doInitialize(out int param)
{
    param = 42;
}

static void Main()
{
    int arg; // 未初始化
    doInitialize(out arg);    // 初始化
    Console.WriteLine(arg); // 输出 42
}
```

> 注意 out 变量的声明和作为参数使用可合并到一起，而不需要单独执行这些任务。例如，可将上例的 Main 方法中的前两个语句合并成一行: doInitialize(out int arg);。

以下练习将进一步体验 ref 参数的运用。

> **使用 ref 参数**

1. 返回 Visual Studio 2022 中的 Parameters 项目。
2. 在"代码和文本编辑器"窗口中打开 Pass.cs 文件。

3. 编辑 Value 方法，把它的参数变成一个 ref 参数。

现在的 Value 方法应该像下面这样：

```csharp
class Pass
{
    public static void Value(ref int param)
    {
        param = 42;
    }
    ...
}
```

4. 在"代码和文本编辑器"窗口中打开 Program.cs 文件。

5. 撤消对前 4 个语句的注释。注意，doWork 方法第 3 个语句 Pass.Value(i); 显示有错。这是因为 Value 方法现在要求 ref 参数。

6. 编辑该语句，在调用 Pass.Value 方法时传递 ref 实参。

> **注意** 创建和测试 WrappedInt 对象的 4 个语句不要管。

现在的 doWork 方法应该像下面这样：

```csharp
class Program
{
    static void doWork()
    {
        int i = 0;
        Console.WriteLine(i);
        Pass.Value(ref i);
        Console.WriteLine(i);
        ...
    }
}
```

7. 在"调试"菜单中选择"开始执行(不调试)"，生成并运行程序。

这一次，在控制台窗口中输出的前两个值将变成 0 和 42，表明 Pass.Value 方法调用修改了实参 i。

8. 按 Enter 键关闭应用程序，返回 Visual Studio 2022。

> **注意** ref 和 out 这两个修饰符除了能应用于值类型的参数，还能应用于引用类型的参数。效果完全一样。形参成为实参的别名。

8.4 计算机内存的组织方式

计算机使用内存来容纳要执行的程序以及这些程序使用的数据。为了理解值类型和引用类型的区别，有必要理解数据在内存中如何组织。

操作系统和"运行时"通常将用于容纳数据的内存划分为两个独立区域，每个区域以不同方式管理。这两个区域通常称为**栈(stack)堆(heap)**。栈和堆的设计目标完全不同。

- 调用方法时，它的参数和局部变量所需的内存总是从栈中获取。方法结束后(不管正常返回还是抛出异常)，为参数和局部变量分配的内存都自动归还给栈，并可在另一个方法调用时重新使用。栈上的方法参数和局部变量具有良好定义的生存期。方法开始时进入生存期，结束时结束生存期。

📝**注意** 实际上，这个生存期规则适合任何代码块中定义的变量。下例的变量 i 在 while 循环主体开始时创建，循环结束时消失:

```
while (...)
{
    int i = ...; // 这时 i 在栈上创建
    ...
}
// 这时 i 就从栈中消失了
```

- 使用 new 关键字创建对象(类的实例)时，构造对象所需的内存总是从堆中获取。前面讲过，使用引用变量，可从多个地方引用同一个对象。对象最后一个引用消失之后，对象占用的内存就可供重用(虽然不一定立即回收)。第 14 章将进一步讨论堆内存是如何回收的。堆上创建的对象具有较不确定的生存期;使用 new 关键字将创建对象，但只有在删除了最后一个对象引用之后的某个不确定时刻，它才会真正消失。

📝**注意** 所有值类型都在栈上创建，所有引用类型的实例(对象)都在堆上创建(虽然引用本身还是在栈上)。可空类型实际是引用类型，所以在堆上创建。

"栈"和"堆"这两个词来源于"运行时"的内存管理方式。

- 栈(Stack)内存就像一系列堆得越来越高的箱子。调用方法时，它的每个参数都被放入一个箱子并放到栈顶。每个局部变量也同样分配到一个箱子，并同样放到栈顶。方法结束后，它的所有箱子都从栈中移除。
- 堆(Heap)内存则像散布在房间里的一大堆箱子，不像栈那样每个箱子都严格堆在另一个箱子上。每个箱子都有一个标签，标记了这个箱子是否正在使用。创建新对象时，"运行时"查找空箱子，把它分配给对象。对对象的引用则存储在栈上的一个局部变量中。"运行时"跟踪每个箱子的引用数量(记住，两个变量可能引用同一

个对象)。一旦最后一个引用消失,运行时就将箱子标记为"未使用"。将来某个时候,会清除箱子里的东西,使之能被重用。

8.4.1 使用栈和堆

思考调用以下方法会发生什么:

```
void Method(int param)
{
    Circle c;
    c = new Circle(param);
    ...
}
```

假定传给 param 的值是 42。调用方法时,栈中将分配一小块内存(刚够存储一个 int),并用值 42 初始化。在方法内部,还要从栈中分配出另一小块内存,它刚够存储一个引用(一个内存地址),只是暂不初始化。这是为 Circle 类型的变量 c 准备的。接着,要从堆中分配一个足够大的内存区域来容纳一个 Circle 对象。这正是 new 关键字所执行的操作:它运行 Circle 构造器,将该原始堆内存转换成 Circle 对象。对该 Circle 对象的引用将存储到变量 c 中。下图进行了演示。

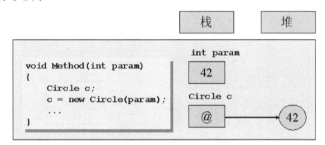

注意以下两点。

- 虽然对象本身存储在堆中,但对象引用(变量 c)存储在栈中。
- 堆内存是有限的资源。堆内存耗尽,new 操作符抛出 OutOfMemoryException,对象创建失败。

注意 Circle 构造器也可能抛出异常。在这种情况下,分配给 Circle 对象的内存会被回收,构造器返回 null 值。

方法结束后,参数和局部变量离开作用域。为 c 和 param 分配的内存被自动回收到栈。"运行时"发现已不存在对 Circle 对象的引用,所以会在将来某个时候,安排垃圾回收器回收其内存(参见第 14 章)。

8.4.2 System.Object 类

.NET 最重要的引用类型之一是 System 命名空间中的 Object 类。要完全理解 System.Object 类的重要性，首先需要理解继承(第 12 章的主题)。目前，只需要记住两点：所有类都是 System.Object 的派生类，而且 System.Object 类型的变量能引用任何对象。由于 System.Object 相当重要，所以 C#提供了 object 关键字来作为 System.Object 的别名。实际写代码时，既可写 object，也可写 System.Object，两者没有区别。

📝提示 优先使用 object 关键字而不是 System.Object。前者更直接，而且与其他类的别名更一致(例如，string 是 System.String 的别名，其他别名参见第 9 章)。

下例的变量 c 和 o 引用同一个 Circle 对象。c 的类型是 Circle，o 的类型是 object(System.Object 的别名)，它们从不同角度观察内存中的同一个东西：

```
Circle c;
c = new Circle(42);
object o;
o = c;
```

下图对此进行了演示。

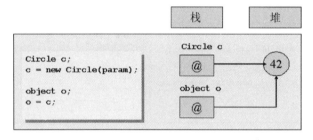

8.4.3 装箱

如前所述，object 类型的变量能引用任何引用类型的任何对象。此外，object 类型的变量也能引用值类型的实例。例如，以下两个语句将 int 类型(一个值类型)的变量 i 初始化为 42，并将 object 类型(一个引用类型)的变量 o 初始化为 i：

```
int i = 42;
object o = i;
```

执行第二个语句所发生的事情需要仔细思考一下。i 是值类型，所以它在栈中。如果 o 直接引用 i，那么引用的将是栈。然而，所有引用都必须引用堆上的对象；引用栈上的数据项，会严重损害"运行时"的健壮性，并造成潜在的安全漏洞，所以是不允许的。实际发生的事情是"运行时"在堆中分配一小块内存，然后 i 的值被复制到这块内存中，最后让 o 引用该拷贝。这种将数据项从栈自动复制到堆的行为称为**装箱**。下图进行了演示。

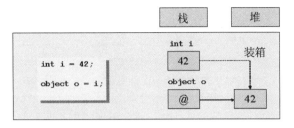

🐌 **重要提示**　修改变量 i 的原始值，o 所引用的堆上的值不变。类似地，修改堆上的值，变量的原始值也不变。

8.4.4　拆箱

由于 object 类型的变量可引用值的已装箱拷贝，所以通过该变量也应该能获取装箱的值。你或许以为使用简单的赋值语句就能访问变量 o 引用的已装箱 int 值：

```
int i = o;
```

但这样写会发生编译时错误。稍微想一想就知道上述语法不正确，因为 o 可能引用任何东西，而非只能引用一个 int。如上述语法合法，那么以下代码会发生什么？

```
Circle c = new Circle();
int i = 42;
object o;

o = c;          // o 引用一个圆
i = o;          // i 应存储什么？
```

为了访问已装箱的值，必须进行**强制类型转换**(cast)，简称**转型**。这个操作会先检查是否能将一种类型安全转换成另一种类型，然后才执行转换。为了进行转型，要在 object 变量前添加一对圆括号，并输入类型名称，如下例所示：

```
int i = 42;
object o = i;   // 装箱
i = (int)o;     // 成功编译
```

转型的过程需稍微解释一下。编译器发现指定了类型 int，所以会在运行时生成代码检查 o 实际引用什么。它可能引用任何东西。不能因为你在转型时说 o 引用的是 int，它就真的引用一个 int。如 o 真的引用一个已装箱 int，转型成功执行，编译器生成的代码会从装箱的 int 中提取出值(本例是将装箱的值再存回 i)。该过程称为**拆箱**或**取消装箱**。下图进行了演示。

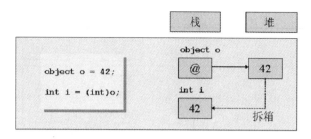

然而，如果 o 引用的不是已装箱的 int，就会出现类型不匹配的情况，造成转型失败。编译器生成的代码将在运行时抛出 InvalidCastException。下面是拆箱失败的例子：

```
Circle c = new Circle(42);
object o = c;          // 不装箱，因为 c 是引用类型的变量，而不是值类型的变量
int i = (int)o;        // 编译成功，但在运行时抛出异常
```

下图进行了演示。

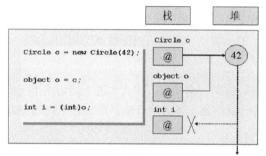

抛出 InvalidCastException 异常

以后的练习将使用装箱和拆箱。注意，这两种操作都会产生较大的开销，因为它们涉及不少检查工作，而且需要分配额外的堆内存。装箱有一定用处，但滥用会严重影响性能。第17 章将介绍与装箱异曲同工的另一种技术——泛型。

8.5 数据的安全转型

强制类型转换是"一厢情愿"指定对象引用的数据具有某种类型，而且可用那种类型"安全地"引用对象。这里的关键词是"一厢情愿"。C#编译器生成应用程序时只能选择相信你的判断。但"运行时"对此报怀疑态度，并通过检查加以确认。如上一节所述，如内存中的对象的类型与指定类型不匹配，"运行时"将抛出 InvalidCastException 异常。编写应用程序时，应考虑捕捉这种异常，并在发生时进行相应的处理。

但是，在对象类型不符合预期的情况下捕捉异常并试图恢复应用程序的顺利执行，这是一个相当繁琐的过程。C#语言提供了两个相当有用的操作符，能以更得体的方式执行转型，这就是 is 操作符和 as 操作符。

8.5.1　is 操作符

用 is 操作符验证对象的类型是不是自己希望的，如下所示：

```
WrappedInt wi = new WrappedInt();
...
object o = wi;
if (o is WrappedInt) {
    WrappedInt temp = (WrappedInt)o;  // 转型是安全的；o 确定是一个 WrappedInt
    ...
}
```

is 操作符取两个操作数：左边是对象引用，右边是类型名称。如左边的对象是(is)右边的类型，则 is 表达式的求值结果为 true，反之为 false。换言之，上述代码只有确定转型能成功，才真的将引用变量 o 转型为 WrappedInt。

is 操作符的另一个形式允许合并类型检查和赋值，从而简化上述代码，如下所示：

```
WrappedInt wi = new WrappedInt();
...
object o = wi;
...
if (o is WrappedInt temp)
{
    ... // Use temp here
}
```

在本例中，如果对 WrappedInt 类型的测试成功，is 操作符就新建一个引用变量 temp，并将对 WrappedInt 对象 o 的引用赋给它。

8.5.2　as 操作符

as 操作符充当了和 is 操作符类似的角色，只是功能稍微进行了删减。可以像下面这样使用 as 操作符：

```
WrappedInt wi = new WrappedInt();
...
object o = wi;
WrappedInt temp = o as WrappedInt;
if (temp != null)
{
    ... // 只有转型成功，这里的代码才会执行
}
```

和 is 操作符一样，as 操作符取对象和类型作为左右操作数。"运行时"尝试将对象转换成指定类型。若转换成功，就返回转换成功的结果。在本例中，这个结果被赋给 WrappedInt 类型的变量 temp。相反，若转换失败，as 表达式的求值结果为 null，这个值也会被赋给 temp。

第 12 章会进一步讨论 is 操作符和 as 操作符。

8.5.3 复习 switch 语句

如需检查几个类型的引用，可用一系列 if...else 语句加 is 操作符的组合。下例假定已定义 Circle，Square 和 Triangle 这几个类。构造器获取半径或其他几何图形的边长作为参数。

```
Circle c = new Circle(42);       // 半径 42 的圆
Square s = new Square(55);       // 边长 55 的正方形
Triangle t = new Triangle(33);  // 边长 33 的等边三角形
...
object o = s;
...
if (o is Circle myCircle)
{
    ... // o 是 Circle，myCircle 中存在一个引用
}
else if (o is Square mySquare)
{
    ... // o 是 Square， mySquare 中存在一个引用
}
else if (o is Triangle myTriangle)
{
    ... // o 是 Triangle，myTriangle 中存在一个引用
}
```

和任何冗长的系列 if...else 语句一样，这样写既麻烦，又不好阅读。幸好可用 switch 语句来简化。

```
switch (o)
{
    case Circle myCircle:
        ... // o 是 Circle，myCircle 中存在一个引用
        break;
    case Square mySquare:
        ... // o 是 Square， mySquare 中存在一个引用
        break;
    case Triangle myTriangle:
        ... // o 是 Triangle，myTriangle 中存在一个引用
        break;
    default:
        throw new ArgumentException("变量不是可识别的几何图形");
        break;
}
```

注意，两个例子中创建的变量(myCircle、mySquare 和 myTriangle)的作用域都限于对应的 if 块或 case 块。

注意，switch 语句中的 case 选择符还支持 when 表达式，进一步限制选择该 case 的前提条件。例如，以下 switch 语句对几何图形的大小进行了限制。

```
switch (o)
{
    case Circle myCircle when myCircle.Radius > 10:
        ...
        break;
    case Square mySquare when mySquare.SideLength == 100:
        ...
        break;
    ...
}
```

指针和不安全的代码

本补充内容仅供参考，针对的是已熟悉 C 或 C++的开发者。编程新手可跳过。

如果熟悉 C 或 C++这样的开发语言，那么前面有关对象引用的讨论听起来应该是比较耳熟的。虽然 C 和 C++都没有提供显式的引用类型，但两种语言都通过一个特殊的构造提供了类似的功能。这个构造就是**指针**。

指针是特殊变量，其中容纳着内存(堆或栈)中的一个数据项的地址(或者说对这个数据项的引用)。要用特殊语法将变量声明为指针。例如，以下语句将变量 pi 声明为能指向一个整数的指针：

```
int *pi;
```

虽然变量 pi 声明为指针，但除非对它进行了初始化，否则不会指向任何地方。例如，可以使用以下语句让 pi 指向整数变量 i，取址操作符&返回变量的地址：

```
int *pi;
int i = 99;
...
pi = &i;
```

可通过指针变量 pi 来访问和修改变量 i 中容纳的值：

```
*pi = 100;
```

上述代码将变量 i 的值更新为 100，因为 pi 指向变量 i 的内存位置。

学习 C 和 C++语言时，指针语法是一个重要主题。操作符*至少有两个含义(另一个含义是乘法操作符)，而且很多人都不清楚什么时候应该使用&，什么时候应该使用*。指针的另一个问题是很容易指向无效的位置，或者根本就忘记了让它指向一个位置，然后企图引用指向的数据。结果要么是垃圾数据，要么是程序出错，因为操作系统检测到程序企图访问内存中的一个非法地址。在当前许多操作系统中，还存在大量因为指针管理不当而引起的安全缺陷；有的环境(Microsoft Windows 不包括在内)不会强制检查一个指针是否指向从属于另一个进程的内存，这可能造成机密数据失窃。

C#通过添加引用变量来一劳永逸地解决了这些问题。如果愿意，可以在 C#中继续使用指针，但必须将代码标记为 unsafe(不安全)。unsafe 关键字可标记代码块或整个方法，如下所示：

```csharp
public static void Main(string [] args)
{
    int x = 99, y = 100;
    unsafe
    {
        swap (&x, &y);
    }
    Console.WriteLine($"x is now {x}, y is now {y}");
}

public static unsafe void swap(int *a, int *b)
{
    int temp;
    temp = *a;
    *a = *b;
    *b = temp;
}
```

编译包含 unsafe 代码的程序时，必须在生成项目时指定"允许不安全代码"选项。做法是在解决方案资源管理器中右击项目名称，选择"属性"。在属性窗口中单击"生成"标签，勾选"允许不安全代码"，选择"文件"|"全部保存"。

unsafe 代码还关系到内存的管理方式；unsafe 代码中创建的对象被称为"非托管"对象。虽然不常见，但偶尔也需要以这种方式访问内存，尤其是在执行一些低级 Windows 操作时。将在第 14 章更多地了解如何用代码访问非托管内存。

小结

本章讲述了值类型和引用类型的重要区别。值类型直接在栈上存储值，引用类型则间接引用堆上的对象。还介绍了如何在方法参数中使用 ref 和 out 关键字，以便在方法内部对实参进行修改。还讲述了如何将一个值(例如 int 42)赋给 System.Object 类型的变量，从而在堆上创建值的已装箱拷贝，并导致 System.Object 变量引用这个装箱的拷贝。另外，还讲述了如何将 System.Object 类的变量赋给值类型(例如 int)类型的变量，从而将 System.Object 变量所引用的值复制到 int 变量的内存中(拆箱)。

- 如果希望继续学习下一章，请继续运行 Visual Studio 2022，然后阅读第 9 章。
- 如果希望现在就退出 Visual Studio 2022，请选择"文件"|"退出"。如果看到"保存"对话框，请单击"是"按钮保存项目。

第 8 章快速参考

目标	操作

复制值类型的变量	直接复制。由于是值类型，所以将获得同一个值的两个拷贝。示例如下：
	
	`int i = 42;`
	`int copyi = i;`

复制引用类型的变量	直接复制。由于变量是引用类型，所以将获得到同一个对象的两个引用。示例如下：
	
	`Circle c = new Circle(42);`
	`Circle refc = c;`

声明变量，使其可以容纳值类型的值或者 null 值	声明变量时为类型使用?修饰符。示例如下： `int? i = null;`

向 ref 形参传递实参	实参前也要附加 ref 前缀。这使形参成为实参的别名，而非实参的拷贝。方法中可更改形参的值，从而改变实参而非改变本地拷贝。示例如下：
	
	`static void Main()`
	`{`
	`    int arg = 42;`
	`    doWork(ref arg);`
	`    Console.WriteLine(arg);`
	`}`

向 out 形参传递实参	实参前也要附加 out 前缀。这使形参成为实参的别名，而非实参的拷贝。方法中必须向形参赋值，该值将被赋给实参。示例如下：
	
	`static void Main()`
	`{`
	`    int arg;`
	`    doWork(out arg);`
	`    Console.WriteLine(arg);`
	`}`

对值进行装箱	将值赋给 object 类型的变量。示例如下： `object o = 42`
对值进行拆箱	将引用了已装箱值的 object 引用强制转换成值类型。示例如下： `int i = (int)o;`

目标	操作

对对象进行安全的类型转换	使用 is 操作符测试类型转换是否合法。示例如下:
	
	``csharp
	WrappedInt wi = new WrappedInt();
	...
	object o = wi;
	if (o is WrappedInt temp) {
	    temp = (WrappedInt)o;
	    ...
	}
	``
	
	另一个办法是使用 as 操作符执行类型转换,并测试结果是否为 null。示例如下:
	
	``csharp
	WrappedInt wi = new WrappedInt();
	...
	object o = wi;
	WrappedInt temp = o as WrappedInt;
	if (temp != null)
	    ...
	``

第 9 章

使用枚举和结构创建值类型

学习目标

- 声明枚举类型并创建枚举变量
- 声明结构类型并创建结构变量
- 解释结构和类在行为上的差异

第 8 章解释了 Visual C#支持的两种基本类型：值类型和引用类型。值类型的变量将值直接存储到**栈**上，而引用类型的变量包含的是引用(地址)，引用本身存储在栈上，但该引用指向**堆**上的对象。第 7 章讨论了如何定义类来创建自己的引用类型。本章将讨论如何创建自己的值类型。

C#支持两种值类型：**枚举**和**结构**。下面将逐一进行解释。

9.1 使用枚举

假定要在程序中表示一年四季。可用整数 0，1，2 和 3 分别表示 Spring(春)、Summer(夏)、Fall(秋)和 Winter(冬)。虽然可行，但不直观。如代码中已使用了整数值 0，就会让人经常搞不清楚一个特定的 0 是否代表 Spring。另外，这也不是一种十分可靠的方案。例如，假定声明了名为 **season** 的 **int** 变量，那么除了 0，1，2 和 3，其他任何合法的整数值都可以赋给它。C#提供了更好的方案。可以使用 **enum** 关键字创建枚举类型，限制其值只能是一组符号名称。

9.1.1 声明枚举

定义枚举要先写一个 **enum** 关键字，后跟一对{}，然后在{}内添加一组以逗号分隔的符号，这些符号标识了该枚举类型可以拥有的合法的值。下例展示了如何声明 Season 枚举，其字面值限定于 Spring，Summer，Fall 和 Winter 这 4 个符号名称：

```
enum Season { Spring, Summer, Fall, Winter }
```

9.1.2　使用枚举

声明好枚举后，可像使用其他任何类型那样使用。假定枚举名称是 Season，那么可以创建 Season 类型的变量、字段和方法参数，如下例所示：

```
enum Season { Spring, Summer, Fall, Winter }

class Example
{
    public void Method(Season parameter)     // 方法参数
    {
        Season localVariable;                // 局部变量
        ...
    }

    private Season currentSeason;            // 字段
}
```

枚举类型的变量只有在赋值之后才能使用。只能将枚举类型定义好的值赋给该类型的变量。例如：

```
Season colorful = Season.Fall;
Console.WriteLine(colorful);                 // 输出"Fall"
```

> 注意　和所有值类型一样，可用修饰符?创建可空枚举变量。这样一来，除了能把枚举类型定义的值赋给这个变量，还可以把 null 值赋给它。例如：
>
> ```
> Season? colorful = null;
> ```

注意，必须写 Season.Fall，不能单独写一个 Fall。每个枚举定义的字面值名称都只有该枚举类型的作用域。这是一个很有必要的设计，它使不同枚举类型能包含同名字面值。

还要注意，使用 Console.WriteLine 显示枚举变量时，编译器会自动生成代码，输出和变量值匹配的字符串。如有必要，可调用所有枚举都有的 ToString 方法，显式将枚举变量转换成代表其当前值的字符串。例如：

```
string name = colorful.ToString();
Console.WriteLine(name);                     // 也输出"Fall"
```

适合整数变量的许多标准操作符也适合枚举变量。唯一例外的是按位(bitwise)和移位(shift)操作符，这两种操作符的详情将在第 16 章讨论。例如，可以使用操作符==比较同类型的两个枚举变量，甚至可以对枚举变量执行算术运算(虽然结果不一定有意义)。

9.1.3　选择枚举字面值

枚举内部的每个元素都关联(对应)一个整数值。默认第一个元素对应整数 0，以后每个元素对应的整数都递增 1。可将枚举变量转型为基础类型，然后获取其基础整数值。第 8 章讨论拆箱时说过，将数据从一种类型转换为另一种类型，只要转换结果是有效的、有意义的，转型就会成功。例如，下例在控制台上输出值 2，而不是单词 Fall(Spring 对应 0，Summer 对应 1，Fall 对应 2，Winter 对应 3)：

```
enum Season { Spring, Summer, Fall, Winter }
...
Season colorful =  Season.Fall;
Console.WriteLine((int)colorful);    // 输出 2
```

如果愿意，可将特定整数常量(例如 1)和枚举类型的字面值(例如 Spring)手动关联起来，如下例所示：

```
enum Season { Spring = 1, Summer, Fall, Winter }
```

> **重要提示**　用于初始化枚举字面值的整数值必须是编译时能确定的常量值(例如 1)。

不为枚举的字面值显式指定常量整数值，编译器会自动为它指定比前一个枚举字面值大 1 的值(第一个字面值除外，编译器为它指定默认值 0)。所以在上例中， Spring, Summer, Fall 和 Winter 的基础值将变成 1，2，3 和 4。

多个枚举字面值可具有相同的基础值。例如英国的秋天是 Autumn 而不是 Fall。为了适应两个国家的语言文化，可声明以下枚举类型：

```
enum Season { Spring, Summer, Fall, Autumn = Fall, Winter }
```

9.1.4　选择枚举的基础类型

声明枚举时，枚举字面值默认是 int 类型。但是，也可让枚举类型基于不同的基础整型。例如，为了声明 Season 的基础类型是 short 而不是 int，可以像下面这样写：

```
enum Season : short { Spring, Summer, Fall, Winter }
```

这样做的主要目的是节省内存。int 占用内存比 short 大；如果不需要 int 那么大的取值范围，就可考虑使用较小的整型。

枚举可基于 8 种整型的任何一种：byte, sbyte, short, ushort, int, uint, long 或者 ulong。枚举的所有字面值都不能超出所选基础类型的范围。例如，假定枚举基于 byte 数据类型，那么最多只能容纳 256 个字面值(从 0 开始)。

知道如何创建枚举类型之后，下一步就是使用。以下练习在控制台应用程序中声明并使用枚举来表示一年中的月份。

1. 如 Microsoft Visual Studio 2022 尚未启动，请启动。

2. 打开 StructsAndEnums 解决方案，它位于"文档"文件夹下的 \Microsoft Press\VCSBS\Chapter 9\StructsAndEnums 子文件夹。

3. 在"代码和文本编辑器"窗口中打开 Month.cs 源代码文件。

    文件包含一个名为 StructsAndEnums 的空命名空间和 // TODO: 注释。

4. 删除 // TODO: 注释，在 StructsAndEnums 命名空间中添加名为 Month 的枚举(如加粗的代码所示)，用于对一年中的各个月份进行建模。Month 的 12 个枚举字面值从 January(一月)到 December(十二月)。

    ```
    namespace StructsAndEnums
    {
        enum Month
        {
            January, February, March, April,
            May, June, July, August,
            September, October, November, December
        }
    }
    ```

5. 在"代码和文本编辑器"窗口中打开 Program.cs 源代码文件。

    和前几章的练习一样，Main 方法调用 doWork 方法并捕捉可能发生的异常。

6. 在 doWork 方法中添加语句来声明 Month 类型的变量 first，初始化为 Month.January。再添加语句将 first 变量的值输出到控制台。

    现在的 doWork 方法应该像下面这样：

    ```
    static void doWork()
    {
        Month first = Month.January;
        Console.WriteLine(first);
    }
    ```

注意　输入 **Month** 后再输入一个句点，"智能感知"自动列出 Month 枚举中的所有值。

7. 在"调试"菜单中选择"开始执行(不调试)"。

    Visual Studio 2022 开始生成并运行应用程序。确定在控制台中输出了单词 "January"。

8. 按 Enter 键关闭程序，返回 Visual Studio 2022。

9. 再在 doWork 方法中添加两个语句，使 first 变量递增 1，在控制台中输出新值。如加粗的代码所示：

    ```
    static void doWork()
    {
    ```

```
    Month first = Month.January;
    Console.WriteLine(first);
    first++;
    Console.WriteLine(first);
}
```

10. 在"调试"菜单中，选择"开始执行(不调试)"。

Visual Studio 2022 开始生成并运行应用程序。确定控制台输出单词"January"和
"February"。

注意，对枚举变量执行数学运算(如递增)，会改变这个变量的内部整数值。输出该
变量时，会输出对应的枚举值。

11. 按 Enter 键关闭程序，返回 Visual Studio 2022。

12. 修改 doWork 方法的第一个语句，将 first 变量初始化为 Month.December。如以下
加粗的代码所示：

```
static void doWork()
{
    Month first = Month.December;
    Console.WriteLine(first);
    first++;
    Console.WriteLine(first);
}
```

13. 在"调试"菜单中选择"开始执行(不调试)"。

Visual Studio 2022 开始生成并运行应用程序。如下图所示，这一次，控制台上首先
输出单词"December"，再输出数字 12。

虽然可以对枚举值执行数学运算，但如果运算结果溢出枚举定义的取值范围，"运
行时"只能将变量的值解释成对应的整数值。

14. 按 Enter 键关闭程序，返回 Visual Studio 2022。

9.2 使用结构

第 8 章讲过，类定义的是引用类型，总是在堆上创建。有时类只包含极少数据，因为管
理堆而产生的开销不合算。这时更好的做法是将类型定义成**结构**。结构是值类型，在栈上存
储，能有效减少内存管理的开销(前提当然是该结构足够小)。

结构可包含自己的字段、方法和构造器(但不能主动声明默认构造器)。

常用结构类型

你可能没意识到，本书以前的练习已大量运用了结构。例如，元组(tuple)实际是 System.ValueTuple 结构的实例。更有趣的是，基元数值类型 int, long 和 float 分别是 System.Int32，System.Int64 和 System.Single 这三个结构的别名。这些结构有自己的字段和方法，可直接为这些类型的变量和字面值调用方法。例如，所有这些结构都提供了 ToString 方法，能将数值转换成对应的字符串形式。以下语句在 C#中都是合法的:

```
int i = 55;
Console.WriteLine(i.ToString());
Console.WriteLine(55.ToString());

float f = 98.765F;
Console.WriteLine(f.ToString());
Console.WriteLine(98.765F.ToString());

Console.WriteLine((500, 600).ToString()); // (500, 600)是常量元组
```

但像这样使用 ToString 方法很罕见，因为 Console.WriteLine 方法会在需要的时候自动调用它。更常见的是使用这些结构提供的静态方法。例如，前几章曾用静态方法 int.Parse 将字符串转换成对应的整数值。在这种情况下，实际是调用了 Int32 结构的 Parse 方法:

```
string s = "42";
int i = int.Parse(s);   // 完全等同于 Int32.Parse
```

这些结构还包含一些有用的静态字段。例如，Int32.MaxValue 对应的是一个 int 能容纳的最大值，Int32.MinValue 则是 int 能容纳的最小值。

下表总结了 C#基元类型及其在.NET 中对应的类型。注意,string 和 object 类型是类(引用类型)而不是结构。

关键字	等价的类型	类还是结构
bool	System.Boolean	结构
byte	System.Byte	结构
decimal	System.Decimal	结构
double	System.Double	结构
float	System.Single	结构
int	System.Int32	结构
long	System.Int64	结构
object	System.Object	类
sbyte	System.SByte	结构

关键字	等价的类型	类还是结构
short	System.Int16	结构
string	System.String	类
uint	System.UInt32	结构
ulong	System.UInt64	结构
ushort	System.UInt16	结构

9.2.1 声明结构

声明结构要以 struct 关键字开头，后跟类型名称，最后是大括号中的结构主体。语法上和声明类一样。例如，下面是一个名为 Time 的结构，其中包含三个公共 int 字段，分别是 hours，minutes 和 seconds：

```
struct Time
{
    public int hours, minutes, seconds;
}
```

和类一样，大多数时候都不要在结构中声明公共字段，因为无法控制它的值。例如，任何人都能将 minutes(分)或 seconds(秒)设为大于 60 的值。更好的做法是使用私有字段，并为结构添加构造器和方法来初始化和处理这些字段。如下例所示：

```
struct Time
{
    private int hours, minutes, seconds;
    ...
    public Time(int hh, int mm, int ss)
    {
        this.hours = hh % 24;
        this.minutes = mm % 60;
        this.seconds = ss % 60;
    }

    public int Hours()
    {
        return this.hours;
    }
}
```

注意　许多常用操作符都不能自动应用于自定义结构类型。例如，==和!=操作符就不能自动应用于你定义的结构变量。但可使用所有结构都公开的 Equals()方法来比较，还可为自己的结构类型显式声明并实现操作符。具体语法将在第 22 章讲述。

复制值类型的变量将获得值的两个拷贝。相反,复制引用类型的变量,将获得对同一个对象的两个引用。总之,对于简单的、比较小的数据值,如复制值的效率等同于或基本等同于复制地址的效率,就使用结构。但是,较复杂的数据就要考虑使用类。这样就可选择只复制数据的地址,从而提高代码的执行效率。

📝**提示** 如果一个简单概念的重点在于值而非功能,就用结构来实现。

9.2.2 理解结构和类的区别

结构和类在语法上极其相似,但两者也存在一些重要区别,具体如下。

* 不能为结构声明默认构造器(无参构造器)。在下面的例子中,如果将 Time 换成一个类,就能编译成功。但由于 Time 是结构,所以无法编译:

```
struct Time
{
    public Time() { ... } // 编译时错误
    ...
}
```

之所以不能为结构声明自己的默认构造器,是因为编译器**始终**都会自动生成一个。而在类中,只有在没有自己写构造器的时候,编译器才会自动生成一个默认的。编译器为结构生成的默认构造器总是将字段置为 0,false 或 null,这和类一样。所以,要保证由默认构造器创建的结构值具有符合逻辑的行为,而且这些默认值是有意义的。详情参见下一个练习。

如果不想使用这些默认值,还可提供一个非默认的构造器,用它将字段初始化成不同的值。然而,自己写的构造器必须显式初始化所有字段,否则会发生编译错误。例如,将 Time 换做类,那么下例能通过编译,而且 seconds 会被悄悄地初始化为 0。但由于 Time 是结构,所以无法编译:

```
struct Time
{
    private int hours, minutes, seconds;
    ...
    public Time(int hh, int mm)
    {
        this.hours = hh;
        this.minutes = mm;
    } // 编译时错误: seconds 未初始化
}
```

* 类的实例字段可在声明时初始化,但结构不允许。例如,将 Time 换做类,下面的例子是可以编译的。但由于 Time 是结构,所以会造成编译时错误(结构中不能有实例字段初始值设定项):

```
struct Time
{
    private int hours = 0; // 编译时错误
    private int minutes;
    private int seconds;
    ...
}
```

下表总结了结构和类的主要区别。

问题	结构	类
是值类型还是引用类型?	结构是值类型	类是引用类型
它们的实例存储在栈上还是堆上?	结构的实例称为值, 存储在栈上	类的实例称为对象, 存储在堆上
可以声明默认构造器吗?	不可以	可以
如声明自己的构造器, 编译器仍会生成默认构造器吗?	会	不会
如在自己的构造器中不初始化一个字段, 编译器自动初始化吗?	不会	会
实例字段可在声明时初始化吗?	不可以	可以

> **注意** 结构有时也会在堆上而不是栈上创建。例如，如果类声明了一个 struct 类型的字段，就会发生这种情况。创建这种类的对象时，结构的内存作为堆上的对象的一部分分配，而不是单独在栈上分配。

类和结构在继承上也有所区别，具体在第 12 章讨论。

9.2.3 声明结构变量

定义好结构类型之后，可像使用其他任何类型那样使用它们。例如，如定义了名为 Time 的结构，就可创建 Time 类型的变量、字段和参数。如下例所示：

```
struct Time
{
    private int hours, minutes, seconds;
    ...
}

class Example
{
    private Time currentTime;

    public void Method(Time parameter)
    {
        Time localVariable;
```

```
        ...
      }
}
```

9.2.4　理解结构的初始化

前面讨论了如何使用构造器来初始化结构中的字段。调用构造器，前面描述的规则将保证结构中的所有字段都得到初始化：

```
Time now = new Time();
```

下图展示了这个结构中的各个字段的状态。

但由于结构是值类型，所以不调用构造器也可创建结构变量，如下例所示：

```
Time now;
```

在这个例子中，变量虽已创建，但其中的字段保持未初始化的状态。试图访问这些字段会造成编译时错误，如下图所示。

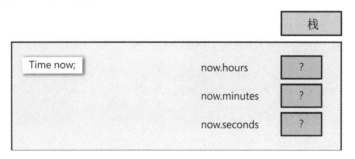

如果写了自己的 struct 构造器，也可用它来初始化结构变量。如前所述，必须在自己

的构造器中显式初始化结构的全部字段。例如：

```
struct Time
{
    private int hours, minutes, seconds;
    ...

    public Time(int hh, int mm)
    {
        hours = hh;
        minutes = mm;
        seconds = 0;
    }
}
```

下例调用自定义的构造器来初始化 Time 类型的变量 now：

```
Time now = new Time(12, 30);
```

下图展示了这个例子的结果。

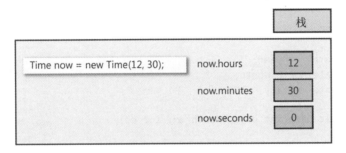

现在将理论转变成实践。以下练习创建并使用一个代表日期的结构类型。

> **创建并使用结构类型**

1. 在 StructsAndEnums 项目中，在"代码和文本编辑器"窗口中打开 Date.cs 文件。

2. 删除 TODO 注释，在 StructsAndEnums 命名空间添加 Date 结构。

   结构包含三个私有字段：一个是 year，类型为 int；一个是 month，类型为 Month(使用上个练习创建的枚举)；另一个是 day，类型为 int。下面是 Date 结构：

```
struct Date
{
    private int year;
    private Month month;
    private int day;
}
```

   现在考虑一下编译器为 Date 结构生成的默认构造器。该构造器将 year 初始化为 0，将 month 初始化为 0(January 的值)，将 day 初始化为 0。year 为 0 无效(没有为 0 的年份)，day 为 0 也无效(每个月都从 1 号开始)。为了解决这个问题，一个办法是实现 Date 结构，对 year 和 day 值进行转换，当 year 字段在容纳值 Y 的时候，该值代表 Y + 1900 年(也可选择其他世纪)；当 day 字段容纳值 D 的时候，该值代表 D + 1 日。这样一来，默认构造器就会设置 3 个字段来代表 1900 年 1 月 1 日。

如果能用自己的默认构造器覆盖自动生成的就好了，因为这样可直接将 year 和 day 字段初始化成有效值。但由于结构不允许，所以只能在结构中实现逻辑，将编译器生成的默认值转换成有意义的值。

虽然不能重写默认构造器，但好的实践是定义非默认构造器，允许用户将结构中的字段显式初始化成有意义的、非默认的值。

3. 在 Date 结构中添加一个公共构造器。该构造器应获取 3 个参数：一个是名为 ccyy 的 int 参数，代表年；一个是名为 mm 的 Month 参数，代表月；一个是名为 dd 的 int 参数，代表日。用这 3 个参数初始化相应的字段。值为 Y 的 year 字段代表 Y + 1900 年，所以需要将 year 字段初始化成值 ccyy - 1900；值为 D 的 day 字段代表 D + 1 日，所以需要将 day 字段初始化成值 dd - 1。现在的 Date 结构应该像下面这样(构造器加粗显示)：

```
struct Date
{
    private int year;
    private Month month;
    private int day;

    public Date(int ccyy, Month mm, int dd)
    {
        this.year = ccyy - 1900;
        this.month = mm;
        this.day = dd - 1;
    }
}
```

4. 在构造器之后，为 Date 结构添加名为 ToString 的公共方法。该方法无参，返回日期的字符串形式。记住，year 字段的值代表 year + 1900 年，day 字段的值则代表 day + 1 日。

注意　ToString 方法和前面所见过的其他方法有所区别。每种类型(包括自定义结构和类)都自动拥有一个 ToString 方法，不管是否需要。它的默认行为是将变量中的数据转换成字符串形式。这种默认行为有些时候合适，但也有一些时候意义不大。例如，为 Date 结构生成的 ToString 方法的默认行为是生成字符串 "StructsAndEnums.Date"。引用道格拉斯·亚当斯所著《宇宙尽头的餐馆》一书中赞福德说的一句话："说得好，但这毫无意义。"为解决问题，需使用 override(重写)关键字定义该方法的一个新版本，重写这种没什么意义的默认行为。方法重写的主题将在第 12 章详细讨论。

ToString 方法应该像下面这样：

```
struct Date
{
    ...
    public override string ToString()
    {
        string data = $"{this.month} {this.day + 1} {this.year + 1900}";
         return data;
    }
}
```

方法计算 month 字段、表达式 this.day + 1 和表达式 this.year + 1900 的值，用这些值的文本形式来生成一个格式化好的字符串并返回。

5. 在"代码和文本编辑器"窗口中打开 Program.cs 源代码文件。

6. 将 doWork 方法现有的 4 个语句变成注释(选定后按 Ctrl+E, C 或者从"编辑"｜"高级"菜单中选择)。

7. 在 doWork 方法中添加代码来声明局部变量 defaultDate，把它初始化为使用默认 Date 构造器来构造的 Date 值。在 doWork 中添加另一个语句，调用 Console.WriteLine 将 defaultDate 输出到控制台。

注意　Console.WriteLine 方法自动调用实参的 ToString 方法，将实参格式化为字符串。

现在的 doWork 方法应该像下面这样：

```
static void doWork()
{
    ...
    Date defaultDate = new Date();
    Console.WriteLine(defaultDate);
}
```

注意　键入 new Date(后，"智能感知"自动检测到 Date 类型有两个构造器。

8. 在"调试"菜单中选择"开始执行(不调试)"，开始生成并运行程序。确定控制台上输出的日期是 January 1 1900。

9. 按 Enter 键返回 Visual Studio 2022。

10. 在"代码和文本编辑器"窗口中，返回刚才的 doWork 方法，再在其中添加两个语句。第一个语句声明局部变量 weddingAnniversary (结婚纪念日)，把它初始化成 2021 年 7 月 4 日。第二个语句将 weddingAnniversary 的值输出到控制台。

现在的 doWork 方法应该像下面这样：

```
static void doWork()
{
```

```
...
Date weddingAnniversary = new Date(2021, Month.July, 4);
Console.WriteLine(weddingAnniversary);
}
```

11. 在"调试"菜单中选择"开始执行(不调试)"，开始生成并运行程序。确定控制台上最后输出的是 July 4 2021。

12. 按 Enter 键关闭程序并返回 Visual Studio 2022。

9.2.5 复制结构变量

可将结构变量初始化或赋值为另一个结构变量,前提是赋值操作符=右侧的结构变量已完全初始化(换言之, 所有字段都用有效数据填充, 而不是包含未定义的值)。例如, 下例能成功编译, 因为 now 已完全初始化。赋值后的结果如图所示。

```
Date now = new Date(2012, Month.March, 19);
Date copy = now;
```

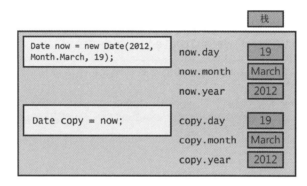

下例则无法通过编译, 因为 now 没有被初始化:

```
Date now;
Date copy = now; // 编译时错误: now 未赋值
```

复制结构变量时,=操作符左侧的结构变量的每个字段都直接从右侧结构变量的对应字段复制。这是一个简单的复制过程, 它对整个结构的内容进行复制, 而且绝不会抛出异常。而如果 Time 是类, 两个变量(now 和 copy)将引用堆上的同一个对象。

注意　C++程序员注意, 这种复制行为是不可自定义的(人无法干预)。

本章最后一个练习将比较结构和类的复制行为。

➤ 比较结构和类的行为

1. 在 StructsAndEnums 项目中, 在"代码和文本编辑器"窗口中显示 Date.cs 文件。

2. 在 Date 结构中添加以下加粗的方法。该方法使结构中的日期增加 1 个月。如果在

增加 1 个月之后，month 字段的值超过了 December(12 月)，代码将 month 重置为
January(1 月)，并将 year 字段的值递增 1。

```
struct Date
{
    ...
    public void AdvanceMonth()
    {
        this.month++;
        if (this.month == Month.December + 1)
        {
            this.month = Month.January;
            this.year++;
        }
    }
}
```

3. 在"代码和文本编辑器"窗口中显示 Program.cs 文件。

4. 在 doWork 方法中，将前两个创建和显示 defaultDate 变量的语句变成注释。

5. 将以下加粗的代码添加到 doWork 方法末尾。这些代码创建 weddingAnniversary 变量的拷贝，命名为 weddingAnniversaryCopy，并打印新变量的值。

```
static void doWork()
{
    ...
    Date weddingAnniversaryCopy = weddingAnniversary;
    Console.WriteLine($"Value of copy is {weddingAnniversaryCopy}");
}
```

6. 将以下加粗的语句添加到 doWork 方法末尾，调用 weddingAnniversary 变量的
AdvanceMonth 方法，再显示 weddingAnniversary 和 weddingAnniversaryCopy 变
量的值：

```
static void doWork()
{
    ...
    weddingAnniversary.AdvanceMonth();
    Console.WriteLine($"New value of weddingAnniversary is {weddingAnniversary}");
    Console.WriteLine($"Value of copy is still {weddingAnniversaryCopy}");
}
```

7. 在"调试"菜单中选择"开始执行(不调试)"来生成并运行应用程序。验证控制台
窗口显示以下消息：

```
July 4 2021
Value of copy is July 4 2021
New value of weddingAnniversary is August 4 2021
Value of copy is still July 4 2021
```

第一条消息显示 weddingAnniversary 变量初始值(July 4 2021)。第二条消息显示 weddingAnniversaryCopy 变量值。可以看到，它包含和 weddingAnniversary 变量一样的日期(July 4 2021)。第三条消息显示将 weddingAnniversary 变量的月份增加1月，变成 August 4 2021 之后的值。最后一条消息显示 weddingAnniversaryCopy 变量值，它没有变，仍然是 July 4 2021。

如果 Date 是类，创建的拷贝引用的还是原始的实例。更改原始实例中的月份，拷贝引用的日期也会变。下面对此进行验证。

8. 按 Enter 键返回 Visual Studio 2022。

9. 在"代码和文本编辑器"窗口中显示 Date.cs 文件。

10. 将 Date 结构更改为类，如下例中加粗的部分所示：

```
class Date
{
    ...
}
```

11. 在"调试"菜单中，单击"开始执行(不调试)"来生成并运行应用程序。验证控制台窗口显示以下消息：

```
July 4 2021
Value of copy is July 4 2021
New value of weddingAnniversary is August 4 2021
Value of copy is still August 4 2021
```

前三条消息没变，第 4 条消息证实 weddingAnniversaryCopy 变量的值变成 August 4 2021。

12. 按 Enter 键，返回 Visual Studio 2022。

处理大型结构

虽然大多数结构的规模都比较小，但也可以创建包含许多字段和/或其他 struct 类型的结构。将这种类型的变量作为参数传递给一个方法时，整个结构，包括任何子结构，将被复制到栈。如果你的应用程序经常做这个动作，可能会影响其性能。

为了解决这个问题，可以使用 ref 修饰符以"传引用"的方式传递结构，就像第 8 章描述的那样。但要注意，现在对结构中的字段值所做的更改将是永久性的；不再是先创建一个局部的拷贝，再对这个拷贝进行更改。下面是一个例子：

```
struct BigStruct
{
    // 假设这里有很多很多字段！
    ...
}
...
```

```
var myData = new BigStruct();
ProcessData(ref myData);
...
void ProcessData(ref BigStruct data)
{
   // data 是对 myData 的一个引用，不再是拷贝
   ...
}
```

Windows Runtime 的结构和兼容性问题

所有 Windows C#应用程序都由.NET Framework 的"公共语言运行时"(Common Language Runtime，CLR)执行。CLR 以虚拟机的形式为应用程序代码提供了安全执行环境。(有 Java 经验的人对这个概念再熟悉不过了。)编译 C#应用程序时，编译器将 C#代码转换成一组伪机器码形式的指令，称为"公共中间语言"(Common Intermediate Language，CIL)。这些指令存储在程序集中。运行 C#程序时，CLR 将 CIL 指令转换成真正的机器指令，以便处理器理解并执行。整个环境称为托管执行环境，像这样的 C#代码称为**托管代码**。也可用.NET Framework 支持的其他语言(如 Visual Basic 和 F#)写托管代码。

Windows 7 和更早的 Windows 允许写非托管应用程序，也称为**原生代码**。这些代码依赖于能直接和 Windows 操作系统打交道的 Win32 API(运行托管应用程序时，CLR 实际会将许多.NET Framework 函数转换成 Win32 API 调用，只是该过程完全透明)。非托管代码可用 C++等语言写。.NET Framework 允许通过一些互操作性技术在托管应用程序中集成非托管代码，反之亦然。这些技术的详情超出了本书范围——只需知道上手不易。

Windows 后续版本采用了另一种策略，称为 Windows Runtime(简称 WinRT)。WinRT 在 Win32 API(和其他选择的原生 Windows API)顶部建立了新的一层，为从服务器到手机的不同硬件提供了一致的功能。生成通用 Windows 平台(UWP)应用时，使用的是由 WinRT 而非 Win32 公开的 API。类似地，Windows 10 上的 CLR 也使用 WinRT；使用 C#和其他语言写的托管代码依然由 CLR 执行，但 CLR 会在运行时将代码转换成 WinRT API 调用而不是 Win32 API 调用。CLR 和 WinRT 负责安全地管理和运行代码。

WinRT 的一个主要目的是简化语言之间的互操作性，能在应用程序中更方便地集成用不同语言开发的组件。但方便是有代价的。取决于各种语言支持的功能集，必须做出一些妥协。尤其是，因为历史的原因，C++虽然支持结构，但不支持其中的成员函数。(C#将成员函数称为实例方法。)所以，要将 C#的结构打包到库中并交给 C++(或其他任何非托管语言)程序员使用，该结构就不能包含任何实例方法。结构中的静态方法也有类似的限制。要包含实例或静态方法，必须将结构转换成类。此外，结构不能包含私有字段，而且所有公共字段都必须是 C#基元类型、合格的值类型或字符串。

WinRT 还对要在原生应用程序使用的 C#类和结构提出了其他限制，详情参见第 13 章。

小结

本章解释了如何创建和使用枚举和结构。解释了结构和类的相似和不同之处，并解释了如何定义构造器来初始化结构中的字段。另外，还解释了如何通过重写 **ToString** 方法将结构表示成字符串。

- 如果希望继续学习下一章，请继续运行 Visual Studio 2022，然后阅读第 10 章。
- 如果希望现在就退出 Visual Studio 2022，请选择"文件"|"退出"。如果看到"保存"对话框，请单击"是"按钮保存项目。

第 9 章快速参考

目标	操作
声明枚举类型	先写关键字 enum，后跟类型名称，再跟一对{}，其中包含以逗号分隔的一组枚举字面值名称。示例如下： `enum Season { Spring, Summer, Fall, Winter }`
声明枚举变量	先写枚举类型名称，再写变量名，最后写分号。示例如下： `Season currentSeason;`

向枚举变量赋值	以枚举类型作为前缀，对枚举字面值名称进行限定。示例如下：
	
	`currentSeason = Spring; // 编译时错误`
	`currentSeason = Season.Spring; // 正确`

声明结构类型	先写关键字 struct，后跟结构类型名称，再跟结构主体(构造器、方法和字段)。示例如下：
	
	`struct Time`
	`{`
	`    public Time(int hh, int mm, int ss)`
	`    { ... }`
	`    ...`
	`    private int hours, minutes, seconds;`
	`}`

声明结构变量	先写结构类型名称，后跟变量名，再跟分号。示例如下： `Time now;`
对结构变量进行初始化	调用结构的构造器，将变量初始化为结构值。示例如下： `Time lunch = new Time(12, 30, 0);`

使用数组

学习目标

- 声明数组变量
- 创建数组实例
- 用一组数据项填充数组并访问这些数据项
- 复制数组
- 创建和使用多维数组

之前学习了如何创建和使用不同类型的变量。但这些变量有一个共同的地方：容纳的都是与单个元素(例如一个 int、一个 float、一个 Circle、一个 Date)有关的信息。怎么处理元素的集合呢？

一个方案是为集合中的每个元素都创建一个变量，但这又会带来进一步的问题：具体需要多少个变量？如何命名？如果需要对集合中的每个元素都执行相同的操作(例如递增整数集合中的每个变量)，那么如何避免写大量重复性的代码？另外，这个方案假定事先知道需要多少个元素，但这种情况普遍吗？例如，假定程序需要从数据库读取并处理记录，那么数据库有多少条记录？这个数量会时常变化吗？

数组可妥善解决这些问题。**数组**是无序的元素序列。数组中的所有元素都具有相同类型(这一点和结构或类中的字段不同，它们可以是不同类型)。数组中的元素存储在一个连续性的内存块中，并通过索引来访问(这一点也和结构或类中的字段不同，它们通过名称来访问)。

10.1 声明数组变量

声明数组变量要先写它的元素类型名称，后跟一对方括号([])，最后写变量名。方括号标志该变量是数组。例如，以下语句声明包含 int 变量的一个 pins 数组：

```
int[] pins; // pins 是 Personal Identification Numbers(个人识别号)的简称
```

> **注意** Microsoft Visual Basic 程序员注意，数组声明要使用方括号而不是圆括号。C 和 C++
> 程序员注意，数组大小不是声明的一部分。Java 程序员注意，方括号必须在变量名
> 之前。

数组元素并非只能是基元数据类型。还可以是结构、枚举或类。例如，以下代码创建由 Date 结构构成的一个数组：

```
Date[] dates;
```

> **提示** 最好为数组变量取复数名称，例如 places(其中每个元素都是一个 Place)、
> people(每个元素都是一个 Person)或者 times(每个元素都是一个 Time)。

10.2 创建数组实例

无论元素是什么类型，数组始终都是引用类型。这意味着数组变量引用堆上的内存块，数组元素就存在这个内存块中，就跟类变量引用堆上的对象一样。关于值类型和引用类型，以及栈和堆的区别，请参考第 8 章。即使数组元素是 int 这样的值类型；也是在堆上分配内存。这是值类型不在栈上分配内存的特例之一。

以前说过，声明类变量不会马上为对象分配内存，用 new 关键字创建实例才会。数组也是如此：声明数组变量时不需要指定大小，也不会分配内存(只是在栈上分配一小块用于存储引用的内存)。创建数组实例时才分配内存，数组大小也在这时指定。

为了创建数组实例，要先写 new 关键字，后跟元素的类型名称，然后在一对方括号中指定要创建的数组的大小。创建数组实例时，会使用默认值(0，null 或者 false，分别取决于是数值类型，是引用类型，还是 bool 类型)对其元素进行初始化。例如，针对早先声明的 pins 数组变量，以下语句创建并初始化由 4 个整数构成的新数组：

```
pins = new int[4];
```

下图展示了该语句的结果。

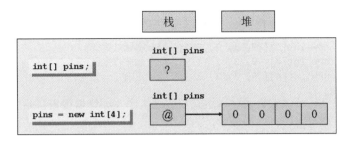

由于数组实例的内存动态分配，所以数组实例的大小不一定是常量；而是可以在运行时计算，如下例所示：

```
int size = int.Parse(Console.ReadLine());
int[] pins = new int[size];
```

甚至可以创建大小为 0 的数组。虽然听起来有点儿奇怪，但有时数组大小需动态决定，而且可能为 0，所以该设计是有意义的。大小为 0 的数组不是 null(空)数组，而是包含 0 个元素的数组。

10.3 填充和使用数组

创建数组实例时，所有元素都被初始化为默认值(具体取决于元素类型)。例如，所有数值初始化为 0，对象初始化为 null，DateTime 值初始化为日期时间值"01/01/0001 00:00:00"，而字符串初始化为 null。可以修改这个行为，将数组元素初始化为指定的值。为此，需要在大括号中提供一个以逗号分隔的值列表。例如，以下语句将 pins 初始化为包含 4 个 int 值的数组，这些值分别是 9，3，7 和 2:

```
int[] pins = new int[4]{ 9, 3, 7, 2 };
```

大括号中的值不一定是常量，它们可以是在运行时计算的值。下例用 4 个 0~9 的随机数填充 pins 数组:

```
Random r = new Random();
int[] pins = new int[4]{    r.Next() % 10, r.Next() % 10,
                            r.Next() % 10, r.Next() % 10 };
```

注意　System.Random 类是伪随机数生成器。它的 Next 方法默认返回范围在 0～Int32.MaxValue 之间的一个非负随机整数。Next 方法有多个重载版本，有的允许指定范围中的最小和最大值。Random 类的默认构造器用一个依赖于时间的值来作为随机数生成器的种子值，这样就极大降低了一个随机数序列重复出现的概率。构造器的一个重载版本允许自己指定种子值，从而出于测试目的生成可重复的随机数序列。

大括号中的值的数量必须和要创建的数组实例的大小完全匹配：

```
int[] pins = new int[3]{ 9, 3, 7, 2 };   // 编译时错误
int[] pins = new int[4]{ 9, 3, 7 };      // 编译时错误
int[] pins = new int[4]{ 9, 3, 7, 2 };   // 正确
```

初始化数组变量时可以省略 new 表达式和数组大小。编译器根据初始值的数量来计算大小，并生成代码来创建数组，示例如下：

```
int[] pins = { 9, 3, 7, 2 };
```

创建由结构或对象构成的数组时，可以调用它们的构造器来初始化数组中的每个元素，示例如下：

```
Time[] schedule = { new Time(12,30), new Time(5,30) };
```

10.3.1   创建隐式类型的数组

声明数组时，元素类型必须与准备存储的元素类型匹配。例如，将 pins 声明为 int 类型的数组(就像前面的例子那样)，就不能把 double，struct，string 或其他非 int 类型的值保存到其中。如果在声明数组时指定了初始值列表，可让 C#编译器自己推断数组元素的类型，如下所示：

```
var names = new[]{"John", "Diana", "James", "Francesca"};
```

在这个例子中，C#编译器推断 names 是 string 类型的数组变量。注意语法有两个特别之处。首先，类型后的方括号没了，本例中的 names 变量被直接声明为 var，而不是 var[]。其次，必须在初始值列表之前添加 new[]。

使用这个语法，必须保证所有初始值都有相同类型。下例将导致编译器报错："找不到隐式类型数组的最佳类型。"

```
var bad = new[]{"John", "Diana", 99, 100};
```

但有时编译器会把元素转换为不同的类型——前提是结果有意义。下例的 numbers 会被推断成 double 数组，因为常量 3.5 和 99.999 都是 double 值，而 C#编译器能将整数值 1 和 2 转换成 double：

```
var numbers = new[]{1, 2, 3.5, 99.999};
```

注意   最好避免混合使用多种类型，不要单纯寄希望于编译器帮自己转换。

隐式类型的数组尤其适合第 7 章描述的匿名类型。以下代码创建由匿名对象构成的数组，其中每个对象都包含两个字段，分别指定了我的家庭成员的姓名和年龄：

```
var name = new[] {new {Name = "John", Age = 57 },
                  new {Name = "Diana", Age = 57 },
```

```
                     new {Name = "James", Age = 30 },
                     new {Name = "Francesca", Age = 26 } };
```

对于每个数组元素，匿名类型中的字段名称都必须一致。

10.3.2　访问单独的数组元素

必须通过索引来访问单独的数组元素。数组索引基于零，第一个元素的索引是 0 而不是
1。索引 1 访问的是第二个元素。例如，以下代码将 pins 数组的索引为 2 的元素(第三个元素)
的内容读入一个 int 变量：

```
int myPin;
myPin = pins[2];
```

类似，可通过索引向元素赋值来更改数组内容：

```
myPin = 1645;
pins[2] = myPin;
```

所有数组元素访问都要进行边界(上下限)检查。使用小于 0 或大于等于数组长度的整数
索引，编译器会抛出 IndexOutOfRangeException 异常，如下例所示：

```
try
{
    int[] pins = { 9, 3, 7, 2 };
    Console.WriteLine(pins[4]);      // 错误，第 4 个也是最后一个元素的索引是 3
}
catch (IndexOutOfRangeException ex)
{
    ...
}
```

10.3.3　访问数组元素序列

C#允许用 x...y 形式的*索引*从数组中取回一个连续的元素集。将返回以元素 x 开始到以
y 结束的序列，但很重要的一点，其中不包括 y。其结果是另一个数组，其中包含检索到的
元素区间。在下例中，subset 数组将包含 names 数组中的元素 0 和元素 1。

```
var names = new[] { new { Name = "John", Age = 57 },
                    new { Name = "Diana", Age = 57 },
                    new { Name = "James", Age = 30 },
                    new { Name = "Francesca", Age = 26 } };
var subset = names[0..2];
```

subset 数组将包含 John 和 Diana 的值(元素 0 和 1)。区间内第一个数字必须小于或等于
第二个数字；否则会产生一个 System.ArgumentOutOfRangeException 异常。如区间内的第
一个数字和第二个数字相同，结果是一个零长度的数组。

取回数组元素序列时，还可指定^x形式的一个表达式作为起始或结束元素的索引，它相当于(索引长度 - x。例如，对于subset数组，^1对应的索引是4-1=3，即最后一个元素的索引。而^3对应的索引是4-3=1，即第二个元素的索引。执行以下语句，subset数组将包含Diana、James和Francesca的值——从元素1到元素3：

```
var subset = names[^3...4];
```

记住，无论如何，区间的起点都要小于或等于终点。

10.3.4 遍历数组

所有数组都是.NET库中的System.Array类的实例，该类定义了许多有用的属性和方法。例如，可查询Length属性来了解数组含有多少个元素，并借助for语句来遍历所有元素。下例将pins数组的各个元素的值输出到控制台：

```
int[] pins = { 9, 3, 7, 2 };
for (int index = 0; index < pins.Length; index++)
{
    int pin = pins[index];
    Console.WriteLine(pin);
}
```

> **注意**　Length是属性而非方法，所以调用它不用圆括号。第15章将介绍属性。

新手程序员经常忘记数组从元素 0 开始，并忘记最后一个元素的索引是 Length - 1。C#提供了 foreach 语句来遍历数组的所有元素，使用该语句就可以不必关心这些问题。例如，上述 for 语句可以用 foreach 语句修改为下面这个样子：

```
int[] pins = { 9, 3, 7, 2 };
foreach (int pin in pins)
{
    Console.WriteLine(pin);
}
```

foreach 语句声明了一个循环变量(本例是 int pin)来自动获取数组中每个元素的值。该变量的类型必须与数组元素类型匹配。foreach 语句是遍历数组的首选方式，它更明确地表达了代码的目的，而且避免了使用 for 循环的麻烦。但少数情况下 for 语句更佳，如下所示。

- foreach 语句总是遍历整个数组。如果只想遍历数组的一部分(例如前半部分)，或者希望中途跳过特定元素(例如隔两个跳一个)，那么使用 for 语句将更容易。
- foreach 语句总是从索引 0 遍历到索引 Length-1。要反向或者以其他顺序遍历，更简单的做法是使用 for 语句。
- 如循环主体需要知道元素的索引，而非只是元素的值，就必须使用 for 语句。
- 修改数组元素必须使用 for 语句。这是因为 foreach 语句的循环变量是数组每个元素的只读拷贝。

可将循环变量声明为 var，让 C#编译器根据数组元素的类型来推断变量的类型。如果事先不知道数组元素的类型，例如在数组中包含匿名对象时，这个功能就尤其有用。下例演示了如何遍历早先描述的家庭成员数组：

```
var names = new[] { new {Name = "John", Age = 57 },
                    new {Name = "Diana", Age = 57 },
                    new {Name = "James", Age = 30 },
                    new {Name = "Francesca", Age = 26 } };

foreach (var familyMember in names)
{
    Console.WriteLine($"Name: {familyMember.Name}, Age: {familyMember.Age}");
}
```

10.3.5　数组作为方法的参数和返回值

方法可获取数组类型的参数，也可把它们作为返回值传递。将数组声明为方法参数的语法和数组的声明语法差不多。例如，以下代码定义 ProcessData 方法来获取一个整数数组。方法主体遍历数组来处理每个元素。

```
public void ProcessData(int[] data)
{
    foreach (int i in data)
    {
        ...
    }
}
```

记住数组是引用类型，在方法(比如 ProcessData)内部修改作为参数传递的数组，所有数组引用都会"看到"修改，其中包括原始实参。

方法要返回一个数组，返回类型必须是数组类型。方法内部要创建并填充数组。下例提示用户输入数组大小，再输入每个元素的数据。最后，方法返回创建好的数组。

```
public int[] ReadData()
{
    Console.WriteLine("How many elements?");
    string reply = Console.ReadLine();
    int numElements = int.Parse(reply);

    int[] data = new int[numElements];
    for (int i = 0; i < numElements; i++)
    {
        Console.WriteLine($"Enter data for element {i}");
        reply = Console.ReadLine();
        int elementData = int.Parse(reply);
        data[i] = elementData;
```

```
    }
    return data;
}
```

可像下面这样调用 ReadData:

```
int[] data = ReadData();
```

Main 方法的数组参数

你可能早已注意到应用程序的 Main 方法获取一个字符串数组作为参数:

```
static void Main(string[] args)
{
    ...
}
```

Main 方法是程序运行时的入口方法。从命令行启动程序时,可以指定附加的命令行参数。Microsoft Windows 操作系统将这些参数传给 CLR,后者将它们作为实参传给 Main 方法。这个机制允许在程序开始运行时直接提供信息,而不必交互式地提示输入信息。编写能通过自动脚本运行的实用程序时,这个机制相当有用。下例来自一个用于文件处理的 MyFileUtil 实用程序。它允许在命令行输入一组文件名,然后调用 ProcessFile 方法(这里没有显示)处理每个文件:

```
static void Main(string[] args)
{
    foreach (string filename in args)
    {
        ProcessFile(filename);
    }
}
```

可在命令行上像下面这样运行 MyFileUtil 程序:

```
MyFileUtil C:\Temp\TestData.dat C:\Users\John\Documents\MyDoc.txt
```

每个在命令行上提供的实参都以空格来分隔。实参的有效性由 MyFileUtil 程序负责验证。

10.4　复制数组

数组是引用类型。记住,数组是 System.Array 类的实例。数组变量包含对数组实例的引用。这意味着在复制了数组变量之后,将获得对同一个数组实例的两个引用。例如:

```
int[] pins = { 9, 3, 7, 2 };
int[] alias = pins;  // alias 和 pins 现在引用同一个数组实例
```

在这个例子中,修改 pins[1]的值,读取 alias[1]时也会看到改动。要完全复制数组实例，获得堆上实际数据的拷贝，必须做两件事情。首先，必须创建类型和大小与原始数组一样的新数组实例，然后将数据元素从原始数组逐个复制到新数组，如下例所示：

```
int[] pins = { 9, 3, 7, 2 };
int[] copy = new int[pins.Length];
for (int i = 0; i < copy.Length; i++)
{
    copy[i] = pins[i];
}
```

注意，上例使用原始数组的 Length 属性指定新数组大小。

复制数组是常见操作，所以 System.Array 类提供了一些方法来复制数组，以免每次都要写上面那样的代码。例如，CopyTo 方法将一个数组的内容复制到另一个数组，并从指定的起始索引处开始复制。下面的例子从索引 0 开始，将 pins 数组的所有元素复制到 copy 数组。

```
int[] pins = { 9, 3, 7, 2 };
int[] copy = new int[pins.Length];
pins.CopyTo(copy, 0);
```

复制值的另一个办法是使用 System.Array 的静态方法 Copy。和 CopyTo 一样，目标数组必须在调用 Copy 前进行初始化：

```
int[] pins = { 9, 3, 7, 2 };
int[] copy = new int[pins.Length];
Array.Copy(pins, copy, copy.Length);
```

> **注意** Array.Copy 方法的长度参数必须是一个有效的值。提供负值的话，会抛出 ArgumentOutOfRangeException 异常。如果提供比元素数量大的值，会抛出 ArgumentException 异常。

还可使用 System.Array 的实例方法 Clone，它的特点是一次调用就能创建数组并完成复制。

```
int[] pins = { 9, 3, 7, 2 };
int[] copy = (int[])pins.Clone();
```

> **注意** 第 8 章第一次讲到 Clone 方法。Array 类的 Clone 方法返回 object 而不是 Array，所以必须在使用时强制转换成恰当类型的数组。另外，Clone、CopyTo 和 Copy 这三个方法创建的都是数组的浅拷贝(第 8 章讨论了浅拷贝和深拷贝的区别)。简单地说，如果被复制的数组包含引用，这些方法只复制引用，不复制被引用的对象。复制后，两个数组都引用同一组对象。要创建数组的深拷贝(即复制被引用的对象)，必须在 for 循环中写恰当的代码来做这件事情。

10.5 使用多维数组

目前为止的数组都是一维数组，相当于简单的值列表。还可以创建多维数组。例如，二维数组是包含两个整数索引的数组。以下代码创建包含 24 个整数的二维数组 items。可将二维数组想象成表格，第一维是表行，第二维是表列。

```
int[,] items = new int[4, 6];
```

提示 如果对你有帮助，可将二维数组想像成表格，第一维是表格的行号，第二维是表格的列号。

访问二维数组元素需提供两个索引值来指定目标元素的"单元格"(行列交汇处)。以下代码展示了 items 数组的用法：

```
items[2, 3] = 99;           // 将单元格(2, 3)的元素设为 99
items[2, 4] = items [2,3]; // 将单元格(2, 3)的元素复制到单元格(2, 4)
items[2, 4]++;              // 递增单元格(2, 4)的整数值
```

数组维数没有限制。以下代码创建并使用名为 cube 的三维数组。访问三维数组的元素必须指定 3 个索引。

```
int[, ,] cube = new int[5, 5, 5];
cube[1, 2, 1] = 101;
cube[1, 2, 2] = cube[1, 2, 1] * 3;
```

使用超过三维的数组时要小心，数组可能耗用大量内存。上例的 cube 数组包含 125 个元素(5 * 5 * 5)。而对于每一维大小都是 5 的四维数组，则总共包含 625 个元素。使用多维数组时，一般都要准备好捕捉并处理 OutOfMemoryException 异常。

创建交错数组

在 C#语言中，普通多维数组有时也称为矩形数组。例如，下面这个表格式二维数组每一行都包含 40 个元素，共计 160 个元素。

```
int[,] items = new int[4, 40];
```

上一节说过，多维数组可能消耗大量内存。如应用程序只用到每一列的部分数据，为未使用的元素分配内存就是巨大的浪费。这时可考虑使用交错数组(或称为不规则数组)，其每一列的长度都可以不同，如下所示：

```
int[][] items = new int[4][];
int[] columnForRow0 = new int[3];
int[] columnForRow1 = new int[10];
int[] columnForRow2 = new int[40];
```

```
int[] columnForRow3 = new int[25];
items[0] = columnForRow0;
items[1] = columnForRow1;
items[2] = columnForRow2;
items[3] = columnForRow3;
```

本例第一列 3 个元素，第二列 10 个元素，第三列 40 个元素，最后一列 25 个元素。交错数组其实就是由数组构成的数组。items 数组不是二维数组，而是一维数组，但那一维中的元素本身就是数组。此外，items 数组的总大小是 78 个元素而不是 160 个；不用的元素不分配空间。

注意交错数组的语法。以下代码将 items 指定为由 int 数组构成的数组。

```
int[][] items;
```

以下语句初始化 items 来容纳 4 个元素，每个元素都是长度不定的数组。

```
items = new int[4][];
```

从 columnForRow0 到 columnForRow3 的数组都是一维 int 数组，它们初始化来容纳每一列所需的数据量。最后，每个这样的数组都被赋给 items 数组中的对应元素，例如：

```
items[0] = columnForRow0;
```

记住，数组是引用类型的对象，所以上述语句只是为 items 数组的第一个元素添加对 columnForRow0 的引用，不会实际复制任何数据。为了填充该列的数据，要么将值赋给 columnForRow0 中的元素，要么通过 items 数组来引用。以下语句是等价的：

```
columnForRow0[1] = 99;
items[0][1] = 99;
```

同样的概念还可扩展为创建"数组的数组的数组"(而不是矩形三维数组)，以此类推。

> **注意** 如果以前写过 Java 程序，这个概念应该不会陌生。Java 没有多维数组的概念，需要像刚才描述的那样写"数组的数组"。

以下练习利用数组在扑克牌游戏中发牌。应用程序显示窗体来模拟向 4 个玩家发一副扑克牌(52 张牌，没有大小王)。你将完成为每一手[1]发牌的代码。

> **用数组实现扑克牌游戏**

1. 如果 Microsoft Visual Studio 2022 尚未启动，请启动。
2. 打开 Cards 解决方案，位于"文档"文件夹下的\Microsoft Press\VCSBS\Chapter 10\Cards 子文件夹。
3. 在"调试"菜单中选择"开始调试"来生成并运行应用程序。

---

① 译注：每个玩家一手，总共 4 手牌。

随后会显示标题为 Card Game 的窗体，窗体包含 4 个文本框(标签分别是 North、South、East 和 West)。

4. 单击底部的省略号打开命令栏，应出现 Deal(发牌)按钮。如下图所示。

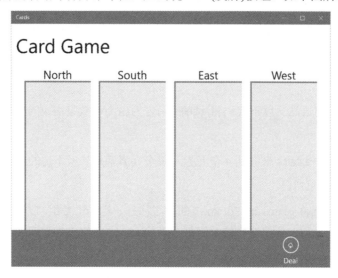

注意 这是在通用 Windows 平台(UWP)应用中定位命令按钮的首选方式。从现在起，本书展示的所有 UWP 应用都遵循该样式。

5. 单击 Deal 按钮。

   什么都不会发生。尚未实现发牌代码，这是本练习要做的事情。

6. 返回 Visual Studio 2022，在"调试"菜单中选择"停止调试"。

7. 在"代码和文本编辑器"窗口中显示 Value.cs 文件。其中包含一个名为 Value 的枚举，它代表一张牌所有可能的点数，升序：

```
enum Value { Two, Three, Four, Five, Six, Seven, Eight, Nine, Ten, Jack, Queen, King, Ace }
```

8. 在"代码和文本编辑器"窗口中显示 Suit.cs 文件。

   该文件包含一个名为 Suit 的枚举，代表一副牌中的所有花色：

```
enum Suit { Clubs, Diamonds, Hearts, Spades } // ♣ ♦ ♥ ♠
```

9. 在"代码和文本编辑器"窗口中显示 PlayingCard.cs 文件。

   该文件包含 PlayingCard 类，用于对一张牌进行建模。

```
class PlayingCard
{
    private readonly Suit suit;      // 花色
    private readonly Value value;    // 点数
```

```
public PlayingCard(Suit s, Value v)
{
    this.suit = s;
    this.value = v;
}

public override string ToString()
{
    string result = $"{this.value} of {this.suit}";
    return result;
}

public Suit CardSuit()
{
    return this.suit;
}

public Value CardValue()
{
    return this.value;
}
}
```

该类包含两个只读字段(value 和 suit)，代表牌的点数和花色。构造器初始化两个字段。

> **注意** 如果数据在初始化之后不再改变，就适合用只读(readonly)字段来建模。向只读字段赋值需要在声明时初始化它或者用构造器进行初始化。但之后就不能变了。

类包含一对方法 CardValue 和 CardSuit，分别返回牌的点数和花色。另外，类还重写(override)了 ToString 方法，返回一张牌的字符串表示。

> **注意** CardValue 方法和 CardSuit 方法最好作为属性实现，具体在第 15 章解释。

10. 在"代码和文本编辑器"窗口中打开 Pack.cs 文件。

该文件包含 Pack 类，它对一副牌(或者称为一个牌墩)进行建模。Pack 类顶部是两个公共常量 int 字段 NumSuits 和 CardsPerSuit，分别指定一副牌有几种花色，以及每种花色多少张牌。私有 cardPack 变量是由 PlayingCard 对象构成的二维数组。第一维指定花色，第二维指定点数。randomCardSelector 变量是基于 Random 类生成的随机数，将利用 randomCardSelector 洗牌。

```
class Pack
{
    public const int NumSuits = 4;
```

```
public const int CardsPerSuit = 13;
private PlayingCard[,] cardPack;
private Random randomCardSelector = new Random();
...
}
```

11. 找到 Pack 类的默认构造器。目前该构造器空白，只有一条// TODO:注释。删除注释，添加以下加粗显示的代码来实例化 cardPack 数组，使其每一维都有正确的长度：

```
public Pack()
{
  this.cardPack = new PlayingCard[NumSuits, CardsPerSuit];
}
```

12. 将以下加粗显示的代码添加到 Pack 构造器，用一整副排好序的牌填充 cardPack 数组：

```
public Pack()
{
    this.cardPack = new PlayingCard[NumSuits, CardsPerSuit];
    for (Suit suit = Suit.Clubs; suit <= Suit.Spades; suit++)
    {
      for (Value value = Value.Two; value <= Value.Ace; value++)
      {
          this.cardPack[(int)suit, (int)value] = new PlayingCard(suit, value);
      }
    }
}
```

外层 for 循环遍历 Suit 枚举的值列表，内层 for 循环遍历每种花色中的每个点数。内层循环每一次迭代，都创建特定花色和点数的一个新的 PlayingCard 对象(也就是一张牌)，并把它添加到 cardPack 数组的恰当位置。

注意 数组索引只能使用整数值。suit 和 value 变量是枚举变量。但枚举基于整型，所以可安全转型为 int。

---

13. 在 Pack 类中找到 DealCardFromPack 方法。该方法从一副牌中随机挑选一张牌，从牌墩中移除这张牌以防它被再次选中，最后作为方法返回值返回。

方法第一个任务是随机选择花色。删除注释和抛出 NotImplementedException 异常的语句，替换成以下加粗显示的语句：

```
public PlayingCard DealCardFromPack()
{
    Suit suit = (Suit)randomCardSelector.Next(NumSuits);
}
```

该语句使用randomCardSelector随机数生成器的Next方法返回和一种花色对应的随机数。Next方法的参数指定随机数上限(不含该上限);生成的值在0到这个值减1之间。注意返回一个int,必须先转型再赋给Suit类型的变量。

总是存在所选花色没有更多牌的可能。所以需要处理这个情况,并在必要时选择另一种花色。

14. 在随机选择花色的代码后面添加以下加粗显示的while循环:

```
public PlayingCard DealCardFromPack()
{
    Suit suit = (Suit)randomCardSelector.Next(NumSuits);
    while (this.IsSuitEmpty(suit))
    {
        suit = (Suit)randomCardSelector.Next(NumSuits);
    }
}
```

该循环调用 IsSuitEmpty 方法检查牌墩中是否还有指定花色的牌(马上就要实现该方法的逻辑)。如果没有,就随机选择另一种花色(可能选中同样的花色),并再次检查。循环将重复该过程,直至发现至少还有一张牌的花色。

目前已随机选择了一种至少还有一张牌的花色。下个任务是在这种花色中随机挑选一张牌。可用随机数生成器选择一个点数,但和前面一样,不保证选出的牌还没有发出。但可以采用和前面一样的模式:调用 IsCardAlreadyDealt 方法判断牌是否发出(马上就要实现该方法的逻辑)。如果是,就随机选择另一张牌,并重新尝试。

15. 该过程一直重复,直至发现一张牌为止。在 DealCardFromPack 方法现有的语句后面添加以下加粗显示的语句:

```
public PlayingCard DealCardFromPack()
{
    ...
    Value value = (Value)randomCardSelector.Next(CardsPerSuit);
    while (this.IsCardAlreadyDealt(suit, value))
    {
        value = (Value)randomCardSelector.Next(CardsPerSuit);
    }
}
```

16. 现已选好了一张随机的、以前没有发过的牌。在 DealCardFromPack 方法末尾添加以下加粗显示的代码来返回这张牌,将 cardPack 数组中对应的元素设为 null:

```
public PlayingCard DealCardFromPack()
{
    ...
    PlayingCard card = this.cardPack[(int)suit, (int)value];
    this.cardPack[(int)suit, (int)value] = null;
    return card;
}
```

17. 找到 IsSuitEmpty 方法。该方法获取一个 Suit 参数，返回一个 bool 值指出是否还有该花色的牌留在牌墩里。删除注释和抛出 NotImplementedException 异常的语句，添加以下加粗显示的代码：

```
private bool IsSuitEmpty(Suit suit)
{
    bool result = true;
    for (Value value = Value.Two; value <= Value.Ace; value++)
    {
        if (!IsCardAlreadyDealt(suit, value))
        {
            result = false;
            break;
        }
    }

    return result;
}
```

上述代码遍历所有可能的牌点，使用 IsCardAlreadyDealt 方法(将于下一步完成)判断 cardPack 数组中是否有一张指定花色和点数的牌。如果有，就将 result 变量设为 false，并用 break 语句终止循环。相反，如果一直到循环结束都没有找到符合要求的牌，result 变量将保持初始值 true。方法最后返回 result 变量值。

18. 找到 IsCardAlreadyDealt 方法。该方法判断指定花色和点数的牌是否发出并从牌墩中删除。以后会看到，DealFromPack 方法发一张牌时，会将其从 cardPack 数组中删除，并将对应元素设为 null。将注释和抛出 NotImplementedException 异常的代码替换以下加粗显示的代码：

```
private bool IsCardAlreadyDealt(Suit suit, Value value)
    => (this.cardPack[(int)suit, (int)value] == null);
```

如果 cardPack 数组中指定 suit 和 value 的元素为 null，方法就返回 true，否则返回 false。

19. 下一步是将所选的牌添加到一手牌(一个 hand)中。在"代码和文本编辑器"窗口中显示 Hand.cs 文件。该文件包含 Hand 类，用于实现"一手牌"的概念(也就是发给一个玩家的全部牌)。

文件包含名为 HandSize 的 public const int 字段，设置成一手牌有多少张牌(13)。还包含由 PlayingCard 对象构成的数组，数组用 HandSize 常量初始化。利用 playingCardCount 字段，代码可在填充一手牌期间跟踪牌的数量。

```
class Hand
{
    public const int HandSize = 13;
    private PlayingCard[] cards = new PlayingCard[HandSize];
```

```
    private int playingCardCount = 0;
    ...
}
```

ToString 方法生成手上所有牌的字符串表示。它用 foreach 循环遍历 cards 数组，为它发现的每个 PlayingCard 对象调用 ToString 方法。出于格式化的目的，这些字符串用一个换行符连接。(用 Environment.NewLine 常量指定换行符。)

```
public override string ToString()
{
    string result = "";
    foreach (PlayingCard card in this.cards)
    {
        result += $"{card.ToString()}{Environment.NewLine}";
    }

    return result;
}
```

20. 找到 Hand 类的 AddCardToHand 方法。该方法将作为参数指定的牌添加到一手牌中。在方法中添加以下加粗的语句：

```
public void AddCardToHand(PlayingCard cardDealt)
{
    if (this.playingCardCount >= HandSize)
    {
        throw new ArgumentException("Too many cards");
    }
    this.cards[this.playingCardCount] = cardDealt;
    this.playingCardCount++;
}
```

上述代码首先验证这一手牌还没有满。满了就抛出 ArgumentException 异常(这个情况应该永远都不会发生，但保险一点总没错)。否则，就将牌(一个 PlayingCard 对象)添加到 cards 数组中由 playingCardCount 变量指定的索引位置。然后，这个变量递增 1。

21. 在解决方案资源管理器中展开 MainPage.xaml 节点，再在"代码和文本编辑器"窗口中打打开 MainPage.xaml.cs 文件。这些是 Card Game 窗口的代码。

22. 找到 dealClick 方法。单击 Deal(发牌)按钮将调用该方法。方法目前包含空的 try 块和一个异常处理程序(发生异常时显示一条消息)。

23. 删除注释并在 try 块中添加以下加粗显示的语句：

```
private void dealClick(object sender, RoutedEventArgs e)
{
    try
```

```
    {
        pack = new Pack();
    }
    catch (Exception ex)
    {
        ...
    }
}
```

该语句创建一副新牌。前面说过，Pack 类包含容纳了牌墩的二维数组，构造器用每张牌的细节来填充数组。现在，需要从这个牌墩创建 4 手牌。

24. 在 try 块中添加以下加粗显示的语句：

```
try
{
    pack = new Pack();

    for (var handNum = 0; handNum < NumHands; handNum++)
    {
        hands[handNum] = new Hand();
    }
}
catch (Exception ex)
{
    ...
}
```

for 循环从一副牌中创建 4 手牌，把它们存储到名为 hands 的数组中。每一手最开始都是空的，所以需要发牌。

25. 为 for 循环添加以下加粗显示的代码：

```
try
{
    ...
    for (var handNum = 0; handNum < NumHands; handNum++)
    {
        hands[handNum] = new Hand();
        for (var numCards = 0; numCards < Hand.HandSize; numCards++)
        {
            var cardDealt = pack.DealCardFromPack();
            hands[handNum].AddCardToHand(cardDealt);
        }
    }
}
catch (Exception ex)
{
    ...
}
```

内层 for 循环使用 DealCardFromPack 方法从牌墩里随机获取一张牌，而 AddCardToHand 方法将这张牌添加到一手牌中。

26. 在外层 for 循环后面添加以下加粗的代码：

```
try
{
    ...
    for (var handNum = 0; handNum < NumHands; handNum++)
    {
        ...
    }

    north.Text = hands[0].ToString();
    south.Text = hands[1].ToString();
    east.Text = hands[2].ToString();
    west.Text = hands[3].ToString();
}
catch (Exception ex)
{
    ...
}
```

所有牌都发好后，上述代码在窗体上的文本框中显示每一手牌。文本框的名称是 north、south、east 和 west。代码用每个 hand 的 ToString 方法格式化输出。任何位置发生异常，catch 处理程序都会显示消息框并在其中显示错误消息。

27. 在"调试"菜单中选择"开始执行(不调试)"。Card Game 窗口出现后展开命令栏并单击 Deal 按钮。牌墩中的牌应随机发给每一手，每手牌都应在窗体上显示，如下图所示。

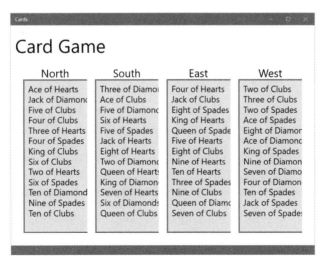

28. 再次单击 Deal 按钮会重新发牌，每一手牌都会变化。

29. 返回 Visual Studio 并停止调试。

10.6　访问包含值类型的数组

数组是按索引排序的简单数据集合。知道索引就能轻松获取一个数据项。但要基于其他特性来查找数据，一般就要实现相应的辅助方法，执行搜索并返回目标项的索引。

例如，以下代码创建由 Person 对象构成的数组 family。Person 是类。

```
class Person
{
    public string Name;
 public int Age;

    public Person(string name, int age)
    {
        this.Name = name;
        this.Age = age;
    }
}
...
Person[] family = new[] { new Person("John", 57),
                          new Person("Diana", 57),
                          new Person("James", 30),
                          new Person("Francesca", 26)
};
```

你现在想查找家里年龄最小的人，所以写了以下方法：

```
Person findYoungest()
{
    int youngest = 0;
    for (int i = 1; i < family.Length; i++)
    {
        if (family[i].Age < family[youngest].Age)
        {
            youngest = i;
        }
    }
    return family[youngest];
}
```

然后像下面这样调用该方法来显示结果：

```
var mostYouthful = findYoungest();
Console.WriteLine($"Name: {mostYouthful.Name}, Age: {mostYouthful.Age}");
```

结果符合预期：

```
Name: Francesca, Age: 26
```

然后你想更新一下年龄最小的家庭成员的年龄(Francesca 刚过生日，现在 27 岁了)，所以写了以下语句：

```
mostYouthful.Age++;
```

最后，为确认一切都正确改变，用以下语句遍历 family 数组并显示其内容：

```
foreach (Person familyMember in family)
{
    Console.WriteLine($"Name: {familyMember.Name}, Age: {familyMember.Age}");
}
```

结果不错，Francesca 的年龄正确修改了：

```
Name: John, Age: 57
Name: Diana, Age: 57
Name: James, Age: 30
Name: Francesca, Age: 27
```

这时你突然想到 Person 类实际不应设计成类，而应设计成结构，所以修改了一下：

```
struct Person
{
    public string Name;
    public int Age;

    public Person(string name, int age)
    {
        this.Name = name;
        this.Age = age;
    }
}
```

代码能编译和运行，但你注意到 Francesca 的年龄不再更新了。foreach 循环的输出如下所示：

```
Name: John, Age: 57
Name: Diana, Age: 57
Name: James, Age: 30
Name: Francesca, Age: 26
```

问题在于将引用类型转变成了值类型。family 数组中的数据从一组对堆上对象的引用变成了栈上的数据拷贝。之前，findYoungest()方法返回的是对一个 Person 对象的引用，所以 Age 字段的递增操作能通过该引用更新堆上的原始对象。而现在 family 数组包含的是值类型，findYoungest 方法返回的是数组中的一个项的拷贝而不是引用。此时递增 Age 字段更新的是一个 Person 拷贝，而不是更新 family 数组中的原始数据项。

为解决该问题，可修改 findYoungest()方法，用 ref 关键字显式返回对值类型的*引用*而不是拷贝，如下所示：

```
ref Person findYoungest()
{
```

```
    int youngest = 0;
    for (int i = 1; i < family.Length; i++)
    {
        if (family[i].Age < family[youngest].Age)
        {
            youngest = i;
        }
    }
    return ref family[youngest];
}
```

注意，大多数代码未改动。返回类型变成 ref Person(一个 Person 引用)，return 语句也相应修改成返回对 family 数组中年龄最小项的引用。

调用方法时，有两个地方也必须对应地修改：

```
ref var mostYouthful = ref findYoungest();
```

这些修改指出 mostYouthful 是对 family 数组中的一个数据项的引用。如下所示，还是和以前一样访问该项的字段，但 C#编译器现在知道应通过变量来引用数据。结果，递增语句正确更新数组中的原始数据而非拷贝：

```
mostYouthful.Age++;
```

再打印数组内容，Francesca 的年龄就能如实变化了：

```
foreach (Person familyMember in family)
{
    Console.WriteLine($"Name: {familyMember.Name}, Age: {familyMember.Age}");
}
```

将显示以下结果：

```
Name: John, Age: 57
Name: Diana, Age: 57
Name: James, Age: 30
Name: Francesca, Age: 27
```

从方法返回对数据的引用，这很强大，但使用须谨慎。只有方法结束后仍然存在的数据(比如数组元素)，才能返回对它的引用。例如，对于方法在栈上创建的局部变量，便不能返回对它的引用：

```
// 不要尝试，编译不了
ref int danglingReference()
{
    int i;
    ... // 用 i 进行计算
    return ref i;
}
```

这其实是旧 C 程序的一个常见问题，称为"虚悬引用"[①]。幸好 C#编译器从源头杜绝了此类问题。

小结

本章讲述了如何创建和使用数组处理数据集合。讲述了如何声明和初始化数组，访问数组中的数据，将数组作为参数传递，以及从方法返回数组。还讲述了如何创建多维数组以及如何使用"数组的数组"(交错数组)。

- 如果希望继续学习下一章，请继续运行 Visual Studio 2022，然后阅读第 11 章。
- 如果希望现在就退出 Visual Studio 2022，请选择"文件"|"退出"命令。如果看到"保存"对话框，请单击"是"按钮保存项目。

第 10 章快速参考

目标	操作
声明数组变量	先写元素的类型名称，后跟一对方括号，变量名，最后分号。示例如下： `bool[] flags;`
创建数组实例	先写关键字 new，后跟元素的类型名称，在方括号中指定数组的大小。示例如下： `bool[] flags = new bool[10];`
初始化数组元素	在大括号中提供以逗号分隔的值列表。示例如下： `bool[] flags = { true, false, true, false };`

查询数组元素数量	使用 Length 属性。示例如下：
	
	`int[] flags = ...;`
	`...`
	`int noOfElements = flags.Length;`

访问数组元素	先写数组变量的名称，在一对方括号中添加要访问的元素的整数索引。记住，数组索引从 0 而不是 1 开始。示例如下： `bool initialElement = flags[0];`

[①] 译注：老式说法是"空悬指针"。

目标	操作
遍历数组元素	使用 for 或 foreach 语句。示例如下： ```csharp\nbool[] flags = { true, false, true, false };\nfor (int i = 0; i < flags.Length; i++)\n{\n Console.WriteLine(flags[i]);\n}\n\nforeach (bool flag in flags)\n{\n Console.WriteLine(flag);\n}\n```
声明多维数组变量	先写元素类型名称，在方括号中通过逗号数量来指定维数，添加变量名，再添加分号。例如，以下代码创建二维数组 table： ```csharp\nint [,] table;\ntable = new int[4,6]\n```
声明交错数组变量	声明由子数组构成的数组。每个子数组的长度都可以不同。例如，以下语句创建交错数组 items 并初始化每个子数组： ```csharp\nint[][] items;\nitems = new int[4][];\nitems[0] = new int[3];\nitems[1] = new int[10];\nitems[2] = new int[40];\nitems[3] = new int[25];\n```

第 11 章

理解参数数组

学习目标

- 写方法使用 params 关键字来接受任意数量的实参
- 写方法使用 params 关键字和 object 类型接受任意类型和数量的实参
- 比较获取参数数组的方法和获取可选参数的方法

如方法需要获取数量可变、类型也可能不同的实参，就可考虑使用**参数数组**。熟悉面向对象概念的人或许不喜欢这种方式。毕竟，面向对象解决这个问题的方案是定义方法的重载版本。但重载不是万金油，尤其是实参数量真的变化很大，而且每次调用时实参类型也可能不同的时候。本章描述如何利用参数数组来应对这种情况。

11.1 回顾重载

重载(overloading)是指在同一作用域中声明两个或更多同名方法，适合对不同类型的实参执行相同的操作。Visual C#经典的重载例子是 Console.WriteLine。该方法被重载了好多次，确保可向它传递任何基元类型的参数。以下代码展示了 WriteLine 方法在 Console 类中的定义：

```
class Console
{
    public static void WriteLine(Int32 value)
    public static void WriteLine(Double value)
    public static void WriteLine(Decimal value)
    public static void WriteLine(Boolean value)
    public static void WriteLine(String value)
    ...
}
```

> **注意** WriteLine 方法的参数类型实际是在 System 命名空间中定义的结构类型，而非 C#
> 别名。例如，获取 int 的重载版本实际获取 Int32 作为参数。第 9 章介绍了结构类
> 型和 C# 别名的对应关系。

重载很有用，但没有照顾到所有情况。尤其是，如果发生变化的不是参数类型，而是参数的数量，重载就有点儿力不从心了。例如，假定要向控制台写入许多值，那么该怎么办？是不是必须提供 Console.WriteLine 的更多版本，让每个版本都获取不同数量的参数？那就太麻烦了！幸好，有一种技术允许只写一个方法就能接受数量可变的参数。这种技术就是参数数组(用 params 关键字声明的参数)。

为了理解参数数组如何解决这个问题，首先需要理解普通数组的用途和缺点。

11.2 使用数组参数

假定要写方法判断作为实参传递的一组值中的最小值。一个办法是使用数组。例如，为查找几个 int 值中最小的，可写静态方法 Min，向其传递一个 int 数组，如下所示：

```csharp
class Util
{
    public static int Min(int[] paramList)
    {
        // 验证调用者至少提供了一个参数。
        // 否则抛出 ArgumentException 异常,
        // 因为不可能在空列表中查找最小值
        if (paramList == null || paramList.Length == 0)
        {
            throw new ArgumentException("Util.Min: 实参数量不足");
        }

        // 将参数列表第一项设为当前最小值
        int currentMin = paramList[0];

        // 遍历参数列表, 检查是否有一个值比 currentMin 小
        foreach (int i in paramList)
        {
            // 找到比 currentMin 小的就把它把设为 currentMin 的值
            if (i < currentMin)
            {
                currentMin = i;
            }
        }

        // 循环结束后 currentMin 必然容纳参数列表中的最小值, 所以直接返回它
        return currentMin;
    }
}
```

若用 Min 方法来判断两个 int 变量(first 和 second)的最小值，可以像下面这样：

```
int[] array = new int[2];
array[0] = first;
array[1] = second;
int min = Util.Min(array);
```

若用 Min 方法来判断三个 int 变量(first、second 和 third)的最小值，则可以像下面这样：

```
int[] array = new int[3];
array[0] = first;
array[1] = second;
array[2] = third;
int min = Util.Min(array);
```

可以看出，这个方案避免了对大量重载的需求，但也为此付出了代价：必须写额外的代码来填充传入的数组。当然，也可以像下面这样使用匿名数组：

```
int min = Util.Min(new int[] {first, second, third});
```

但本质没变，还是需要创建和填充数组，而且这个语法还有点儿不容易理解。解决方案是向 Min 方法传递用 params 关键字声明的参数数组，让编译器自动生成这样的代码。

11.2.1 声明参数数组

参数(params)数组允许将数量可变的实参传给方法。为了定义参数数组，要用 params 关键字修饰数组参数。例如下面这个修改过的 Min 方法。这次它的数组参数被声明成参数数组：

```
class Util
{
    public static int Min(params int[] paramList)
    {
        // 这里的代码和之前完全一样
    }
}
```

params 关键字对 Min 方法的影响是，调用该方法时，可传递任意数量的整数实参，而不必担心创建数组的问题。例如，要判断两个整数值哪个最小，可以像下面这样：

```
int min = Util.Min(first, second);
```

编译器自动将上述调用转换成如下所示的代码：

```
int[] array = new int[2];
array[0] = first;
array[1] = second;
int min = Util.Min(array);
```

以下代码判断三个整数哪个最小，它同样被编译器转换成使用了数组的等价代码：

```
int min = Util.Min(first, second, third);
```

两个 Min 调用(一个传递了两个实参，另一个传递了三个)都被解析成使用 params 关键字的同一个 Min 方法。事实上，可在调用 Min 方法时传递任意数量的 int 实参。编译器每次都会统计 int 实参数量，并创建这个大小的 int 数组，在数组中填充实参，最后调用方法，将单独一个数组参数传给它。

> **注意** C 和 C++程序员可将 params 理解成头文件 stdarg.h 定义的 varargs 宏的"类型安全"等价物。Java 也有工作方式与此类似的 varargs 机制。

关于参数数组，需要注意以下几点。

- 只能为一维数组使用 params 关键字，不能用于多维数组，以下代码不能编译：

```
// 编译时错误
public static int Min(params int[,] table)
...
```

- 不能只依赖 params 关键字来重载方法。params 关键字不是方法签名的一部分，如下例所示：

```
// 编译时错误：重复的声明
public static int Min(int[] paramList)
...
public static int Min(params int[] paramList)
...
```

- 不允许为参数数组指定 ref 或 out 修饰符，如下例所示：

```
// 编译时错误
public static int Min(ref params int[] paramList)
...
public static int Min(out params int[] paramList)
...
```

- params 数组必须是方法最后一个参数。意味着每个方法只能有一个参数数组。如下例所示：

```
// 编译时错误
public static int Min(params int[] paramList, int i)
...
```

- 非 params 方法总是优先于 params 方法。也就是说，如果愿意，仍然可以创建方法的重载版本以便在常规情况下使用：

```
public static int Min(int leftHandSide, int rightHandSide)
...
```

```
public static int Min(params int[] paramList)
...
```

调用 Min 时传递两个 int 实参，就用 Min 的第一个版本。传递其他任意数量的 int
实参(包括无任何实参的情况)，就用第二个版本。为方法声明无参数数组的版本或
许能优化性能，避免编译器创建和填充太多数组。

11.2.2 使用 params object[]

int 类型的参数数组很有用，它允许在方法调用中传递任意数量的 int 参数。但如果参
数数量不固定，类型也不固定，又该怎么办? C#也为此提供了对策。该技术基于这样一个事
实：object 是所有类的根，编译器通过**装箱**将值类型(那些不是类的东西)转换成对象(详见第
8 章)。可让方法接收 object 类型的一个参数数组，从而接收任意数量的 object 实参；换言
之，实参不仅数量可以随意，类型也可随意，如下例所示：

```
class Black
{
    public static void Hole(params object [] paramList)
    ...
}
```

我将该方法命名为 **Black.Hole**(黑洞)，意思是任何实参都逃不出去。

- 不向它传递任何实参，编译器将传递长度为 0 的 object 数组：

  ```
  Black.Hole(); // 转换成 Black.Hole(new object[0]);
  ```

- 传递 null 作为实参。数组是引用类型，所以允许使用 null 来初始化数组：

  ```
  Black.Hole(null);
  ```

- 传递一个实际的数组。也就是说，可以手动创建本应由编译器创建的数组：

  ```
  object[] array = new object[2];
  array[0] = "forty two";
  array[1] = 42;
  Black.Hole(array);
  ```

- 传递不同类型的实参，这些实参自动包装到 object 数组中：

  ```
  Black.Hole("forty two", 42); // 转换成 Black.Hole(new object[]{"forty two", 42});
  ```

Console.WriteLine 方法

Console 类包含 WriteLine 方法的大量重载版本，下面是其中一个：

```
public static void WriteLine(string format, params object[] arg);
```

虽然字符串插值使该 WriteLine 重载版本显得有些多余，但它在 C#语言以前的版本中

还是很吃香的。它获取包含占位符的一个格式字符串实参，每个占位符都在运行时替换成任意类型的变量。下面是调用该方法的一个例子(fname 和 lname 是字符串，mi 是 char，age 是 int)：

```
Console.WriteLine("First Name:{0}, Middle Initial:{1}, Last name:{2}, Age:{3}",
    fname, mi, lname, age);
```

编译器将此调用解析成以下形式：

```
Console.WriteLine("First Name:{0}, Middle Initial:{1}, Last name:{2}, Age:{3}",
new object[4]{fname, mi, lname, age});
```

11.2.3 使用参数数组

以下练习将实现并测试名为 Sum 的静态方法。该方法的作用是计算数量可变的 int 实参之和，结果作为 int 返回。为此，Sum 要获取一个 params int[]参数。要实现对参数数组的两项检查来确保 Sum 方法的健壮性，然后用各种实参测试 Sum 方法。

➤ **写获取参数数组的方法**

1. 如 Microsoft Visual Studio 2022 尚未启动，请启动。
2. 打开 ParamsArray 解决方案，它位于"文档"文件夹下的 \Microsoft Press\VCSBS\Chapter 11\ParamArrays 子文件夹。

    Progam.cs 包含 Program 类，采用前几章用过的 doWork 方法框架。Sum 方法将作为另一个名为 Util("utility"的简称)类的静态方法实现。该类稍后添加。
3. 在解决方案资源管理器中右击 ParamsArray 项目，选择"添加"|"类"。
4. 在"添加新项 - ParamsArray"对话框中间窗格单击"类"模板，在"名称"文本框中输入 **Util.cs**，单击"添加"。

    随后会创建 Util.cs 文件并添加到项目。其中包含 ParamsArray 命名空间中的空白类 Util。
5. 在 Util 类中添加名为 Sum 的公共静态方法。Sum 方法返回一个 int，接受一个由 int 值构成的参数数组。Sum 方法应该像下面这样：

```
public static int Sum(params int[] paramList)
{
}
```

实现 Sum 方法的第一步是检查 paramList 参数。除了包含有效整数集合，它还可能是 null 或长度为 0 的数组。这两种情况都难以求和，所以最好的方案是抛出 ArgumentException 异常(你可能会说，在长度为 0 的数组中，整数之和不应该是 0 吗？但是，本例将这种情况视为异常)。
6. 在 Sum 方法中添加以下加粗显示的语句，paramList 为 null 的话就抛出

ArgumentException。

现在的 Sum 方法应该像下面这样：

```
public static int Sum(params int[] paramList)
{
    if (paramList == null)
    {
        throw new ArgumentException("Util.Sum: null parameter list");
    }
}
```

7. 在 Sum 方法中添加另一个语句，在数组长度为 0 时抛出 ArgumentException。如以下加粗的语句所示：

```
public static int Sum(params int[] paramList)
{
    if (paramList == null)
    {
        throw new ArgumentException("Util.Sum: null parameter list");
    }

    if (paramList.Length == 0)
    {
        throw new ArgumentException("Util.Sum: empty parameter list");
    }
}
```

如果数组通过了这两项测试，那么下一步就是将数组的所有元素加到一起。可以用 foreach 语句求所有元素之和。需要一个局部变量来容纳求和结果。

8. 在上一步的代码后声明 int 变量 sumTotal，初始化为 0：

```
public static int Sum(params int[] paramList)
{
    ...
    if (paramList.Length == 0)
    {
        throw new ArgumentException("Util.Sum: empty parameter list");
    }

    int sumTotal = 0;
}
```

9. 为 Sum 方法添加 foreach 语句来遍历 paramList 数组。循环主体应将数组中的每个元素的值都累加到 sumTotal 上。在方法末尾，用 return 语句返回 sumTotal 的值，如以下加粗的代码所示：

```
public static int Sum(params int[] paramList)
{
```

```
...
int sumTotal = 0;
foreach (int i in paramList)
{
    sumTotal += i;
}
return sumTotal;
}
```

10. 选择"生成"|"生成解决方案"命令。确定代码没有错误。

> ### 测试 Util.Sum 方法

1. 在"代码和文本编辑器"窗口中打开 Program.cs 源代码文件。

2. 在"代码和文本编辑器"窗口中,删除 doWork 方法的 // TODO:注释,添加以下语句:

    ```
    Console.WriteLine(Util.Sum(null));
    ```

3. 选择"调试"|"开始执行(不调试)"命令。
    程序将生成并运行并在控制台上输出以下消息:

    ```
    Exception: Util.Sum: null parameter list
    ```

    这证明方法中的第一个检查是有效的。

4. 按 Enter 键结束程序,返回 Visual Studio 2022。

5. 在"代码和文本编辑器"窗口中修改 doWork 中的 Console.WriteLine 调用:

    ```
    Console.WriteLine(Util.Sum());
    ```

    这次调用方法没有传递任何实参。编译器将空白参数列表解释成空白数组。

6. 选择"调试"|"开始执行(不调试)"命令。
    程序将生成并运行,并在控制台上输出以下消息:

    ```
    Exception: Util.Sum: empty parameter list
    ```

    这证明方法中的第二个检查也是有效的。

7. 按 Enter 键结束程序,返回 Visual Studio 2022。

8. 像下面这样修改 doWork 中的 Console.WriteLine 的调用:

    ```
    Console.WriteLine(Util.Sum(10, 9, 8, 7, 6, 5, 4, 3, 2, 1));
    ```

9. 选择"调试"|"开始执行(不调试)"命令。
    程序生成并运行,在控制台上输出 55。

10. 按 Enter 键关闭应用程序并返回 Visual Studio 2022。

11.3 比较参数数组和可选参数

第 3 章讲述了如何定义方法来获取可选参数。从表面看，获取参数数组的方法和获取可选参数的方法存在一定程度的重叠，但两者有着根本性的区别。

- 获取可选参数的方法仍然有固定参数列表，不能传递一组任意的实参。编译器会生成代码，在方法运行前，为任何遗漏的实参在栈上插入默认值。方法不关心哪些实参是由调用者提供的，哪些是由编译器生成的默认值。

- 使用参数数组的方法相当于有一个完全任意的参数列表，没有任何参数有默认值。此外，方法可准确判断调用者提供了多少个实参。

通常，如果方法要获取任意数量的参数(包括 0 个)，就使用参数数组。只有在不方便强迫调用者为每个参数都提供实参时才使用可选参数。

最后还要注意，如方法获取参数数组，同时提供了重载版本来获取可选参数，那么在调用时传递的实参和两个方法签名都匹配的时候，具体调用哪个版本并非总是让人一目了然。本章最后一个练习将探讨这种情况。

> **比较参数数组和可选参数**

1. 返回 Visual Studio 2022 中的 ParamsArray 解决方案，在"代码和文本编辑器"窗口中显示 Util.cs 文件。

2. 将以下加粗的 Console.WriteLine 语句添加到 Util 类的 Sum 方法的开头：

```
public static int Sum(params int[] paramList)
{
    Console.WriteLine("Using parameter list");  // 正在使用参数数组
    ...
}
```

3. 在 Util 类中添加 Sum 方法的另一个实现。这个版本获取 4 个可选的 int 实参，默认值都是 0。方法主体输出消息："Using optional parameters"，然后计算并返回 4 个参数之和。完成后的方法如下所示：

```
class Util
{
    ...
    public static int Sum( int param1 = 0, int param2 = 0,
                           int param3 = 0, int param4 = 0)
    {
        Console.WriteLine("Using optional parameters"); // 正在使用可选参数
        int sumTotal = param1 + param2 + param3 + param4;
        return sumTotal;
    }
}
```

4. 在"代码和文本编辑器"窗口中显示 Program.cs 文件。

5. 在 doWork 方法中注释掉现有代码,添加以下语句:

```
Console.WriteLine(Util.Sum(2, 4, 6, 8));
```

它调用 Sum 方法,传递 4 个 int 参数。该调用匹配 Sum 方法的两个重载版本。

6. 在"调试"菜单中单击"开始执行(不调试)"来生成并运行应用程序。

应用程序运行时,会显示以下消息:

```
Using optional parameters
20
```

在本例中,编译器生成的代码会调用获取 4 个可选参数的版本。这个版本和方法调用最匹配。

7. 按 Enter 键返回 Visual Studio。

8. 在 doWork 方法中修改调用 Sum 方法的语句,删除最后一个实参(8),如下所示:

```
Console.WriteLine(Util.Sum(2, 4, 6));
```

9. 在"调试"菜单中单击"开始执行(不调试)"来生成并运行应用程序。

应用程序运行时,会显示以下消息:

```
Using optional parameters
12
```

编译器生成的代码仍然调用获取 4 个可选参数的版本,即使这个版本的签名和实际的方法调用并不完全匹配。要在获取可选参数和获取参数列表的两个版本之间选择,C#编译器优先选择获取可选参数的版本。

10. 按 Enter 键返回 Visual Studio。

11. 在 doWork 方法中,再次修改调用 Sum 方法的语句:

```
Console.WriteLine(Util.Sum(2, 4, 6, 8, 10));
```

12. 在"调试"菜单中单击"开始执行(不调试)"生成并运行应用程序。应用程序运行时会显示以下消息:

```
Using parameter list
30
```

这次因为实参数量超过了获取可选参数的那个版本指定的数量,所以编译器生成的代码会调用获取参数数组的版本。

13. 按 Enter 键返回 Visual Studio。

小结

本章解释了如何使用参数数组来定义方法，使它能接受任意数量的实参。还解释了如何用 object 类型的参数数组向方法传递不同类型的多个参数。最后，还解释了编译器如何在获取参数数组和可选参数的两个方法版本之间进行选择。

- 如果希望继续学习下一章，请继续运行 Visual Studio 2022，然后阅读第 12 章。
- 如果希望现在就退出 Visual Studio 2022，请选择"文件"|"退出"命令。如果看到"保存"对话框，请单击"是"按钮保存项目。

第 11 章快速参考

目标	操作

写方法来接收指定类型的任意数量的实参	声明方法来接收指定类型的参数数组。例如，以下代码允许方法接受任意数量的 bool 实参：
	
	`someType Method(params bool[] flags)`
	`{`
	`    ...`
	`}`

写方法来接收任意类型、任意数量的实参	声明方法来接收 object 类型的参数数组。示例如下：
	
	`someType Method(params object[] paramList)`
	`{`
	`    ...`
	`}`

使用继承

学习目标

- 理解继承机制
- 创建派生类来继承基类的功能
- 使用 new, virtual 和 override 关键字控制方法的隐藏和重写
- 使用 protected 关键字限制继承层次结构中的可访问性
- 将扩展方法作为继承的替代机制使用

继承是面向对象编程的关键概念。如果不同的类有通用的特性，而且这些类相互之间的关系很清晰，那么利用继承能避免大量重复性工作。这些类或许是同一种类型的不同的类，每个都有与众不同的功能。例如，工厂的主管和工人都是"员工"。如果写程序来模拟这家工厂，如何定义主管与工人的共性和个性呢？例如，他们都有员工识别号，但主管担负的职责和工人不同，并执行不同的任务。

这正是继承可以大显身手的时候。可通过继承来创建三个不同的类：经理、工人和全体员工。其中，"经理"和"工人"继承"全体员工"的一些特性。

12.1 什么是继承

随便问几个人他们如何理解"继承"，往往会得到不同且相互冲突的答案。这部分是由于"继承"一词本身就存在歧义。如果某人在遗嘱中将什么东西留给你，就说你继承了他的财产。类似地，我们说人部分基因遗传①自母亲，部分遗传自父亲。但这两种"继承"都和

---

① 译注："继承"和"遗传"在英语中是同一个词。

程序设计中的继承没有多大关系。

程序设计中的继承问题就是分类问题——继承反映类和类的关系。例如，我们学过生物，知道马和鲸都属于哺乳动物。这两种动物具有哺乳动物的共性(都能呼吸空气，都能哺乳，都是温血的……)。但两者还有自己的个性(马有蹄子，鲸有鳍状肢和尾片)。

那么，如何在程序中对马和鲸进行建模？一个办法是创建两个不同的类，一个叫Horse(马)，另一个叫Whale(鲸)。每个类都可以实现那种哺乳动物特有的行为，例如为Horse实现 Trot(跑)，为 Whale 类实现 Swim(游)。那么，如何处理马和鲸通用的行为呢？例如，Breathe(呼吸)和SuckleYoung(哺乳)是哺乳动物的共性。当然能在刚才两个类中添加具有上述名称的重复方法，但这无疑会使维护成为噩梦，尤其是考虑到以后可能还要建模其他类型的哺乳动物，例如 Human(人)和 Aardvark(土豚)等。

在 C#中，可通过类的继承来解决这些问题。马、鲸、人和土豚都属于 Mammal(哺乳动物)类型，所以可创建名为 Mammal 的类，它对所有哺乳动物的共性建模。然后，声明 Horse，Whale，Human 和 Aardvark 等类都从 Mammal 类继承。继承的类自动包含 Mammal 类的所有功能(Breathe 和 SuckleYoung 等)，但还可为每种具体的哺乳动物添加它独有的功能。例如，可为 Horse 类声明 Trot 方法，为 Whale 类声明 Swim 方法。如需修改一个通用方法(例如Breathe)的工作方式，那么只需要在一个位置修改，也就是在 Mammal 中。

12.2 使用继承

用以下语法声明一个类从另一个类继承：

```
class DerivedClass : BaseClass
{
    ...
}
```

DerivedClass(派生类)将从 BaseClass(基类)继承，基类中的方法会成为派生类的一部分。在 C#中，一个类最多只允许从一个其他的类派生；不允许从两个或者更多的类派生。但除非将 DerivedClass 声明为 sealed(也就是声明为"密封类"，参见 13 章)，否则可以使用相同的语法，从 DerivedClas 派生出更深一级的派生类。

```
class DerivedSubClass : DerivedClass
{
    ...
}
```

在前面描述的哺乳动物的例子中，可以像下面这样声明 Mammal 类。Breathe 和 SuckleYoung 是所有哺乳动物都有的功能。

```
class Mammal
{
    public void Breathe()        // 呼吸
```

```
    {
        ...
    }
    public void SuckleYoung()    // 哺乳
    {
        ...
    }
    ...
}
```

然后可以定义每一种不同的哺乳动物，并根据需要添加额外的方法，示例如下：

```
class Horse : Mammal          // 定义 Horse 继承自 Mammal
{
    ...
    public void Trot()        // 跑
    {
        ...
    }
}

class Whale : Mammal          // 定义 Whale 继承自 Mammal
{
    ...
    public void Swim()        // 游
    {
        ...
    }
}
```

注意　C++程序员请注意，不需要、也不能显式指定继承是公共、私有还是受保护。C#语言的继承总是隐式公共。Java 程序员请注意，这里使用的是冒号，而且没有使用 extends 关键字。

在程序中创建 Horse 对象后，可像下面这样调用 Trot，Breathe 和 SuckleYoung 方法：

```
Horse myHorse = new Horse();
myHorse.Trot();
myHorse.Breathe();
myHorse.SuckleYoung();
```

可用类似方式创建 Whale 对象，但这一次能调用的是 Swim 方法、Breathe 方法和 SuckleYoung 方法。Trot 是 Horse 类定义的，不适用于 Whale。

重要提示　继承只适用于类，不适用于结构。不能定义由结构组成的继承链，也不能从类或其他结构派生出一个结构。

所有结构都派生自抽象类 System.ValueType(抽象类的概念将在第 13 章学习)。但这只是.NET 库为"基于栈的值类型"定义通用行为而采取的一个实现细节。不能在自己的程序中直接使用 ValueType 类。

12.2.1 复习 System.Object 类

System.Object 类是所有类的根。所有类都隐式派生自 System.Object 类。所以，C# 编译器会悄悄地将 Mammal 类重写为以下代码(自己这样写也行)：

```
class Mammal : System.Object
{
    ...
}
```

System.Object 类的所有方法都沿继承链向下传递给从 Mammal 派生的类(如 Horse 和 Whale)。换言之，你定义的所有类都会自动继承 System.Object 类的所有功能，其中包括 ToString 方法(第 2 章首次讨论了该方法)，它将 object 转换成 string 以便显示。

12.2.2 调用基类构造器

除了继承得到的方法，派生类还自动包含来自基类的所有字段。创建对象时，这些字段通常需要初始化。通常用构造器执行这种初始化。记住，所有类都至少有一个构造器(如果你一个都没提供，编译器自动生成一个默认构造器)。

作为好的编程实践，派生类的构造器在执行初始化时，最好调用一下它的基类构造器。为派生类定义构造器时，可用 base 关键字调用基类构造器。下面是一个例子：

```
class Mammal      // Mammal 是基类
{
    public Mammal(string name)      // 基类构造器
    {
        ...
    }
    ...
}

class Horse : Mammal                 // Horse 是派生类
{
    public Horse(string name)
            : base(name)              // 调用 Mammal(name)
    {
        ...
    }
    ...
}
```

不在派生类构造器中显式调用基类构造器,编译器会自动插入对基类默认构造器的调用，然后才会执行派生类构造器的代码。例如，以下代码：

```
class Horse : Mammal
{
    public Horse(string name)
```

```
    {
        ...
    }
    ...
}
```

会被编译器改写为以下形式:

```
class Horse : Mammal
{
    public Horse(string name)
        : base()
    {
        ...
    }
    ...
}
```

若是 Mammal 有公共默认构造器, 上述代码就能成功编译。但并非所有类都有公共默认构造器(记住, 只有在没有写任何非默认构造器的前提下, 编译器才会自动生成一个默认构造器); 在这种情况下, 忘记调用正确的基类构造器会造成编译时错误。

12.2.3 类的赋值

本书前面解释了如何声明类(class)类型的变量, 以及如何使用 new 关键字创建对象。还解释了 C#的类型检查规则如何防止将一种类型的值赋给不同类型的变量。例如, 根据以下 Mammal 类、Horse 类和 Whale 类的定义, 之后的代码是非法的:

```
class Mammal
{
    ...
}

class Horse : Mammal
{
    ...
}

class Whale : Mammal
{
    ...
}

...
Horse myHorse = new Horse(...);
Whale myWhale = myHorse;                    // 错误 - 不同类型
```

但完全可以将一种类型的对象赋给继承层次结构中较高位置的一个类的变量, 以下语句合法:

```
Horse myHorse = new Horse(...);
Mammal myMammal = myHorse;                   // 合法，因 Mammal 是 Horse 的基类
```

这其实是很合乎逻辑的。所有 Horse(马)都是 Mammal(哺乳动物)，所以可以安全地将 Horse 对象赋给 Mammal 类型的变量。继承层次结构意味着可以将一个 Horse 视为特殊类型的 Mammal(Mammal 定义了所有哺乳动物的共性)，但又多了一些额外的东西，具体由添加到 Horse 类中的方法和字段来决定。但要注意，这样做有一个重大的限制：如果用 Mammal 变量引用一个 Horse 或 Whale 对象，就只能访问 Mammal 类定义的方法和字段。Horse 或 Whale 类定义的任何额外方法和字段都不能通过 Mammal 类来访问：

```
Horse myHorse = new Horse(...);
Mammal myMammal = myHorse;
myMammal.Breathe();           // 这个调用合法，Breathe 是 Mammal 类的一部分
myMammal.Trot();              // 这个调用非法，Trot 不是 Mammal 类的一部分
```

> **注意** 这就解释了为什么一切都能赋给 object 变量。记住，object 是 System.Object 的别名，所有类都直接或间接从 System.Object 继承。

反之则不然，不能直接将 Mammal 对象赋给 Horse 变量：

```
Mammal myMammal = new myMammal(...);
Horse myHorse = myMammal;      // 错误
```

这个限制表面上很奇怪，但记住虽然所有 Horse 都是 Mammal，但并非所有 Mammal 对象都是 Horse——例如，有的 Mammal 可能是 Whale。所以，不能直接将 Mammal 对象赋给 Horse 变量，除非先进行检查，确认该 Mammal 确实是 Horse。这个检查是使用 as 或 is 操作符，或者通过强制类型转换来进行的(参见第 8 章)。下例使用 as 操作符检查 myMammal 是否引用一个 Horse，如果是，对 myHorseAgain 赋值后，myHorseAgain 将引用那个 Horse 对象；如果 myMammal 引用的是其他类型的 Mammal，as 操作符就会返回 null。

```
Horse myHorse = new Horse(...);
Mammal myMammal = myHorse;                    // myMammal 引用一个 Horse
...
Horse myHorseAgain = myMammal as Horse;   // 通过 - myMammal 确实是一个 Horse
...
Whale myWhale = new Whale();
myMammal = myWhale;
...
myHorseAgain = myMammal as Horse;             // 返回 null - myMammal 不是 Horse 而是 Whale
```

12.2.4　声明新方法

编程最困难的地方之一是为标识符想一个独特的、有意义的名称。为继承层次结构中的类定义方法时，选择的方法名迟早会与层次结构中较高的一个类中的名称重复。如果基类和派生类声明了两个具有相同签名的方法，编译时会显示一个警告。

方法签名由方法名、参数数量和参数类型共同决定，方法的返回类型不计入签名。两个同名方法如果获取相同的参数列表，就说它们有相同的签名，即使它们的返回类型不同。

派生类中的方法会屏蔽(或隐藏)基类具有相同签名的方法。例如，编译以下代码时，编译器将显示警告消息，指出 Horse.Talk 方法隐藏了继承的 Mammal.Talk 方法：

```
class Mammal
{
    ...
    public void Talk()          // 假定所有哺乳动物都能 talk
    {
        ...
    }
}

class Horse : Mammal
{
    ...
    public void Talk()          // 马的 talk 方式有别于其他哺乳动物!
    {
        ...
    }
}
```

虽然代码能编译并运行，但应该严肃对待该警告。如果另一个类从 Horse 派生，并调用 Talk 方法，说明它希望调用的可能是 Mammal 类实现的 Talk，但该方法被 Horse 中的 Talk 隐藏，所以实际调用的是 Horse.Talk。大多数时候，像这样的巧合会成为混乱之源。应重命名方法以免冲突。但如果确实希望两个方法具有相同签名，以达到隐藏 Mammal.Talk 方法的目的，可明确使用 new 关键字消除警告：

```
class Mammal
{
    ...
    public void Talk()
    {
        ...
    }
}

class Horse : Mammal
{
    ...
    new public void Talk()
    {
        ...
    }
}
```

像这样使用 new 关键字，隐藏仍会发生。它唯一的作用就是关闭警报。事实上，new 关键字的意思是说："我知道自己在干什么，别再烦我了！"

12.2.5 声明虚方法

有时，确定想要隐藏方法在基类中的实现。以 System.Object 的 ToString 方法为例。方法的目的是将对象转换成字符串形式。由于很有用，所以设计者把它作为 System.Object 的成员，自动提供给所有的类。但 System.Object 实现的 ToString 怎么知道如何将派生类的实例转换成字符串呢？派生类可能包含任意数量的字段，这些字段包含的值应该是字符串的一部分。答案是 System.Object 中实现的 ToString 确实过于简单。它唯一能做的就是将对象转换成其类型名称字符串，例如"Mammal"或"Horse"。这种转换显然没什么用处。那么，为什么要提供一个没用的方法呢？为了理解这个问题，我们需要多加思考。

显然，ToString 是一个很好的概念，所有类都应当提供一个方法将对象转换成字符串，以便显示或调试。只是实现时需要注意。事实上，根本就不应该调用由 System.Object 定义的 ToString 方法，它只是一个"占位符"。正确做法是应在自己定义的每个类中都提供自己的 ToString 方法，重写 System.Object 中的默认实现。System.Object 提供的版本只是为了预防万一，因为可能有某个类没有实现自己的 ToString 方法。这样一来，就可放心大胆地在所有对象上调用 ToString，它肯定会返回一个有内容的字符串。

故意设计成要被重写的方法称为虚(virtual)方法。"重写方法"[1]和"隐藏方法"的区别现在应该很明显了。重写是提供同一个方法的不同实现，这些方法有关系，因为都旨在完成相同的任务，只是不同的类用不同的方式。但隐藏是指方法被替换成另一个方法，方法通常没关系，而且可能执行完全不同的任务。对方法进行重写是有用的编程概念；而如果方法被隐藏，则意味着可能发生了一处编程错误(除非你加上 new 强调自己没错)。

虚方法用 virtual 关键字标记。例如，以下是 System.Object 的 ToString 方法定义：

```
namespace System
{
    class Object
    {
        public virtual string ToString()
        {
            ...
        }
        ...
    }
    ...
}
```

📖 **注意** Java 开发人员注意，C#方法默认非虚。

---

① 译注：重写也可称为"覆盖"或"复写"，都对应英文单词 override。本书采用"重写"。

12.2.6　声明重写方法

派生类用 override 关键字重写基类的虚方法，从而提供该方法的另一个实现，如下例所示：

```
class Horse : Mammal
{
    ...
    public override string ToString()
    {
        ...
    }
}
```

在派生类中，方法的新实现可用 base 关键字调用方法的基类版本，如下所示：

```
public override string ToString()
{
    string temp = base.ToString();
    ...
}
```

使用 virtual 和 override 关键字声明多态性的方法时(参见稍后的补充内容"虚方法和多态性")，必须遵守以下重要规则。

- **虚方法不能私有**。这种方法目的就是通过继承向其他类公开。类似地，重写方法不能私有，因为类不能改变它继承的方法的保护级别。但重写方法可用 protected 关键字实现所谓的"受保护"私密性，详情参见下一节。

- **虚方法和重写方法的签名必须完全一致**。必须具有相同的名称和参数类型/数量。除签名一致，两个方法还必须返回相同的类型。

- **只能重写虚方法**。对基类的非虚方法进行重写会发生编译时错误。该设计很合理，应由基类设计者决定方法是否能被重写。

- **如派生类不用 override 关键字声明方法，就不是重写基类方法，而是隐藏方法**。也就是说，成为和基类方法完全无关的另一个方法，该方法只是恰巧与基类方法同名。如前所述，这会造成编译时显示警告称该方法会隐藏继承的同名方法。可用 new 关键字消除警告。

- **重写方法隐式成为虚方法，可在派生类中被重写**。但不允许用 virtual 关键字将重写方法显式声明为虚方法。

虚方法和多态性

虚方法允许调用同一方法的不同版本，具体取决于运行时动态确定的对象类型。下例是之前描述的 Mammal(哺乳动物)层次结构的一个变体：

```
class Mammal
{
    ...
    public virtual string GetTypeName()
    {
        return "This is a mammal"; // 这是哺乳动物
    }
}

class Horse : Mammal
{
    ...
    public override string GetTypeName()
    {
        return "This is a horse"; // 这是马
    }
}

class Whale : Mammal
{
    ...
    public override string GetTypeName ()
    {
        return "This is a whale"; // 这是鲸
    }
}

class Aardvark : Mammal
{
    ...
}
```

有两个地方需要注意：第一，Horse 和 Whale 类的 GetTypeName 方法使用了 override 关键字；第二，Aardvark 类没有 GetTypeName 方法。

现在研究以下代码块：

```
Mammal myMammal;
Horse myHorse = new Horse(...);
Whale myWhale = new Whale(...);
Aardvark myAardvark = new Aardvark(...);

myMammal = myHorse;
Console.WriteLine(myMammal.GetTypeName());
myMammal = myWhale;
Console.WriteLine(myMammal.GetTypeName());
myMammal = myAardvark;
Console.WriteLine(myMammal.GetTypeName());
```

三个不同的 Console.WriteLine 语句分别输出什么？从表面看，它们都会打印"This is a mammal"，因为每个语句都在 myMammal 变量上调用 GetTypeName 方法，而 myMammal 是一个 Mammal。但在第一种情况下，myMammal 实际是对一个 Horse 的引用(之所以允许将一个

Horse 赋给 Mammal 变量，是因为 Horse 类派生自 Mammal 类——所有 Horse 都是 Mammal)。由于 GetTypeName 被定义成虚方法，所以"运行时"判断应调用 Horse.GetTypeName 方法，因此语句实际打印"This is a horse"。同样的逻辑也适用于第二个 Console.WriteLine 语句，它打印消息"This is a whale"。第三个语句在 Aardvark 对象上调用 Console.WriteLine。但由于 Aardvark 类没有 GetTypeName 方法，所以会调用 Mammal 类的默认方法，打印字符串"This is a mammal"。

写法一样的语句，却能依据上下文调用不同的方法，这称为"多态性"(Polymorphism)。该词源自希腊文。polys 指 many, much，而 morphē 指 form, shape。所以字面意思就是"多种形态"或者"多型"(many form)。

12.2.7 理解受保护的访问

public 关键字和 private 关键字代表两种极端的可访问性：类的公共(public)字段和方法可由每个人访问，而类的私有(private)字段和方法只能由类自身访问。

如果只是孤立地考察一个类，这两种极端的访问完全够用了。但有经验的面向对象程序员会告诉你，孤立的类解决不了复杂问题！继承是将不同类联系到一起的重要方式，在派生类及其基类之间，明显存在一种特殊而紧密关系。经常都要允许基类的派生类访问基类的部分成员，同时阻止不属于该继承层次结构的类访问。这时就可使用 protected(受保护)关键字标记成员。其工作方式如下所示。

- 如果类 A 派生自类 B，就能访问 B 的受保护成员。也就是说，在派生类 A 中，B 的受保护成员实际是公共的。
- 如果类 A 不从类 B 派生，就不能访问 B 的受保护成员。也就是说，在 A 中，B 的受保护成员实际是私有的。

C#允许程序员自由地将方法和字段声明为受保护。但大多数面向对象编程指南都建议尽量使用私有字段，只在绝对必要时才放宽限制。公共字段破坏了封装性，因为类的所有用户都能直接地、不受限制地访问字段。受保护字段虽然维持了封装性(类的用户无法访问受保护字段)，但由于受保护字段在派生类中实际就是公共字段，所以这个封装性仍然可能被派生类破坏。

注意 不仅派生类能访问受保护的基类成员，派生类的派生类也能。受保护的基类成员在继承层次结构的任何派生类中都能访问。

以下练习定义了一个简单的类层次结构来建模不同类型的交通工具(vehicle)。要定义名为 Vehicle 的基类和名为 Airplane(飞机)和 Car(汽车)的派生类。要在 Vehicle 类中定义两个通用方法：StartEngine(发动)和 StopEngine(熄火)。要在两个派生类中添加它们特有的方法。最后要为 Vehicle 类添加虚方法 Drive(驾驶)，并在两个派生类中重写该方法的默认实现。

1. 如 Microsoft Visual Studio 2022 尚未启动，请启动。

2. 打开 Vehicles 解决方案，它位于"文档"文件夹下的\Microsoft Press\VCSBS\Chapter 12\Vehicles 子文件夹。

   Vehicles 项目包含 Program.cs 文件，它定义了 Program 类，其中含有以前练习中出现过的 Main 和 doWork 方法。

3. 在解决方案资源管理器中右击 Vehicles 项目，选择"添加"｜"类"来打开"添加新项 - Vehicles"对话框。

4. 在"添加新项 - Vehicles"对话框中，验证中间窗格选定了"类"模板。在"名称"文本框中输入 **Vehicle.cs**，单击"添加"。

   随后会创建 Vehicle.cs，并把它添加到项目。"代码和文本编辑器"窗口会显示这个文件的内容。文件中包含空白的 Vehicle 类定义。

5. 为 Vehicle 类添加 StartEngine 和 StopEngine 方法，如以下加粗的代码所示：

```
class Vehicle
{
    public void StartEngine(string noiseToMakeWhenStarting)
    {
        Console.WriteLine($"Starting engine: {noiseToMakeWhenStarting}");
    }

    public void StopEngine(string noiseToMakeWhenStopping)
    {
        Console.WriteLine($"Stopping engine: {noiseToMakeWhenStopping}");
    }
}
```

   Vehicle 的所有派生类都会继承这两个方法。noiseToMakeWhenStarting(发动时的噪音)和 noiseToMakeWhenStopping(熄火时的噪音)参数的值对于每种类型的交通工具来说都不同，这有助于以后区分发动和熄火的是哪种交通工具。

6. 在"项目"菜单中选择"添加类"命令。

   随后会再次出现"添加新项 - Vehicles"对话框。

7. 在"名称"文本框中输入 **Airplane.cs**，单击"添加"。

   随后会在项目中添加一个新文件，其中包含名为 Airplane 的空白类。该文件的内容会在"代码和文本编辑器"窗口中出现。

8. 在"代码和文本编辑器"窗口中修改 Airplane 类的定义，指定它从 Vehicle 类派生，如加粗部分所示：

```
class Airplane : Vehicle
{
}
```

9. 在 Airplane 类中添加 TakeOff(起飞)和 Land(着陆)方法，如加粗的代码所示：

```
class Airplane : Vehicle
{
  public void TakeOff()
  {
    Console.WriteLine("Taking off");
  }

  public void Land()
  {
    Console.WriteLine("Landing");
  }
}
```

10. 在"项目"菜单中选择"添加类"命令。

   再次出现"添加新项 - Vehicles"对话框。

11. 在"名称"文本框中输入 **Car.cs**，单击"添加"。

   随后会在项目中添加一个新文件，其中包含名为 Car 的空白类。该文件的内容会在
   "代码和文本编辑器"窗口中出现。

12. 在"代码和文本编辑器"窗口中修改 Car 类的定义，指定它从 Vehicle 类派生，如
   加粗部分所示：

```
class Car : Vehicle
{
}
```

13. 为 Car 类添加 Accelerate(加速)和 Brake(刹车)方法，如加粗的代码所示：

```
class Car : Vehicle
{
  public void Accelerate()
  {
    Console.WriteLine("Accelerating");
  }

  public void Brake()
  {
    Console.WriteLine("Braking");
  }
}
```

14. 在"代码和文本编辑器"窗口中显示 Vehicle.cs 文件的内容。

15. 为 Vehicle 类添加名为 Drive 的虚方法(所有交通工具都可以"驾驶")，如以下加
   粗的代码所示：

```
class Vehicle
{
```

```
...
public virtual void Drive()
{
    Console.WriteLine("Default implementation of the Drive method");
}
}
```

16. 在"代码和文本编辑器"窗口中显示 Program.cs 文件。

17. 在 doWork 方法中删除// TODO:注释，创建 Airplane 类的实例，模拟一次飞行来测试该方法，如下所示：

```
static void doWork()
{
    Console.WriteLine("Journey by airplane:");
    Airplane myPlane = new Airplane();
    myPlane.StartEngine("Contact");
    myPlane.TakeOff();
    myPlane.Drive();
    myPlane.Land();
    myPlane.StopEngine("Whirr");
}
```

18. 在 doWork 方法刚才输入的代码之后，添加以下加粗的语句来创建 Car 类的实例并测试其方法。

```
static void doWork()
{
    ...
    Console.WriteLine();
    Console.WriteLine("Journey by car:");
    Car myCar = new Car();
    myCar.StartEngine("Brm brm");
    myCar.Accelerate();
    myCar.Drive();
    myCar.Brake();
    myCar.StopEngine("Phut phut");
}
```

19. 在"调试"菜单中选择"开始执行(不调试)"命令。
    验证程序通过输出消息来模拟驾驶飞机和汽车的不同阶段，如下图所示。

```
                                    C:\Windows\system
Journey by airplane:
Starting engine: Contact
Taking off
Default implementation of the Drive method
Landing
Stopping engine: Whirr

Journey by car:
Starting engine: Brm brm
Accelerating
Default implementation of the Drive method
Braking
Stopping engine: Phut phut
Press any key to continue . . .
```

注意，两种交通方式(驾驶飞机和汽车)都会调用 Drive 这个虚方法的默认实现，因为两个类目前都没有重写这个方法。

20. 按 Enter 键关闭应用程序，返回 Visual Studio 2022。

21. 在"代码和文本编辑器"窗口中显示 Airplane 类。在 Airplane 类中重写 Drive 方法，如下所示：

```
class Airplane : Vehicle
{
    ...
    public override void Drive()
    {
        Console.WriteLine("Flying");
    }
}
```

> **注意** 输入 override 后，"智能感知"自动显示可用的虚方法。从列表中选择 Drive 方法，Visual Studio 会自动插入方法主体，并自动插入语句来调用 base.Drive 方法。如果发生这种情况，请删除自动添加的语句，本练习不需要。

22. 在"代码和文本编辑器"中显示 Car 类。在 Car 类中重写 Drive 方法，如下所示：

```
class Car : Vehicle
{
    ...
    public override void Drive()
    {
        Console.WriteLine("Motoring");
    }
}
```

23. 在"调试"菜单中选择 "开始执行(不调试)"命令。

   注意，在控制台窗口中，在应用程序调用 Drive 方法时，Airplane 对象现在显示消息 Flying，而 Car 对象显示消息 Motoring。如下图所示。

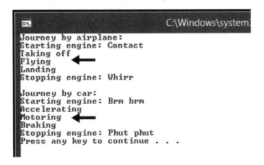

```
Journey by airplane:
Starting engine: Contact
Taking off
Flying        ←
Landing
Stopping engine: Whirr

Journey by car:
Starting engine: Brm brm
Accelerating
Motoring      ←
Braking
Stopping engine: Phut phut
Press any key to continue . . .
```

24. 按 Enter 键关闭应用程序，返回 Visual Studio 2022。

25. 在"代码和文本编辑器"中显示 Program.cs 文件。

26. 将以下加粗的语句添加到 doWork 方法末尾：

```
static void doWork()
{
    ...
    Console.WriteLine("\nTesting polymorphism"); // 测试多态性
    Vehicle v = myCar;
    v.Drive();
    v = myPlane;
    v.Drive();
}
```

上述代码测试虚方法 Drive 的多态性。代码让一个 Vehicle 变量引用一个 Car 对象 (这是安全的，因为所有 Car 都是 Vehicle)，然后使用 Vehicle 变量调用 Drive 方法。最后两个语句让 Vehicle 变量引用一个 Airplane 对象，同样调用 Drive。

27. 在"调试"菜单中选择"开始执行(不调试)"命令。

如下图所示，在控制台窗口中，前面显示的消息和以前一样，关键是最后几行字：

```
Testing polymorphism
Motoring
Flying
```

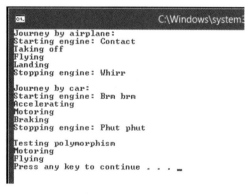

Drive 是虚方法，所以"运行时"(而不是编译器)会动态判断应该调用哪个版本的 Drive，这由变量引用的真实对象类型决定。第一种情况，Vehicle 变量引用一个 Car，所以调用 Car.Drive 方法。第二种情况，Vehicle 变量引用一个 Airplane，所以调用 Airplane.Drive 方法。

28. 按 Enter 键关闭应用程序，返回 Visual Studio 2022。

12.3 创建扩展方法

继承很强大,允许从一个类派生出另一个类来扩展类的功能。但有时为了添加新的行为,继承不一定是最佳方案,尤其是需要快速扩展类型,又不想影响现有代码的时候。

例如,假定要为 int 类型添加新功能,比如一个名为 Negate 的方法,它返回当前整数的相反数。我知道可以使用一元求反操作符(-)来做这件事情,但请先不要管它。为此,一个办法是定义新类型 NegInt32,让它从 System.Int32 派生(int 是 System.Int32 的别名),在派生类中添加 Negate 方法:

```
class NegInt32 : System.Int32  // 别这样写!
{
    public int Negate()
    {
        ...
    }
}
```

NegInt32 理论上应继承 System.Int32 类型的所有功能,并添加自己的 Negate 方法。但有两个原因造成这样行不通。

* 新方法只适合 NegInt32 类型,要把它用于现有的 int 变量,就必须将每个 int 变量的定义修改成 NegInt32 类型。

* System.Int32 是结构而不是类,结构不能继承。

这时,就该轮到扩展方法出场了。

扩展方法允许添加静态方法来扩展现有的类型(无论类还是结构)。引用被扩展类型的数据,即可调用扩展方法。

扩展方法在一个静态类中定义,被扩展类型必须是方法的第一个参数,而且必须附加 this 关键字。下例展示了如何为 int 类型实现 Negate 扩展方法:

```
static class Util
{
    public static int Negate(this int i)
    {
        return -i;
    }
}
```

语法看起来有些奇怪,但请记住:正是由于为 Negate 方法的参数附加了 this 关键字作为前缀,才表明这是一个扩展方法;另外,this 修饰 int,表明扩展的是 int 类型。

使用扩展方法只需让 Util 类进入作用域(如有必要,添加 using 语句指定 Util 类所在的命名空间。也可用 using static 语句直接指定 Util 类,参见 7.5.4 节),然后就可以简单地使用点记号法来引用方法,如下所示:

```
int x = 591;
Console.WriteLine($"x.Negate {x.Negate()}");
```

注意，调用 Negate 方法时根本不需要引用 Util 类。C#编译器自动检测当前在作用域中的所有静态类，找出为给定类型定义的所有扩展方法。当然也可以调用 Util.Negate 方法，将 int 值作为参数传递，这和以前用的普通语法相同。但这样便丧失了将方法定义成扩展方法的意义：

```
int x = 591;
Console.WriteLine($"x.Negate {Util.Negate(x)}");
```

以下练习将为 int 类型添加扩展方法，允许将 int 变量包含的值从十进制(base 10)转换成其他进制.

> ### 创建扩展方法

1. 在 Visual Studio 2022 中打开 ExtensionMethod 解决方案，它位于"文档"文件夹下的\Microsoft Press\VCSBS\Chapter 12\ExtensionMethod 子文件夹。

2. 在"代码和文本编辑器"中打开 Util.cs 文件。
   文件包含静态类 Util，该类位于 Extensions 命名空间，目前空白，只有一条// TODO: 注释。记住，只能在静态类中定义扩展方法。

3. 删除注释并在 Util 类中声明公共静态方法 ConvertToBase。方法获取两个参数：一个是 int 参数 i，附加 this 关键字作为前缀，表明该方法是 int 类型的扩展方法。第二个参数是普通的 int 参数，名为 baseToConvertTo。方法的作用是将 i 中的值转换成由 baseToConvertTo 指定的进制。方法应返回一个 int，其中包含转换好的值。
   ConvertToBase 方法现在应该像下面这样：

```
static class Util
{
    public static int ConvertToBase(this int i, int baseToConvertTo)
    {
    }
}
```

4. 在 ConvertToBase 方法中添加 if 语句检查 baseToConvertTo 参数的值是否在 2～10 之间。超出该范围，本练习的算法就不能可靠工作了。如 baseToConvertTo 的值超出范围，就抛出 ArgumentException 异常并传递恰当的消息。
   ConvertToBase 方法现在应该像下面这样：

```
public static int ConvertToBase(this int i, int baseToConvertTo)
{
    if (baseToConvertTo < 2 || baseToConvertTo > 10)
        throw new ArgumentException("Value cannot be converted to base " +
```

```
        baseToConvertTo.ToString());
    }
```

5. 在 ConvertToBase 方法中，在抛出 ArgumentException 的语句后添加以下加粗的
    语句。这些代码实现了一个已知的算法将数字从十进制转换成不同的进制。5.4 节
    已展示了该算法的一个版本，当时只是将十进制转换成八进制。

```
public static int ConvertToBase(this int i, int baseToConvertTo)
{
    ...
    int result = 0;
    int iterations = 0;
    do
    {
        int nextDigit = i % baseToConvertTo;
        i /= baseToConvertTo;
        result += nextDigit * (int)Math.Pow(10, iterations);
        iterations++;
    }
    while (i != 0);
    return result;
}
```

6. 在“代码和文本编辑器”中显示 Program.cs 文件。

7. 在文件顶部的 using System; 语句后面添加以下语句：

    using Extensions;

    该语句使包含 Util 类的命名空间进入作用域。不添加该语句，Program.cs 文件中就
    “看不见”扩展方法 ConvertToBase。

8. 在 Program 类的 doWork 方法中添加以下加粗的语句来替换 // TODO: 注释：

```
static void doWork()
{
    int x = 591;
    for (int i = 2; i <= 10; i++)
    {
        Console.WriteLine($"{x} in base {i} is {x.ConvertToBase(i)}");
    }
}
```

上述代码创建 int 变量 x 并设为值 591(可指定想测试的任意整数值)。然后，代码用
for 循环打印值 591 的 2~10 进制表示。注意，在 Console.WriteLine 语句中，一
旦键入 x 之后的句点(.)，“智能感知”会自动列出扩展方法 ConvertToBase。如下
图所示。

```
class Program
{
    1 个引用
    static void doWork()
    {
        int x = 591;
        for(int i=2;i<=10;i++)
        {
            Console.WriteLine($"{x} in base {i} is {x.ConvertToBase(i)}");
        }
    }

    0 个引用
    static void Main()
    {
        try
        {
```

⊕	CompareTo
⊕	ConvertToBase
⊕	Equals
⊕	GetHashCode
⊕	GetType
⊕	GetTypeCode
⊕	ToString

9. 在"调试"菜单中选择"开始执行(不调试)"命令。验证程序会显示 591 在不同进制中的表示，如下图所示。

```
C:\WINDOWS\system32\cmd.exe                    —    □    ×
591 in base 2 is 1001001111
591 in base 3 is 210220
591 in base 4 is 21033
591 in base 5 is 4331
591 in base 6 is 2423
591 in base 7 is 1503
591 in base 8 is 1117
591 in base 9 is 726
591 in base 10 is 591
请按任意键继续. . . _
```

10. 按 Enter 键关闭程序，返回 Visual Studio 2022。

小结

本章讲述了如何使用继承来定义类的层次结构，现在应该理解了如何重写继承的方法并实现虚方法。另外，还讲述了如何为现有类型添加扩展方法。

- 如果希望继续学习下一章，请继续运行 Visual Studio 2022，然后阅读第 13 章。
- 如果希望现在就退出 Visual Studio 2022，请选择"文件"|"退出"命令。如果看到"保存"对话框，请单击"是"按钮保存项目。

第 12 章快速参考

目标	操作

从基类创建派生类	声明新的类名，后跟冒号和基类名称。示例如下:
	
	class DerivedClass : BaseClass
	{
	    ...
	}

目标	操作

在派生类构造器中调用基类构造器	用 **base** 关键字调用基类构造器，提供必要的参数。示例如下：
	
	``
	class DerivedClass : BaseClass
	{
	    ...
	    public DerivedClass(int x) : base(x)
	    {
	        ...
	    }
	    ...
	}
	``

声明虚方法	声明方法时使用 **virtual** 关键字。示例如下：
	
	``
	class Mammal
	{
	    public virtual void Breathe()
	    {
	        ...
	    }
	    ...
	}
	``

在派生类中重写基类的虚方法	在派生类中声明方法时使用 **override** 关键字。示例如下：
	
	``
	class Whale : Mammal
	{
	    public override void Breathe()
	    {
	        ...
	    }
	    ...
	}
	``

为类型定义扩展方法	在静态类中添加静态公共方法。方法的第一个参数必须是要扩展的类型，而且必须附加 **this** 关键字作为前缀。示例如下：
	
	``
	static class Util
	{
	    public static int Negate(this int i)
	    {
	        return -i;
	    }
	}
	``

第 13 章

创建接口和定义抽象类

学习目标

- 定义接口来规定方法的签名和返回类型
- 在结构或类中实现接口
- 通过接口引用类
- 在抽象类中捕捉通用的实现细节
- 使用 sealed 关键字声明一个类不能派生出新类

    从类继承是很强大的机制，但继承真正强大之处是能从**接口**继承。接口不含任何代码或数据；它只是规定从接口继承的类必须提供哪些方法和属性。使用接口，方法的名称/签名可完全独立于方法的具体实现。

    抽象类在许多方面都和接口相似，只是允许包含代码和数据。但可将抽象类的某些方法指定为虚方法，要求从抽象类继承的类必须以自己的方式实现这些方法。抽象类经常与接口配合使用，它们联合起来提供了一项关键性的技术，允许构建可扩展的编程框架，本章将对此进行详述。

13.1 理解接口

    假定要定义一个新类来存储对象集合(有点儿像数组)。但和使用数组不同，要提供名为 RetrieveInOrder 的方法，允许应用程序根据集合中的对象类型来顺序获取对象。普通数组只允许遍历其内容，默认按索引获取数组元素。例如，假定集合容纳了字母/数字对象(比如字符串)，集合应根据计算机的排序规则对对象进行排序。如容纳的是数值对象(比如整数)，集合应根据数字顺序对对象进行排序。

定义集合类时不想限制它能容纳的对象类型(对象甚至可以是类或结构类型)，所以定义时并不知道如何对对象进行排序。现在的问题是，如何提供一个方法，对定义集合类时不知道类型的对象进行排序？从表面看，这个问题类似于第 12 章描述的 ToString 问题，可通过声明一个能由派生类重写的虚方法来解决。但目前的情况并非如此。在集合类和它容纳的对象之间，通常不存在任何形式的继承关系，所以虚方法不好用。仔细思考一下，便知道现在的问题是：集合中对象的排序方式应取决于对象本身的类型，而不是取决于集合。所以，合理方案是规定集合中所有对象都必须提供一个可由集合的 RetrieveInOrder 方法调用的方法(例如下面的 CompareTo 方法)，以实现对象的相互比较：

```
int CompareTo(object obj)
{
    // 如果 this 实例等于 obj，就返回 0
    // 如果 this 实例小于 obj，就返回<0
    // 如果 this 实例大于 obj，就返回>0
    ...
}
```

可为允许出现在集合中的对象定义接口，并在接口中包含 CompareTo 方法。这样接口就相当于一份协议(contract)。实现了接口(签订了协议)的类必然包含接口规定的全部方法。该机制保证能为集合中的所有对象调用 CompareTo 方法，并对其进行排序。

使用接口，可以真正地将"what"(有什么)和"how"(怎么做)区分开。接口指定"有什么"，也就是方法的名称、返回类型和参数。至于具体"怎么做"，或者说方法具体如何实现，则不是接口所关心的。接口描述了类提供的功能，但不描述功能如何实现。

13.1.1 定义接口

定义接口和定义类相似，只是使用 interface 而不是 class 关键字。在接口中按照与类和结构一样的方式声明方法，只是不允许指定任何访问修饰符(public，private 和 protected 都不行)。另外，接口中的方法是没有实现的，它们只是声明。实现接口的所有类型都必须提供自己的实现。所以，方法主体被替换成一个分号。下面是一个例子：

```
interface IComparable
{
    int CompareTo(object obj);
}
```

提示 Microsoft .NET 文档建议接口名称以大写字母 I 开头。这个约定是匈牙利记号法在 C#中的最后一处残余。顺便说一句，System 命名空间已经像上述代码描述的那样定义了 IComparable 接口。

13.1.2 实现接口

为了实现接口，需要声明类或结构从接口继承，并实现接口指定的*全部*方法。虽然语法一样，而且如同本章稍后会讲到的那样，语义有继承的大量印记，但这并不是真正的"继承"。注意，虽然不能从结构派生，但结构是可以实现接口的(从接口"继承")。

例如，假定要定义第 12 章讲述的 Mammal(哺乳动物)层次结构，但要求所有陆上哺乳动物都提供名为 NumberOfLegs(腿数)的方法，返回一个 int 值来指出该哺乳动物有几条腿(海洋哺乳动物不实现该接口)。为此，可定义一个 ILandBound(land bound 是指陆上)接口来包含该方法：

```
interface ILandBound
{
    int NumberOfLegs();
}
```

然后，可以在 Horse(马)类中实现该接口，具体就是从接口继承，并为接口定义的所有方法提供实现(本例只有一个 NumberOfLegs 方法)：

```
class Horse : ILandBound
{
    ...
    public int NumberLegs()
    {
        return 4;    // 马有 4 条腿
    }
}
```

实现接口时必须保证每个方法都完全匹配对应的接口方法，具体遵循以下几个规则。

- 方法名和返回类型完全匹配。
- 所有参数(包括 ref 和 out 关键字修饰符)都完全匹配。
- 用于实现接口的所有方法都必须具有 public 可访问性。但如果使用显式接口实现(即实现时附加接口名前缀，稍后会解释)，则不应该为方法添加访问修饰符。

接口的定义和实现存在任何差异，类都无法编译。

提示 Microsoft Visual Studio IDE 能帮你实现接口方法。"实现接口"向导为接口定义的每个方法生成存根。用适当的代码填充存根就可以了。稍后在练习中解释。

一个类可在从一个类继承的同时实现接口。注意，C#不像 Java 那样用特定关键字区分基类和接口。相反，C#按位置区分。首先写基类名，再写逗号，最后写接口名。例如，下例定义 Horse 从 Mammal 继承，同时实现 ILandBound 接口：

```
interface ILandBound
{
    ...
}

class Mammal
{
    ...
}

class Horse : Mammal, ILandBound
{
    ...
}
```

注意 一个接口(InterfaceA)可从另一个接口(InterfaceB)继承。技术上说这应该叫接口
扩展而不是继承。在本例中，实现 InterfaceA 的类或结构必须实现两个接口所规
定的方法。

13.1.3 通过接口引用类

和基类变量能引用派生类对象一样，接口变量也能引用实现了该接口的类的对象。例如，
ILandBound 变量能引用 Horse 对象，如下所示：

```
Horse myHorse = new Horse(...);
ILandBound iMyHorse = myHorse;        // 合法
```

能这样写是因为所有马都是陆上哺乳动物。反之则不然，不能直接将 ILandBound 对象
赋给 Horse 变量，除非先进行强制类型转换，验证它确实引用一个 Horse 对象，而不是其他
恰好实现了 ILandBound 接口的类。

通过接口来引用对象是一项相当有用的技术。因为能由此定义方法来获取不同类型的实
参——只要类型实现了指定的接口。例如，以下 FindLandSpeed 方法可获取任何实现了
ILandBound 接口的实参：

```
int FindLandSpeed(ILandBound landBoundMammal)
{
    ...
}
```

可用 is 操作符验证对象是不是实现了指定接口的一个类的实例。第一次遇到该操作符是
在第 8 章，当时用它判断对象是否具有指定类型。除了适用于类和结构，它还适用于接口。
例如，以下代码验证 myHorse 变量是否实现了 ILandBound 接口，就是把它赋给一个
ILandBound 变量。

```
if (myHorse is ILandBound)
{
```

```
    ILandBound iLandBoundAnimal = myHorse;
}
```

> **注意** 通过接口引用对象时，只能调用通过该接口可见的方法。

13.1.4 使用多个接口

一个类最多只能有一个基类，但可以实现数量不限的接口。类必须实现这些接口规定的所有方法。

结构或类要实现的多个接口必须以逗号分隔。如果还要从一个基类继承，接口必须排列在基类之后。例如，假定在 **IGrazable**(草食)接口中包含了 **ChewGrass**(咀嚼草)方法，规定所有草食类动物都要实现自己的 **ChewGrass** 方法，那么可以像下面这样定义 **Horse** 类，它表明 **Mammal** 是基类，而 **ILandBound** 和 **IGrazable** 是 **Horse** 要实现的两个接口。

```
class Horse : Mammal, ILandBound, IGrazable
{
    ...
}
```

13.1.5 显式实现接口

前面的例子是隐式实现接口。注意 **ILandBound** 接口和 **Horse** 类的代码(如下所示)，虽然 **Horse** 类实现了 **ILandBound** 接口，但在 **Horse** 类的 **NumberOfLegs** 方法的实现中，没有任何地方说它是 **ILandBound** 接口的一部分。

```
interface ILandBound
{
    int NumberOfLegs();
}

class Horse : ILandBound
{
    ...
    public int NumberOfLegs()
    {
        return 4;    // 马有 4 条腿
    }
}
```

这在简单情况下不成问题，但如果 **Horse** 类实现了多个接口呢？没有什么能防止多个接口指定同名方法(虽然这些方法可能有不同语义)。例如，假定要实现马车运输系统。一次长途旅行可能被分成好几段，或者称为几"站"(legs)[①]。要跟踪每匹马拉马车跑了几"站"，

[①] 译注：在英语中，常用"leg"表示任何路程的一部分。比如"the last leg of a trip"(此行最后一站)。正是因为它和"腿"是同一个词，才造成了定义接口时的冲突。

可以像下面这样定义接口：

```
interface IJourney
{
    int NumberOfLegs();  // 跑的站(leg)数
}
```

现在，如果在 Horse 类中实现该接口，就会发生一个有趣的问题：

```
class Horse : ILandBound, IJourney
{
    ...
    public int NumberOfLegs()
    {
        return 4;
    }
}
```

代码合法，但到底是马有 4 条腿，还是它拉了 4 站呢？在 C#看来，两者都是成立的！默认情况下，C#不区分方法实现的哪个接口，所以实际是用一个方法实现了两个接口。

为了解决该问题，并区分哪个方法实现的是哪个接口，应该显式实现接口。为此，要在实现时指明方法从属于哪个接口，如下所示：

```
class Horse : ILandBound, IJourney
{
    ...
    int ILandBound.NumberOfLegs()
    {
        return 4; // 马有 4 条腿
    }

    int IJourney.NumberOfLegs()
    {
        return 3; // 拉了 3 站
    }
}
```

现在可以清楚地定义马有 4 条腿，马拉了 3 站路。

除了为方法名附加接口名前缀，上述语法还有一个容易被忽视的变化：方法去掉了 public 标记。如方法是显式接口实现的一部分，就不能为方法指定访问修饰符。这造成另一个有趣的问题。在代码中创建一个 Horse 变量，两个 NumberOfLegs 方法都不能通过该变量来调用，因为它们都不可见。两个方法对于 Horse 类来说是私有的。该设计是合理的。如方法能通过 Horse 类访问，那么以下代码会调用哪一个——ILandBound 接口的？还是 IJourney 接口的？

```
Horse horse = new Horse();
...
int legs = horse.NumberOfLegs(); // 该语句无法编译
```

那么，怎么访问这些方法呢？答案是通过恰当的接口来引用 Horse 对象，如下所示：

```
Horse horse = new Horse();
...
IJourney journeyHorse = horse;
int legsInJourney = journeyHorse.NumberOfLegs();
ILandBound landBoundHorse = horse;
int legsOnHorse = landBoundHorse.NumberOfLegs();
```

提示　个人建议尽可能显式实现接口。

13.1.6　用接口进行版本控制

接口是一个很好的工具，它可以定义类的形式(shape)，使多个开发者更容易在复杂的项目上进行合作，并为系统增加可扩展性。例如，一旦某开发者通过接口规定了可用的方法和操作，其他开发者就可将这个定义作为一个规范，在他们自己的应用中使用，不必关心实现这个接口的类具体是如何工作的。此外，多种类型可实现同一个接口。然后，这些类型可以互换着使用。通过接口来调用方法的一个应用可实例化任何实现了该接口的类型，并知道它能无缝地工作。

但在历史上，接口不能很好地处理版本问题。接口被认为是类型的一种不可变的定义。一旦接口被认可，除非同时修改所有引用了该接口的应用，否则很难再进行变动。例如，假设定义了下面这个简单的接口：

```
public interface IMyInterface
{
    public void DoSomeWork();
}
```

过了一段时间后，另一个开发人员创建了类来实现该接口：

```
public class myClass : IMyInterface
{
    void IMyInterface.DoSomeWork()
    {
        // 实现
        ...
    }
}
```

又过了一段时间，你决定扩展接口来添加另一个方法：

```
public interface IMyInterface
{
    public void DoSomeWork();
    public void DoAdditionalWork();
}
```

这会破坏当前使用了原始接口的所有应用，因其没有实现 DoAdditionalWork 方法。解决这个问题的传统方式是新建一个接口来扩展现有接口，例如：

```
public interface IMyExtendedInterface : IMyInterface
{
    public void DoAdditionalWork();
}
```

这样一来，使用原始接口的应用不会受到影响，而新开发的应用可以实现新的 `ImyExtendedInterface` 接口。

遗憾的是，随着接口的不断演进，这种方式会造成复杂的接口链，很难进行跟踪和维护。从 C# 8.0 开始，解决该问题的新方式是允许在接口中提供方法的默认实现，例如：

```
public interface IMyInterface
{
    public void DoSomeWork();
    public void DoAdditionalWork()
    {
        throw new NotImplementedException();
    }
}
```

任何实现了接口但没有创建自己的 **DoAdditionalWork** 版本的类型都将自动使用该默认实现。

可在默认方法实现中执行你喜欢的任何操作；它就是一个普通的 C# 方法。但是，我更倾向于简单地抛出一个 `NotImplementedException` 异常，如上例所示。现有的应用不会调用该方法，而任何使用接口的扩展版本的新应用都应自己提供该方法的实现。为此，类只需创建一个具有相同签名的方法，不需要像从一个类继承那样使用 **override** 关键字，如下所示：

```
public class myNewClass : IMyInterface
{
    void IMyInterface.DoSomeWork()
    {
        // 实现
        ...
    }

    void IMyInterface.DoAdditionalWork()
    {
        // 实现
        ...
    }
}
```

13.1.7　接口的限制

还有另一个原因要求方法的默认实现保持简单。接口本质上不是类，也不应将其视为类。记住，接口是对类型的"形式"的定义，而不是对类型的"实现"的定义。这意味着接口存在以下几点限制：

- 不能在接口中定义任何字段，包括静态字段。字段本质上是类或结构的实现细节。

- 不能在接口中定义任何构造器。构造器也是类或结构的实现细节。

- 不能在接口中定义任何终结器(以前称为析构器)。终结器包含用于终结(销毁)对象实例的语句，详情参见第 14 章。

- 不能为任何方法指定访问修饰符。接口所有方法都隐式为公共方法。

- 不能在接口中嵌套任何类型(例如枚举、结构、类或其他接口)。

- 虽然一个接口能从另一个接口继承，但不允许从结构、记录或类继承。结构、记录和类含有实现；如允许接口从它们继承，就会继承实现。

13.1.8 定义和使用接口

以下练习将定义和实现两个接口，它们是一个简单的绘图软件包的一部分。接口名为 **IDraw** 和 **IColor**，要定义实现这两个接口的类。每个类都定义了能在窗体的一个画布上描绘的形状。画布是允许在屏幕上画线、文本和形状的一种控件。

IDraw 接口定义了以下两个方法。

- **SetLocation**　允许指定形状在画布上的 XY 坐标。
- **Draw**　在 **SetLocation** 方法指定的位置实际描绘形状。

IColor 接口定义了以下方法。

- **SetColor**　允许指定形状的颜色。形状在画布上描绘时，会以这种颜色呈现。

➢ **定义 IDraw 和 IColor 接口**

1. 如 Microsoft Visual Studio 2022 尚未启动，请启动。

2. 打开 Drawing 解决方案，它位于"文档"文件夹下的\Microsoft Press\VCSBS\ Chapter 13\Drawing 子文件夹。

   Drawing 项目是图形应用程序，包含名为 **DrawingPad** 的窗体。窗体中包含画布控件 **drawingCanvas**。将用这个窗体和画布测试代码。

3. 在解决方案资源管理器中选择 Drawing 项目。从"项目"菜单选择"添加新项"。随后会出现"添加新项－Drawing"对话框。

4. 在"添加新项－Drawing"对话框左侧窗格中单击 Visual C#，再单击"代码"。在中间窗格单击"接口"模板。在"名称"文本框中输入 **IDraw.cs**，单击"添加"按钮。Visual Studio 会创建 IDraw.cs 文件并把它添加到项目。"代码和文本编辑器"会打开 IDraw.cs 文件，它现在的代码如下：

```
using System;
using System.Collections.Generic;
using System.Linq;
```

```
using System.Text;
using System.Threading.Tasks;

namespace Drawing
{
    interface IDraw
    {
    }
}
```

5. 在 IDraw.cs 文件顶部的列表中添加以下 **using** 指令：

    using Windows.UI.Xaml.Controls;

    接口中要引用 Canvas(画布)类。对于通用 Windows 平台(UWP)应用，该类在 Windows.UI.Xaml.Controls 命名空间。

6. 将以下加粗的方法声明添加到 **IDraw** 接口：

    ```
    interface IDraw
    {
        void SetLocation(int xCoord, int yCoord);
        void Draw(Canvas canvas);
    }
    ```

7. 再次选择"项目"|"添加新项"。

8. 在"添加新项 - Drawing"对话框中间窗格单击"接口"模板。在"名称"文本框中输入 **IColor.cs**，然后单击"添加"按钮。

    Visual Studio 创建 IColor.cs 文件并把它添加到项目。"代码和文本编辑器"会打开 IColor.cs 文件。

9. 在 IColor.cs 文件顶部的列表中添加以下 **using** 指令：

    using Windows.UI;

    接口中要引用 Color 类，对于 UWP 应用，该类在 **Windows.UI** 命名空间。

10. 将以下加粗的方法声明添加到 **IColor** 接口：

    ```
    interface IColor
    {
        void SetColor(Color color);
    }
    ```

    现已定义好 **IDraw** 和 **IColor** 接口。下一步是创建一些类来实现它们。以下练习将创建形状类 Square(正方形)和 Circle(圆)来实现两个接口。

> ➤ **创建 Square 和 Circle 类来实现接口**

1. 选择"项目"|"添加类"。

2. 在"添加新项 – Drawing"对话框中，验证中间窗格已选定了"类"模板。在"名称"文本框中输入 **Square.cs**，单击"添加"按钮。

   Visual Studio 会创建 Square.cs 文件并在"代码和文本编辑器"中显示。

3. 在 Square.cs 文件顶部的列表中添加以下 using 指令：

```
using Windows.UI;
using Windows.UI.Xaml.Media;
using Windows.UI.Xaml.Shapes;
using Windows.UI.Xaml.Controls;
```

4. 修改 Square 类定义，使它实现 IDraw 和 IColor 接口，如以下加粗部分所示：

```
class Square : IDraw, IColor
{
}
```

5. 将以下加粗的私有变量添加到 Square 类。

```
class Square : IDraw, IColor
{
    private int sideLength;
    private int locX = 0, locY = 0;
    private Rectangle rect = null;
}
```

   这些变量容纳 Square 对象在画布上的位置和大小。UWP 应用的 Rectangle 类在 Windows.UI.Xaml.Shapes 命名空间。将用该类画正方形(square)。

6. 在 Suqre 类中添加以下加粗构造器来初始化 sideLength 字段，指定正方形边长。

```
class Square : IDraw, IColor
{
    ...
    public Square(int sideLength)
    {
        this.sideLength = sideLength;
    }
}
```

7. 在 Square 类定义中，鼠标移动到 IDraw 接口上方。单击灯泡按钮，在快捷菜单中选中"显式实现所有成员"命令，如下图所示。

```
namespace Drawing
{
    3 个引用
    class Square : IDraw, IColor
    {
        private
        private
        private
        1 个引用
        public Square(int sideLen
        {
            this.sideLength = sid
        }
    }
}
```

实现接口
显式实现所有成员 ▶

CS0535 "Square"不实现接口成员"IDraw.SetLocation(int, int)"
第 23 到 24 行

```
        void IDraw.Draw(Canvas canvas)
        {
            throw new NotImplementedException();
        }

        void IDraw.SetLocation(int xCoord, int yCoord)
        {
            throw new NotImplementedException();
        }
    }
```

预览更改
| 文档 | 项目 | 解决方案

随后，Visual Studio 为 IDraw 接口中的方法生成默认实现。当然，愿意的话也可以在 Square 类中手动添加方法。下面是 Visual Studio 生成的代码：

```
void IDraw.Draw(Canvas canvas)
{
    throw new NotImplementedException();
}

void IDraw.SetLocation(int xCoord, int yCoord)
{
    throw new NotImplementedException();
}
```

每个方法默认都是抛出 NotImplementedException 异常。要用自己的代码替换。

8. 在 IDraw.SetLocation 方法中，将现有代码替换成以下加粗的语句。它们将参数值存储到 Squre 对象的 locX 字段和 locY 字段。

```
void IDraw.SetLocation(int xCoord, int yCoord)
{
    this.locX = xCoord;
    this.locY = yCoord;
}
```

9. 将 IDraw.Draw 方法中的代码替换成以下加粗的语句：

```
void IDraw.Draw(Canvas canvas)
{
    his.rect = new Rectangle();
    this.rect.Height = this.sideLength;       // 高
    this.rect.Width = this.sideLength;        // 宽
    Canvas.SetTop(this.rect, this.locY);
    Canvas.SetLeft(this.rect, this.locX);
```

```
        canvas.Children.Add(this.rect);
    }
```

该方法在画布上画一个 Rectangle 形状来描绘出 Square 对象。高宽一样的矩形就是正方形。如果以前画了一个 Rectangle(也许位置和颜色不同)，就把它从画布上删除。Rectangle 的高度和宽度都设置成 sideLength 字段的值。Rectangle 在画布上的位置使用 Canvas 类的静态方法 SetTop 和 SetLeft 来设置。最后，将设置好的 Rectangle 添加到画布上(这时才真正显示出来)。

10. 在 Square 类中显式实现 IColor 接口的 SetColor 方法，如下所示：

```
void IColor.SetColor(Color color)
{
    if (this.rect is not null)
    {
        SolidColorBrush brush = new SolidColorBrush(color);
        this.rect.Fill = brush;
    }
}
```

方法先验证 Square 对象是否已显示。如果还没有画好，rect 字段将为 null。如果是，就将 rect 对象的 Fill 属性设为指定颜色，这是用一个 SolidColorBrush 对象来做到的。SolidBrushClass 的细节超出了本书范围。

11. 选择"项目"|"添加类"。

12. 在"添加新项 - Drawing"对话框中，在"名称"文本框中输入 **Circle.cs**，然后单击"添加"按钮。随后，Visual Studio 会创建 Circle.cs 文件并在"代码和文本编辑器"中显示。

13. 在 Circle.cs 文件顶部添加以下 using 指令：

```
using Windows.UI;
using Windows.UI.Xaml.Media;
using Windows.UI.Xaml.Shapes;
using Windows.UI.Xaml.Controls;
```

14. 修改 Circle 类定义来实现 IDraw 接口和 IColor 接口，如以下加粗部分所示：

```
class Circle : IDraw, IColor
{
}
```

15. 将以下加粗的私有变量添加到 Circle 类中。这些变量容纳 Circle 对象在画布上的位置和大小。Ellipse 类提供了画圆的功能。

```
class Circle : IDraw, IColor
{
    private int diameter;
    private int locX = 0, locY = 0;
    private Ellipse circle = null;
}
```

16. 将以下加粗的构造器添加到 Circle 类中，它初始化 diameter(直径)字段。

```
class Circle : IDraw, IColor
{
    ...
    public Circle(int diameter)
    {
        this.diameter = diameter;
    }
}
```

17. 将 IDraw 接口规定的以下 SetLocation 方法添加到 Circle 类。

```
void IDraw.SetLocation(int xCoord, int yCoord)
{
    this.locX = xCoord;
    this.locY = yCoord;
}
```

注意　这个方法和 Square 类中的一样，明显重复了。以后会解释如何重构。

18. 将以下 Draw 方法添加到 Circle 类。

```
void IDraw.Draw(Canvas canvas)
{
    this.circle = new Ellipse();
    this.circle.Height = this.diameter;
    this.circle.Width = this.diameter;
    Canvas.SetTop(this.circle, this.locY);
    Canvas.SetLeft(this.circle, this.locX);
    canvas.Children.Add(this.circle);
}
```

该方法也是 IDraw 接口的一部分。与 Square 类中的 Draw 方法相似，通过在画布上画一个 Ellipse 形状来画圆(宽高一样的椭圆就是圆)。和 SetLocation 方法一样，以后会重构代码来减少重复。

19. 将 SetColor 方法添加到 Circle 类中。该方法是 IColor 接口的一部分。方法的实现和 Square 类中的实现相似。

```
void IColor.SetColor(Color color)
{
    if (circle is not null)
    {
        SolidColorBrush brush = new SolidColorBrush(color);
        this.circle.Fill = brush;
    }
}
```

现在已经完成了 Square 类和 Circle 类，接着用窗体进行测试。

1. 在设计视图中显示 DrawingPad.xaml 文件。

2. 单击窗体中间的阴影区域。

   阴影区域是 Canvas 对象。单击会造成该对象获得焦点。

3. 在属性窗口中单击"事件处理程序"按钮(闪电图标)。

4. 在事件列表中找到 Tapped 事件并双击它旁边的文本框。

   Visual Studio 会为 DrawingPad 类创建 **drawingCanvas_Tapped** 方法，并在"代码和文本编辑器"中显示。该方法就是事件处理程序，用户在画布上用手指单击或者单击鼠标左键就会运行它。(第 20 章详细讲解事件处理程序。)

5. 在 DrawingPad.xaml.cs 文件顶部的列表中添加以下 using 指令：

   ```
   using Windows.UI;
   ```

   Windows.UI 命名空间包含 Colors 类的定义。设置形状的颜色要用到它。

6. 将以下加粗的代码添加到 drawingCanvas_Tapped 方法：

   ```
   private void drawingCanvas_Tapped(object sender, TappedRoutedEventArgs e)
   {
       Point mouseLocation = e.GetPosition(this.drawingCanvas);
       Square mySquare = new Square(100);

       if (mySquare is IDraw)
       {
           IDraw drawSquare = mySquare;
           drawSquare.SetLocation((int)mouseLocation.X, (int)mouseLocation.Y);
           drawSquare.Draw(drawingCanvas);
       }
   }
   ```

   TappedRoutedEventArgs 参数向方法提供了关于鼠标位置的有用信息。具体地说，GetPosition 方法会返回一个 Point 结构，其中包含鼠标的 X 和 Y 坐标。刚才添加的代码创建了一个新的 Square 对象。然后，代码验证该对象实现了 IDraw 接口。(这是好的编程实践,通过接口引用尚未实现该接口的对象会在运行时出错。)然后通过该接口创建一个 Square 对象引用。记住，显式实现接口时，只有通过接口引用才能使用接口定义的方法。(SetLocation 和 Draw 方法是 Square 类私有的，只能通过 IDraw 接口使用。)然后，代码将 Square 的位置设为用户当前手指或鼠标的位置。注意，Point 结构中的 X 和 Y 坐标实际是 double 值，所以要把它们转型为 int。最后，调用 Draw 方法显示 Square 对象。

7. 在 drawingCanvas_Tapped 方法末尾添加以下加粗的代码：

   ```
   private void drawingCanvas_Tapped(object sender, TappedRoutedEventArgs e)
   {
       ...
   ```

```
    if (mySquare is IColor)
    {
        IColor colorSquare = mySquare;
        colorSquare.SetColor(Colors.BlueViolet);
    }
}
```

上述代码验证 Square 类实现了 IColor 接口；如果是，就通过该接口创建一个 Square 对象引用，并调用 SetColor 方法将 Square 对象的颜色设为 Colors.BlueViolet。

✎**重要提示** 必须先调用 Draw 再调用 SetColor。这是由于 SetColor 方法只有在 Square 对象渲染好之后才会设置其颜色。在 Draw 之前调用 SetColor，颜色不会设置，Square 对象也不会出现。

---

8. 返回 DrawingPad.xaml 文件的设计视图，单击窗体中间的 Canvas 对象(也就是阴影区域)。

9. 在事件列表中双击 RightTapped 事件旁边的文本框。
   在画布上用手指长按或者单击鼠标右键，就会发生该事件。

10. 将加粗的代码添加到 drawingCanvas_RightTapped 方法。代码逻辑与处理手指单击或鼠标左键单击事件的逻辑相似，只是用 HotPink 颜色显示一个 Circle 对象。

```
private void drawingCanvas_RightTapped(object sender, HoldingRoutedEventArgs e)
{
    Point mouseLocation = e.GetPosition(this.drawingCanvas);
    Circle myCircle = new Circle(100);
    if (myCircle is IDraw)
    {
        IDraw drawCircle = myCircle;
        drawCircle.SetLocation((int)mouseLocation.X, (int)mouseLocation.Y);
        drawCircle.Draw(drawingCanvas);
    }

    if (myCircle is IColor)
    {
        IColor colorCircle = myCircle;
        colorCircle.SetColor(Colors.HotPink);
    }
}
```

11. 在"调试"菜单中选择"开始调试"来生成并运行应用程序。

12. 出现 Drawing Pad 窗口后，用手指单击或者用鼠标左键单击画布的任何地方。会显示一个紫罗兰色正方形。

13. 长按或右击画布的任何地方，会显示一个粉色圆。可随意单击或长按，或者按鼠标左右键，每次都会在相应位置画正方形或圆。如下图所示。

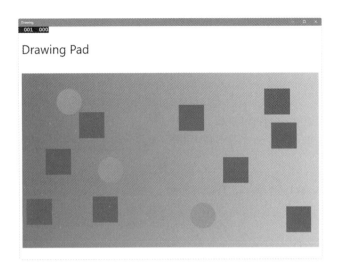

14. 返回 Visual Studio 并停止调试。

13.2　抽象类

本章前面讨论的 **ILandBound**(陆上)和 **IGrazable**(草食)接口可由许多不同的类来实现，具体取决于想在自己的 C#应用程序中建模多少类型的哺乳动物。在这种情形下，经常都可以让派生类的一部分共享通用的实现。例如，以下两个类明显有重复：

```
// Horse 和 Sheep 都是草食动物
class Horse : Mammal, ILandBound, IGrazable  // 马
{
    ...
    void IGrazable.ChewGrass()
    {
        Console.WriteLine("Chewing grass");
        // 用于描述咀嚼草的过程的代码
    }
}

class Sheep : Mammal, ILandBound, IGrazable  // 羊
{
    ...
    void IGrazable.ChewGrass()
    {
        Console.WriteLine("Chewing grass");
        // 和马咀嚼草一样的代码
    }
}
```

重复的代码是警告信号，表明应重构以免重复并减少维护开销。一个办法是将通用的实

现放到专门为此目的而创建的新类中。换言之，要在类层次结构中插入一个新类。例如：

```
class GrazingMammal : Mammal, IGrazable // GrazingMammal 是指草食性哺乳动物
{
    ...
    void IGrazable.ChewGrass()
    {
        // 用于表示咀嚼草的通用代码
        Console.WriteLine("Chewing grass");
    }
}

class Horse : GrazingMammal, ILandBound
{
    ...
}

class Sheep : GrazingMammal, ILandBound
{
    ...
}
```

该看起来不错，但仍有一件事情不太对：可实际地创建 GrazingMammal 类(以及 Mammal)的实例。这不合逻辑。GrazingMammal(草食性哺乳动物)类存在的目的是提供通用的默认实现，唯一作用就是让一个具体的草食性哺乳动物(例如马、羊)类从它继承。GrazingMammal 类是通用功能的抽象，而不是单独存在的实体。

为明确声明不允许创建某个类的实例，必须将那个类显式声明为**抽象类**，这是用 abstract 关键字实现的。如下所示：

```
abstract class GrazingMammal : Mammal, IGrazable
{
    ...
}
```

试图实例化一个 GrazingMammal 对象，代码将无法编译。示例如下：

```
GrazingMammal myGrazingMammal = new GrazingMammal(...);    // 非法
```

抽象方法

抽象类可包含**抽象方法**。抽象方法原则上与虚方法相似(虚方法的详情已在第 12 章讲述)，只是不含方法主体。派生类**必须**重写(override)这种方法。抽象方法不可以私有。下例将 GrazingMammal 类中的 DigestGrass(消化草)方法定义成抽象方法；草食动物可以使用相同的代码来表示咀嚼草的过程，但它们必须提供自己的 DigestGrass 方法的实现(虽然咀嚼草的过程相同，但消化草的方式不同)。如一个方法在抽象类中提供默认实现没有意义，但又需要派生类提供该方法的实现，就适合定义成抽象方法。

```
abstract class GrazingMammal : Mammal, IGrazable
{
    public abstract void DigestGrass();
    ...
}
```

> 注意 从表面看，抽象类和带有默认方法实现的接口似乎很相似，但它们在本质上是不同的东西。抽象类可以包含字段、构造器、终结器、私有方法以及通常能在任何类中找到的其他成员。接口只是描述了类应该像什么样子的一种规范。

13.3 密封类

继承不一定总是容易，它要求深谋远虑。如决定创建接口或抽象类，就表明故意要写一些便于未来继承的东西。但麻烦在于，未来的事情很难预料。需掌握一定的技巧，付出一定的努力，并对试图解决的问题有深刻的认识，才能打造出一个灵活和易于使用的接口、抽象类和类层次结构。换言之，除非在刚开始设计一个类的时候就有意把它打造成基类，否则它以后很难作为基类使用。

如果不想一个类作为基类使用，可用 C#提供的 **sealed**(密封)关键字防止类被用作基类。例如:

```
sealed class Horse : GrazingMammal, ILandBound
{
    ...
}
```

任何类试图将 **Horse** 用作基类都会发生编译时错误。密封类中不能声明任何虚方法，而且抽象类不能密封。

> 注意 结构(**struct**)隐式密封。永远不能从一个结构派生。

13.3.1 密封方法

可用 **sealed** 关键字声明非密封类中的一个单独的方法是密封的。这意味着派生类不能重写该方法。只有用 **override** 关键字声明的方法才能密封，而且方法要声明为 **sealed override**。可像下面这样理解 **interface**、**virtual**、**override** 和 **sealed** 等关键字。

- **interface**(接口)引入方法的名称。
- **virtual**(虚)方法是方法的第一个实现。
- **override**(重写)方法是方法的另一个实现。
- **sealed**(密封)是方法的最后一个实现。

13.3.2 实现并使用抽象类

以下练习用一个抽象类对上个练习中开发的代码进行归纳。Square 和 Circle 类包含高度重复的代码。合理做法是将这些代码放到名为 DrawingShape 的抽象类中，以便将来可以方便地维护 Square 和 Circle 类。

➤ **创建 DrawingShape 抽象类**

1. 返回 Visual Studio 中的 Drawing 项目。

📝**注意** 上个练习已完成的项目副本存储在"文档"文件夹下的 \Microsoft Press\VCSBS\Chapter 13\Drawing - Complete 子文件夹。可以直接打开它。

2. 在解决方案资源管理器中单击 Drawing 解决方案中的 Drawing 项目。从"项目"菜单中选择"添加类"命令。

   随后会出现"添加新项 - Drawing"对话框。

3. 在"名称"文本框中输入 **DrawingShape.cs**，单击"添加"命令。

   Visual Studio 会创建文件并在"代码和文本编辑器"中显示。

4. 在 DrawingShape.cs 文件顶部添加以下 using 指令：

   ```
   using Windows.UI;
   using Windows.UI.Xaml.Media;
   using Windows.UI.Xaml.Shapes;
   using Windows.UI.Xaml.Controls;
   ```

   该类作用是包含 Circle 类和 Square 类的通用代码。程序不能直接实例化 DrawingShape 对象。

5. 修改 DrawingShape 类的定义，把它声明为抽象类，如加粗的部分所示：

   ```
   abstract class DrawingShape
   {
   }
   ```

6. 将以下加粗的变量添加到 DrawingShape 类中：

   ```
   abstract class DrawingShape
   {
       protected int size;
       protected int locX = 0, locY = 0;
       protected Shape shape = null;
   }
   ```

   Square 类和 Circle 类都用 locX 字段和 locY 字段指定对象在画布上的位置，所以可将这些字段移至抽象类。类似地，Square 类和 Circle 类都用一个字段指定对象描绘时的大小；虽然在不同类中有不同名字(sideLength 和 diameter)，但从语义上说，该字段在两个类中执行相同的任务。size 这个名字是对该字段的一个很好的抽象。

在内部，Square 类用一个 Rectangle 对象将自己画到画布上，而 Circle 类用一个 Ellipse 对象。两个类都是基于.NET Framework 抽象类 Shape 的一个层次结构的一部分。所以 DrawingShape 类用一个 Shape 字段代表两个类型。

7. 为 DrawingShape 类添加以下构造器：

```
abstract class DrawingShape
{
    ...
    public DrawingShape(int size)
    {
        this.size = size;
    }
}
```

上述代码对 DrawingShape 对象中的 size 字段进行初始化。

8. 在 DrawingShape 类中添加 SetLocation 和 SetColor 方法，如以下加粗的代码所示。这些方法提供了由 DrawingShape 的所有派生类继承的实现。注意它们没有标记为 virtual(虚方法)，派生类不用重写。另外，DrawingShape 类没有被声明为实现 IDraw 或 IColor 接口(实现接口是 Square 和 Circle 类的事儿，不是抽象类的事儿)，所以这些方法直接声明为 public。

```
abstract class DrawingShape
{
    ...
    public void SetLocation(int xCoord, int yCoord)
    {
        this.locX = xCoord;
        this.locY = yCoord;
    }

    public void SetColor(Color color)
    {
        if (this.shape is not null)
        {
            SolidColorBrush brush = new SolidColorBrush(color);
            this.shape.Fill = brush;
        }
    }
}
```

9. 为 DrawingShape 类添加 Draw 方法。和之前的方法不同，该方法要声明为虚，派生类应重写以扩展功能。方法中的代码验证 shape 字段不为 null，并在画布上把它画出来。继承该方法的类必须提供自己的代码来实例化 shape 对象。Square 类是创建一个 Rectangle 对象，而 Circle 类是创建一个 Ellipse 对象。

```
abstract class DrawingShape
{
    ...
    public virtual void Draw(Canvas canvas)
    {
        if (this.shape is null)
        {
            throw new InvalidOperationException("Shape is null");
        }

        this.shape.Height = this.size;
        this.shape.Width = this.size;
        Canvas.SetTop(this.shape, this.locY);
        Canvas.SetLeft(this.shape, this.locX);
        canvas.Children.Add(this.shape);
    }
}
```

现已完成了 DrawingShape 抽象类的编写。下一步是更改 Square 和 Circle 类，使它们从这个类继承并删除重复代码。

➤ 修改 Square 类和 Circl 类从 DrawingShape 类继承

1. 在"代码和文本编辑器"中显示 Square 类的代码。

2. 修改 Square 类定义，从 DrawingShape 类继承，并实现 IDraw 和 IColor 接口。

```
class Square : DrawingShape, IDraw, IColor
{
    ...
}
```

注意　Square 要继承的类必须在任何接口之前指定。

---

3. 在 Square 中删除 sideLength、rect、locX 和 locY 这几个字段的定义。它们现在，由 DrawingShape 类来提供，所以不需要了。

4. 将现有构造器替换成以下代码，它直接调用基类构造器。注意，构造器主体是空白的，因为基类构造器执行了所有必要的初始化。

```
class Square : DrawingShape, IDraw, IColor
{
    public Square(int sideLength)
    : base(sideLength)
    {
    }
    ...
}
```

5. 从 Square 类删除 IDraw.SetLocation 方法和 IColor.SetColor 方法。现在，由 DrawingShape 类来提供它们的实现。

6. 修改 Draw 方法定义。把它声明为 public override，删除方法名前的 IDraw 接口引用(即不再显式实现接口)。由于 DrawingShape 类已提供该方法的基本功能，用 Square 类特有的代码扩展一下即可。

```
public override void Draw(Canvas canvas)
{
    ...
}
```

7. 将 Draw 方法主体替换为以下加粗显示的语句。这些语句将从 DrawingShape 类继承的 shape 字段实例化成 Rectangle 类的新实例(如果还没有实例化的话)，然后直接调用 DrawingShape 类的 Draw 方法。

```
public override void Draw(Canvas canvas)
{
    if (this.shape is not null)
    {
        canvas.Children.Remove(this.shape);
    }
    else
    {
        this.shape = new Rectangle();
    }

    base.Draw(canvas);
}
```

8. 为 Circle 类重复步骤 2 到 7，只是把构造器的名字改成 Circle，把参数改成 diameter。在 Draw 方法中将 shape 字段实例化成新的 Ellipse 对象。Circle 类的完整代码如下所示：

```
class Circle : DrawingShape, IDraw, IColor
{
    public Circle(int diameter) : base(diameter)
    {
    }

    public override void Draw(Canvas canvas)
    {
        if (this.shape isn not null)
        {
            canvas.Children.Remove(this.shape);
        }
        else
        {
            this.shape = new Ellipse();
```

```
            }

            base.Draw(canvas);
        }
    }
```

9. 在"调试"菜单中选择"开始调试"。

10. 等 Drawing Pad 窗口出现时，验证左键单击显示 Square 对象，右键单击显示 Circle 对象。应用程序的外观和感觉和以前完全一样。

11. 返回 Visual Studio 并停止调试。

再论 Windows Runtime 兼容性

第 9 章说过，从 Windows 8 起，是将 Windows Runtime(WinRT)作为原生 Windows API 顶部的一层来实现，提供简化的编程接口来生成非托管应用程序(非托管应用程序不通过.NET Framework 运行，使用 C++这样的语言而不是 C#进行编写)。托管应用程序使用 CLR 来运行。

.NET 提供了完备的库和功能。在 Windows 7 和更早的版本中，CLR 是用原生 Windows API 实现这些功能。在 Windows 10/11 中开发桌面或企业应用程序/服务时仍可使用这些功能(虽然.NET 本身已升级到版本 6)。任何 C#程序只要能在 Windows 7 上运行，就能不加改变地在 Windows 10/11 上运行。

但在 Windows 10/11 上，UWP 应用总是用 WinRT 运行。这意味着如果使用 C#这样的托管语言开发 UWP 应用，CLR 实际调用 WinRT 而不是原生 Windows API。Microsoft 在 CLR 和 WinRT 之间提供了一个映射层，能将发送给.NET Framework 的对象创建与方法调用请求透明转换成 WinRT 中的对应请求。例如，在创建.NET Framework Int32 值时(C#的 int)，代码会转换成使用等价的 WinRT 数据类型来创建。

但是，虽然 CLR 和 WinRT 在功能上有许多重叠的地方，并非.NET 的所有功能都在 WinRT 中进行了实现。因此，UWP 应用能用的只是.NET 提供的类型和方法的一个子集。用 C#创建 UWP 应用时，Visual Studio 2022 的"智能感知"会自动显示可用功能的一个受限视图，在 WinRT 中用不了的类型和方法不会显示。

另一方面，WinRT 的许多功能和类型在.NET 中也没有直接对应物，或者工作方式显著不同，所以不能简单地转换。WinRT 通过映射层向 CLR 提供这些功能，使之看起来就像是.NET 的类型和方法，可直接在托管代码中调用。

所以，CLR 和 WinRT 的集成使 CLR 能透明使用 WinRT 类型，但同时也支持反方向的互操作性。也就是说，可用托管代码定义类型，使其能由非托管应用程序使用，只要这些类型符合 WinRT 的期待即可。第 9 章解释了结构在这方面的要求(结构中的实例和静态方法不能通过 WinRT 使用，私有字段也不支持)。

如希望类能由非托管应用程序通过 WinRT 使用，就必须遵守以下规则：

- 任何公共字段，以及任何公共方法的参数和返回值，都必须是 WinRT 类型或者能由 WinRT 透明转换成 WinRT 类型的.NET 类型。支持的.NET 类型包括合格的值类型(比如结构和枚举)，以及和 C#基元类型(int, long, float, double, string 等)对应的那些。类可包含私有字段，可以是.NET 中的任何类型，不需要相容于 WinRT。

- 类不能重写 System.Object 的除 ToString 之外的方法，而且不可声明受保护构造器。

- 定义类的命名空间必须与实现类的程序集同名。另外，命名空间的名称(进而包括程序集名称)一定不能以 "Windows" 开头。

- 不能在通过 WinRT 运行的非托管应用程序中从托管类型继承。因此，所有公共类都必须密封。要实现多态性，可创建公共接口并在必须多态的类中实现该接口。

- 可以抛出 UWP 应用支持的任何.NET 异常类型，但不能创建自己的异常类。从非托管应用程序调用时，如果代码抛出未处理异常，WinRT 会在非托管代码中抛出等价的异常。

WinRT 对本书以后要讲到的 C#语言特性还提出了其他要求，届时会一一进行解释。

小结

本章解释了如何定义和实现接口与抽象类。下表总结了为接口、类和结构定义方法时，各种有效和无效的关键字组合。

关键字	接口	抽象类	类	密封类	结构
abstract	无效	有效	无效	无效	无效
new	有效[1]	有效	有效	有效	无效[2]
override	无效	有效	有效	有效	无效[3]
private	无效	有效	有效	有效	有效
protected	无效	有效	有效	有效	无效[4]
public	无效	有效	有效	有效	有效
sealed	无效	有效	有效	无效	无效
virtual	无效	有效	有效	无效	无效

[1] 接口可以扩展另一个接口，并引入一个具有相同签名的新方法

[2] 结构不支持继承，所以不能隐藏方法

[3] 结构不支持继承，所以不能重写方法

[4] 结构不支持继承；结构隐式密封，所以不能从它派生

- 如果希望继续学习下一章，请继续运行 Visual Studio 2022，然后阅读第 14 章。

- 如果希望现在就退出 Visual Studio 2022，请选择菜单命令 "文件" | "退出"。如果看到 "保存" 对话框，请单击 "是" 按钮保存项目。

第 13 章快速参考

目标	操作
声明接口	使用 interface 关键字。示例如下： ```\ninterface IDemo\n{\n string GetName();\n string GetDescription();\n}\n```
实现接口	使用与类继承相同的语法来声明类,在类中实现接口定义的所有方法。示例如下： ```\nclass Test : IDemo\n{\n public string IDemo.GetName()\n {\n ...\n }\n\n public string IDemo.GetDescription()\n {\n ...\n }\n}\n```
创建只能作为基类使用的抽象类,并在其中包含抽象方法	类用 abstract 关键字声明,抽象方法同样用 abstract 关键字声明,不添加方法主体。示例如下： ```\nabstract class GrazingMammal\n{\n abstract void DigestGrass();\n ...\n}\n```
创建不能作为基类使用的密封类	使用 sealed 关键字声明类。示例如下： ```\nsealed class Horse\n{\n ...\n}\n```

第 14 章

使用垃圾回收和资源管理

学习目标

- 理解垃圾回收器的作用及其工作原理
- 使用垃圾回收管理系统资源
- 编写 try/finally 语句，以异常安全[①]的方式，在已知的时间点释放资源
- 编写 using 语句，以异常安全的方式，在已知的时间点释放资源
- 实现 IDisposable 和 IAsyncDisposable 接口，在类中实现异常安全的资源清理

通过前面的学习，你知道了如何创建变量和对象，并理解了在创建变量和对象时内存的分配方式(稍微提醒一下：值类型在栈上创建，而引用类型分配的是堆内存)。计算机内存有限，所以当变量或对象不再需要内存的时候，必须回收这些内存。值类型离开作用域就会被销毁，内存会被回收。这个操作很容易完成。但引用类型呢？对象是用 new 关键字创建的，但应该在什么时候，以什么方式销毁对象呢？这正是本章要讨论的主题。

14.1 对象生存期

首先回忆一下创建对象时发生的事情。对象用 new 操作符创建。下例创建 Square (正方形)类的新实例，该类在上一章已经写好了。

```
int sizeOfSquare = 99;
Square mySquare = new Square(sizeOfSquare); // Square 是引用类型
```

---

① 译注：即 exception-safe，或者说"发生异常时安全"。"异常"在这里是名词而非形容词。

new 表面上是单步操作，但实际分两步走。

1. 首先，new 操作从堆中分配原始内存。这个阶段无法进行任何干预。
2. 然后，new 操作将原始内存转换成对象，这时必须初始化对象。该阶段可用构造器控制。

> **注意** C++程序员注意，C#不允许重载 new 来控制内存分配。

创建好对象后，可用点操作符(.)访问其成员。例如，Square 类提供了 Draw 方法：

```
mySquare.Draw();
```

> **注意** 上述代码基于从 DrawingShape 抽象类继承的那个版本的 Square 类，它没有显式实现 IDraw 接口。详情参见第 13 章。

mySquare 变量离开作用域时，它引用的 Square 对象就没人引用了，所以对象可被销毁，占用的内存可被回收(稍后会讲到，这并不是马上发生的)。和对象创建相似，对象销毁也分两步走，过程刚好与创建相反。

1. .NET"运行时"执行清理工作，可以写一个终结器(finalizer)来加以控制。
2. .NET"运行时"将对象占用的内存归还给堆，解除对象内存分配。对这个阶段你没有控制权。

销毁对象并将内存归还给堆的过程称为**垃圾回收**。

> **注意** C++程序员注意，C#没有提供 delete 操作符。完全由.NET"运行时"控制何时销毁对象。

14.1.1 编写终结器

使用**终结器**(finalizer)，可在对象被垃圾回收时执行必要的清理。终结器是一种特殊的方法，有点像构造器，只是.NET"运行时"会在对一个对象的引用全部消失后调用它。.NET"运行时"能自动清理对象使用的任何托管资源，所以许多时候都不需要自己写终结器。但如果托管资源很大(比如一个多维数组)，就可考虑将对该资源的所有引用都设为 null，使资源能得到及时清理。另外，如果对象引用了非托管资源(无论直接还是间接)，终结器就更有用了。

> **注意** 间接的非托管资源其实很常见，例如文件流、网络连接、数据库连接和其他由 Windows 操作系统管理的资源。所以，如果方法要打开一个文件，就应考虑添加终结器在对象被销毁时关闭文件。但取决于类中的代码的结构，或许有更好、更及时的办法关闭文件，详情参见稍后对 using 语句的讨论。

终结器的语法是先写一个~符号，再添加类名。例如，下面的类在构造器中打开文件进行读取，在终结器中关闭文件(注意这只是例子，不建议总是像这样打开和关闭文件):

```
class FileProcessor
{
   FileStream file = null;

   public FileProcessor(string fileName)
   {
       this.file = File.OpenRead(fileName); // 打开文件来读取
   }

   ~FileProcessor()
   {
       this.file.Close(); // 关闭文件
   }
}
```

终结器存在以下重要限制。

- 终结器只适合引用类型。值类型(例如 struct)不能声明终结器。

    ```
    struct MyStruct
    {
        ~MyStruct() { ... } // 编译时错误
    }
    ```

- 不能为终结器指定访问修饰符(例如 public)，因为我们不会在自己的代码中调用终结器——总是由垃圾回收器(.NET"运行时"的一部分)帮我们调用。

    ```
    public ~FileProcessor() { ... } // 编译时错误
    ```

- 终结器不能获取任何参数。这同样是因为它永远不由你自己调用。

    ```
    ~FileProcessor(int parameter) { ... } // 编译时错误
    ```

- 不要对终结器的运行时间有任何指望，甚至不要指望它肯定会运行。应用程序结束时，尚未终结的所有对象会被直接丢弃，不会运行它们的终结器。可以强制垃圾回收器执行我们的代码中的终结器，但绝对不推荐这样做。有鉴于此，终结代码只应专注于释放资源。千万不要在终结器中包含任何关键的应用程序逻辑。

重要提示　C#的终结器和 C++的"析构器"不一样，也不要寄希望于它们具有相同的行为。目前微软的官方文档已将"析构器"全面统一为"终结器"。

编译器内部自动将终结器转换成对 **Object.Finalize** 方法的一个重写版本的调用。例如，编译器将以下终结器:

```
class FileProcessor
{
```

```
    ~FileProcessor() { // 你的代码放到这里 }
}
```

转换成以下形式:

```
class FileProcessor
{
    protected override void Finalize()
    {
        try { // 你的代码放在这里 }
        finally { base.Finalize(); }
    }
}
```

编译器生成的 **Finalize** 方法将终结器的主体包含到 **try** 块中，后跟 **finally** 块来调用基类的 **Finalize** 方法(**try** 和 **finally** 关键字已在第 6 章讲述)。这样就确保终结器总是调用其基类终结器，即使你的终结器代码发生了异常。

重要提示 只有编译器才能进行这个转换。你不能自己重写 **Finalize** 方法，也不能自己调用 **Finalize** 方法。

14.1.2　为什么要使用垃圾回收器

在回答这个问题之前，先来考虑存在对一个对象的多个引用的情况。在下例中，变量 myFp 和 referenceToMyFp 引用同一个 FileProcessor 对象。

```
FileProcessor myFp = new FileProcessor();
FileProcessor referenceToMyFp = myFp;
```

能创建对一个对象的多少个引用？答案是没有限制。这对对象的生存期产生了影响。.NET "运行时" 必须跟踪所有引用。如果变量 myFp 不存在了(离开作用域)，其他变量(比如 referenceToMyFp)可能仍然存在，FileProcessor 对象使用的资源还不能被回收(文件还不能关闭)。所以，对象的生存期不能和特定的引用变量绑定。只有在对一个对象的*所有*引用都消失之后，才可以销毁该对象，回收其内存以便重用。

重要提示 永远无法用 C#代码自己销毁对象。没有任何这方面的语法支持。相反，.NET "运行时" 会在它认为合适的时间帮你做这件事情。

可以看出，对象生存期管理是相当复杂的一件事情，这正是 C#的设计者决定禁止由你销毁对象的原因。如果由程序员负责销毁对象，迟早会遇到以下情况之一。

- 忘记销毁对象。这意味着对象的终结器(如果有的话)不会运行，清理工作不会进行，内存不会回收到堆。最终的结果是，内存很快耗尽。
- 试图销毁活动对象，造成一个或多个变量容纳对已销毁的对象的引用，即所谓的**虚悬引用**(dangling reference)。虚悬引用要么引用未使用的内存，要么引用同一内存位置风马牛完全不相及的对象。无论如何，使用虚悬引用的结果都是不确定的，甚至可能有安全风险。什么都有可能发生。

- 试图多次销毁同一对象。这可能是、也可能不是灾难性的，具体取决于终结器中的代码怎么写。

对于 C#这种将健壮性和安全性摆在首要位置的语言，这些问题显然不能接受。取而代之的是，必须由垃圾回收器负责销毁对象。垃圾回收器能做出以下几点担保。

- 每个对象都会被销毁，它的终结器会运行。程序终止时，所有未销毁的对象都会被销毁。
- 每个对象只被销毁一次。
- 每个对象只有在它不可达时(不存在对该对象的任何引用)才会被销毁。

这些担保的好处明显，它们使程序员可以告别麻烦且易出错的清理工作。从此只需将注意力集中在程序本身的逻辑上，从而显著提升了开发效率。

那么，垃圾回收在什么时候进行？这似乎是一个奇怪的问题。毕竟，肯定是在对象不再需要的时候进行。但要注意，垃圾回收不一定在对象不再需要之后马上进行。垃圾回收可能是一个代价较高的过程，所以"运行时"只有在觉得必要时才进行垃圾回收(例如，在它认为可用内存不够的时候，或者堆的大小超过系统定义阀值的时候)。然后，它会回收尽可能多的内存。对内存进行几次大扫除，效率显然高过进行多次"小打小闹"的打扫！

注意 可使用 System 命名空间中的静态类 GC 在自己的程序中调用垃圾回收器。利用该类实现的几个静态方法，你可以在一定程度上控制垃圾回收器的行为。例如，可调用静态方法 System.GC.Collect 来触发垃圾回收。但除非万不得已，否则不建议这么做。System.GC.Collect 方法是会启动垃圾回收器，但回收过程是异步发生的。换言之，GC.Collect 不会等到垃圾回收完成才返回。所以，在调用了该方法后会立即返回，此时如果仍然不能确定对象是否已被销毁，还可使用 GC.WaitForPendingFinalizers 方法强制应用程序等待所有对象的终结器运行完毕。但这同样不建议，因为它是在鼓励开发人员依赖于终结过程。总之，最好还是让.NET "运行时"来决定垃圾回收的最佳时机！

垃圾回收器的特点是，程序员不知道(也不应依赖)对象的销毁顺序。需理解的最后一个重点是，终结器只有在对象被垃圾回收时才运行。终结器肯定会运行，只是不保证在什么时候运行。所以写代码时，不要对终结器的运行顺序或时间有任何预设。

14.1.3　垃圾回收器的工作原理

垃圾回收器在它自己的线程中运行，而且只在特定的时候才会执行(通常是当应用程序抵达一个方法的结尾的时候)。它运行时，应用程序中运行的其他线程将暂停。这是由于垃圾回收器可能需要移动对象并更新对象引用。如对象仍在使用，这些操作就无法执行。

> **注意** 线程是应用程序的一个单独的执行路径。Windows 通过线程使应用程序能同时执行多个操作。

垃圾回收器是非常复杂的软件，能自行调整，并进行了大量优化以便在内存需求与应用程序性能之间取得良好平衡。内部算法和结构超出了本书的范围(微软自己也在不断改进垃圾回收器的性能)，但它采取的大体步骤如下。

1. 构造所有可达对象的一个映射(map)。为此，它会反复跟随对象中的引用字段。垃圾回收器会非常小心地构造映射，确保循环引用(你引用我，我引用你)不会造成无限递归。任何不在映射中的对象肯定不可达。

2. 检查是否有任何不可达对象包含一个需要运行的终结器(运行终结器的过程称为"终结")。需要被终结的任何不可达对象都放到一个称为 freachable (发音是 F-reachable)的特殊队列中。

3. 回收剩下的不可达对象(即不需要终结的对象)。为此，它会在堆中向下面移动可达的对象，对堆进行"碎片整理"，释放位于堆顶部的内存。一个可达对象被移动之后，会更新对该对象的所有引用。

4. 然后，允许其他线程恢复执行。

5. 在一个独立线程中，对需终结的不可达对象(现在，这些对象在 freachable 队列中了)执行终结操作(运行 Finalize 方法)。

14.1.4 慎用终结器

写包含终结器的类，会使代码和垃圾回收过程变复杂。此外，还会影响程序的运行速度。如程序不包含任何终结器，垃圾回收器就不需要将不可达对象放到 freachable 队列并对它们进行"终结"(也就是不需要运行终结器)。显然，一件事情做和不做相比，不做会快一些。所以，除非确有必要，否则请尽量避免使用终结器。例如，可改为使用 using 语句，参见本章稍后的讨论。

写终结器时要小心。尤其注意，如果在终结器中调用其他对象，那些对象的终结器可能已被垃圾回收器调用。记住，"终结"(调用终结器的过程)的顺序是得不到任何保障的。所以，要确定终结器不相互依赖或相互重叠(例如，不要让两个终结器释放同一个资源)。

14.2 资源管理

有时在终结器中释放资源并不明智。有的资源过于宝贵，用完后应马上释放，而不是等待垃圾回收器在将来某个不确定的时间释放。内存、数据库连接和文件句柄等稀缺资源应尽快释放。这时唯一的选择就是亲自释放资源。这是通过自己写的资源清理(disposal)[①]方法来实现的。可显式调用类的资源清理方法，从而控制释放资源的时机。

> **注意** 资源清理(disposal)方法强调的是方法的作用而非名称。可用任何有效 C#标识符来命名。

14.2.1 资源清理方法

实现了资源清理方法的一个例子是来自 System.IO 命名空间的 TextReader 类。该类提供了从顺序输入流中读取字符的机制。TextReader 包含虚方法 Close，它负责关闭流，这就是一个资源清理方法。StreamReader 类从流(例如一个打开的文件)中读取字符，StringReader 类则从字符串中读取字符。这两个类均从 TextReader 类派生，都重写了 Close 方法。

下例使用 StreamReader 类从文件中读取文本行并在屏幕上显示：

```
TextReader reader = new StreamReader(filename);
string line;
while ((line = reader.ReadLine()) != null)
{
    Console.WriteLine(line);
}
reader.Close();
```

ReadLine 方法将流中的下一行文本读入字符串。如果流中不剩下任何东西，ReadLine 方法将返回 null。用完 reader 后，很重要的一点就是调用 Close 来释放文件句柄以及相关的资源。但这个例子存在一个问题，即它不是异常安全的。如果对 ReadLine(或 WriteLine)的调用抛出异常，对 Close 的调用就不会发生。如果经常发生这种情况，最终会耗尽文件句柄资源，无法打开任何更多文件。

14.2.2 异常安全的资源清理

为了确保资源清理方法(例如 Close)总是得到调用(无论是否发生异常)，一个办法是在 finally 块中调用该方法。下面对前面的例子进行了修改：

```
TextReader reader = new StreamReader(filename);
try
{
```

---

① 译注：文档将 disposal 和 dispose 翻译成“释放”。之所以不赞成这个翻译，而是宁愿将其翻译为“资源清理”或“清理”，是因为在英语中，它们的意思是“摆脱”或“除去”(get rid of)一个东西，尤其是在这个东西很难除去的情况下。之所以认为“释放”不恰当，除了和 release 一词冲突，还因为 dispose 强调了“清理资源”，而且在完成(对象中包装的)资源的清理之后，对象本身的内存并不会释放。所以，“dispose 一个对象”或者“close 一个对象”真正的意思是：清理对象中包装的资源(比如它的字段所引用的对象)，然后等待垃圾回收器自动回收该对象本身占用的内存(这时才真正释放)。

```
        string line;
        while ((line = reader.ReadLine()) != null)
        {
            Console.WriteLine(line);
        }
    }
    finally
    {
        reader.Close();
    }
```

像这样使用 **finally** 块可行，但由于它存在几个缺点，所以也不是特别理想。

- 如果是要释放多个资源，局面很快就会失控(将获得嵌套的 **try** 块和 **finally** 块)。
- 有时可能需要修改代码来适应这一惯用法(例如，可能需要修改资源引用的声明顺序，要记住将引用初始化为 null，还要记住查验 **finally** 块中的引用不为 null)。
- 它不能创建解决方案的一个抽象。这意味着解决方案难以理解，必须在需要这个功能的每个地方重复代码。
- 对资源的引用保留在 **finally** 块之后的作用域中。这意味着可能不小心使用一个已释放的资源。

using 语句就是为了解决所有这些问题而设计的。

14.2.3 using 语句和 IDisposable 接口

using 语句提供了一个脉络清晰的机制来控制资源的生存期。可创建一个对象，该对象在 using 语句块结束时销毁。

> **重要提示** 不要混淆本节描述的 using 语句和用于将命名空间引入作用域的 using 指令。很遗憾，同一个关键字具有两种不同的含义。

using 语句的语法如下：

```
using ( type variable = initialization )
{
    statementBlock
}
```

下面是确保代码总是在 TextReader 上调用 Close 的最佳方式：

```
using (TextReader reader = new StreamReader(filename))
{
    string line;
    while ((line = reader.ReadLine()) is not null)
    {
        Console.WriteLine(line);
    }
}
```

这个 using 语句完全等价于以下形式：

```
{
    TextReader reader = new StreamReader(filename);
    try
    {
        string line;
        while ((line = reader.ReadLine()) is not null)
        {
            Console.WriteLine(line);
        }
    }
    finally
    {
        if (reader is not null)
        {
            ((IDisposable)reader).Dispose();
        }
    }
}
```

> **注意** using 语句引入了它自己的代码块，这个块定义了一个作用域。也就是说，在语句块的末尾，using 语句所声明的变量会自动离开作用域，所以不可能因为不小心而访问已被清理的资源。

using 语句声明的变量的类型必须实现 IDisposable 接口。IDisposable 接口在 System 命名空间中，只包含一个名为 Dispose 的方法：

```
namespace System
{
    interface IDisposable
    {
        void Dispose();
    }
}
```

Dispose 方法的作用是清理对象使用的任何资源。StreamReader 类正好实现了 IDisposable 接口，它的 Dispose 方法会调用 Close 来关闭流。可将 using 语句作为一种清晰、异常安全以及可靠的方式来保证一个资源总是被释放。这解决了手动 try/finally 方案存在的所有问题。新方案具有以下特点。

- 需要清理多个资源时，具有良好的扩展性。
- 不影响程序代码的逻辑。
- 对问题进行良好抽象，避免重复性编码。
- 非常健壮，using 语句结束后，就不能使用 using 语句中声明的变量了(前一个例子是 reader)，因为它已不在作用域。非要使用的话，会发生编译时错误。

14.2.4 从终结器中调用 Dispose 方法

写自己的类时，是应该写终结器，还是应该实现 **IDisposable** 接口，使 **using** 语句能管理类的实例？

对终结器的调用肯定会发生，只是不知确切时间。另一方面，能准确知道什么时候调用 **Dispose** 方法，只是不能保证它真的会发生，因为它要求使用类的程序员记住写 **using** 语句。

不过，从终结器中调用 **Dispose** 方法就能保证它的运行。这样可以多一层保障。忘记调用 **Dispose** 也没有关系，程序关闭时它总是会被调用。本章最后的练习将体验这个功能，下例演示了如何实现 **IDisposable** 接口。

```
class Example : IDisposable
{
    private Resource scarce;              // 要管理和清理的稀缺资源
    private bool disposed = false;        // 指示资源是否已被清理的标志
    ...
    ~Example()
    {
        this.Dispose(false);
    }

    public virtual void Dispose()
    {
        this.Dispose(true);
        GC.SuppressFinalize(this);
    }

    protected virtual void Dispose(bool disposing)
    {
        if (!this.disposed)
        {
            if (disposing)
            {
                // 在此释放大型托管资源
                ...
            }
            // 在此释放非托管资源
            ...
            this.disposed = true;
        }
    }

    public void SomeBehavior()  // 示例方法
    {
        checkIfDisposed();        // 每个常规方法都要调用这个方法来检查对象是否已经清理
        ...
    }

    ...
```

```
    private void checkIfDisposed()
    {
        if (this.disposed)
        {
            throw new ObjectDisposedException("示例: 对象已经清理");
        }
    }
}
```

注意以下几点。

- 类实现了 IDisposable 接口。
- 公共 Dispose 方法可由应用程序代码在任何时候调用。
- 公共 Dispose 方法调用 Dispose 方法来获取一个 Boolean 参数的受保护重载版本，向其传递 true，由后者来实际清理资源。
- 终结器调用 Dispose 方法来获取一个 Boolean 参数的受保护重载版本，并向其传递 false。终结器只由垃圾回收器在对象被终结时调用。
- 受保护的 Dispose 方法可以安全地多次调用。变量 disposed 指出方法以前是否运行过。这样可防止在并发调用方法时资源被多次清理。(应用程序可能调用 Dispose，但在方法结束前，对象可能被垃圾回收，.NET "运行时" 会从终结器中再次运行 Dispose 方法。)方法只有第一次运行才会清理资源。
- 受保护的 Dispose 方法支持托管资源(比如大的数组)和非托管资源(比如文件句柄)的清理。如果 disposing 参数为 true，该方法肯定是从公共 Dispose 方法中调用的，所以托管和非托管资源都会被释放。如 disposing 参数为 false，该方法肯定是从终结器中调用的，而且垃圾回收器正在终结对象，所以不需要释放托管资源(真要那样做也不是异常安全的)，因为它们将由(或已由)垃圾回收器处理；在这种情况下只需释放非托管资源。
- 公共 Dispose 方法调用静态 GC.SuppressFinalize 方法。该方法阻止垃圾回收器为这个对象调用终结器，因为对象已经终结。
- 类的所有常规方法(如 SomeBehavior)都要检查对象是否已清理；是的话，就抛出异常。

14.3 实现异常安全的资源清理

下面这组练习将演示如何通过 using 语句确保对象使用的资源被及时释放(即使应用程序发生异常)。首先实现一个包含终结器的类，然后检查垃圾回收器在什么时候调用该终结器。

> **注意** 练习创建的 Calculator 类旨在演示垃圾回收基本原则。它实际不消耗任何大型托管或非托管资源。这种简单类一般无须创建终结器或实现 IDisposable 接口。

1. 如 Microsoft Visual Studio 2022 尚未启动,请启动。

2. 打开 GarbageCollection 解决方案,它位于"文档"文件夹下面的 \Microsoft Press\VCSBS\Chapter 14\GarbageCollection 子文件夹。

3. 打开 Program.cs 文件。和前几章的练习一样,Program.cs 中的 Main 方法调用 doWork 方法并捕捉可能发生的异常。

4. 选择"项目"|"添加类"。

5. 在"添加新项 - GarbageCollection"对话框中,验证中间窗格选定了"类"模板。在"名称"文本框中输入 **Calculator.cs**,单击"添加"命令。

   将创建 Calculator 类并在"代码和文本编辑器"窗口中显示。

6. 将以下加粗的公共方法 Divide 添加到 Calculator 类:

```
class Calculator
{
    public int Divide(int first, int second)
    {
        return first / second;
    }
}
```

   方法很简单,就是第一个参数除以第二个,返回结果。提供它的目的是为类添加一些功能,以便应用程序调用。

7. 在 Calculator 类开头(Divide 方法上方)添加以下加粗的公共构造器。构造器作用是验证 Calculator 对象已成功创建:

```
class Calculator
{
    public Calculator()
    {
        Console.WriteLine("Calculator being created");
    }
    ...
}
```

8. 在 Calculator 类中添加以下加粗显示的终结器:

```
class Calculator
{
    ...
    ~Calculator()
    {
        Console.WriteLine("Calculator being finalized");
    }
    ...
}
```

终结器只是显示一条消息，让人知道在什么时候垃圾回收器运行并终结类的实例。真正写程序时一般不在终结器中输出文本。

9. 在"文本和代码编辑器"窗口中显示 Program.cs 文件。

10. 在 doWork 方法中添加以下加粗显示的语句：

```
static void doWork()
{
    var calculator = new Calculator();
    Console.WriteLine($"120 / 15 = {calculator.Divide(120, 15)}");
    calculator = null;
    Console.WriteLine("Program finishing");
}
```

代码创建一个 Calculator 对象，调用对象的 Divide 方法并显示结果，然后输出表明程序结束的消息(Program finishing)。

11. 选择"调试" | "开始执行(不调试)"。验证程序显示以下消息：

```
Calculator being created
120 / 15 = 8
Program finishing
```

> **注意** Calculator 对象的终结器没有运行。屏幕上永远不会出现"Calculator being finalized"消息。

12. 在控制台窗口中按 Enter 键返回 Visual Studio 2022。

.NET "运行时"保证应用程序创建的所有对象都被垃圾回收，但你无法保证终结器肯定会运行。在这个练习中，程序执行时间非常短。一旦程序结束运行，.NET "运行时"会自己进行清理，你的终结器没必要运行了。

13. 在 Program.cs 文件中，在 Main 方法末尾添加以下加粗显示的语句：

```
static void Main(string[] args)
{
    try
    {
        doWork();
    }

    catch (Exception ex)
    {
        Console.WriteLine(ex.Message);
    }

    GC.Collect();
    GC.WaitForPendingFinalizers();
}
```

这两个语句强迫垃圾回收器运行，并等待所有终结器运行完毕。

14. 选择"调试" | "开始执行(不调试)"。验证程序显示以下消息：

```
Calculator being created
120 / 15 = 8
Program finishing
Calculator being finalized
```

这就保证了终结器肯定会得到运行。

对于现实中长期运行的应用程序，可能会看到垃圾收集周期性地发生，而且会自动运行终结器。但这个练习想要表达的重点在于，在应用程序终止之前，不一定所有对象肯定都会被终结。

如果应用程序的类使用了稀缺的资源，除非采取必要的步骤来进行资源清理，否则创建的对象也有可能要等到应用程序结束时才被释放。如果资源是文件，别的用户将长时间无法访问文件；如果资源是数据库连接，别的用户将长时间无法连接同一个数据库；如果资源是网络连接，别的用户可能出现网络连接不上的情况。理想情况是资源用完就释放，而不是被动地等着应用程序终止。

下个练习要在 Calculator 类中实现 IDisposable 接口，使程序能在它选择的时间终结 Calculator 对象。

➤ **实现 IDisposable 接口**

1. 在"代码和文本编辑器"窗口中显示 Calculator.cs 文件。

2. 修改 Calculator 类的声明来实现 IDisposable 接口，如以下加粗的部分所示：

```
class Calculator : IDisposable
{
  ...
}
```

3. 在类中添加 IDisposable 接口要求的 Dispose 方法。

```
class Calculator : IDisposable
{
  ...
  public void Dispose()
  {
    Console.WriteLine("Calculator being disposed");
  }
}
```

一般要在 Dispose 方法中添加代码来释放对象占用的资源。但这里只是输出一条消息，在 Dispose 方法运行时通知你。如你所见，终结器和 Dispose 方法的代码可能存在一定的重复。为避免重复，要将代码统一放到一个地方，再从另一个地方调用。

既然不能从 Dispose 方法中显式调用终结器，就只能从终结器中调用 Dispose 方法，并将资源释放逻辑放到 Dispose 方法中。

4. 修改终结器来调用 Dispose 方法，如以下加粗的语句所示。保留显示对象已被终结的语句，以便知道垃圾回收器在什么时候运行。

```
~Calculator()
{
    Console.WriteLine("Calculator being finalized");
    this.Dispose();
}
```

想在应用程序中销毁 Calculator 对象时，Dispose 不会自动运行；代码要么显式调用它(使用 calculator.Dispose()这样的语句)，要么在 using 语句中创建 Calculator 对象。本例准备采用第二个方案。

5. 随后，在"代码和文本编辑器"中显示 Program.cs 文件，修改 doWork 方法中创建 Calculator 对象并调用 Divide 方法的语句，如以下加粗的语句所示：

```
static void doWork()
{
    using (Calculator calculator = new Calculator())
    {
        Console.WriteLine($"120 / 15 = {calculator.Divide(120, 15)}");
    }
    Console.WriteLine("Program finishing");
}
```

6. 在 Main 方法中，将调用垃圾回收器并等待终结器执行完毕的语句注释掉。

```
static void Main(string[] args)
{
    ...
    // GC.Collect();
    // GC.WaitForPendingFinalizers();
}
```

7. 选择"调试" | "开始执行(不调试)"。验证程序显示以下消息：

```
Calculator being created
120 / 15 = 8
Calculator being disposed
Program finishing
```

using 语句造成 Dispose 方法先于显示"Program finishing"消息的语句运行。

8. 在控制台窗口中按 Enter 键返回 Visual Studio 2022。

9. 在 Main 方法中，撤消对垃圾回收器的两个调用的注释，使其恢复作用。这将模拟在一个寿命较长的应用程序中可能发生的事件序列，即程序恰好在中途的某个时候运行垃圾收集器。

10. 选择"调试"｜"开始执行(不调试)"。验证程序显示以下消息：

```
Calculator being created
120 / 15 = 8
Calculator being disposed
Program finishing
Calculator being finalized
Calculator being disposed
```

可以看出，当 Calculator 对象的终结器运行时，它会再次调用 Dispose 方法。这纯属浪费。多次清理对象使用的资源可能是、也可能不是灾难性的，但绝不是好的编程实践。推荐方案是在类中添加一个私有 Boolean 字段来指出 Dispose 方法是否已被调用，再在 Dispose 方法中检查该字段。

11. 在控制台窗口中按 Enter 键返回 Visual Studio 2022。

➤ 防止对象被多次清理

1. 在"代码和文本编辑器"窗口中显示 Calculator.cs 文件。

2. 在 Calcuator 类中添加私有 Boolean 字段 disposed，初始化为 false，如以下加粗的语句所示：

```
class Calculator : IDisposable
{
    private bool disposed = false;
    ...
}
```

该字段的作用是跟踪对象状态，指出是否已在对象上面调用过 Dispose 方法。

3. 修改 Dispose 方法的代码，只有 disposed 字段为 false 才显示消息。显示消息后，将 disposed 字段设为 true，如以下加粗的语句所示：

```
public void Dispose()
{
    if (!disposed)
    {
        Console.WriteLine("Calculator being disposed");
    }

    this.disposed = true;
}
```

4. 选择"调试"｜"开始执行(不调试)"。验证程序显示以下消息：

```
Calculator being created
120 / 15 = 8
Calculator being disposed
```

```
Program finishing
Calculator being finalized
```

Calculator 对象现在只被清理一次，但终结器仍会运行。这同样是一种浪费，所以
下一步是在对象的资源已被清理的前提下阻止运行终结器。

5. 在控制台窗口中按 Enter 键返回 Visual Studio 2022。

6. 将以下加粗的语句添加到 Calculator 类的 Dispose 方法末尾：

```
public void Dispose()
{
    if (!disposed)
    {
        Console.WriteLine("Calculator being disposed");
    }

    this.disposed = true;
    GC.SuppressFinalize(this);
}
```

GC 类的 SuppressFinalize 方法告诉垃圾回收器不要对指定的对象执行终止操作，
从而阻止终结器运行。

> **重要提示**　GC 类公开了几个对垃圾回收器进行配置的方法。但如前所述，一般还是
> 让.NET "运行时"自己管理垃圾回收器。这是因为若调用不当，可能严重影
> 响应用程序性能。SuppressFinalize 方法的使用需要绝对的谨慎，因为清理
> 对象失败可能丢失数据。例如，如果没有正确关闭文件，那么内存中缓存但
> 尚未写入磁盘的所有数据都会丢失。只有在知道对象已被清理的前提下(就像
> 本练习展示的那样)才可调用该方法。

---

7. 选择"调试" | "开始执行(不调试)"。验证程序显示以下消息：

```
Calculator being created
120 / 15 = 8
Calculator being disposed
Program finishing
```

可以看到，终结器不再运行，因为在程序结束运行之前，对象已被清理了。

8. 在控制台窗口中按 Enter 键返回 Visual Studio。

线程安全和 Dispose 方法

用 disposed 字段防止对象被多次清理，这个方法大多数时候都适用，但注意终结器的
运行时间无法控制。对于本章的练习，它总是在程序结束时执行，但其他时候并非一定如此。
事实上，在对象的所有引用都消失之后的任何时间都可能调用终结器。所以，终结器甚至可

能在 Dispose 方法运行时由垃圾回收器调用(记住，垃圾回收器是在自己的线程上运行)，尤其是在 Dispose 方法有大量工作要做的时候。

为了减少资源被多次释放的概率，可将 this.disposed = true;语句挪动到更接近 Dispose 方法开头的位置，但如果这样做，从设置该变量开始到释放资源之前发生的异常将导致资源得不到释放。

为了完全阻止两个线程争着清理同一个对象中的相同资源，可用线程安全的方式写代码，把它们嵌入一个 C#语言的 lock 语句中，如下所示：

```
public void Dispose()
{
    lock(this)
    {
        if (!disposed)
        {
            Console.WriteLine("Calculator being disposed");
        }
        this.disposed = true;
        GC.SuppressFinalize(this);
    }
}
```

lock 语句旨在阻止一个代码块同时在不同线程上运行。lock 语句的实参(上例是 this)是对象引用。大括号中的代码定义了 lock 语句的作用域。执行到 lock 语句时，如果指定的对象目前已被锁定，请求锁的线程就会阻塞(blocked)，代码将暂停执行。一旦当前拥有锁的线程抵达 lock 语句的结束大括号，从而使得锁将被释放，允许被阻塞的线程获得锁并继续。然而，由于此时 disposed 字段已被设置为 true，所以第二个线程不再执行 if(!disposed)块中的代码。

像这样使用锁能确保线程安全，但对性能有一些影响。一个替代方案是使用本章早先描述的策略，即只禁止重复清理托管资源(多次清理托管资源不是异常安全的；虽然不会损害计算机的安全性，但试图清理不存在的托管对象，可能影响应用程序的逻辑完整性)。该策略要求实现 Dispose 方法的重载版本；using 语句自动调用无参的 Dispose()，后者调用重载的 Dispose(true)，而终结器调用 Dispose(false)。调用重载 Dispose 时，只有在参数为 true 时才释放托管资源。欲知详情，请回头参考 14.2.4 节。

using 语句的目的是保证对象总是得到清理，即使使用期间发生了异常。本章最后一个练习将在 using 块中间生成一个异常来予以验证。

➢ 验证对象在发生异常后也得到清理

1. 在"代码和文本编辑器"窗口中显示 Program.cs 文件。

2. 修改调用 Calculator 对象的 Divide 方法的语句，如加粗显示的语句所示：

```
static void doWork()
{
    using (Calculator calculator = new Calculator())
    {
        Console.WriteLine($"120 / 0 = {calculator.Divide(120, 0)}");
    }
    Console.WriteLine("Program finishing");
}
```

注意，修改过的语句试图 120 除以 0。

3. 在 Main 方法中，修改 catch 语句以捕捉 InvalidOperationException 异常：

```
static void Main(string[] args)
{
    try
    {
        doWork();
    }
    catch (InvalidOperationException ex)
    {
        Console.WriteLine(ex.Message);
    }

    GC.Collect();
    GC.WaitForPendingFinalizers();
}
```

这个修改使得 doWork 方法抛出的 DivideByZeroException 异常保持 "未处理" 状态，以便观察垃圾回收器在这种情况下的行为。

4. 选择 "调试" | "开始执行(不调试)" 或者按快捷键 Ctrl+F5。

如预期的一样，程序抛出未处理的 DivideByZeroException 异常。

5. 验证在应用程序终止时，在未处理异常后显示了消息 "Calculator being disposed"(如下图所示)，这表明仍然执行了垃圾回收。

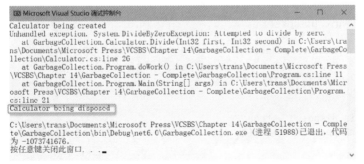

6. 在控制台窗口中按 Enter 键返回 Visual Studio 2022。

14.4 处理异步清理

IDispose 接口的 Dispose 方法以同步方式运行。如资源清理需要大量的时间，调用 Dispose 方法的线程将被阻塞，直到清理完成。如果这是处理用户界面的线程，应用程序会变得反应迟钝，用起来令人沮丧。可通过异步清理(asynchronous disposal，文档中称为"异步释放")解决该问题。

为了表明一个对象应该以异步方式进行清理，可在创建资源的 using 语句中使用 await 操作符，如下所示:

```
await using (BigDisposableType myObject = new BigDisposableType())
{
    ...
}
```

抵达 using 块的末尾，开始清理对象的时候，当前线程会被释放以执行其他工作。清理完成后，线程将切换回结束大括号之后的第一个语句。

> **注意** 第 24 章会进一步讲解 await 操作符和异步操作以及如何确保应用程序保持灵敏的响应。

为了支持异步清理，类必须实现 IAsyncDisposable 接口。该接口只公开了一个方法，即 DisposeAsync。该方法的目的与 IDisposable 接口中的 Dispose 方法类似，就是用它来释放对象创建的资源。DisposeAsync 方法的一个常见实现模式是将大型资源的异步清理委托给另一个方法(通常命名为 DisposeAsyncCore)，然后使用 IDisposable 接口的 Dispose 方法来清理其他任何对象。

```
class BigDisposableType: IDisposable, IAsyncDisposable
{
    private bool disposed = false;
    ...

    public void Dispose()
    {
        if (!this.disposed)
        {
            // 执行同步清理逻辑...
        }

        this.disposed = true;
        GC.SuppressFinalize(this);
    }

    public async ValueTask DisposeAsync()
    {
```

```
        await this.DisposeAsyncCore();
        this.Dispose();
    }
    private Task DisposeAsyncCore()
    {
        // 以异步方式清理大型对象...
    }
}
```
第 24 章会更进一步讲解异步操作。

小结

本章展示了垃圾回收器如何工作，介绍了.NET 如何用它清理(对象占用的资源)和回收(对象占用的内存)。讲述了如何写终结器，以便垃圾回收器在回收内存时清理对象占用的资源。还讲述了如何使用 using 语句，以异常安全(exception-safe)的方式实现对资源的清理，最后介绍如何实现 IDisposable 接口来支持这种形式的清理。

- 如果希望继续学习下一章，请继续运行 Visual Studio 2022，然后阅读第 15 章。
- 如果希望现在就退出 Visual Studio 2022，请选择"文件"|"退出"。如果看到"保存"对话框，请单击"是"按钮保存项目。

第 14 章快速参考

目标	操作
写终结器	写和类同名的方法，但附加~前缀。方法不能有任何访问修饰符(例如 public)，也不能有任何参数或返回值。示例如下： ```class Example { ~Example() { ... } }```
调用终结器	程序员不能自己调用终结器。只有垃圾回收器才能
强制垃圾回收(不推荐)	调用 GC.Collect

目标	操作
在已知时间点释放资源(但如果因为异常中断了执行过程，就会有内存泄漏的风险)	写一个资源清理方法，从程序中显式调用它。示例如下： ```csharp\nclass TextReader\n{\n ...\n public virtual void Close()\n {\n ...\n }\n}\n\nclass Example\n{\n void Use()\n {\n TextReader reader = ...;\n // 在这里使用 reader\n reader.Close();\n }\n}\n```
使类支持异常安全的资源清理	实现 IDisposable 接口。示例如下： ```csharp\nclass SafeResource : IDisposable\n{\n ...\n public void Dispose()\n {\n // 在这里清理资源\n }\n}\n```
以异常安全的方式清理资源，要求对象实现 IDisposable 接口	在 using 语句中创建对象。示例如下： ```csharp\nusing (SafeResource resource =\n new SafeResource())\n{\n // 在这里使用 SafeResource\n ...\n}\n```

第Ⅲ部分
用 C#定义可扩展类型

本书前两部分介绍了 C#语言的核心语法，展示了如何用 C#构造新类型，其中包括结构、枚举和类。还介绍了在程序运行期间"运行时"如何管理变量和对象使用的内存，讨论了 C#对象生存期。第Ⅲ部分将以前面所学的知识为基础，讲解如何使用 C#创建可扩展的类型，即可以在不同应用程序中重用的功能组件。

第Ⅲ部分要介绍许多高级 C#功能，比如属性、索引器、泛型和集合类。要解释如何用事件构建响应灵敏的系统，如何用委托从一个类调用另一个类的逻辑，同时两个类不用紧密结合。这是很强大的一个技术，能显著增强系统的扩展性。要介绍 C#语言的 "语言集成查询"(LINQ)功能，它允许以清楚而自然的方式在对象集合上执行可能非常复杂的查询。还要介绍如何重载操作符，使 C#常规操作符也能作用于你自己的类和结构。

第 15 章

实现属性以访问字段

学习目标

- 使用属性封装逻辑字段
- 声明 get 访问器(取值方法)控制对属性的读取
- 声明 set 访问器(赋值方法)控制对属性的写入
- 理解属性的局限
- 创建声明了属性的接口
- 使用结构和类实现包含属性的接口
- 根据字段定义自动生成属性
- 用属性初始化对象
- 基于属性值来实现"记录"

本章探讨如何定义和使用**属性**来封装类中的字段和数据。之前强调过，应将类中的字段设为私有，并提供专门的方法来存取值。这样就可以安全地、受控制地访问字段。

另外，还可以封装附加的逻辑和规则，规定哪些值能访问，以及以什么方式访问。但这样一来，字段的访问语法就会变得有一点儿奇怪。读写变量时，你会自然地想要使用赋值语句。如果必须调用方法才能在字段上达到同样的效果，肯定会感觉不自然。毕竟，这些字段本质上就是变量。属性正是为了减少这些麻烦而设计的。

15.1 使用方法实现封装

首先回忆一下使用方法隐藏字段的原始动机。以下结构用坐标(x，y)表示屏幕位置。假定 x 坐标有效范围是 0～1279，y 是 0～1023：

```
struct ScreenPosition
{
    public int X;
    public int Y;

    public ScreenPosition(int x, int y)
    {
        this.X = rangeCheckedX(x);
        this.Y = rangeCheckedY(y);
    }

    private static int rangeCheckedX(int x)
    {
        if (x < 0 || x > 1279)
        {
            throw new ArgumentOutOfRangeException("X");
        }
        return x;
    }

    private static int rangeCheckedY(int y)
    {
        if (y < 0 || y > 1023)
        {
            throw new ArgumentOutOfRangeException("Y");
        }
        return y;
    }
}
```

该结构的问题在于违反了封装原则，没有保持数据的私有状态。将数据公开是个糟糕的主意，因为类控制不了应用程序对数据的访问。例如，虽然 ScreenPosition 构造器会对它的参数进行范围检查，但在创建好 ScreenPosition 对象之后，就可以随便访问公共字段了，而此时不存在任何检查。迟早(早的概率更大)，X 或 Y 将超出允许的范围(可能是因为编程错误，也可能是因为开发人员理解错误)：

```
ScreenPosition origin = new ScreenPosition(0, 0);
...
int xpos = origin.X;
origin.Y = -100; // 糟了
```

解决该问题的常规手段是使字段成为私有，并添加取值和赋值方法，分别读取和写入每个私有字段的值。这样，赋值方法就可对新字段值执行范围检查。例如，以下代码为 X 字段添加了取值方法(GetX)和赋值方法(SetX)，注意，SetX 会检查参数值：

```
struct ScreenPosition
{
    private int X;
    private int Y;
```

```
...
public int GetX()
{
    return this.X;
}

public void SetX(int newX)
{
    this.X= rangeCheckedX(newX);
}
...
private static int rangeCheckedX(int x) { ... }
private static int rangeCheckedY(int y) { ... }
}
```

好了，上述代码已成功施加了范围限制，这是好事。但为了达到目的，也付出了不小的代价，现在的 ScreenPosition 不再具有自然的语法形式；它现在使用的是不太方便的、基于方法的语法。下例使 X 的值递增 10。为此，它必须使用取值方法 GetX 从 X 读取，再用赋值方法 SetX 向 X 写入：

```
int xpos = origin.GetX();
origin.SetX(xpos + 10);
```

而在使用公共字段 X 时，上述代码是可以这样写的：

```
origin.X += 10;
```

使用公共字段，代码无疑更简洁，缺点是会破坏封装性。不过，在属性的帮助下，可以获得两全其美的结果，既维持了封装性，又能使用字段风格的语法。

15.2 什么是属性

属性(property)是字段和方法的交集——看起来像字段，用起来像方法。访问属性所用的语法和访问字段一样。但编译器会将这种字段风格的语法自动转换成对特定访问器方法[1]的调用。属性的声明如下所示：

```
访问修饰符 类型 属性名
{
    get
    {
        // 取值代码
    }

    set
    {
        // 赋值代码
```

---

① 译注：取值和赋值方法统称为访问器方法。两个方法有时也称为 get 访问器和 set 访问器，或者 getter 和 setter。

```
        }
    }
```

属性可包含两个代码块，分别以 get 关键字和 set 关键字开头。其中，get 块包含读取属性时执行的语句，set 块包含在向属性写入时执行的语句。属性的类型指定了由 get 和 set 访问器读取和写入的数据的类型。

以下代码段展示了使用属性改写的 ScreenPosition 结构。阅读代码时注意以下几点：小写的 _x 和 _y 是私有字段；大写的 X 和 Y 是公共属性；所有 set 访问器都用一个隐藏的、内建的参数(名为 value)来传递要写入的数据。

```
struct ScreenPosition
{
    private int _x, _y;

    public ScreenPosition(int X, int Y)
    {
        this._x = rangeCheckedX(X);
        this._y = rangeCheckedY(Y);
    }

    public int X
    {
        get { return this._x; }
        set { this._x = rangeCheckedX(value); }
    }

    public int Y
    {
        get { return this._y; }
        set { this._y = rangeCheckedY(value); }
    }

    private static int rangeCheckedX(int x) { ... }
    private static int rangeCheckedY(int y) { ... }
}
```

本例每个属性都直接由一个私有字段实现。但这只是实现属性的方式之一。属性唯一要求的就是由 get 访问器返回指定类型的值。值还可动态计算获得，不一定要从存储好的数据中获取。如果像这样实现属性，就不需要准备一个物理字段了。

> **注意** 虽然本章的例子演示的是如何为结构定义属性，但它们也适合类，语法是相同的。

简单属性不需要为 get 和 set 访问器使用正规方法语法，设计成表达式主体成员即可。例如，上例可这样简化 X 属性和 Y 属性：

```
public int X
{
    get => this._x;
    set => this._x = rangeCheckedX(value);
}
```

```
public int Y
{
  get => this._y;
  set => this._y = rangeCheckedY(value);
}
```

注意，get 访问器不需要指定 return 关键字；提供在每次读取属性时进行求值的一个表达式即可。语法简洁了不少，且更自然(虽然这一点有争议)。无论怎么写，属性执行的都是相同的任务。虽然有个人偏好在里面，但对于简单属性，真的建议采用表达式主体语法。当然，混着用也行。例如，简单 get 访问器作为表达式主体成员实现，较复杂的 set 访问器则使用正规方法。

关于属性和字段名称的注意事项

2.3.1 节介绍了变量命名规范。尤其强调要避免标识符以下画线开头。但 ScreenPosition 结构没有完全遵循该规范，它的两个字段被命名为 _x 和 _y。这样做是有原因的。

7.4 节的补充内容"命名和可访问性"指出，公共方法和字段一般以大写字母开头，私有方法和字段一般以小写字母开头。这两个规范可能造成你的属性和私有字段名称只是首字母大小有别。许多公司正是这样干的。如果你的公司也在此列，那么注意它的一个重要缺陷。例如以下代码，它实现了名为 Employee 的类。EmployeeID 属性提供对私有字段 employeeID 字段的公共访问。

```
class Employee
{
  private int employeeID;

  public int EmployeeID
  {
    get => this.EmployeeID;
    set => this.EmployeeID = value;
  }
}
```

代码编译没有问题，但每次访问 EmployeeID 属性都会抛出 StackOverflowException 异常。这是由于 get 和 set 访问器不小心引用属性(以大写字母 E 开头)而不是私有字段(小写 e)，这造成了无限递归，最终造成可用内存被耗尽。这种 bug 很难发现！有鉴于此，本书以下画线开头命名为属性提供数据的私有字段。这样可更明显地和属性区分。除此之外的其他所有私有字段还是使用 camelCase 风格的标识符(不以下画线开头)。

15.2.1　使用属性

在表达式中使用属性时，要么从中取值，要么向其赋值。下例从 ScreenPosition 结构的 X 属性和 Y 属性中取值：

```
ScreenPosition origin = new ScreenPosition(0, 0);
int xpos = origin.X;    // 实际调用 origin.X.get
int ypos = origin.Y;    // 实际调用 origin.Y.get
```

注意，现在属性和字段是用相同的语法来访问。从属性取值时，编译器自动将字段风格的代码转换成对属性的 get 访问器的调用。类似地，向属性赋值时，编译器自动将字段风格的代码转换成对该属性的 set 访问器的调用：

```
origin.X = 40;         // 实际调用 origin.X.set，value 设为 40
origin.Y = 100;        // 实际调用 origin.Y.set，value 设为 100
```

如前所述，要赋的新值通过 value 变量传给 set 访问器。"运行时"自动完成传值。

还可同时对属性进行取值和赋值。在这种情况下，get 和 set 访问器都会被用到。例如，编译器自动将以下语句转换成对 get 和 set 访问器的调用：

```
origin.X += 10;
```

> 📝提示　可采取和声明静态字段及方法一样的方式声明静态属性。访问静态属性时，要附加类或结构名称作为前缀，而不是附加类或结构的实例名称作为前缀。

15.2.2　只读属性

可声明只含 get 访问器的属性，这称为只读属性。例如，以下代码将 ScreenPosition 结构的 X 属性声明为只读属性：

```
struct ScreenPosition
{
    private int _x;
    ...
    public int X
    {
        get => this._x;
    }
}
```

X 属性不含 set 访问器，向 X 写入会报告编译时错误，例如：

```
origin.X = 140;    // 编译时错误
```

15.2.3　只写属性

类似地，可声明只包含 set 访问器的属性，这称为只写属性。例如，以下代码将 ScreenPosition 结构的 X 属性声明为只写属性：

```
struct ScreenPosition
{
```

```
    private int _x;
    ...
    public int X
    {
        set => this._x = rangeCheckedX(value);
    }
}
```

X 属性不包含 get 访问器。所以，读取 X 会报告编译时错误，例如：

```
Console.WriteLine(origin.X);      // 编译时错误
origin.X = 200;                   // 编译通过
origin.X += 10;                   // 编译时错误
```

> **注意** 只写属性适合对密码这样的数据进行保护。理想情况下，实现了安全性的应用程序允许设置密码，但不允许读取密码。登录时用户要提供密码。登录方法将用户提供的密码与存储的密码比较，只返回两者是否匹配的消息。

15.2.4 属性的可访问性

声明属性时要指定可访问性(public、private 或 protected)。但在属性声明中，可为 get 访问器和 set 访问器单独指定可访问性，从而覆盖属性的可访问性。例如，下面这个版本的 ScreenPosition 结构将 X 和 Y 属性的 set 访问器定义成私有，而 get 访问器仍为公共(因为属性是公共的):

```
struct ScreenPosition
{
    private int _x, _y;
    ...
    public int X
    {
        get => this._x;
        private set => this._x = rangeCheckedX(value);
    }

    public int Y
    {
        get => this._y;
        private set => this._y = rangeCheckedY(value);
    }
    ...
}
```

为两个访问器定义不同的可访问性时，必须遵守以下规则。

- 只能改变一个访问器的可访问性。例如，将属性声明为公共，但将它的两个访问器都声明成私有是没有意义的。

- 访问器的访问修饰符(也就是 public、private 或者 protected)所指定的可访问性在限制程度上必须大于属性的可访问性。例如，将属性声明为私有，就不能将 get 访问器声明为公共 (相反，应该属性公共，set 访问器私有)。

15.3 理解属性的局限性

属性在外观、行为和感觉上都像字段。但属性本质是方法而非字段。此外，属性存在以下限制。

- 只有在结构或类初始化好之后，才能通过该结构或类的属性来赋值。下例非法，因结构变量 location 尚未用 new 初始化：

```
ScreenPosition location;
location.X = 40; // 编译时错误，location 尚未赋值
```

> **注意** 如 X 是字段而不是属性，上述代码合法。听起来再正常不过，但弦外之音是强调字段和属性的区别。定义结构和类时，一开始就应该使用属性。而非先用字段，后又改成属性。字段改成属性后，以前使用了这个类或结构的代码就可能无法正常工作。本章后面的 15.5 节"生成自动属性"会重拾该话题。

- 不能将属性作为 ref 或 out 参数传给方法；但可写的字段能作为 ref 或 out 参数传递。这是由于属性并不真正指向一个内存位置；相反，它指向的是一个访问器方法，例如：

```
MyMethod(ref location.X); // 编译时错误
```

- 属性最多只能包含一个 get 和一个 set 访问器。不能包含其他方法、字段或属性。
- get 和 set 访问器不能获取任何参数。要赋的值会通过内建的、隐藏的 value 变量自动传给 set 访问器。
- 不能声明 const 属性，例如：

```
const int X
{
    get => ...
    set => ...
}  // 编译时错误
```

合理使用属性

属性功能强大，且具有清晰的、字段风格的语法。合理使用属性，代码更易理解和维护。但仍应尽量采取面向对象的设计，将重点放在对象的行为而非属性上。通过常规方法访问私有字段，或是通过属性访问，本身并不会使代码的设计变得良好。例如，假定银行账户有一

笔余额，你可能想在 BankAccount(银行帐户)类中创建 Balance(余额)属性，如下所示：

```
class BankAccount
{
    private decimal _balance;
    ...
    public decimal Balance
    {
        get => this._balance;
        set => this._balance = value;
    }
}
```

这是一个很糟糕的设计，因其未能表示存取款时必要的功能(任何银行都不允许不存取款而更改余额)。编程需尽量在解决方案中表示要解决的问题，避免迷失于大量低级语法中。例如，应该为 BankAccount 类提供 Deposit(存款)和 Withdraw(取款)方法，而不是提供属性取值方法：

```
class BankAccount
{
    private decimal _balance;
    ...
    public decimal Balance { get => this._balance; }
    public void Deposit(decimal amount) { ... }
    public bool Withdraw(decimal amount) { ... }
}
```

15.4 在接口中声明属性

第 13 章讲了接口。接口除了能定义方法，还能定义属性。为此，需要指定 get 或 set 关键字，或同时指定两者。但将 get 或 set 访问器主体替换成分号，例如：

```
interface IScreenPosition
{
    int X { get; set; }
    int Y { get; set; }
}
```

实现该接口的任何类或结构都必须实现 X 和 Y 属性,并在属性中定义 get 和 set 访问器,例如：

```
struct ScreenPosition : IScreenPosition
{
    ...
    public int X
    {
        get { ... }  // 或 get => ...
        set { ... }  // 或 set => ...
    }
```

```
    public int Y
    {
        get { ... }
        set { ... }
    }
    ...
}
```

在类中实现接口规定的属性时，可将属性的实现声明为 virtual，允许派生类重写实现，例如：

```
class ScreenPosition : IScreenPosition
{
    ...
    public virtual int X
    {
        get { ... }
        set { ... }
    }

    public virtual int Y
    {
        get { ... }
        set { ... }
    }
    ...
}
```

注意　本例展示的是类。virtual 关键字在结构中无效，结构隐式密封，不支持继承。

还可使用显式接口实现语法(参见 13.1.5 节)来实现属性。属性的显式实现是非公共和非虚的(所以不能重写)，例如：

```
struct ScreenPosition : IScreenPosition
{
    ...
    int IScreenPosition.X  // 显式实现接口中的属性时，要附加接口名作为前缀
    {
        get { ... }
        set { ... }
    }

    int IScreenPosition.Y  // 显式实现接口中的属性时，要附加接口名作为前缀
    {
        get { ... }
        set { ... }
    }
    ...
}
```

15.4.1　用属性替代方法

第 13 章创建了一个绘图应用程序，允许在画布上画圆和正方形。抽象类 DrawingShape 包含了 Circle 和 Square 类的通用功能。它提供了 SetLocation 和 SetColor 方法，允许应用程序指定形状在屏幕上的位置和颜色。以下练习将修改 DrawingShape 类，将形状的位置和颜色作为属性公开。

➢　使用属性

1.　如 Microsoft Visual Studio 2022 尚未启动，请启动。

2.　打开 Drawing 解决方案，它位于"文档"文件夹下的\Microsoft Press\VCSBS\Chapter 15\Drawing Using Properties 子文件夹。

3.　在"代码和文本编辑器"中显示 DrawingShape.cs 文件。

　　该文件包含和第 13 章一样的 DrawingShape 类，只是遵照本章前面的建议，将 size 字段重命名为_size，locX 和 locY 字段重命名为_x 和_y。

```
abstract class DrawingShape
{
    protected int _size;
    protected int _x = 0, _y = 0;
    ...
}
```

4.　在"代码和文本编辑器"窗口中打开 Drawing 项目的 IDraw.cs 文件。该接口指定了 SetLocation 方法，如下所示：

```
interface IDraw
{
    void SetLocation(int xCoord, in yCoord);
    ...
}
```

　　方法作用是用传入的值设置 DrawingShape 对象的_x 和_y 字段。该方法可用一对属性代替。

5.　删除方法，把它替换成属性 X 和 Y，如加粗的代码所示：

```
interface IDraw
{
    int X { get; set; }
    int Y { get; set; }
    ...
}
```

6.　在 DrawingShape 类中删除 SetLocation 方法，替换成 X 属性和 Y 属性的实现：

```
public int X
{
  get => this._x;
  set => this._x = value;
}

public int Y
{
  get => this._y;
  set => this._y = value;
}
```

7. 在"代码和文本编辑器"窗口中显示 DrawingPad.xaml.cs 文件，找到 drawingCanvas_
    Tapped 方法。

    该方法在手指单击屏幕或单击鼠标左键时运行，会在单击或单击位置画正方形。

8. 找到调用 SetLocation 方法来设置正方形位置的语句，它在下面的 if 块中：

```
if (mySquare is IDraw)
{
  IDraw drawSquare = mySquare;
  drawSquare.SetLocation((int)mouseLocation.X, (int)mouseLocation.Y);
  drawSquare.Draw(drawingCanvas);
}
```

9. 修改该语句来设置 Square 对象的 X 属性和 Y 属性，如加粗的语句所示：

```
if (mySquare is IDraw)
{
  IDraw drawSquare = mySquare;
  drawSquare.X = (int)mouseLocation.X;
  drawSquare.Y = (int)mouseLocation.Y;
  drawSquare.Draw(drawingCanvas);
}
```

10. 找到 drawingCanvas_RightTapped 方法。

    该方法在手指长按屏幕或单击鼠标右键时运行，会在长按或右击位置画圆。

11. 不再调用 Circle 对象的 SetLocation 方法，而是改为设置 X 属性和 Y 属性，如加
    粗的语句所示：

```
if (myCircle is IDraw)
{
  IDraw drawCircle = myCircle;
  drawCircle.X = (int)mouseLocation.X;
  drawCircle.Y = (int)mouseLocation.Y;
  drawCircle.Draw(drawingCanvas);
}
```

12. 在"代码和文本编辑器"窗口中打开 Drawing 项目的 IColor.cs 文件。该接口指定了 SetColor 方法，如下所示：

```
interface IColor
{
    void SetColor(Color color);
}
```

13. 删除该方法，替换成 Color 属性，如加粗的代码所示：

```
interface IColor
{
    Color Color { set; }
}
```

这是只写属性，只有 set 访问器，没有 get 访问器。这是由于颜色实际不存储在 DrawingShape 类中，仅在每个形状描绘时指定，无法通过查询形状来了解它的颜色是什么。

📝 **注意** 属性一般和类型的名称(本例就是 Color)相同。

---

14. 返回"代码和文本编辑器"中的 DrawingShape 类。将 SetColor 方法替换成 Color 属性，如下所示：

```
public Color Color
{
    set
    {
        if (this.shape is not null)
        {
            SolidColorBrush brush = new SolidColorBrush(value);
            this.shape.Fill = brush;
        }
    }
}
```

📝 **提示** set 访问器的代码和原始 SetColor 方法几乎完全相同，只是向 SolidColorBrush 构造器传递的是 value 参数。另外，本例证明有的时候，正规的方法语法优于表达式主体成员。

---

15. 返回"代码和文本编辑器"中的 DrawingPad.xaml.cs 文件。在 drawingCanvas_Tapped 方法中修改设置 Square 对象颜色的语句，如加粗的代码所示：

```
if (mySquare is IColor)
{
```

```
        IColor colorSquare = mySquare;
        colorSquare.Color = Colors.BlueViolet;
    }
```

16. 类似地，在 drawingCanvas_RightTapped 方法中修改设置 Circle 对象颜色的语句：

```
    if (myCircle is IColor)
    {
        IColor colorCircle = myCircle;
        colorCircle.Color = Colors.HotPink;
    }
```

17. 在"调试"菜单中选择"开始调试"命令，生成并运行应用程序。

18. 验证应用程序和以前一样工作。手指单击或鼠标单击画布，应用程序应该画正方形；长按或右击则画圆，如下图所示。

19. 返回 Visual Studio 2022 并停止调试。

15.4.2　用属性进行模式匹配

C#语言现在支持模式匹配功能，可在类型中利用属性值。例如，假定要对银行帐户进行建模，并定义了以下接口：

```
interface IBankAccount
{
    decimal Balance { get; }
```

```
    decimal OverdraftLimit { get; }
    void Deposit(decimal amount);
    decimal Withdraw(decimal amount);
}
```

你实现了几种类型的银行帐户,各自具有不同的限制和利率:

```
class CurrentAccount : IBankAccount // 现金帐户(美国称支票帐户)
{
    // 实现细节略
    ...
}
class DepositAccount : IBankAccount // 存款帐户
{
    // 实现细节略
    ...
}
class HighInterestSavingsAccount : IBankAccount // 高息储蓄帐户
{
    // 实现细节略
    ...
}
```

现在,你想写一个方法来计算上述任意类型的帐户的应收利息。支付的利息金额取决于余额和帐户类型。基于模式匹配,可利用 switch 语句快速而方便地执行一套复杂的规则,从而确定一个对象的类型及其属性值。以下代码展示了这个 CalculateInterest(计算利息)方法。

```
public static decimal CalculateInterest(IBankAccount acc) =>
        acc switch
        {
            CurrentAccount ca when ca.Balance < 500 => 0.05m,
            CurrentAccount ca when ca.Balance >= 500 && ca.Balance < 5000 => 0.5m,
            CurrentAccount ca when ca.Balance >= 5000 => 0.75m,
            DepositAccount da when da.Balance >= 2000 => 0.75m,
            DepositAccount => 0.5m,
            HighInterestSavingsAccount hisa when hisa.Balance >= 5000 => 2.0m,
            HighInterestSavingsAccount => 1.2m,
            _ => throw new ArgumentException($"未知账户类型")};
```

每个 switch 表达式的 when 子句都检查 Balance(余额)属性。这种写法非常简洁。它读起来就像是一份给普通人看的利率表,而不是一大堆晦涩的 C#代码。

15.5　生成自动属性

前面说过,属性旨在向外界隐藏字段的实现。如果属性确实要执行一些有用的工作,该设计毫无问题。但如果 get 和 set 访问器封装的操作只是读写字段,你或许就会质疑其价值。但至少出于两方面的考虑,应坚持定义属性,而不是将数据作为公共字段公开。

- **与应用程序的兼容性** 字段和属性在程序集中用不同元数据进行公开。如开发一个类，并决定使用公共字段，使用该类的任何应用程序都将以字段形式引用这些数据项。虽然字段和属性的读写语法相同，但编译后的代码截然不同。换言之，是 C# 编译器隐藏了两者的差异。如以后决定将字段变成属性(可能是业务需求发生了变化，在赋值时需要额外的逻辑)，现有的应用程序除非重新编译，否则就不能使用类的新版本。如果是大企业的开发人员，为大量用户的台式机都部署了相同的应用程序，这会造成巨大的麻烦。虽然有办法可以解决这个问题，但最好还是未雨绸缪。

- **与接口的兼容性** 要实现接口，而且接口将数据项定义成属性，就必须实现这个属性，使之与接口规范相符——即使这个属性只是读写私有字段的数据。不可以只是添加一个同名的公共字段来"交差"。

C#语言的设计者知道程序员个个都是"大忙人"，不会花时间写多余的代码。所以，C# 编译器现在能自动为属性生成代码，如下所示：

```
class Circle
{
    public int Radius{ get; set; }
    ...
}
```

在这个例子中，Circle 类包含名为 Radius 的属性。除了属性的类型，不必指定这个属性是如何工作的——get 访问器和 set 访问器都是空白的。C#编译器自动将这个定义转换成私有字段以及一个默认的实现，如下所示[①]：

```
class Circle
{
    private int _radius;
    public int Radius{
        get
        {
            return this._radius;
        }
        set
        {
            this._radius = value;
        }
    }
    ...
}
```

所以，只需要写很少的代码就能实现简单属性。以后如果添加了额外的逻辑，也不会干扰现有的任何应用程序。

[①] 译注：注意，私有字段（称为属性的"支持字段"）_radius 只是为了方便解释，实际名称由编译器随机生成。

自动属性的语法与接口中的属性语法几乎完全相同。区别是能为自动属性指定访问
修饰符，例如 private、public 或者 protected。

在属性声明中省略空白 set 访问器就可创建只读自动属性，例如：

```
class Circle
{
    public DateTime CircleCreatedDate { get; }
    ...
}
```

该技术适合用来创建不可变属性；即属性在对象构造时设好，以后便不可更改。例如，
你可能想设置对象的创建日期，或者设置创建者的用户名，或者为对象生成唯一标识符。这
些值通常都是设好了就不动。为此，C#允许选择两种方式初始化只读自动属性。可以从构造
器中初始化：

```
class Circle
{
    public Circle()
    {
        CircleCreatedDate = DateTime.Now;
    }
    public DateTime CircleCreatedDate { get; }
        ...
}
```

也可以在声明时初始化：

```
class Circle
{
    public DateTime CircleCreatedDate { get; } = DateTime.Now;
    ...
}
```

注意，以这种方式初始化属性，又在构造器中设置它的值，那么后者会覆盖前者。两种
方式只选择一种，不要都用！

注意 不能创建只写自动属性。创建无 get 访问器的自动属性会造成编译时错误。

15.6 用属性初始化对象

第 7 章解释了如何定义构造器来初始化对象。对象可以有多个构造器，可为不同构造器
指定不同参数来初始化对象中的不同元素。例如，三角形建模可定义下面这个类：

```
public class Triangle
{
    // 声明三个边长
    private int side1Length;
```

```
    private int side2Length;
    private int side3Length;

    // 默认构造器 – 所有边长都取默认值 10
    public Triangle()
    {
        this.side1Length = this.side2Length = this.side3Length = 10;
    }

    // 指定 side1Length 的长度，其他边长仍然默认为 10
    public Triangle(int length1)
    {
        this.side1Length = length1;
        this.side2Length = this.side3Length = 10;
    }

    // 指定 side1Length 和 side2Length 的长度
    // side3Length 为默认值 10
    public Triangle(int length1, int length2)
    {
        this.side1Length = length1;
        this.side2Length = length2;
        this.side3Length = 10;
    }

    // 指定所有边长，都没有默认值
    public Triangle(int length1, int length2, int length3)
    {
        this.side1Length = length1;
        this.side2Length = length2;
        this.side3Length = length3;
    }
}
```

取决于类包含多少个字段，以及想用什么组合来初始化字段，最终可能要写非常多的构造器。另外，如果多个字段具有相同类型，还可能遇到一个令人头痛的问题：无法为字段的每种组合都写唯一的构造器！例如在前面的 **Triangle** 类中，不能轻易添加一个构造器，让它只初始化 side1Length 和 side3Length 字段，因其没有唯一性的签名。如果真的要写这样的构造器，构造器就必须获取两个 **int** 参数，但现在已经有一个构造器(负责初始化 side1Length 和 side2Length 的那个)具有这个签名了。

一个解决方案是定义获取可选参数的构造器，并在创建 **Triangle** 对象时，通过指定参数名的方式为特定参数传递实参(这称为具名参数)。[1]然而，一个更好和更透明的方式是将私有变量初始化为一组默认值并将它们作为属性公开，如下所示：

```
public class Triangle
{
```

---

[1] 译注：可选参数和具名参数的主题请参见 3.5 节。

344 | Visual C#从入门到精通(第 10 版)

```
private int side1Length = 10;
private int side2Length = 10;
private int side3Length = 10;

public int Side1Length
{
    set => this.side1Length = value;
}

public int Side2Length
{
    set => this.side2Length = value;
}

public int Side3Length
{
    set => this.side3Length = value;
}
}
```

创建类的实例时,可为具有 set 访问器的任何公共属性指定名称和值。例如,可创建
Triangle 对象,并对三边的任意组合进行初始化:

```
Triangle tri1 = new Triangle { Side3Length = 15 };
Triangle tri2 = new Triangle { Side1Length = 15, Side3Length = 20 };
Triangle tri3 = new Triangle { Side2Length = 12, Side3Length = 17 };
Triangle tri4 = new Triangle { Side1Length = 9, Side2Length = 12, Side3Length = 15 };
```

这种语法称为**对象初始化器**或**初始化列表**(object initializer)。像这样调用对象初始化器,
C#编译器会自动生成代码来调用默认构造器,然后调用每个具名属性的 set 访问器,把它初
始化成指定值。对象初始化器还可以和非默认构造器配合使用。例如,假定 Triangle 类还
有一个构造器能获取单个字符串参数(描述是哪种三角形),就可调用该构造器,同时对其他
属性进行初始化:

```
Triangle tri5 = new Triangle("等边三角形")
    {
        Side1Length = 3,
        Side2Length = 3,
        Side3Length = 3
};
```

重点在于,肯定是先运行构造器,再对属性进行设置。如果构造器将对象中的字段设为
特定的值,然后再由属性来更改这些值,这个顺序就显得至关重要了。

自动属性和不可变性

自动属性的一个缺点是,它们必须是可变的(mutable),只有这样,初始化器才能正常工
作。以前说过,对象的初始化过程是先用构造函数实例化对象,再向创建的对象的指定属性
写入值。如属性只读(仅一个 get 访问器,无 set 访问器),那么一旦对象实例化,任何修改

属性值的尝试都会失败，用对象初始化语法也不行。

幸好，C# 9.0 及更高版本提供了自动"只初始化"属性来处理这种情况。可以使用一个 init 访问器来创建一个只允许初始化(init-only)的属性。下例展示了一个为学校取得学生成绩信息的类。

```
class Grade
{
    public int StudentID { get; init; }       // 学生 ID
    public string Subject { get; init; }       // 科目
    public char SubjectGrade { get; init; }    // 科目成绩
}
```

可以和往常一样新建 Grade 对象，并初始化它的值：

```
var grade1 = new Grade() { StudentID = 1, Subject = "Math", SubjectGrade = 'A' };
```

但在此之后，修改对象中任何字段都会造成编译错误：

```
grade1.SubjectGrade = 'B'; // 编译器报错:
// CS8852: 只能在对象初始值设定项中或在实例构造函数或 "init" 访问器中的 "this" 或
"base" 上分配 init-only 属性或索引器"Grade.SubjectGrade"
```

下个练习将定义一个类来建模正多边形，用自动属性访问多边形的边数和边长。这个练习将实现 get 和 set 访问器。本章最后一节还会实际体验 init 访问器的用法。

➤ 定义自动属性并使用对象初始化器

1. 在 Visual Studio 2022 中打开 AutomaticProperties 解决方案，它位于"文档"文件夹下的\Microsoft Press\VCSBS\Chapter 15\AutomaticProperties 子文件夹。
   AutomaticProperties 项目包含 Program.cs 文件，定义了 Program 类。类中含有 Main 和 doWork 方法，这些和以前的练习一样。

2. 在解决方案资源管理器中右击 AutomaticProperties 项目，从弹出的快捷菜单中选择"添加"|"类"。

3. 在"添加新项 - AutomaticProperties"对话框中，在"名称"文本框中输入 **Polygon.cs**，单击"添加"。
   随后会自动创建并打开 Polygon.cs 文件，其中包含了自动添加的 Polygon 类。

4. 在 Polygon 类中添加自动属性 NumSides(边数)和 SideLength(边长)，如加粗的代码所示：

```
class Polygon
{
    public int NumSides { get; set; }
    public double SideLength { get; set; }
}
```

5. 为 Polygon 类添加以下加粗显示的默认构造器，用默认值初始化 NumSides 字段和

SideLength 字段:

```
class Polygon
{
    ...
    public Polygon()
    {
        this.NumSides = 4;
        this.SideLength = 10.0;
    }
}
```

这个练习的默认多边形是边长为 10.0 的正方形。

6.   在 "代码和文本编辑器" 窗口中打开 Program.cs 文件。

7.   将以下加粗的代码添加到 doWork 方法, 替换其中的 // TODO:注释:

```
static void doWork()
{
    Polygon square = new Polygon();
    Polygon triangle = new Polygon { NumSides = 3 };
    Polygon pentagon = new Polygon { SideLength = 15.5, NumSides = 5 };
}
```

这些语句创建三个 Polygon 对象。square(正方形)变量使用默认构造器初始化。
triangle(三角形)和 pentagon(五边形)变量先用默认构造器初始化, 再通过 "对象
初始化器" 更改 Polygon 类所公开的属性的值。在 triangle 变量的情况下,
NumSides(边数)属性设为 3,但 SideLength(边长)属性保持默认值 10.0。在 pentagon
变量的情况下, SideLength 和 NumSides 属性的值都进行了修改。

8.   在 doWork 方法末尾添加以下加粗的代码:

```
static void doWork()
{
    ...
    Console.WriteLine($"Square: number of sides is {square.NumSides}, length of each side
is {square.SideLength}");
    Console.WriteLine($"Triangle: number of sides is {triangle.NumSides}, length of each
side is {triangle.SideLength}");
    Console.WriteLine($"Pentagon: number of sides is {pentagon.NumSides}, length of each
side is {pentagon.SideLength}");
}
```

这些语句显示每个 Polygon 对象的 NumSides 和 SideLength 这两个属性的值。

9.   选择 "调试" | "开始执行(不调试)"。
     验证程序顺利生成并运行, 并在控制台中输出如下图所示的消息。

```
Square: number of sides is 4, length of each side is 10
Triangle: number of sides is 3, length of each side is 10
Pentagon: number of sides is 5, length of each side is 15.5
请按任意键继续...
```

10. 按 Enter 键关闭应用程序,返回 Visual Studio 2022。

15.7 用带属性的"记录"来实现轻量级结构

我们创建结构和类对实体进行建模。实体中的字段代表了实体的状态。许多情况下,这种状态会随时间而变。但在某些情况下,你希望实体是不可变的。

之前解释了如何创建具有只读(read-only)和只初始化(init-only)属性的结构和类来提供这种"不可变性"(immutability)。但是,创建这种类型的语法可能有点啰嗦。定义一个不可变的对象时,你实际只是想指定其字段的名称和类型,并让编译器生成代码来帮你实现。C# 9.0引入的"记录"提供了这个功能。

可将记录视为一种轻量级结构。记录是一个值类型,内置了对不可变性的支持。记录的另一个特点是相等性的表示法。比较两个对象是否相等时,你实际是在做什么?对于类,相等性验证两个对象实际引用堆上的同一个数据项。对于结构,相等性基于对值的比较;如两个结构的字段包含相同数据,它们就是相等的。但是,结构的默认相等性实现是通过继承自 **ValueType** 的 **Equals** 方法。该实现利用"反射"来查询所比较的结构中的字段,然后在两个结构中逐字段检查。

这种方法非常通用。它虽然可行,但效率不高。你可以重写 Equals 方法来提供自己的实现。但是,如果这样做,就必须同时重写 **GetHashCode** 方法。该方法被.NET 库中的各种方法调用,以确定一个对象的 ID,同时确保一个结构的两个实例不会返回相同的值(哈希码)。总之,表面上很简单的一个结构最终会发生膨胀,因为必须提供使用该结构所需的各种编码基础结构。

> **注意** UWP 应用和 UWP 类库创建的结构实际不从基类型 **ValueType** 派生。UWP 应用用一个不同的"运行时"来生成这些方法的默认实现。

回到之前的学生成绩例子,可以将 Grade 类型作为结构来实现,如下所示(略去了其中的一些细节):

```
struct Grade
{
    public int StudentID { get; init; }
    public string Subject { get; init; }
    public char SubjectGrade { get; init; }
    public override bool Equals(object obj)
```

```
    {
        ...
    }

    public override int GetHashCode()
    {
        ...
    }
}
```

可以像往常一样使用对象初始化器来实例化新的 Grade 结构实例，并在不同实例间复制数据：

```
var grade1 = new Grade() { StudentID = 1, Subject = "Math", SubjectGrade = 'A' };
var grade2 = new Grade() { StudentID = 1, Subject = "French", SubjectGrade = 'C' };
var grade3 = grade1; // 复制 grade1 实例
```

可显示某个 Grade 结构的内容：

```
Console.WriteLine(grade1);
Console.WriteLine(grade2);
Console.WriteLine(grade3);
```

问题在于，除非像本书之前描述的那样重写了结构的 ToString 方法，否则输出是：

```
Grade
Grade
Grade
```

为了测试相等性，你使用结构提供的 Equals 方法：

```
Console.WriteLine($"{grade1.Equals(grade3)}");
```

该语句的输出如下：

```
True
```

"学生成绩"类型天生就是一种"记录"。可用和结构相似的语法定义一个记录：

```
record Grade
{
    public int StudentID { get; init; }
    public string Subject { get; init; }
    public char SubjectGrade { get; init; }
}
```

但记录支持更简洁的语法，上述定义可改写如下：

```
record Grade(int StudentID, string Subject, char SubjectGrade);
```

每个字段都会自动生成一个 **get** 访问器和一个 **init** 访问器。除此之外，还会创建一个构造器，允许你指定每个字段的值。现在可以这样创建 Grade 记录类型的实例并复制 Grade 实例：

```
var grade1 = new Grade(1, "Math", 'A');
var grade2 = new Grade(1, "French", 'C');
var grade3 = grade1; // 复制 grade1 实例
```

如果觉得这种语法过于精简，还可自己命名提供给构造器的每个参数：

```
var grade1 = new Grade(StudentID:1, Subject:"Math", SubjectGrade:'A');
```

"记录"真正的妙处在于，它内建了对 **ToString** 方法的实现，能自动显示记录的内容。例如，以下语句：

```
Console.WriteLine(grade1);
Console.WriteLine(grade2);
Console.WriteLine(grade3);
```

将产生以下输出：

```
Grade { StudentID = 1, Subject = Math, SubjectGrade = A }
Grade { StudentID = 1, Subject = French, SubjectGrade = C }
Grade { StudentID = 1, Subject = Math, SubjectGrade = A }
```

另外，record 类型还重写了相等性操作符==。例如，以下语句的输出结果是"True"。

```
Console.WriteLine($"{grade1 == grade3}");
```

> **注意** 第 22 章讲述了如何在你自己的类型中重载操作符。

"记录"另一个好用的地方在于，它能将部分数据从一个记录复制到另一个。如果想创建另一个学生的 Grade 记录，其中 Math(数学)成绩为 A，可以像下面这样写：

```
var grade4 = grade1 with { StudentID = 2 };
```

记录类型支持解构(deconstruction)，方便你快速检索记录中的字段值。为此可以创建一个元组，其中的变量和每个字段匹配。然后，将记录赋给该元组。编译器能自动推断元组中每个变量的类型。在 Grade 的例子中，可以用以下元组来解构一条记录并显示字段值。

```
var (studentID, subjectName, grade) = grade1;
Console.WriteLine($"{studentID}, {subjectName}, {grade}");
```

本章最后一个练习将创建一个 record 类型，当学生报一门课的时候，捕捉他们的注册信息。

➤ **定义并使用 record 类型**

1. 在 Visual Studio 2022 中打开 StudentEnrollment 解决方案，它位于"文档"文件夹下的\Microsoft Press\VCSBS\ Chapter 15\StudentEnrollment 子文件夹。
   项目中包含包含 Program.cs 文件，定义了 **Program** 类。类中含有 **Main** 方法和 **doWork** 方法，这些和以前的练习一样。

2. 在解决方案资源管理器中右击 StudentEnrollment 项目，从弹出的快捷菜单中选择

"添加" | "类"。

3. 在"名称"文本框中输入 **Enrollment.cs**，单击"添加"命令。

注意 Visual Studio 当前还没有"记录"项的模板，所以用"类"模板代替它，修改一下即可。

---

4. 在 Enrollment.cs 文件中，将类定义替换成 以下记录定义：

```
record Enrollment(int StudentID, string CourseName, DateOnly DateEnrolled);
```

这样写就够了。编译器会为每个字段生成"只初始化"属性，生成一个构造器来填充每个字段，实现相等性操作符，并重写 ToString 方法来显示记录中的字段。

5. 在"代码和文本编辑器"中打开 Program.cs 文件。

6. 在 doWork 方法中，将 // TODO: 注释替换成以下代码，它创建由 4 条 Enrollment 记录构成的数组。第三条记录是第一条的副本。第四条记录也是第一条的副本，但具有不同的学生 ID。

```
static void doWork()
{
    var Enrollments = new Enrollment[4];
    Enrollments[0] = new Enrollment(StudentID: 1, CourseName: "Physics",
        DateEnrolled: new DateOnly(2021, 07, 20));
    Enrollments[1] = new Enrollment(StudentID: 1, CourseName: "Chemistry",
        DateEnrolled: new DateOnly(2021, 07, 20));
    Enrollments[2] = Enrollments[0];
    Enrollments[3] = Enrollments[0] with { StudentID = 2};}
}
```

7. 在 doWork 方法末尾添加以下加粗的语句。它们显示每条 Enrollment 记录的内容：

```
static void doWork()
{
    ...
    foreach (var Enrollment in Enrollments)
    {
        Console.WriteLine($"{Enrollment}");
    }
}
```

8. 继续在 doWork 方法末尾添加以下加粗的语句。它们将 Enrollments 中的第一条 Enrollment 记录与其他三条记录比较，并显示比较结果：

```
static void doWork()
{
    ...
    var firstEnrollment = Enrollments[0];
```

```
foreach (var Enrollment in Enrollments[1..4])
{
    Console.WriteLine($"{firstEnrollment == Enrollment}");
}
}
```

9. 从"调试"菜单中选择"开始执行(不调试)"。验证以下输出结果：

```
Enrollment { StudentID = 1, CourseName = Physics, DateEnrolled = 20/07/2021 }
Enrollment { StudentID = 1, CourseName = Chemistry, DateEnrolled = 20/07/2021 }
Enrollment { StudentID = 1, CourseName = Physics, DateEnrolled = 20/07/2021 }
Enrollment { StudentID = 2, CourseName = Physics, DateEnrolled = 20/07/2021 }
False
True
False
```

比较结果是 Enrollments[0]匹配 Enrollments[2]，但不匹配 Enrollments[1]或 Enrollments[3]。记住，记录本质上是值类型，所以比较基于的是记录的内容。它们是不同的物理记录。

10. 返回 Visual Studio。

11. 要测试这些记录的"不可变性"，请在 doWork 方法中添加以下语句：

```
static void doWork()
{
    ...
    Enrollments[0].DateEnrolled = new DateOnly(2021, 08, 15);
}
```

12. 选择"生成"|"重新生成解决方案"。生成会失败，显示以下消息：

只能在对象初始值设定项中或在实例构造函数或 "init" 访问器中的 "this" 或 "base" 上分配 init-only 属性或索引器 "Enrollment.DateEnrolled"

13. 删除刚才的语句并重新生成项目。现在又能成功生成了。

小结

本章展示了如何创建和使用属性，对一个对象中的数据进行受控制的访问。还讲述了如何创建自动属性，以及如何在初始化对象时使用属性。最后学习了如何使用具有"只初始化"属性的"记录"来创建不可变的值类型。

- 如果希望继续学习下一章，请继续运行 Visual Studio 2022，然后阅读第 16 章。
- 如果希望现在就退出 Visual Studio 2022，请选择"文件"|"退出"。如果看到"保存"对话框，请单击"是"按钮保存项目。

第 15 章快速参考

目标	操作

为结构或类声明可读/可写属性	声明属性类型、名称、**get** 和 **set** 访问器。示例如下：
	
	``
	struct ScreenPosition
	{
	    ...
	    public int X
	    {
	        get { ... } // 或 get => ...
	        set { ... } // 或 set => ...
	    }
	    ...
	}
	``

为结构或者类声明只读属性	在声明的属性中只包含 **get** 访问器。示例如下：
	
	``
	struct ScreenPosition
	{
	    ...
	    public int X
	    {
	        get { ... } // 或 get => ...
	    }
	    ...
	}
	``

为结构或者类声明只写属性	在声明的属性中只包含 **set** 访问器。示例如下：
	
	``
	struct ScreenPosition
	{
	    ...
	    public int X
	    {
	        set { ... } // 或 set => ...
	    }
	    ...
	}
	``

在接口中声明属性	在声明的属性中，只包含 **get** 或 **set** 关键字，或者同时包含这两个关键字。示例如下：
	
	``
	interface IScreenPosition
	{
	    int X { get; set; } // 无主体
	    int Y { get; set; } // 无主体
	}
	``

目标	操作
| 在结构或者类中实现接口属性 | 在实现接口的类或结构中，声明属性并实现具体的访问器。示例如下：<br><br>```csharp
struct ScreenPosition : IScreenPosition
{
    public int X
    {
        get { ... }
        set { ... }
    }
    public int Y
    {
        get { ... }
        set { ... }
    }
}
``` |
| 创建自动属性 | 在类或结构中，定义带有空白 get 和 set 访问器的属性。示例如下：<br><br>```csharp
class Polygon
{
    pubic int NumSides { get; set;}
}
```<br><br>只读属性要么在构造器中初始化，要么在定义时初始化。示例如下：<br><br>```csharp
class Circle
{
    public DateTime CircleCreatedDate { get; }
        = DateTime.Now;
    ...
}
``` |
| 使用属性初始化对象 | 构造对象时，在{}中以列表形式指定属性及其值。示例如下：<br><br>```csharp
Triangle tri3 = new Triangle { Side2Length = 12, Side3Length = 17};
``` |
| 创建不可变类型 | 定义"只初始化"（init-only）属性。示例如下：<br><br>```csharp
class Grade
{
    public int StudentID { get; init; }
    public string Subject { get; init; }
    public char SubjectGrade { get; init; }
}
``` |
| 实例化不可变类型 | 使用对象初始化语法并为每个"只初始化"属性指定值。示例如下：<br><br>```csharp
var grade1 = new Grade() { StudentID = 1, Subject = "Math",
SubjectGrade = 'A' };
``` |

目标	操作
定义并使用不可变的record类型	定义记录并指定其属性。属性默认不可变。示例如下： record Enrollment(int StudentID, string CourseName, DateOnly DateEnrolled); 然后，用为记录生成的默认构造器创建记录。示例如下： var Enrollments = new Enrollment(StudentID: 1, CourseName: "Physics", DateEnrolled: new DateOnly(2021, 07, 20));
从record类型检索字段值	用元组来解构记录。示例如下： var (studentID, subjectName, grade) = grade1;

第 16 章

处理二进制数据和使用索引器

学习目标

- 理解索引器的作用
- 创建并使用索引器，以数组风格访问对象
- 在接口中声明索引器
- 在从接口继承的结构和类中实现索引器

第 15 章讲述了如何实现属性，以受控制的方式访问类中的字段。处理含单个值的字段时，属性很有用。但要以一种自然和熟悉的语法访问含有多个值的对象，索引器更有用。

16.1 什么是索引器

属性可被视为一种智能字段；类似地，**索引器**可被视为一种智能数组[①]。属性封装类中的一个值，索引器封装一组值。使用索引器时，语法和使用数组完全相同。

理解索引器的最佳方式就是从例子中学习。首先展示一个例子，说明在不使用索引器的前提下，解决方案会存在哪些缺陷。然后，用索引器对解决方案进行优化。本例围绕整数(更准确地说是 int 类型)展开，将用 C#语言整数存储和查询二进制数据，所以，有必要先理解如何在 C#语言中使用 int 类型来操纵二进制值。

[①] 译注：索引器本质是"有参属性"；第 15 章所说的普通属性是"无参属性"。"索引器"只是 C#对"有参属性"的叫法。

16.1.1　存储二进制值

通常用 int 容纳整数值。int 内部将值存储为 32 位，每一位要么为 0，要么为 1。作为程序员，大多数时候都不需要关心内部二进制表示；相反，直接将 int 类型作为整数值的容器。但有时需要将 int 类型用在其他地方。例如，某些程序将 int 作为二进制标志集合使用，需单独操作其中的二进制位。换言之，是因为 int 能容纳 32 个二进制位才用它，而不是因为它能代表一个整数(C 程序员肯定明白我的意思)。

> **注意**　一些老程序通过 int 类型节省内存。那时的计算机内存以 KB 计，而不是以 GB 计。每 KB 内存都非常宝贵。一个 int 能容纳 32 位，每一位都可以是 1 或 0。为了省内存，程序员用 1 表示 true 值；用 0 表示 false 值，然后将这个 int 作为位集合使用。

C#允许用二进制记号法指定整数常量，这样在处理位集合时就要容易一些。一个常量要作为位集合处理，附加 0b0 前缀即可。例如，以下代码将二进制值 1111(十进制 15)赋给变量：

```
uint binData = 0b01111;
```

注意，只有 4 位，比整数实际占用的少；未指定的位会被初始化为零。另外，好的实践是在将整数作为二进制位的集合使用时，将结果存储到一个无符号整数(uint)中。如提供完整 32 位二进制值，C#编译器甚至会坚持你使用 uint。

一串较长的二进制位，甚至可以插入下画线(_)作为分隔符：

```
uint moreBinData = 0b0_11110000_01011010_11001100_00001111;
```

本例用下画线标记不同的字节(32 位共 4 字节)。二进制常量的任何地方都可插入，不一定要作为字节分隔符。下画线只用于增加可读性，会被 C#编译器忽略。

如果觉得二进制串有点长，可考虑附加 0x0 前缀来使用十六进制(base 16)。以下语句将和之前一样的两个值赋给两个变量。同样可用下画线分隔：

```
uint hexData = 0x0_0F;
uint moreHexData = 0x0_F0_5A_CC_0F;
```

16.1.2　显示二进制值

用 Convert.ToString 方法显示整数的二进制表示。方法有多个重载版本，能生成各类数据的字符串形式。转换整数数据时可额外指定一个基数或进制(2，8，10 或 16)。方法会用本书以前讲过的算法将整数换算成相应进制的值。下例打印 moreHexData 变量的二进制值：

```
uint moreHexData = 0x0_F0_5A_CC_0F;
Console.WriteLine($"{Convert.ToString(moreHexData, 2)}");
// 显示 11110000010110101100110000001111
```

16.1.3 操纵二进制值

C#提供以下操作符来访问和操纵 int 中单独的二进制位。

- **NOT(~)操作符** 一元操作符，执行按位求补。例如，对 8 位值 0b0_11001100 (十进制 204)应用~操作符，结果是 0b0_00110011 (十进制 51)。原始值中的所有 1 都变成 0，所有 0 都变成 1。

> 📖注意 这些例子仅供演示，只适合 8 位整数。C#语言的 int 类型是 32 位的，所以在 C# 应用程序中试验这些例子，得到的是和这些例子有区别的 32 位结果。例如，32 位的 204 是 00000000000000000000000011001100，所以在 C#语言中，~204 的结果是 11111111111111111111111100110011(相当于 C#语言 int 值-205)。

- **左移位(<<)操作符** 二元操作符，执行左移位。表达式 204 << 2 将返回值 48(在二进制中，204 对应 0b0_11001100，所有位向左移动 2 个位置，结果是 0b0_00110000，也就是十进制 48)。最左边的位会被丢弃，最右边用 0 补足。还有一个对应的**右移位操作符>>**。

- **OR(|)操作符** 二元操作符，执行按位 OR。两个操作数中，任何一个的某一位是 1，返回值的对应位置就是 1。例如，表达式 204 | 24 返回 220(204 对应 0b0_11001100，24 对应 0b0_00011000，而 220 对应 0b0_11011100)。

- **AND(&)操作符** 二元操作符，执行按位 AND。与按位 OR 操作符相似，但只有两个操作数的同一个位置都是 1，返回值的对应位置才是 1。所以，204 & 24 返回 8(204 对应 0b0_11001100，24 对应 0b0_00011000，而 8 对应 0b0_00001000)。

- **XOR(^)操作符** 二元操作符，执行按位 XOR(异或)，只有在两个位置的值不同的前提下，返回值的对应位置才是 1。所以，204 ^ 24 返回 212(0b0_11001100 ^ 0b0_00011000 的结果是 0b0_11010100)。

可综合运用这些操作符来判断一个 int 中单独位的值。例如，以下表达式使用左移位(<<)和按位 AND(&)操作符判断在名为 bits 的一个 int 中，位于位置 5(右数第 6 位)的二进制位是 0 还是 1:

```
(bits & (1 << 5)) != 0
```

> 📖注意 按位操作符从右向左计算位置。最右侧的位是位置 0，右数第 6 位就是位置 5。

如果 bits 变量包含十进制值 42，即二进制 0b0_00101010。十进制值 1 的二进制是 0b0_00000001，所以表达式 1 << 5 的结果是 0b0_00100000，右数第 6 位是 1。因此，表达式 bits & (1 << 5)相当于 0b0_00101010 & 0b0_00100000，结果是 0b0_00100000 (非零)。如 bits 变量包含 65，或者 0b0_01000001，那么表达式 0b0_01000001 & 0b0_00100000 结果是 0b0_00000000(零)。

虽然这已经是一个比较复杂的表达式，但和下面这个表达式(使用复合赋值操作符&=将位置 6 的位设为 0)相比，其复杂性又显得微不足道了：

```
bits &= ~(1 << 5)
```

类似地，要将位置 6 的位设为 1，可用按位 OR(|)操作符。下面这个复杂的表达式以复合赋值操作符|=为基础：

```
bits |= (1 << 5)
```

这些例子的通病在于，虽然能起作用，但不能清楚表示为什么要这样写，我们搞不清楚它们是如何工作的。过于复杂，解决方案很低级。也就是说，无法对要解决的问题进行抽象，会造成难以维护的代码。

16.1.4 用索引器解决相同问题

现在，暂停对前面的低级解决方案的思索，将重点放在问题的本质上。现在需要的是将 int 作为一个由二进制位构成的数组使用，而不是作为 int 使用。所以，解决问题的最佳方案是将 int 想象成包含二进制位的一个数组！例如，为了对 bits 变量 6 个位置中的任何一个进行读写(从右数)，那么可以使用下面这样的一个表达式 (记住索引从 0 开始)：

```
bits[5]
```

为了将右数第 4 位设为 true，我们希望能像下面这样写：

```
bits[3] = true; // 目前还属于无效代码
```

注意 C 语言的开发人员注意，Boolean 值 true 等同于二进制值 1，false 等同于二进制值 0。所以，表达式 bits[3] = true 是指"将 bits 变量右数第 4 位设为 1"。

遗憾的是，不能为 int 使用方括号记号法。该记号法仅适合数组或行为与数组相似的类型。所以，解决方案是新建一种类型，它在行为、外观和用法上都类似于 bool 数组，但用 int 实现。为此，我们可以定义一个**索引器**。

假定新类型名为 IntBits，其中包含一个 int 值(在构造器中初始化)，但要将 IntBits 作为由 bool 变量构成的数组使用：

```
struct IntBits
{
    private int bits;

    // 简单构造器，表达式主体方法足矣
    public IntBits(int initialBitValue) => bits = initialBitValue;

    // 在这里写索引器
}
```

定义索引器要采取一种兼具属性和数组特征的记号法。索引器由 this 关键字引入。在 this 之前指定索引器的返回值类型。在 this 之后的方括号中指定索引器的索引值类型。IntBits 结构的索引器用整数作为索引类型，返回 bool 值，如下所示：

```
struct IntBits
{
    ...
    public bool this [ int index ]
    {
        get => (bits & (1 << index)) != 0;
        set
        {
         if (value) // 如 value 为 true，就将指定的位设为 1(开)；否则设为 0(关)
             bits |= (1 << index);
         else
             bits &= ~(1 << index);
        }
    }
}
```

注意以下几点。

- 索引器不是方法——没有一对包含参数的圆括号，但有一对指定了索引的方括号。索引指定要访问哪一个元素。①

- 所有索引器都使用 this 关键字取代方法名。每个类或结构只允许定义一个索引器(虽然可以重载并有多个实现)，而且总是命名为 this。

- 和属性一样，索引器也包含 get 和 set 这两个访问器。本例的 get 和 set 访问器包含前面讨论过的按位表达式。

- 索引器声明中指定的 index 将用调用索引器时指定的索引值来填充。get 和 set 访问器方法可以读取该实参，判断应访问哪一个元素。

注意 索引器应对索引值执行范围检查，防止索引器代码发生任何不希望的异常。

良好的实践是同时提供一种显示结构数据的方式。可重写 ToString 方法将值转换成二进制表示，例如：

```
struct IntBits
{
    ...
    public override string ToString()
```

---

① 译注：索引器只是表现得不像方法，但实际还是方法。编译器在编译它时，会自动把它转换成在内部使用的方法。事实上，CLR 本身并不区分无参属性和有参属性(索引器)。对 CLR 来说，每个属性都只是类型中定义的一对方法和一些元数据。详情参见《CLR via C#(第 4 版)》(清华大学出版社 2014 年出版)。

```
    {
        return (Convert.ToString(bits, 2);
    }
}
```

声明好索引器后，就可用 IntBits(而非 int)类型的变量并使用方括号记号法：

```
int adapted = 0b0_01111110;
IntBits bits = new IntBits(adapted);
bool peek = bits[6];              // 获取索引位置 6 的 bool 值：应该是 true(1)
bits[0] = true;                   // 将索引 0 的位设为 true(1)
bits[3] = false;                  // 将索引 3 的位设为 false(0)
Console.WriteLine($"{bits}");     // 显示 1110111 (0b0_01110111)
```

这个语法显然更容易理解。非常直观，而且充分捕捉到了问题的本质。

16.2   理解索引器的访问器

读取索引器时，编译器自动将数组风格的代码转换成对那个索引器的 get 访问器的调用。例如，以下代码转换成对 bits 的 get 访问器的调用，index 参数值设为 6：

```
bool peek = bits[6];
```

类似地，向索引器写入时，编译器将数组风格的代码转换成对索引器的 set 访问器的调用，并将 index 参数设为方括号中指定的值。例如：

```
bits[3] = true;
```

该语句将转换成对 bits 的 set 访问器的调用，index 值设为 3。和普通属性一样，向索引器写入的值(本例是 true)是通过 value 关键字来访问的。value 的类型与索引器本身的类型相同(本例是 bool)。

还可在同时读取和写入的情况下使用索引器。这种情况要同时用到 get 和 set 访问器。例如，以下语句使用 XOR 操作符(^)反转 bits 变量索引 6 的二进制位：

```
bits[6] ^= true;
```

它自动转换成以下形式：

```
bits[6] = bits[6] ^ true;
```

上述代码之所以能奏效，是由于索引器同时声明了 get 和 set 访问器。

> **注意**   还可声明只包含 get 访问器的索引器(只读索引器)，或声明只包含 set 访问器的索引器(只写索引器)。

16.3 对比索引器和数组

索引器的语法和数组非常相似,但仍然存在一些重要区别。

- 索引器能使用非数值下标,而数组只能使用整数下标,示例如下:

```
public int this [ string name ] { ... } // 合法
```

📝 提示 一些集合类以键/值(key/value)对为基础实现了关联式(associative)查找功能。许多这样的集合类(如 Hashtable)都实现了索引器,从而避免了使用不直观的 Add 方法来添加新值,还避免了遍历 Values 属性来定位特定的值。

例如,可以不这样写:

```
Hashtable ages = new Hashtable();
ages.Add("John", 42);
```

而是这样写:

```
Hashtable ages = new Hashtable();
ages["John"] = 42;
```

- 索引器能重载(和方法相似),数组则不能:

```
public Name this [ PhoneNumber number ] { ... }
public PhoneNumber    this [ Name name ] { ... }
```

- 索引器不能作为 ref 或 out 参数使用,数组元素则能:

```
IntBits bits;               // bits 包含一个索引器
Method(ref bits[1]);   // 编译时错误
```

属性、数组和索引器

可让属性返回一个数组,但记住数组是引用类型。数组作为属性公开可能不慎覆盖大量数据。以下结构公开了名为 Data 的数组属性:

```
struct Wrapper
{
    private int[] data;
    ...
    public int[] Data
    {
        get => this.data;
        set => this.data = value;
    }
}
```

再来看看使用了这个属性的代码:

```
Wrapper wrap = new Wrapper();
...
int[] myData = wrap.Data;
myData[0]++;
myData[1]++;
```

这些代码表面上无害。但由于数组是引用类型，所以变量 myData 引用的对象就是 Wrapper 结构中的私有 data 变量所引用的对象。对 myData 中的元素进行的任何修改，都会同时作用于 data 数组；表达式 myData[0]++的效果与 data[0]++完全相同。

如果这并非你的本意，那么为了避免发生问题，应该在 Data 属性的 get 和 set 访问器中使用 Clone 方法返回 data 数组的拷贝，或者创建要设置的值的拷贝，如下所示(第 8 章讨论过用 Clone 方法复制数组的问题)。注意 Clone 方法返回一个 object，必须把它转型为整数数组：

```
struct Wrapper
{
    private int[] data;
    ...
    public int[] Data
    {
        get { return this.data.Clone() as int[]; }
        set { this.data = value.Clone() as int[]; }
    }
}
```

但这会造成相当大的混乱，而且内存的利用率也会显著下降。索引器提供了这个问题的一个自然解决之道——不将整个数组都作为属性公开；相反，只允许其中单独的元素通过索引器来访问：

```
struct Wrapper
{
    private int[] data;
    ...
    public int this [int i]
    {
        get => this.data[i];
        set => this.data[i] = value;
    }
}
```

以下代码采用和前面使用属性相似的方式使用索引器：

```
Wrapper wrap = new Wrapper();
...
int[] myData = new int[2];
myData[0] = wrap[0];
myData[1] = wrap[1];
myData[0]++;
myData[1]++;
```

这一次，对 MyData 数组中的值进行递增，不会影响 Wrapper 对象中的原始数组。如果真的想修改 Wrapper 对象中的数据，必须像下面这样写：

```
wrap[0]++;
```

这显得更清晰，也更安全！

16.4 接口中的索引器

接口可以声明索引器。为此，需要指定 get 以及/或者 set 关键字，但 get 和 set 访问器的主体要替换成分号。实现该接口的任何类或结构都必须实现接口所声明的索引器的访问器，例如：

```
interface IRawInt
{
    bool this [ int index ] { get; set; }
}

struct RawInt : IRawInt
{
    ...
    public bool this [ int index ]
    {
        get { ... }
        set { ... }
    }
    ...
}
```

在类中实现接口要求的索引器时，可将索引器的实现声明为 virtual，从而允许派生类重写 get 和 set 访问器。例如，前面的例子可改写成以下形式：

```
class RawInt : IRawInt
{
    ...
    public virtual bool this [ int index ]
    {
        get { ... }
        set { ... }
    }
    ...
}
```

还可附加接口名称作为前缀，通过"显式接口实现"语法(参见 13.1.5 节)来实现索引器。索引器的显式实现是非公共和非虚的(所以不能被重写)，例如：

```
struct RawInt : IRawInt
{
    ...
    bool IRawInt.this [ int index ]
```

```
    {
        get { ... }
        set { ... }
    }
    ...
}
```

16.5 在 Windows 应用程序中使用索引器

以下练习将研究一个简单的电话簿应用程序，并完成它的实现。任务是在 PhoneBook 类中写两个索引器：一个获取 Name 参数并返回 PhoneNumber；另一个获取 PhoneNumber 参数并返回 Name。Name 和 PhoneNumber 这两个结构已经写好了。还要从程序的正确位置调用这些索引器。

> **熟悉应用程序**

1. 如果 Microsoft Visual Studio 2022 尚未启动，请启动。

2. 打开 Indexers 解决方案，它位于"文档"文件夹下的\Microsoft Press\VCSBS\Chapter 16\Indexers 子文件夹。

    该图形应用程序允许根据联系人查找电话号码，或根据电话号码查找联系人。

3. 选择"调试"|"开始调试"。

    随后生成并运行项目。屏幕显示一个窗体，其中包含两个空白文本框，标签分别是 Name(姓名)和 Phone Number(电话号码)。窗体最开始显示两个按钮：一个根据姓名查电话号码，另一个根据电话号码查姓名。展开底部的命令栏显示附加的 Add 按钮，它将一对姓名/电话号码添加到应用程序维护的姓名和电话号码清单中。目前，这些按钮什么都不做。你的任务是完成应用程序，使这些按钮能够工作。

    应用程序的外观如下图所示。

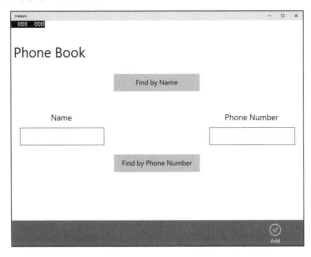

4. 返回 Visual Studio 2022 并停止调试。

5. 在"代码和文本编辑器"中打开 Name.cs 源代码文件。检查 Name 结构,它用于容纳所有姓名。

   姓名作为字符串提供给构造器。通过只读字符串属性 Text 获取姓名(在由 Name 值构成的数组中搜索时,要使用 Equals 和 GetHashCode 方法比较 Name,暂时可以忽略这两个方法)。

6. 在"代码和文本编辑器"中打开 PhoneNumber.cs 源代码文件,检查 PhoneNumber 结构。它和 Name 结构非常相似。

7. 在"代码和文本编辑器"中打开 PhoneBook.cs 源代码文件,检查 PhoneBook 类。

   该类包含两个私有数组:一个数组由 Name 值构成,名为 names;另一个数组由 PhoneNumber 值构成,名为 phoneNumbers。PhoneBook 类还包含一个 Add 方法,用于向电话簿添加电话号码和姓名。单击窗体上的 Add 按钮将调用该方法。Add 会调用 enlargeIfFull 方法,以便在用户添加数据项时检查数组是否已满。如有必要,enlargeIfFull 方法会创建两个新的、更大的数组,将现有数组的内容复制过去,然后丢弃旧数组。

   Add 方法故意设计得这么简单,它不检查要添加的姓名或电话号码是否重复。

   PhoneBook 类目前没有提供查找姓名或电话号码的功能,要在下个练习中添加两个索引器来提供这些功能。

➢ 编写索引器

1. 在 PhoneBook.cs 源代码文件中删除// TODO: write 1st indexer here 注释,替换成 PhoneBook 类的公共只读索引器(如加粗的代码所示),它返回一个 Name,接受一个 PhoneNumber 作为索引。让 get 访问器的主体为空。

   索引器应该像下面这样:

```
sealed class PhoneBook
{
    ...
    public Name this [PhoneNumber number]
    {
        get
        {
        }
    }
    ...
}
```

2. 实现 get 访问器,如加粗的代码所示。该访问器作用是查找与指定电话号码匹配的姓名。为此需要调用 Array 类的静态方法 IndexOf。IndexOf 方法搜索数组,返回和指定值匹配的第一项的索引。IndexOf 方法第一个参数是要搜索的数组(phoneNumbers)；第二个是要搜索的项。找到匹配项，IndexOf 就返回该元素的整数索引；否则返回-1。索引器找到电话号码应返回对应的姓名，否则应返回一个空的 Name 值。注意 Name 是结构，所以肯定有一个默认构造器将它的私有 name 字段设为 null。

```
sealed class PhoneBook
{
    ...
    public Name this [PhoneNumber number]
    {
        get
        {
            int i = Array.IndexOf(this.phoneNumbers, number);
            if (i != -1)
            {
                return this.names[i];
            }
            else
            {
                return new Name();
            }
        }
    }
    ...
}
```

3. 在 PhoneBook 类中删除// TODO: write 2nd indexer here 注释，替换成第二个公共只读索引器，它返回一个 PhoneNumber，接受一个 Name 参数。采用和第一个索引器相同的方式实现。(再次提醒，PhoneNumber 是结构，始终有默认构造器)。

   第二个索引器如下所示：

```
sealed class PhoneBook
{
    ...
    public PhoneNumber this [Name name]
    {
        get
        {
            int i = Array.IndexOf(this.names, name);
            if (i != -1)
            {
                return this.phoneNumbers[i];
            }
            else
```

```
        {
            return new PhoneNumber();
        }
    }
}
    ...
}
```

注意，两个重载索引器之所以能共存，是因为它们索引的是不同类型的值，这意味着签名不同。将 Name 结构和 PhoneNumber 结构替换成简单字符串(也就是它们包装的内容)，两个重载的索引器就具有相同的签名，类将无法通过编译。

4. 选择"生成"｜"生成解决方案"。纠正任何录入错误；如有必要，请重新生成。

> **调用索引器**

1. 在"代码和文本编辑器"中打开 MainPage.xaml.cs 源代码文件，找到其中的 findByNameClick 方法。

   单击 Find by Name(按姓名搜索)按钮将调用该方法。方法目前空白。

2. 将 // TODO: 注释替换成后面加粗的代码来执行以下任务。

   a. 读取窗体上的 name 文本框的 Text 属性值。这是一个字符串，其中包含用户键入的联系人姓名。

   b. 如果字符串不为空，就使用索引器在 PhoneBook 中搜索与那个姓名对应的电话号码(注意，MainPage 类包含名为 phoneBook 的私有 PhoneBook 字段)；基于字符串来构造 Name 对象，把它作为参数传给 PhoneBook 索引器。

   c. 如果索引器返回的 PhoneNumber 结构的 Text 属性值不为 null 或空白字符串，就将该属性的值写入 phoneNumber 文本框；否则显示文本"Not Found"。

   完成后的 findByNameClick 方法应该像下面这样：

```
private void findByNameClick(object sender, RoutedEventArgs e)
{
    string text = name.Text;
    if (!String.IsNullOrEmpty(text))
    {
        Name personsName = new Name(text);
        PhoneNumber personsPhoneNumber = this.phoneBook[personsName];
        phoneNumber.Text = String.IsNullOrEmpty(personsPhoneNumber.Text) ?
                        "Not Found" : personsPhoneNumber.Text;
    }
}
```

除了访问索引器的语句，上述代码还有两个值得注意的地方。

第一，String 的静态方法 IsNullOrEmpty 判断字符串是否空白或包含 null 值。这是测试字符串是否包含值的首选方法。包含 null 或空字符串("")将返回 true，否则返回 false。

第二，?:操作符就像嵌入的 **if...else** 语句那样填充 phoneNumber 文本框的 Text 属性。作为三元操作符，它要获取以下三个操作数：Boolean 表达式，在 Boolean 表达式为 **true** 时求值并返回的表达式，以及在 Boolean 表达式为 **false** 时求值并返回的表达式。上述代码如果表达式.IsNullOrEmpty(personsPhoneNumber.Text)为 **true**，表明电话簿中未找到匹配项，所以显示文本 **"Not Found"**，否则显示 personsPhoneNumber 变量的 Text 属性值。

?:操作符的常规形式如下：

```
Result = <Boolean 表达式> ? <为 true 时求值的表达式> : <为 false 时求值的表达式>
```

3. 在 MainPage.xaml.cs 文件中找到 **findByPhoneNumberClick** 方法(位于 **findByNameClick** 方法下方)。

  单击 Find by Phone Number (按电话号码搜索)按钮将调用该方法。方法目前空白，只有一条 **// TODO:** 注释。

4. 需要像下面这样实现它。要添加的代码加粗显示。

  a. 读取窗体上的 phoneNumber 文本框的 Text 属性值。这是字符串，其中包含用户键入的电话号码。

  b. 如果字符串不为空，就使用索引器在 PhoneBook 中搜索与电话对应的姓名。

  c. 将索引器返回的 Name 结构的 Text 属性的值写入 name 文本框。

  完成之后的方法应该像下面这样：

```
private void findByPhoneNumberClick(object sender, RoutedEventArgs e)
{
    string text = phoneNumber.Text;
    if (!String.IsNullOrEmpty(text))
    {
        PhoneNumber personsPhoneNumber = new PhoneNumber(text);
        Name personsName = this.phoneBook[personsPhoneNumber];
        name.Text = String.IsNullOrEmpty(personsName.Text) ?
                    "Not Found" : personsName.Text;
    }
}
```

5. 选择"生成" | "生成解决方案"命令。纠正所有打字错误。

➢ **测试应用程序**

1. 选择"调试" | "开始调试"命令。

2. 在相应的文本框中输入你的姓名和电话号码，单击命令栏，单击 Add 按钮。

  单击 Add 按钮后，**Add** 方法会将数据项放到电话簿中，并清除所有文本框，使它们准备好执行一次搜索。

3. 重复步骤 2 数次，每次都输入不同的姓名和电话号码，使电话簿中包含多个数据项。注意，应用程序不对输入进行有效性检查，而且允许多次输入相同的姓名和电话号码。为免混淆，请确定每次都提供不同的姓名和电话号码。

4. 将步骤 2～3 输入的一个姓名输入 Name 文本框，单击 Find by Name 文本框。随即从电话簿中检索到添加的电话号码，并在 Phone Number 文本框中显示。

5. 在 Phone Number 文本框中输入不同联系人的电话号码，单击 Find by Phone Number。会从电话簿中检索到联系人的姓名，并在 Name 文本框中显示。

6. 在 Name 文本框中输入没有在电话簿中输入过的姓名，单击 Find by Name 文本框。这一次，Phone Number 文本框显示消息框"Not Found"。

7. 关闭窗体，返回 Visual Studio 2022。

小结

本章讲述了如何使用索引器，以数组风格访问类中的数据。讲述了如何创建索引器来获取索引并通过 get 访问器定义的逻辑返回该索引位置的值。另外，还讲述了如何使用 set 访问器在指定索引位置填充值。

- 如果希望继续学习下一章，请继续运行 Visual Studio 2022，然后阅读第 17 章。
- 如果希望现在就退出 Visual Studio 2022，请选择"文件"|"退出"。如果看到"保存"对话框，请单击"是"按钮保存项目。

第 16 章快速参考

目标	操作

指定二进制或十六进制的整数值	使用 0b0(二进制)或 0x0(十六进制)前缀。可用下画线提高可读性。示例如下：
	
	`iuint moreBinData = 0b0_11110000_01011010_11001100_00001111;`
	`uint moreHexData = 0x0_F0_5A_CC_0F;`

显示二进制或十六进制的整数值	使用 Convert.ToString 方法，显示二进制指定基数 2，十六进制指定基数 16。示例如下：
	
	`uint moreHexData = 0x0_F0_5A_CC_0F;`
	`Console.WriteLine($"{Convert.ToString(moreHexData, 2)}");`
	`// 显示 11110000010110101100110000001111`

目标	操作
为类或结构创建索引器	声明索引器类型，后跟关键字 this，在方括号中添加索引器参数。索引器主体可包含一个 get 以及/或者 set 访问器。示例如下： ```\nstruct RawInt\n{\n ...\n public bool this [int index]\n {\n get { ... }\n set { ... }\n }\n ...\n}\n```
在接口中定义索引器	使用 get 以及/或者 set 关键字定义索引器。示例如下： ```\ninterface IRawInt\n{\n bool this [int index] { get; set; }\n}\n```
在类或结构中实现接口要求的索引器	在实现接口的类或结构中，定义索引器并实现要求的访问器。示例如下： ```\nstruct RawInt : IRawInt\n{\n ...\n public bool this [int index]\n {\n get { ... }\n set { ... }\n }\n ...\n}\n```
在类或结构中，通过"显式接口实现"来实现接口要求的索引器	在实现接口的类或结构中显式命名接口，但不要指定索引器的可访问性。示例如下： ```\nstruct RawInt : IRawInt\n{\n ...\n bool IRawInt.this [int index]\n {\n get { ... }\n set { ... }\n }\n ...\n}\n```

第 17 章

泛型概述

学习目标

- 理解泛型的用途
- 使用泛型定义类型安全的类
- 指定类型参数来创建泛型类的实例
- 定义泛型方法，实现独立于要操作的数据类型的算法
- 创建并实现泛型接口

第 8 章讲述了如何使用 **object** 类型引用任何类的实例。可用 **object** 类型存储任意类型的值。此外，要将任意类型的值传给方法，可定义 **object** 类型的参数。还可将 **object** 作为返回类型，让方法返回任意类型的值。虽然这是一个十分灵活的设计，但也增加了程序员的负担，因为程序员必须记住实际使用的是哪种数据。如果不小心犯错，就可能造成运行时错误。本章将探讨**泛型**的概念，它的设计宗旨就是帮助程序员避免这种错误。

17.1 object 的问题

为理解泛型，首先要理解它们解决的是什么问题。

假定要建模一个先入先出队列，可创建一个下面这样的类。

```
class Queue
{
    private const int DEFAULTQUEUESIZE = 100; // 默认队列大小
    private int[] data;
    private int head = 0, tail = 0; // 头和尾
    private int numElements = 0;
```

```csharp
public Queue()
{
    this.data = new int[DEFAULTQUEUESIZE];
}

public Queue(int size)
{
    if (size > 0)
    {
        this.data = new int[size];
    }
    else
    {
        throw new ArgumentOutOfRangeException("size", "Must be greater than zero");
    }
}

public void Enqueue(int item)  // 入队
{
    if (this.numElements == this.data.Length)
    {
        throw new Exception("Queue full");
    }

    this.data[this.head] = item;
    this.head++;
    this.head %= this.data.Length;
    this.numElements++;
}

public int Dequeue()  // 出队
{
    if (this.numElements == 0)
    {
        throw new Exception("Queue empty");
    }

    int queueItem = this.data[this.tail];
    this.tail++;
    this.tail %= this.data.Length;
    this.numElements--;
    return queueItem;
}
}
```

　　该类利用一个数组提供循环缓冲区来容纳数据。数组大小由构造器指定。应用程序使用 Enqueue(入队)方法向队列添加数据项，用 Dequeue(出队)方法从队列中取出数据项。私有 head(头)和 tail(尾)字段跟踪在数组中插入和取出数据项的位置。numElements 字段指出数组中有多少数据项。Enqueue 方法和 Dequeue 方法利用这些字段判断在哪里存储或获取数据项，以及执行一些基本的错误检查。应用程序可像下面这样创建 Queue 对象并调用这些方法。

注意数据项出队顺序和入队顺序一样。

```
Queue queue = new Queue(); // 新建队列
queue.Enqueue(100);
queue.Enqueue(-25);
queue.Enqueue(33);
Console.WriteLine($"{queue.Dequeue()}"); // 显示 100
Console.WriteLine($"{queue.Dequeue()}"); // 显示 -25
Console.WriteLine($"{queue.Dequeue()}"); // 显示 33
```

Queue 类能很好地支持 int 队列，但如果要创建字符串队列，float 队列，甚至更复杂的类型(比如第 7 章讲过的 Circle 或者第 12 章讲过的 Horse 或 Whale)的队列又该怎么办呢？现在的问题是，Queue 类的实现限定 int 类型的数据项。试图入队一个 Horse 会发生编译时错误。

```
Queue queue = new Queue();
Horse myHorse = new Horse();
queue.Enqueue(myHorse);      // 编译时错误：不能将 Horse 转换成 int
```

绕开该限制的一个办法是指定 Queue 类包含 object 类型的数据项，更新构造器，修改 Enqueue 方法和 Dequeue 方法来获取 object 参数并返回 object，如下所示：

```
class Queue
{
    ...
    private object[] data;
    ...
    public Queue()
    {
        this.data = new object[DEFAULTQUEUESIZE];
    }

    public Queue(int size)
    {
        ...
        this.data = new object[size];
        ...
    }
    public void Enqueue(object item)
    {
        ...
    }
    public object Dequeue()
    {
        ...
        object queueItem = this.data[this.tail];
        ...
        return queueItem;
    }
}
```

可用 object 类型引用任意类型的值或变量。所有引用类型都自动从.NET Framework 的 System.Object 类继承(无论直接还是间接)。C#的 object 是 System.Object 的别名。现在，由于 Enqueue 和 Dequeue 方法操纵的是 object，所以可以处理 Circle、Horse、Whale 或其他任何类型的队列。但必须记住将 Dequeue 方法的返回值转换为恰当的类型，因为编译器不自动执行从 object 向其他类型的转换。

```
Queue queue = new Queue();
Horse myHorse = new Horse();
queue.Enqueue(myHorse); // 现在合法了 - Horse 是一个 object
...
Horse dequeuedHorse =(Horse)queue.Dequeue(); // 需要将 object 转换回 Horse
```

如果没有对返回值进行类型转换，就会报告如下所示的编译器错误：

无法将类型从"object"隐式转换为"Horse"

由于要求显式类型转换，导致 object 类型所提供的灵活性大打折扣。很容易写出下面这样的代码：

```
Queue queue = new Queue();
Horse myHorse = new Horse();
queue.Enqueue(myHorse);
...
Circle myCircle = (Circle)queue.Dequeue(); // 运行时错误
```

上述代码能通过编译，但运行时会抛出 System.InvalidCastException 异常。之所以出错，是因为代码试图将一个 Horse 引用存储到 Circle 变量中，但两种类型不兼容。这个错误只有在运行时才会显现，因为编译器在编译时没有足够多的信息来执行检查。只有运行时才能确定出队对象的实际类型。

使用 object 类型创建常规类和方法的另一个缺点是，如果"运行时"需要先将 object 转换成值类型，再从值类型转换回来，就会消耗额外的内存和处理器时间。例如，以下代码对包含 int 变量的队列进行操作：

```
Queue queue = new Queue();
int myInt = 99;
queue.Enqueue(myInt);            // 将 int 装箱成 object
...
myInt = (int)queue.Dequeue();    // 将 object 拆箱成 int
```

Queue 数据类型要求它容纳的数据项是 object，而 object 是引用类型。对值类型(例如 int)进行入队操作，要求通过装箱转换成引用类型。类似地，为了出队成 int，要求通过拆箱转换回值类型。这方面更多的细节请参见 8.6 节对装箱的介绍和 8.7 节对拆箱的介绍。虽然装箱和拆箱是透明的，但会造成性能开销，因为需进行动态内存分配。虽然对于每个数据项来说开销不大，但创建由大量值类型构成的队列时，累积起来的开销就不容乐观了。

17.2 泛型解决方案

C#语言通过**泛型**(generics)避免强制类型转换，增强类型安全性，减少装箱量，并让程序员更轻松地创建常规化的类和方法。泛型类和方法接受**类型参数**，它们指定了要操作的对象的类型。C#语言是在尖括号中提供类型参数来指定泛型类，如下所示：

```
class Queue<T>
{
    ...
}
```

T 就是类型参数，作为占位符使用，会在编译时被真正的类型取代。写代码实例化泛型 Queue 时，需指定用于取代 T 的类型(Circle, Horse, int 等)。在类中定义字段和方法时，可用同样的占位符指定这些项的类型，例如：

```
class Queue<T>
{
    ...
    private T[] data; // 数组是'T'类型, 'T'称为类型参数
    ...
    public Queue()
    {
        this.data = new T[DEFAULTQUEUESIZE]; // 'T'作为数据类型
    }

    public Queue(int size)
    {
        ...
        this.data = new T[size];
        ...
    }

    public void Enqueue(T item) // 'T'作为方法参数类型
    {
        ...
    }

    public T Dequeue() // 'T'作为返回址的类型
    {
        ...
        T queueItem = this.data[this.tail]; // 数组中的数据是'T'类型
        ...
        return queueItem;
    }
}
```

虽然一般都使用单字符 T，但类型参数 T 可以是任何合法的 C#语言标识符。它会被创建 Queue 对象时指定的类型取代。下例创建一个 int 队列和一个 Horse 队列：

```
Queue<int> intQueue = new Queue<int>();
Queue<Horse> horseQueue = new Queue<Horse>();
```

另外，编译器有足够的信息在生成程序时执行严格的类型检查。无须在调用 Dequeue 方法时执行强制类型转换，编译器能提早(而非等到运行时)发现任何类型匹配错误：

```
intQueue.Enqueue(99);
int myInt = intQueue.Dequeue();            // 无须转型
Horse myHorse = intQueue.Dequeue();        // 编译时错误
                                           // 无法将类型从"int"隐式转换为"Horse"
```

要注意，用指定类型替换 T 不是简单的文本替换机制。相反，编译器会执行全面的语义替换，所以可为 T 指定任何有效的类型。下面列出更多的例子。

```
struct Person
{
    ...
}
...
Queue<int> intQueue = new Queue<int>();
Queue<Person> personQueue = new Queue<Person>();
```

第一个例子创建整数队列，第二个创建 Person 值的队列。编译器为每个队列生成各自版本的 Enqueue 和 Dequeue 方法。intQueue 队列的方法如下：

```
public void Enqueue(int item);
public int Dequeue();
```

personQueue 队列的方法如下：

```
public void Enqueue(Person item);
public Person Dequeue();
```

将这些定义与上一节基于 object 的版本比较。在从泛型类派生的方法中，Enqueue 的 item 参数作为值类型传递，所以不要求在入队时装箱。类似地，Dequeue 返回的值也是值类型，不需要在出队时拆箱。

注意 System.Collections.Generics 命名空间提供了 Queue 类的实现，它的工作方式和刚才描述的类相似。该命名空间还包含其他集合类，详情将在第 18 章讲述。

类型参数不一定是简单类或值类型。例如，可创建由整数队列构成的队列(如果觉得有用的话)：

```
Queue<Queue<int>> queueQueue = new Queue<Queue<int>>();
```

泛型类还可指定多个类型参数。例如泛型类 System.Collections.Generic.Dictionary 需要两个类型参数：一个是键(key)的类型，另一个是值(value)的类型。详情参见第 18 章。

注意 还可使用和定义泛型类一样的语法定义泛型结构和接口。

17.2.1 对比泛型类和常规类

必须注意，使用类型参数的泛型类(generic class)有别于常规类(generalized class)，后者的参数能强制转换为不同的类型。例如，前面基于 object 的 Queue 类就是常规类。该类只有一个实现，它的所有方法获取的都是 object 类型的参数，返回的也是 object 类型。可用这个类来容纳和处理 int、string 以及其他许多类型的值，但任何情况使用的都是同一个类的实例，必须将使用的数据转型为 object，或者从 object 转型为正确的数据类型。

把它和泛型类 Queue<T>类比较。每次为泛型类指定类型参数时(例如 Queue<int>或者 Queue<Horse>)，实际都会造成编译器生成一个全新的类，它"恰好"具有泛型类定义的功能。这意味着 Queue<int>和 Queue<Horse>是全然不同的两个类型，只是"恰好"具有相同的行为。可以想象泛型类定义了一个模板，编译器根据实际情况用该模板生成新的、有具体类型的类。泛型类的具体类型版本(例如 Queue<int>，Queue<Horse>等)称为**已构造类型**(constructed type)。它们应被视为不同的类型(尽管有一组类似的方法和属性)。

17.2.2 泛型和约束

有时要确保泛型类使用的类型参数是提供了特定方法的类型。例如，假定要定义一个 PrintableCollection(可打印集合)类，就可能想确保该类存储的所有对象都提供了 Print 方法。这时可用**约束**来规定该条件。

约束限制泛型类的类型参数实现了一组特定接口，因而提供了接口定义的方法。例如，假定 IPrintable 接口定义了 Print 方法，就可像这样定义 PrintableCollection 类：

```
public class PrintableCollection<T> where T : IPrintable
```

该类编译时，编译器验证用于替换 T 的类型实现了 IPrintable 接口。没有就报告编译错误。

还可使用 struct 约束强制类型参数为 struct 值类型而不是类：

```
public class StructCollection<T> where T : struct
```

class 约束与此相似，只是它确保类型参数是引用类型(一个类)。

17.3 创建泛型类

.NET 类库在 System.Collections.Generic 命名空间提供了大量现成的泛型类。当然也可定义自己的，本节将教你如何做。但在此之前，首先要掌握一些背景知识。

17.3.1 二叉树理论

以下练习将定义并使用一个代表二叉树的类。

二叉树或二分树(binary tree)是一种有用的数据结构,可用它实现大量操作,其中包括以极快速度来排序和搜索数据。市面上有大量关于二叉树的专著。然而,对二叉树的方方面面进行探讨并不是本书的目的。我们只涉及一般性的细节。如果你有兴趣,推荐阅读《计算机程序设计艺术第 3 卷: 排序与查找(第 2 版)》。

二叉树是一种递归(自引用)数据结构,要么空,要么包含 3 个元素:一个数据(通常把它称为**节点**)以及两个**子树**(本身也是二叉树)。两个子树通常称为**左子树**和**右子树**,因其分别位于节点左侧和右侧。每个左子树或右子树要么为空,要么包含一个节点和另外两个子树。理论上说,整个结构可以无限继续下去。下图展示了一个小型的二叉树结构。

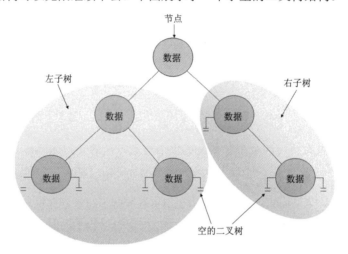

二叉树的强大体现在数据排序上。假定最开始的是一组无序排列的对象,所有对象都是同一个类型,就可用它们构造一个排好序的二叉树,然后遍历该树,访问其中每一个节点。下面是在排好序的二叉树 B 中插入数据项 I 的算法(伪代码):

```
If the tree, B, is empty    // 如果树 B 为空
Then
   Construct a new tree B with the new item I as the node, and empty left and
   right sub-trees       // 就构造树 B,新项 I 作为节点,并构造空白的左右子树
Else
   Examine the value of the current node, N, of the tree, B  // 检查树 B 的节点 N 的值
   If the value of N is greater than that of the new item, I  // 如果 N 大于新项 I 的值
   Then
      If the left sub-tree of B is empty       // 如果 B 的左子树为空
      Then
        Construct a new left sub-tree of B with the item I as the node, and
        empty left and right sub-trees        // 就为 B 构造一个新的左子树,I 作为节点,
                                               // 左右子树空白
      Else
        Insert I into the left sub-tree of B   // 将 I 插入 B 的左子树
      End If
```

```
    Else
      If the right sub-tree of B is empty          // 如果 B 的右子树为空
      Then
        Construct a new right sub-tree of B with the item I as the node, and
        empty left and right sub-trees              // 就为 B 构造一个新的右子树，I 作为节点，
                                                     // 左右子树空白

      Else
        Insert I into the right sub-tree of B   // 将 I 插入 B 的右子树
      End If
    End If
End If
```

注意，这个递归算法，反复调用自身，将数据项插入左子树或右子树——具体取决于数据项与树的当前节点进行比较的结果。

> **注意** 在伪代码中，表达式 greater than(大于)的定义依赖于数据类型。对于数值数据，greater than 可能是一个简单的算术比较；对于文本数据，它可能是一个字符串比较；但是，其他形式的数据必须提供自己的比较算法。下一节真正实现二叉树时，将更详细地讨论这个问题。

如果刚开始拿到的是一个空二叉树和一个无序对象序列，可遍历该序列，用上述算法将每个对象插入二叉树，最终获得一个有序树。下图展示了如何为包含 5 个整数的一个集合构造一个树。

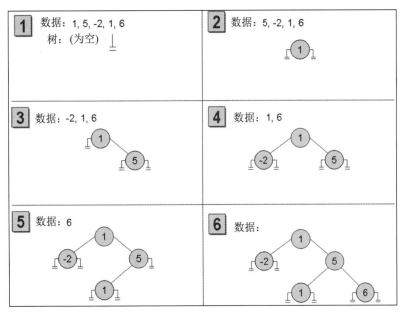

构造好有序二叉树之后，就可依次访问每个节点，打印找到的值，最终完整显示这个树的内容。完成这个任务的算法也是递归的：

```
If the left sub-tree is not empty          // 如果左子树非空
Then
  Display the contents of the left sub-tree  // 显示左子树的内容
End If
Display the value of the node              // 显示节点的值
If the right sub-tree is not empty         // 如果右子树非空
Then
  Display the contents of the right sub-tree  // 显示右子树的内容
End If
```

下图展示了如何输出上个图构造好的树。注意，本例的整数以升序排列。

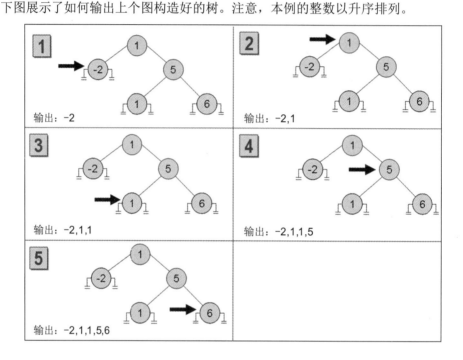

17.3.2 使用泛型构造二叉树类

以下练习将用泛型来定义一个二叉树类，它能容纳几乎任意类型的数据。唯一的限制是：任何类型都必须提供一种方式来比较两个实例的值。

二叉树类在许多应用程序中都能大显身手。所以最好把它作为一个类库来实现，而不是作为单独的应用程序来实现。这样就可以在其他地方重用该类，无须复制源代码，也无须重新编译。**类库**是已经编译好的多个类(以及其他类型，例如结构和委托)的集合，所有这些类型都存储在程序集中。**程序集**是一个通常采用.dll 扩展名的文件。为了在其他项目和应用程序中使用类库，可添加对它的程序集的引用，然后使用 using 语句将它的命名空间引入当前作用域。稍后测试二叉树类时将展示具体做法。

System.IComparable 和 System.IComparable<T>接口

在二叉树中插入节点要求将插入节点的值与树中现有节点比较。如使用数值类型，比如 int，那么完全可以使用<、>和==操作符。但如果使用其他类型，比如以前描述的 Mammal 或 Circle，如何比较对象？

如创建的类要求能根据某种自然(或非自然)的排序方式比较值，就应实现 IComparable 接口。该接口包含 CompareTo 方法，它接受单个参数(指定要和当前实例比较的对象)，返回代表比较结果的整数，如下表所示。

值	含义
小于 0	当前实例小于参数值
0	当前实例等于参数值
大于 0	当前实例大于参数值

以第 7 章描述的 Circle 类为例。类的定义如下:

```
class Circle
{
    public Circle(int initialRadius)
    {
        radius = initialRadius;
    }

    public double Area()
    {
        return Math.PI * radius * radius;
    }

    private double radius;
}
```

为使 Circle 类变得"可比较"，可实现 System.IComparable 接口并提供 CompareTo 方法。下例的 CompareTo 方法将根据面积来比较两个 Circle 对象。我们说面积较大的圆"大于"面积较小的圆。

```
class Circle : System.IComparable
{
    ...
    public int CompareTo(object obj)
    {
        Circle circObj = (Circle)obj; // 将参数转换为它的真正类型
        if (this.Area() == circObj.Area())
            return 0;

        if (this.Area() > circObj.Area())
            return 1;
```

```
            return -1;
        }
    }
```

研究一下 System.IComparable 接口, 会发现它的参数被定义成一个 object. 但这不是类型安全的. 为了理解原因, 请考虑一下这种情况: 试图将一个不是 Circle 的东西传给 CompareTo 方法会发生什么? System.IComparable 接口要求使用一次强制类型转换来访问 Area 方法. 如实参不是 Circle, 而是其他类型的对象, 转型就会失败. 为确保类型安全, 应使用 System 命名空间定义的泛型 IComparable<T>接口, 它定义了以下方法:

```
int CompareTo(T other);
```

注意, 方法获取的是类型参数(T), 而不是 object. 所以, 它们比接口的非泛型版本安全得多. 以下代码在 Circle 类中实现该接口:

```
class Circle : System.IComparable<Circle>
{
    ...
    public int CompareTo(Circle other)
    {
        if (this.Area() == other.Area())
                return 0;

        if (this.Area() > other.Area())
                return 1;

        return -1;
    }
}
```

CompareTo 方法的参数必须与接口 IComparable<Circle>中指定的类型匹配. 最好是实现 System.IComparable<T>而非 System.IComparable 接口. 当然也可同时实现两个; 事实上, .NET 中的许多类型都是这样做的(同时实现两个版本的接口).

> 创建 Tree<TItem>类

1. 如果 Visual Studio 2022 尚未启动, 请启动.

2. 选择 "文件" | "新建" | "项目".

3. 在 "创建新项目" 对话框中, 从 "语言" 下拉列表中选择 C#, 从 "平台" 下拉列表中选择 Windows, 并从 "项目类型" 下拉列表中选择 "库". 选择 "类库" 模板并单击 "下一步" 按钮.

4. 在"配置新项目"对话框中,在"项目名称"文本框中输入 **BinaryTree**。在"位置"文本框中指定"文档"文件夹下的\Microsoft Press\VCSBS\Chapter 17\子文件夹。单击"下一步"按钮。

5. 在"其他信息"对话框中,将框架设为.NET 6.0,单击"创建"按钮。
   类库模板创建由多个程序重用的程序集。要在应用程序中使用某个类库中的类,必须先将包含已编译代码的程序集复制到自己的电脑(如果不是自己创建的话),并添加对该程序集的引用。

6. 在解决方案资源管理器中右击 Class1.cs,从弹出菜单中选择"重命名",将文件名改成 **Tree.cs**。如果看到提示,请允许 Visual Studio 更改类名和文件名。

7. 在"代码和文本编辑器"中将 Tree 类的定义改成 Tree<TItem>,如加粗显示的部分所示:

```
public class Tree<TItem>
{
}
```

8. 在"代码和文本编辑器"中修改 Tree<TItem>类的定义,指定类型参数 TItem 必须是实现了泛型 IComparable<TItem>接口的类型,如加粗显示的部分所示:

```
public class Tree<TItem> where TItem : IComparable<TItem>
{
}
```

9. 在 Tree<TItem>类中添加三个公共自动属性:一个是 TItem 属性,名为 NodeData;另两个是 Tree<TItem>属性,分别名为 LeftTree 和 RightTree,如加粗显示的代码所示。注意,LeftTree 属性和 RightTree 属性均显式声明为可空类型。

```
public class Tree<TItem> where TItem : IComparable<TItem>
{
        public TItem NodeData { get; set; }
        public Tree<TItem>? LeftTree { get; set; }
        public Tree<TItem>? RightTree { get; set; }
}
```

10. 在 Tree<TItem>类中添加构造器，获取一个名为 nodeValue 的 TItem 参数。在构造器中将 NodeData 属性设为 nodeValue，并将 LeftTee 属性和 RightTree 属性初始化为 null，如加粗显示的代码所示：

```
public class Tree<TItem> where TItem : IComparable<TItem>
{
    public Tree(TItem nodeValue)
    {
        this.NodeData = nodeValue;
        this.LeftTree = null;
        this.RightTree = null;
    }
    ...
}
```

注意　构造器名称不能包含类型参数，它名为 Tree，而不是 Tree<TItem>。

11. 在 Tree<TItem>类中添加公共方法 Insert，如加粗显示的代码所示。用于将一个 TItem 值插入树：

```
public class Tree<TItem> where TItem: IComparable<TItem>
{
    ...
    public void Insert(TItem newItem)
    {
    }
}
```

Insert 方法将实现早先描述的递归算法，从而创建一个排好序的二叉树。由于程序员要用构造器在树中插入初始节点(类没有默认构造器)，所以 Insert 方法可以假定树非空。下面重复了前面的伪代码算法的一部分，是在检查了树是否空白之后执行的。稍后将根据这些伪代码编写 Insert 方法：

```
...
Examine the value of the node, N, of the tree, B        // 检查树 B 的节点 N 的值
If the value of N is greater than that of the new item, I  // 如果 N 大于新项 I 的值
Then
    If the left sub-tree of B is empty                     // 如果 B 的左子树为空
    Then
```

```
        Construct a new left sub-tree of B with the item I as the node, and
        empty left and right sub-trees              // 就为 B 构造一个新的左子树，I 作为节点，
                                                     // 左右子树空白
    Else
        Insert I into the left sub-tree of B         // 将 I 插入 B 的左子树
  End If
...
```

12. 在 Insert 方法中添加一个语句来声明 TItem 类型的局部变量，将其命名为
    currentNodeValue。将该变量初始化成树的 NodeData 属性的值，如下所示：

```
public void Insert(TItem newItem)
{
    TItem currentNodeValue = this.NodeData;
}
```

13. 在 Insert 方法中，在刚才添加的 currentNodeValue 变量定义之后，添加以下加粗
    的 if-else 语句。该语句使用 IComparable<TItem>接口的 CompareTo 方法判断当
    前节点的值是否大于新项(newItem)的值：

```
public void Insert(TItem newItem)
{
    TItem currentNodeValue = this.NodeData;
    if (currentNodeValue.CompareTo(newItem) > 0)
        {
            // 将新项插入左子树
        }
        else
        {
            // 将新项插入右子树
        }
}
```

14. 将注释"// 将新项插入左子树"替换成以下代码块：

```
if (this.LeftTree == null)
{
    this.LeftTree = new Tree<TItem>(newItem);
}
else
{
    this.LeftTree.Insert(newItem);
}
```

    这些语句检查左子树是否为空。是就用新项来创建一个新树，并把它设为当前节点
    的左子树；否则递归调用 Insert 方法，将新项插入现有的左子树中。

15. 将注释"// 将新项插入右子树"替换成相似的代码，将新节点插入右子树：

```
    if (this.RightTree == null)
    {
        this.RightTree = new Tree<TItem>(newItem);
    }
    else
    {
        this.RightTree.Insert(newItem);
    }
```

16. 在 Tree<TItem>类中添加另一个公共方法，命名为 WalkTree。该方法将遍历树，顺序访问每个节点，并生成节点数据的字符串形式。方法定义如下所示：

```
public string WalkTree()
{
}
```

17. 在 WalkTree 方法中添加以下加粗的语句。这些语句实现了早先描述过的二叉树遍历算法。访问每个节点时，都将节点值连接到结果字符串中。

```
public string WalkTree()
{
    string result = "";

    if (this.LeftTree is not null)
    {
        result = this.LeftTree.WalkTree();
    }

    result += $" {this.NodeData.ToString()} ";

    if (this.RightTree is not null)
    {
        result += this.RightTree.WalkTree();
    }
    return result;
}
```

18. 选择"生成" | "生成解决方案"。类应该正确通过编译。如有必要，纠正任何打字错误，并重新生成解决方案。

下个练习将创建由整数和字符串构成的二叉树，从而测试 Tree<TItem>类。

➢ 测试 Tree<TItem>类

1. 在解决方案资源管理器中右击 BinaryTree 解决方案，从弹出菜单中选择"添加" | "新建项目"。

2. 新项目使用"控制台应用"模板，命名为 **BinaryTreeTest**，位置设为"文档"文件夹下的\Microsoft Press\VCSBS\Chapter 17 子文件夹，同时选择".NET 6.0"框架。

注意 每个 Visual Studio 2022 解决方案都可包含多个项目。目前正是利用这个功能在 BinaryTree 解决方案中添加第二个项目来测试 Tree<TItem>类。

3. 在解决方案资源管理器中右击 BinaryTreeTest 项目。从弹出菜单中选择"设为启动项目"命令。
   BinaryTreeTest 项目会在解决方案资源管理器中突出显示。运行应用程序时实际执行的就是该项目。

4. 在解决方案资源管理器中右击 BinaryTreeTest 项目。选择"添加"|"项目引用"。随后会出现"引用管理器"对话框。将利用该对话框添加对一个程序集的引用，以便在自己的代码中自用该程序集实现的类和其他类型。

5. 在"引用管理器"对话框左侧窗格展开"项目"，单击"解决方案"，在中间窗格勾选 BinaryTree 项目，单击"确定"按钮。

BinaryTree 程序集将在解决方案资源管理器的 BinaryTreeTest 项目的引用列表中出现。检查 BinaryTreeTest 项目的"引用"文件夹，会发现最顶部就是 BinaryTree 程序集。现在可以在 BinaryTreeTest 项目中创建 Tree<TItem>对象了。

注意 如果类库项目和使用该类库的项目不在同一个解决方案中，就必须添加对程序集 (.dll 文件)的引用，而不是添加对类库项目的引用。为此，需要在"引用管理器"对话框中浏览程序集。本章最后一个练习将采用这个技术。

6. 在"代码和文本编辑器"中显示 Program 类，在类的顶部添加以下 using 指令：

```
using BinaryTree;
```

7. 在 Main 方法中添加以下加粗的语句：

```
static void Main(string[] args)
{
    Tree<int> tree1 = new Tree<int>(10);
    tree1.Insert(5);
    tree1.Insert(11);
    tree1.Insert(5);
    tree1.Insert(-12);
    tree1.Insert(15);
    tree1.Insert(0);
    tree1.Insert(14);
    tree1.Insert(-8);
    tree1.Insert(10);
    tree1.Insert(8);
    tree1.Insert(8);

    string sortedData = tree1.WalkTree();
    Console.WriteLine($"Sorted data is: {sortedData}");
}
```

这些语句新建二叉树来容纳 int 值。构造器创建包含值 10 的初始节点。Insert 语句在树中添加节点，WalkTree 方法返回代表树内容的字符串，内容按升序排序。

注意 C#语言的 int 关键字实际是 System.Int32 类型的别名。每次声明 int 变量，实际声明的是 System.Int32 类型的结构变量。System.Int32 类型实现了 IComparable 和 IComparable<T>接口，因此才可以创建 Tree<int>对象。类似地，string 关键字是 System.String 的别名，它也实现了 IComparable 和 IComparable<T>。

8. 选择"生成" | "生成解决方案"，验证解决方案能正常编译，纠正任何错误。

9. 选择"调试" | "开始执行(不调试)"。
    程序将运行并显示以下值序列：

    -12 -8 0 5 5 8 8 10 10 11 14 15

10. 按 Enter 键返回 Visual Studio 2022。

11. 在 Main 方法的尾部添加以下加粗的语句(在现有代码之后)：

```
static void Main(string[] args)
{
    ...
    Tree<string> tree2 = new Tree<string>("Hello");
    tree2.Insert("World");
    tree2.Insert("How");
    tree2.Insert("Are");
    tree2.Insert("You");
    tree2.Insert("Today");
```

```
tree2.Insert("I");
tree2.Insert("Hope");
tree2.Insert("You");
tree2.Insert("Are");
tree2.Insert("Feeling");
tree2.Insert("Well");
tree2.Insert("!");

sortedData = tree2.WalkTree();
Console.WriteLine($"Sorted data is: {sortedData}");
}
```

这些语句创建另一个二叉树来容纳字符串，在其中填充一些测试数据，然后打印树的内容。这一次，数据将按字母顺序排序。

12. 选择"生成" | "生成解决方案"。验证解决方案能正常编译，纠正任何错误。

13. 选择"调试" | "开始执行(不调试)"。

14. 程序将运行，显示刚才展示过的整数值，然后显示以下字符串序列(如下图所示):

! Are Are Feeling Hello Hope How I Today Well World You You

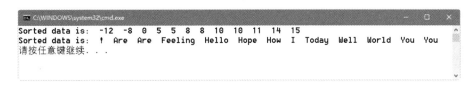

15. 按 Enter 键返回 Visual Studio 2022。

17.4 创建泛型方法

除了定义泛型类，还可创建泛型方法。**泛型方法**允许采取和定义泛型类相似的方式，用类型参数指定参数和返回类型。这样可以定义类型安全的常规方法，同时避免强制类型转换(以及某些情况下的装箱)所造成的开销。泛型方法常与泛型类组合使用，例如，方法获取泛型类型的参数，或者返回泛型类型。

定义泛型方法需使用和创建泛型类时相同的"类型参数"语法(同样能指定约束)。例如，以下泛型方法 Swap<T>可交换它的参数中的值。由于需要忽略所交换数据的类型，所以适合定义成泛型方法:

```
static void Swap<T>( ref T first, ref T second)
{
    T temp = first;
    first = second;
    second = temp;
}
```

调用方法时必须为类型参数指定具体类型。下例展示了如何使用 Swap<T>方法来交换两个 int 和两个 string：

```
int a = 1, b = 2;
Swap<int>(ref a, ref b);
...
string s1 = "Hello", s2 = "World";
Swap<string>(ref s1, ref s2);
```

> **注意** 我们知道，对指定了不同类型参数的泛型类进行实例化，会造成编译器生成不同类型。类似地，每次为 Swap<T>方法中的 T 传递不同的类型参数，都会造成编译器生成方法的不同版本。Swap<int>和 Swap<string>是不同的方法；它们恰好从同一个泛型方法"模板"生成，所以具有相同行为，但这些行为作用于不同类型。

定义泛型方法来构造二叉树

上个练习展示了如何创建泛型类来实现二叉树。Tree<TItem>类提供了 Insert 方法在树中添加数据项。然而，如果想添加大量数据项，反复调用 Insert 方法显得很繁琐。以下练习要定义名为 InsertIntoTree 的泛型方法。使用这个方法，只需一次方法调用，即可将一个数据项列表插入树中。为了测试方法，我们准备将一个字符列表插入一个字符树中。

> **编写 InsertIntoTree 方法**

1. 在 Visual Studio 中，选择"文件"|"关闭解决方案"。如果出现提示，请选择"保存"即可。
2. 使用"控制台应用"模板新建项目。将项目命名为 **BuildTree**。将"位置"设为"文档"文件夹下的\Microsoft Press\VCSBS\Chapter 17 子文件夹。选择".NET 6.0"模板即可。
3. 选择"项目"|"添加项目引用"。
4. 在"引用管理器"对话框中单击"浏览"按钮(不是左侧窗格的"浏览"标签)。
5. 在"选择要引用的文件"对话框中，切换到"文档"文件夹下的\Microsoft Press\VCSBS\Chapter 17\BinaryTree\bin\Debug 子文件夹，单击 BinaryTree.dll，再单击"添加"按钮。
6. 在"引用管理器"对话框中，验证 BinaryTree.dll 程序集已列出，单击"确定"按钮。
7. 在解决方案资源管理器中展开"依赖项"，再展开"程序集"，确认 BinaryTree 程序集已添加到项目引用列表中，如下图所示。

8. 在"代码和文本编辑器"中，在 Program.cs 文件顶部添加以下 using 指令：

```
using BinaryTree;
```

该命名空间包含 Tree<TItem>类。

9. 在 Program 类中添加名为 InsertIntoTree 的方法(可放到 Main 方法后面)。这应该是一个 static void 方法，获取两个参数。一个是名为 tree 的 Tree<TItem>参数。另一个是名为 data 的、由 TItem 元素构成的参数数组。tree 参数应该传引用，原因稍后再解释。方法定义如下所示：

```
static void InsertIntoTree<TItem>(ref Tree<Item> tree, params TItem[] data)
{
}
```

10. 插入二叉树的元素的类型(TItem 类型)必须实现 IComparable<TItem>接口。修改 InsertIntoTree 方法定义，添加恰当的 where 子句来定义约束。如加粗部分所示：

```
static void InsertIntoTree<TItem>(ref Tree<TItem> tree, params TItem[] data)
    where TItem : IComparable<TItem>
{
}
```

11. 将以下加粗的语句添加到 InsertIntoTree 方法。它们遍历 params 列表，使用 Insert 方法将每个数据项添加到树中。如果 tree 参数指定的值最初是 null，就创建一个新的 Tree<TItem>；这正是 tree 参数要传引用的原因。

```
static void InsertIntoTree<TItem>(ref Tree<TItem> tree, params TItem[] data)
    where TItem : IComparable<TItem>
{
    foreach (TItem datum in data)
    {
        if (tree is null)
        {
            tree = new Tree<TItem>(datum);
        }
        else
```

```
        {
            tree.Insert(datum);
        }
    }
}
```

> ➤ 测试 InsertIntoTree 方法

1. 在 Program 类的 Main 方法中添加以下加粗的语句,新建一个 Tree 来容纳字符数据。
    然后,使用 InsertIntoTree 方法在其中填充样本数据。最后,显示 Tree 的 WalkTree
    方法所返回的树的内容:

```
static void Main(string[] args)
{
    Tree<char> charTree = null;
    InsertIntoTree<char>(ref charTree, 'M', 'X', 'A', 'M', 'Z', 'Z', 'N');
    string sortedData = charTree.WalkTree();
    Console.WriteLine($"Sorted data is: {sortedData}");
}
```

2. 选择"生成"|"生成解决方案"。纠正任何错误;如有必要,请重新生成。

3. 选择"调试"|"开始执行(不调试)"。

4. 程序开始运行并显示排好序的字符值:

    A M M N X Z Z

5. 按 Enter 键返回 Visual Studio 2022。

再论指针和内存管理

如果你不是刚刚从 C 或 C++转向 C#的程序员,本补充内容可以跳过。

第 8 章在补充内容中描述了如何在 C#代码中直接使用指向对象的指针,而不是使用类型
安全的引用。之所以要提供这种机制,是为了优化对数据的访问。它的缺点是不安全; 必须
将自己的代码明确标记为 unsafe(不安全)。若因你的应用程序乱动内存而造成任何问题,那
么完全是你而不是.NET 的责任。

在 C#和.NET Framework 发布的多年以后,微软终于在.NET 库中增加了一些新类型来消
除编写不安全代码的必要。它们就是泛型 Span<T>和 Memory<T>类型。

Span<T>类型表示一个连续的内存块。它有点像数组,但它是在栈上创建的 ref struct
类型。可像使用快速的托管数组一样使用 Span<T>对象。Span<T>类型有几个有用的扩展方
法,允许你对内存中的项进行排序和查找。下面是一个对 Person 进行建模的结构。该结构
实现了泛型 IComparable<Person>接口,CompareTo 方法使用 Name 字段中的值来比较不同
的 Person。

```
struct Person : IComparable<Person>
{
    public string Name;

    public int CompareTo(Person other)
    {
        return this.Name.CompareTo(other.Name);
    }
}
```

可像下面这样创建包含 Person 结构的一个栈上数组：

```
var personList = new Span<Person>(new Person[10]);
personList[0] = new Person() { Name = "John" };
personList[1] = new Person() { Name = "Diana" };
...
```

然后可像下面这样对数据进行排序和查找：

```
personList.Sort(); // 对 Span<T> 对象中的数据进行原地(in-situ)排序
int item = personList.BinarySearch(new Person() { Name = "Diana" });
```

item 变量中的值将是找到的第一个在 Name 字段中含有 Diana 值的 Person 结构的索引。Sort 和 BinarySearch 方法都用 CompareTo 方法来执行它们的工作。如果有大量数据需要处理，Microsoft 进行的基准测试表明，使用 Span<T> 结构来排序和搜索数据要比使用普通数组快很多。

Span<T> 结构除了基于特定数据类型(比如 Person)，还可用它创建一个任意大小的安全内存块，以防你在分配内存时不小心超出指定的边界。可用 stackalloc 操作符来完成这个操作。下例在栈上分配一块 1000 字节的内存。

```
Span<byte> chunk = stackalloc byte[1000];
```

如需对这个块中的字节值进行快速求和，可以写一个这样的方法：

```
public static int Sum(Span<byte> block)
{
    int sum = 0;
    foreach(byte b in block)
    {
        sum += b;
    }
    return sum;
}
```

上述代码能安全地遍历内存块。若越界必然抛出异常。采用这种方式，除了因直接访问内存而获得了"不安全"代码的速度优势，还避免了后者的诸多缺点。

Span<T> 类型还有一个只读版本，称为 ReadOnlySpan<T>。可在创建 ReadOnlySpan<T> 对象时初始化其中的数据，但之后不能进行任何改动。

最后，Span<T> 和 ReadOnlySpan<T> 还有基于堆的对应物，即 Memory<T> 和 ReadOnlyMemory<T> 类型。它们直接从托管堆分配内存。欲知这些类型的详情，请参考 Microsoft 文档。

17.5 可变性和泛型接口

第 8 章讲到可用 object 类型容纳其他任何类型的值或引用。例如，以下代码正常编译：

```
string myString = "Hello";
object myObject = myString;
```

用继承的话来说，String 类派生自 Object 类，因此所有字符串都是对象。再来看看以下泛型接口和类：

```
interface IWrapper<T>
{
    void SetData(T data);
    T GetData();
}

class Wrapper<T> : IWrapper<T>
{
    private T storedData;

    void IWrapper<T>.SetData(T data)
    {
        this.storedData = data;
    }

    T IWrapper<T>.GetData()
    {
        return this.storedData;
    }
}
```

Wrapper<T>类围绕指定的类型提供了一个简单的包装器(wrapper)。IWrapper 接口定义了 SetData 方法和 GetData 方法，Wrapper<T>类实现这些方法来存储和获取数据。可以像下面这样创建该类的实例并用它包装一个字符串：

```
Wrapper<string> stringWrapper = new Wrapper<string>();
IWrapper<string> storedStringWrapper = stringWrapper;
storedStringWrapper.SetData("Hello");
Console.WriteLine($"存储的值是{storedStringWrapper.GetData()}");
```

上述代码创建 Wrapper<string>类型的实例，通过 IWrapper<string>接口引用该对象并调用 SetData 方法。Wrapper<T>类型显式实现它的接口，所以必须通过正确的接口引用来调用方法。代码还通过 IWrapper<string>接口调用 GetData 方法。运行上述代码，应输出消息"存储的值是 Hello"。

再来看看下面这行代码：

```
IWrapper<object> storedObjectWrapper = stringWrapper;
```

该语句和前面创建 IWrapper<string>引用的语句相似，区别在于，类型参数是 object 而非 string。该语句合法吗？记住，所有字符串都是对象(可将 string 值赋给一个 object 引用)，所以该语句理论上可行。但如果尝试执行，会出现编译错误并显示消息：

无法将类型"Wrapper<string>"隐式转换为"IWrapper<object>"，存在一个显式转换(是否缺少强制转换?)

可以尝试显式转换：

```
IWrapper<object> storedObjectWrapper = (IWrapper<object>)stringWrapper;
```

上述代码能够编译，但在运行时会抛出 InvalidCastException 异常。问题在于，虽然所有字符串都是对象，但反之不成立。如上述语句合法，就可像下面这样写代码，造成将 Circle 对象存储到 string 字段中都是合法的，这显然有悖于常理：

```
IWrapper<object> storedObjectWrapper = (IWrapper<object>)stringWrapper;
Circle myCircle = new Circle();
storedObjectWrapper.SetData(myCircle);
```

IWrapper<T>接口称为**不变量**(invariant)。不能将 IWrapper<A>对象赋给 IWrapper<B>类型的引用，即使类型 A 派生自类型 B。C#默认强制贯彻了这一限制，确保代码的类型安全性。

17.5.1 协变接口

假定像下面这样定义 IStoreWrapper<T>接口和 IRetrieveWrapper<T>接口以替代 IWrapper<T>并在 Wrapper<T>类中实现这些接口：

```
interface IStoreWrapper<T>
{
    void SetData(T data);
}

interface IRetrieveWrapper<T>
{
    T GetData();
}

class Wrapper<T> : IStoreWrapper<T>, IRetrieveWrapper<T>
{
    private T storedData;

    void IStoreWrapper<T>.SetData(T data)
    {
        this.storedData = data;
    }
```

```
    T IRetrieveWrapper<T>.GetData()
    {
        return this.storedData;
    }
}
```

Wrapper<T>类功能上和以前完全一样，只是要通过不同接口访问 SetData 方法和 GetData 方法：

```
Wrapper<string> stringWrapper = new Wrapper<string>();
IStoreWrapper<string> storedStringWrapper = stringWrapper;
storedStringWrapper.SetData("Hello");
IRetrieveWrapper<string> retrievedStringWrapper = stringWrapper;
Console.WriteLine($"存储的值是{retrievedStringWrapper.GetData()}");
```

现在，以下代码合法吗？

```
IRetrieveWrapper<object> retrievedObjectWrapper = stringWrapper;
```

简单回答是"不合法，会和前面一样编译失败，显示同样的错误消息。"但仔细想一想，就会发现虽然 C#编译器认定该语句不是类型安全的，但这个认定有一点儿武断，因为这个认定的前提条件已经不存在了。IRetrieveWrapper<T>接口只允许使用 GetData 方法读取 IWrapper<T>对象中存储的数据，没有提供任何途径更改数据。对于泛型接口定义的方法，如果类型参数(T)仅在方法返回值中出现，就可明确告诉编译器一些隐式转换是合法的，没必要再强制严格的类型安全性。为此，要在声明类型参数时指定 out 关键字：

```
interface IRetrieveWrapper<out T>
{
    T GetData();
}
```

这个功能称为**协变性**(Covariance)。只要存在从类型 A 到类型 B 的有效转换，或者类型 A 派生自类型 B，就可以将 IRetrieveWrapper<A>对象赋给 IRetrieveWrapper<B>引用。以下代码现在能成功编译并运行：

```
// string 派生自 object，所以现在是合法的
IRetrieveWrapper<object> retrievedObjectWrapper = stringWrapper;
```

只有作为方法返回类型指定的类型参数才能使用 out 限定符。如类型参数作为方法的*参数类型*，添加 out 限定符则为非法，代码不会通过编译。另外，协变性只适合引用类型，因为值类型不能建立继承层次结构。以下代码无法编译，因为 int 是值类型：

```
Wrapper<int> intWrapper = new Wrapper<int>();
IStoreWrapper<int> storedIntWrapper = intWrapper; // 这是合法的
...
// 以下语句非法 - int 是值类型
IRetrieveWrapper<object> retrievedObjectWrapper = intWrapper;
```

.NET 库定义的几个接口支持协变性，包括要在第 19 章介绍的 IEnumerable<T>接口。

注意 只有接口和委托类型(第 18 章将进一步讲述)才能声明为协变量。不能为泛型类使用
out 修饰符。

17.5.2 逆变接口

有协变性自然还有**逆变性**(contravariance)。它允许使用泛型接口,通过 A 类型(比如 **String**
类型)的一个引用来引用 B 类型(比如 **Object** 类型)的一个对象,只要 A 从 B 派生(或者说 B 的
派生程度比 A 小)。听起来有点复杂,所以让我们用.NET Framework 类库的一个例子来解释。

.NET Framework 的 **System.Collections.Generic** 命名空间提供了名为 **IComparer** 的接
口,如下所示:

```
public interface IComparer<in T>
{
    int Compare(T x, T y);
}
```

实现该接口的类必须定义 **Compare** 方法,它比较由 **T** 类型参数指定的那种类型的两个对
象。**Compare** 方法返回一个整数值:如果 x 和 y 有相同的值,就返回 0;如果 x 小于 y,就返
回负值;如果 x 大于 y,就返回正值。以下代码展示了如何根据对象的哈希码对它们进行排
序。**GetHashCode** 方法已由 **Object** 类实现。它只是返回一个代表对象的整数。所有引用类
型都继承了该方法并可用自己的实现重写。

```
class ObjectComparer : IComparer<Object>
{
    int IComparer<Object>.Compare(Object x, Object y)
    {
        int xHash = x.GetHashCode();
        int yHash = y.GetHashCode();
        if (xHash == yHash) return 0;
        if (xHash < yHash) return -1;
        return 1;
    }
}
```

可创建一个 **ObjectComparer** 对象,并通过 **IComparer<Object>**接口调用 **Compare** 方法
来比较两个对象,如下所示:

```
Object x = ...;
Object y = ...;
ObjectComparer objectComparer = new ObjectComparer();
IComparer<Object> objectComparator = objectComparer;
int result = objectComparator.Compare(x, y);
```

目前,似乎一切再普通不过。但有趣的是,可通过对字符串进行比较的 **IComparer** 接口
来引用同一个对象,如下所示:

```
IComparer<String> stringComparator = objectComparer;
```

表面上看，该语句似乎违反了类型安全性的一切规则。但如果仔细考虑 IComparer<T> 接口所做的事情，就明白上述语句是没有问题的。Compare 方法的作用是对传入的实参进行比较，根据结果返回一个值。能比较 Object，自然就能比较 String。String 不过是 Object 的一种特化的类型而已。毕竟，一个 String 应该能做 Object 能做的任何事情——那正是继承的意义！

当然，这样说仍然有一些牵强。编译器怎么知道你不会在 Compare 方法的代码中执行依赖于特定类型的操作，造成用基于不同类型的接口调用方法时失败？所以，必须让编译器安心！检查 IComparer 接口的定义，会看到在类型参数前添加了 in 限定符：

```
public interface IComparer<in T>
{
    int Compare(T x, T y);
}
```

in 关键字明确告诉 C#编译器：程序员要么传递 T 作为方法的参数类型，要么传递 T 的派生类型。程序员不能将 T 用作任何方法的返回类型。这样就限定了通过泛型接口引用对象时，接口要么基于 T，要么基于 T 的派生类型。简单地说，如果类型 A 公开了一些操作、属性或字段，那么从 A 派生出类型 B 时，B 也肯定会公开同样的操作(允许重写这些操作来提供不同的行为)、属性和字段。因此，可以安全地用类型 B 的对象替换类型 A 的对象。

协变性和逆变性在泛型世界中似乎是一个边缘化的主题，但它们实际是有用的。例如，List<T>泛型集合类(在 System.Collections.Generic 命名空间中)使用 IComparer<T>对象实现 Sort 和 BinarySearch 方法。一个 List<Object>对象可包含任何类型的对象的集合，所以 Sort 和 BinarySearch 方法要求能对任何类型的对象进行排序。如果不使用逆变，Sort 方法和 BinarySearch 方法就必须添加逻辑来判断要排序或搜索的数据项的真实类型，然后实现类型特有的排序或搜索机制。

当然，协变性和逆变性这两个词确实有些拗口，所以刚开始可能搞不清楚两者的作用。根据本节的例子，我是像下面这样记住它们的。

- **协变性(covariance)**　如果泛型接口中的方法能返回字符串，它们也能返回对象。(所有字符串都是对象。)
- **逆变性(contravariance)**　如果泛型接口中的方法能获取对象参数，它们也能获取字符串参数。对象能执行的操作字符串也能，因为所有字符串都是对象。

注意　和协变一样，只有接口和委托类型能声明为逆变量。泛型类不能使用 in 修饰符。

小结

本章讲述了如何使用泛型创建类型安全的类。讲述了如何通过提供类型参数来实例化泛型类型。还讲述了如何实现泛型接口并定义泛型方法,最后讲述了如何定义协变和逆变泛型接口,以方便对类型层次结构进行操作。

- 如果希望继续学习下一章,请继续运行 Visual Studio 2022,然后阅读第 18 章。
- 如果希望现在就退出 Visual Studio 2022,请选择"文件"|"退出"。如果看到"保存"对话框,请单击"是"按钮保存项目。

第 17 章快速参考

目标	操作

创建泛型类型	使用类型参数来定义类。示例如下:
	
	``
	public class Tree<TItem>
	{
	    ...
	}
	``

使用泛型类型实例化对象	提供具体的类型参数。示例如下: `Queue<int> myQueue = new Queue<int>();`

对泛型类型的类型参数进行限制	定义类时,使用 where 子句指定约束。示例如下:
	
	``
	public class Tree<TItem>
	   where TItem : IComparable<TItem>
	{
	    ...
	}
	``

定义泛型方法	使用类型参数定义方法。示例如下:
	
	``
	static void InsertIntoTree<TItem>
	(Tree<TItem> tree, params TItem[] data)
	{
	    ...
	}
	``

调用泛型方法	为每个类型参数都提供恰当的类型。示例如下: `InsertIntoTree<char>(charTree, 'Z', 'X');`

目标	操作

定义协变接口	为协变类型参数指定 **out** 限定符。协变泛型类型参数只能出现在输出位置，比如作为方法返回类型。它不能作为方法参数类型。示例如下：
	
	``csharp
	interface IRetrieveWrapper<out T>
	{
	    T GetData();
	}
	``

定义逆变接口	为逆变类型参数指定 **in** 限定符。逆变量泛型类型参数只出现在输入位置，比如作为方法参数。不能作为方法返回类型。示例如下：
	
	``csharp
	public interface IComparer<in T>
	{
	    int Compare(T x, T y);
	}
	``

第 18 章

使用集合

学习目标

- 理解.NET 各种集合类的功能和用法
- 用一组数据填充集合
- 在集合中查找匹配项
- 理解集合和数组的区别

第 10 章介绍了如何用数组容纳数据。数组很有用，但限制也不少。数组只提供了有限的功能，例如不方便增大或减小数组大小，还不方便对数组中的数据进行排序。另一个问题是必须用整数索引来访问数组元素。如果应用程序需要使用其他机制(比如第 17 章提到过的先入先出队列)存储和获取数据，数组就不是最合适的数据结构了。这正是集合可以大显身手的地方。

18.1 什么是集合类

微软的.NET 提供了几个类，它们属于集合元素，并允许应用程序以特殊的方式访问这些元素。这些类正是第 17 章提到过的集合类，它们在 System.Collections.Generic 命名空间中。

从名字可以看出，这些集合都是泛型类型，都要求提供类型参数来指定存储什么类型的数据。每个集合类都针对特定形式的数据存储和访问进行了优化，每个都提供了专门的方法来支持集合的特殊功能。例如，Stack<T>类实现了后入先出模型，Push 方法将数据项添加到栈顶，Pop 方法则从栈顶取出数据项。Pop 总是获取并删除最新入栈的项。相反，Queue<T>

类型提供了第 17 章讲过的 Enqueue 方法和 Dequeue 方法。Enqueue 使一个项入队，Dequeue 按相同顺序获取并删除项，从而实现了先入先出的数据结构。还有其他许多集合类，下表总结了最常用的。

集合	说明
List<T>	可像数组一样按索引访问列表，但提供了其他方法来搜索和排序
Queue<T>	先入先出数据结构，提供了方法将数据项添加到队列的一端，从另一端删除项，以及只检查而不删除
Stack<T>	先入后出数据结构，提供了方法将数据项压入栈顶，从栈顶出栈，以及只检查栈顶的项而不删除
LinkedList<T>	双向有序列表，为任何一端的插入和删除进行了优化。这种集合既可作为队列，也可作为栈，还支持列表那样的随机访问
HashSet<T>	无序值列表，为快速数据获取而优化。提供了面向集合的方法来判断它容纳的项是不是另一个 HashSet<T>对象中的项的子集，以及计算不同 HashSet<T>对象的交集和并集
Dictionary<TKey, TValue>	字典集合允许根据键而不是索引来获取值
SortedList<TKey, TValue>	键/值对的有序列表。键必须实现 IComparable<T>接口

后面几个小节将简单描述这些集合类。每个类的更多细节请参见微软的官方文档。

.NET 类库的集合类型

.NET 类库还在 System.Collections 命名空间中提供了另一套集合类型，它们是非泛型集合，是在 C#语言支持泛型类型之前设计的。泛型是在为.NET 2.0 开发的 C#版本中加入的。除了一个例外，这些类型全都存储对象引用，必须在存储和获取数据项时执行恰当的类型转换。这些类的作用是和现有的应用程序向后兼容，新解决方案不推荐使用。事实上，如果开发的是通用 Windows 平台(UWP)应用，这些类甚至不可用。

例外的是 BitArray 类，它不存储对象引用。该类使用一个 int 实现精简的 Boolean 数组。int 的每一位都代表 true(1)或 false(0)。它类似于第 16 章介绍过的 IntBits 结构。BitArray 类是可以在 UWP 应用中使用的。

System.Generic.Concurrent 命名空间定义了另一组重要的集合。它们是线程安全的集合类，可在开发多线程应用程序时利用。第 24 章将详细介绍这些类。

18.1.1 List<T>集合类

泛型 List<T>类是最简单的集合类。用法和数组差不多，可用标准数组语法(方括号和元素索引)引用集合中的元素(但不能用这种语法在集合初始化之后添加新元素)。List<T>类比数组灵活，克服了数组的以下限制。

- 为了改变数组大小，必须创建新数组，复制数组元素(如果新数组较小，甚至还复制不完)，然后更新对原始数组的引用，使其引用新数组。

- 删除一个数组元素，之后所有元素都必须上移一位。即使这样还是不好使，因为最后一个元素会产生两个拷贝。

- 插入一个数组元素，必须使元素下移一位来腾出空位。但最后一个元素就丢失了！

List<T>集合类通过提供以下特性来克服这些限制。

- 创建 List<T>集合时无须指定容量，它能随元素的增加而自动伸缩。这种动态行为当然是有开销的，如有必要可指定初始大小。超过该大小，List<T>集合自动增大。

- 可用 Remove 方法从 List<T>集合删除指定元素。List<T>集合自动重新排序并关闭裂口。还可用 RemoveAt 方法删除 List<T>集合指定位置的项。

- 可用 Add 方法在 List<T>集合尾部添加元素。只需提供要添加的元素，List<T>集合的大小会自动改变。

- 可用 Insert 方法在 List<T>集合中间插入元素。同样，List<T>集合的大小会自动改变。

- 可调用 Sort 方法轻松对 List<T>对象中的数据排序。

> **注意** 和数组一样，用 foreach 遍历 List<T>集合时，不能用循环变量修改集合内容。另外，在遍历 List<T>的 foreach 循环中不能调用 Remove 方法、Add 方法或 Insert 方法，否则会抛出 InvalidOperationException。

下例展示如何创建、处理和遍历一个 List<int>集合的内容。

```
using System;
using System.Collections.Generic;
...
List<int> numbers = new List<int>();

// 使用 Add 方法填充 List<int>
foreach (int number in new int[12]{10, 9, 8, 7, 7, 6, 5, 10, 4, 3, 2, 1})
{
    numbers.Add(number);
}

// 在列表倒数第二个位置插入一个元素
// 第一个参数是位置，第二个参数是要插入的值
numbers.Insert(numbers.Count-1, 99);

// 删除值是 7 的第一个元素 (第 4 个元素，索引 3)
numbers.Remove(7);
// 删除当前第 7 个元素，索引 6 (10)
numbers.RemoveAt(6);
```

```
// 用 for 语句遍历剩余 11 个元素
Console.WriteLine("Iterating using a for statement:");
for (int i = 0; i < numbers.Count; i++)
{
    int number = numbers[i]; // 注意，这里使用了数组语法
    Console.WriteLine(number);
}

// 用 foreach 语句遍历同样的 11 个元素
Console.WriteLine("\nIterating using a foreach statement:");
foreach (int number in numbers)
{
    Console.WriteLine(number);
}
```

代码的输出如下所示:

```
Iterating using a for statement:
10
9
8
7
6
5
4
3
2
99
1


Iterating using a foreach statement:
10
9
8
7
6
5
4
3
2
99
1
```

> **注意** List<T>集合和数组用不同的方式判断元素数量。列表是用 Count 属性，数组是用 Length 属性。

18.1.2 LinkedList<T>集合类

LinkedList<T>集合类实现了双向链表。列表中每一项除了容纳数据项的值，还容纳对下一项的引用(Next 属性)以及对上一项的引用(Previous 属性)。列表起始项的 Previous 属

性设为 null，最后一项的 Next 属性设为 null。

和 List<T>类不同，LinkedList<T>不支持用数组语法插入和检查元素。相反，要用
AddFirst 方法在列表开头插入元素，下移原来的第一项并将它的 Previous 属性设为对新项
的引用。或者用 AddLast 方法在列表尾插入元素，将原来最后一项的 Next 属性设为对新项
的引用。还可使用 AddBefore 和 AddAfter 方法在指定项前后插入元素(要先获取项)。

First 属性返回对 LinkedList<T>集合第一项的引用，Last 属性返回对最后一项的引用。
遍历链表可从任何一端开始，查询 Next 或 Previous 引用，直到返回 null 为止。还可使用
foreach 语句正向遍历 LinkedList<T>对象，抵达末尾会自动停止。

从 LinkedList<T>集合中删除项是使用 Remove 方法、RemoveFirst 方法和 RemoveLast
方法。

下例展示了一个 LinkedList<T>集合。注意如何用 for 语句遍历列表，它查询 Next(或
Previous)属性，直到属性返回 null 引用(表明已抵达列表末尾)。

```
using System;
using System.Collections.Generic;
...
LinkedList<int> numbers = new LinkedList<int>();

// 使用 AddFirst 方法填充列表
foreach (int number in new int[] { 10, 8, 6, 4, 2 })
{
    numbers.AddFirst(number);
}

// 用 for 语句遍历
Console.WriteLine("Iterating using a for statement:");
for (LinkedListNode<int> node = numbers.First; node is not null; node = node.Next)
{
    int number = node.Value;
    Console.WriteLine(number);
}

// 用 foreach 语句遍历
Console.WriteLine("\nIterating using a foreach statement:");
foreach (int number in numbers)
{
    Console.WriteLine(number);
}

// 反向遍历(只能用 for，foreach 只能正向遍历)
Console.WriteLine("\nIterating list in reverse order:");
for (LinkedListNode<int> node = numbers.Last; node is not null; node = node.Previous)
{
    int number = node.Value;
    Console.WriteLine(number);
}
```

代码的输出如下所示：

```
Iterating using a for statement:
2
4
6
8
10

Iterating using a foreach statement:
2
4
6
8
10

Iterating list in reverse order:
10
8
6
4
2
```

18.1.3 Queue<T>集合类

Queue<T>类实现了先入先出队列。元素在队尾插入(入队或 Enqueue)，从队头移除(出队或 Dequeue)。

下例展示了一个 Queue<int>集合及其常见操作：

```
using System;
using System.Collections.Generic;
...
Queue<int> numbers = new Queue<int>();

// 填充队列
Console.WriteLine("Populating the queue:");
foreach (int number in new int[4]{9, 3, 7, 2})
{
   numbers.Enqueue(number);
   Console.WriteLine($"{number} has joined the queue");
}

// 遍历队列
Console.WriteLine("\nThe queue contains the following items:");
foreach (int number in numbers)
{
    Console.WriteLine(number);
}

// 清空队列
Console.WriteLine("\nDraining the queue:");
```

```
while (numbers.Count > 0)
{
    int number = numbers.Dequeue();
    Console.WriteLine($"{number} has left the queue");
}
```

上述代码的输出如下:

```
Populating the queue:
9 has joined the queue
3 has joined the queue
7 has joined the queue
2 has joined the queue
The queue contains the following items:
9
3
7
2
Draining the queue:
9 has left the queue
3 has left the queue
7 has left the queue
2 has left the queue
```

18.1.4 PriorityQueue<TElement, TPriority>集合类

PriorityQueue<TElement, TPriority>类扩展了 Queue<T>类的思路,为队列中的每个元素关联了一个优先级。该类需要两个类型参数:第一个是元素类型,第二个是优先级的类型(通常是一个 int,但它可以是任何可比较的类型)。排在后面的元素如果优先级较高,可能存在时间更长的元素更早地出队。所有具有相同优先级的元素都以相同顺序入队和出队,和普通队列一样。

下例演示了具有不同优先级的元素是如何入队和出队。优先级的值越低,优先级越高(优先级为 1 的元素在优先级为 2 的元素之前出队)。

```
using System;
using System.Collections.Generic;
...
// 创建队列
// 数据项是字符串。第二个类型参数(一个 int)指定了优先级
PriorityQueue<string, int> messages = new PriorityQueue<string, int>();

// 将具有不同优先级的消息加入队列
messages.Enqueue("Twas", 1);
messages.Enqueue("Brillig", 1);
messages.Enqueue("and", 2);
messages.Enqueue("the", 3);
messages.Enqueue("Slithy", 2);
messages.Enqueue("Toves", 3);
```

```
// 检索 messages 队列，其中的消息会按优先级和队列顺序依次出队
while (messages.TryDequeue(out string item, out int priority))
{
    Console.WriteLine($"Dequeued Item : {item} Priority Was : {priority}");
}
```

在输出中，优先级 1 的消息先出现，后跟优先级 2 的消息，最后是优先级 3 的消息。

```
Popped Item : Twas. Priority Was : 1
Popped Item : Brillig. Priority Was : 1
Popped Item : Slithy. Priority Was : 2
Popped Item : and. Priority Was : 2
Popped Item : the. Priority Was : 3
Popped Item : Toves. Priority Was : 3
```

18.1.5   Stack<T>集合类

Stack<T>类实现了后入先出的栈。元素在顶部入栈(push)，从顶部出栈(pop)。通常可以将栈想象成一叠盘子：新盘子叠加到顶部，同样从顶部取走盘子。换言之，最后一个入栈的总是第一个被取走的。下面是一个例子(注意 foreach 循环列出项的顺序):

```
using System;
using System.Collections.Generic;
...
Stack<int> numbers = new Stack<int>();

// 填充栈
Console.WriteLine("Pushing items onto the stack:");
foreach (int number in new int[4]{9, 3, 7, 2})
{
    members.Push(number);
    Console.WriteLine($"{number} has been pushed on the stack");
}

// 遍历栈
Console.WriteLine("\nThe stack now contains:");
foreach (int number in numbers)
{
    console.WriteLine(number);
}

// 清空栈
Console.WriteLine("\nPopping items from the stack:");
while (numbers.Count > 0)
{
    int number = numbers.Pop();
    Console.WriteLine($"{number} has been popped off the stack");
}
```

下面是程序的输出:

```
Pushing items onto the stack:
9 has been pushed on the stack
3 has been pushed on the stack
7 has been pushed on the stack
2 has been pushed on the stack

The stack now contains:
2
7
3
9

Popping items from the stack:
2 has been popped off the stack
7 has been popped off the stack
3 has been popped off the stack
9 has been popped off the stack
```

18.1.6 Dictionary<TKey, TValue>集合类

数组和 List<T> 类型提供了将整数索引映射到元素的方式。在方括号中指定整数索引(例如[4])来获取索引 4 的元素(实际是第 5 个元素)。但有时,需要从非 int 类型(比如 string,double 或 Time)映射。其他语言一般称之为**关联数组**。

C#的 Dictionary<TKey, TValue>类在内部维护两个数组来实现该功能。一个存储要从其映射的**键**,另一个存储映射到的**值**。分别称为键数组和值数组。在 Dictionary<TKey, TValue>集合中插入键/值对时,将自动记录哪个键和哪个值关联,允许开发人员快速、简单地获取具有指定键的值。

Dictionary<TKey, TValue>类的设计产生了一些重要的后果。

- Dictionary<TKey, TValue>集合不能包含重复的键。调用 Add 方法添加键数组中已有的键将抛出异常。但是,如果使用方括号记号法来添加键/值对(参见后面的例子),就不用担心异常,即使之前已添加了相同的键。如果键已经存在,其值就会被新值覆盖。可用 ContainKey 方法来测试 Dictionary<TKey, TValue>集合是否已包含特定的键。

- Dictionary<TKey, TValue>集合内部采用一种稀疏数据结构,在有大量内存可用时才最高效。随着更多元素的插入,Dictionary<TKey, TValue>集合可能快速消耗大量内存。

- 使用 foreach 语句遍历 Dictionary<TKey, TValue>集合返回的是一个 KeyValuePair<TKey, TValue>。这是一个结构,包含的是数据项的键和值元素的拷贝,可通过 Key 和 Value 属性访问每个元素。元素是只读的,不能用它们来修改 Dictionary<TKey, TValue>集合中的数据。

下例用于对家庭成员年龄和姓名进行关联并打印信息。

```
using System;
using System.Collections.Generic;
...
Dictionary<string, int> ages = new Dictionary<string, int>();

// 填充字典
ages.Add("John", 57); // 使用 Add 方法
ages.Add("Diana", 57);
ages["James"] = 30; // 使用数组语法
ages["Francesca"] = 27;

// 用 foreach 语句遍历字典
// 迭代器生成的是一个 KeyValuePair 项
Console.WriteLine("The Dictionary contains:");
foreach (KeyValuePair<string, int> element in ages)
{
    string name = element.Key;
    int age = element.Value;
    Console.WriteLine($"Name: {name}, Age: {age}");
}
```

程序输出如下所示:

```
The Dictionary contains:
Name: John, Age: 57
Name: Diana, Age: 57
Name: James, Age: 30
Name: Francesca, Age: 27
```

注意 System.Collections.Generic 命名空间还包含 SortedDictionary<TKey, TValue> 集合类型。该类能保持集合有序(根据键进行排序)。

18.1.7 SortedList<TKey, TValue>集合类

SortedList<TKey, TValue>类与 Dictionary<TKey, TValue>类很相似，都允许将键和值关联。主要的区别是，前者的键数组总是排好序的(不然也不会叫 SortedList 了)。在 SortedList<TKey, TValue>对象中插入数据花的时间比 SortedDictionary<TKey, TValue> 对象长，但获取数据会快一些(至少一样快)，而且 SortedList<TKey, TValue>类消耗内存较少。

在 SortedList<TKey, TValue>集合中插入一个键/值对时，键会插入键数组的正确索引位置，目的是确保键数组始终处于排好序的状态。然后，值会插入值数组的相同索引位置。SortedList<TKey, TValue>类自动保证键和值同步，即使是在添加和删除了元素之后。这意味着可按任意顺序将键/值对插入一个 SortedList<TKey, TValue>，它们总是按照键的值

来排序。①

与 Dictionary<TKey, TValue>类相似，SortedList<TKey, TValue>集合不能包含重复键。用 foreach 语句遍历 SortedList<TKey, TValue>集合返回的是 KeyValuePair<TKey, TValue>项，只是这些 KeyValuePair<TKey, TValue>对象已按 Key 属性排好序。

下例仍然将家庭成员的年龄和姓名关联并打印结果。但这次使用有序列表而不是字典。

```
using System;
using System.Collections.Generic;
...
SortedList<string, int> ages = new SortedList<string, int>();

// 填充有序列表
ages.Add("John", 57);  // 使用 Add 方法
ages.Add("Diana", 57);
ages["James"] = 30;    // 使用数组语法
ages["Francesca"] = 27;

// 用 foreach 语句遍历有序列表
// 迭代器生成的是一个 KeyValuePair 项
Console.WriteLine("The SortedList contains:");
foreach (KeyValuePair<string, int> element in ages)
{
    string name = element.Key;
    int age = element.Value;
    Console.WriteLine($"Name: {name}, Age: {age}");
}
```

结果按家庭成员姓名(键)的字母顺序进行排序(D-F-J-J):

```
The SortedList contains:
Name: Diana, Age: 57
Name: Francesca, Age: 27
Name: James, Age: 30
Name: John, Age: 57
```

18.1.8 HashSet<T>集合类

HashSet<T>类专为集合②操作优化，包括判断数据项是否集合成员和生成并集/交集等。

数据项用 Add 方法插入 HashSet<T>集合，用 Remove 方法删除。但 HashSet<T>类真正强大的是它的 IntersectWith 方法、UnionWith 方法和 ExceptWith 方法。这些方法修改 HashSet<T>集合来生成与另一个 HashSet<T>相交、合并或者不包含其数据项的新集合。这些操作是破坏性的，因为会用新集合覆盖原始 HashSet<T>对象的内容。另外，还可以使用 IsSubsetOf 方法、IsSupersetOf 方法、IsProperSubsetOf 方法和 IsProperSupersetOf 方

---

① 译注：注意区分"键和值"(key and value)和"键的值"(value of key)。
② 译注：是数学意义上的集合(set)，而不是之前讲述的计算机科学的集合(collection)。

法判断一个 HashSet<T>集合的数据是否另一个 HashSet<T>集合的超集或子集。这些方法返回 Boolean 值，是非破坏性的。

　　HashSet<T>集合内部作为哈希表实现，可实现数据项的快速查找。但若是一个大的 HashSet<T>集合，可能需要消耗大量内存。

　　下例展示如何填充 HashSet<T>集合并运用 IntersectWith 方法来找出两个集合都有的数据。

```
using System;
using System.Collections.Generic;
...
HashSet<string> employees = new HashSet<string>(new string[] {"Fred","Bert","Harry","John"});
HashSet<string> customers = new HashSet<string>(new string[] {"John","Sid","Harry","Diana"});

employees.Add("James");
customers.Add("Francesca");

Console.WriteLine("Employees:");
foreach (string name in employees)
{
    Console.WriteLine(name);
}

Console.WriteLine("\nCustomers:");
foreach (string name in customers)
{
    Console.WriteLine(name);
}

Console.WriteLine("\nCustomers who are also employees:"); // 既是客户又是员工的人
customers.IntersectWith(employees);
foreach (string name in customers)
{
    Console.WriteLine(name);
}
```

　　代码的输出结果如下所示：

```
Employees:
Fred
Bert
Harry
John
James

Customers:
John
Sid
Harry
```

```
Diana
Francesca
Customers who are also employees:
John
Harry
```

> **注意** System.Collections.Generic 命名空间还包含 SortedSet<T>集合类型。工作方
> 式和 HashSet<T>相似。主要区别是数据保持有序。SortedSet<T>类和 HashSet<T>
> 类可以互操作。例如，可以获取 SortedSet<T>集合和 HashSet<T>集合的并集。

18.2 使用集合初始化器

前面的例子展示了如何使用每种集合最合适的方法来添加元素。例如，List<T>使用 Add，Queue<T>使用 Enqueue，而 Stack<T>使用 Push。一些集合类型还允许在声明时使用和数组相似的语法来初始化。例如，以下语句创建并初始化名为 numbers 的 List<int>对象，这样写就不需要反复调用 Add 方法了：

```
List<int> numbers = new List<int>(){10, 9, 8, 7, 7, 6, 5, 10, 4, 3, 2, 1};
```

C#编译器内部会将初始化转换成一系列 Add 方法调用。换言之，只有支持 Add 方法的集合才能这样写(Stack<T>和 Queue<T>就不行)。

对于获取键/值对的复杂集合(例如 Dictionary<TKey, TValue>)，可用索引器语法为每个键指定值，例如：

```
Dictionary<string, int> ages = new Dictionary<string, int>()
{
    ["John"] = 57,
    ["Diana"] = 57,
    ["James"] = 30,
    ["Francesca"] = 27
};
```

如果愿意，还可在集合初始化列表中将每个键/值对指定为匿名类型，如下所示：

```
Dictionary<string, int> ages = new Dictionary<string, int>()
{
    {"John", 57},
    {"Diana", 57},
    {"James", 30},
    {"Francesca", 27}
};
```

每一对的第一项是键，第二项是值。为增强代码可读性，建议初始化字典类型时尽量使用索引器语法。

18.3 Find 方法、谓词和 Lambda 表达式

如前所述，面向字典的集合(Dictionary<TKey, TValue>，SortedDictionary<TKey, TValue>和 SortedList<TKey, TValue>)允许根据键来快速查找值，支持用数组语法访问值。对于 List<T>和 LinkedList<T>等支持无键随机访问的集合，它们无法通过数组语法来查找项，所以专门提供了 Find 方法。Find 方法的实参是代表搜索条件的谓词。**谓词**就是一个方法，它检查集合的每一项，返回 Boolean 值指出该项是否匹配。Find 方法返回的是发现的第一个匹配项。List<T>类和 LinkedList<T>类还支持其他方法，例如 FindLast 返回最后一个匹配项。List<T>类还专门有一个 FindAll 方法，返回所有匹配项的一个 List<T>集合。

谓词最好用 Lambda 表达式指定。简单地说，Lambda 表达式是能返回方法的表达式。这听起来很怪，因为迄今为止遇到的大多数 C#表达式都是返回值。但如果熟悉函数式编程语言，比如 Haskell，这个概念就一点儿都不陌生。其他人也不必害怕，Lambda 表达式并不复杂，熟悉后会发现它们相当有用。

> **注意** 访问 Haskell 主页 http://www.haskell.org/haskellwiki/，深入了解如何用 Haskell 进行函数式编程。

第 3 章讲过，方法通常由 4 部分组成：返回类型、方法名、参数列表和方法主体。但 Lambda 表达式只包含其中两个元素，即参数列表和方法主体。Lambda 表达式没有定义方法名，返回类型(如果有的话)则根据 Lambda 表达式的使用上下文推断。在 Find 方法的情况下，谓词依次处理集合中的每一项；谓词的主体必须检查项，根据是否匹配搜索条件返回 true 或 false。以下加粗的语句在一个 List<Person>上调用 Find 方法(Person 是结构)，返回 ID 属性为 3 的第一项。

```
struct Person
{
   public int ID { get; set; }
   public string Name { get; set; }
   public int Age { get; set; }
}
...
// 创建并填充 personnel 列表
List<Person> personnel = new List<Person>()
{
   new Person() { ID = 1, Name = "John", Age = 53 },
   new Person() { ID = 2, Name = "Sid", Age = 28 },
   new Person() { ID = 3, Name = "Fred", Age = 34 },
   new Person() { ID = 4, Name = "Paul", Age = 22 },
};

// 查找 ID 为 3 的第一个列表成员
Person match = personnel.Find((Person p) => { return p.ID == 3; });
Console.WriteLine($"ID: {match.ID}\nName: {match.Name}\nAge: {match.Age}");
```

上述代码的输出如下：

```
ID: 3
Name: Fred
Age: 34
```

调用 Find 方法时，实参(Person p) => { return p.ID == 3; }就是实际"干活儿"的 Lambda 表达式，它包含以下语法元素。

- 圆括号中的参数列表。和普通方法一样，即使 Lambda 表达式代表的方法不获取任何参数，也要提供一对空白圆括号。对于 Find 方法，谓词要针对集合中的每一项运行，该项作为参数传给 Lambda 表达式。
- =>操作符，它向 C#编译器指出这是一个 Lambda 表达式。
- Lambda 表达式主体(方法主体)。本例的主体很简单，只有一个语句，返回 Boolean 值来指出参数所指定的项是否符合搜索条件。然而，Lambda 表达式完全可以包含多个语句，而且可以采用你觉得最易读的方式来排版。只是要记住，和普通方法一样，每个语句都要以分号结束。

> **重要提示** 第 3 章曾用=>操作符定义表达式主体方法。为同一个操作符赋予多种含义的确容易使人混淆。虽然概念上有些相似，但表达式主体方法和 Lambda 表达式无论语义还是功能都截然不同。两者不要弄混了。

严格地说，Lambda 表达式的主体可以是包含多个语句的方法主体，也可以只是一个表达式。如果 Lambda 表达式主体只有一个表达式，大括号和分号就可以省略了(最后仍需一个分号来完成整个语句)。另外，如果表达式只有一个参数，用于封闭参数的圆括号也可省略。最后，许多时候都可以省略参数类型，让计算机根据 Lambda 表达式的调用上下文推断。下面是刚才的 Find 语句简化版本，它更容易阅读和理解：

```
Person match = personnel.Find(p => p.ID == 3);
```

> **注意** Stack<T>，Queue<T>和 HashSet<T>集合类不支持查找功能，虽然可用 Contains 方法测试哈希集合是否包含指定的数据项。

18.3.1 Lambda 表达式的形式

Lambda 表达式是很强大的构造。随着 C#编程的深入，它们会用得越来越多。表达式本身具有多种形式，每种形式的区别需用心体会。Lambda 表达式最初是 Lambda Calculus(或者称为 λ 演算，λ 的发音就是 Lambda)这种数学逻辑系统的一部分，它提供了对函数进行描述的一种记号法(可将函数想象成会返回值的方法)。虽然 C#语言所实现的 Lambda 表达式对 λ 演算的语法和语义进行了扩展，但许多基本概念仍然保留下来了。下面这些例子展示了

C#语言的 Lambda 表达式的各种形式：

```
x => x * x                      // 一个简单表达式，返回参数值的平方
                                // 参数 x 的类型根据上下文推导
x => { return x * x ; }         // 语义和上一个表达式相同，
                                // 但将一个 C#语句块用作主体，而非只是一个简单表达式
(int x) => x / 2                // 一个简单表达式，返回参数值除以 2 的结果
                                // 参数 x 的类型显式指定
() => folder.StopFolding(0)     // 调用一个方法，
                                // 表达式不获取参数，
                                // 表达式可能会、也可能不会返回值
(x, y) => { x++; return x / y; }    // 多个参数；编译器自己推断参数类型
                                    // 参数 x 以值的形式传递，
                                    // 所以++操作的效果是局部于表达式的
(ref int x, int y) { x++; return x / y; }   // 多个参数，都显式指定类型
                                            // 参数 x 以引用的形式传递，
                                            // 所以++操作的效果是永久性的
```

下面总结了 Lambda 表达式的一些特性：

- 如 Lambda 表达式要获取参数，就在=>操作符左侧的圆括号内指定。可省略参数类型，C#编译器能根据 Lambda 表达式的上下文进行推断。如希望 Lambda 表达式永久(而不是局部)更改参数值，可用"传引用"方式传递参数(使用 ref 关键字)，但不推荐这样做。

- Lambda 表达式可返回值，但返回类型必须与对应的委托的类型匹配。

- Lambda 表达式主体可以是简单表达式，也可以是 C#代码块(代码块可包含多个语句、方法调用、变量定义等等)。

- Lambda 表达式方法中定义的变量会在方法结束时离开作用域(失效)。

- Lambda 表达式可访问和修改 Lambda 表达式外部的所有变量，只要那些变量在 Lambda 表达式定义时，和 Lambda 表达式处在相同作用域中。一定要非常留意这个特性！

18.3.2　Lambda 表达式和匿名方法

Lambda 表达式是 C# 3.0 新增的功能。C# 2.0 引入的是匿名方法。匿名方法执行相似的任务，但却不如 Lambda 表达式灵活。之所以设计匿名方法，主要是为了方便开发者在定义委托时不必创建具名方法。只需在方法名的位置提供方法主体的定义就可以了，如下所示：

```
this.stopMachinery += delegate { folder.StopFolding(0); };
```

还可将匿名方法作为参数传递以取代委托，如下所示：

```
control.Add(delegate { folder.StopFolding(0); } );
```

注意，引入匿名方法时必须附加 delegate 前缀。另外，所需的任何参数都在 delegate

关键字后的圆括号中指定。例如：

```
control.Add(delegate(int param1, string param2)
    { /* 使用 param1 和 param2 的代码放在这里 */ ... });
```

习惯之后，会发现 Lambda 表达式提供的语法比匿名方法更简洁和自然。另外，正如本书后面要讲到的，C#许多比较高级的领域会大量使用 Lambda 表达式。总的来说，应该尽可能在代码中使用 Lambda 表达式而不是匿名方法。

18.4 比较数组和集合

数组和集合的重要差异总结如下。

- 数组实例具有固定大小，不能增大或缩小。集合则可根据需要动态改变大小。
- 数组可以多维，集合则是线性。但集合中的项可以是集合自身，所以可用集合的集合来模拟多维数组。
- 数组中的项通过索引来存储和获取。并非所有集合都支持这种语法。例如，要用 Add 或 Insert 方法在 List<T>集合中存储项，用 Find 方法获取项。
- 许多集合类都提供了 ToArray 方法，能创建数组并用集合中的项来填充。复制到数组的项不从集合中删除。另外，这些集合还提供了直接从数组填充集合的构造器。

使用集合类来玩牌

以下练习修改第 10 章的扑克牌游戏来使用集合而不是数组。

> **用集合实现扑克牌游戏**

1. 如 Microsoft Visual Studio 2022 尚未启动，请启动。

2. 打开 Cards 解决方案，它位于 "文档" 文件夹下的\Microsoft Press\VCSBS\Chapter 18\Cards 子文件夹。

   该项目更新了第 10 章使用数组实现的版本。修改了 PlayingCard 类，牌的点数和花色作为只读属性公开。

3. 在 "代码和文本编辑器" 窗口中显示 Pack.cs。在文件顶部添加以下 using 指令：

   ```
   using System.Collections.Generic;
   ```

4. 将 Pack 类中的二维数组 cardPack 改成 Dictionary<Suit, List< PlayingCard>> 对象，如加粗的代码所示：

   ```
   class Pack
   {
       ...
   ```

```
        private Dictionary<Suit, List<PlayingCard>> cardPack;
        ...
    }
```

原始应用程序使用二维数组表示一副牌。这里改用字典，键是花色，值是那个花色的所有牌的列表。

5. 找到 Pack 构造器。修改构造器的第一个语句，将 cardPack 变量实例化成新的字典集合而不是数组，如加粗的代码所示：

```
public Pack()
{
    this.cardPack = new Dictionary<Suit, List<PlayingCard>>(NumSuits);
    ...
}
```

虽然字典集合能随着数据项的加入而自动改变大小，但如果大小一般不怎么变化，就可在实例化时指定初始大小。这有助于优化内存分配(虽然超过这个大小时字典集合还是会自动增大)。本例的字典集合固定包含 4 个列表(每种花色一个)，所以应分配初始大小 4(NumSuits 是值为 4 的常量)。

6. 在外层 for 循环中声明名为 cardsInSuit 的 List<PlayingCard>集合对象。它要足够大来容纳每种花色的牌数(使用 CardsPerSuit 常量)，如加粗的语句所示：

```
public Pack()
{
    this.cardPack = new Dictionary<Suit, List<PlayingCard>>(NumSuits);
    for (Suit suit = Suit.Clubs; suit <= Suit.Spades; suit++)
    {
        List<PlayingCard> cardsInSuit = new List<PlayingCard>(CardsPerSuit);
        for (Value value = Value.Two; value <= Value.Ace; value++)
        {
            ...
        }
    }
}
```

7. 修改内层 for 循环的代码，将新的 PlayingCard 对象添加到集合而不是数组中。如加粗的语句所示：

```
for (Suit suit = Suit.Clubs; suit <= Suit.Spades; suit++)
{
    List<PlayingCard> cardsInSuit = new List<PlayingCard>(CardsPerSuit);
    for (Value value = Value.Two; value <= Value.Ace; value++)
    {
        cardsInSuit.Add(new PlayingCard(suit, value));
    }
}
```

8. 在内层 for 循环之后，将列表对象添加到字典集合 cardPack 中，将 suit 变量的值指定为字典每一项的键。如加粗的语句所示：

```
for (Suit suit = Suit.Clubs; suit <= Suit.Spades; suit++)
{
    List<PlayingCard> cardsInSuit = new List<PlayingCard>(CardsPerSuit);
    for (Value value = Value.Two; value <= Value.Ace; value++)
    {
        cardsInSuit.Add(new PlayingCard(suit, value));
    }
    this.cardPack.Add(suit, cardsInSuit);
}
```

9. 找到 DealCardFromPack 方法。该方法从一副牌中随机挑选一张牌，将牌从牌墩中删除，再返回这张牌。在本例中，挑选牌的逻辑不必进行任何更改，但方法末尾获取牌的语句必须更新以使用字典集合。另外，从数组中删除已发牌的代码也需要修改。现在要在列表中找到牌并将其删除。查找牌要使用 Find 方法并指定一个谓词来查找具有指定点数(value)的牌。谓词的参数应该是一个 PlayingCard 对象(列表包含的就是 PlayingCard 对象)。

修改第二个 while 循环的结束大括号之后的代码，如加粗的代码所示：

```
public PlayingCard DealCardFromPack()
{
    Suit suit = (Suit)randomCardSelector.Next(NumSuits);
    while (this.IsSuitEmpty(suit))
    {
        suit = (Suit)randomCardSelector.Next(NumSuits);
    }

    Value value = (Value)randomCardSelector.Next(CardsPerSuit);
    while (this.IsCardAlreadyDealt(suit, value))
    {
        value = (Value)randomCardSelector.Next(CardsPerSuit);
    }

    List<PlayingCard> cardsInSuit = this.cardPack[suit];
    PlayingCard card = cardsInSuit.Find(c => c.CardValue == value);
    cardsInSuit.Remove(card);
    return card;
}
```

10. 找到 IsCardAlreadyDealt 方法。该方法判断一张牌之前是否已经发过。它采用的办法是检查数组中对应元素是否已被设为 null。需修改该方法，判断在字典集合 cardPack 中，在与指定花色对应的列表中，是否已包含具有指定点数的牌。

使用 Exists 方法判断 List<T>集合是否包含指定数据项。该方法和 Find 相似，都
是获取一个谓词作为实参。谓词(记住谓词是方法)获取集合中的每一项，如果该项
符合指定条件就返回 true，否则返回 false。本例的 List<T>集合容纳的是
PlayingCard 对象。所以，如果一个 PlayingCard 的花色和点数与传给
IsCardAlreadyDealt 方法的实参匹配，Exists 谓词就应返回 true。

如以下加粗的代码所示更新方法：

```
private bool IsCardAlreadyDealt(Suit suit, Value value)
{
    List<PlayingCard> cardsInSuit = this.cardPack[suit];
    return (!cardsInSuit.Exists(c => c.CardSuit == suit && c.CardValue == value));
}
```

11. 在"代码和文本编辑器"中显示 Hand.cs 文件。在文件顶部添加以下 using 指令：

```
using System.Collections.Generic
```

12. Hand 类目前用 cards 数组容纳一手牌。修改 cards 变量的定义，把它改成一个
List<PlayingCard>集合，并注释掉定义 playingCardCount 变量的语句，如加粗
代码所示：

```
class Hand
{
    public const int HandSize = 13;
    private List<PlayingCard> cards = new List<PlayingCard>(HandSize);
    // private int playingCardCount = 0;
    ...
}
```

13. 找到 AddCardToHand 方法。该方法目前检查是否已抓满了一手牌。如果还没有，就
将作为参数提供的牌(一个 PlayingCard 对象)添加到 cards 数组中由
playingCardCount 变量指定的索引位置。

更新方法，改为使用 List<PlayingCard>集合的 Add 方法。修改后就没必要用一个
变量显式跟踪集合中的牌数了，因为可以改为使用 Count 属性。

从类中删除 playingCardCount 变量，修改检查是否已抓满一手牌的 if 语句来引用
Count 属性。完成后的方法如下所示，改动的地方加粗显示：

```
public void AddCardToHand(PlayingCard cardDealt)
{
    if (this.cards.Count >= HandSize)
    {
        throw new ArgumentException("Too many cards");
    }
    this.cards.Add(cardDealt);
}
```

14. 在"调试"菜单中选择"开始调试"，生成并运行应用程序。

15. Card Game 窗口出现后，请单击 Deal 按钮。

注意 展开底部的命令栏，以显示 Deal 按钮。

验证和以前一样，所有牌都会发出去，每手牌都正确显示。再次单击 Deal，会重新随机发牌。

下图展示了应用程序运行时的样子。

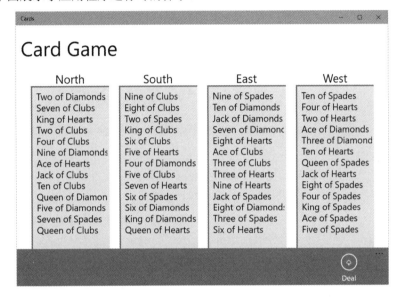

16. 返回 Visual Studio 2022 并停止调试。

小结

本章讲述了如何使用常见的泛型集合类来存储和访问数据，特别强调了如何使用泛型类创建类型安全的集合，还描述了集合和数组的区别。

- 如果希望继续学习下一章，请继续运行 Visual Studio 2022，然后阅读第 19 章。

- 如果希望现在就退出 Visual Studio 2022，请选择"文件"|"退出"命令。如果看到"保存"对话框，请单击"是"按钮保存项目。

第 18 章快速参考

目标	操作
新建集合	使用集合类的构造器。示例如下： `List<PlayingCard> cards = new List<PlayingCard>();`

向集合添加项	为列表、哈希集合和面向字典的集合使用 Add 或 Insert 方法(视情况而定)。为 Queue<T>集合使用 Enqueue 方法。为 Stack<T>集合使用 Push 方法。示例如下：
	
	`HashSet<string> employees = new HashSet<string>();`
	`employees.Add("John");`
	`...`
	`LinkedList<int> data = new LinkedList<int>();`
	`data.AddFirst(101);`
	`...`
	`Stack<int> numbers = new Stack<int>();`
	`numbers.Push(99);`

从集合删除项	为列表、哈希集合和面向字典的集合使用 Remove 方法。为 Queue<T>集合使用 Dequeue 方法。为 Stack<T>集合使用 Pop 方法。示例如下：
	
	`HashSet<string> employees = new HashSet<string>();`
	`employees.Remove("John");`
	`...`
	`LinkedList<int> data = new LinkedList<int>();`
	`data.Remove(101);`
	`...`
	`Stack<int> numbers = new Stack<int>();`
	`int item = numbers.Pop();`

查询集合中的元素数量	使用 Count 属性。示例如下：
	
	`List<PlayingCard> cards = new List<PlayingCard>();`
	`...`
	`int noOfCards = cards.Count;`

目标	操作

在集合中查找项	面向字典的集合使用数组语法。列表使用 Find 方法。示例如下：
	
	`Dictionary<string, int> ages =`
	`    new Dictionary<string, int>();`
	`ages.Add("John", 51);`
	`int johnsAge = ages["John"];`
	`...`
	`List<Person> personnel = new List<Person>();`
	`Person match = personnel.Find(p => p.ID == 3);`
	
	注意 Stack\<T\>，Queue\<T\>和 HashSet\<T\>集合不支持查找，虽然可用 Contains 方法测试一个项是否哈希集合的成员

遍历集合中的元素	使用 for 或 foreach 语句。示例如下：
	
	`LinkedList<int> numbers = new LinkedList<int>();`
	`...`
	`for (LinkedListNode<int> node = numbers.First;`
	`    node is not null; node = node.Next)`
	`{`
	`    int number = node.Value;`
	`    Console.WriteLine(number);`
	`}`
	`...`
	`foreach (int number in numbers)`
	`{`
	`    Console.WriteLine(number);`
	`}`

第 19 章

枚举集合

学习目标

- 手动定义枚举器来遍历集合中的元素
- 创建迭代器来自动实现枚举器
- 提供附加的迭代器，按不同顺序遍历集合中的元素

第 10 章和第 18 章介绍了如何使用数组和集合来容纳数据序列或集合。还介绍了如何使用 foreach 语句遍历数组或集合中的元素。当时，foreach 语句只是作为访问数组或集合内容的一种快速、方便的手段来使用的。本章将深入探讨该语句，理解它实际如何工作。定义自己的集合类时，这个主题会变得十分重要，本章将解释如何使集合"可枚举"。

19.1　枚举集合中的元素

第 10 章的一个例子展示了如何用 foreach 语句列出一个简单数组中的数据项：

```
int[] pins = { 9, 3, 7, 2 };
foreach (int pin in pins)
{
    Console.WriteLine(pin);
}
```

foreach 极大简化了需要编写的代码，但它只能在特定情况下使用——只能遍历**可枚举**集合。

什么是可枚举集合？简单地说，就是实现了 System.Collections.IEnumerable 接口的集合。

C#的所有数组都是 System.Array 类的实例。而 System.Array 类是实现了 IEnumerable 接口的集合类。

IEnumerable 接口包含一个名为 GetEnumerator 的方法:

```
IEnumerator GetEnumerator();
```

GetEnumerator 方法应返回实现了 System.Collections.IEnumerator 接口的**枚举器**对象。枚举器对象用于遍历(枚举)集合中的元素。IEnumerator 接口指定了以下属性和方法:

```
object Current { get; }
bool MoveNext();
void Reset();
```

可将枚举器视为指向列表中的元素的指针。指针最开始指向第一个元素之前的位置。调用 MoveNext 方法,即可使指针移至列表中的下一项(第一项);如果能实际地移到下一项,MoveNext 方法返回 true,否则返回 false。可用 Current 属性访问当前指向的那一项;使用 Reset 方法,则可使指针回到列表第一项之前的位置。使用集合的 GetEnumerator 方法创建枚举器,然后反复调用 MoveNext 方法,并获取 Current 属性的值,就可以每次在该集合中移动一个元素的位置。这正是 foreach 语句所做的事情。所以,为了创建自己的可枚举集合类,就必须在自己的集合类中实现 IEnumerable 接口,并提供 IEnumerator 接口的一个实现,以便由集合类的 GetEnumerator 方法返回。

重要提示 IEnumerable 和 IEnumerator 这两个接口名称很容易混淆。千万注意区分。

稍微想一下,就会发现 IEnumerator 接口的 Current 属性具有非类型安全的行为,因为它返回 object 而非具体类型。幸好,.NET 类库还提供了泛型 IEnumerator<T>接口,该接口同样有 Current 属性,但返回的是一个 T。类似地,还有一个 IEnumerable<T>接口,其中的 GetEnumerator 方法返回的是一个 Enumerator<T> 对象。这两个接口都在 System.Collections.Generic 命名空间中定义。为 2.0 或之后的.NET 编写应用程序,应在定义可枚举集合时使用这些泛型接口,而不应使用非泛型版本。

19.1.1 手动实现枚举器

下个练习将定义类来实现泛型 IEnumerator<T>接口,并为第 17 章的二叉树类 Tree<TItem>创建枚举器。

第 17 章演示了如何轻松遍历二叉树并显示其内容。这是否意味着定义枚举器,以相同顺序检索二叉树中的每个元素是一件轻松的工作呢? 遗憾的是,实情并非如此。主要问题是,定义枚举器要记住自己在结构中的位置,以便后续的 MoveNext 方法调用能相应地更新位置。递归算法(例如遍历二叉树时使用的算法)本身无法通过一种易于访问的方式,在方法调用之间维持状态信息。因此，需要对二叉树中的数据进行预处理，把它们转换成更容易访问的数据结构(一个队列)，再对该数据结构进行枚举。当然，用户遍历二叉树的元素时，这些幕后操作会在用户面前隐藏起来。

> 创建 TreeEnumerator 类

1. 如 Microsoft Visual Studio 2022 尚未启动，请启动。

2. 打开"文档"文件夹下的\Microsoft Press\VCSBS \Chapter 19\BinaryTree 子文件夹中的 BinaryTree 解决方案。该解决方案包含第 17 章创建的 BinaryTree 项目的一个能正常工作的副本。将添加一个新类为二叉树类 Tree<TItem>实现枚举器。

3. 在解决方案资源管理器中单击 BinaryTree 项目。选择"项目"|"添加类"。

4. 在中间窗格选择"类"模板，在"名称"文本框中输入 **TreeEnumerator.cs**，单击"添加"。

    TreeEnumerator 类为 Tree<TItem>对象生成枚举器。为了确保类是类型安全的，必须提供类型参数并实现 IEnumerator<T>接口。此外,类型参数对于 TreeEnumerator 类要枚举的 Tree<TItem>对象来说必须是一个有效的类型，所以必须进行约束，规定必须实现 IComparable<TItem>接口。出于排序的目的，BinaryTree 类要求树中的数据项提供一种方式使它们能被比较。

5. 在"代码和文本编辑器"中显示 TreeEnumerator.cs 文件，修改 TreeEnumerator 类的定义，使之满足上述要求，如加粗的部分所示：

    ```
    class TreeEnumerator<TItem> : IEnumerator<TItem> where TItem : IComparable<TItem>
    {
    }
    ```

📝注意　Visual Studio 会报错，因为 IEnumerator 接口预期你实现特定的方法和属性。稍后就会定义这些东西，所以先暂时忽略这些消息。

6. 如加粗的语句所示，在 TreeEnumerator<TItem>类中添加三个私有变量：

    ```
    class TreeEnumerator<TItem> : IEnumerator<TItem> where TItem : IComparable<TItem>
    {
        private Tree<TItem> currentData = null;
        private TItem currentItem = default(TItem);
        private Queue<TItem> enumData = null;
    }
    ```

    currentData 变量容纳对要枚举的树的引用，currentItem 变量容纳 Current 属性返回的值。将用从树的节点提取的值填充 enumData 队列，并用 MoveNext 方法依次从队列返回每一项。至于其中的 default 关键字是什么意思，请参见稍后的补充内容"初始化用类型参数定义的变量"。

7. 为 TreeEnumerator<TItem>类添加一个构造器，获取名为 data 的 Tree<TItem>参数。在构造器主体中添加语句将 currentData 变量初始化成 data：

```
class TreeEnumerator<TItem> : IEnumerator<TItem> where TItem : IComparable<TItem>
{
    ...
    public TreeEnumerator(Tree<TItem> data)
    {
        this.currentData = data;
    }
    ...
}
```

8. 在 TreeEnumerator<TItem>类中，紧接在构造器后面添加名为 populate(填充)的私有方法：

```
class TreeEnumerator<TItem> : IEnumerator<TItem> where TItem : IComparable<TItem>
{
    ...
    private void populate(Queue<TItem> enumQueue, Tree<TItem> tree)
    {
        if (tree.LeftTree is not null)
        {
            populate(enumQueue, tree.LeftTree);
        }

        enumQueue.Enqueue(tree.NodeData);

        if (tree.RightTree is not null)
        {
            populate(enumQueue, tree.RightTree);
        }
    }
}
```

该方法遍历二叉树，将二叉树中的数据添加到队列。所用的算法与第 17 章讲过的 Tree<TItem>类所用的 WalkTree 方法非常相似。区别是这里不是将 NodeData 值附加到一个字符串，而是存储到队列中。

9. 回到 TreeEnumerator<TItem>类定义。鼠标移至类声明中的 IEnumerator<TItem> 字样，从上下文关联菜单中(有一个灯泡图标)选择"显式实现所有成员"。

这个操作将为 IEnumerator<TItem>和 IEnumerator 接口中的方法生成存根(即 stub，相当于"占位符"，等着你实现)，并把它们添加到类的尾部。还会为 IDisposable 接口生成 Dispose 方法。

IEnumerator<TItem>接口同时继承了 IEnumerator 和 IDisposable 接口，这解释了为什么还会出现这些接口要求的方法。事实上，唯一真正属于 IEnumerator<TItem>接口的只有泛型 Current 属性。MoveNext 和 Reset 方法是由非泛型 IEnumerator 接口指定的。IDisposable 接口的详情已在第 14 章讲述。

10. 检查自动生成的代码。属性和方法主体包含默认实现，它唯一的功能就是抛出 NotImplementedException 异常。后面的步骤将用真正的实现替换这些代码。

11. 用以下加粗的语句更新 MoveNext 方法主体：

```
bool System.Collections.IEnumerator.MoveNext()
{
    if (this.enumData is null)
    {
        this.enumData = new Queue<TItem>();
        populate(this.enumData, this.currentData);
    }

    if (this.enumData.Count > 0)
    {
        this.currentItem = this.enumData.Dequeue();
        return true;
    }

    return false;
}
```

枚举器的 MoveNext 方法有两方面的作用。首次调用时初始化枚举器使用的数据，并向前跳进到要返回的第一个数据项(记住，首次调用 MoveNext 方法之前，Current 属性返回的值是未定义的，会造成异常)。在本例中，初始化过程包括对队列进行实例化，然后调用 populate 方法向队列填充从树中提取的数据。

对 MoveNext 方法的后续调用应该只是跳过不同的数据项，直到没有更多的数据项为止。本例就是对队列中的数据项进行出队操作，直到队列变空。重点注意的是，MoveNext 实际并不返回数据项——那是 Current 属性的事儿。MoveNext 唯一做的事情就是更新枚举器的内部状态(将 currentItem 变量的值设为出队的数据项)，以便由 Current 属性使用。还有下一个值就返回 true，否则返回 false。

12. 修改泛型 Current 属性的 get 访问器。将表达式主体成员替换成加粗的代码：

```
TItem IEnumerator<TItem>.Current
{
    get
    {
        if (this.enumData is null)
        {
```

```
    // 调用 Current 前要先调用一次 MoveNext
    throw new InvalidOperationException("Use MoveNext before calling Current");
    }
    return this.currentItem;
    }
}
```

⚠️ 重要提示 Current 属性有两个实现,一定要把上述代码添加到正确的实现中。非泛型
版本(System.Collections.IEnumerator.Current)不用管。

Current 属性检查 enumData 变量,确定已调用了一次 MoveNext(首次调用 MoveNext
前该变量值为 null)。还没有调用就抛出 InvalidOperationException 异常,.NET
Framework 应用程序利用该机制指出某个操作在当前状态下执行不了。如果
MoveNext 之前调用过,表明已更新好了 currentItem 变量,所以 Current 属性唯
一要做的就是返回该变量的值。

13. 找到 IDisposable.Dispose 方法。将 throw new NotImplementedException();
    语句注释掉,如加粗代码所示。枚举器未使用任何需显式清理的资源,所以该方法
    无须做任何事情。但它仍然必须存在。Dispose 方法的详情参见第 14 章。

```
void IDisposable.Dispose()
{
    // throw new NotImplementedException();
}
```

14. 生成解决方案,纠正报告的任何错误。

初始化用类型参数定义的变量

你或许已注意到,定义并初始化 currentItem 变量的语句使用了 default 关键字:

```
private TItem currentItem = default(TItem);
```

currentItem 变量是用类型参数 TItem 来定义的。编写和编译程序时,用于替代 TItem
的实际类型可能是未知的——只有程序运行时才知道具体类型。由于这个原因,难以指定如
何对变量进行初始化。有人可能想把它设为 null。然而,如果用于替代 TItem 的类型是值类
型,这个赋值就是非法的(不能将值类型设为 null,只有引用类型才可以)。类似地,如果初
始化为 0 并期待提供数值类型,那么一旦提供引用类型,就同样变成非法。还存在其他可能
性——例如,TItem 可能是 Boolean 类型。default 关键字就是为了解决这个问题设计的。
用于初始化变量的值将在语句执行时确定。如果 TItem 是引用类型,default(TItem)返回
null; 如果 TItem 是数值,default(TItem)返回 0; 如果 TItem 是 Boolean 类型,default
(TItem)就返回 false。如果 TItem 是结构,结构中各个字段将采取类似的方式来初始化(引
用字段初始化为 null,数值字段初始化为 0,Boolean 字段初始化为 false)。

19.1.2 实现 IEnumerable 接口

以下练习将修改二叉树类来实现 IEnumerable 接口。GetEnumerator 方法将返回一个 TreeEnumerator<TItem>对象。

> ### 在 Tree<TItem>类中实现 IEnumerable<TItem>接口

1. 在解决方案资源管理器中双击 Tree.cs 文件,在"代码和文本编辑器"中显示 Tree<TItem>类。

2. 修改 Tree<TItem>类定义来实现 IEnumerable<TItem>接口,如加粗部分所示:

   ```
   public class Tree<TItem> : IEnumerable<TItem> where TItem : IComparable<TItem>
   ```

   注意,始终将约束(where 子句)放在类声明的末尾。

3. 鼠标放到类定义中的 IEnumerable<TItem>接口上,单击灯泡图标,选择"显式实现所有成员"。

   将生成 IEnumerable<TItem>.GetEnumerator 和 IEnumerable.GetEnumerator 方法的默认实现,并添加到类的尾部。实现非泛型接口 IEnumerable 的方法是由于 IEnumerable<TItem>接口继承了 IEnumerable。

4. 找到靠近类尾部的泛型 IEnumerable<TItem>.GetEnumerator 方法。修改 GetEnumerator()方法主体,将现有的 throw 语句替换成以下加粗的代码:

   ```
   IEnumerator<TItem> IEnumerable<TItem>.GetEnumerator()
   {
       return new TreeEnumerator<TItem>(this);
   }
   ```

   GetEnumerator 方法的作用是构造枚举器对象来遍历集合。本例唯一要做的就是使用树中的数据来构造一个新的 TreeEnumerator<TItem>对象。

5. 生成解决方案。如有必要,请改正报告的任何错误,并重新生成解决方案。

   接着用 foreach 语句遍历二叉树并显示其内容,测试刚才修改好的 Tree<TItem>类。

> ### 测试枚举器

1. 在解决方案资源管理器中右击 BinaryTree 解决方案,从弹出菜单选择"添加"|"新建项目"。

2. 选择"控制台应用"模板,将项目命名为 **EnumeratorTest**,将位置设为"文档"下的\Microsoft Press\VCSBS\Chapter 19\BinaryTree 子文件夹,并选择".Net 6.0"作为框架,单击"创建"。

3. 在解决方案资源管理器中右击 EnumeratorTest 项目,选择"设为启动项目"。

4. 选择"项目"|"添加引用"。

5. 在"引用管理器"对话框左侧窗格展开"项目"并单击"解决方案"。在中间窗格勾选 BinaryTree 项目，单击"确定"。

随后，在解决方案资源管理器中，BinaryTree 程序集将出现在 EnumeratorTest 项目的"依赖项"列表中。

6. 在"代码和文本编辑器"中显示 Program 类，在文件顶部添加以下 using 指令：

```
using BinaryTree;
```

7. 在 Main 方法中添加以下加粗的代码，创建并填充由 int 值构成的二叉树：

```
static void Main(string[] args)
{
    Tree<int> tree1 = new Tree<int>(10);
    tree1.Insert(5);
    tree1.Insert(11);
    tree1.Insert(5);
    tree1.Insert(-12);
    tree1.Insert(15);
    tree1.Insert(0);
    tree1.Insert(14);
    tree1.Insert(-8);
    tree1.Insert(10);
}
```

8. 如加粗的代码所示，添加 foreach 语句来枚举树的内容并显示结果：

```
static void Main(string[] args)
{
    ...
    foreach (int item in tree1)
    {
        Console.WriteLine(item);
    }
}
```

9. 选择"调试" | "开始执行(不调试)"命令。

程序开始运行并显示以下值序列(见下图)：

```
-12, -8, 0, 5, 5, 10, 10, 11, 14, 15
```

10. 按 Enter 键返回 Visual Studio 2022。

19.2　用迭代器实现枚举器

如你所见，为了将集合变得"可枚举"，其过程非常复杂，且容易出错。为减轻程序员的负担，C#语言提供了迭代器来帮程序员完成其中大部分工作。

根据 C#语言规范，**迭代器**(iterator)是能生成(yield)[①]已排序值序列的一个代码块。注意迭代器实际不是"可枚举"类的成员。相反，它只是指定了一个序列，枚举器应该用该序列返回值。也就是说，迭代器只是对枚举序列的一个描述，C#编译器可利用它自动生成枚举器。为了正确理解这个概念，先来看一个简单的例子。

19.2.1　一个简单的迭代器

以下 BasicCollection<T>类展示了迭代器的基本实现原理。类用一个 List<T>容纳数据，并提供了 FillList 方法来填充列表。还要注意，BasicCollection<T>类实现了 IEnumerable<T>接口。接口规定的 GetEnumerator 方法用一个迭代器实现。

```
using System;
using System.Collections.Generic;
using System.Collections;
class BasicCollection<T> : IEnumerable<T>
{
    private List<T> data = new List<T>();
    public void FillList(params T [] items)
    {
        foreach (var datum in items)
        {
            data.Add(datum);
        }
    }

    IEnumerator<T> IEnumerable<T>.GetEnumerator()
    {
        foreach (var datum in data)
        {
            yield return datum;
        }
    }

    IEnumerator IEnumerable.GetEnumerator()
    {
        // 这是非泛型版本，本例未实现
        throw new NotImplementedException();
    }
}
```

[①] 译注：yield 本意是放弃或让路，后因一些语义的变化，有了生成、生产的意思。C#迭代器用 yield return 关键字表达这两方面的意思：暂时出让控制权，返回(生成)的值。可把迭代器理解成一种"受控的 goto"。

GetEnumerator 方法虽然一目了然，但仍有必要多讨论一下。首先注意，它并不返回 IEnumerator<T>类型的对象。相反，它遍历 data 数组中的各项，并依次返回每一项。重点在于 yield 关键字的使用。yield 关键字指定每次迭代(循环重复)要返回的值。可这样理解 yield 语句：它临时将方法"叫停"，将一个值传回调用者。当调用者需要下一个值时，GetEnumerator 方法就从上次暂停的地方继续，yield 下一个值。最终，所有数据都被耗尽，循环结束，GetEnumerator 方法终止。到这个时候，迭代过程就结束了。

这并不是一个平常所见的方法。GetEnumerator 方法中的代码定义了一个**迭代器**。编译器利用这些代码实现 IEnumerator<T>接口，其中包含 Current 属性和 MoveNext 方法。这个实现与 GetEnumerator 方法所指定的功能完全匹配。但程序员无法看见这些自动生成的代码(除非对程序集进行反编译)。与获得的便利相比，这一点儿代价(看不到自动生成的代码)微不足道。可采取和平常一样的方式调用迭代器生成的枚举器，如以下代码块所示：

```
BasicCollection<string> bc = new BasicCollection<string>();
bc.FillList("Twas", "brillig", "and", "the", slithy", "toves");
foreach (string word in bc)
{
    Console.WriteLine(word);
}
```

上述代码按以下顺序输出 bc 对象中的内容：

```
Twas, brillig, and, the, slithy, toves
```

要提供不同迭代机制，按不同顺序显示数据，可实现附加属性来实现 IEnumerable 接口，并用一个迭代器返回数据。例如，下面展示了 BasicCollection<T>类的 Reverse 属性，它按相反顺序获取数据：

```
class BasicCollection<T> : IEnumerable<T>
{
    ...
    public IEnumerable<T> Reverse
    {
        get
        {
            for (int i = data.Count - 1; i >= 0; i--)
            {
                yield return data[i];
            }
        }
    }
}
```

像下面这样调用该属性：

```
BasicCollection<string> bc = new BasicCollection<string>();
bc.FillList("Twas", "brillig", "and", "the", slithy", "toves");
```

```
foreach (string word in bc.Reverse)
{
    Console.WriteLine(word);
}
```

上述代码将按相反顺序输出 bc 的内容：

```
toves, slithy, the, and, brillig, Twas
```

19.2.2   使用迭代器为 Tree<TItem>类定义枚举器

以下练习使用迭代器为 Tree<TItem>类实现枚举器。在之前的练习中，要求先用
MoveNext 方法对树中的数据进行预处理，并在处理得到的一个队列的基础上进行操作。相反，
本练习将定义迭代器，使用更自然的递归机制来遍历树，这类似于第 17 章讨论的 WalkTree
方法。

> ➤ 为 Tree<TItem>类添加枚举器

1. 在 Visual Studio 2022 中打开"文档"文件夹下的\Microsoft Press\VCSBS\Chapter
    19\IteratorBinaryTree 子文件夹中的 BinaryTree 解决方案。该解决方案包含第 17 章
    创建的 BinaryTree 项目的副本。

2. 在"代码和文本编辑器"中打开文件 Tree.cs。修改 Tree<TItem>类的定义来实现
    IEnumerable<TItem>接口，如加粗部分所示：

    ```
    public class Tree<TItem> : IEnumerable<TItem> where TItem : IComparable<TItem>
    {
        ...
    }
    ```

3. 鼠标放到类定义中的 IEnumerable<TItem>上方，单击灯泡图标并选择"显式实现
    所有成员"。

    IEnumerable<TIten>.GetEnumerator 和 IEnumerable.GetEnumerator这两个方法
    将添加到类的尾部(一个是泛型版本，一个是非泛型版本)。

4. 找到泛型 IEnumerable<TItem>.GetEnumerator 方法,将 GetEnumerator 方法的主
    体(原本是一条 throw 语句)替换成以下加粗的代码：

    ```
    IEnumerator<TItem> IEnumerable<TItem>.GetEnumerator()
    {
        if (this.LeftTree is not null)
        {
            foreach (TItem item in this.LeftTree)
            {
                yield return item;
            }
        }
    ```

```
    yield return this.NodeData;

    if (this.RightTree is not null)
    {
        foreach (TItem item in this.RightTree)
        {
            yield return item;
        }
    }
}
```

表面或许不太明显,但上述代码确实遵循了第 17 章描述的用于列出二叉树内容的递归算法。如 LeftTree 非空,第一个 foreach 语句将隐式调用它的 GetEnumerator 方法(也就是当前在定义的方法)。该过程一直持续,直到发现一个没有左子树的节点。这时要生成 NodeData 属性中的值。然后按相同方式检查右子树。右子树的数据用光后,将返回父节点,输出父节点的 NodeData 属性,并检查父节点的右子树。这套动作反复进行,直到枚举完整个树,输出所有节点。

➤ 测试新枚举器

1. 在解决方案资源管理器中右击 BinaryTree 解决方案,从弹出的快捷菜单中选择"添加" | "现有项目"命令。

2. 在"添加现有项目"对话框中切换到文件夹 \Microsoft Press\VCSBS\Chapter 19\BinaryTree\EnumeratorTest,选择 EnumeratorTest 项目文件,单击"打开"按钮。这是本章前面创建的用来测试枚举器的一个项目。

3. 在解决方案资源管理器中右击 EnumeratorTest 项目,选择"设为启动项目"。

4. 展开 EnumeratorTest 项目的"依赖项"节点,再展开"项目"。右击 BinaryTree 并从弹出的快捷菜单中选择"移除"命令。

5. 选择"项目" | "添加项目引用"。

6. 展开"引用管理器"对话框左侧窗格的"项目"节点并单击"解决方案",在中间窗格勾选 BinaryTree 项目,单击"确定"按钮。

注意 这三个步骤确保 EnumeratorTest 项目引用的是用迭代器来创建枚举器的那个版本的 BinaryTree 程序集,而不是旧版本。

7. 在"代码和文本编辑器"中打开 EnumeratorTest 项目的 Program.cs 文件。

8. 检查 Program.cs 文件中的 Main 方法。和测试旧版本的枚举器时一样,该方法实例化一个 Tree<int>对象,在其中填充一些数据,然后用 foreach 语句显示内容。

9. 生成解决方案,纠正任何错误。

10. 选择"调试" | "开始执行(不调试)"。

程序运行时，应该显示和以前一样的值序列：

```
-12, -8, 0, 5, 5, 10, 10, 11, 14, 15
```

11. 按 Enter 键返回 Visual Studio 2022。

小结

本章讲述了如何为集合类实现 IEnumerable<T>和 IEnumerator<T>接口，从而允许应用程序遍历集合中的项。还讲述了如何使用迭代器实现枚举器。

- 如果希望继续学习下一章，请继续运行 Visual Studio 2022，然后阅读第 20 章。
- 如果希望现在就退出 Visual Studio 2022，请选择"文件" | "退出"。如果看到"保存"对话框，请单击"是"按钮保存项目。

第 19 章快速参考

目标	操作

使集合类成为"可枚举"类型，以支持 foreach 操作	实现 IEnumerable 接口，提供 GetEnumerator 方法来返回 IEnumerator 对象。示例如下：
	
	`public class Tree<TItem>:IEnumerable<TItem>`
	`{`
	`    ...`
	`    IEnumerator<TItem> GetEnumerator()`
	`    {`
	`        ...`
	`    }`
	`}`

目标	操作

在不用迭代器的前提下实现枚举器	定义枚举器类来实现 IEnumerator 接口所要求的 Current 属性和 MoveNext 方法(可选实现 Reset 方法)。示例如下:
	
	`public class TreeEnumerator<TItem> :`
	`    IEnumerator<TItem>`
	`{`
	`    ...`
	`    TItem Current`
	`    {`
	`        get`
	`        {`
	`            ...`
	`        }`
	`    }`
	
	`    bool MoveNext()`
	`    {`
	`        ...`
	`    }`
	`}`

用迭代器实现枚举器	实现枚举器来指出应返回哪些数据项(使用 yield return 语句), 以及以什么顺序返回。示例如下:
	
	`IEnumerator<TItem> GetEnumerator()`
	`{`
	`    for (...)`
	`    {`
	`        yield return ...`
	`    }`
	`}`

分离应用程序逻辑并处理事件

学习目标

- 声明委托类型来抽象方法签名，并通过委托调用方法
- 定义 Lambda 表达式来指定要由委托执行的代码
- 启用事件通知
- 理解 Windows 用户界面如何利用事件处理用户交互
- 用委托处理事件

本书许多示例和练习都强调要精心定义类和结构来强制封装性。这样以后修改方法的实现时，就不至于影响正在使用它们的应用程序。但有时不能或者不适合封装类型的完整功能。例如，类中一个方法的逻辑可能要依赖于调用该方法的组件或应用程序，它可能要执行应用程序或组件特有的处理。问题是，在构造类并实现其方法时，可能还不知道使用它的是哪些应用程序和组件。同时，代码不应具有依赖，以免限制类的使用。委托提供了理想的解决方案，方法的逻辑和调用方法的应用程序可以完全分开(称为**解耦**或 decouple)。

C#事件用于支持与此相关的一种情况。本书各个练习所写的大多数代码都假定语句顺序执行。这确实很常见，但偶尔必须打断当前执行流程，转为执行另一个更重要的任务。任务结束后，程序从当初暂停的地方恢复执行。

一个经典的例子就是开发图形应用程序时使用的"通用 Windows 平台"(UWP)窗体。窗体上显示了按钮和文本框等控件。单击按钮，或者在文本框中输入，我们希望窗体能立即响应。应用程序必须暂停它当前正在做的事情，转为处理我们的输入。这种风格的操作不仅适合图形用户界面(GUI)，还适合必须紧急执行某个操作的任何程序——例如在核反应堆过热时关闭。为此，"运行时"必须提供两个机制：一个机制通知发生了紧急事件；另一个机制规

定在发生事件时要运行的代码。这正是事件和委托的用途。

首先讨论委托。

20.1　理解委托

委托(delegate)是对方法的引用。之所以称为委托，是因为一旦被调用①，就 "委托" 所引用的方法来进行处理。概念很简单，但门道很多。下面详细解释。

平时调用方法是指定方法名(可指定方法所属的对象或结构名称)。看代码就知道要运行哪个方法，以及在什么时候运行。下例调用 Processor 对象的 performCalculation 方法(它具体做什么以及 Processor 类的定义不重要)：

```
Processor p = new Processor();
p.performCalculation();
```

委托对象引用了方法。和将 int 值赋给 int 变量一样，是将方法引用赋给委托对象。下例创建 performCalculationDelegate 委托来引用 Processor 对象的 performCalculation 方法。这里故意省略了委托的声明，因为当前应关注概念而非语法(稍后就会学到完整语法)。

```
Processor p = new Processor();
delegate ... performCalculationDelegate ...;
performCalculationDelegate = p.performCalculation;
```

将方法引用赋给委托时，并不是马上就运行方法。方法名之后没有圆括号，也不指定任何参数。这纯粹就是一个赋值语句。

将对 Processor 对象的 performCalculation 方法的引用存储到委托中之后，应用程序就可通过委托来调用方法了，如下所示：

```
performCalculationDelegate();
```

看起来和普通方法调用无异，不知情的话还以为运行的是一个名为 **performCalculationDelegate** 的方法。但 CLR 知道它是委托，所以自动获取引用的方法并运行之。之后可以更改委托引用的方法，使调用委托的语句每次执行都运行不同的方法。另外，委托可一次引用多个方法(把它想象成方法引用集合)。一旦调用委托，所有方法都会运行。

> 🔲**注意**　如果熟悉 C++，会发现委托和函数指针很相似。但和函数指针不同，委托是类型安全的；换言之，只能让委托引用与委托签名匹配的方法。另外，尚未引用有效方法的委托是不能调用的。

---

① 译注：这里的调用是 invoke 而不是 call。虽然平时都翻译成 "调用"，但两者有区别。执行一个所有信息都已知的方法时，用 call 比较恰当。但在需要先 "唤出" 某个东西来帮你调用一个信息不明的方法时，用 invoke 就比较恰当。

20.2 .NET 类库的委托例子

.NET 类库在它的许多类型中广泛运用了委托，第 18 章已遇到其中两个例子：List<T> 类的 Find 和 Exists 方法。这两个方法搜索 List<T> 集合，返回匹配项或测试匹配项是否存在。设计 List<T> 类时肯定不知道何谓"匹配"，所以要让开发人员自己定义，以"谓词"的形式指定匹配条件。谓词其实就是委托，只不过它恰好返回 Boolean 值而已。以下代码有助于复习 Find 方法的用法：

```
struct Person
{
    public int ID { get; set; }
    public string Name { get; set; }
    public int Age { get; set; }
}
...
List<Person> personnel = new List<Person>()
{
    new Person() { ID = 1, Name = "John", Age = 53 },
    new Person() { ID = 2, Name = "Sid", Age = 28 },
    new Person() { ID = 3, Name = "Fred", Age = 34 },
    new Person() { ID = 4, Name = "Paul", Age = 22 },
};
...
// 查找 ID 为 3 的第一个列表成员
Person match = personnel.Find(p => p.ID == 3);
```

List<T> 类利用委托执行操作的其他方法还有 Average, Max, Min, Count 和 Sum。这些方法获取一个 Func 委托作为参数。Func 委托引用的是要返回值的一个方法(一个函数)。下例使用 Average 方法计算 personnel 集合中的人的平均年龄(Func<T> 委托只是返回集合中每一项的 Age 字段的值)，使用 Max 方法判断 ID 最大的人，并用 Count 方法计算多少个人年龄在 30 到 39 岁(含)之间：

```
double averageAge = personnel.Average(p => p.Age);
Console.WriteLine($"Average age is {averageAge}");
...
int id = personnel.Max(p => p.ID);
Console.WriteLine($"Person with highest ID is {id}");
...
int thirties = personnel.Count(p => p.Age >= 30 && p.Age <= 39);
Console.WriteLine($"Number of personnel in their thirties is {thirties}");
```

代码输出如下：

```
Average age is 34.25
Person with highest ID is 4
Number of personnel in their thirties is 1
```

本书剩余部分还会演示.NET 类库的其他许多委托类型。当然还能定义自己的委托。下面用例子来演示如何以及在什么时候创建自己的委托。

Func<T, …>和 Action<T, …>委托类型

List<T>类的 Average、Max、Count 和其他方法获取的参数实际是泛型 Func<T, TResult>委托；两个类型参数分别是传给委托的类型和返回值的类型。对于 List<Person>的 Average，Max 和 Count 方法，第一个类型参数 T 是列表数据的类型(Person 结构)，而 TResult 类型参数根据委托的使用上下文推断。下例的 TResult 是 int，因为 Count 方法返回整数：

```
int thirties = personnel.Count(p => p.Age >= 30 && p.Age <= 39);
```

所以，在这个例子中，Count 方法期待的委托类型是 Func<Person, int>。

这听起来有点学究气，因为编译器会根据 List<T>的类型自动生成委托，但最好还是熟悉一下这个机制，因为它在.NET 类库中实在是太常见了。事实上，System 命名空间定义了一整套 Func 委托类型，从不获取参数而返回结果的 Func<TResult>，到获取 16 个参数的Func<T1, T2, T3, T4, …, T16, TResult>。如发现需要自己创建这种模式的一个委托类型，应首先考虑是不是能拿一个现成的来用。第 21 章将重新讨论 Func 委托类型。

除了 Func，System 命名空间还定义了一系列 Action 委托类型。Action 委托引用的是采取行动而不是返回值的方法，即 void 方法。同样，从获取单个参数的 Action<T>到Action<T1, T2, T3, T4, …, T16>一应俱全。

20.2.1 自动化工厂的例子

假定要为一间自动化工厂写控制系统。工厂包含大量机器。生产时，每台机器都执行不同任务：切割和折叠金属片、将金属片焊接到一起以及印刷金属片等。每台机器都由一家专业厂商制造和安装。机器均由计算机控制，每个厂商都提供了一套 API，可利用这些 API 来控制他们的机器。你的任务是将机器用的不同系统集成到单独一个控制程序中。作为控制程序的一部分，你决定提供在必要时快速关闭所有机器的一个机制。

每台机器都有自己的、由计算机控制的过程(和函数)来实现安全停机。具体如下：

```
StopFolding();      // 折叠和切割机
FinishWelding();    // 焊接机
PaintOff();         // 彩印机
```

不用委托实现工厂控制系统

为了在控制程序中实现停机功能，可采用以下简单的方式：

```
class Controller
{
```

```
// 代表不同机器的字段
private FoldingMachine folder;
private WeldingMachine welder;
private PaintingMachine painter;

...
public void ShutDown()
{
    folder.StopFolding();
    welder.FinishWelding();
    painter.PaintOff();
}
...
}
```

虽然这种方式可行，但扩展性和灵活性都不好。如果工厂采购了新机器，就必须修改这些代码，因为 Controller 类和机器是紧密联系在一起的。

用委托实现工厂控制系统

虽然每个方法的名称不同，但都具有相同的"形式"，即都不获取参数，也都不返回值(以后会解释如果情况不是这样会发生什么)。所以，每个方法的常规形式如下：

```
void methodName();
```

这正是委托可以发挥作用的时候。可用和上述形式匹配的委托引用任意停机方法。像下面这样声明委托：

```
delegate void stopMachineryDelegate();
```

注意以下几点：

- 声明委托要使用 delegate 关键字；
- 委托定义了它所引用的方法的"形式"(shape)。要指定返回类型(本例是 void)、委托名称(stopMachineryDelegate)以及任何参数(本例无参)。

定义好委托后，就可创建它的实例，并用+=操作符让该实例引用匹配的方法。在 Controller 类的构造器中可以这样写：

```
class Controller
{
    delegate void stopMachineryDelegate();        // 声明委托类型
    private stopMachineryDelegate stopMachinery;  // 创建委托实例
    ...
    public Controller()
    {
        this.stopMachinery += folder.StopFolding;
    }
    ...
}
```

上述语法需要一段时间来熟悉。它只是将方法加到委托中；此时并没有实际调用方法。

操作符+已进行了重载,所以在随同委托使用时,才具有了这个新的含义。(操作符重载的主题将在第 22 章讨论。)注意只需指定方法名,不要包含任何圆括号或参数。

可安全地将操作符+=用于未初始化的委托。该委托将自动初始化。还可使用 new 关键字显式初始化委托,让它引用一个特定的方法,例如:

```
this.stopMachinery = new stopMachineryDelegate(folder.stopFolding);
```

可通过调用委托来调用它引用的方法,示例如下:

```
public void ShutDown()
{
    this.stopMachinery();
    ...
}
```

委托调用语法与方法完全相同。如果引用的方法要获取参数,应在圆括号内指定。

委托主要优势在于它能引用多个方法,使用操作符+=将这些方法添加到委托中即可,就像下面这样:

```
public Controller()
{
    this.stopMachinery += folder.StopFolding;
    this.stopMachinery += welder.FinishWelding;
    this.stopMachinery += painter.PaintOff;
}
```

注意 调用没有初始化而且没有引用任何方法的委托会抛出 NullReferenceException 异常。

在 Controller 类的 Shutdown 方法中调用 this.stopMachinery(),将自动依次调用上述每一个方法。Shutdown 方法不需要知道具体有多少台机器,也不需要知道方法名。

使用复合赋值操作符-=,则可从委托中移除一个方法:

```
this.stopMachinery -= folder.StopFolding;
```

我们当前的方案是在 Controller 类的构造器中将机器的停机方法添加到委托中。为了使 Controller 类完全独立于各种机器,需要使 stopMachineryDelegate 成为公共,并提供一种方式允许 Controller 外部的类向委托添加方法。有以下几个选项。

- 将委托变量 stopMachinery 声明为公共:

```
public stopMachineryDelegate stopMachinery;
```

- 保持 stopMachinery 委托变量私有,但提供可读/可写属性来访问它:

```
private stopMachineryDelegate stopMachinery;
...
public stopMachineryDelegate StopMachinery
```

```
{
    get => this.stopMachinery;
    set => this.stopMachinery = value;
}
```

- 实现单独的 Add 和 Remove 方法来提供完全的封装性。Add 方法获取一个方法作为
  参数，并把它添加到委托中；Remove 则从委托中移除指定的方法(注意，添加或移
  除的方法要作为参数传递，参数类型就是委托类型)：

```
public void Add(stopMachineryDelegate stopMethod) => this.stopMachinery +=
stopMethod;
public void Remove(stopMachineryDelegate stopMethod) => this.stopMachinery -=
stopMethod;
```

如果坚持面向对象的编程原则，或许会倾向于 Add/Remove 方案。但其他方案同样可行，
也同样被广泛运用，所以这里列出了全部方案。

无论采用哪个方案，在 Controller 构造器中都应该移除将机器方法添加到委托的代码。
然后可以实例化 Controller，并实例化代表其他机器的对象,如下所示(采用 Add/Remove 方案)：

```
Controller control = new Controller();
FoldingMachine folder = new FoldingMachine();
WeldingMachine welder = new WeldingMachine();
PaintingMachine painter = new PaintingMachine();
...
control.Add(folder.StopFolding);
control.Add(welder.FinishWelding);
control.Add(painter.PaintOff);
...
control.ShutDown();
...
```

20.2.2 声明和使用委托

以下练习将完成 Wide World Importers 公司的一个应用程序。该公司进口并销售建筑材
料和工具，应用程序允许客户浏览库存商品并下单。应用程序在窗体上显示当前有货商品，
并用一个窗格列出客户选中的商品，单击 Checkout 按钮即可下单。随后，处理订单并清除结
账窗格。

目前，客户下单时，会采取以下几个行动。

- 请求客户付款。
- 检查订购商品，任何商品要限制年龄(如电动工具)，就审计并跟踪订单细节。
- 生成发货单，其中包含订单的汇总信息。

审计和发货逻辑独立于结账逻辑，将来可能对这些逻辑进行修改，例如可能需要修改结
账过程。所以，付款/结账逻辑最好与审计/发货逻辑分开，以简化应用程序的维护和升级。

首先，检查应用程序，判断它目前在哪些方面还满足不了这些要求。然后，修改应用程序，删除结账逻辑和审计/发货逻辑之间的依赖性。

➤ **检查 Wide World Importers 应用程序的逻辑**

1. 如 Microsoft Visual Studio 2022 尚未启动，请启动。

2. 打开 Delegates 解决方案，它位于"文档"文件夹下的\Microsoft Press\VCSBS\Chapter 20\Delegates 子文件夹。

3. 选择"调试"|"开始调试"。

   项目开始生成并运行。随后出现一个窗体，其中显示了可用商品(如下图所示)。其中有一个窗格显示了订单细节(刚开始空白)。该应用在水平滚动的 **GridView** 控件上显示商品。

4. 选中一个或多个商品，单击 Add 把它们添加到购物车。确定至少选择一件要限制年龄的商品(Age Restricted 显示为 Yes)。

   商品添加后会出现在右侧的 Order Details 窗格。同样的商品添加两次，数量会自动递增。(应用程序的这个版本尚未实现从购物车删除商品的功能。)

5. 单击 Order Details 窗格中的 Checkout 按钮。

   随即显示一条消息指出已下单。订单具有唯一 ID，还会显示订单金额。如下图所示。

6. 单击 Close 按钮，再关闭应用程序以关闭调试，返回 Visual Studio 2022。

7. 在解决方案资源管理器中展开 Delegates 项目节点，双击 Package.appxmanifest 文件。随后会打开包的清单设计器。

8. 在清单设计器中单击"打包"标签。
   注意"包名"字段显示的值，这是一个"全局统一标识符"(Globally Unique Identifier, GUID)。记录下来。

9. 用文件资源管理器打开%USERPROFILE%\AppData\Local\Packages\文件夹，再打开以刚才的 GUID 值开头的文件夹^①，最后打开 LocalState 文件夹。这是 Wide World Importers 应用的本地文件夹。应看到两个文件，一个是 audit-*nnnnnn*.xml(*nnnnnn* 是订单 ID)，另一个是 dispatch-*nnnnnn*.txt。第一个文件由审计组件生成，第二个是发货组件生成的发货单。

注意 如果没有 audit-*nnnnnn*.xml 文件，表明下单时没有选择有年龄限制的商品。在这种情况下，请切换回应用程序，新建包含一个或多个这种商品的订单。

---

10. 用 Visual Studio 打开 audit-*nnnnnn*.xml 文件。该文件包含有年龄限制的商品列表，还有订单编号和日期，如下图所示。

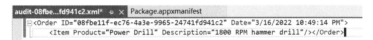

11. 检视完内容后，在 Visual Studio 中关闭该文件。

12. 使用记事本打开 dispatch-*nnnnnn*.txt 文件。文件包含订单 ID 和总金额，如下图所示。

13. 关闭记事本程序，返回 Visual Studio 2022。

14. 在 Visual Studio 中，注意解决方案由以下几个项目构成。

   - **Delegates** 该项目包含应用程序本身。MainPage.xaml 文件定义用户界面，MainPage.xaml.cs 文件定义应用程序。

   - **AuditService** 该项目包含用于实现审计过程的组件。作为类库打包，包含名为 `Auditor` 的类。该类公开了名为 `AuditOrder` 的公共方法。方法检查订单，如果包含有年龄限制的商品就生成 audit-*nnnnnn*.xml 文件。

   - **DeliveryService** 该项目包含用于执行发货逻辑的组件，作为类库打包。发货

---

① 译注：按修改日期排序有奇效。

功能包含在 Shipper 类中。该类提供了名为 **ShipOrder** 的公共方法，负责处理发货过程并生成发货单。

注意 欢迎研究 Auditor 和 Shipper 类的代码，但就本应用程序来说，暂无必要完全理解组件的内部工作原理。

- **DataTypes** 该项目包含其他项目要用到的数据类型。**Product** 类定义应用程序显示的产品细节，产品数据保存在 **ProductDataSource** 类中。(应用程序目前使用硬编码的商品集合。在生产系统中，这些信息应该从数据库或 Web 服务获取。)**Order** 和 **OrderItem** 类实现订单结构，每个订单都由一件或多件商品构成。

15. 显示 Delegates 项目的 MainPage.xaml.cs 文件，检查私有字段和 **MainPage** 构造器。重要元素如下所示：

```
...
private Auditor auditor = null;
private Shipper shipper = null;

public MainPage()
{
  ...
  this.auditor = new Auditor();
  this.shipper = new Shipper();
}
```

auditor 和 shipper 字段包含对 Auditor 和 Shipper 类的实例的引用，构造器实例化这些对象。

16. 找到 **CheckoutButtonClicked** 方法。单击 Checkout 下单将运行该方法。方法的前几行如下所示：

```
private void CheckoutButtonClicked(object sender, RoutedEventArgs e)
{
  try
  {
    // 执行结账过程
    if (this.requestPayment())
    {
      this.auditor.AuditOrder(this.order);
      this.shipper.ShipOrder(this.order);
    }
    ...
  }
  ...
}
```

方法实现结账过程。它请求客户付款，然后调用 auditor 对象的 AuditOrder 方法，再调用 shipper 对象的 ShipOrder 方法。未来需要的任何业务逻辑都在这里添加。if 语句后的代码涉及 UI 管理，包括向用户显示消息框以及清除右侧 Order Details 窗格。

注意 为简化讨论，requestPayment 方法目前只是返回 true 来指出已收到付款。真正的应用程序必须执行完整的付款处理。

虽然应用程序能正常工作，但 Auditor 和 Shipper 组件与结账过程紧密集成。这些组件如发生变化，整个应用程序都需要更新。类似地，要在结账过程中集成额外的逻辑(例如用其他组件执行)，就必须对应用程序的这一部分进行修订。

下个练习将结账的业务逻辑从应用程序解耦。结账仍需调用 Auditor 和 Shipper 组件，但必须具有很强的扩展性，以方便集成额外的组件。将为此创建名为 CheckoutController 的新组件。它实现结账逻辑，并公开一个委托，允许应用程序指定在此过程中要使用的组件和方法。CheckoutController 组件用委托调用这些方法。

➤ 创建 CheckoutController 组件

1. 在解决方案资源管理器中右击 Delegates 解决方案，从弹出的快捷菜单中选择"添加"|"新建项目"。

注意 一定要右击 Delegates 解决方案而不是 Delegates 项目。

2. 在"添加新项目"对话框中，将筛选条件分别设为 C#，Windows 和 UWP。然后选择"类库(通用 Windows)"模板。单击"下一步"按钮。

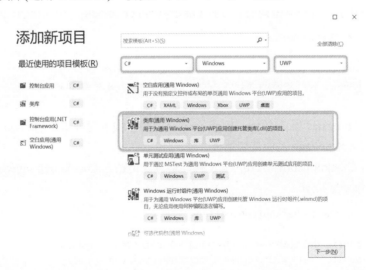

3. 在"配置新项目"对话框中，在"项目名称"文本框中输入 **CheckoutService**。将"位置"设为你的"文档"文件夹下的\Microsoft Press\VCSBS\Chapter 20\Delegates 子文件夹。单击"创建"。

4. 询问目标版本和最低版本时接受默认值。单击"确定"。

5. 在解决方案资源管理器中展开 CheckoutService 项目，右击 Class1.cs 并选择"重命名"。将文件名更改为 **CheckoutController.cs**。看见提示后，允许 Visual Studio 将所有 **Class1** 引用更改为 CheckoutController。

6. 右击 CheckoutService 项目的"引用"节点，选择"添加引用"。

7. 在"引用管理器"对话框左侧窗格展开"项目"，单击"解决方案"。在中间窗格勾选 DataTypes 项目，单击"确定"。

   CheckoutController 类要使用 DataTypes 项目中定义的 Order 类。

8. 打开 CheckoutController.cs 文件，在顶部添加以下 using 指令：

   using DataTypes;

9. 为 CheckoutController 类添加公共委托类型 CheckoutDelegate，如以下加粗的语句所示：

```
public class CheckoutController
{
    public delegate void CheckoutDelegate(Order order);
}
```

   可用该委托类型引用获取一个 Order 参数而不返回结果的方法，正好匹配 Auditor 和 Shipper 类的 AuditOrder 和 ShipOrder 方法。

10. 添加基于该委托类型的公共委托 CheckoutProcessing，如加粗的代码所示：

```
public class CheckoutController
{
    public delegate void CheckoutDelegate(Order order);
    public CheckoutDelegate CheckoutProcessing = null;
}
```

11. 打开 Delegates 项目的 MainPage.xaml.cs 文件，找到文件末尾的 requestPayment 方法。从 MainPage 类中剪切掉该方法。

12. 返回 CheckoutController.cs 文件，将方法粘贴到 CheckoutController 类中，如加粗的代码所示：

```
public class CheckoutController
{
    public delegate void CheckoutDelegate(Order order);
    public CheckoutDelegate CheckoutProcessing = null;
```

```
private bool requestPayment()
{
    // Payment processing goes here
    // Payment logic is not implemented in this example
    // - simply return true to indicate payment has been received
    return true;
}
}
```

13. 将以下加粗的 StartCheckoutProcessing 方法添加到 CheckoutController 类中:

```
public class CheckoutController
{
    public delegate void CheckoutDelegate(Order order);
    public CheckoutDelegate CheckoutProcessing = null;

    private bool requestPayment()
    {
        ...
    }

    public void StartCheckoutProcessing(Order order)
    {
        // Perform the checkout processing
        if (this.requestPayment())
        {
            if (this.CheckoutProcessing is not null)
            {
                this.CheckoutProcessing(order);
            }
        }
    }
}
```

该方法提供之前由 MainPage 类的 CheckoutButtonClicked 方法实现的结账功能。它请求付款并检查 CheckoutProcessing 委托。如委托非空(引用一个或多个方法),就调用委托。此时,委托引用的所有方法都将运行。

14. 在解决方案资源管理器中右击 Delegates 项目的"引用"节点并从弹出菜单中选择"添加引用"命令。

15. 在"引用管理器"对话框左侧窗格展开"项目",单击"解决方案",在中间窗格勾选 CheckoutService 项目(其他已经勾选的仍然保持勾选),单击"确定"。

16. 返回 Delegates 项目的 MainPage.xaml.cs 文件,在顶部添加以下 using 指令:

```
using CheckoutService;
```

17. 在 MainPage 类中添加 CheckoutController 类型的私有变量 checkoutController

并初始化为 null：

```
public ... class MainPage : ...
{
    ...
    private Auditor auditor = null;
    private Shipper shipper = null;
    private CheckoutController checkoutController = null;
    ...
}
```

18. 找到 MainPage 构造器。在创建 Auditor 和 Shipper 组件的语句之后实例化 CheckoutController 组件：

```
public MainPage()
{
    ...
    this.auditor = new Auditor();
    this.shipper = new Shipper();
    this.checkoutController = new CheckoutController();
}
```

19. 在构造器刚才输入的语句后添加以下加粗的语句：

```
public MainPage()
{
    ...
    this.checkoutController = new CheckoutController();
    this.checkoutController.CheckoutProcessing += this.auditor.AuditOrder;
    this.checkoutController.CheckoutProcessing += this.shipper.ShipOrder;
}
```

这些代码为 checkoutController 对象的 CheckoutProcessing 委托添加对 Auditor 和 Shipper 对象的 AuditOrder 和 ShipOrder 方法的引用。

20. 找到 CheckoutButtonClicked 方法。在 try 块中，将现有的结账代码(if 语句块) 替换成以下加粗的语句：

```
private void CheckoutButtonClicked(object sender, RoutedEventArgs e)
{
    try
    {
        // 执行结账过程
        this.checkoutController.StartCheckoutProcessing(this.order);

        // 显示订单汇总
        ...
    }
}
```

```
    ...
}
```

现已成功将结账逻辑与结账所用的组件分开。MainPage 类的业务逻辑指定 CheckoutController 应使用什么组件。

1. 选择"调试" | "开始调试"来生成并运行应用程序。

2. 出现 Wide World Importers 窗体后，选择一些商品(至少选择一个有年龄限制的)，单击 Checkout。

3. 出现 Order Placed 消息后，记录订单号并单击"关闭"。

4. 用文件资源管理器打开%USERPROFILE%\AppData\Local\Packages\文件夹，再打开以之前记录的 GUID 值开头的文件夹，最后打开 LocalState 文件夹。验证已生成新的 audit-*nnnnnn*.xml 和 dispatch-*nnnnnn*.txt 文件。*nnnnnn* 是订单号。检查文件，验证它们包含订单细节。

5. 返回 Visual Studio 2022 并停止调试。

20.3　Lambda 表达式和委托

迄今为止在向委托添加方法的所有例子中，都只是使用方法名。例如前面的自动化工厂例子，为了将 folder 对象的 StopFolding 方法添加到 stopMachinery 委托中，我们是这样写的：

```
this.stopMachinery += folder.StopFolding;
```

对于和委托签名匹配的简单方法，这样写合适。但如果情况有变呢？假定 StopFolding 方法实际的签名如下所示：

```
void StopFolding(int shutDownTime); // 在指定秒数后停机
```

它的签名现在有别于 FinishWelding 及 PaintOff 方法，所以，不能再拿同一个委托处理全部三个方法。这时应该怎么办？

一个解决方案是创建另一个方法，在内部调用 StopFolding，自身不获取任何参数：

```
void FinishFolding()
{
    folder.StopFolding(0); // 立即停机
}
```

然后，就可以将 FinishFolding 方法(而不是 StopFolding 方法)添加到 stopMachinery 委托中。语法和以前一样：

```
this.stopMachinery += folder.FinishFolding;
```

调用 stopMachinery 委托实际会调用 FinishFolding，后者又会调用 StopFolding 方法并传递参数值 0。

> **注意** FinishFolding 方法是适配器的典型例子。**适配器**是指一个特殊方法，它能转换(或者说"适配")一个方法，为它提供不同的签名。作为十分常见的设计模式，已在《设计模式：可复用面向对象软件的基础》(Erich Gamma, Richard Helm, Ralph Johnson 和 John Vlissides，Addison-Wesley Professional, 1994)一书中进行了规范。

许多时候，像这样的适配器方法非常小，很难在方法的"汪洋大海"中找到它们(尤其是在一个很大的类中)。此外，除了适配 StopFolding 方法供委托使用，其他地方一般用不上。C#针对这种情况提供了 Lambda 表达式。Lambda 表达式最初是在第 18 章提出的，本章前面也展示了不少例子。在工厂的例子中，可以使用以下 Lambda 表达式：

```
this.stopMachinery += (() => folder.StopFolding(0));
```

调用 stopMachinery 委托时会运行 Lambda 表达式定义的代码，后者调用 StopFolding 方法并传递恰当的参数。

20.4　启用事件通知

前面展示了如何声明委托类型、调用委托以及创建委托实例。但工作只完成了一半。虽然委托允许间接调用任意数量的方法，但仍然必须显式调用委托。许多时候需要在发生某事时自动运行委托。例如，在自动化工厂的例子中，一台机器过热应自动调用 stopMachinery 委托来关闭设备。

.NET 库提供了**事件**，可定义并捕捉特定的事件，并在事件发生时调用委托来进行处理。.NET 的许多类都公开了事件。能放到 UWP 应用的窗体上的大多数控件以及 Window 类本身，都允许在发生特定事件(例如单击按钮或输入文字)时运行代码。还可声明自己的事件。

20.4.1　声明事件

事件在准备作为事件来源的类中声明。**事件来源**类监视其环境，在发生某件事情时引发事件。

在自动化工厂的例子中，事件来源是监视每台机器温度的一个类。检测到机器超出热辐射上限(过热)，温度监视器类就引发"机器过热"事件。

事件会自己维护一个方法列表，被引发就会调用这些方法。有时将这些方法称为**订阅者**(它们登记对事件的关注)。这些方法应准备好处理"机器过热"事件并能采取必要的纠正行动：停机！

声明事件和声明字段相似。但由于事件随委托使用，所以事件的类型必须是委托，而且必须在声明前附加 event 前缀。用以下语法声明事件：

```
event delegateTypeName eventName    // delegateTypeName 是委托类型名称，
                                     // eventName 是事件名称
```

例如，以下是自动化工厂的 StopMachineryDelegate 委托。它现在被转移到新类 TemperatureMonitor(温度监视器)中。该类为监视设备温度的各种电子探头提供了接口(相较于 Controller 类，这是放置事件的一个更合理的地方)。

```
class TemperatureMonitor
{
    public delegate void StopMachineryDelegate();
    ...
}
```

可以定义 MachineOverheating 事件，该事件将调用 stopMachineryDelegate，就像下面这样：

```
class TemperatureMonitor
{
    public delegate void StopMachineryDelegate();
    public event StopMachineryDelegate MachineOverheating;
    ...
}
```

TemperatureMonitor 类的内部逻辑(未显示)会在必要时引发 MachineOverheating 事件。至于具体如何引发事件，将在稍后的 20.4.4 节"引发事件"讨论。另外，要把方法添加到事件中——这个过程称为**订阅事件**或者**向事件登记**(subscribe to a event)——而不是添加到事件所基于的委托中。下一小节将讨论如何订阅事件。

20.4.2 订阅事件

类似于委托，事件也用+=操作符进入就绪状态。我们使用+=操作符订阅事件。在自动工厂的例子中，一旦引发 MachineOverheating 事件就调用各种已订阅(已登记)的停机方法，如下所示：

```
class TemperatureMonitor
{
    public delegate void StopMachineryDelegate();
    public event StopMachineryDelegate MachineOverheating;
    ...

}
...
TemperatureMonitor tempMonitor = new TemperatureMonitor();
...
tempMonitor.MachineOverheating += (() => { folder.StopFolding(0); });
tempMonitor.MachineOverheating += welder.FinishWelding;
tempMonitor.MachineOverheating += painter.PaintOff;
```

注意，语法和将方法添加到委托中的语法相同。甚至可以使用 Lambda 表达式来订阅。tempMonitor.MachineOverheating 事件发生时，会调用所有订阅了该事件的方法，从而关停所有机器。

20.4.3 取消订阅事件

操作符+=用于订阅事件；对应地，操作符-=用于取消订阅。操作符-=将一个方法从事件的内部方法集合中移除。该行动通常称为**取消订阅事件**或者**从事件注销**(unsubscribing from a event)。[①]

20.4.4 引发事件

事件可以像方法一样通过调用来引发。引发事件后，所有和事件关联的委托会被依次调用。例如，TemperatureMonitor 类声明私有方法 Notify 来引发 MachineOverheating 事件：

```
class TemperatureMonitor
{
    public delegate void StopMachineryDelegate;
    public event StopMachineryDelegate MachineOverheating;
    ...
    private void Notify()
    {
        if (this.MachineOverheating is not null)
        {
            this.MachineOverheating();
        }
    }
    ...
}
```

这是一种常见的写法。null 检查是必要的，因为事件字段隐式为 null，只有在一个方法使用 += 操作符来订阅它之后，才会变成非 null。引发 null 事件将抛出 NullReferenceException 异常。如果定义事件的委托要求任何参数，引发事件时也必须提供。稍后会展示这样的一些例子。

🐞**重要提示**　事件有一个非常有用的内置安全功能。公共事件(例如 MachineOverheating)只能由定义它的那个类(TemperatureMonitor 类)中的方法引发。在类外部引发事件会造成编译时错误。

[①] 译注：查看微软官方文档进一步了解订阅和取消订阅事件，网址是 https://msdn.microsoft.com/zh-cn/library/ms366768.aspx。

20.5 理解用户界面事件

如前所述，用于构造 GUI 的.NET 类和控件广泛运用了事件。例如，从 ButtonBase 类派生的 Button 类继承了 RoutedEventHandler 类型的公共事件 Click。RoutedEventHandler 委托要求两个参数：一个是对引发事件的对象的引用，另一个是 EventArgs 对象，它包含关于事件的额外信息：

```
public delegate void RoutedEventHandler(object sender, RoutedEventArgs e);
```

Button 类的定义如下：

```
public class ButtonBase: ...
{
    public event RoutedEventHandler Click;
    ...
}

public class Button : ButtonBase
{
    ...
}
```

单击按钮，Button 类将引发 Click 事件。这样就可以非常简单地为选择的方法创建委托，并将委托和想要的事件关联。下例展示了一个 UWP 窗体，其中包含名为 okay 的按钮。按钮的 Click 事件与 okayClick 方法关联：

```
partial class MainPage :
    global::Windows.UI.Xaml.Controls.Page,
    global::Windows.UI.Xaml.Markup.IComponentConnector,
    global::Windows.UI.Xaml.Markup.IComponentConnector2
{
    ...
    public void Connect(int connectionId, object target)
    {
        switch(connectionId)
        {
            case 1:
            {
                this.okay = (global::Windows.UI.Xaml.Controls.Button)(target);
                ...
                ((global::Windows.UI.Xaml.Controls.Button)this.okay).Click
                    += this.okayClick;
                ...
            }
            break;
        default:
            break;
        }
        this._contentLoaded = true;
```

```
    }
    ...
}
```

这些代码通常是隐藏起来的。在 Visual Studio 2022 中使用设计视图,并在窗体的 XAML
描述中将 okay 按钮的 Click 属性设为 okayClick 时,Visual Studio 2022 会自动生成上述代
码。开发人员唯一要做的就是在事件处理方法 okayClick 中写自己的应用程序逻辑。本例的
okayClick 方法位于 MainPage.xaml.cs 文件内部:

```
public sealed partial class MainPage : Page
{
    ...
    private void okayClick(object sender, RoutedEventArgs args)
    {
        // 在这里写处理 Click 事件的代码
    }
}
```

各种 GUI 控件生成的事件总是遵循相同的模式。事件是委托类型,签名包含 void 返回
类型和两个参数。第一个参数始终是事件的 sender(来源),第二个参数始终是 EventArgs 参
数(或者 EventArgs 的派生类)。

可利用 sender 参数为多个事件重用一个方法。被委托的方法可检查 sender 参数值,并
相应采取行动。例如,可指示同一个方法订阅两个按钮的 Click 事件(为两个事件添加同一个
方法)。事件引发时,方法中的代码可检查 sender 参数,判断单击的到底是哪个按钮。

20.6 使用事件

上个练习修订了 Wide World Importers 应用程序,将审计/发货逻辑从结账过程解耦。
CheckoutController 类用委托调用审计/发货组件,它并不了解这些组件或者它运行的方法;
这些是创建 CheckoutController 对象和添加委托引用的应用程序的职责。但组件还是有必
要在完成处理后通知应用程序,使应用程序有机会执行必要的整理工作。

有人会产生疑惑,应用程序调用 CheckoutController 对象中的委托时,委托所引用的
方法会运行,难道只有当这些方法结束后,应用程序才能继续?实情并非如此!如第 24 章
所述,方法可以异步运行。调用方法后可立即从下一个语句继续,而此时方法并未结束。UWP
应用更是如此,长时间运行的操作可以在后台线程中执行,使 UI 一直保持灵敏响应的状态。
在 Wide World Importers 应用程序的 CheckoutButtonClicked 方法中,调用委托后是立即显
示对话框,告诉用户已下单。

```
private void CheckoutButtonClicked(object sender, RoutedEventArgs e)
{
    try
    {
```

```
    // 执行结账过程
    this.checkoutController.StartCheckoutProcessing(this.order);

    // 显示订单汇总
    MessageDialog dlg = new MessageDialog(...);
    _ = dlg.ShowAsync();
    ...
  }
  ...
}
```

事实上，对话框显示时并不保证委托的方法已执行完毕。所以消息多少有一些误导人。这正是事件可以发挥作用的时候。Auditor 和 Shipper 组件都可发布由应用程序订阅的事件。只有在组件完成处理时才引发该事件。应用程序只有在接收到事件时才显示消息，从而确保了消息的准确性。

➤ 为 CheckoutController 类添加事件

1. 返回 Visual Studio 2022 并显示 Delegates 解决方案。

2. 在 AuditService 项目中打开 Auditor.cs 文件。

3. 在 Auditor 类中添加名为 AuditingCompleteDelegate 的公共委托。该委托指定的方法要获取名为 message 的字符串参数，返回 void。委托定义如加粗代码所示：

   ```
   class Auditor
   {
       public delegate void AuditingCompleteDelegate(string message);
       ...
   }
   ```

4. 在 Auditor 类中，在 AuditingCompleteDelegate 委托之后添加公共事件 AuditProcessingComplete。该事件基于 AuditingCompleteDelegate 委托，如加粗代码所示：

   ```
   {
       public delegate void AuditingCompleteDelegate(string message);
       public event AuditingCompleteDelegate AuditProcessingComplete;
       ...
   }
   ```

5. 找到 AuditOrder 方法。该方法由 CheckoutController 对象中的委托运行。它调用另一个名为 doAuditing 的私有方法来执行审计操作。如下所示：

   ```
   public void AuditOrder(Order order)
   {
       this.doAuditing(order);
   }
   ```

6. 向下滚动到 doAuditing 方法。方法的代码封闭在 try/catch 块中；它使用.NET 类库的 XML API 来生成被审计订单的 XML 形式，并保存到文件中。具体细节超出了本书讨论范围。

7. 在 catch 块之后添加 finally 块来引发 AuditProcessingComplete 事件，如加粗部分的代码所示：

```
private async void doAuditing(Order order)
{
    List<OrderItem> ageRestrictedItems = findAgeRestrictedItems(order);
    if (ageRestrictedItems.Count > 0)
    {
        try
        {
            ...
        }
        catch (Exception ex)
        {
            ...
        }
        finally
        {
            if (this.AuditProcessingComplete is not null)
            {
                this.AuditProcessingComplete(
                    $"Audit record written for Order {order.OrderID}");
            }
        }
    }
}
```

8. 打开 DeliveryService 项目中的 Shipper.cs 文件。

9. 为 Shipper 类添加公共委托 ShippingCompleteDelegate。该委托指定的方法获取名为 message 的字符串参数，返回 void。委托定义如加粗部分的代码所示：

```
class Shipper
{
    public delegate void ShippingCompleteDelegate(string message);
    ...
}
```

10. 在 Shipper 类中添加名为 ShipProcessingComplete 的公共事件。该事件基于 ShippingCompleteDelegate 委托，如加粗部分的代码所示：

```
class Shipper
{
    public delegate void ShippingCompleteDelegate(string message);
```

```
public event ShippingCompleteDelegate ShipProcessingComplete;
    ...
}
```

11. 找到 doShipping 方法。该方法执行发货逻辑。在 catch 块后添加 finally 块来引发 ShipProcessingComplete 事件，如加粗部分的代码所示：

```
private async void doShipping(Order order)
{
    try
    {
        ...
    }
    catch (Exception ex)
    {
        ...
    }
    finally
    {
        if (this.ShipProcessingComplete is not null)
        {
            this.ShipProcessingComplete(
                $"Dispatch note generated for Order {order.OrderID}");
        }
    }
}
```

12. 在 Delegates 项目中用设计视图显示 MainPage.xaml 文件。在 XAML 窗格中向下滚动到第一组 RowDefinition 项。XAML 代码如下所示：

```
<Grid Background="{StaticResource ApplicationPageBackgroundThemeBrush}">
    <Grid Margin="12,0,12,0" Loaded="MainPageLoaded">
        <Grid.RowDefinitions>
            <RowDefinition Height="*"/>
            <RowDefinition Height="2*"/>
            <RowDefinition Height="*"/>
            <RowDefinition Height="10*"/>
            <RowDefinition Height="*"/>
        </Grid.RowDefinitions>
        ...
```

13. 最后一个 RowDefinition 项的 Height 属性更改为 2*，如加粗的代码所示：

```
<Grid.RowDefinitions>
    ...
    <RowDefinition Height="10*"/>
    <RowDefinition Height="2*"/>
</Grid.RowDefinitions>
```

这个布局修改是为了在窗体底部腾出一点空间，以便在 Auditor 和 Shipper 组件引发事件时接收消息。第 25 章将进一步讲解如何利用 Grid 控件进行 UI 布局。

14. 滚动到 XAML 窗格底部。在倒数第二个 **</Grid>** 标记前添加以下加粗的 ScrollViewer 和 TextBlock 元素：

```
...
</Grid>
    <ScrollViewer Grid.Row="4" VerticalScrollBarVisibility="Visible">
        <TextBlock x:Name="messageBar" FontSize="18" />
    </ScrollViewer>
    </Grid>
  </Grid>
</Page>
```

该标记在屏幕底部添加名为 messageBar 的 TextBlock 控件。将用它显示来自 Auditor 和 Shipper 对象的消息。

15. 打开 MainPage.xaml.cs 文件。找到 CheckoutButtonClicked 方法，删除显示订单汇总的代码。完成后的 **try** 块如下所示：

```
private void CheckoutButtonClicked(object sender, RoutedEventArgs e)
{
    try
    {
        // 执行结账过程
        this.checkoutController.StartCheckoutProcessing(this.order);

        // 清除订单细节，使用户能用新订单重新开始
        this.order = new Order { Date = DateTime.Now, Items = new List<OrderItem>(),
                                 OrderID = Guid.NewGuid(), TotalValue = 0 };
        this.orderDetails.DataContext = null;
        this.orderValue.Text = $"{order.TotalValue:C}");
        this.listViewHeader.Visibility = Visibility.Collapsed;
        this.checkout.IsEnabled = false;
    }
    catch (Exception ex)
    {
        ...
    }
}
```

16. 在 MainPage 类中添加名为 displayMessage 的私有方法。该方法获取名为 message 的字符串参数，返回 void。在方法主体中添加语句将 message 参数值附加到 TextBlock 控件 messageBar 的 Text 属性上，后跟换行符：

```
private void displayMessage(string message)
{
```

```
        this.messageBar.Text += $"{message}{Environment.NewLine}";
    }
```

上述代码在窗体底部的消息区域显示消息。

17. 找到 MainPage 类的构造器，添加以下加粗的代码：

```
public MainPage()
{
    ...
    this.auditor = new Auditor();
    this.shipper = new Shipper();
    this.checkoutController = new CheckoutController();
    this.checkoutController.CheckoutProcessing += this.auditor.AuditOrder;
    this.checkoutController.CheckoutProcessing += this.shipper.ShipOrder;
    this.auditor.AuditProcessingComplete += this.displayMessage;
    this.shipper.ShipProcessingComplete += this.displayMessage;
}
```

这些语句订阅由 Auditor 对象和 Shipper 对象公开的事件。事件发生时将运行 displayMessage 方法。注意，两个事件共用一个方法来处理。

18. 在"调试"菜单中选择"开始调试"，生成并运行应用程序。

19. Wide World Importers 窗体出现后，选择一些商品(至少选择一件限制年龄的)，单击 Checkout。

20. 验证窗体底部的 TextBlock 中显示了"Audit record written"消息，后跟一条"Dispatch note generated"消息，如下图所示。

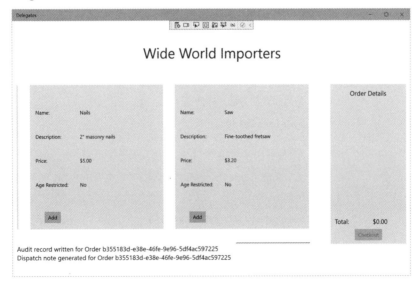

21. 多下几单，注意，每次单击 Checkout 都显示新消息。消息区域满了之后，可能要向

下滚动才能看到新消息。

22. 结束后，返回 Visual Studio 2022 并停止调试。

小结

本章讲述了如何用委托来引用并调用方法，讲述了如何定义可由委托运行的 Lambda 表达式。最后，讲述了如何定义和使用事件，以触发方法的自动运行。

- 如果希望继续学习下一章，请继续运行 Visual Studio 2022，然后阅读第 21 章。
- 如果希望现在就退出 Visual Studio 2022，请选择"文件"|"退出"。如果看到"保存"对话框，请单击"是"按钮保存项目。

第 20 章快速参考

目标	操作
声明委托类型	先写关键字 delegate，再写返回类型，再写委托类型的名称，然后在() 中添加参数列表。示例如下： `delegate void myDelegate();`

创建委托实例，用方法 初始化	使用与类或结构相同的语法。先写关键字 new，再写类型名称(也就是委托名称)，然后在一对()中添加参数值。参数值(实参)必须是方法，其签名必须与委托签名匹配。示例如下：
	
	`delegate void myDelegate();`
	`private void myMethod() { ... }`
	`...`
	`myDelegate del = new myDelegate(this.myMethod);`

调用委托	使用和调用方法一样的语法。示例如下：
	
	`myDelegate del;`
	`...`
	`del();`

声明事件	先写关键字 event，再写类型名称(必须是委托类型)，再写事件名称。示例如下：
	
	`delegate void myDelagate();`
	
	`class MyClass`
	`{`
	`    public event myDelegate MyEvent;`
	`}`

目标	操作

订阅事件(向事件登记，成为事件的订阅者，订阅事件通知，登记对事件的关注)	用 new 操作符创建委托实例(委托和事件同类型)，使用+=操作符将委托实例同事件关联。示例如下：
	
	`class MyEventHandlingClass`
	`{`
	`    private MyClass myClass = new MyClass();`
	`    ...`
	`    public void Start()`
	`    {`
	`        myClass.MyEvent +=`
	`            new myClass.MyDelegate (this.eventHandlingMethod);`
	`    }`
	
	`    private void eventHandlingMethod()`
	`    {`
	`        ...`
	`    }`
	`}`
	
	还可像下面这样直接指定订阅方法，让编译器自动生成新的委托：
	
	`public void Start()`
	`{`
	`    myClass.MyEvent += this.eventHandlingMethod;`
	`}`

取消订阅事件(不再成为事件的订阅者，向事件注销)	创建委托实例(委托与事件同类型)，然后使用-=操作符，使委托实例从事件中脱离。示例如下：
	
	`class MyEventHandlingClass`
	`{`
	`    private MyClass myClass = new MyClass();`
	`    ...`
	`    public void Stop()`
	`    {`
	`        myClass.MyEvent -=`
	`            new myClass.MyDelegate (this.eventHandlingMethod);`
	`    }`
	`    ...`
	`}`
	
	或者：
	
	`public void Stop()`
	`{`
	`    myClass.myEvent -= this.eventHandlingMethod;`
	`}`

目标	操作
引发事件	像调用方法那样"调用"事件(在事件名称后添加一对圆括号)。如事件引用的委托要求参数,还要提供对应的实参。不要忘记在引发事件前检查事件是否为 null。示例如下:

```
class MyClass
{
    public event myDelegate MyEvent;
    ...
    private void RaiseEvent()
    {
        if (this.MyEvent != null)
        {
            this.MyEvent();
        }
    }
    ...
}
```

使用查询表达式来查询内存中的数据

学习目标

- 定义 LINQ 查询来检查可枚举集合的内容
- 使用 LINQ 扩展方法和查询操作符
- 理解 LINQ 如何推迟查询的求值以及如何强迫立即执行 LINQ 查询并缓存结果

到目前为止，你已学习了 C#语言的大多数特性。但语言有一个重要特性是许多应用程序都要用到的，即数据查询。

以前说过，可定义结构和类对数据进行建模，可用集合和数组将数据临时存储到内存中。但是，如何执行一些通用的任务，例如在集合中搜索与特定条件匹配的数据项？例如，假定有一个容纳 Customer(客户)对象的集合，如何找出位于北京的所有客户，或者如何找出客户数量最多的城市？当然，可以自己写代码来遍历集合，检查每个 Customer 对象中的字段。但是，由于这种形式的任务经常都要执行，所以 C#的设计者决定包含一些特性来减少编码量。本章将解释如何使用这些高级 C#语言特性来查询和处理数据。

21.1 什么是 LINQ

除了最简单的应用程序，几乎所有应用程序都需要处理数据！历史上，大多数应用程序都是提供自己的逻辑来执行这些操作。但这个设计会造成应用程序中的代码与它要处理的数据紧密"耦合"，因为一旦数据结构发生变化，就可能需要大幅修改代码才能适应变化。微软.NET Framework 的设计者对程序员的苦恼感同身受。经过长时间的慎重考虑，他们最终提供了一个功能，对从应用程序代码中查询数据的机制进行了"抽象"。该功能称为"语言集成查询"(Language Integrated Query，LINQ)。

LINQ 的设计者大量借鉴了关系数据库管理系统(例如 Microsoft SQL Server)的处理方式，将"数据库查询语言"和"数据在数据库中的内部格式"分开。为了访问 SQL Server 数据库，程序员需向数据库管理系统发送 SQL 语句。SQL 提供了对想要获取的数据的一个高级描述，但并没有明确指出数据库管理系统应如何获取这些数据。这些细节由数据库管理系统自身控制。所以，调用 SQL 语句的应用程序不必关心数据库管理系统如何物理性地存储或检索数据。如数据库管理系统使用的格式发生变化(例如，当新版本发布的时候)，应用程序的开发者不需要修改应用程序使用的 SQL 语句。

LINQ 的语法和语义和 SQL 很像，具有许多相同的优势。要查询的数据的内部结构发生改变后，不必修改查询代码。注意，虽然 LINQ 和 SQL 看起来很像，但 LINQ 更灵活，而且能处理范围更大的逻辑数据结构。例如，LINQ 能处理以层次化的方式组织的数据(如 XML 文档中的数据)。然而，本章将重点放在如何以"关系式"的方式使用 LINQ。

21.2　在 C#应用程序中使用 LINQ

为了解释如何利用 C#对 LINQ 的支持，最简单的办法就是拿一系列简单的例子来"说事儿"。下面这些例子基于以下客户和地址信息。

客户信息

CustomerID	FirstName	LastName	CompanyName
1	Kim	Abercrombie	Alpine Ski House
2	Jeff	Hay	Coho Winery
3	Charlie	Herb	Alpine Ski House
4	Chris	Preston	Trey Research
5	Dave	Barnett	Wingtip Toys
6	Ann	Beebe	Coho Winery
7	John	Kane	Wingtip Toys
8	David	Simpson	Trey Research
9	Greg	Chapman	Wingtip Toys
10	Tim	Litton	Wide World Importers

地址信息

CompanyName	City	Country
Alpine Ski House	Berne	Switzerland
Coho Winery	San Francisco	United States
Trey Research	New York	United States
Wingtip Toys	London	United Kingdom
Wide World Importers	Tetbury	United Kingdom

LINQ 要求数据用实现了 IEnumerable 或 IEnumerable<T>接口的数据结构进行存储(这些接口的详情已在第 19 章讲述)。具体什么数据结构不重要。可选择数组、HashSet<T>、Queue<T>或其他任何集合类型(甚至可自己定义)。唯一要求就是这种类型"可枚举"。但为了方便讨论，本章的例子假定客户和地址信息存储在如下例所示的 customers 和 addresses 数组中。

> **注意** 真正的应用程序应使用从文件或数据库获取的数据填充数组。

```
var customers = new[] {
    new { CustomerID = 1, FirstName = "Kim", LastName = "Abercrombie",
          CompanyName = "Alpine Ski House" },
    new { CustomerID = 2, FirstName = "Jeff", LastName = "Hay",
          CompanyName = "Coho Winery" },
    new { CustomerID = 3, FirstName = "Charlie", LastName = "Herb",
          CompanyName = "Alpine Ski House" },
    new { CustomerID = 4, FirstName = "Chris", LastName = "Preston",
          CompanyName = "Trey Research" },
    new { CustomerID = 5, FirstName = "Dave", LastName = "Barnett",
          CompanyName = "Wingtip Toys" },
    new { CustomerID = 6, FirstName = "Ann", LastName = "Beebe",
          CompanyName = "Coho Winery" },
    new { CustomerID = 7, FirstName = "John", LastName = "Kane",
          CompanyName = "Wingtip Toys" },
    new { CustomerID = 8, FirstName = "David", LastName = "Simpson",
          CompanyName = "Trey Research" },
    new { CustomerID = 9, FirstName = "Greg", LastName = "Chapman",
          CompanyName = "Wingtip Toys" },
    new { CustomerID = 10, FirstName = "Tim", LastName = "Litton",
          CompanyName = "Wide World Importers" }
};

var addresses = new[] {
    new { CompanyName = "Alpine Ski House", City = "Berne",
          Country = "Switzerland"},
    new { CompanyName = "Coho Winery", City = "San Francisco",
          Country = "United States"},
    new { CompanyName = "Trey Research", City = "New York",
          Country = "United States"},
    new { CompanyName = "Wingtip Toys", City = "London",
          Country = "United Kingdom"},
    new { CompanyName = "Wide World Importers", City = "Tetbury",
          Country = "United Kingdom"}
};
```

> **注意** 后续 4 个小节展示了用 LINQ 方法查询数据的基本功能和语法。语法有时显得比较复杂。当你读到 21.2.5 节的时候，会发现实际并不需要记忆这么复杂的语法。然而，至少应该快速浏览一下 21.2.1 节～21.2.4 节的内容，充分理解 C#查询操作符幕后是如何执行任务的。

21.2.1　选择数据

以下代码显示由 customers 数组中每个客户的名字(FirstName)组成的列表：

```
IEnumerable<string> customerFirstNames =
    customers.Select(cust => cust.FirstName);

foreach (string name in customerFirstNames)
{
    Console.WriteLine(name);
}
```

代码虽然很短，但实际做了大量事情，需要详细解释一番。先看看为 customers 数组调用 Select 方法时发生的事情。

Select 方法允许从数组获取特定信息，本例就是获取每个数组元素的 FirstName 字段值。它具体如何工作？传给 Select 方法的参数实际是另一个方法，后者从 customers 数组获取一行，并返回从那一行选择的数据。可用自定义的方法执行该任务，但最简单的机制还是用 Lambda 表达式定义匿名方法，就像上例展示的那样。目前注意三个重点。

- cust 变量是传给方法的参数。可认为 cust 是 customers 数组每一行的别名。由于是为 customers 数组调用 Select 方法(customers.Select(...))，所以编译器能推断出这一点。可用任何有效的 C#标识符代替 cust。

- Select 方法目前还没有开始获取数据；相反，它只是返回一个"可枚举"对象。稍后遍历(枚举)它时，才会真正获取由 Select 方法指定的数据。21.2.7 节"LINQ 和推迟求值"将更多地讨论这个问题。

- Select 其实不是 Array 类型的方法。它是 Enumerable 类的扩展方法。Enumerable 类位于 System.Linq 命名空间，它提供了大量静态方法来查询实现了泛型 IEnumerable<T>接口的对象。

上例为 customers 数组使用 Select 方法来生成名为 customerFirstNames 的 IEnumerable<string>对象。(类型之所以是 IEnumerable<string>，是因为 Select 方法返回客户名字的可枚举集合，这些名字是字符串。)foreach 语句遍历字符串集合，按以下顺序打印每个客户的名字：

```
Kim
Jeff
Charlie
Chris
Dave
Ann
John
David
Greg
Tim
```

现在能显示客户名字。但如何同时获取每个客户的名字(FirstName)和姓氏(LastName)呢？这要稍微麻烦一些。在文档中检查 System.Linq 命名空间中的 Enumerable.Select 方法定义：

```
public static IEnumerable<TResult> Select<TSource, TResult> (
        this IEnumerable<TSource> source,
        Func<TSource, TResult> selector
)
```

这表明 Select 是泛型方法，要获取 TSource 和 TResult 这两个类型参数。还要获取两个普通参数 source 和 selector。其中，TSource 是要为其生成可枚举结果集的集合(本例是 customer 对象)的类型，TResult 是可枚举结果集中的数据(本例是 string 对象)的类型。记住，Select 是扩展方法，所以 source 参数是对要扩展的类型的一个引用(在本例中，要扩展的是由 customer 对象构成的泛型集合，该集合实现了 IEnumerable 接口)。selector 参数指定一个泛型方法来标识要获取的字段(Func 是.NET Framework 采用的泛型委托类型名称，用于封装要返回结果的泛型方法，即函数)。selector 参数所引用的方法要获取一个 TSource(本例是 customer)参数，并生成一个 TResult(本例是 string)对象。Select 方法返回由 TResult(同样是 string)对象构成的可枚举集合。

> **注意** 12.3 节讲述了扩展方法的工作原理以及第一个参数之于扩展方法的重要性。

说了这么多，重点仅一个：Select 方法返回基于某具体类型的可枚举集合。如希望枚举器返回多个数据项，例如返回每个客户的名字和姓氏，至少有以下两个方案可供采纳。

- 在 Select 方法中将名字和姓氏连接成单个字符串。例如：

```
IEnumerable<string> customerNames =
    customers.Select(cust => $"{cust.FirstName} {cust.LastName}");
```

- 定义新类型来封装名字和姓氏，并用 Select 方法构造该类型的实例。例如：

```
class FullName
{
    public string FirstName{ get; set; }
    public string LastName{ get; set; }
}
...
IEnumerable<FullName> customerFullNames =
    customers.Select(cust => new FullName
    {
        FirstName = cust.FirstName,
        LastName = cust.LastName
    });
```

第二个选项本该首选。但如果 FullName 类型的作用仅限于此，就可考虑使用匿名类型，而不是专门为一个操作定义新类型。下面是使用匿名类型的例子：

```
var customerFullNames =
    customers.Select(cust => new
    {
        FirstName = cust.FirstName,
        LastName = cust.LastName
    });
```

注意，这里用 var 关键字定义可枚举集合的类型。集合中的对象类型是匿名的，所以不知道集合中的对象的具体类型。

21.2.2　筛选数据

Select 方法允许"指定"(更专业的术语是"投射"或 project)想包含到可枚举集合中的字段。但有时希望对可枚举集合中包含的行进行限制。例如，为了列出 address 数组中地址在美国的所有公司的名称，可以像下面这样使用 Where 方法：

```
IEnumerable<string> usCompanies = addresses
    .Where(addr => String.Equals(addr.Country, "United States"))
    .Select(usComp => usComp.CompanyName);

foreach (string name in usCompanies)
{
    Console.WriteLine(name);
}
```

Where 方法的语法类似于 Select 方法。它的参数定义了一个方法，该方法可根据指定条件对数据进行筛选。这里又用到了一个 Lambda 表达式。addr 变量是 addresses 数组中行的别名，Lambda 表达式返回 Country 字段同字符串"United States"匹配的所有行。Where 方法返回符合条件的行的一个可枚举集合，这些行包含原始集合的所有字段。然后，Select 方法应用于这些行，只从可枚举集合中投射出 CompanyName 字段，返回由字符串对象构成的另一个可枚举集合。(usComp 变量是 Where 方法返回的可枚举集合的每一行的别名。)因此，整个表达式的最终结果的类型应该是 IEnumerable<string>。必须正确理解方法的应用顺序——先应用 Where 方法，筛选出符合条件的行；再应用 Select 方法，从而指定(或者说投射)其中特定的字段。遍历这个集合的 foreach 语句，显示以下公司名称：

```
Coho Winery
Trey Research
```

21.2.3　排序、分组和聚合数据

如果你熟悉 SQL，就知道 SQL 除了简单的投射和筛选，还允许执行大量关系式操作。例如，可指定数据以特定顺序返回，可根据一个或多个键字段对返回的行分组，还可根据每个组中的行来计算汇总值。LINQ 提供了相同的功能。

按特定顺序获取数据要使用 OrderBy 方法。与 Select 和 Where 方法相似，OrderBy 也

要求以一个方法作为实参。该方法标识了对数据进行排序的表达式。例如，以下代码以升序显示 addresses 数组中每家公司的名称：

```
IEnumerable<string> companyNames = addresses
    .OrderBy(addr => addr.CompanyName)
    .Select(comp => comp.CompanyName);

foreach (string name in companyNames)
{
    Console.WriteLine(name);
}
```

以上代码按字母顺序显示地址表中的公司名称：

```
Alpine Ski House
Coho Winery
Trey Research
Wide World Importers
Wingtip Toys
```

降序枚举数据可换用 OrderByDescending 方法。要按多个键来排序，可以在 OrderBy 或 OrderByDescending 之后使用 ThenBy 或 ThenByDescending 方法。

要按一个或多个字段中共同的值对数据进行分组，可以使用 GroupBy 方法。下例展示了如何按国家对 addresses 数组中的公司进行分组：

```
var companiesGroupedByCountry = addresses
    .GroupBy(addrs => addrs.Country);

foreach (var companiesPerCountry in companiesGroupedByCountry)
{
    Console.WriteLine(
        $"Country: {companiesPerCountry.Key}\t{companiesPerCountry.Count()} companies");

    foreach (var companies in companiesPerCountry)
    {
        Console.WriteLine($"\t{companies.CompanyName}");
    }
}
```

现在应该能看出一些端倪了。GroupBy 方法要求其参数是一个方法，该方法指定了作为分组依据的字段。但 GroupBy 方法和前面讲过的其他方法有一些不容易察觉的区别。

最主要的就是不需要用 Select 方法来把字段投射到结果。GroupBy 返回的可枚举集合包含来源集合中的所有字段，只是所有行都依据"GroupBy 指定的方法所标识的字段"进行分组，每个"组"本身也是可枚举集合。换言之，GroupBy 方法的结果是由一系列"组"构成的可枚举集合，而每个"组"都是由一系列行构成的可枚举集合。在上面的例子中，可枚举集合 companiesGroupedByCountry 是国家的集合。集合中的每个数据项本身也是可枚举集合，其中包含每个国家的公司。为了显示每个国家的公司，代码用 foreach 循环遍历 companiesGroupedByCountry 集合，从而生成(yield)并显示每个国家，再用一个嵌套 foreach

循环遍历每个国家的公司集合。注意，在外层 foreach 循环中，可以使用每个数据项的 Key 字段访问作为分组依据的值，还可使用一些方法(例如 Count、Max 和 Min 等)计算每个"组"的汇总数据。上例的输出如下：

```
Country: Switzerland 1 companies
         Alpine Ski House
Country: United States 2 companies
         Coho Winery
         Trey Research
Country: United Kingdom 2 companies
         Wingtip Toys
         Wide World Importers
```

可直接为 Select 方法的结果使用许多汇总方法，例如 Count，Max 和 Min 等。例如，为了知道 addresses 数组中有多少家公司，可以使用如下所示的代码：

```
int numberOfCompanies = addresses.Select(addr => addr.CompanyName).Count();
Console.WriteLine($"Number of companies: {numberOfCompanies}");
```

注意，这些方法返回的是一个标量值而非可枚举集合。上述代码的输出如下：

```
Number of companies: 5
```

注意，对于要投射的字段，如多个行的该字段包含相同的值，这些汇总方法是不会进行区分的。这意味着严格意义上讲，上例显示的只是 addresses 数组中有多少行的 CompanyName 字段包含了一个值。为查询表中出现了多少个不同的国家，很容易写出下面这样的代码：

```
int numberOfCountries = addresses.Select(addr => addr.Country).Count();
Console.WriteLine($"Number of countries: {numberOfCountries}");
```

输出结果如下：

```
Number of countries: 5
```

但事实上，addresses 数组中总共只出现了三个不同的国家。之所以结果是 5，是由于 United States 和 United Kingdom 都出现了两次。可用 Distinct 方法删除重复，如下所示：

```
int numberOfDistinctCountries = addresses
    .Select(addr => addr.Country).Distinct().Count();
Console.WriteLine($"Number of distinct countries: {numberOfDistinctCountries}");
```

现在，Console.WriteLine 语句能输出符合要求的结果了：

```
Number of distinct countries: 3
```

21.2.4 联接数据

和 SQL 一样，LINQ 也允许根据一个或多个匹配键(common key)字段来联接(join)多个数据集。下例展示了如何显示每个客户的名字和姓氏，同时显示其所在国家名称：

```
var companiesAndCustomers = customers
   .Select(c => new { c.FirstName, c.LastName, c.CompanyName })
   .Join( addresses,
            custs => custs.CompanyName,
         addrs => addrs.CompanyName,
         (custs, addrs) => new {custs.FirstName, custs.LastName, addrs.Country });

foreach (var row in companiesAndCustomers)
{
   Console.WriteLine(row);
}
```

客户名字和姓氏存储在 customers 数组中,但其公司所在国家存储在 addresses 数组中。
customers 和 addresses 这两个数组的匹配键是公司名(CompanyName)。上述 Select 方法指
定 customers 数组中你感兴趣的字段(FirstName 和 LastName),还指定了作为匹配键使用的
字段(CompanyName)。然后,使用 Join 方法将 Select 方法标识的数据同另一个可枚举集合
联接起来。Join 方法的参数如下所示。

- 要联接的目标可枚举集合。
- 一个对 Select 方法标识的数据中的匹配键字段进行了标识的方法。
- 一个对目标集合中的匹配键字段进行了标识的方法。
- 一个对 Join 方法返回的结果集中的列进行了标识的方法。

本例的 Join 方法将一个可枚举集合(其中包含来自 customers 数组的 FirstName,
LastName 和 CompanyName 字段)同 addresses 数组中的行联接起来。联接依据就是 customers
数组的 CompanyName 字段值与 address 数组中的 CompanyName 字段值匹配。结果集合包含
customers 数组的 FirstName 和 LastName 字段,以及 addresses 数组的 Country 字段。用
foreach 遍历 companiesAndCustomers 集合将显示以下信息:

```
{ FirstName = Kim, LastName = Abercrombie, Country = Switzerland }
{ FirstName = Jeff, LastName = Hay, Country = United States }
{ FirstName = Charlie, LastName = Herb, Country = Switzerland }
{ FirstName = Chris, LastName = Preston, Country = United States }
{ FirstName = Dave, LastName = Barnett, Country = United Kingdom }
{ FirstName = Ann, LastName = Beebe, Country = United States }
{ FirstName = John, LastName = Kane, Country = United Kingdom }
{ FirstName = David, LastName = Simpson, Country = United States }
{ FirstName = Greg, LastName = Chapman, Country = United Kingdom }
{ FirstName = Tim, LastName = Litton, Country = United Kingdom }
```

注意　内存中的集合和关系式数据库的"表"不同,它们包含的数据也不具有相同的数据
完整性约束。在关系式数据库中,可假定每个客户都有一家对应的公司,而且每家公
司都有独一无二的地址。但集合并不强制同级的数据完整性,所以可以轻易地让一
个客户引用 addresses 数组中不存在的公司,甚至可以让同一家公司在 address
数组中多次出现。在这些情况下,获得的结果虽然是准确的,但可能并不是你希望
的。只有充分理解了要联接的数据之间的关系之后,Join 操作才能发挥出最大作用。

21.2.5 使用查询操作符

前 4 节展示了如何使用 System.Linq 命名空间中的 Enumerable 类的扩展方法查询内存中的数据。语法利用了好几个高级的 C#语言功能，这样产生的代码显得难以理解和维护。为减轻开发人员的负担，C#的设计者为语言添加了一系列**查询操作符**，允许开发人员使用与 SQL 更相似的语法使用 LINQ 功能。

之前的例子是像下面这样获取每个客户的名字(FirstName)：

```
IEnumerable<string> customerFirstNames = customers
    .Select(cust => cust.FirstName);
```

可用查询操作符 from 和 select 改写上述语句使之更容易理解：

```
var customerFirstNames = from cust in customers
                         select cust.FirstName;
```

编译时，C#编译器将上述表达式解析成对应的 Select 方法。from 操作符为来源集合定义别名，select 操作符利用该别名指定要获取的字段。结果是一个可枚举集合，其中包含客户的名字。如果你熟悉 SQL，注意，这里的 from 操作符出现在 select 操作符之前。[1]

类似地，为同时获取每个客户的名字和姓氏，可以使用以下语句。(请和前面用 Select 扩展方法实现的版本比较。)

```
var customerNames = from c in customers
                    select new { c.FirstName, c.LastName };
```

筛选数据用 where 操作符，下例从 address 数组返回在美国的公司：

```
var usCompanies = from a in addresses
                  where String.Equals(a.Country, "United States")
                  select a.CompanyName;
```

数据排序用 orderby 操作符，如下所示：

```
var companyNames = from a in addresses
                   orderby a.CompanyName
                   select a.CompanyName;
```

数据分组用 group 操作符：

```
var companiesGroupedByCountry = from a in addresses
                                group a by a.Country;
```

注意，和前面用 GroupBy 方法对数据进行分组的例子一样，这里不需要提供 select 操作符，而且可以使用和以前一样的代码遍历结果：

---

[1] 译注：SQL 的形式是 select *aaa* from *bbb*。

```
foreach (var companiesPerCountry in companiesGroupedByCountry)
{
    Console.WriteLine(
        $"Country: {companiesPerCountry.Key}\t{companiesPerCountry.Count()} companies");
    foreach (var companies in companiesPerCountry)
    {
        Console.WriteLine($"\t{companies.CompanyName}");
    }
}
```

可为返回的可枚举集合调用各种汇总函数，例如 Count 方法：

```
int numberOfCompanies = (from a in addresses
                         select a.CompanyName).Count();
```

注意表达式要封闭到一对圆括号中。忽略重复值还是使用 Distinct 方法：

```
int numberOfCountries = (from a in addresses
                         select a.Country).Distinct().Count();
```

> **提示** 许多时候只是想统计集合中的行数，而不是字段值在集合的所有行中的数量。这时
> 可直接为原始集合调用 Count：
>
> ```
> int numberOfCompanies = addresses.Count();
> ```

join 操作符根据一个匹配键来联接两个集合。下例根据每个集合都有的 CompanyName
列来联接两个集合，并返回客户姓名和地址。注意要用 on 子句和 equals 操作符指定两个集
合如何关联。

> **注意** LINQ 目前只支持同等联接，即 equi-joins，或者说基于相等性的联接。熟悉 SQL
> 的数据库开发人员可能熟悉基于其他操作符(比如>和<)的联接，但 LINQ 不支持。
>
> ```
> var citiesAndCustomers = from a in addresses
>                          join c in customers
>                          on a.CompanyName equals c.CompanyName
>                          select new { c.FirstName, c.LastName, a.Country };
> ```

> **注意** 和 SQL 相反，在 LINQ 表达式的 on 子句中，表达式的顺序是重要的。equals 操作
> 符左边必须是来源集合中的匹配键 (引用由 from 子句指定的集合中的数据)，右边
> 必须是目标集合中的匹配键(引用由 join 子句指定的集合中的数据)。

LINQ 还提供了其他许多方法对数据进行汇总、联接、分组和搜索。本节只讨论了其中
最常用的。例如，利用 LINQ 提供的 Intersect 和 Union 方法可以执行集合(set)运算。另外
还提供了像 Any 和 All 这样的方法，可用它们判断集合中是否至少有一项或所有项与指定条
件(谓词)匹配。可用 Take 和 Skip 方法对可枚举集合中的值进行分区。详情请查阅帮助文档。

21.2.6　查询 Tree<TItem>对象中的数据

本章目前的例子都只是演示如何查询数组中的数据。同样的技术适合任何实现了泛型 IEnumerable<T>接口的集合类。以下练习将定义一个新类对某公司的员工进行建模。将创建一个 BinaryTree 对象，其中包含 Employee 对象的一个集合。然后使用 LINQ 查询信息。最开始直接调用 LINQ 扩展方法，然后修改代码，使用更简便的查询操作符。

➤ **使用扩展方法从 BinaryTree 获取数据**

1. 如果 Visual Studio 2022 尚未启动，请启动。

2. 打开 QueryBinaryTree 解决方案，它位于"文档"文件夹下的 \Microsoft Press\VCSBS\Chapter 21\QueryBinaryTree 子文件夹。项目包含 Program.cs 文件，其中定义了 Program 类以及 Main 和 doWork 方法，和以前的练习一样。

3. 在解决方案资源管理器中右击 QueryBinaryTree 项目并从弹出的快捷菜单中选择"添加" | "类"。

4. 在"添加新项"对话框的"名称"框中输入 **Employee.cs**，单击"添加"按钮。

5. 在 Employee 类中添加以下加粗的自动属性：

```
class Employee
{
    public string FirstName { get; set; }
    public string LastName { get; set; }
    public string Department { get; set; }
    public int Id { get; set; }
}
```

6. 将以下加粗的 ToString 方法添加到 Employee 类。.NET 的类将对象转换成字符串时会用到该方法，例如，在使用 Console.WriteLine 方法显示的时候：

```
class Employee
{
    ...
    public override string ToString() =>
        $"Id: {this.Id}, Name: {this.FirstName} {this.LastName},
            Dept: {this. Department}";
}
```

7. 修改 Employee 类定义来实现 IComparable<Employee>接口，如加粗部分所示：

```
class Employee : IComparable<Employee>
{
    ...
}
```

这个步骤是必要的，因为 BinaryTree 类规定它的元素必须是可比较的。

8. 鼠标移至类定义的 IComparable<Employee>接口上方，单击灯泡图标并选择"显式实现所有成员"。这个操作会生成 CompareTo 方法的默认实现。记住，BinaryTree 类将元素插入树时需调用该方法比较元素。

9. 将 CompareTo 方法的主体替换成以下加粗的代码。在 CompareTo 方法的这个实现中，将根据 Id 字段的值比较 Employee 对象。

```
int IComparable<Employee>.CompareTo(Employee other)
{
    if (other is null)
    {
        return 1;
    }

    if (this.Id > other.Id)
    {
        return 1;
    }

    if (this.Id < other.Id)
    {
        return -1;
    }

    return 0;
}
```

注意　如果忘记了 IComparable<T>接口的知识，请复习第 17 章。[①]

10. 在"代码和文本编辑器"中打开 QueryBinaryTree 项目的 Program.cs 文件，在顶部添加以下 using 指令：

```
using System.Linq;
using BinaryTree;
```

11. 在 Program 类的 doWork 方法中删除// TODO:注释并添加以下加粗显示的语句，构造并填充 BinaryTree 类的实例：

```
static void doWork()
{
    Tree<Employee> empTree = new Tree<Employee>(new Employee {
        Id = 1, FirstName = "Kim", LastName = "Abercrombie", Department = "IT"
    });
```

---

① 具体参见 17.3.2 节的补充内容"System.Icomparable 和 System.IComparable<T>接口"。

```
empTree.Insert(new Employee {
    Id = 2, FirstName = "Jeff", LastName = "Hay", Department = "Marketing"
});
empTree.Insert(new Employee {
    Id = 4, FirstName = "Charlie", LastName = "Herb", Department = "IT"
});
empTree.Insert(new Employee {
    Id = 6, FirstName = "Chris", LastName = "Preston", Department = "Sales"
});
empTree.Insert(new Employee {
    Id = 3, FirstName = "Dave", LastName = "Barnett", Department = "Sales"
});
empTree.Insert(new Employee {
    Id = 5, FirstName = "Tim", LastName = "Litton", Department="Marketing"
});
}
```

12. 将以下加粗的语句添加到 doWork 方法末尾。这些代码用 Select 方法列出二叉树中发现的部门：

```
static void doWork()
{
    ...
    Console.WriteLine("List of departments");
    var depts = empTree.Select(d => d.Department);

    foreach (var dept in depts)
    {
        Console.WriteLine($"Department: {dept}");
    }
}
```

13. 选择"调试"|"开始执行(不调试)"。

应用程序应输出以下部门列表：

```
List of departments
Department: IT
Department: Marketing
Department: Sales
Department: IT
Department: Marketing
Department: Sales
```

每个部门名称都出现两次，因为每个部门都有两名员工。部门顺序由 Employee 类 CompareTo 方法来决定。该方法用每个员工的 Id 属性对数据进行排序。第一个部门是 Id 值为 1 的那个员工的部门，第二个部门是 Id 值为 2 的那个员工的部门，以此类推。

14. 按 Enter 键返回 Visual Studio 2022。

15. 在 Program 类的 doWork 方法中修改创建可枚举部门集合的语句，如以下加粗的部分所示：

```
var depts = empTree.Select(d => d.Department).Distinct();
```

Distinct 方法消除可枚举集合中重复的行。

16. 选择"调试"|"开始执行(不调试)"。

验证重复部门名称已被消除，应用程序现在只显示每个部门一次：

```
List of departments
Department: IT
Department: Marketing
Department: Sales
```

17. 按 Enter 键返回 Visual Studio 2022。

18. 在 doWork 方法末尾添加以下语句。这个代码块使用 Where 方法筛选员工，只返回在 IT 部门的。Select 方法返回整行，而非只投射特定的列。

```
static void doWork()
{
    ...
    Console.WriteLine();
    Console.WriteLine("Employees in the IT department");
    var ITEmployees =
        empTree.Where(e => String.Equals(e.Department, "IT"))
        .Select(emp => emp);

    foreach (var emp in ITEmployees)
    {
        Console.WriteLine(emp);
    }
}
```

19. 在 doWork 方法末尾，在刚才添加的代码之后继续添加以下加粗的代码。这些代码使用 GroupBy 方法，按部门对二叉树中发现的员工进行分组。外层 foreach 语句遍历每个组，显示部门名称。内层 foreach 语句显示每个部门中的员工姓名。

```
static void doWork()
{
    ...
    Console.WriteLine();
    Console.WriteLine("All employees grouped by department");
    var employeesByDept = empTree.GroupBy(e => e.Department);

    foreach (var dept in employeesByDept)
```

```
    {
        Console.WriteLine($"Department: {dept.Key}");
        foreach (var emp in dept)
        {
            Console.WriteLine($"\t{emp.FirstName} {emp.LastName}");
        }
    }
}
```

20. 选择"调试"|"开始执行(不调试)"。验证应用程序的输出和下面一样:

```
List of departments
Department: IT
Department: Marketing
Department: Sales

Employees in the IT department
Id: 1, Name: Kim Abercrombie, Dept: IT
Id: 4, Name: Charlie Herb, Dept: IT

All employees grouped by department
Department: IT
        Kim Abercrombie
        Charlie Herb
Department: Marketing
        Jeff Hay
        Tim Litton
Department: Sales
        Dave Barnett
        Chris Preston
```

21. 按 Enter 键返回 Visual Studio 2022。

➤ **使用查询操作符从 BinaryTree 获取数据**

1. 在 doWork 方法中,将生成部门可枚举集合的语句注释掉,替换成以下加粗的语句,
   它是基于 from 和 select 查询操作符来写的:

```
//var depts = empTree.Select(d => d.Department).Distinct();
var depts = (from d in empTree
             select d.Department).Distinct();
```

2. 将生成 IT 员工可枚举集合的语句注释掉,替换成以下加粗的代码:

```
// var ITEmployees =
//     empTree.Where(e => String.Equals(e.Department, "IT"))
//     .Select(emp => emp);
var ITEmployees = from e in empTree
                  where String.Equals(e.Department, "IT")
                  select e;
```

3. 将按部门对员工进行分组的语句注释掉，替换成以下加粗的代码：

```
// var employeesByDept = empTree.GroupBy(e => e.Department);
var employeesByDept = from e in empTree
                      group e by e.Department;
```

4. 选择"调试"|"开始执行(不调试)"。验证应用程序的输出和以前一样：

```
List of departments
Department: IT
Department: Marketing
Department: Sales

Employees in the IT department
Id: 1, Name: Kim Abercrombie, Dept: IT
Id: 4, Name: Charlie Herb, Dept: IT

All employees grouped by department
Department: IT
        Kim Abercrombie
        Charlie Herb
Department: Marketing
        Jeff Hay
        Tim Litton
Department: Sales
        Dave Barnett
        Chris Preston
```

5. 按 Enter 键返回 Visual Studio 2022。

21.3 LINQ 和推迟求值

通过 LINQ 定义可枚举集合时，无论使用 LINQ 扩展方法还是查询操作符，都应记住当 LINQ 扩展方法执行时，应用程序并不真正构建集合；只有在遍历集合时才会对集合进行枚举。也就是说，从执行一个 LINQ 查询之后，到取回这个查询所标识的数据之前，原始集合中的数据可能发生改变，但最终获取的始终是最新数据。例如，以下查询(前面已演示过)定义了由美国公司构成的可枚举集合：

```
var usCompanies = from a in addresses
                  where String.Equals(a.Country, "United States")
                  select a.CompanyName;
```

除非使用以下代码遍历 usCompanies 集合，否则 addresses 数据中的数据不会获取，where 筛选器指定的条件也不会求值：

```
foreach (string name in usCompanies)
{
```

```
        Console.WriteLine(name);
    }
```

从定义 usCompanies 集合到遍历该集合，在此期间如果修改了 addresses 数组中的数据 (例如添加了一家新的美国公司)，就会看到新的数据。这个策略就是所谓的**推迟求值**。

可在定义 LINQ 查询时强制求值，从而生成一个静态的、缓存的集合。该集合是原始数据的拷贝。原始集合中的数据发生改变，该拷贝中的数据不会相应改变。LINQ 提供了 ToList 方法来构建静态 List 对象以包含数据的缓存拷贝。如下所示：

```
var usCompanies = from a in addresses.ToList()
                  where String.Equals(a.Country, "United States")
                  select a.CompanyName;
```

这次在定义查询时，公司列表就会固定下来。如果在 addresses 数组中添加了更多的美国公司，那么遍历 usCompanies 集合时不会获得这些新数据。LINQ 还提供了 ToArray 方法将集合缓存到数组。

本章最后一个练习先推迟求值一个 LINQ 查询，再试验立即求值以生成集合的缓存拷贝。最后对两种方案进行对比。

> ➤ **推迟和立即对 LINQ 查询进行求值，并比较结果**

1. 返回 Visual Studio 2022，编辑 QueryBinaryTree 项目的 Program.cs 文件。
2. doWork 方法只保留构造 empTree 二叉树的代码，其他代码都注释掉，如下所示：

```
static void doWork()
{
  Tree<Employee> empTree = new Tree<Employee>(
    new Employee {
      Id = 1, FirstName = "Kim", LastName = "Abercrombie", Department = "IT"
    });
    empTree.Insert(new Employee {
      Id = 2, FirstName = "Jeff", LastName = "Hay", Department = "Marketing"
    });
    empTree.Insert(new Employee {
      Id = 4, FirstName = "Charlie", LastName = "Herb", Department = "IT"
    });
    empTree.Insert(new Employee {
      Id = 6, FirstName = "Chris", LastName = "Preston", Department = "Sales"
    });
    empTree.Insert(new Employee {
      Id = 3, FirstName = "Dave", LastName = "Barnett", Department = "Sales"
    });
    empTree.Insert(new Employee {
      Id = 5, FirstName = "Tim", LastName = "Litton", Department="Marketing"
    });

    /* 方法其余部分都注释掉
    ...
```

```
    */
}
```

> 📝 **提示** 有一个简便的办法可以注释掉大段代码。只需在 "代码和文本编辑器" 中选定代码
> 块，然后单击工具栏上的 "注释选中行" 按钮 ▤，或者按组合键 Ctrl+E, C。

3. 将以下语句添加到 doWork 方法，在构造了 empTree 二叉树之后执行：

```
static void doWork()
{
    ...
    Console.WriteLine("All employees");
    var allEmployees = from e in empTree
                       select e;

    foreach (var emp in allEmployees)
    {
        Console.WriteLine(emp);
    }
}
```

代码生成名为 allEmployees 的可枚举员工集合，并遍历这个集合，显示每个员工
的细节。

4. 在刚才输入的代码后添加以下代码：

```
static void doWork()
{
    ...
    empTree.Insert(new Employee
    {
        Id = 7,
        FirstName = "David",
        LastName = "Simpson",
        Department = "IT"
    });

    Console.WriteLine();
    Console.WriteLine("Employee added");

    Console.WriteLine("All employees");
    foreach (var emp in allEmployees)
    {
        Console.WriteLine(emp);
    }
    ...
}
```

这些代码在 empTree 树中添加一名新员工并再次遍历 allEmployees 集合。

5. 选择 "调试" | "开始执行(不调试)"。验证程序输出和下面一致：

```
All employees
Id: 1, Name: Kim Abercrombie, Dept: IT
Id: 2, Name: Jeff Hay, Dept: Marketing
Id: 3, Name: Dave Barnett, Dept: Sales
Id: 4, Name: Charlie Herb, Dept: IT
Id: 5, Name: Tim Litton, Dept: Marketing
Id: 6, Name: Chris Preston, Dept: Sales

Employee added
All employees
Id: 1, Name: Kim Abercrombie, Dept: IT
Id: 2, Name: Jeff Hay, Dept: Marketing
Id: 3, Name: Dave Barnett, Dept: Sales
Id: 4, Name: Charlie Herb, Dept: IT
Id: 5, Name: Tim Litton, Dept: Marketing
Id: 6, Name: Chris Preston, Dept: Sales
Id: 7, Name: David Simpson, Dept: IT
```

注意，第二次遍历 allEmployees 集合时，列表中会包含新员工 David Simpson——虽然该员工是在 allEmployees 集合定义好之后才添加的。

6. 按 Enter 键返回 Visual Studio 2022。

7. 在 doWork 方法中修改生成 allEmployees 集合的语句，立即获取并缓存数据，如加粗的代码所示：

```
var allEmployees = from e in empTree.ToList<Employee>()
                   select e;
```

LINQ 提供了 ToList 和 ToArray 方法的泛型和非泛型版本。应尽量使用泛型版本以确保结果的类型安全性。select 操作符返回一个 Employee 对象，上述代码将 allEmployees 作为一个泛型 List<Employee>集合来生成。

8. 选择"调试"|"开始执行(不调试)"。验证程序输出和下面一致：

```
All employees
Id: 1, Name: Kim Abercrombie, Dept: IT
Id: 2, Name: Jeff Hay, Dept: Marketing
Id: 3, Name: Dave Barnett, Dept: Sales
Id: 4, Name: Charlie Herb, Dept: IT
Id: 5, Name: Tim Litton, Dept: Marketing
Id: 6, Name: Chris Preston, Dept: Sales

Employee added
All employees
Id: 1, Name: Kim Abercrombie, Dept: IT
Id: 2, Name: Jeff Hay, Dept: Marketing
Id: 3, Name: Dave Barnett, Dept: Sales
Id: 4, Name: Charlie Herb, Dept: IT
Id: 5, Name: Tim Litton, Dept: Marketing
Id: 6, Name: Chris Preston, Dept: Sales
```

注意，应用程序第二次遍历 **allEmployees** 集合时，显示的列表中不包含 David Simpson。这是由于在 David Simpson 添加到 **empTree** 树之前，查询就被求值完成，而且结果被缓存起来。

9. 按 Enter 键返回 Visual Studio 2022。

小结

本章讲述了 LINQ 如何使用 **IEnumerable<T>**接口和扩展方法来提供一个数据查询机制。还讲述了如何利用 C#提供的查询表达式语法来使用这些功能。

- 如果希望继续学习下一章，请继续运行 Visual Studio 2022，然后阅读第 22 章。
- 如果希望现在就退出 Visual Studio 2022，请选择"文件"|"退出"。如果看到"保存"对话框，请单击"是"按钮保存项目。

第 21 章快速参考

目标	操作

从可枚举集合投射指定字段	使用 Select 方法，用 Lambda 表达式标识要投射的字段。示例如下：
	
	``
	var customerFirstNames =
	    customers.Select(cust => cust.FirstName);
	``
	
	或者使用 from 和 select 查询操作符。示例如下：
	
	``
	var customerFirstNames =
	    from cust in customers
	    select cust.FirstName;
	``

筛选来自可枚举集合的行	使用 Where 方法，用 Lambda 表达式指定行的匹配条件。示例如下：
	
	``
	var usCompanies = addresses
	    .Where(addr =>
	    String.Equals(addr.Country, "United States"))
	    .Select(usComp => usComp.CompanyName);
	``
	
	或者使用 where 查询操作符。示例如下：
	
	``
	var usCompanies =
	    from a in addresses
	    where String.Equals(a.Country, "United States")
	    select a.CompanyName;
	``

目标	操作

按特定顺序枚举数据	使用 OrderBy 方法，用 Lambda 表达式标识用于对行进行排序的字段。示例如下：
	
	``csharp
	var companyNames = addresses
	    .OrderBy(addr => addr.CompanyName)
	    .Select(comp => comp.CompanyName);
	``

按特定顺序枚举数据	或者使用 orderby 查询操作符。示例如下：
	
	``csharp
	var companyNames =
	    from a in addresses
	        orderby a.CompanyName
	        select a.CompanyName;
	``

根据字段的值对数据进行分组	使用 GroupBy 方法，用 Lambda 表达式标识用于对行进行分组的字段。示例如下：
	
	``csharp
	var companiesGroupedByCountry =
	    addresses.GroupBy(addrs => addrs.Country);
	``
	
	或者使用 group by 查询操作符。示例如下：
	
	``csharp
	var companiesGroupedByCountry =
	    from a in addresses
	    group a by a.Country;
	``

联接两个不同集合中的数据	使用 Join 方法指定联接的集合、联接条件和结果字段。示例如下：
	
	``csharp
	var countriesAndCustomers = customers
	    .Select(c => new { c.FirstName, c.LastName, c.CompanyName })
	    .Join(addresses, custs => custs.CompanyName,
	        addrs => addrs.CompanyName,
	        (custs, addrs) => new {custs.FirstName,
	            custs.LastName, addrs.Country });
	``
	
	或者使用 join 查询操作符。示例如下：
	
	``csharp
	var countriesAndCustomers =
	    from a in addresses
	    join c in customers
	    on a.CompanyName equals c.CompanyName
	    select new { c.FirstName, c.LastName, a.Country };
	``

强制立即生成 LINQ 查询结果	使用 ToList 或 ToArray 方法生成包含当前结果的列表或数组。示例如下：
	
	``csharp
	var allEmployees =
	    from e in empTree.ToList<Employee>()
	    select e;
	``

第 22 章

操作符重载

学习目标

- 理解操作符重载的工作方式
- 为自己的类型编写递增和递减操作符
- 理解操作符在结构和类中的差异
- 理解为什么需要成对实现某些操作符
- 在结构中重写操作符，并实现自定义的相等性操作符
- 为自己的类型实现隐式和显式转换操作符

我们之前大量运用标准操作符符号(例如+和-)对类型(例如 int 和 double)执行标准操作(例如加和减)。许多内建类型都针对这些操作符提供了它们自己的、预先定义好的行为。还可自己定义操作符之于结构和类的行为方式，这正是本章的主题。

22.1 理解操作符

在深入了解操作符的工作方式以及如何对它们进行重载之前，有必要复习一下操作符的一些基础知识。总结如下。

- 操作符将操作数合并成表达式。每个操作符都有自己的语义，具体取决于所操作的类型。例如，操作符+在操作数值类型时是"加"，操作字符串时是"连接"。
- 每个操作符都有**优先级**。例如，操作符*具有比+更高的优先级。这意味着表达式 a + b * c 等同于 a + (b * c)。
- 每个操作符还有**结合性**，定义了操作符是从左向右求值，还是从右向左求值。例如，

操作符=具有右结合性(从右向左求值)，所以 a = b = c 等同于 a = (b = c)。

- 一元操作符只有一个操作数，例如递增操作符(++)。
- 二元操作符要求两个操作数，例如乘法操作符(*)。
- 三元操作符……

22.1.1　操作符的限制

C#允许你在定义自己的类型时重载方法。还可为自己的类型重载许多现有的操作符，虽然语法稍有区别。重载操作符时，你实现的操作符将自动归入一个良好定义的框架。但这个框架存在以下几点限制。

- 不能更改操作符的优先级和结合性。优先级和结合性以操作符的符号(例如+)为基础，而不是以操作符应用的类型(例如 int)为基础。所以，表达式 a + b * c 总是等同于 a + (b * c)，无论 a, b 和 c 的类型是什么。
- 不能更改操作符的元数(操作数的数量)。例如，乘法操作符*是二元操作符。为自己的类型声明操作符*，它必然还是二元操作符。
- 不能发明新的操作符符号。例如，不能创建新的操作符符号**求乘方。这样的计算必须定义方法。
- 操作符应用于内建类型时，不能更改操作符的含义。例如，表达式 1 + 2 有预定义的含义，该含义不允许被重写，否则会造成极大的混乱。
- 有的操作符不能重载。例如，不能重载点(.)操作符，它表示访问类成员，否则同样会造成极大的混乱。

提示　可用索引器将[]模拟成操作符。类似地，可用属性将=(赋值)模拟成操作符，还可使用委托将函数调用模拟成操作符。

22.1.2　重载的操作符

要自定义操作符的行为，必须重载该操作符。语法和方法相似，同样有返回类型和参数。但方法名必须更换为关键字 operator 和希望声明的操作符。例如，以下是一个名为 Hour 的用户自定义结构，它定义了二元操作符+，用于将 Hour 的两个实例加到一起：

```
struct Hour
{
    public Hour(int initialValue) => this.value = initialValue;

    public static Hour operator +(Hour lhs, Hour rhs) => new Hour(lhs.value + rhs.value);
    ...
    private int value;
}
```

需要注意以下几点。

- 操作符是公共的。所有操作符都必须公共。
- 操作符是静态的。所有操作符都必须静态。操作符永远不具有多态性，不能使用 virtual、abstract、override 或 sealed 修饰符。
- 二元操作符(例如上述的+)有两个显式的参数；一元操作符有一个显式的参数(C++程序员注意，操作符永远没有一个隐藏的 this 参数)。

📝提示 声明为了方便写程序而开发的一个功能(例如操作符)时，有必要统一参数的命名规范。例如，开发者常为二元操作符使用 lhs 和 rhs 参数(分别代表左右操作数，即 left-hand side 和 right-hand side)。

对 Hour 类型的两个表达式使用+操作符，C#编译器自动将代码转换成对 operator+方法的调用。例如，C#编译器将以下代码：

```
Hour Example(Hour a, Hour b) => a + b;
```

转换成以下形式：

```
Hour Example(Hour a, Hour b) => Hour.operator +(a,b); // 伪代码
```

但要注意，这个语法是伪代码，不能直接这样写。使用二元操作符时，只能采取标准的中缀记号法(符号放在两个操作数中间)。

声明操作符时，还有最后一个规则需遵守，否则代码无法成功编译。这个规则就是：至少有一个参数的类型必须是包容类型。换言之，在前面的 operator+的例子中，至少有一个参数(a 或 b)必须是 Hour 类型。虽然本例两个参数都是 Hour 类型的对象，但有的时候可能想定义 operator+的其他实现。例如，你可能想允许一个整数(代表多少小时)加到一个 Hour 对象上。在这种情况下，第一个参数可以是 Hour，第二个参数可以是整数。有了这个规则之后，编译器在解析操作符调用时，就能更轻松地找到重载版本。同时，还有效阻止了开发者更改内建操作符的含义。

22.1.3 创建对称操作符

上一节讲述了如何声明二元操作符+，将两个 Hour 类型的实例"加"到一起。Hour 结构还有一个构造器，能根据一个 int 来创建 Hour。这意味着一个 Hour 和一个 int 可以相加——只是必须先用 Hour 构造器将 int 转换成 Hour。例如：

```
Hour a = ...;
int b = ...;
Hour later = a + new Hour(b);
```

虽然代码本身有效，但相较于让一个 Hour 和一个 int 直接相加(如下所示)，前面的写法既不明确，也不简洁：

```
Hour a = ...;
int b = ...;
Hour later = a + b;
```

为了使表达式(a + b)变得有效，必须指定当一个 Hour(左侧的 a)和一个 int(右侧的 b)
相加时有什么含义。也就是说，必须声明一个二元操作符+，它的第一个参数是 Hour，第二
个参数是 int。以下代码展示了推荐的做法：

```
struct Hour
{
    public Hour(int initialValue) => this.value = initialValue;
    ...
    public static Hour operator +(Hour lhs, Hour rhs) => new Hour(lhs.value + rhs.value);
    public static Hour operator +(Hour lhs, int rhs) => lhs + new Hour(rhs);
    ...
    private int value;
}
```

操作符的第二个版本唯一做的事情就是根据它的 int 参数来构造一个 Hour，然后调用第
一个版本。这样，操作符的真正逻辑就可以保持在单独一个位置。重点在于，额外的 operator
+只是让现有功能更易使用。还要注意，不应提供操作符的多个版本，让每个版本都支持不
同的第二参数类型。也就是说，只需支持常见和有意义的情况，让类的用户自己采取额外的
步骤来支持不寻常的情况。

该 operator +只是声明了左操作数 Hour 和右操作数 int 如何相加，没有声明左 int 和
右 Hour 如何相加：

```
int a = ...;
Hour b = ...;
Hour later = a + b; // 编译时错误
```

这有悖直觉。用户会认为自己既然能写出像 a + b 这样的表达式，自然也能写 b + a。
所以，还应对称地提供 operator +的另一个重载版本：

```
struct Hour
{
    public Hour(int initialValue) => this.value = initialValue;
    ...
    public static Hour operator +(Hour lhs, int rhs) => lhs + new Hour(rhs);
    public static Hour operator +(int lhs, Hour rhs) => new Hour(lhs) + rhs;
    ...
    private int value;
}
```

> **注意**　C++程序员注意，必须自己提供重载。编译器不会帮你写，也不会悄悄地交换两个
> 操作数的位置来查找匹配的操作符。

22.1.4 理解复合赋值

复合赋值操作符(例如+=)总是根据与它关联的简单操作符(例如+)来求值。也就是说，以下语句：

```
a += b;
```

将自动求值如下：

```
a = a + b;
```

通常，表达式 a @= b(@是任何有效操作符)总是求值为 a = a @ b。如果已重载了简单操作符，使用与其关联的复合赋值操作符时会自动调用已重载的版本。例如：

```
Hour a = ...;
int b = ...;
a += a; // 等同于 a = a + a
a += b; // 等同于 a = a + b
```

第一个复合赋值表达式(a += a)有效，因为 a 是 Hour 类型，而 Hour 类型声明了参数是两个 Hour 的二元 operator+。类似地，第二个复合赋值表达式(a += b)也有效，因为 a 是 Hour 类型，而 b 是 int 类型。Hour 类型声明了另一个二元 operator+，第一个参数是 Hour，第二个是 int。但表达式 b += a 非法，它等同于 b = b + a。两者相加虽然不会出问题，但赋值就有问题了，因为不能将一个 Hour 赋给内建的 int 类型。

22.2   声明递增和递减操作符

C#允许开发者自定义递增(++)和递减(--)操作符。声明这种操作符要遵守以下规则：必须公共和静态，而且必须一元。以下是 Hour 结构的递增操作符：

```
struct Hour
{
    ...
    public static Hour operator ++(Hour arg)
    {
        arg.value++;
        return arg;
    }
    ...
    private int value;
}
```

递增操作符和递减操作符的特殊之处在于，它们可以采取前缀形式和后缀形式。前缀形式是指操作符在变量之前，例如++now；而后缀形式是指操作符在变量之后，例如 now++。C#智能地为前缀和后缀版本使用同一个操作符。但要注意，后缀表达式的结果是表达式求值前的操作数的值。换言之，编译器会将以下代码：

```
Hour now = new Hour(9);
Hour postfix = now++;
```

转换成以下形式：

```
Hour now = new Hour(9);
Hour postfix = now;
now = Hour.operator ++(now); // 伪代码，不是有效的 C#代码
```

前缀表达式的结果则是操作符的返回值(表达式求值后的结果)。C#编译器将以下代码：

```
Hour now = new Hour(9);
Hour prefix = ++now;
```

转换成以下形式：

```
Hour now = new Hour(9);
now = Hour.operator ++(now); // 伪代码，不是有效的 C#代码
Hour prefix = now;
```

由于转换后要执行 now = Hour.operator ++(now);这个语句，所以递增操作符和递减操作符的返回类型必须与参数类型相同。

22.3 比较结构和类中的操作符

必须注意，递增操作符在 Hour 结构中的实现之所以有效，完全是因为 Hour 是结构。将 Hour 变成类，但不修改递增操作符的实现，后缀转换不会给出正确答案。如果记得类是一种引用类型，再回顾一下前面解释过的编译器转换，就会知道为什么有这样的结果：

```
Hour now = new Hour(9);
Hour postfix = now;
now = Hour.operator ++(now); // 伪代码，不是有效的 C#
```

如果 Hour 是类，赋值语句 postfix = now 就会使变量 postfix 和 now 引用同一个对象。更新 now 的话，会自动更新 postfix！如果 Hour 是结构，赋值语句会把 now 的一个副本赋给 postfix，对 now 的任何更改都不会应用于 postfix，这正是我们所希望的。

在 Hour 是类的情况下，递增操作符的正确实现如下：

```
class Hour
{
    public Hour(int initialValue) => this.value = initialValue;
    ...
    public static Hour operator ++(Hour arg) => new Hour(arg.value + 1);
    ...
    private int value;
}
```

注意，operator++现在根据原始数据新建了一个对象。新对象的数据会得到递增，原始数据不变。虽然这是一个有效的方案，但每次使用递增操作符，都会因为编译器的自动转换而新建对象，从而增大内存和垃圾回收的开销。所以，建议在定义类时尽量避免操作符重载。该建议适合所有操作符，而非只适合递增操作符。

22.4 定义成对的操作符

有的操作符自然就是成对使用的。例如，能用!=操作符比较两个 Hour 值，肯定还希望能用==操作符比较。C#编译器对这种非常合理的期望采取了硬性规定，一旦定义了operator==或 operator!=中的任何一个，两者都必须定义。这个"要么没有，要么都有"的规则同样适合<和>操作符以及<=和>=操作符。C#编译器不帮你写任何操作符，所有操作符都必须亲自定义，无论它们看起来多么明显。以下是 Hour 结构的==和!=操作符：

```
struct Hour
{
    public Hour(int initialValue) => this.value = initialValue;
    ...
    public static bool operator ==(Hour lhs, Hour rhs) => lhs.value == rhs.value;
    public static bool operator !=(Hour lhs, Hour rhs) => lhs.value != rhs.value;
    ...
    private int value;
}
```

这些操作符的返回类型不一定是 bool。但使用其他类型必须有充分的理由，否则会给类的用户造成极大困扰！

22.5 实现操作符

以下练习中将开发一个类来模拟复数(complex number)。复数有两个元素：一个是实部(real component)，一个是虚部(imaginary component)。复数一般表示成(x + yi)，其中 x 是实部，yi 是虚部。x 和 y 是普通整数，i 则是虚数单位$\sqrt{-1}$ (这正是为什么说 yi 是虚部的原因)。虽然复数平时很少使用，而且学术味很浓，但在电子学、应用数学、物理学和许多工程领域都很有用。复数的详情请参考维基百科。

> **注意** .NET 4.0 和后续版本自带 Complex 类型(位于 System.Numerics 命名空间)，它很好地实现了复数，所以自己实现复数其实并没太大必要。但体会一下如何为该类型实现一些常用操作符，还是很有助益的。

复数作为一对整数实现，分别代表实部和虚部的系数 x 和 y。还要实现用复数来执行简单数学运算所需的操作符。下表总结了针对一对实数(a + bi)和(c + di)如何执行四则运算。

四则运算	计算方式
$(a + bi) + (c + di)$	$((a + c) + (b + d)i)$
$(a + bi) - (c + di)$	$((a - c) + (b - d)i)$
$(a + bi) * (c + di)$	$((a * c - b * d) + (b * c + a * d)i)$
$(a + bi) / (c + di)$	$(((a * c + b * d) / (c * c + d * d)) + (b * c - a * d) / (c * c + d * d))i)$

➢ 创建 Complex 结构并实现算术操作符

1. 如 Microsoft Visual Studio 2022 尚未启动，请启动。

2. 打开 ComplexNumbers 解决方案，该项目位于"文档"文件夹下的\Microsoft Press\VCSBS\Chapter 22\ComplexNumbers 子文件夹。这是一个控制台应用程序，用于生成和测试你的代码。Program.cs 文件包含熟悉的 doWork 方法。

3. 在解决方案资源管理器中选中 ComplexNumbers 项目。

4. 选择"项目"|"添加类"。

5. 在"添加新项"对话框的"名称"文本框中输入 **Complex.cs**，单击"添加"按钮。Visual Studio 会创建 Complex 类，并在"代码和文本编辑器"中打开 Complex.cs。

6. 将 Complex 类改成结构，并添加自动整数属性 Real 和 Imaginary，如加粗的代码所示。它们分别用于容纳复数的实部和虚部。

```
struct Complex
{
    public int Real { get; set; }
    public int Imaginary { get; set; }
}
```

7. 将以下加粗的构造器添加到 Complex 结构中。构造器获取两个 int 参数，用它们填充 Real 和 Imaginary 属性。

```
struct Complex
{
    ...
    public Complex (int real, int imaginary)
    {
        this.Real = real;
        this.Imaginary = imaginary;
    }
}
```

8. 如加粗代码所示重写 ToString 方法。方法返回代表复数的字符串，形如(x + yi)。

```
struct Complex
{
    ...
```

```
    public override string ToString() => $"({this.Real} + {this.Imaginary}i) ";
}
```

9. 将以下加粗的重载+操作符添加到 Complex 结构中。这是二元加操作符，获取两个 Complex 对象，根据前表的计算方式把它们加到一起。操作符返回新的 Complex 对象，其中包含计算结果。

```
strut Complex
{
    ...
    public static Complex operator +(Complex lhs, Complex rhs) =>
        new Complex(lhs.Real + rhs.Real, lhs.Imaginary + rhs.Imaginary);
}
```

10. 将重载-运算符添加到 Complex 结构中。该操作符遵循和重载+操作符相同的模式。

```
struct Complex
{
    ...
    public static Complex operator -(Complex lhs, Complex rhs) =>
        new Complex(lhs.Real - rhs.Real, lhs.Imaginary - rhs.Imaginary);
}
```

11. 实现*和/操作符。遵循和前面两个操作符相同的模式，虽然计算稍复杂一些。/操作符的计算过程被分解成两个步骤，避免一行代码太长。

```
struct Complex
{
    ...
    public static Complex operator *(Complex lhs, Complex rhs) =>
        new Complex(lhs.Real * rhs.Real - lhs.Imaginary * rhs.Imaginary,
            lhs.Imaginary * rhs.Real + lhs.Real * rhs.Imaginary);

    public static Complex operator /(Complex lhs, Complex rhs)
    {
        int realElement = (lhs.Real * rhs.Real + lhs.Imaginary * rhs.Imaginary) /
            (rhs.Real * rhs.Real + rhs.Imaginary * rhs.Imaginary);
        int imaginaryElement = (lhs.Imaginary * rhs.Real - lhs.Real * rhs.Imaginary) /
            (rhs.Real * rhs.Real + rhs.Imaginary * rhs.Imaginary);
        return new Complex(realElement, imaginaryElement);
    }
}
```

12. 在"代码和文本编辑器"中显示 Program.cs 文件。将以下加粗的语句添加到 Program 类的 doWork 方法中并删除 // TODO:注释。

```
static void doWork()
{
```

```
Complex first = new Complex(10, 4);
Complex second = new Complex(5, 2);
Console.WriteLine($"first is {first}");
Console.WriteLine($"second is {second}");

Complex temp = first + second;
Console.WriteLine($"Add: result is {temp}");

temp = first - second;
Console.WriteLine($"Subtract: result is {temp}");

temp = first * second;
Console.WriteLine($"Multiply: result is {temp}");

temp = first / second;
Console.WriteLine($"Divide: result is {temp}");
}
```

上述代码创建两个 Complex 对象，分别代表复数值(10 + 4i)和(5 + 2i)。代码显示两个复数，并测试刚才定义的各个操作符，显示每种计算的结果。

13. 在"调试"菜单中选择"开始执行(不调试)"来生成并运行应用程序。 验证应用程序显示如下图所示的结果。

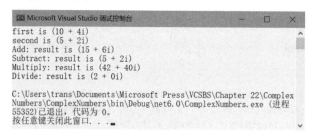

14. 关闭应用程序，返回 Visual Studio 2022。

现已建模了复数类型，并提供了对基本算术运算的支持。

22.6　重载相等操作符

类的相等(性)操作符的默认实现是检查类在内存中的地址。如一个类的两个实例具有相同的地址(引用同一个对象)，就认为它们"相等"。如希望根据类中字段的内容来判断是否相等，你需要重写 == 和 != 操作符。

对于结构，== 和 != 操作符会检查字段的内容。如一个结构的两个实例的字段具有相同的值，就认为它们"相等"。这是引用类型(如类)和值类型之间的根本区别之一。

结构的==和!=操作符的默认实现使用一种称为"反射"(reflection)的通用技术来发现字

段，以便比较其内容。虽然这个过程对任何结构都有效，而且这个实现在.NET 的多次迭代中得到了完善，但速度还是可能很慢，尤其是需要对一个集合中成千上万的结构进行比较时。有鉴于此，你可能想提供自定义的、优化版本的==和!=操作符。

无论结果还是类，但凡定义了 operator ==和 operator !=，就应同时重写从 System.Object(如创建的是结构，则是 System.ValueType)继承的 Equals 和 GetHashCode 方法。Equals 方法应表现出与 operator ==一致的行为。(根据其中的一个来定义另一个。)GetHashCode 方法会被.NET 库中的其他类使用。例如，将一个对象作为哈希表中的键使用时，会在该对象上调用 GetHashCode 方法以帮助计算哈希值。(详情参阅 Microsoft 文档)。该方法唯一要做的就是返回一个有区别的整数值。对象不同，从 GetHashCode 方法返回的整数值就应该不同，否则哈希算法就没有了意义。

最后，如果创建的是 record(记录)类型，就不要重写 operator ==和 operator !=的默认实现。这是因为 record 类型会自动实现值的相等性判断；这是使用 record 的主要原因之一。如果要对数据进行建模并实现值的相等性判断，请考虑定义 record 而不是 struct。

下个练习将扩展 Complex 结构，提供相等操作符==和!=。

➤ 实现相等操作符

1. 在 Visual Studio 2022 中，在"代码和文本编辑器"中显示 Complex.cs 文件。

2. 如加粗的代码所示，将==和!=操作符添加到 Complex 结构。注意两个操作符都利用了 Equal 方法。Equal 方法将类的一个实例与作为实参指定的另一个实例比较。相等返回 true，否则返回 false。

```
struct Complex
{
    ...
    public static bool operator ==(Complex lhs, Complex rhs) => lhs.Equals(rhs);
    public static bool operator !=(Complex lhs, Complex rhs) => !(lhs.Equals(rhs));
}
```

3. 如加粗的代码所示，在 Complex 结构中重写 Equals 方法：

```
struct Complex
{
    ...
    public override bool Equals(Object obj)
    {
        if (obj is Complex)
        {
            Complex compare = (Complex)obj;
            return (this.Real == compare.Real) &&
                    (this.Imaginary == compare.Imaginary);
        }
}
```

```
        else
        {
            return false;
        }
    }
}
```

Equals 方法获取一个 Object 参数。代码验证参数的类型真的是 Complex 对象。如果是，代码就拿当前实例的 Real 和 Imaginary 属性值与作为参数传入的那个实例的 Real 和 Imaginary 属性值比较。都相同，方法返回 true；否则返回 false。如传入的参数根本就不是 Complex 对象，方法直接返回 false。

4. 选择"生成"|"重新生成解决方案"。
    "错误列表"窗格会显示以下警告消息：

    "ComplexNumbers.Complex"重写 Object.Equals(object o),但不重写 Object.GetHashCode()
    "ComplexNumbers.Complex"定义运算符==或运算符!=,但不重写 Object.GetHashCode()

    如定义!=和==操作符，必须重写从 System.Object 继承的 GetHashCode 方法。

📖**注意**   如果没有看到"错误列表"窗格，请选择"视图"|"错误列表"。

---

5. 重写 GetHashCode 方法。该实现直接调用从 Object 类继承的方法。但如果愿意，完全可用自己的方式生成哈希码。

    ```
    struct Complex
    {
        ...
        public override int GetHashCode()
        {
            return base.GetHashCode();
        }
    }
    ```

6. 选择"生成"|"重新生成解决方案"。
    验证解决方案现在成功生成，无任何警告消息。

7. 在"代码和文本编辑器"中显示 Program.cs 文件。然后在 doWork 方法末尾添加以下加粗的代码：

    ```
    static void DoWork()
    {
        ...
        if (temp == first)
        {
            Console.WriteLine("Comparison: temp == first");
        }
        else
    ```

```
    {
        Console.WriteLine("Comparison: temp != first");
    }
    if (temp == temp)
    {
        Console.WriteLine("Comparison: temp == temp");
    }
    else
    {
        Console.WriteLine("Comparison: temp != temp");
    }
}
```

> **注意** 表达式 temp == temp 生成警告消息"对同一变量进行比较:是否希望比较其他变量?"。可忽略该警告,因为故意如此;目的是验证==操作符能正常工作。

8. 在"调试"菜单中选择"开始执行(不调试)"命令,生成并运行应用程序。验证最后会显示以下两条消息:

```
Comparison: temp != first
Comparison: temp == temp
```

9. 关闭应用程序,返回 Visual Studio 2022。

22.7　理解转换操作符

有时要将一种类型的表达式转换成另一种类型。例如,以下方法获取单个 double 参数:

```
class Example
{
    public static void MyDoubleMethod(double parameter)
    {
        ...
    }
}
```

你或许以为,在调用 MyDoubleMethod 时,只有 double 类型的值才能作为参数使用。但实际并非如此。C#编译器还允许 MyDoubleMethod 获取类型不为 double、但能转换成 double 的值(如 int)。调用方法时,编译器自动生成代码来执行这个转换(称为**隐式类型转换**)。

22.7.1　提供内建转换

内建类型支持一些内建的转换。例如,int 能隐式转换成 double。隐式转换不要求特殊语法,也永远不会抛出异常:

```
Example.MyDoubleMethod(42); // int 隐式转换为 double
```

有时也将隐式转换称为**扩大转换**，因为结果比原始值范围大——它至少包含了原始值的信息，而且什么都不丢失。反之则不然，double 不能隐式转换成 int：

```
class Example
{
    public static void MyIntMethod(int parameter)
    {
        ...
    }
}
...
Example.MyIntMethod(42.0); // 编译时错误
```

从 double 类型向 int 类型的转换存在丢失信息的风险，所以不允许自动转换(例如，假定传给 MyIntMethod 的参数值是 42.5，那么应该如何转换?) double 仍然可以转换成 int，但只能显式进行(称为**强制类型转换**)：

```
Example.MyIntMethod((int)42.0);
```

有时也将显式转换称为**收缩转换**，因为结果比原始值的范围小(只能包含较少的信息)，而且可能抛出 OverflowException 异常(超出目标类型的范围)。C#允许为用户自定义类型提供转换操作符，控制它们隐式或显式转换成其他类型。

22.7.2 实现用户自定义的转换操作符

声明用户自定义转换操作符时，语法和重载操作符相似，但也存在一些重要区别。下面这个转换操作符允许将 Hour 对象隐式转换成 int：

```
struct Hour
{
    ...
    public static implicit operator int (Hour from)
    {
        return from.value;
    }

    private int value;
}
```

转换操作符必须是公共和静态的。将要转换的源类型声明成参数(本例是 Hour)，要转换成的目标类型声明为关键字 operator 之后的类型名称(本例是 int)。在关键字 operator 之前不要指定返回类型。

自定义转换操作符时必须指定是隐式还是显式，分别用 implicit 和 explicit 关键字表示。在上例中，Hour 到 int 的转换操作符是隐式的，所以 C#编译器可以在不执行强制类型转换的前提下使用它：

```
class Example
{
    public static void Method(int parameter) { ... }
    public static void Main()
    {
        Hour lunch = new Hour(12);
        Example.MyOtherMethod(lunch); // Hour 隐式转换为 int
    }
}
```

将转换操作符声明为 explicit, 上例将无法编译, 因为显式转换操作符需要一次显式的强制类型转换:

```
Example.MyOtherMethod((int)lunch); // Hour 显式转换为 int
```

那么, 什么时候显式, 什么时候隐式? 如转换总是安全, 无丢失信息的风险, 不会在转换时抛出异常, 就应声明为隐式转换; 否则应声明为显式。从 Hour 到 int 的转换总是安全的, 每个 Hour 都有一个对应的 int 值, 所以声明为隐式是合理的。相反, 从 string 到 Hour 的转换操作符应该是显式的, 因为并不是所有字符串都代表有效的 Hour 值。例如, 虽然字符串"7"是有效的, 但"Hello, World"这个字符串如何转换成一个 Hour?

22.7.3　再论创建对称操作符

转换操作符以另一种方式解决了提供对称操作符的问题。例如, 不必像以前那样为 Hour 结构提供 operator+的三个 "对称" 版本(Hour + Hour, Hour + int 和 int + Hour)。相反, 只需要提供一个版本的 operator+, 让它获取两个 Hour 参数, 再提供从 int 到 Hour 的隐式转换:

```
struct Hour
{
    public Hour(int initialValue) => this.value = initialValue;
    public static Hour operator +(Hour lhs, Hour rhs) => new Hour(lhs.value + rhs.value);
    public static implicit operator Hour (int from) => new Hour (from);
    ...
    private int value;
}
```

Hour 和 int 相加(无论哪个在前, 哪个在后), C#都自动将 int 转换成 Hour, 然后调用获取两个 Hour 参数的 operator+:

```
void Example(Hour a, int b)
{
    Hour eg1 = a + b; // b 转换成 Hour
    Hour eg2 = b + a; // b 转换成 Hour
}
```

22.7.4　编码转换操作符

以下练习将为 Complex 类添加更多操作符。首先写一对转换操作符，允许在 int 和 Complex 类型之间转换。将 int 转换成 Complex 对象总是安全的，永远不会丢失信息(因为 int 其实就是没有虚部的实数)。所以，可将这个操作实现成隐式转换操作符。反之则不然，Complex 对象转换成 int 必须丢弃虚部。所以，应显式实现该转换操作符。

> **实现转换操作符**

1. 返回 Visual Studio 2022，在"代码和文本编辑器"中显示 Complex.cs 文件。

2. 将以下加粗的构造器添加到 Complex 结构。放到现有构造器之后和 ToString 方法之前。构造器获取一个用于初始化 Real 属性的 int 参数。Imaginary 属性设为 0。

```
struct Complex
{
    ...
    public Complex(int real)
    {
        this.Real = real;
        this.Imaginary = 0;
    }
    ...
}
```

3. 将以下加粗的隐式转换操作符添加到 Complex 结构。该操作符将一个 int 转换成 Complex 对象。它使用上一步创建的构造器返回 Complex 类的新实例。

```
struct Complex
{
    ...
    public static implicit operator Complex(int from) => new Complex(from);
    ...
}
```

4. 将以下加粗的显式转换操作符添加到 Complex 结构。该操作符获取一个 Complex 对象，返回 Real 属性的值。转换会丢弃复数的虚部。

```
struct Complex
{
    ...
    public static explicit operator int(Complex from) => from.Real;
    ...
}
```

5. 在"代码和文本编辑器"中显示 Program.cs 文件。将以下加粗的代码添加到 doWork

方法末尾：

```
static void doWork()
{
    ...
    Console.WriteLine($"Current value of temp is {temp}");

    if (temp == 2)
    {
        Console.WriteLine("Comparison after conversion: temp == 2");
    }
    else
    {
        Console.WriteLine("Comparison after conversion: temp != 2");
    }

    temp += 2;
    Console.WriteLine($"Value after adding 2: temp = {temp}");
}
```

这些语句测试 int 向 Complex 对象的隐式转换。if 语句将 Complex 对象和 int 比较。编译器自动生成代码，先将 int 转换成 Complex 对象，再调用 Complex 类的==运算符。将 2 加到 temp 变量上的语句将 int 值 2 转换成 Complex 对象，再使用 Complex 类的+操作符。

6. 在 doWork 方法末尾添加以下语句：

```
static void DoWork()
{
    ...
    int tempInt = temp;
    Console.WriteLine($"Int value after conversion: tempInt == {tempInt}");
}
```

第一个语句尝试将 Complex 对象赋给 int 变量。

7. 选择"生成"|"重新生成解决方案"。
    解决方案生成失败，编译器在"错误列表"窗格中报告以下错误：

    无法将类型"ComplexNumbers.Complex"隐式转换成"int"。存在一个显式转换(是否缺少强制转换)？

    从 Complex 对象向 int 的转换是显式转换，所以必须进行强制类型转换。

8. 修改将 Complex 值存储到 int 变量的语句，指定强制类型转换，如下所示：

    ```
    int tempInt = (int)temp;
    ```

9. 在"调试"菜单中选择"开始执行(不调试)"来生成并运行应用程序。 验证解决方案现在能成功生成，输出的最后 4 行内容如下：

```
Current value of temp is (2 + 0i)
Comparison after conversion: temp == 2
Value after adding 2: temp = (4 + 0i)
Int value after conversion: tempInt = 4
```

10. 关闭应用程序，返回 Visual Studio 2022。

小结

本章讲述了如何重载操作符来提供类或结构特有的功能。实现了几个常用的算术操作符，还创建了对类的实例进行比较的操作符。最后讲述了如何创建隐式和显式转换操作符。

- 如果希望继续学习下一章，请继续运行 Visual Studio 2022，然后阅读第 23 章。
- 如果希望现在就退出 Visual Studio 2022，请选择"文件"|"退出"。如果看到"保存"对话框，请单击"是"按钮保存项目。

第 22 章快速参考

目标	操作

实现操作符	先写关键字 public 和 static，后跟返回类型，后跟 operator 关键字，再后跟要声明的操作符符号，最后在一对圆括号中添加恰当的参数。示例如下：
	
	struct Complex
	{
	    ...
	    public static bool operator==(Complex lhs, Complex rhs)
	    {
	        ... // 实现==操作符的逻辑
	    }
	    ...
	}

声明转换操作符	先写关键字 public 和 static，后跟关键字 implicit 或 explicit，后跟 operator 关键字，后跟要转换成的目标类型，然后在圆括号中用一个参数表示转换时的来源类型。示例如下：
	
	struct Complex
	{
	    ...
	    public static implicit operator Complex(int from)
	    {
	        ... // 从 int 转换成当前类型时的代码
	    }
	    ...
	}

第IV部分
用 C#构建 UWP 应用

全面理解了 C#的语法和语义之后, 本部分将在 Windows 10/11 平台上利用"通用 Windows 平台"(UWP)框架开发能适应不同环境的应用。无须任何修改, 便能在从台式机到智能手机的各种设备上运行。UWP 应用能检测并适应硬件环境。可从触摸屏获取输入, 接收语音指令, 以及检测设备位置和方向。还可构建云应用, 这种应用不再局限于特定计算机, 从任何设备登录都能自动"跟随"用户。总之, 利用 Visual Studio 提供的工具, 可以开发高度机动、高度图形化和高度连接的应用, 它们能在几乎任何地方运行。

第IV部分介绍了开发 UWP 应用的前提条件。展示了作为.NET 一部分开发的异步模型的例子。还解释了如何构建连接到云的 UWP 应用, 以自然和容易导航的风格接收和呈现复杂数据。

使用任务提高吞吐量

学习目标

- 理解在应用程序中实现并行操作的好处
- 用 **Task** 类创建和运行并行操作
- 用 **Parallel** 类并行化一些常用的编程构造
- 取消长时间运行的任务，处理并行操作抛出的异常

以前学的都是如何用 C#构建单线程应用程序。所谓"单线程"，是指在任何给定的时刻，一个程序只能执行一条指令。这并非总是应用程序的最佳运行方式。如果能同时执行多个操作，对资源的利用可能更好。有的操作如果分解成并行的执行路径能更快完成。本章讲解如何最大化利用计算机的处理能力来提高应用程序的吞吐量。具体地说，就是如何利用 Task 对象使计算密集型的应用程序以多线程方式运行。

23.1 使用并行处理执行多任务处理

在应用程序中执行多任务处理主要是出于以下两方面的原因[①]:

- **增强可响应性**　长时间运行的操作可能涉及不需要处理器时间的任务。常见的例子就是 *I/O 限制*的任务，比如读写本地硬盘或通过网络收发数据。在这两种情况下，

---

① 译注: 下文的 "I/O 限制" 和 "CPU 限制" 分别对应 I/O-bound 和 CPU-bound。Microsoft 文档把它们翻译为 "I/O 绑定" 和 "CPU/绑定"，开发人员圈子则一般说成 "I/O 密集型" 和 "CPU 密集型"。无论如何翻译，关键是理解它们的概念。就是 "因为 XX 的局限而不得不等待"。这正是多任务的目的，我在等这件事情的时候，顺便可以把其他事情办了，从而克服 I/O-bound 和 CPU-bound。

让 CPU 空转来等待任务完成没有意义。这时完全可以做其他更有用的事情，比如响应用户输入。大多数移动设备的用户早就习惯了这种灵敏的响应，谁都不想自己的平板电脑在收发电子邮件时什么事情都干不了。第 24 章将更详细地讨论这个主题。

- **增强可伸缩性**　如一个操作是 *CPU 限制*的，可考虑高效利用现有的处理资源，减少执行操作所需的时间，从而增强程序的伸缩性。开发人员判断哪些操作包含能并行执行的任务，并相应地安排。添加的计算资源越多，这些任务就能更快地并行运行。就在不久之前，这种模型还只适合高端的科学和工程系统，它们要么有多个 CPU，要么能将计算扩展到多台联网的计算机(分布式计算)。但是，如今大多数现代计算设备都包含强劲的、支持真正多任务的多核 CPU。而且许多操作系统都提供了供开发人员轻松创建并行任务的机制。

23.2　多核处理器的崛起

世纪之交，一台主流计算机价格在 800～1500 美元之间。即使经过 20 多年的通货膨胀，现在一台主流计算机价格也还是在这个区间。只不过规格有了巨大提升，包括 3～5 GHz 的处理器、1 TB 以上的硬盘、8～32 GB RAM、高速和高分辨率图形、快速网络接口以及可刻录 BD/DVD 驱动器。20 年前，主流计算机处理器的频率在 500 MHz～1 GHz 之间，80 GB 就算大硬盘，256 MB 或者更少的 RAM 就能让 Windows 流畅运行。这就是技术进步的乐趣：硬件越来越快，越来越强大，价格越来越便宜。

这个趋势不是最近才被发现的。1965 年，英特尔创始人之一戈登·摩尔就写过一篇题为 "Cramming more components onto integrated circuits" (让集成电路填满更多元件)的文章，其中讨论了随着芯片逐渐小型化，越来越多的晶体管可以集成到一个硅芯片上。与此同时，随着技术变得越来越成熟，生产成本会变得越来越低。在这篇文章中，他大胆预计到 1975 年，一个芯片能集成最多 65 000 个元件。这一预言就是后来著名的"摩尔定律"，它最核心的内容就是，单块硅芯片上所集成的晶体管数目大约每两年增加一倍。实际上，摩尔最初还要更乐观一些，他指出晶体管数量每年增加一倍，但 1975 年把它修改成了每两年增加一倍。随着晶体管在硅芯片上的排列变得越来越紧密，数据在它们之间的传输速度也越来越快。这意味着厂商能不断地生产出更快和更强大的微处理器，允许软件开发人员写出更复杂的、运行速度更快的软件。

半个世纪之后，摩尔定律对电子元件小型化趋势的判定依然准确。然而，距离物理上的极限也越来越近。不管将晶体管做得多小或者多密，电子信号在晶体管之间的传输速度总有一天无法变得更快。对于软件开发人员，这个限制最明显的结果就是处理器的频率不再像以前那样迅速提升。十年前处理器的工作频率就达到了 3 GHz，现在虽然能达到 5 GHz，但完全没有达到摩尔定律宣称的标准。

由于电子元件之间的数据传输速度已达到瓶颈，所以芯片厂商开始研究替代机制提升处理器在相同时间内完成的工作量。结果是现代的大多数处理器都集成了两个或更多的处理器内核。这相当于芯片厂商将多个处理器集成到一个芯片中，并添加了必要的逻辑来实现相互通信和协作。四核和八核处理器现已变得很流行。16 核、32 核和 64 核产品也已经开发出来。另外，双核和四核处理器的价格现在非常"平易近人"，在笔记本电脑、平板电脑和智能手机上得到了广泛采用。总之，虽然处理器的工作频率停止了提升，但现在一个处理器能做比以前更多的事情。

这对 C#开发人员意味着什么呢？

在多核处理器之前的时代，单线程应用程序在一个更快的处理器上运行，速度就能变得更快。但在多核处理器时代，就不能再这样简单地想问题了。在相同时钟频率的单核、双核或四核处理器上，单线程应用程序的速度是没有任何变化的。区别在于，从应用程序的角度看，在双核处理器上，一个内核会处于空闲状态；四核处理器上，三个会处于空闲状态。要最大化地利用多核处理器，必须在写程序时就想好怎么利用多任务处理。

23.3　用 Microsoft .NET 实现多任务处理

多任务处理是指同时做多件事情的能力。就在不久前，它还是一个易于解释但难以实现的概念。理想情况下，多核处理器上运行的应用程序应执行跟处理器内核数量一样多的并发任务，让每个内核都"忙"起来，但需要考虑以下几个问题。

- 如何将应用程序分解成一组并发操作？
- 如何安排一组操作在多个处理器上并发执行？
- 如何保证只执行处理器(内核)数量那么多的并发操作？
- 如一个操作阻塞(比如要等待 I/O 操作完成)，如何检测这种情况，并安排处理器执行另一个操作，而不是在那儿傻等？
- 如何知道一个或多个并发操作已完成？

开发人员自己只需解决第一个问题，那是应用程序设计的问题。其他问题都可依赖一个编程基础结构来解决。Microsoft 在 `System.Threading.Tasks` 命名空间提供了 `Task` 类以及一套相关的类型来解决这些问题。

📖**重要提示**　关于应用程序设计的那一条至关重要。一开始没有从多任务的角度去想问题，无论到时有多少个处理器内核，速度都和在单核机器上运行一样。

23.3.1　任务、线程和线程池

`Task` 类是对一个并发操作的抽象。要创建 `Task` 对象来运行一个代码块。可实例化多个 `Task` 对象。然后，如果有足够数量的处理器(或内核)，就可以让它们并发运行。

"Windows 运行时"(Window Runtime，WinRT)内部使用 Thread 对象和 ThreadPool 类实现任务并调度它们的执行。多线程处理和线程池自.NET 1.0 就有了。如果构建传统的桌面应用程序，可直接在代码中使用 System.Threading 命名空间中的 Thread 类。但该类在 UWP 应用中不可用，要改为使用 Task 类。

Task 类对线程处理进行了强大抽象，使你可以简单地区分应用程序的并行度(任务)和并行单位(线程)。在单处理器计算机上，这两者通常没有区别。但在多处理器计算机上，两者却是不同的。如直接依赖线程设计程序，会发现应用程序的伸缩性欠佳。程序会使用你显式创建的那些数量的线程，操作系统只调度那些数量的线程。如线程数显著超过可用的处理器数量，会造成 CPU "过饱和"(过载)以及较差的响应能力。如线程数少于可用的处理器数量，则会造成 CPU "欠饱和"(欠载)，大量处理能力被白白浪费了。

WinRT 则能自动优化实现一组并发*任务*所需的线程数，并根据可用处理器数量来调度。它实现了一个查询机制，在分配给线程池(通过 ThreadPool 对象来实现)的一组线程之间分布工作负荷。程序创建 Task 对象时，任务会进入一个全局队列。等一个线程可用时，任务就从全局队列移除，交由那个线程执行。ThreadPool 实现了大量优化措施，使用一个所谓的"工作窃取"(work-stealing)算法 [1] 确保线程得到高效调度。

注意，创建的用于处理任务的线程数量并不一定就是处理器的数量。取决于当前工作负荷的本质，一个或多个处理器可能要忙于为其他应用程序和服务执行高优先级的工作。结果就是，你的应用程序的最优线程数可能少于机器中的处理器数量。另外，应用程序的一个或多个线程可能要等待一个耗时的内存访问、I/O 操作或网络操作完成，使对应的处理器变得空闲。在这种情况下，最优的线程数可能多于可用的处理器数量。WinRT 采用所谓的"爬山"算法 [2] 动态判断当前工作负荷下的理想线程数。

重点在于，你在代码中唯一要做的就是将应用程序分解成可并行运行的任务。WinRT 根据处理器和计算机的工作负荷创建适当数量的线程，将你的任务和这些线程关联，并安排它们高效运行。

---

① 译注：简单地说，就是一个池程池线程空闲时，根据一定的算法知道自己在可以预见的将来不是特别忙，所以从另一个线程池线程的工作项队列"窃取"一个工作项来进行处理。千万别想歪了，人家是主动找活儿干。

② 译注：爬山算法要求创建线程来运行任务，监视任务性能来找出添加线程使性能不升反降的点。一旦找到这个点，线程数可以降回保持最佳性能的数量。

将工作分解成太多的任务是没有关系的，因为 WinRT 会运行符合实际情况那么多的并发线程；事实上，鼓励你对自己的工作进行细致分解，这有助于确保应用程序的伸缩性(拿到处理器数量更多的计算机上运行时，运行时间会缩短)。

23.3.2 创建、运行和控制任务

可用 Task 构造器创建 Task 对象。Task 构造器有多个重载版本，但所有版本都要求提供一个 Action 委托作为参数。第 20 章讲过，Action 委托引用的是不返回值的方法(一个"行动")。

提示 默认 Action 类型引用无参方法。Task 构造器的其他重载版本则要求获取一个 Action<object> 参数，后者代表获取单个 object 参数的委托。这些重载版本允许向任务运行的方法传递数据，如下所示:

```
Action<object> action;
action = doWorkWithObject;
object parameterData = ...;
Task task = new Task(action, parameterData);
...
private void doWorkWithObject(object o)
{
    ...
}
```

Task 对象在被调度时，将运行委托指定的方法。下例创建 Task 对象，通过委托运行名为 doWork 的方法:

```
Task task = new Task(doWork);
...
private void doWork()
{
    // 任务启动时会运行这里的代码
    ...
}
```

创建好的 Task 对象用 Start 方法启动，如下所示:

```
Task task = new Task(...);
task.Start();
```

Start 方法也进行了重载，可选择指定一个 TaskCreationOptions 对象来控制任务的调度和运行。

延伸阅读 查阅文档进一步了解 TaskCreationOptions 枚举。

由于经常都要创建和运行任务，所以 Task 类提供了静态 Run 方法来合并两个操作。Run 方法获取一个指定了要执行的操作的 Action 委托(就像 Task 构造器)，但它是立即开始任务，

并返回对 Task 对象的引用。可像下面这样使用它：

```
Task task = Task.Run(() => doWork());
```

任务运行的方法结束，任务结束，运行任务的线程返回线程池，以便执行另一个任务。

可创建"延续"(continuation)，安排在一个任务结束后执行另一个任务。延续用 Task 对象的 ContinueWith 方法创建。一个 Task 对象的操作完成后，调度器自动创建新 Task 对象来运行由 ContinueWith 方法指定的操作。"延续"所指定的方法要求获取一个 Task 参数，调度器向方法传递对已完成任务的引用。ContinueWith 返回一个新的 Task 对象引用。下例创建一个 Task 对象，它运行 doWork 方法，并通过延续指定在第一个任务完成后，在一个新任务中运行 doMoreWork 方法。

```
Task task = new Task(doWork);
task.Start();
Task newTask = task.ContinueWith(doMoreWork);
...
private void doWork()
{
    // 任务开始时运行这里的代码
    ...
}
...
private void doMoreWork(Task task)
{
    // doWork 结束后运行这里的代码
    ...
}
```

ContinueWith 方法有许多个重载版本，可以提供一些参数来指定额外的项，例如指定一个 TaskContinuationOptions 值。TaskContinuationOptions 是枚举，它包含了 TaskCreationOptions 枚举值的一个超集。下面是这个超集中与任务延续有关的值。

- **NotOnCanceled 和 OnlyOnCanceled** NotOnCanceled 选项指定只有当上一个行动顺利完成，没有被中途取消，延续任务才应该运行。而 OnlyOnCanceled 选项指定只有在上一个行动被取消的前提下，才应该运行这个延续任务。23.3 节会讲述如何取消任务。

- **NotOnFaulted 和 OnlyOnFaulted** NotOnFaulted 选项指定只有当上一个行动顺利完成，没有抛出未处理的异常，才应该运行延续任务。OnlyOnFaulted 选项指定只有当上一个行动抛出未处理异常才运行延续任务。23.3 节将进一步讨论如何管理任务中发生的异常。

- **NotOnRanToCompletion 和 OnlyOnRanToCompletion** NotOnRanToCompletion 选项指定只有当上一个操作没成功完成才运行延续任务。没成功完成要么是被取消，要么是抛出了异常。OnlyOnRanToCompletion 指定延续任务只有当上一个操作成功完成才运行。

以下代码展示如何为任务添加延续，只有当初始操作没有抛出未处理异常才运行延续。

```
Task task = new Task(doWork);
task.ContinueWith(doMoreWork, TaskContinuationOptions.NotOnFaulted);
task.Start();
```

执行并行操作的应用程序经常需要对任务进行同步[①]。**Task** 类提供 **Wait** 方法来实现简单的任务协作机制。它允许阻塞(暂停)当前线程，直至指定任务完成，如下所示：

```
Task task2 = ...
task2.Start();
...
task2.Wait(); // 等待，直至 task2 完成
```

可用 **Task** 类的静态 **WaitAll** 和 **WaitAny** 方法等待一组任务。两个方法都获取包含一组 **Task** 对象的参数数组。**WaitAll** 方法一直等到指定的所有任务都完成，而 **WaitAny** 等待指定的至少一个任务完成。像下面这样使用：

```
Task.WaitAll(task, task2); // 等待 task 和 task2 都完成
Task.WaitAny(task, task2); // 等待 task 或 task2 完成
```

23.3.3 使用 Task 类实现并行处理

下个练习通过 **Task** 类并行运行处理器密集型代码。由于计算由多个处理器分担，所以并行度增加了，应用程序的运行时间缩短了。应用程序称为 GraphDemo，在一个页面上用 **Image** 控件显示图表。应用程序执行复杂计算在图表上画点。

> **注意** 本章的练习设计在多核处理器上运行。使用单核 CPU 显示不出效果。另外，应用要以 debug 模式运行。虽然这种模式不是为最大化的性能优化的，但能提供 release 模式不可用的性能数据。只要该应用以相同模式执行所有测试，就能体验到性能的差异。练习期间之间不要启动任何额外的程序或服务，否则可能影响结果。

> ➢ **检查并运行 GraphDemo 单线程应用程序**

1. 如 Microsoft Visual Studio 2022 尚未启动，请启动。
2. 打开"文档"文件夹下的\Microsoft Press\VCSBS\Chapter 23\GraphDemo 子文件夹中的 GraphDemo 解决方案。这是一个 UWP 应用。

---

① 译注：注意区分同步和异步。同步意味着一个操作开始后必须等待它完成；异步则意味着不用等它完成，可以立即返回做其他事情。不要将"同步"理解成"同时"。同步意味着不能同时访问一个资源，只有在你用完了之后，我才能接着用。在多线程编程中，"同步"(Synchronizing)的定义是：当两个或更多的线程需要存取共同的资源时，必须确定在同一时间点只有一个线程能存取该资源，而实现这个目标的过程就称为"同步"。切记不可将同步理解成能够"同时访问一个资源"。

3. 在解决方案资源管理器中双击 GraphDemo 项目中的 MainPage.xaml 文件，显示窗体的设计视图。除了定义布局的 Grid 控件，窗体还包含以下重要控件。
   - 名为 graphImage 的 Image 控件，显示由应用程序渲染的图表。
   - 名为 plotButton 的 Button 控件，单击该按钮将生成图表数据并显示。

> **注意** 应用程序直接在页面上显示按钮，目的是简化例子。在生产 UWP 应用中，按钮应放到命令栏上。

   - 名为 duration 的 TextBlock 控件，显示生成并渲染数据所花的时间。
4. 在解决方案资源管理器中展开 MainPage.xaml，双击 MainPage.xaml.cs，在"代码和文本编辑器"中显示其代码。

   窗体使用名为 graphBitmap 的 WriteableBitmap 对象(在 Windows.UI.Xaml.Media.Imaging 命名空间中定义)渲染图表。pixelWidth 和 pixelHeight 变量分别指定 WriteableBitmap 对象的水平和垂直分辨率。

```
public partial class MainPage : Window
{
    // 内存不足就减小 pixelWidth 和 pixelHeight
    private int pixelWidth = 10000;
    private int pixelHeight = 5000;
    ...
}
```

> **注意** 应用程序在 8 GB 内存的台式机上开发和测试(4 GB 的机器也通过了测试)。如内存不足，可减小 pixelWidth 和 pixelHeight 变量的值。否则应用程序可能产生 OutOfMemoryException 异常，会毫无征兆地终止。
>
> 即使你的机器更强大，也不要尝试增大这些值。UWP 模型限制了应用程序可以使用的内存容量(目前约 2 GB，台式机也是如此)。超过这些值，应用程序可能无预兆地终止。之所以有这个限制，原因是运行 UWP 应用的许多设备都存在内存受限的问题。一个应用本来也不应耗尽全部内存。

5. 检查 plotButton_Click 方法的代码：

```
private void plotButton_Click(object sender, RoutedEventArgs e)
{
    ...
    Random rand = new Random();
    redValue = (byte)rand.Next(0xFF);
    greenValue = (byte)rand.Next(0xFF);
    blueValue = (byte)rand.Next(0xFF);

    int dataSize = bytesPerPixel * pixelWidth * pixelHeight;
```

```
    byte data[] = new byte[dataSize];

    Stopwatch watch = Stopwatch.StartNew();
    generateGraphData(data);
    duration.Text = $"Duration (ms): {watch.ElapsedMilliseconds}";

    WriteableBitmap graphBitmap = new WriteableBitmap(pixelWidth, pixelHeight);
    using (Stream pixelStream = graphBitmap.PixelBuffer.AsStream())
    {
        pixelStream.Seek(0, SeekOrigin.Begin);
        pixelStream.Write(data, 0, data.Length);
        graphBitmap.Invalidate();
        graphImage.Source = graphBitmap;
    }
    ...
}
```

单击 plotButton 按钮将运行该方法。多次单击按钮，方法每次都生成随机的红绿蓝组合，使图表颜色发生变化。

接着两行实例化一个字节数组来容纳图表数据。数组大小取决于 WriteableBitmap 对象的分辨率，由 pixelWidth 和 pixelHeight 字段决定。另外，该大小必须用渲染每个像素所需的内存量来成比例地缩放。WriteableBitmap 类为每个像素使用 4 字节，指定了每个像素的相对绿、绿、蓝强度，以及像素的 alpha 混合值(该值决定像素的透明度和亮度)。

watch 变量是 System.Diagnostics.Stopwatch 对象。StopWatch 类型用于精确计时。该类型的静态 StartNew 方法创建 StopWatch 对象的新实例并启动它。可查询 ElapsedMilliseconds 属性来了解 StopWatch 对象的运行时间(毫秒)。

generateGraphData 方法在 data 数组中填充要由 WriteableBitmap 对象显示的图表数据。将在下一步讨论该方法。

generateGraphMethod 方法结束后，在 TextBox 控件 duration 中显示经过的时间(毫秒)。

最后一个代码块创建 WriteableBitMap 类型的 graphBitMap 对象。data 数组中的信息复制到 WriteableBitmap 对象以进行渲染。为此，最简单的技术就是创建驻留内存的一个流来填充 WriteableBitmap 对象的 PixelBuffer 属性。然后使用流的 Write 方法将 data 数组的内容复制到该缓冲区。WriteableBitmap 的 Invalidate 方法请求操作系统使用缓冲区中的信息重新绘制位图。Image 控件的 Source 属性指定控件要显示的数据。最后一个语句将 Source 属性设为 WriteableBitmap 对象。

6. 检查 generateGraphData 方法的代码：

```
private void generateGraphData(byte[] data)
```

```
{
    double a = pixelWidth / 2;
    double b = a * a;
    double c = pixelHeight / 2;

    for (int x = 0; x < a; x ++)
    {
        double s = x * x;
        double p = Math.Sqrt(b - s);
        for (double i = -p; i < p; i += 3)
        {
            double r = Math.Sqrt(s + i * i) / a;
            double q = (r - 1) * Math.Sin(24 * r);
            double y = i / 3 + (q * c);
            plotXY(data, (int)(-x + (pixelWidth / 2)), (int)(y + (pixelHeight / 2)));
            plotXY(data, (int)(x + (pixelWidth / 2)), (int)(y + (pixelHeight / 2)));
        }
    }
}
```

该方法执行一系列计算为一幅相当复杂的图表画点。实际计算方式并不重要，它只是生成一幅看起来相当复杂的图表而已！计算每个点时都调用 plotXY 方法，在与这个点对应的 data 数组中设置恰当的字节。图表的点围绕 X 轴反射，所以每个计算都要调用两次 plotXY 方法：一次针对 X 轴的正值，另一次针对负值。

7. 检查 plotXY 方法：

```
private void plotXY(byte[] data, int x, int y)
{
    int pixelIndex = (x + y * pixelWidth) * bytesPerPixel;
    data[pixelIndex] = blueValue;
    data[pixelIndex + 1] = greenValue;
    data[pixelIndex + 2] = redValue;
    data[pixelIndex + 3] = 0xBF;
}
```

这是一个很简单的方法，它在 data 数组中设置与作为参数传递的 X 和 Y 坐标对应的字节。画的每个点都对应一个像素，每个像素都由 4 字节构成。未设置的像素显示成黑色。值 0xBF 是 alpha 通道值，指出对应的像素用中等亮度显示。减小这个值，像素会变暗，设为 0xFF(字节的最大值)会用最大亮度显示像素。

8. 在 Visual Studio 工具栏中，确定平台设为"x64"。在"调试"菜单中选择"开始调试"(功能键 F5)来生成并运行应用程序。

注意 如平台设为 x86，应用可能因内存不足而崩溃。x64 应用能访问比 x86 应用多得多的内存。我们的这个应用会使用大量内存！

---

9. 看到如下图所示的 Graph Demo 窗口后，单击 Plot Graph 按钮。然后，耐心等待。应用程序要花几秒钟的时间生成并显示图表。在此期间应用程序会停止响应。第 24章会解释为什么以及如何避免。

下图是一个例子。注意 Duration (ms)标签中的值。在本例中，应用程序花了 1344 毫秒生成数据。注意，该值不包括实际渲染图表所花的时间，那需要额外再花几秒钟。

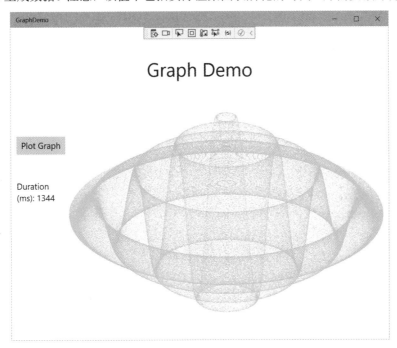

注意 应用程序在 3.1 GHz 多核处理器上运行。在不同机器上运行，结果会有所不同。

10. 再次单击 Plot Graph 按钮，注意所花的时间。多次重复这个操作，获得平均值。

注意 有时图表会花较长时间才能显示(可能超过 30 秒)。这是由于占用内存较大，Windows 不得不将内存中的数据分页到磁盘上。遇到这种情况请舍弃当前结果，从平均值计算中排除。

11. 返回 Visual Studio 2022 并停止调试。

你现在已对应用程序的性能有了一个基本认识。下个练习将利用 Visual Studio 的"性能探查器"在应用运行期间检查 CPU 使用情况。

➤ 使用"性能探查器"来运行应用

1. 在 Visual Studio 中选择"调试" | "性能探查器"(或按 Alt+F2)。

2. 单击"选择目标",将目标设为"启动项目"。

3. 如下图所示,在"可用工具"区域勾选"CPU 使用率"。单击"开始",使用"性能探查器"来运行应用程序。

4. 单击 Plot Graph 并等待图表生成。

5. 等几秒后再次单击 Plot Graph。

6. 像这样重复几次后关闭 GraphDemo 应用程序。

7. 返回 Visual Studio。探查器将分析采样数据并生成 CPU 使用报告。注意,单击 Plot Graph 按钮时出现了明显的波峰。

8. 鼠标放到其中一个波峰上,查看当时的 CPU 使用率。在下图中,最大使用 CPU 使用率约为 8%。我是在一台 12 核机器上运行程序,但看起来它只用到了单核。

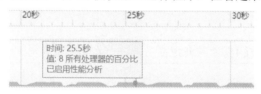

9. 关闭报告,不用保存。

从性能探查器显示的 CPU 使用率可知,该应用没有充分利用可用的处理资源。在双核机器上,它的 CPU 使用率刚超过一半;在四核机器上,它的 CPU 使用率略多于四分之一;而在 12 核机器上,它的 CPU 使用率只有区区 8%。这是因为该应用被设计成一个单线程应用。而在多核 CPU 中,一个线程只能使用一个内核。为了将负载分散到所有可用的内核上,必须将应用程序分解为任务,并安排每个任务由一个单独的线程运行。这样所有内核都可以"忙"起来,每个内核分别运行一个线程。这就是接下来要做的事情。

➢ **修改 GraphDemo 应用程序来使用 Task 对象**

1. 返回 Visual Studio 2022,在"代码和文本编辑器"中显示 MainPage.xaml.cs。

2. 检查 generateGraphData 方法。这个方法的作用是在 data 数组中填充项。外层 for
   循环基于循环控制变量 x 遍历数组，如加粗的代码所示：

```
private void generateGraphData(byte[] data)
{
    double a = pixelWidth / 2;
    double b = a * a;
    double c = pixelHeight / 2;

    for (int x = 0; x < a; x ++)
    {
        double s = x * x;
        double p = Math.Sqrt(b - s);
        for (double i = -p; i < p; i += 3)
        {
            double r = Math.Sqrt(s + i * i) / a;
            double q = (r - 1) * Math.Sin(24 * r);
            double y = i / 3 + (q * c);
            plotXY(data, (int)(-x + (pixelWidth / 2)), (int)(y + (pixelHeight / 2)));
            plotXY(data, (int)(x + (pixelWidth / 2)), (int)(y + (pixelHeight / 2)));
        }
    }
}
```

该循环的每次迭代所执行的计算独立于其他迭代。所以，完全可以分解循环执行的
工作，用不同处理器运行不同的迭代。

3. 修改 generateGraphData 方法的定义，让它获取两个额外的 int 参数，名为
   partitionStart 和 partitionEnd，如加粗的代码所示：

```
private void generateGraphData(byte[] data, int partitionStart, int partitionEnd)
{
    ...
}
```

4. 在 generateGraphData 方法中，我们要更改外层 for 循环，在 partitionStart 和
   partitionEnd 之间迭代，如加粗的代码所示：

```
private void generateGraphData(byte[] data, int partitionStart, int partitionEnd)
{
    ...
    for (double x = partitionStart; x < partitionEnd; x++)
    {
        ...
    }
}
```

5. 在 MainPage.xaml.cs 文件顶部添加以下 using 指令:

```
using System.Threading.Tasks;
```

6. 在 plotButton_Click 方法中,将调用 generateGraphData 方法的语句注释掉
(Ctrl+E, C),添加以下加粗的语句来创建 Task 对象并开始运行:

```
...
Stopwatch watch = Stopwatch.StartNew();
// generateGraphData(data);
Task first = Task.Run(() => generateGraphData(data, 0, pixelWidth / 4));
...
```

任务运行由 Lambda 表达式指定的方法。partitionStart 和 partitionEnd 参数值
指出 Task 对象将计算图表前半部分的数据。(完整图表数据是 0~pixelWidth / 2
的值描绘的点。)

7. 添加另一个语句,在另一个线程上创建并运行另一个 Task 对象,如加粗的代码所
示:

```
...
Task first = Task.Run(() => generateGraphData(data, 0, pixelWidth / 4));
Task second = Task.Run(() => generateGraphData(data, pixelWidth / 4, pixelWidth / 2));
...
```

该 Task 对象调用 generateGraph 方法为 pixelWidth / 4 到 pixelWidth / 2 的值
计算数据。

8. 添加以下加粗的语句,等待两个 Task 对象都完成才继续:

```
Task second = Task.Run(() => generateGraphData(data, pixelWidth / 4, pixelWidth
/ 2));
Task.WaitAll(first, second);
...
```

9. 在"调试"菜单中选择"开始执行(不调试)"来生成并运行应用程序。

10. 在 Graph Demo 窗口中单击 Plot Graph 并观察显示的持续时间

11. 重复几次。应用程序的运行速度比以前快一些。在我的计算机上,时间缩短至近一
半(700~800 毫秒)。

大多数时候,执行计算所需的时间都几乎减少一半,但应用程序还存在一些单线程
元素,比如在数据生成之后实际显示图表的逻辑。这正是总体时间还是没有缩短到
上个版本一半以下的原因。

12. 关闭应用程序并返回 Visual Studio。

13. 选择"调试"|"重启性能探查器"。这一次,"性能探查器"会使用之前指定的设
置运行。

14. 多单击几次 Plot Graph，每次都间隔几秒钟。注意，由于"性能探查器"的介入，性能会比之前下降一些。

15. 关闭应用程序，等待"性能探查器"生成报告。

在 CPU 使用率图中，注意应用程序使用了比之前更多的 CPU 资源。如下图所示，在我的 12 核机器上，CPU 使用率峰值能在每次单击 Plot Graph 按钮时达到 17%，这是因为现在有两个任务分别用不同的内核运行(12 核机器，每核 8%+负载，但程序目前设计了 2 个线程，所以总体负载 16%+)。但是，剩余的其他内核还是没有用上。换作是双核机器，这个峰值应该能达到 90%以上。

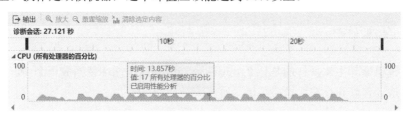

> **注意** 要在四核机器上进一步提高 CPU 使用率，可在 plotButton_Click 方法中修改现的 Task 对象，添加两个新的 Task 对象。现在 4 个内核一起工作，计算速度变得更快了。如加粗的代码所示。
>
> ```
> ...
> Task first = Task.Run(() => generateGraphData(data, 0, pixelWidth / 8));
> Task second = Task.Run(() => generateGraphData(data, pixelWidth / 8, pixelWidth / 4));
> Task third = Task.Run(() => generateGraphData(data, pixelWidth / 4, pixelWidth * 3 / 8));
> Task fourth = Task.Run(() => generateGraphData(data, pixelWidth * 3 / 8, pixelWidth / 2));
> Task.WaitAll(first, second, third, fourth);
> ...
> ```
>
> 双核系统也可尝试这个修改，运行时间仍可从中受益。这主要是由于 CLR 的算法很高效，为每个任务都高效地调度线程。

23.2.4 使用 Parallel 类对任务进行抽象

如前所述，使用 Task 类，我们可以对应用程序创建的任务数量进行完全的控制。然而，必须修改应用程序的设计来适应 Task 对象的加入。由于用户机器上的 CPU 核心数不一，不可能针对每种情况都写一套不同的代码。除此之外，还必须添加代码对操作进行同步，应用程序只有在所有任务都完成后才能开始渲染图表。在复杂的应用程序中，任务同步会变成很重要，稍不注意就会犯错。

Parallel 类允许对常见编程构造进行"并行化"，同时不要求重新设计应用程序。在内部，Parallel 类会创建它自己的一组 Task 对象，并在这些任务完成时自动同步。Parallel

类在 System.Threading.Tasks 命名空间中定义，它提供了如下所示的静态方法来指定应尽可能并行运行的代码：

- **Parallel.For** 用该方法代替 C# for 语句。在它定义的循环中，迭代可用任务来并行运行。该方法有大量重载版本，但每个版本的基本原理一样。都要指定起始值和结束值，还要指定一个方法引用，该方法要求获取一个整数参数。针对从起始值到结束值减 1 的每个值，方法都会执行一次，参数用代表当前值的一个整数来填充。例如在单线程情况下，以下简单 for 循环顺序执行每一次迭代：

```
for (int x = 0; x < 100; x++)
{
    // 进行处理
}
```

取决于循环主体执行的是什么处理，也许能将这个循环替换成一个 Parallel.For 构造，它以并行方式执行迭代，如下所示：

```
Parallel.For(0, 100, performLoopProcessing);
...
private void performLoopProcessing(int x)
{
    // 执行处理
}
```

利用 Parallel.For 方法的重载版本，可以提供对于每个线程来说都是私有的局部数据，可以指定 For 方法运行的任务的创建选项，并可创建一个 ParallelLoopState 对象，以便将状态信息传给循环的其他并发迭代。ParallelLoopState 对象的用法稍后介绍。

- **Parallel.ForEach<T>** 用该方法代替 C# foreach 语句。和 For 方法相似，ForEach 定义每次迭代都并行运行的一个循环。要指定实现了 IEnumerable<T> 泛型接口的集合对象，还要指定方法引用，方法获取 T 类型的参数。针对集合中的每一项都执行该方法，当前项作为参数传给方法。利用方法的重载版本，可提供私有的、局部于线程的数据，并可指定 ForEach 方法所运行的任务的创建选项。

- **Parallel.Invoke** 以并行任务的形式执行一组无参方法。要指定无参且无返回值的一组委托方法调用(或 Lambda 表达式)。每个方法调用都可以在单独的线程上运行(以任何顺序)。例如，以下代码发出了一系列方法调用：

```
doWork();
doMoreWork();
doYetMoreWork();
```

可将上述语句替换成以下代码，以便通过一系列任务调用这些方法：

```
Parallel.Invoke(
    doWork,
    doMoreWork,
    doYetMoreWork
);
```

注意，最终是由 Parallel 类根据环境和当前的工作负荷决定实际的并行度。例如，如果用 Parallel.For 实现迭代 1000 次的循环，并非一定会创建 1000 个并发的任务(除非你的处理器有 1000 个内核)。相反，Parallel 类会创建它认为最佳数量的任务，在可用资源和保持处理器"饱和"之间取得一个平衡。一个任务可执行多次迭代，任务相互协作来决定每个任务要执行哪些迭代。因此，作为开发人员，不能对迭代的执行顺序做出任何假设。因此，必须确保迭代和迭代之间没有依赖性；否则就可能得到出乎预料的结果，本章稍后会对此进行演示。

下个练习回到 GraphData 应用程序的原始版本并用 Parallel 类以并行方式执行操作。

➢ **在 GraphData 应用程序中使用 Parallel 类并行执行操作**

1.   在 Visual Studio 2022 中，打开"文档"文件夹下的\Microsoft Press\VCSBS\Chapter 23\Parallel GraphDemo 子文件夹中的 GraphDemo 解决方案。
     这是原始 GraphDemo 应用程序的副本。目前尚未使用任务。

2.   在解决方案资源管理器中展开 GraphDemo 项目中的 MainPage.xaml 节点。双击 MainPage.xaml.cs，在"代码和文本编辑器"中显示窗体的代码。

3.   在文件顶部添加以下 using 指令：

     ```
     using System.Threading.Tasks;
     ```

4.   找到 generateGraphData 方法，如下所示：

     ```
     private void generateGraphData(byte[] data)
     {
         double a = pixelWidth / 2;
         double b = a * a;
         double c = pixelHeight / 2;

         for (int x = 0; x < a; x++)
         {
             double s = x * x;
             double p = Math.Sqrt(b - s);
             for (double i = -p; i < p; i += 3)
             {
                 double r = Math.Sqrt(s + i * i) / a;
                 double q = (r - 1) * Math.Sin(24 * r);
                 double y = i / 3 + (q * c);
                 plotXY(data, (int)(-x + (pixelWidth / 2)), (int)(y + (pixelHeight / 2)));
     ```

```
        plotXY(data, (int)(x + (pixelWidth / 2)), (int)(y + (pixelHeight / 2)));
        }
    }
}
```

对变量 x 的值进行遍历的外层 for 循环最适合"并行化"。你可能还想对基于变量 i 的内层循环进行"并行化"。但对于这样的嵌套循环,好的编程实践是先对外层循环进行并行化,再测试应用程序性能是否得到了足够优化。不理想再对嵌套循环进行处理,由外向内进行并行化。每一级循环在并行化之后,都测试一下性能。许多时候,外层循环的并行化对性能影响最大,修改内层循环则有点吃力不讨好。

5. 剪切掉 for 循环主体代码,用这些代码创建新的私有 void 方法 calculateData。该方法获取的参数是 double 参数 x 和字节数组 data。另外,将声明局部变量 a, b 和 c 的语句从 generateGraphData 方法移到 calculateData 方法起始处。如下所示(暂时不要编译)[1]:

```
private void generateGraphData(byte[] data)
{
    for (double x = 0; x < a; x++)
    {
    }
}

private void calculateData(int x, byte[] data)
{
    double a = pixelWidth / 2;
    double b = a * a;
    double c = pixelHeight / 2;
    double s = x * x;
    double p = Math.Sqrt(b - s);
    for (double i = -p; i < p; i += 3)
    {
        double r = Math.Sqrt(s + i * i) / a;
        double q = (r - 1) * Math.Sin(24 * r);
        double y = i / 3 + (q * c);
        plotXY(data, (int)(-x + (pixelWidth / 2)), (int)(y + (pixelHeight / 2)));
        plotXY(data, (int)(x + (pixelWidth / 2)), (int)(y + (pixelHeight / 2)));
    }
}
```

6. 在 generateGraphData 方法中将 for 循环更改为调用静态 Paralle.For 方法的一个语句,如加粗部分所示:

---

① 译注:本书配套源代码可能出现某些变量没有从 int 改成 double 的情况,请以本书正文为准。

```
private void generateGraphData(byte[] data)
{
    Parallel.For (0, pixelWidth / 2, x => calculateData(x, data));
}
```

上述代码是原始 for 循环的并行版本。它遍历从 0 到 pixelWidth / 2 - 1 的值。每次调用都用一个任务来运行。(每个任务都可能运行多次迭代。)Parallel.For 方法只有在所有任务都完成工作后才会结束。记住，Parallel.For 方法要求最后一个参数是获取单个 int 参数的方法。它调用该方法，并传递当前循环索引作为参数。在本例中，calculateData 方法和要求的签名不匹配，因为它要获取两个参数：一个整数和一个字节数组。因此，代码用一个 Lambda 表达式定义具有正确签名的匿名方法，把它作为适配器来调用 calculateData 方法并传递正确参数。

7. 在"调试"菜单中选择"开始调试"来生成并运行应用程序。

8. 在 Graph Demo 窗口中单击 Plot Graph。图表出现后，记录生成图表所花的时间。重复几次，计算平均值。

    你会发现，程序的速度至少和上个使用 Task 对象的版本一样快(可能更快，具体取决于 CPU 数量)。

    关闭应用程序并返回 Visual Studio。

9. 选择"调试"|"重启性能探查器"。"性能探查器"会使用之前的设置跟踪"CPU 使用率"。

10. 多单击几次 Plot Graph，每次间隔几秒钟。

11. 关闭应用并返回 Visual Studio。

12. 在 CPU 使用率图中，核实每次单击 Plot Graph 后，CPU 的使用率都能达到将近 100%(如果达不到，请检查是否有其他 CPU 占用率比较高的程序正在运行)。这是由于 Parallel.For 构造会自动利用所有可用的处理器。换言之，双核机器它会利用两个核心，四核会利用四个核心，而 12 核也会利用全部 12 个核心。不需要专门写代码来处理不同的情况。如下图所示，现在，这个应用具有了良好的"伸缩性"。

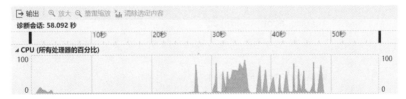

23.2.5 什么时候使用 Parallel 类

注意，虽然 Visual Studio 开发团队尽了最大努力，但 Parallel 类仍然不是万能的，不能不假思索地使用，然后就指望自己的应用程序突然变快了，而且能获得和原来一样的计算结果。

如果代码不是 CPU-bound 的，并行化就不一定能提升性能。创建任务、在单独线程上运行任务以及等待任务完成的开销有可能大于直接运行该方法的开销。方法每次调用所产生的额外开销或许不多(几毫秒)，但假如调用许多次呢？如果方法调用位于嵌套循环中，会执行成千上万次，总的开销将相当惊人。一般只有在绝对必要时才使用 Parallel.Invoke。只有计算密集型的操作才需要 Parallel.Invoke，其他时候创建和管理任务的开销反而会拖累应用程序。

使用 Parallel 类的另一个前提是并行操作必须独立。例如，如果迭代相互之间有依赖，就不适合用 Parallel.For 来并行化，否则结果将无法预料。下面用一个例子来证明。"文档"文件夹下的\Microsoft Press\VCSBS\Chapter 23\ParallelLoop 子文件夹中的 ParallelLoop 解决方案。

```
using System;
using System.Threading;
using System.Threading.Tasks;

namespace ParallelLoop
{
    class Program
    {
        private static int accumulator = 0;

        static void Main(string[] args)
        {
            for (int i = 0; i < 100; i++)
            {
                AddToAccumulator(i);
            }
            Console.WriteLine($"Accumulator is {accumulator}");
        }

        private static void AddToAccumulator(int data)
        {
            if ((accumulator % 2) == 0)
            {
                accumulator += data;
            }
            else
            {
                accumulator -= data;
            }
        }
    }
}
```

程序遍历 0～99 的值，为每个值逐一调用 AddToAccumulator 方法。该方法检查 accumulator 变量的当前值，是偶数就将参数值加到 accumulator 变量上；否则就从变量中减去参数值。循环终止后显示结果。运行程序，输出结果应该是-100。

一些人为了提高这个简单的应用程序的并行度，草率地将 Main 方法中的 for 循环替换成 Parallel.For，如下所示：

```
static void Main(string[] args)
{
    Parallel.For (0, 100, AddToAccumulator);
    Console.WriteLine($"Accumulator is {accumulator}");
}
```

但完全无法保证创建的各个任务按固定顺序调用 AddToAccumulator 方法。(而且代码不是线程安全的，因为多个线程可能尝试同时修改 accumulator 变量。)AddToAccumulator 方法计算的值取决于计算顺序，所以在进行上述修改后，应用程序每次运行都可能生成不同结果。这个简单的例子你可能看不到计算的值有什么变化，因为 AddToAccumulator 方法运行得太快，.NET 可能选择用同一个线程顺序运行每个调用。但如果像以下加粗的部分那样修改 AddToAccumulator 方法，就会得到不同的结果：

```
private static void AddToAccumulator(int data)
{
    if ((accumulator % 2) == 0)
    {
        accumulator += data;
        Thread.Sleep(10); // 等待10毫秒
    }
    else
    {
        accumulator -= data;
    }
}
```

Thread.Sleep 方法导致当前线程等待指定时间。这个修改模拟用一个线程执行其他工作(本例是假装做其他工作 10 毫秒)。它影响到了 Parallel 类调度任务的方式。现在，它会用几个不同的线程运行，造成每次都是不同的计算序列。多运行几次应用，会发现每次都得到不同的结果。

一般的规则是，只有保证循环的每一次迭代都可以独立进行，才可以使用 Parallel.For 和 Parallel.ForEach，而且要对代码进行全面测试。Parallel.Invoke 也有类似的考虑：只有方法调用可以独立进行，而且应用程序不依赖于它们的执行顺序，才可以使用该构造。

23.4 取消任务和处理异常

应用程序执行耗时较长的操作时，另一个常见的要求是在必要时取消该操作。不能简单粗暴地终止任务，因为这可能造成应用程序的数据处于不确定状态。相反，应使用 Task 类实现的协作式取消，允许任务在方便时停止处理，并允许它在必要时撤销之前的工作。

23.4.1 协作式取消的原理

协作式取消(cooperative cancellation)基于取消标志。**取消标志**(cancellation token)是一个结构，代表取消一个或多个任务的请求。

在任务运行的方法中，应包含一个 System.Threading.CancellationToken 参数。想取消任务的应用程序可将该参数的 Boolean 属性 IsCancellationRequested 设为 true。任务运行的方法可在处理过程的恰当位置查询该属性。任何时候发现该属性设为 true，就知道应用程序已请求取消任务。另外，方法知道到目前为止都做了哪些工作，所以能在必要时撤销(undo)做出的任何更改之后，再结束运行。此外，方法如果认为任务不能取消，也可忽略请求并继续运行。

> 📝**提示** 应在任务运行的方法中经常检查取消标志，但最好不要明显影响任务的性能。如有可能，至少每 10 毫秒检查一下取消标志，但该频率不宜高于每毫秒一次。

应用程序为了获取 CancellationToken 对象，首先需要创建一个 System.Threading.CancellationTokenSource 对象，再查询该对象的 Token 属性。然后，应用程序将 Token 属性返回的 CancellationToken 对象作为参数传给任务启动的任何方法。应用程序想取消任务就调用 CancellationTokenSource 对象的 Cancel 方法。该方法将传给所有任务的 CancellationToken 的 IsCancellationRequested 属性设为 true。

下例展示如何创建取消标志并用它取消任务。initiateTasks 方法实例化 cancellationTokenSource 变量，并通过查询其 Token 属性获得对 CancellationToken 对象的引用。然后，代码创建并运行任务来执行 doWork 方法。稍后，代码调用 CancellationTokenSource 对象的 Cancel 方法，该方法会设置取消标志 (CancellationToken 对象)。doWork 方法查询取消标志的 IsCancellationRequested 属性。如果属性已设置(为 true)，方法就会终止；否则继续运行。

```
public class MyApplication
{
    ...
    // 该方法负责创建并管理一个任务
    private void initiateTasks()
    {
        // 创建 CancellationTokenSource 对象，并查询其 Token 属性来获得一个取消标志
        CancellationTokenSource cancellationTokenSource = new CancellationTokenSource();
        CancellationToken cancellationToken = cancellationTokenSource.Token;

        // 创建一个任务，启动它来运行 doWork 方法
        Task myTask = Task.Run(() => doWork(cancellationToken));
        ...
        if (...)  // 指定在什么情况下取消任务
        {
```

```
            // 取消任务
            cancellationTokenSource.Cancel();
        }
        ...
    }

    // 这是由任务运行的方法
    private void doWork(CancellationToken token)
    {
        ...
        // 如果应用程序已设置了取消标志，就结束处理
        if (token.IsCancellationRequested)
        {
            // 做一些整理工作，然后结束
            ...
            return;
        }
        // 任务没被取消就继续运行
        ...
    }
}
```

除了为取消过程提供高度的控制，这种方式还具有很好的伸缩性，能适应任何数量的任务。可启动多个任务，向每个任务传递同一个 CancellationToken 对象。在 CancellationTokenSource 对象上调用 Cancel，每个任务都发现 IsCancellationRequested 属性已设置，从而相应地做出响应。

还可用 Register 方法向取消标志登记一个回调方法(以 Action 委托的形式)。程序调用 CancellationTokenSource 对象的 Cancel 方法时将运行该回调。但不保证该方法在什么时候运行；可能在任务完成取消过程之前或之后，也可能在过程之中。

```
...
cancellationToken.Register(doAdditionalWork);
...
private void doAdditionalWork()
{
    // 执行额外的取消处理
}
```

下个练习将为 GraphDemo 应用程序添加取消功能。

> **为 GraphDemo 应用程序添加取消功能**

1. 在 Visual Studio 2022 中打开"文档"文件夹中的\Microsoft Press\VCSBS\Chapter 23\ GraphDemo With Cancellation 子文件夹中的 GraphDemo 解决方案。

   这是之前用 Task 类来提高应用程序吞吐量的 GraphDemo 应用程序的完整副本。UI 中还包含一个 Cancel 按钮，用于停止图表数据的计算。该按钮运行 *cancelButton_Click* 方法。另外，还增大了 **pixelWidth** 和 **pixelHeight** 变量的值，能以更高的分辨率绘图，并延长生成图表数据的时间。如果你的内存低于 8 GB，可考虑缩小这些变量

的值。

重要提示   由于提高了对内存的需求，所以在运行应用程序之前，一定要在 Visual Studio 工具栏上选择 x64 平台。

2. 在解决方案资源管理器中双击 GraphDemo 项目中的 MainPage.xaml，在设计视图中显示窗体。注意窗体左侧的 Cancel 按钮。

3. 找到 cancelButton_Click 方法，用户单击 Cancel 按钮将运行该方法。

4. 在文件顶部添加以下 using 指令：

```
using System.Threading;
```

协作式取消所用的类型位于该命名空间。

5. 在 MainPage 类中添加名为 tokenSource 的 CancellationTokenSource 字段，把它初始化为 null，如加粗的语句所示：

```
public class MainPage : Page
{
    ...
    private Task first, second, third, fourth;
    private CancellationTokenSource tokenSource = null;
    ...
}
```

6. 找到 generateGraphData 方法并添加名为 token 的 CancellationToken 参数：

```
private void generateGraphData(byte[] data, int partitionStart, int partitionEnd,
    CancellationToken token)
{
    ...
}
```

7. 在 generateGraphData 方法中，在内层 for 循环的起始处添加以下加粗的代码，判断是否请求了取消。如果是，就从方法返回；否则就继续计算值并画图。

```
private void generateGraphData(byte[] data, int partitionStart, int partitionEnd,
    CancellationToken token)
{
    double  a = pixelWidth / 2;
    double b = a * a;
    double c = pixelHeight / 2;

    for (double x = partitionStart; x < partitionEnd; x ++)
    {
        double s = x * x;
        double p = Math.Sqrt(b - s);
```

```
for (double i = -p; i < p; i += 3)
{
    if (token.IsCancellationRequested)
    {
        return;
    }

    double r = Math.Sqrt(s + i * i) / a;
    double q = (r - 1) * Math.Sin(24 * r);
    double y = i / 3 + (q * c);
    plotXY(data, (int)(-x + (pixelWidth / 2)), (int)(y + (pixelHeight / 2)));
    plotXY(data, (int)(x + (pixelWidth / 2)), (int)(y + (pixelHeight / 2)));
}
    }
}
```

8. 在 plotButton_Click 方法中添加以下加粗的语句来实例化 tokenSource 变量，将取消标志赋给 token 变量。

```
private void plotButton_Click(object sender, RoutedEventArgs e)
{
    Random rand = new Random();
    redValue = (byte)rand.Next(0xFF);
    greenValue = (byte)rand.Next(0xFF);
    blueValue = (byte)rand.Next(0xFF);

    tokenSource = new CancellationTokenSource();
    CancellationToken token = tokenSource.Token;
    ...
}
```

9. 修改 plotButton_Click 方法中创建并运行两个任务的语句，将 token 变量作为 generateGraphData 方法的最后一个参数传递。

```
...
Task first = Task.Run(() => generateGraphData(data, 0, pixelWidth / 4,token));
Task second = Task.Run(() => generateGraphData(data, pixelWidth / 4,
    pixelWidth / 2, token));
...
```

10. 编辑 plotButton_Click 方法的定义，如加粗的部分所示添加 async 修饰符。

```
private async void plotButton_Click(object sender, RoutedEventArgs e)
{
    ...
}
```

11. 在 plotButton_Click 方法的主体中，注释掉等待任务完成的 Task.WaitAll 语句，替换成以下加粗的语句，改为使用 await 操作符。

```
...
// Task.WaitAll(first, second);
await first;
await second;

duration.Text = ...;
...
```

由于 Windows UI 的单线程本质，这两步的更改是必要的。正常情况下，一个 UI 组件(如按钮)的事件处理程序开始运行，其他 UI 组件的事件处理程序就被阻塞了(blocked)，直至前者结束运行(即使用任务运行事件处理程序)。本例中，如果用 Task.WaitAll 方法等待任务完成，Cancel 按钮会变得毫无用处，因为 Cancel 按钮的事件处理程序在 Plot Graph 按钮的事件处理程序结束后才会恢复动弹。这时已没必要取消了。事实上，就像之前说过的，单击 Plot Graph 按钮后，用户界面将彻底失去响应，直至图表显示而且 plotButton_Click 方法结束。

await 操作符正是为这种情况设计的。只有在标记为 async 的方法中才能使用该操作符。作用是释放当前线程，等待一个任务在后台完成。任务完成后，控制会回到方法中，从下个语句继续。本例中，两个 await 语句允许两个任务在后台完成。第二个任务完成后，方法就将继续，并在名为 duration 的 TextBlock 中显示这些任务的持续时间。注意等待已完成的任务不是错误，await 操作符会直接返回，将控制交给下个语句。

📖 延伸阅读　第 24 章将进一步讨论 async 修饰符与 await 操作符。

---

12. 找到 cancelButton_Click 方法，添加以下加粗的代码。

```
private void cancelButton_Click(object sender, RoutedEventArgs e)
{
    if (tokenSource is not null)
    {
        tokenSource.Cancel();
    }
}
```

代码检查 tokenSource 变量是否实例化。如果是，就在变量上调用 Cancel 方法。

13. 在"调试"菜单中选择"开始调试"来生成并运行应用程序。

14. 在 GraphDemo 窗口中单击 Plot Graph，验证图表能正常显示。但注意，这一次花的时间较长，因为 generateGraphData 方法执行的迭代次数增加了。

15. 再次单击 Plot Graph，然后立即单击 Cancel 按钮。

   如果动作足够快，在图表数据完全生成之前单击了 Cancel，就会造成任务所运行的方法返回。生成的数据并不完整，所以图表会出现一些空洞，如下图所示。空洞的

大小取决于单击 Cancel 的速度有多快。

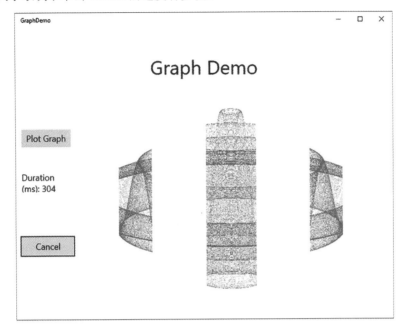

16. 关闭 GraphDemo 应用程序并返回 Visual Studio。

可以检查 Task 对象的 Status 属性来了解一个任务是成功完成，还是中途取消。Status 属性包含一个 System.Threading.Tasks.TaskStatus 枚举值，下面总结最常用的几个。

- **Created** 这是任务的初始状态。表明任务已创建但尚未调度。
- **WaitingToRun** 任务已调度但尚未开始运行。
- **Running** 任务正在由一个线程运行。
- **RanToCompletion** 任务成功完成，未发生任何未处理异常。
- **Canceled** 任务在开始运行前取消；或者中途得体地取消，未抛出异常。
- **Faulted** 任务因异常而终止。

下个练习将尝试报告每个任务的状态，以便查看它们是已经完成，还是被取消。

取消 Parallel.For 或 Parallel.ForEach 循环

Parallel.For 和 Parallel.ForEach 方法不允许直接访问它们创建的 Task 对象。事实上，就连它们创建了多少个任务都不清楚。.NET "运行时"采用一种启发式算法自行决定最佳数量，具体取决于可用资源以及计算机当前工作负荷。

提早停止 Parallel.For 或 Parallel.ForEach 方法必须使用 ParallelLoopState 对象。指定为循环主体的方法必须包含一个额外的 ParallelLoopState 参数。Parallel 类创建一个 ParallelLoopState 对象，将该对象作为 ParallelLoopState 参数传给方法。Parallel

类用这个对象容纳与每个方法调用有关的信息。方法可以调用这个对象的 **Stop** 方法，告诉 **Parallel** 类不要再尝试更多的迭代。（已启动和结束的除外。）下例展示了如何用 **Parallel.For** 方法为每次迭代都调用 **doLoopWork** 方法。该方法检查迭代变量：大于 **600** 就调用 **ParallelLoopState** 参数的 **Stop** 方法。这造成 **Parallel.For** 方法不再进行更多迭代。（目前正在运行的迭代会继续运行至结束。）

注意　**Parallel.For** 循环中的迭代不按固定顺序运行。因此，在迭代变量的值大于 600 时取消循环，并不保证之前的 599 次迭代都已运行。与此类似，值大于 600 的一些迭代可能已经完成。

```
Parallel.For(0, 1000, doLoopWork);
...
private void doLoopWork(int i, ParallelLoopState p)
{
        ...
        if (i > 600)
        {
            p.Stop();
        }
}
```

> **显示每个任务的状态**

1. 在 Visual Studio 中，用设计视图显示 MainPage.xaml 文件。

2. 在 XAML 窗格中，在最后一个 **</Grid>** 标记前，将以下加粗显示的标记添加到 **MainPage** 窗体的定义中。

```
    <Image x:Name="graphImage" Grid.Column="1" Stretch="Fill" />
  </Grid>
  <TextBlock x:Name="messages" Grid.Row="4" FontSize="18"
      HorizontalAlignment="Left"/>
 </Grid>
</Page>
```

   该标记在窗体底部添加名为 **messages** 的 **TextBlock** 控件。

3. 在 "代码和文本编辑器" 中显示 MainPage.xaml.cs，从中找到 **plotButton_Click** 方法。

4. 将以下加粗显示的代码添加到方法。这些语句生成一个字符串，其中包含每个任务在结束运行后的状态，在窗体底部的 **TextBlock** 控件 **messages** 中显示该字符串。

```
private async void plotButton_Click(object sender, RoutedEventArgs e)
{
    ...
```

```
        await first;
        await second;

        duration.Text = $"Duration (ms): {watch.ElapsedMilliseconds}";

        string message = $"Status of tasks is {first.Status}, {second.Status}";
        messages.Text = message;
        ...
    }
```

5. 在"调试"菜单中选择"开始执行(不调试)"。

6. 在 GraphDemo 窗口中单击 Plot Graph，但不要单击 Cancel 按钮。验证会显示一条消息来报告两个任务的状态都是 RanToCompletion，如下图所示。

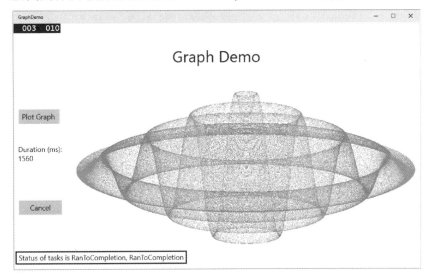

7. 在 GraphDemo 窗口中再次单击 Plot Graph，再快速单击 Cancel 按钮。令人惊讶的是，消息仍然报告每个任务的状态都是 RanToCompletion，即使图表上出现了空洞(表明中途被取消)。这是由于虽然使用取消标志向每个任务都发送了取消请求，但它们运行的方法都正常返回。.NET "运行时"不知道任务是否被取消，或是否允许运行完成。"运行时"会直接忽略取消请求。

8. 返回 Visual Studio 并停止调试。

那么，如何知道任务是被取消，而非允许运行完成？答案在于作为参数传给任务所运行的方法的 CancellationToken 对象。CancellationToken 类提供了一个 ThrowIfCancellationRequested 方法。它测试取消标志的 IsCancellationRequested 属性；为 true 就抛出 OperationCanceledException 异常，并终止任务正在运行的方法。

启动线程的应用程序应准备好捕捉该异常，但这带来了另外一个问题。如果任务是通过抛出异常来终止的，状态就会变成 Faulted。确实如此，即使这是一个 OperationCanceledException

(而不是因为出了什么错)。任务只有在不抛出异常的前提下被取消，状态才是 Canceled。那么，任务又该如何抛出一个不被当作异常的 OperationCanceledException？

答案在于任务本身。任务为了判断是因为以受控制的方式(得体的方式)取消任务而造成了 OperationCanceledException，而不是因为其他原因，就必须知道操作已被实际地取消了。只能通过检查取消标志才能知道这一点。虽然标志已作为参数传给任务所运行的方法，但任务并不检查该参数。相反，要在创建并运行任务时提供取消标志。下面是以 GraphDemo 应用程序为基础的例子。注意，token 参数和往常一样传给 generateGraphData 方法，但它还作为一个单独的参数传给 Run 方法：

```
tokenSource = new CancellationTokenSource();
CancellationToken token = tokenSource.Token;
...
Task first = Task.Run(() => generateGraphData(data, 0, pixelWidth / 4, token),
    token);
```

现在，一旦任务运行的方法抛出 OperationCanceledException，任务基础结构就会检查 CancellationToken。如检查结果表明任务已取消，就将任务状态设为 Canceled。如使用 await 操作符等待任务完成，还需捕捉和处理 OperationCanceledException 异常。这是下个练习要做的事情。

➤ **确认取消并处理 OperationCanceledException 异常**

1. 在"代码和文本编辑器"中显示 MainPage.xaml.cs 文件。在 plotButton_Click 方法中修改创建并运行任务的语句，为 Run 方法指定 CancellationToken 对象作为第二个参数(以及作为 generateGraphData 方法的参数)，如加粗的代码所示。

    ```
    private async void plotButton_Click(object sender, RoutedEventArgs e)
    {
        ...
        tokenSource = new CancellationTokenSource();
        CancellationToken token = tokenSource.Token;

        ...
        Task first = Task.Run(() => generateGraphData(data, 0, pixelWidth / 4,
    token), token);
        Task second = Task.Run(() => generateGraphData(data, pixelWidth / 4,
    pixelWidth / 2, token), token);
        ...
    }
    ```

2. 围绕创建并运行任务的语句添加 try 块，等待它们完成并显示经过的时间。添加 catch 块来处理 OperationCanceledException 异常。在异常处理程序中，在名为 duration 的 TextBlock 控件中显示异常对象的 Message 属性，从而报告发生异常的原因。加粗的代码是需要修改的地方。

```
private async void plotButton_Click(object sender, RoutedEventArgs e)
{
    ...
    try
    {
        await first;
        await second;
        duration.Text = $"Duration (ms): {watch.ElapsedMilliseconds}";
    }
    catch (OperationCanceledException oce)
    {
        duration.Text = oce.Message;
    }

    string message = $"Status of tasks is {first.Status, {second.Status}";
    ...
}
```

3. 在 generateDataForGraph 方法中，将用来检查 CancellationToken 对象的 IsCancellationProperty 的 if 语 句 注 释 掉 ，添 加 新 的 语 句 来 调 用 ThrowIfCancellationRequested 方法，如加粗的代码所示：

```
private void generateDataForGraph(byte[] data, int partitionStart, int partitionEnd, CancellationToken token)
{
    ...
    for (double x = partitionStart; x < partitionEnd; x++);
    {
        ...
        for (double i = -p; I < p; i += 3)
        {
            //if (token.IsCancellationRequired)
            //{
            // return;
            //}
            token.ThrowIfCancellationRequested();
            ...
        }
    }
    ...
}
```

4. 在“调试”菜单中选择“开始执行(不调试)”。

5. 如下图所示，在 Graph Demo 窗口中单击 Plot Graph，验证每个任务的状态都是 RanToCompletion，而且图表显示正常。

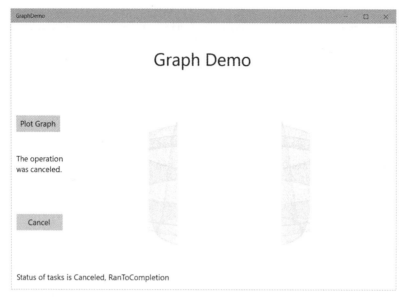

6. 再次单击 Plot Graph，然后快速单击 Cancel 按钮。动作足够快的话，会看到一个或多个任务的状态报告为 Canceled，TextBlock 控件 duration 显示文本 "The operation was canceled." 而且图表应出现空洞。动作不够快就重复该步骤，再试一遍。

7. 返回 Visual Studio 并停止调试。

23.4.2 使用 AggregateException 类处理任务的异常

本书一直强调异常处理是任何商业应用程序的重要元素。到目前为止的所有异常处理构造都很简单。只需决定由什么代码抛出异常，并捕捉抛出的异常即可。但将工作分解成多个并发任务后，异常的跟踪和处理就变得复杂了。上个练习展示了如何捕捉取消任务时抛出的 OperationCanceledException 异常。但还有可能发生其他大量异常，不同任务可能产生自己的异常。所以，需要以一种方式捕捉和处理同时抛出的多个异常。

如果使用 Task 的某个等待方法来等待多个任务完成(使用实例方法 Wait 或静态方法 Task.WaitAll 和 Task.WaitAny)，任务运行的方法抛出的任何异常就会全部收集到一个 AggregateException 异常中。AggregateException 是异常集合的包装器。各个任务抛出的异常都进入该集合。可以在应用程序中捕捉 AggregateException，遍历集合来执行必要的处理。

为了简化编程，AggregateException 类提供了 Handle 方法，后者获取一个 Func<Exception, bool>委托。委托引用的方法要获取 Exception 对象并返回 Boolean 值。调用 Handle 时，将为 AggregateException 对象中的集合中的每个异常运行引用的方法。方法可以检查异常并采取适当的行动。如果所引用的方法处理了异常，它就会返回 true；否则返回 false。Handle 方法结束时，任何未处理的异常都重新收罗到一个新的 AggregateException 中，并抛出该异常。后续的外层异常处理程序可以捕捉并处理它。

下面是针对 AggregateException 的一个异常处理程序。在检测到 DivideByZeroException 时，该方法显示消息"Division by zero occurred"；检测到 IndexOutOfRangeException 时显示"Array index out of bounds"。其他异常则保持未处理的状态：

```
private bool handleException(Exception e)
{
    if (e is DivideByZeroException)
    {
        displayErrorMessage("Division by zero occurred");
        return true;
    }
    if (e is IndexOutOfRangeException)
    {
        displayErrorMessage("Array index out of bounds");
        return true;
    }
    return false;
}
```

使用 Task 的某个等待方法时，可以捕捉 AggregateException 异常，并像下面这样登记 handleException 方法：

```
try
{
    Task first = Task.Run(...);
    Task second = Task.Run(...);
    Task.WaitAll(first, second);
}
catch (AggregateException ae)
{
    ae.Handle(handleException);
}
```

任何任务生成 DivideByZeroException 或 IndexOutOfRangeException 异常，handleException 方法都会显示对应的消息，并确认异常得到处理。其他异常仍处于未处理状态，会和往常一样从 AggregateException 异常处理程序传播出去。

还有一个问题要注意。取消任务时，CLR 会抛出 OperationCanceledException 异常，用 await 操作符等待任务时报告的就是该异常。但如果使用 Task 的某个等待方法，那么该异常会被转变成 TaskCanceledException。在 AggregateException 处理程序中应捕捉该异常类型。

23.4.3 为 Canceled 和 Faulted 任务使用延续

使用 ContinueWith 方法并传递恰当的 TaskContinuationOptions 值，可以在任务被取消或抛出未处理异常时执行额外的工作。例如，以下代码创建任务来运行 doWork 方法。如果任务被取消，ContinueWith 方法指定创建另一个任务来运行 doCancellationWork 方法。该方法可执行一些简单的日志记录或清理工作。任务没有取消，延续任务不会运行。

```
Task task = new Task(doWork);
task.ContinueWith(doCancellationWork, TaskContinuationOptions.OnlyOnCanceled);
task.Start();
...
private void doWork()
{
    // 任务启动后会运行这里的代码
    ...
}
...
private void doCancellationWork(Task task)
{
    // 任务在 doWork 取消时运行这里的代码
    ...
}
```

类似，可用 TaskContinuationOptions.OnlyOnFaulted 指定一个延续，它只有在任务运行的原始方法抛出未处理异常时才运行。

小结

本章讲述了为什么有必要写程序将工作分散到多个处理器和处理器内核上。讲述了如何使用 Task 类来并行执行操作以及如何同步并发操作，并等待它们完成。讲述了如何用 Parallel 类对常见编程构造进行"并行化"，还讲述了在什么时候不应该对代码进行并行化。在图形用户界面中配合使用任务和线程，可提高界面的灵敏度和程序的吞吐量。最后讲述了如何以得体的、受控制的方式取消任务。

- 如果希望继续学习下一章，请继续运行 Visual Studio 2022，然后阅读第 24 章。
- 如果希望现在就退出 Visual Studio 2022，请选择"文件"|"退出"。如果看到"保存"对话框，请单击"是"按钮保存项目。

第 23 章快速参考

目标	操作

创建任务并运行它	使用 Task 类的静态 Run 方法一步完成任务的创建和运行:
	
	`Task task = Task.Run(() => doWork());`
	`...`
	`private void doWork()`
	`{`
	`    // 任务启动时会运行这里的代码`
	`    ...`
	`}`
	
	或者新建一个 Task 对象,让它引用要运行的方法,再调用 Start 方法:
	
	`Task task = new Task(doWork);`
	`task.Start();`

等待任务完成	调用 Task 对象的 Wait 方法:
	
	`Task task = ...;`
	`...`
	`task.Wait();`
	
	或者使用 await 操作符(只能在用 async 关键字修饰的方法中使用):
	`await task;`

等待几个任务完成	调用 Task 类的静态 WaitAll 方法,指定要等待的所有任务:
	
	`Task task1 = ...;`
	`Task task2 = ...;`
	`Task task3 = ...;`
	`Task task4 = ...;`
	`...`
	`Task.WaitAll(task1, task2, task3, task4);`

指定当一个任务完成后,在一个新任务中运行另一个方法	这就是所谓的"延续"。调用任务的 ContinueWith 方法,将要运行的方法指定为"延续":
	
	`Task task = new Task(doWork);`
	`task.ContinueWith(doMoreWork,`
	`        TaskContinuationOptions.NotOnFaulted);`

目标	操作

使用并行任务来执行循环迭代和语句序列	使用 Parallel.For 和 Parallel.ForEach 方法，用任务来执行循环迭代：
	
	`Parallel.For(0, 100, performLoopProcessing);`
	`...`
	`private void performLoopProcessing(int x)`
	`{`
	`    // 执行循环处理`
	`}`
	
	使用 Parallel.Invoke 方法，用单独的任务执行并发的方法调用：
	
	`Parallel.Invoke(`
	`    doWork,`
	`    doMoreWork,`
	`    doYetMoreWork`
	`);`

处理一个或多个任务抛出的异常	捕捉 AggregateException 异常。使用 Handle 方法指定可对 AggregateException 对象中的每个异常进行处理的方法。在这个方法中，如果异常得到处理，就返回 true；否则返回 false：
	
	`try`
	`{`
	`    Task task = Task.Run(...);`
	`    task.Wait();`
	`    ...`
	`}`
	`catch (AggregateException ae)`
	`{`
	`    ae.Handle(handleException);`
	`}`
	`...`
	`private bool handleException(Exception e)`
	`{`
	`    if (e is TaskCanceledException)`
	`    {`
	`        ...`
	`        return true;`
	`    }`
	`    else`
	`    {`
	`        return false;`
	`    }`
	`}`

目标	操作

取消任务	创建 CancellationTokenSource 对象，在任务运行的方法中使用 CancellationToken 参数以实现协作式取消。在任务运行的方法中，调用该参数所代表的取消标志对象的 ThrowIfCancellationRequested 方法，抛出一个 OperationCanceledException 异常并终止任务：
	
	`private void generateGraphData(..., CancellationToken token)`
	`{`
	`    ...`
	`    token.ThrowIfCancellationRequested();`
	`    ...`
	`}`

第 24 章
通过异步操作提高响应速度

学习目标

- 定义并使用异步方法来提高执行长时间操作的应用程序的响应速度
- 了解如何通过并行化来减少执行复杂 LINQ 查询的时间
- 使用并发集合类在并行任务之间安全地共享数据

第 23 章讲述了如何用 **Task** 类并行执行操作并提高计算(CPU)限制应用程序的吞吐量。将处理资源尽可能地分配给应用程序虽然能使它运行得更快,但可响应性同样重要。Windows UI 总是以单线程方式执行,但用户希望程序在单击按钮后能立即响应,即使此时正在执行复杂和耗时的操作。此外,有的任务即使不是计算限制的(例如从远程网站获取信息这样的 "I/O 限制" 任务),也要花费可观时间来运行。在等待耗时操作完成期间阻塞用户交互显然不明智。这两个问题的解决方案都是以异步方式执行任务,让 UI 线程有空处理用户交互。

响应速度的问题并非仅限于 UI。例如,第 21 章展示了如何使用 LINQ 访问内存中的数据。一般的 LINQ 查询生成的是可枚举结果集,可顺序遍历该集合来获取数据。如果用于生成结果集的数据源很大,对它执行 LINQ 查询将相当耗时。许多数据库管理系统解决这个问题的方案都是将获取查询结果的过程分解成好几个任务,以并行方式运行任务,任务完成后合并结果,从而生成最终的结果集。.NET 的设计者决定以类似方式实现 LINQ,结果就是所谓的并行 LINQ(Parallel LINQ,简称 PLINQ)。本章第二小节将详细解释 PLINQ。

异步性和伸缩性

异步性是很强大的概念，构建企业 Web 应用程序和服务等大规模解决方案时必须透彻理解。资源有限的 Web 服务器经常要处理大量用户请求，而每个用户都希望自己的请求得到快速处理。许多时候，一个用户请求牵涉一系列操作，每个操作都可能花费可观的时间(可能长达一两秒)。例如，当用户在电子商务网站查询产品目录或下单时经常都要读写数据库中的数据，而数据库由远离 Web 服务器的一个数据库服务器进行管理。许多 Web 服务器只支持有限数量的并发连接，如果和一个连接关联的线程要等待 I/O 操作完成，该连接事实上就被阻塞了。如果线程创建一个单独任务对 I/O 进行异步处理，则线程可被释放，连接可被回收供其他用户使用。这种方式的伸缩性显然优于同步方式。

公共 Microsoft Patterns & Practices Git repository 提供了一个例子来详细地解释为什么在这种情况下不宜执行同步 I/O，网址是 https://github.com/mspnp/performance-optimization/tree/master/，重点阅读其中的同步 I/O 反模式(Antipattern)。

24.1 实现异步方法

异步方法(asynchronous method)是不阻塞当前执行线程的方法。应用程序调用异步方法时，隐含订立了方法很快就将控制归还给调用环境的协议。"很快"是指如果异步方法需执行耗时很长的操作，就用后台线程运行，使调用者能在当前线程上继续运行。过程听起来很复杂，而且在.NET 早期的版本中确实如此，但现在用 `async` 方法修饰符和 `await` 操作符很容易实现。大量复杂的工作都由编译器在幕后完成，再也不需要为多线程编程的复杂性感到头疼。

24.1.1 定义异步方法：问题

上一章讲述如何使用 Task 对象实现并发操作。简单地说，可以用 Task 类型的 `Start` 方法或 `Run` 方法启动任务，CLR 通过自己的调度算法将任务分配给线程，并在资源充分时运行线程。这种级别的抽象使代码不需要理解和管理计算机的负载。任务完成后执行另一个操作有两种方案。

- 第一，使用 Task 类型公开的某个 `Wait` 方法，人工等待任务完成，然后执行新的操作(例如定义另一个任务)。
- 第二，可定义延续。"延续"是给定任务完成后要执行的操作。.NET "运行时"在原始任务完成后，自动将延续作为新任务来调度。延续重用了和原始任务一样的线程。

但是，虽然 Task 类型对操作进行了很好的常规化，但经常还是需要写大量难看的代码来解决后台操作问题。例如，假设定义以下方法来执行一系列耗时很长的操作，这些操作必须*依次*执行。最后在屏幕上的一个 TextBox 控件中显示消息。

```
private void slowMethod()
{
    doFirstLongRunningOperation();          // 第一个耗时操作
    doSecondLongRunningOperation();         // 第二个耗时操作
    doThirdLongRunningOperation();          // 第三个耗时操作
    message.Text = "Processing Completed";  // 处理完毕
}
private void doFirstLongRunningOperation()
{
    ...
}
private void doSecondLongRunningOperation()
{
    ...
}
private void doThirdLongRunningOperation()
{
    ...
}
```

从 UI 代码(比如按钮的 Click 事件处理程序)中调用 slowMethod，UI 在方法完成前会失去响应。可以用 Task 对象来运行 doFirstLongRunningOperation 方法，为同一个 Task 定义延续来运行 doSecondLongRunningOperation 方法，再以同样的方式运行 doThirdLongRunningOperation 方法，从而增强 slowMethod 方法的可响应性。如下所示：

```
private void slowMethod()
{
    Task task = new Task(doFirstLongRunningOperation);
    task.ContinueWith(doSecondLongRunningOperation);
    task.ContinueWith(doThirdLongRunningOperation);
    task.Start();
    message.Text = "Processing Completed"; // 你猜这条消息什么时候显示？
}
private void doFirstLongRunningOperation()
{
    ...
}
private void doSecondLongRunningOperation(Task t)
{
    ...
}
private void doThirdLongRunningOperation(Task t)
{
    ...
}
```

虽然重构的版本看起来很简单，但仍然有几点需要注意。具体地说，doSecondLongRunningOperation 和 doThirdLongRunningOperation 方法的签名需要修改 (Task 对象作为参数传给延续方法)。更重要的是，必须搞清楚什么时候在 TextBox 控件中显示消息。Start 方法虽然发起了一个 Task，却不会等它完成。所以，消息会在操作进行期间而不是结束后显示。

虽然例子很简单，但反映出来的问题值得重视。解决方案至少有两个。第一个是等待 task 完成再显示消息，如下所示：

```
private void slowMethod()
{
    Task task = new Task(doFirstLongRunningOperation);
    task.ContinueWith(doSecondLongRunningOperation);
    task.ContinueWith(doThirdLongRunningOperation);
    task.Start();
    task.Wait();
    message.Text = "Processing Completed";
}
```

但调用 Wait 方法会阻塞正在执行 slowMethod 方法的线程，这就失去了使用"任务"的意义。

重要提示　永远永远不要直接在 UI 线程中调用 Wait 方法。

更好的方案是再定义一个延续，仅在 doThirdLongRunningOperation 方法结束时才运行并显示消息。这样就可以删除 Wait 方法调用了。你或许会像以下加粗的代码那样将延续方法实现为委托(记住，延续方法要获取一个 Task 对象作为实参，所以这里向委托传递了 t 参数)：

```
private void slowMethod()
{
    Task task = new Task(doFirstLongRunningOperation);
    task.ContinueWith(doSecondLongRunningOperation);
    task.ContinueWith(doThirdLongRunningOperation);
    task.ContinueWith((t) => message.Text = "Processing Complete");
    task.Start();
}
```

遗憾的是，这样写会造成另一个问题。以调试模式运行上述代码，最后一个延续会生成 System.Exception 异常，并显示让人摸不着头脑的消息："应用程序调用了一个已为另一个线程整理(封送)的接口。"问题在于，只有 UI 线程才能处理 UI 控件，而现在是企图从不同线程(运行 Task 的线程)向 TextBox 控件写入。解决方案是使用 Dispatcher 对象。它是 UI 基础结构的组件，可调用其 RunAsync 方法请求在 UI 线程上执行操作。RunAsync 方法获取一个 Action 委托来指定要运行的代码。Dispatcher 对象及其 RunAsync 方法的详细说明超出了本书范围，但以下代码展示了如何从延续中显示 slowMethod 方法要求的消息：

```
private void slowMethod()
{
    Task task = new Task(doFirstLongRunningOperation);
    task.ContinueWith(doSecondLongRunningOperation);
    task.ContinueWith(doThirdLongRunningOperation);
    task.ContinueWith((t) => this.Dispatcher.RunAsync(
        CoreDispatcherPriority.Normal,
        () => message.Text = "Processing Complete"));
    task.Start();
}
```

方案确实可行，但过于繁琐且不好维护。现在，其实是用一个委托(延续)指定另一个委托(RunAsync 运行的代码)。

📖 **延伸阅读**　访问 https://msdn.microsoft.com/library/windows.ui.core.coredispatcher.runasync，
进一步了解 Dispatcher 对象和 RunAsync 方法。

24.1.2　定义异步方法：解决方案

C#关键字 async 和 await 的作用正是为了方便定义异步方法，同时不必操心如何定义延续或调度代码在 Dispatcher 对象上运行以确保用正确的线程处理数据。async 修饰符指出方法含有可能要异步执行的操作，而 await 操作符指定执行异步操作的地点。下例用 async 修饰符和 await 操作符重新实现 slowMethod 方法：

```
private async void slowMethod()
{
    await doFirstLongRunningOperation();
    await doSecondLongRunningOperation();
    await doThirdLongRunningOperation();
    messages.Text = "Processing Complete";
}
```

该方法和原始版本看起来就很相似了，这正是 async 和 await 强大的地方。事实上，背后的繁琐工作都由 C#编译器"承包"了。C#编译器在 async 方法中遇到 await 操作符，会将操作符后面的操作数重新格式化成任务，该任务在和 async 方法一样的线程上运行。剩余代码转换成延续，在任务完成后运行，而且是在相同线程上运行。现在，由于运行 async 方法的线程是 UI 线程，所以能直接访问窗口上的控件，所以能直接更新控件，而不必通过 Dispatcher 对象。虽然这个方式看起来简单，但还是有几个容易引起误解的地方：

- async 修饰符不是说方法要在单独线程上异步运行。它唯一要表达的就是方法中的代码可分解成一个或多个延续。这些延续和原始方法调用在同一个线程上运行。

- await 操作符指定 C#编译器在什么地方将代码分解成延续。await 操作符本身要求操作数是可等待对象。"可等待对象"是指提供了 GetAwaiter 方法的对象，该方法返回一个对象，后者提供了要运行并等待其完成的代码。C#编译器将你的代码转换成使用了这些方法的语句来创建恰当的延续。

只能在 async 方法中使用 await。在 async 方法外部，await 关键字被视为普通标识符(甚至可以创建名为 await 变量，虽然不建议这样做)。

C# 7.1 之前不允许将 Main 方法标记为 async。现在，这个限制已经取消了。如果运行.NET 6 或更高的版本，可将 Main 方法标记为 async，并用 await 操作符运行异步方法。Main 方法只有在异步方法完成后才会终止。

在 await 操作符当前的实现中，作为操作数的可等待对象通常是一个 Task。这意味着必须修改 doFirstLongRunningOperation 方法、doSecondLongRunningOperation 方法和 doThirdLongRunningOperation 方法。具体地说，每个方法都要创建并运行一个任务来执行工作并返回对该 Task 对象的引用。下面是 doFirstLongRunningOperation 方法的修改版本：

```
private Task doFirstLongRunningOperation()
{
    Task t = Task.Run(() => { /* 将方法的原始代码放到这里 */ });
    return t;
}
```

还要注意是否需要将 doFirstLongRunningOperation 方法的工作分解成一系列并行操作。如果是，就可以像第 23 章描述的那样将工作分解成一组 Task 对象。但最后应该返回哪个 Task 对象？

```
private Task doFirstLongRunningOperation()
{
    Task first = Task.Run(() => { /* 第一个操作的代码 */ });
    Task second = Task.Run(() => { /* 第二个操作的代码 */ });
    return ...; // 返回 first 还是 second?
}
```

如果返回 first，slowMethod 中的 await 操作符只等待那个任务完成，而不会等待第二个。返回 second 的问题一样。解决方案是将 doFirstLongRunningOperation 定义成 async 方法并 await 所有任务，如下所示：

```
private async Task doFirstLongRunningOperation()
{
    Task first = Task.Run(() => { /* 第一个操作的代码 */ });
    Task second = Task.Run(() => { /* 第二个操作的代码 */ });
    await first;
    await second;
}
```

记住，当编译器遇到 await 操作符时，会生成代码来等待实参指定的任务完成，并以延续的形式运行之后的语句。可认为 async 方法返回的就是对运行延续的那个 Task 的引用(不完全准确，但有助于理解)。所以，doFirstLongRunningOperation 方法创建并启动并行运行的 first 任务和 second 任务。编译器重新格式化 await 语句，等待 first 完成，再用延续等待 second 完成。async 修饰符造成编译器返回对该延续的引用。由于现在由编译器决定方法的返回值，所以不能手动指定返回值。真的这样做的话，将无法编译。

> **注意** 如 async 方法未包含任何 await 语句，方法就是一个 Task 引用，该任务执行方法主体中的代码。结果是调用方法时，它包含的代码实际并不异步运行。这种情况下，编译器会显示警告："此异步方法缺少 await 操作符，将以同步方式运行"。

> **提示** 可为委托附加 async 前缀，再用 await 操作符创建集成了异步操作的委托。

以下练习修改第 23 章的 GraphDemo 应用程序，使用异步方法生成图表数据。

> **修改 GraphDemo 应用程序来使用异步方法**

1. 打开"文档"文件夹下的\Microsoft Press\VCSBS\Chapter 24\GraphDemo 子文件夹中的 GraphDemo 解决方案。
2. 在解决方案资源管理器中展开 MainPage.xaml 节点，在"代码和文本编辑器"中打开 MainPage.xaml.cs 文件。
3. 在 MainPage 类中找到 plotButton_Click 方法，如下所示：

```
private void plotButton_Click(object sender, RoutedEventArgs e)
{
    Random rand = new Random();
    redValue = (byte)rand.Next(0xFF);
    greenValue = (byte)rand.Next(0xFF);
    blueValue = (byte)rand.Next(0xFF);

    tokenSource = new CancellationTokenSource();
    CancellationToken token = tokenSource.Token;

    Stopwatch watch = Stopwatch.StartNew();

    try
    {
        generateGraphData(data, 0, pixelWidth / 2, token);
        duration.Text = $"Duration (ms): {watch.ElapsedMilliseconds}";
    }

    catch (OperationCanceledException oce)
    {
        duration.Text = oce.Message;
    }

    Stream pixelStream = graphBitmap.PixelBuffer.AsStream();
    pixelStream.Seek(0, SeekOrigin.Begin);
    pixelStream.Write(data, 0, data.Length);
```

```
graphBitmap.Invalidate();
graphImage.Source = graphBitmap;
}
```

这是上一章应用程序的简化版本。它直接在 UI 线程中调用 generateGraphData 方法，不用 Task 对象并行生成图表数据。

注意 第 23 章讲过，内存不足就减小 pixelWidth 和 pixelHeight。本例也不例外。

4. 在"调试"菜单中选择"开始调试"。
5. 在 GraphDemo 窗口中单击 Plot Graph。生成数据期间试着单击 Cancel。注意，在生成和显示图表期间，UI 完全没了反应。这是由于 plotButton_Click 方法以同步方式执行其所有工作，包括生成图表数据。
6. 返回 Visual Studio 并停止调试。
7. 在"代码和文本编辑器"中显示 MainPage 类，在 generateGraphData 上方添加新的私有方法 generateGraphDataAsync。该方法获取和 generateGraphData 一样的参数，但返回 Task 对象而非 void。还要将方法标记为 async，如下所示：

```
private async Task generateGraphDataAsync(byte[] data,
    int partitionStart, int partitionEnd, CancellationToken token)
{
}
```

注意 建议异步方法名都添加 Async 后缀。

8. 在 generateGraphDataAsync 方法中添加以下加粗的语句：

```
private async Task generateGraphDataAsync(byte[] data,
    int partitionStart, int partitionEnd, CancellationToken token)
{
    Task task = Task.Run(() =>
        generateGraphData(data, partitionStart, partitionEnd, token));
    await task;
}
```

上述代码创建 Task 对象来运行 generateGraphData 方法，并用 await 操作符等待任务完成。方法的返回值就是编译器为 await 操作符生成的任务。

9. 返回 plotButton_Click 方法，更改方法定义来包含 async 修饰符，如以下加粗的代码所示：

```
private async void plotButton_Click(object sender, RoutedEventArgs e)
{
    ...
}
```

10. 在 `plotButton_Click` 方法的 `try` 块中修改生成图表数据的语句来异步调用 `generateGraphDataAsync` 方法，如加粗语句所示：

```
try
{
    await generateGraphDataAsync(data, 0, pixelWidth / 2, token);
    duration.Text = $"Duration (ms): {watch.ElapsedMilliseconds}");
}
...
```

11. 在"调试"菜单中选择"开始执行(不调试)"命令。

12. 在 Graph Demo 窗口中单击 Plot Graph，验证已正确生成图表。

13. 单击 Plot Graph，在数据生成期间单击 Cancel。这次用户界面将快速响应，只生成部分图表。如下图所示。

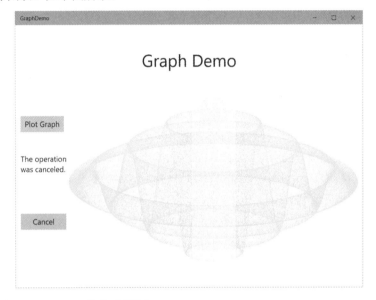

14. 返回 Visual Studio 并停止调试。

24.1.3　定义返回值的异步方法

　　之前的例子都是用 `Task` 对象执行不返回值的工作，但有时要求方法计算结果。为此可以使用泛型 `Task<TResult>` 类，类型参数 `TResult` 指定结果类型。

　　`Task<TResult>` 对象和普通任务一样创建和开始。区别在于执行的代码要返回值。例如，下例的 `calculateValue` 方法生成一个整数结果。为了用任务调用该方法，要创建并运行一个 `Task<int>` 对象。获取返回值需查询 `Task<int>` 对象的 `Result` 属性。如任务启动的方法尚未运行完毕，而且结果不可用，`Result` 属性将阻塞调用者。这意味着自己不必执行任何同步动作,即当 Result 属性返回一个值的时候,任务的工作就已经完成了。

```
Task<int> calculateValueTask = Task.Run(() => calculateValue(...));
...
int calculatedData = calculateValueTask.Result; // 阻塞至 calculateValueTask 完成
...
private int calculateValue(...)
{
   int someValue;
    // 执行计算并填充 someValue
    ...
    return someValue;
}
```

返回值的异步方法也是基于泛型 Task<TResult>类型来定义的。以前是通过返回一个
Task 来实现异步 void 方法。要生成结果的异步方法应返回一个 Task<TResult>。下例创建
calculateValue 方法的异步版本。

```
private async Task<int> calculateValueAsync(...)
{
    // 用 Task 调用 calculateValue 方法
    Task<int> generateResultTask = Task.Run(() => calculateValue(...));
    await generateResultTask;
    return generateResultTask.Result;
}
```

这个方法让人有一点困惑,因为返回类型是 Task<int>,而 return 语句返回 int。记住,
在定义 async 方法时,编译器会对代码进行重构,实际返回一个 Task 引用,该 Task 运行一
个延续,延续的主体就是 return generateResultTask.Result;语句。延续返回的表达式类
型是 int,所以方法的返回类型是 Task<int>。

为了调用返回一个值的异步方法,要使用 await 操作符,如下所示:

```
int result = await calculateValueAsync(...);
```

await 操作符从 calculateValueAsync 返回的 Task 中提取值并赋给 result 变量。

24.1.4　异步方法注意事项

async 和 await 这两个操作符经常使程序员迷惑不解。以下是必须理解的几个重点。

- 用 async 修饰方法并不是说方法将异步运行,只是说方法可包含异步运行的语句。

- await 操作符是说方法应该由一个单独的任务运行,调用代码暂停,直至调用完成。
  调用代码使用的线程被释放供重用。这对 UI 线程尤其重要,因为它使 UI 能保持灵
  敏响应。

- 使用 await 操作符和使用任务的 Wait 方法不一样。Wait 方法总是阻塞当前线程,
  任务完成前不允许它被重用。

- 在 await 操作符之后恢复执行的代码默认是获取当初调用异步方法的原始线程。如该线程繁忙，代码会被阻塞。可用 ConfigureAwait(false) 方法指定代码能在任何可用线程上恢复，减少被阻塞的机率。需处理成千上万个并发请求的 Web 应用程序和服务尤其需要这个功能。

- 如果 await 操作符之后的代码必须在原始线程上执行，就不能使用 ConfigureAwait(false)。在前面的例子中，如果为每个等待的操作添加 ConfigureAwait(false)，结果是可能在单独线程上运行编译器生成的延续，其中包括尝试设置 message 的 Text 属性的延续，再次造成异常："应用程序调用一个已为另一线程整理①的接口。"

```
private async void slowMethod()
{
    await doFirstLongRunningOperation().ConfigureAwait(false);
    await doSecondLongRunningOperation().ConfigureAwait(false);
    await doThirdLongRunningOperation().ConfigureAwait(false);
    message.Text = "Processing Complete";
}
```

- 如果草率使用返回结果的异步方法，而且在 UI 线程上运行，那么可能造成死锁，使应用程序挂起。例如：

```
private async void myMethod()
{
    var data = generateResult();
    ...
    message.Text = $"result: {data.Result}";
}

private async Task<string> generateResult()
{
    string result;
    ...
    result = ...
    return result;
}
```

本例的 generateResult 方法返回字符串。但 myMethod 方法在访问 data.Result 属性时才会启动运行 generateResult 方法的任务。data 是任务引用；如果由于任务尚未运行造成 Result 属性不可用，访问该属性将阻塞当前线程，直到 generateResult 方法完成。此外，用于运行 generateResult 方法的任务会在方法完成时尝试恢复当初调用它的线程(UI 线程)，但该线程现已阻塞。结果就是

---

① 译注：此处应为"封送"(marshaled)。

myMethod 方法在 generateResult 完成前无法结束，而 generateResult 方法在 myMethod 方法完成前无法结束。解决方案是 await 运行 generateResult 方法的任务，如下所示：

```
private async void myMethod()
{
    var data = generateResult();
    ...
    message.Text = $"result: {await data}";
}
```

24.1.5 异步方法和 Windows Runtime API

Windows 8 和后续版本的设计者想要尽量确保应用程序的可响应性，所以在实现 WinRT 时，决定任何 50 毫秒以上的操作都只能通过异步 API 进行。之前已见过这样的例子。例如，显示消息可以用 MessageDialog 对象。但显示时必须使用 ShowAsync 方法：

```
using Windows.UI.Popups;
...
MessageDialog dlg = new MessageDialog("Message to user");
await dlg.ShowAsync();
```

MessageDialog 对象显示消息并等待用户按 Close 按钮。任何形式的用户交互都会花费长短不一的时间(用户可能没有单击 Close 便跑开吃饭去了)，所以对话框显示期间切忌阻塞应用程序，或阻止它执行其他操作(如响应事件)。MessageDialog 类没有提供 ShowAsync 方法的同步版本，但如果要同步显示对话框，可在不添加 await 操作符的前提下调用 dlg.ShowAsync()。

异步处理的另一个常见例子涉及 FileOpenPicker 类，第 5 章用过该类。它显示一个文件列表供用户选择。和 MessageDialog 类一样，用户可能要花不少时间浏览和选择文件，所以该操作不应阻塞应用程序。下例展示了如何用 FileOpenPicker 类显示"文档"文件夹的文件并在用户选择文件时等待。

```
using Windows.Storage;
using Windows.Storage.Pickers;
...
FileOpenPicker fp = new FileOpenPicker();
fp.SuggestedStartLocation = PickerLocationId.DocumentsLibrary;
fp.ViewMode = PickerViewMode.List;
fp.FileTypeFilter.Add("*");
StorageFile file = await fp.PickSingleFileAsync();
```

关键在于调用 PickSingleFileAsync 方法的那个语句。该方法显示文件列表，允许用户在文件系统中导航并选择文件(FileOpenPicker 类还提供了 PickMultipleFilesAsync 方法来允许多选)。方法返回值是一个 Task<StorageFile>，await 操作符从结果中提取 StorageFile 对象。StorageFile 类对磁盘文件进行抽象，可用它打开文件并进行读/写。

> **注意** PickSingleFileAsync 方法严格说是返回 IAsyncOperation<StorageFile>对象。WinRT 有自己的异步操作抽象，并将.NET 的 Task 对象映射到该抽象；Task 类实现了 IAsyncOperation 接口。用 C#编程时，代码不受该转换的影响，可直接使用 Task 对象，不用关心它们幕后如何映射到 WinRT 的异步操作。

文件 I/O 也是很耗时的操作。StorageFile 类实现了一大堆异步方法在不影响应用程序的可响应性的前提下执行这些操作。例如，在第 5 章中，在用户使用 FileOpenPicker 对象选择一个文件后，代码异步打开该文件来进行读取：

```
StorageFile file = await fp.PickSingleFileAsync();
...
var fileStream = await file.OpenAsync(FileAccessMode.Read);
```

本章和上一章的练习直接相关的最后一个例子涉及向流的写入。你肯定注意到了，虽然报告的图表数据生成时间只有几秒，但图表实际显示前所经历的时间可能是报告的两倍。这是数据向位图的写入方式使然。位图渲染 WriteableBitmap 对象的一个缓冲区中的数据，AsStream 扩展方法为该缓冲区提供了 Stream 接口。数据通过该流由 Write 方法写入缓冲区，如下所示：

```
...
Stream pixelStream = graphBitmap.PixelBuffer.AsStream();
pixelStream.Seek(0, SeekOrigin.Begin);
pixelStream.Write(data, 0, data.Length);
...
```

除非已减小 pixelWidth 和 pixelHeight 字段的值来节省内存，否则写入缓冲区的数据量会超出 570 MB 多一点(15 000 * 10 000 * 4 字节)，所以 Write 操作需要花几秒钟的时间。为了增强界面的可响应性，可用 WriteAsync 方法来异步执行该操作：

```
await pixelStream.WriteAsync(data, 0, data.Length);
```

总之，在构建 Windows 应用程序时，要尽量利用异步。

24.1.6　任务、内存分配和效率

标记为 **async** 的方法并非一定异步执行。例如，以下方法：

```
public async Task<int> FindValueAsync(string key)
{
    bool foundLocally = GetCachedValue(key, out int result);
    if (foundLocally)
        return result;
    result = await RetrieveValue(key); // 可能很耗时
```

```
        AddItemToLocalCache(key, result);
        return result;
    }
```

方法作用是查找和一个 **string** 键关联的整数值。例如，可基于客户姓名检索客户 ID，或基于包含加密键的字符串检索数据。FindValueAsync 方法使用的是 Cache-Aside 模式，详情参见 https://docs.microsoft.com/en-us/azure/architecture/patterns/cache-aside。可能很耗时的计算或查找操作在本地缓存，以应对可能马上就要再次用到的情况。在后续 FindValueAsync 调用中传递相同的键值，就能直接获取缓存的数据。该模式使用了以下辅助方法。方法的实现未列出。

- **GetCachedValue** 该方法在缓存中检查具有指定键的一个项，如存在，就通过 out 参数传回该项。在缓存中发现数据，方法返回值是 true；否则是 false。
- **RetrieveValue** 未在缓存中发现项的话，就运行该方法。它执行必要的计算或检索，找到数据并返回之。由于该方法可能很耗时，所以要异步执行。
- **AddItemToLocalCache** 该方法将指定项添加到本地缓存，以应对再次请求的情况。这样可防止应用程序必须再次执行昂贵的 **RetrieveValue** 操作。

理想情况下，缓存足以应对应用程序生存期内请求的大多数数据。调用 RetrieveValue 的次数应该越来越少。

下面来看每次调用 FindValueAsync 方法发生了什么。大多数时候，工作会同步执行(在缓存中找到了数据)。数据是整数，但包装到一个 Task<int>对象中返回。和直接返回 int 相比，创建和填充对象，当方法返回时从该对象中获取数据，这一套组合拳需要更多的计算时间和内存。C#的应对方案是提供 ValueTask 泛型类型。用它指定 async 方法的返回类型，造成返回值作为栈上的值类型封送，而不是作为堆上的引用。

```
public async ValueTask<int> FindValueAsync(string key)
{
    bool foundLocally = GetCachedValue(key, out int result);
    if (foundLocally)
        return result;
    result = await RetrieveValue(key); // possibly takes a long time
    AddItemToLocalCache(key, result);
    return result;
}
```

但这并不是说 ValueTask 能永远代替 Task。如异步方法要实际地执行 await 操作，ValueTask 可能造成代码效率显著下降。限于时间和篇幅，这里就不解释具体原因了。原则上，只有对 async 方法的大多数调用都以同步方式执行，才考虑返回 ValueTask 对象；其他时候使用 Task 类型。

注意 使用 ValueTask 类型需用 NuGet 包管理器在项目中添加 System.Threading. Tasks.Extensions 包。

以前版本的.NET Framework 的 IAsyncResult 设计模式

早在.NET Framework 4.0 引入 Task 类之前，人们就认识到了异步性在构建响应灵敏的应用程序时的重要性。微软引入了基于 AsyncCallback 委托的 IAsyncResult 设计模式来应对这些情况。

该模式的详情超出了本书范围，但从程序员的角度看，该模式的实现意味着.NET 类库的许多类型都要以两种形式公开长时间运行的操作：包含单个方法的同步形式，以及包含一对方法的异步形式。一对方法是 Begin*OperationName* 和 End*OperationName*。其中，*OperationName* 是要执行的操作。

例如，System.IO 命名空间的 MemoryStream 类提供了 Write 方法向内存流同步写入数据，还提供了 BeginWrite 和 EndWrite 方法异步执行相同的操作。BeginWrite 方法在新线程上发起写入操作。BeginWrite 方法要求程序员提供对一个回调方法的引用，以便在写入操作完成后运行。该引用要采用 AsyncCallback 委托的形式。程序员要在这个方法中实现任何必要的清理工作，并调用 EndWrite 方法来表明操作完成。下例展示了这个模式。

```
...
Byte[] buffer = ...; // 填充要写入 MemoryStream 的数据
MemoryStream ms = new MemoryStream();
AsyncCallback callback = new AsyncCallback(handleWriteCompleted);
ms.BeginWrite(buffer, 0, buffer.Length, callback, ms);
...

private void handleWriteCompleted(IAsyncResult ar)
{
    MemoryStream ms = ar.AsyncState as MemoryStream;
    ... // 执行必要的清理工作
    ms.EndWrite(ar);
}
```

传给回调方法的参数(handlWriteCompleted)是一个 IAsyncResult 对象，其中包含和异步操作的状态有关的信息以及其他状态信息。可通过该参数向回调传递用户自定义的信息，提供给 Begin*OperationName* 方法的最后一个实参被打包到该参数中。在这个例子中，向回调传递的是对 MemoryStream 的引用。

虽然该模式可行，但过于繁琐，可读性也很差。一个操作的代码被拆分到两个方法中。以后维护时很难看出这些方法的联系。使用 Task 对象，可以调用 TaskFactory 类的静态 FromAsync 方法来进行简化。该方法获取 Begin*OperationName* 和 End*OperationName* 方法，把它们包装到用 Task 执行的代码中。这样就不必创建 AsyncCallback 委托了，它由 FromAsync 方法自动在幕后生成。所以，上个例子可以这样修改：

```
...
Byte[] buffer = ...;
MemoryStream s = new MemoryStream();
```

```
Task t = Task<int>.Factory.FromAsync(
    s.Beginwrite, s.EndWrite, buffer, 0, buffer.Length, null);
t.Start();
await t;
...
```

人们用早期版本的.NET 开发了不少类型，为了使用它们公开的异步功能，有必要对这些技术有一定了解。

24.2 用 PLINQ 进行并行数据访问

数据访问是另一个要重点关注响应时间的领域，尤其是需要检索大型数据结构的时候。本书前面已演示过 LINQ 从可枚举数据结构中检索数据时的强大能力，但所用的例子都是单线程的。LINQ 还提供了一组名为 PLINQ(并行 LINQ)的扩展，它基于 **Task**，能并行执行查询来提高性能。

PLINQ 的原理是将数据集划分成多个"分区"，并利用任务以并行方式获取符合查询条件的数据。所有任务完成后，为每个分区获取的结果合并成一个可枚举结果集。如数据集含有大量元素，或查询条件涉及复杂的、昂贵的操作，PLINQ 再合适不过。

PLINQ 的一个主要目标是尽量保持向后兼容。如果有大量现成的 LINQ 查询，肯定不想全部修改才能在最新版本的.NET Framework 中运行。为了将现有的 LINQ 查询转换成 PLINQ 查询，可以使用扩展方法 **AsParallel**。它返回一个 **ParallelQuery** 对象。该对象的行为和普通可枚举对象相似，只是为许多 LINQ 操作符(比如 **join** 和 **where**)都提供了并行实现。这些实现基于任务，会通过多种算法尝试以并行方式运行 LINQ 查询的不同部分。但和并行计算世界的其他地方一样，**AsParallel** 方法并非万能。不能保证一用就加快速度；这完全取决于 LINQ 查询的本质及其执行的任务能否并行。

下面用两个例子说明 PLINQ 的工作机制及其适用情形。

24.2.1 用 PLINQ 增强遍历集合时的性能

第一个情形很简单。假定有一个 LINQ 查询遍历集合，并通过处理器密集型的计算从集合中获取元素。只要不同的计算相互独立，这种形式的查询就能从并行执行中获益。集合中的元素可划分为大量分区；确切的分区数量要取决于计算机的当前负荷以及可用的 CPU 数量。每个分区中的元素都可以由一个独立线程处理。所有分区都处理好之后，结果可合并到一起。任何集合只要允许通过索引访问元素，比如数组或者实现了 **IList<T>** 接口的集合，都可以像这样处理。

> **并行化对简单集合的 LINQ 查询**

1. 在微软的 Visual Studio 2022 中打开"文档"文件夹下\Microsoft Press\VCSBS\

Chapter 24\PLINQ 子文件夹中的 PLINQ 解决方案。

2. 在解决方案资源管理器中双击 Program.cs，在"代码和文本编辑器"中显示它。
这是控制台应用，主要结构已创建好。Program 类包含 Test1 和 Test2 两个方法，
演示了两种常见情形。Main 方法依次调用每个测试方法。

两个测试方法具有相同常规结构，都是创建一个 LINQ 查询(将在这一组练习中添加
实际的代码)，运行它，并显示所花的时间。每个方法的代码几乎完全独立于实际创
建和运行查询的语句。

3. 在文件顶部添加以下 using 指令：

```
using System.Linq;
```

LINQ 使用的操作符在这个命名空间中作为扩展方法来实现。

4. 找到 Test1 方法。该方法创建一个大整数数组，用 0～200 的随机数填充。已为随
机数生成器提供了固定种子值，所以每次运行应用程序都应该看到相同结果。

5. 在该方法的第一条 TO DO 注释之后添加以下加粗的 LINQ 查询：

```
// TO DO: Create a LINQ query that retrieves all numbers that are greater than 100
var over100 = from n in numbers
              where TestIfTrue(n > 100)
              select n;
```

该 LINQ 查询从 numbers 数组获取值大于 100 的所有项。n > 100 这个测试本身不
是计算密集型操作，不足以演示并行查询的优势。所以代码调用 TestIfTrue 方法，
通过执行一个 SpinWait 操作来稍微延缓操作速度。SpinWait 方法造成处理器循环
执行特殊的"无操作"(no operation)指令，保持处理器"忙"于"什么事情都不
做"一小段时间(即所谓的 Spinning，或称处理器"自旋")。下面是 TestIfTrue 方
法的定义：

```
public static bool TestIfTrue(bool expr)
{
    Thread.SpinWait(1000);
    return expr;
}
```

6. 在 Test1 方法的第二个 TO DO 注释后添加以下加粗的语句：

```
// TO DO: Run the LINQ query, and save the results in a List<int> object
List<int> numbersOver100 = new List<int>(over100);
```

记住，LINQ 查询使用了延迟执行机制，只有在实际获取结果时才会执行查询。该
语句创建 List<int>对象，在其中填充运行 over100 这个查询的结果。

7. 在 Test1 方法的第三个 TO DO 注释后添加以下加粗的语句：

```
// TO DO: Display the results
Console.WriteLine($"There are {numbersOver100.Count} numbers over 100");
```

8.   在"调试"菜单中选择"开始执行(不调试)"生成并运行应用程序。注意花了多少时间运行 Test1 以及数组中有多少项大于 100。

9.   多运行几次，记录平均时间。验证每次报告的大于 100 的数组元素的数量是相同的(应用程序用相同种子值确保测试的可重复性)。完成后，返回 Visual Studio。

10. LINQ 查询返回每一项的逻辑独立于返回其他项，所以该查询适合进行"分区"。修改定义 LINQ 查询的语句，为 numbers 数组指定 AsParallel 扩展方法，如加粗部分所示：

```
var over100 = from n in numbers.AsParallel()
              where TestIfTrue(n > 100)
              select n;
```

> **注意**　如果选择逻辑或计算方式要求访问共享数据，就必须对并发线程进行同步，否则会造成无法预料的结果。但同步会造成额外开销，可能使并行查询的优势荡然无存。

11. 在"调试"菜单中选择"开始执行(不调试)"。验证 Test1 报告的项数和以前一样，但这次测试所花的时间显著缩短。多运行几次，记录平均测试时间。在双核机器上运行，时间会缩短 40%~45%。在更多核数的机器上运行，时间还会更短一些(我的四核电脑处理时间从 8.3 秒缩短至 2.4 秒)。

12. 关闭应用程序，返回 Visual Studio。

上个练习证明，只需对 LINQ 查询进行一处极小的改动，就能显著提升性能。但只有在查询需要大量 CPU 时间的时候，像这样的"改造"才最见效。我在这里实际是抖了一个机灵，浪费了不少处理器时间却什么事情都没做。如果不假装要忙些别的什么事情，查询的并行版本实际会比顺序版本慢。下个练习将用一个 LINQ 查询来联接(join)内存中的两个数组。这个练习使用了更真实的数据源，所以不需要故意放慢查询速度。

> **并行化联接两个集合的查询**

1.   在"代码和文本编辑器"中打开 Data.cs 文件，找到 CustomersInMemory 类。该类包含名为 Customers 的公共字符串数组。Customers 中的每个字符串都容纳了一名客户的信息，不同字段以逗号分隔。经常要在文本文件中存储以逗号分隔的字段，并从应用程序中读取这种文本文件。第一个字段包含客户 ID，第二个是客户公司名，其余字段容纳了地址、城市、国家/地区和邮编。

2.   找到 OrdersInMemory 类。该类和 CustomersInMemory 类相似，只是它包含名为 Orders 的字符串数组。每个字符串的第一个字段是订单编号，第二个是客户 ID，第三个是下单日期。

---

3. 找到 OrderInfo 类。该类包含 4 个字段，容纳了客户 ID、公司名称、订单 ID 和下单日期。将用一个 LINQ 查询在 OrderInfo 对象集合中填充来自 Customers 和 Orders 数组的数据。

4. 在"代码和文本编辑器"中显示 Program.cs 文件，找到 Program 类中的 Test2 方法。要在该方法中创建一个 LINQ 查询，它通过客户 ID 联接 Customers 和 Orders 数组。查询将每一行结果都存储到一个 OrderInfo 对象中。

5. 在方法的 try 块中，将以下加粗代码添加到第一个 TO DO 注释后面：

```
// TO DO: Create a LINQ query that retrieves customers and orders from arrays
// Store each row returned in an OrderInfo object
var orderInfoQuery = from c in CustomersInMemory.Customers
        join o in OrdersInMemory.Orders
        on c.Split(',')[0] equals o.Split(',')[1]
        where Convert.ToDateTime(o.Split(',')[2],
            new CultureInfo("en-US"))
                >= new DateTime(1997, 1, 1)  &&
        Convert.ToDateTime(o.Split(',')[2],
                new CultureInfo("en-US"))
                < new DateTime(1998, 1, 1)
        select new OrderInfo
        {
            CustomerID = c.Split(',')[0],
            CompanyName = c.Split(',')[1],
            OrderID = Convert.ToInt32(o.Split(',')[0]),
            OrderDate = Convert.ToDateTime(o.Split(',')[2],
                new CultureInfo("en-US"))
        };
```

该语句定义 LINQ 查询。注意，用 String 类的 Split 方法将每个字符串都分解成一个字符串数组。字符串在逗号位置分解，逗号本身会被删除。数组中的日期以 US English 格式存储，所以将其转换成 OrderInfo 对象中的 DateTime 对象时，要指定 US English 格式化器。如果使用本地的默认格式化器，日期解析就可能出错。总之，这个查询执行了大量的工作来生成每一项的数据。

6. 在 Test2 方法中，在第二个 TO DO 注释后添加以下加粗的语句：

```
// TO DO: Run the LINQ query, and save the results in a List<OrderInfo> object
List<OrderInfo> orderInfo = new List<OrderInfo>(orderInfoQuery);
```

该语句运行查询并填充 orderInfo 集合。

7. 在第三个 TO DO 注释后添加以下加粗的语句：

```
// TO DO: Display the results
Console.WriteLine($"There are {orderInfo.Count} orders");
```

8. 在 Main 方法中注释掉调用 Test1 方法的语句，取消注释调用 Test2 方法的语句，如加粗的语句所示：

```
static void Main(string[] args)
{
    // Test1();
    Test2();
}
```

9. 在"调试"菜单中选择"开始执行(不调试)"。

10. 验证 Test2 检索了 3672 个订单，并记录测试时间。

11. 多运行几次，记录平均时间。返回 Visual Studio。

12. 在 Test2 方法中修改 LINQ 查询，为 Customers 和 Orders 数组添加 AsParallel 扩展方法，如加粗的部分所示：

```
var orderInfoQuery =   from c in CustomersInMemory.Customers.AsParallel()
                       join o in OrdersInMemory.Orders.AsParallel()
                       ...
```

💣警告 以这种方式联接两个数据源时，它们必须都是 IEnumerable 对象或者 ParallelQuery 对象。这意味着如果为第一个数据源指定 AsParallel 方法，也应为另一个指定 AsParallel 方法，否则代码将不会运行——会报错并终止。

13. 再运行几次应用程序。注意，Test2 所花的时间应该比上一次测试显著缩短。PLINQ 可利用多个线程优化联接操作，能并行获取联接的每一部分的数据。

14. 关闭应用程序，返回 Visual Studio。

这两个简单的练习证明了 AsParallel 扩展方法和 PLINQ 的强大功能。然而，PLINQ 是一个正在快速变革的技术，它的内部实现将来极有可能改变。另外，数据量和查询中执行的处理量也对 PLINQ 的效率有一定影响。因此，不应单靠这两个练习就总结出一套固定的规则。相反，应该在自己的环境中，针对自己的数据仔细权衡使用 PLINQ 所带来的性能或其他方面的优势。

24.2.2 取消 PLINQ 查询

和普通 LINQ 查询不一样，PLINQ 查询是可以取消的。为此，需要指定来自 CancellationTokenSource 的一个 CancellationToken 对象并使用 ParallelQuery 的 WithCancellation 扩展方法：

```
CancellationToken tok = ...;
...
var orderInfoQuery =
    from c in CustomersInMemory.Customers.AsParallel().WithCancellation(tok)
    join o in OrdersInMemory.Orders.AsParallel()
    on ...
```

WithCancellation 在查询中只能指定一次。取消会应用于查询中的所有数据源。如果用于生成 CancellationToken 的 CancellationTokenSource 对象被取消,查询就会停止,并抛出 OperationCanceledException 异常。

24.3 同步对数据的并发访问

PLINQ 并非一定是应用程序的最佳技术。如手动创建自己的任务,需确保这些任务正确协调。微软的.NET Framework 类库提供了可供等待任务完成的方法,可用这些方法实现比较粗糙的任务协调。但思考一下两个任务试图访问和修改相同数据会发生什么。如两个任务同时运行,重叠的操作可能破坏数据。由于不可预测,这种情况会造成很难纠正的 bug。

Task 类提供了强大的框架来帮助使用多个 CPU 内核并行执行任务。但执行并发操作一定要非常谨慎,尤其是需要共享访问相同的数据时。你对并行操作的调度方式几乎没有什么控制权,就连操作系统为使用任务来开发的应用程序提供的并行度都控制不了。这些决定都是由"运行时"来做的,具体取决于计算机的负荷和硬件。这个程度的抽象是由 Microsoft 的开发团队做出的。正是因为这个原因,才使你在构建使用了并发任务的应用程序时,不需要理解低级的线程处理和调度细节。但这种抽象并非没有代价。虽然看起来能解决问题,但你必须对自己的代码的运行方式有一定程度的理解。否则,最后的结果可能是自己的应用程序的行为变得无法预测(甚至出错),如下例所示(参考第 24 章文件夹中的 ParallelTest 项目):

```
using System;
using System.Threading;
class Program
{
    private const int NUMELEMENTS = 10;
    static void Main(string[] args)
    {
        SerialTest();
    }

    static void SerialTest()
    {
        int[] data = new int[NUMELEMENTS];
        int j = 0;

        for (int i = 0; i < NUMELEMENTS; i++)
        {
            j = i;
            doAdditionalProcessing();
            data[i] = j;
            doMoreAdditionalProcessing();
        }

        for (int i = 0; i < NUMELEMENTS; i++)
        {
```

```
            Console.WriteLine($"Element {i} has value {data[i]}");
        }
    }

    static void doAdditionalProcessing()
    {
        Thread.Sleep(10);
    }

    static void doMoreAdditionalProcessing()
    {
        Thread.Sleep(10);
    }
}
```

SerialTest 方法用一组值填充整数数组(以一种相当繁琐的方式),然后遍历并打印数组中每一项的索引和值。作为处理过程的一部分,**doAdditionalProcessing** 方法和 **doMoreAdditionalProcessing** 方法模拟执行长时间操作,这些操作可能造成"运行时"让出处理器的控制权。程序输出如下:

```
Element 0 has value 0
Element 1 has value 1
Element 2 has value 2
Element 3 has value 3
Element 4 has value 4
Element 5 has value 5
Element 6 has value 6
Element 7 has value 7
Element 8 has value 8
Element 9 has value 9
```

再来看看以下 ParallelTest 方法。该方法等同于 SerialTest 方法,只不过它使用的是 Parallel.For 构造,通过并发运行的任务来填充 data 数组。每个任务运行的 Lambda 表达式中的代码与 SerialTest 方法中的第一个 for 循环的代码是一样的。

```
using System.Threading.Tasks;
...
static void ParallelTest()
{
    int[] data = new int[NUMELEMENTS];
    int j = 0;
    Parallel.For (0, NUMELEMENTS, (i) =>
    {
        j = i;
        doAdditionalProcessing();
        data[i] = j;
        doMoreAdditionalProcessing();
    });

    for (int i = 0; i < NUMELEMENTS; i++)
    {
```

```
            Console.WriteLine($"Element {i} has value {data[i]}");
        }
    }
```

ParallelTest 方法的目的是执行和 SerialTest 方法一样的操作，只不过它使用的是并发任务，并希望能运行得更快一些。但问题在于，这样做并非总能获得预期的结果。下面展示了 ParallelTest 方法的一次示例输出：

```
Element 0 has value 2
Element 1 has value 1
Element 2 has value 6
Element 3 has value 1
Element 4 has value 8
Element 5 has value 9
Element 6 has value 8
Element 7 has value 9
Element 8 has value 8
Element 9 has value 9
```

为 data 数组的每一项赋的值并非总是和 SerialTest 方法生成的值一样。而且，每次运行 ParallelTest 方法，都可能产生一组不同的结果。

检查 Paralell.For 构造的逻辑就会发现问题出在哪里。Lambda 表达式包含以下语句：

```
j = i;
doAdditionalProcessing();
data[i] = j;
doMoreAdditionalProcessing();
```

代码看起来一点问题都没有。它将变量 i(索引变量，标识循环正运行到哪一次迭代)的当前值复制给变量 j，后来又将 j 的值存储到索引为 i 的 data 数组元素中。如果 i 包含 5，那么 j 就会被赋值 5，稍后 j 的值被存储到 data[5]中。但问题在于，在向 j 赋值和从中读取值之间，代码做了更多的工作；它调用了 doAdditionalProcessing 方法。如果这个方法花的时间较长，"运行时"可能挂起线程，并调度另一个任务。执行另一个迭代的并发任务可能将一个新值赋给 j。结果就是当原始任务恢复时，赋给 data[5]的 j 值已经不是当初存储下来的值。结果就是数据被破坏了。更麻烦的是，有时这样写的代码能按预期的那样工作，并生成正确的结果。但有时又生成错误的结果。这具体要取决于计算机当前有多忙，以及各个任务是在什么时候调度的。如果不注意，像这样的 bug 会在测试期间潜伏起来，在生产环境中突然发作。

变量 j 由所有并发的任务共享。如果一个任务在 j 中存储了一个值，后又从中读取，就必须保证在此期间没有其他任务修改 j。这要求在所有并发任务之间同步对变量的访问。一个解决方案是对数据进行锁定。

24.3.1 锁定数据

C#语言通过 lock 关键字提供锁定语义，以确保对资源的独占访问。lock 关键字像下面这样使用：

```
object myLockObject = new object();
...
lock (myLockObject)
{
    // 需要对共享资源进行独占访问的代码
    ...
}
```

lock 语句尝试在指定对象上获取互斥锁，注意，实际可用任何引用类型，而非只能使用 object。如对象正由另一个线程锁定，它就会阻塞。线程获得锁之后，lock 语句后面的代码块就会运行。在块的末尾，锁会被释放。如果另一个线程正阻塞并等待该锁，就可趁此机会获得锁并得以继续。

24.3.2　用于协调任务的同步基元

lock 关键字在许多简单情形中很有用，但有时有更复杂的需求。System.Threading 命名空间包含大量额外的同步基元来满足这些需求。这些基元是和任务共同使用的类；它们公开了锁定机制，在一个任务获得锁的时候限制其他任务对资源的访问。

这些基元支持大量锁定技术，可用来实现不同风格的并发访问，范围从简单的互斥锁(一个任务独占对资源的访问)到信号量(多个任务以一种受控的方式同时访问资源)，再到 reader/writer 锁(允许不同任务共享对资源的只读访问，需修改资源的线程则能获得独占访问权)。下面总结了部分基元。更多信息和例子请参见微软官方文档。

注意　.NET Framework 从最早的版本开始便提供了丰富的同步基元。以下列表只包含 System.Threading 命名空间中的一些较新的基元。新基元和以前提供的有一定程度的重叠。应使用较新版本，因为它们是专为多处理器/多核 CPU 设计和优化的。对所有同步机制的理论进行详细讨论超出了本书范围。要深入学习多线程和同步理论，请访问 http://t.cn/RPjAR2w，http://t.cn/ReBv2fq 和参考《CLR via C#(第 4 版)》。

ManualResetEventSlim 类

利用 ManualResetEventSlim 类提供的功能，一个或多个任务可以等待一个事件。ManualResetEventSlim 对象可以是两种状态之一：有信号(true)和无信号(false)。任务要创建一个 ManualResetEventSlim 对象并指定它的初始状态。其他任务可以调用 Wait 方法等待 ManualResetEventSlim 对象收到信号。如果 ManualResetEventSlim 对象处于无信号状态，Wait 方法就阻塞线程。另一个任务可以更改 ManualResetEventSlim 对象的状态，调用 Set 方法将 ManualResetEventSlim 对象的状态变成有信号(signaled)。这个行动会释放在 ManualResetEventSlim 对象上等待的所有任务，使其可以恢复运行。Reset 方法将

ManualResetEventSlim 对象的状态变回无信号(unsignaled)。

SemaphoreSlim 类

可用 SemaphoreSlim 类控制对一个资源池的访问。SemaphoreSlim 对象具有初始值(非负整数)和一个可选的最大值。SemaphoreSlim 对象的初始值一般是池中的资源的数量。访问资源的任务首先调用 Wait 方法。这个方法试图递减 SemaphoreSlim 对象的值。如果值非零,就允许任务继续,并可从池中获取一个资源。完成后,任务应该调用 SemaphoreSlim 对象的 Release 方法来递增信号量的值。

如果任务调用 Wait 方法,而且对 SemaphoreSlim 对象的值进行递减会造成负值,任务就会等待,直到另一个任务调用 Release。

SemaphoreSlim 类还提供了 CurrentCount 属性,可据此判断一个 Wait 操作是有可能立即成功,还是有可能造成阻塞。

CountdownEvent 类

可以将 CountdownEvent 类看成是与信号量的行为相反的构造,而且它在内部使用了一个 ManualResetEventSlim 对象。任务创建 CountdownEvent 对象时要指定初始值(非负整数)。一个或多个任务能调用 CountdownEvent 对象的 Wait 方法。如果它的值非零,任务就会被阻塞。Wait 不递减 CountdownEvent 对象的值;相反,只有其他任务能调用 Signal 方法来递减值。一旦 CountdownEvent 对象的值抵达 0,所有阻塞的任务都会收到信号,可以恢复运行。

任务可以用 Reset 方法将 CountdownEvent 对象的值重置为在其构造器中指定的值。任务可以调用 AddCount 方法增大该值。可以检查 CurrentCount 属性判断一个 Wait 调用是否可能阻塞。

ReaderWriterLockSlim 类

ReaderWriterLockSlim 类是一个高级同步基元,它支持单个 writer 和多个 reader。基本思路是,对资源的修改(写入)要求独占访问,但读取不需要。因此,多个 reader 能同时访问相同的资源。

读取资源的任务调用 ReaderWriterLockSlim 对象的 EnterReadLock 方法。该操作会获取对象上的读取锁。线程结束资源访问之后,就调用 ExitReadLock 方法释放锁。多个线程可同时读取相同的资源,每个线程都获得自己的读取锁。

要修改资源,任务可调用同一个 ReaderWriterLockSlim 对象的 EnterWriteLock 方法来获取写入锁。如果一个或多个任务当前拥有该对象的读取锁,EnterWriteLock 方法就阻塞,直到它们全部释放。获得写入锁之后,任务可修改资源,并在完事儿之后调用

ExitWriteLock 方法释放写入锁。

ReaderWriterLockSlim 对象只有一个写入锁。如果另一个任务也试图获取写入锁，就会阻塞，直到第一个任务释放写入锁为止。

为确保写入线程不会被不确定地阻塞(老是有"插队"读取的情况)，一旦某个线程请求了写入锁，后续所有 EnterReadLock 调用都会被阻塞，直至写入锁被获取并释放。

Barrier 类

Barrier 类允许在应用程序特定位置临时暂停执行一组任务，只有在所有任务都到达这个位置之后，才允许继续。可用它对执行一系列并发操作的任务进行同步，从而在算法的不同阶段推进。

任务创建 Barrier 对象时要指定集合中要同步的线程数。可将该值想象成 Barrier 类内部维护的一个任务计数。以后可调用 AddParticipant 或者 RemoveParticipant 方法修改该值。当一个任务抵达一个同步点时，就调用 Barrier 对象的 SignalAndWait 方法，从而递减 Barrier 对象内部的任务计数。计数器大于零，任务就被阻塞。只有计数器变成 0 之后，在 Barrier 对象上等待的所有任务才会被释放并继续运行。

Barrier 类提供 ParticipantCount 属性来指定参与同步的任务数；还有 ParticipantsRemaining 属性来指出还有多少个线程需调用 SignalAndWait，才能升起栅栏并让阻塞的任务继续。

还可在 Barrier 构造器中指定委托。所有线程都抵达栅栏时，该委托引用的方法就会运行。Barrier 对象作为参数传给方法。只有方法完成后才升起栅栏并让任务继续。

24.3.3 取消同步

ManualResetEventSlim 类、SemaphoreSlim 类、CountdownEvent 类和 Barrier 类都支持第 23 章描述的取消模型。每个类的等待操作都能获取可选的 CancellationToken 参数(即取消标志，它从一个 CancellationTokenSource 对象获得)。一旦调用 CancellationTokenSource 对象的 Cancel 方法，引用了 CancellationToken 的所有等待操作都会终止，并抛出 OperationCanceledException 异常(该异常可能包装到一个 AggregateException 中，具体取决于等待操作的上下文)。

以下代码演示了如何调用一个 SemaphoreSlim 对象的 Wait 方法并指定取消标志。如等待操作被取消，OperationCanceledException 的异常处理程序就会运行。

```
CancellationTokenSource cancellationTokenSource = new CancellationTokenSource();
CancellationToken cancellationToken = cancellationTokenSource.Token;
...
// 该信号量保护一个资源池(池中有 3 个资源)
SemaphoreSlim semaphoreSlim = new SemaphoreSlim(3);
...
```

```
// 在信号量上等待，并捕捉 OperationCanceledException，以防另一个线程
// 在 cancellationTokenSource 上调用 Cancel
try
{
    semaphoreSlim.Wait(cancellationToken);
}
catch (OperationCanceledException e)
{
    ...
}
```

24.3.4　并发集合类

许多多线程应用程序都要求用集合来存储和获取数据。微软的.NET Framework 提供的标准集合类默认不是线程安全的。虽然可用之前描述的同步基元添加、查询和删除集合元素的代码包装起来，但是过程很容易出错，伸缩性也不佳。.NET Framework 在 System.Collections.Concurrent 命名空间提供了几个线程安全的集合类和接口，它们基于任务而设计。下面进行了简单总结。

- **ConcurrentBag<T>**是常规用途的类，用于容纳无序的数据项集合。它包含了用于插入(Add)、删除(TryTake)和检查(TryPeek)数据项的方法。这些方法线程安全。集合可枚举，可以用 **foreach** 语句遍历。

- **ConcurrentDictionary<TKey, TValue>** 实现了第 18 章描述的泛型 Dictionary<TKey, TValue>集合类的线程安全版本。提供了 **TryAdd** 方法、**ContainsKey** 方法、**TryGetValue** 方法、**TryRemove** 方法和 **TryUpdate** 方法等，可以添加、查询、删除和修改字典中的项。

- **ConcurrentQueue<T>** 实现了第 18 章描述的泛型 Queue<T>类的线程安全版本。提供了 Enqueue 方法、TryDequeue 方法和 TryPeek 方法，可添加、删除和查询队列中的项。

- **ConcurrentStack<T>**实现了第 18 章描述的泛型 Stack<T>类的线程安全版本。提供了 Push 方法、TryPop 方法和 TryPeek 等方法，以进行入栈、出栈和查询操作。

注意　为集合类的方法添加线程安全性会带来额外的运行时开销，所以这些类和普通集合类相比会慢一些。决定是否要对一组访问共享资源的操作进行"并行化"时，一定要考虑到这个事实。

24.3.5　使用并发集合和锁实现线程安全的数据访问

下面的一组练习将实现一个应用程序，通过一个统计采样算法计算 PI。最开始以单线程方式执行计算。然后修改代码，使用并行任务执行计算。在此过程中，会遇到一些数据同步问题，并练习用并发集合类和锁来解决问题，确保正确协调任务。

这里用来计算 PI 的算法基于一些简单的数学计算和统计学采样。先画半径为 r 的圆，再画一个外切正方形，它的四个边和圆相切。因此，正方形边长为 $2 * r$，如下图所示。

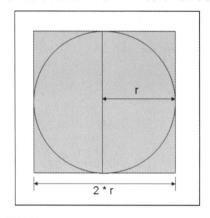

正方形面积 S 像下面这样计算：

$S = (2 * r) * (2 * r)$

或者

$S = 4 * r * r$

圆的面积 C 像下面这样计算：

$C = \text{PI} * r * r$

根据上述公式得出以下结论：

$r * r = C / \text{PI}$

以及：

$r * r = S / 4$

所以：

$S / 4 = C / \text{PI}$

所以可以像下面这样计算 PI：

$\text{PI} = 4 * C / S$

难点在于判断 C / S 比值是多少。这就要用到统计学采样了。可以生成一组随机点，它们均匀分布在正方形中，同时统计有多少点落在圆内。如随机样本足够多，落在圆中的点和总共生成的点的比值就是两个形状的面积比值，即 C / S。而你唯一要做的就是计数。

那么，怎样判断一个点是否落在圆内呢？为了帮助理解解决方案，请在一张坐标纸上画一个正方形，正方形中心是原点(0, 0)。然后，可以生成范围在(-r, -r)到 (+r, +r)的坐标，这些点肯定在正方形内。为了判断任何一个坐标(x, y)是否同时在圆内，可计算这个坐标所代表的点到原点的距离。根据勾股定理，距离 $d = ((x * x) + (y * y))$ 的平方根。如果 d 小于或等于 r，则坐标(x, y)代表的点就在圆内。如下图所示。

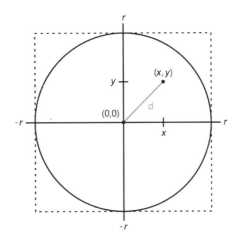

该算法可以进一步简化，只生成右上象限的坐标，也就是在生成坐标时，将随机数的范围限制在 0～r 之内。本练习将采用这个思路。

> 📝 **注意** 本章的练习要求在多核计算机上运行。单核 CPU 无法体验到单线程和多线程方案的不同。另外，练习期间不要启动额外的程序或服务，否则也会影响效果。

➤ 用单线程计算 PI

1. 如 Microsoft Visual Studio 2022 尚未启动，请启动。

2. 打开"文档"文件夹中的\Microsoft Press\VCSBS\Chapter 24\CalculatePI 子文件夹中的 CalculatePI 解决方案。

3. 在解决方案资源管理器中，双击 Program.cs 在"代码和文本编辑器"中显示它。这是控制台应用程序。主干结构已创建好了。

4. 滚动到文件底部，查看 Main 方法。

```
static void Main(string[] args)
{
    double pi = SerialPI();
    Console.WriteLine($"Geometric approximation of PI calculated serially: {pi}");

    Console.WriteLine();
    // pi = ParallelPI();
    // Console.WriteLine($"Geometric approximation of PI calculated in parallel: {pi}");
}
```

上述代码调用 SerialPI 方法，该方法使用刚才描述的统计采样算法计算 PI。值作为 double 返回并显示。代码目前注释掉了 ParallelPI 方法调用，它执行相同的计算，但使用并发任务。结果应该和 SerialPI 方法一样。

5. 检查 SerialPI 方法。

```
static double SerialPI()
{
    List<double> pointsList = new List<double>();
    Random random = new Random(SEED);
    int numPointsInCircle = 0;
    Stopwatch timer = new Stopwatch();
    timer.Start();

    try
    {
        // TO DO: Implement the geometric approximation of PI
        return 0;
    }
    finally
    {
        long milliseconds = timer.ElapsedMilliseconds;
        Console.WriteLine($"SerialPI complete: Duration: {milliseconds} ms",);
        Console.WriteLine($"Points in pointsList: {pointsList.Count}. Points
        within circle:
    {numPointsInCircle}");
    }
}
```

该方法会生成大量坐标,并计算每个坐标到原点的距离。集合大小由常量 NUMPOINTS 指定(位于 Program 类的顶部)。这个值越大, 坐标集合越大, 计算出来的 PI 值越准确。如内存充足,可试着增大 NUMPOINTS 的值。类似地, 如应用程序开始抛出 OutOfMemoryException 异常, 就应减少该值。

每个点到原点的距离存储在 pointsList 这个 List<double>集合中。坐标数据用 random 变量生成。这是一个 Random 对象,种子值是常量, 所以应用程序每次运行都会生成同一组随机数。目的是帮助你判断程序正确运行。如果愿意, 可以在 Program 类的顶部更改 SEED 常量。

numPointsInCircle 变量用于统计 pointsList 集合中落在圆内的点数。圆的半径由 Program 类顶部的 RADIUS 常量指定。为了方便比较这个方法和 ParallelPI 方法的性能, 代码创建了名为 timer 的 Stopwatch 变量并启动它。finally 块判断计算花了多少时间, 并显示结果。出于稍后会讲到的原因, finally 块还负责显示 pointsList 集合总共有多少数据项, 以及落在圆中的点数。

下面几个步骤将在 try 块中添加代码来执行计算。

6. 在 try 块中删除注释和 return 语句。提供这个语句的目的只是为了能够编译。在 try 块中添加以下加粗的 for 循环:

```
try
{
    for (int points = 0; points < NUMPOINTS; points++)
```

```
    {
        int xCoord = random.Next(RADIUS);
        int yCoord = random.Next(RADIUS);
        double distanceFromOrigin = Math.Sqrt(xCoord * xCoord + yCoord * yCoord);
        pointsList.Add(distanceFromOrigin);
        doAdditionalProcessing();
    }
}
```

这个代码块生成一对 0~RADIUS 的坐标值，并将它们存储到 xCoord 和 yCoord 变量。然后利用勾股定理计算它们代表的点到原点的距离，将结果(一个 double 类型的距离值)添加到 pointsList 集合。

> 📝 **注意** 虽然这个代码块执行的计算有点多，但真正的科学计算应用程序通常包含更复杂的计算，处理器忙的时间更长。为了模拟这种情况，代码块调用了另一个名为 doAdditionalProcessing 的方法。该方法唯一的作用就是"干耗"一定数量的 CPU 周期，如以下代码所示。这是为了在演示多个任务的数据同步需求时，不必真的通过执行复杂计算(比如执行快速傅里叶变换或称 FFT)来保持 CPU 忙碌：
>
> ```
> private static void doAdditionalProcessing()
> {
>     Thread.SpinWait(SPINWAITS);
> }
> ```
>
> SPINWAITS 也是在 Program 类顶部定义的常量。

---

7. 在 SerialPI 方法的 try 块中，在 for 块之后添加以下加粗的 foreach 语句：

```
try
{
    for (int points = 0; points < NUMPOINTS; points++)
    {
        ...
    }

    foreach (double datum in pointsList)
    {
        if (datum <= RADIUS)
        {
            numPointsInCircle++;
        }
    }
}
```

上述代码遍历 pointsList 集合，依次检查每个距离值。如值小于或等于圆的半径，就递增 numPointsInCircle 变量。循环结束后，numPointsInCircle 包含的就是落在圆中的点的总数。

8.   为 try 块添加以下加粗的语句，把它放到 foreach 块的后面：

```
try
{
    for (int points = 0; points < NUMPOINTS; points++)
    {
        ...
    }

    foreach (double datum in pointsList)
    {
        ...
    }

    double pi = 4.0 * numPointsInCircle / NUMPOINTS;
    return pi;
}
```

第一个语句根据圆内的点数和总点数的比值来计算 PI，公式已在本节开头介绍过。
PI 值作为方法的结果返回。

9.   在"调试"菜单中选择"开始执行(不调试)"。

程序会运行并显示 PI 的近似值，如下图所示。另外还会显示计算所花的时间。在我
的计算机上，程序运行花了 34 秒钟，所以请耐心等待。

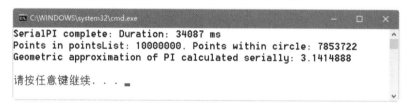

注意   除非更改了 NUMPOINTS，RADIUS 或 SEED 常量，否则你的机器显示的 PI 值应该和
图中显示的 PI 值相同，即 3.1414888 (当然，计时不一样)。

10.   关闭控制台窗口，返回 Visual Studio。

在 SerialPI 方法中，研究一下 for 循环的代码，会发现用于生成点和计算到原点的距
离的代码很适合"并行化"。下个练习将演示具体做法。

➤   使用并行任务计算 PI

1.   在"代码和文本编辑器"中显示 Program.cs 的内容。

2.   找到 ParallelPI 方法。它包含和 SerialPI 方法最开始时(没有在 try 块中计算 PI
时)完全一样的代码。

3.   在 try 块中删除注释和 return 语句。添加以下加粗的 Parallel.For 语句：

```
try
{
    Parallel.For (0, NUMPOINTS, (x) =>
    {
        int xCoord = random.Next(RADIUS);
        int yCoord = random.Next(RADIUS);
        double distanceFromOrigin = Math.Sqrt(xCoord * xCoord + yCoord * yCoord);
        pointsList.Add(distanceFromOrigin);
        doAdditionalProcessing();
    });
}
```

这是SerialPI方法中的for循环的并行版本。原始for循环主体包装在一个Lambda表达式中。这样每次循环迭代都可以用一个任务来进行，而任务可以并行运行。具体的并行度要取决于处理器内核数量以及其他资源的可用情况。

4. 将以下加粗的代码添加到try块的Parallel.For语句之后。这些代码和SerialPI方法中对应的语句完全相同：

```
try
{
    Parallel.For (...
    {
        ...
    });

    foreach (double datum in pointsList)
    {
        if (datum <= RADIUS)
        {
            numPointsInCircle++;
        }
    }

    double pi = 4.0 * numPointsInCircle / NUMPOINTS;
    return pi;
}
```

5. 在Program.cs文件末尾的Main方法中，取消注释ParallelPI方法调用和显示结果的Console.WriteLine语句。
6. 在“调试”菜单中选择“开始执行(不调试)”。

程序开始运行，并显示下图所示的结果，不同的机器可能有所不同。

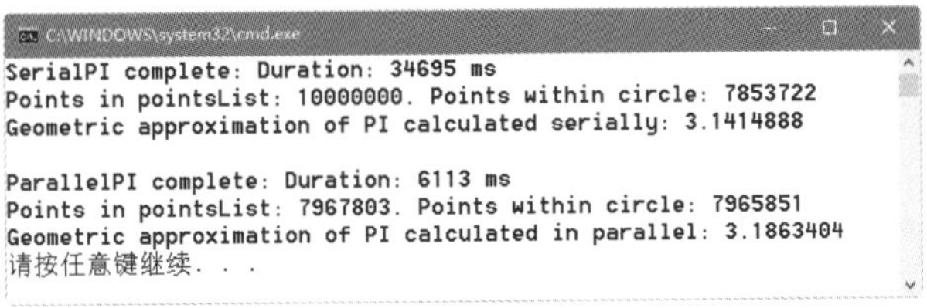

```
SerialPI complete: Duration: 34695 ms
Points in pointsList: 10000000. Points within circle: 7853722
Geometric approximation of PI calculated serially: 3.1414888

ParallelPI complete: Duration: 6113 ms
Points in pointsList: 7967803. Points within circle: 7965851
Geometric approximation of PI calculated in parallel: 3.1863404
请按任意键继续. . .
```

SerialPI 方法的结果和以前完全一样。但 ParallelPI 方法的结果令人不解。随机数生成器取的是相同种子值，所以应生成相同的随机数序列，落在圆中的点数应该一样。另一个疑点是，ParallelPI 方法的 pointsList 集合包含的点数(实际是距离值的数量)要比 SerialPI 方法中的集合包含的点数少。

注意 如 pointsList 集合包含点数和以前一样，请试着再运行一次应用程序。大多数时候，它包含的数据项都少于以前。

7. 关闭控制台窗口，返回 Visual Studio.

那么，并行计算哪里出了问题？为了调查错误根源，一个很好的起点是 pointsList 集合中数据项的数量。集合是泛型 List<double> 对象。但这个类型不是线程安全的。Parallel.For 语句中的代码调用 Add 方法向集合追加一个值，但要记住，这个代码是由并行的任务执行的。后果就是一些 Add 调用相互干扰，造成数据被破坏。一个解决方案是使用 System.Collections.Concurrent 命名空间中的一个并发集合类，这种集合是线程安全的。其中，泛型 ConcurrentBag<T> 类可能最适合目前这种情况。

➤ 使用线程安全的集合

1. 在"代码和文本编辑器"中显示 Program.cs 的内容。

2. 在文件顶部添加以下 using 指令:

   ```
   using System.Collections.Concurrent;
   ```

3. 找到 ParallelPI 方法。在方法起始处，将实例化 List<double> 集合的语句替换成创建 ConcurrentBag<double> 集合的语句，如以下加粗的语句所示:

   ```
   static double ParallelPI()
   {
       ConcurrentBag<double> pointsList = new ConcurrentBag<double>();
       Random random = ...;
       ...
   }
   ```

   注意，不能为该类指定默认容量，所以构造器不获取参数。

   不需要修改方法的其他代码；还是用 Add 方法向 ConcurrentBag<T> 集合添加项，这和 List<T> 集合一样。

4. 在"调试"菜单中选择"开始执行(不调试)"。

   随后将运行程序，并使用 SerialPI 方法和 ParallelPI 方法分别显示 PI 的近似值。下图展示了一次示例输出。

```
SerialPI complete: Duration: 34091 ms
Points in pointsList: 10000000. Points within circle: 7853722
Geometric approximation of PI calculated serially: 3.1414888

ParallelPI complete: Duration: 7809 ms
Points in pointsList: 10000000. Points within circle: 9998440
Geometric approximation of PI calculated in parallel: 3.999376
请按任意键继续. . .
```

这次 ParallelPI 方法中的 pointsList 集合包含正确数量的点(实际是一些距离值)。但落在圆中的点数仍然非常高;它本应和 SerialPI 方法报告的点数一样。

还要注意, ParallelPI 方法现在花的时间比上一个练习多。这是因为 ConcurrentBag<T> 类中的方法必须对数据进行锁定和解锁来确保线程安全性。这个过程增大了调用方法的开销。这证明了在考虑对一个操作进行"并行化"时,必须考虑到随之而来的开销。

5. 关闭控制台窗口,返回 Visual Studio。

现在, pointsList 集合中的点的数量正确了,但这些点的值令人生疑。Parallel.For 构造中的代码调用 Random 对象的 Next 方法,但和泛型类 List<T> 的方法一样,这个方法不是线程安全的。遗憾的是, Random 类没有提供一个并发版本,所以必须采用其他技术固定 Next 方法的调用顺序。由于每个调用都相当短暂,所以可考虑用一个锁来保护对这个方法的调用。

> **用锁来序列化方法调用**

1. 在"代码和文本编辑器"中显示 Program.cs 的内容。

2. 找到 ParallelPI 方法,修改 Parallel.For 语句中的 Lambda 表达式,用 lock 语句将对 random.Next 的调用保护起来。将 pointsList 集合指定为 lock 的目标,如以下加粗的语句所示:

```
static double ParallelPI()
{
    ...
    Parallel.For(0, NUMPOINTS, (x) =>
    {
        int xCoord;
        int yCoord;

        lock(pointsList)
        {
            xCoord = random.Next(RADIUS);
            yCoord = random.Next(RADIUS);
        }

        double distanceFromOrigin = Math.Sqrt(xCoord * xCoord + yCoord * yCoord);
```

```
        pointsList.Add(distanceFromOrigin);
        doAdditionalProcessing();
    });

    ...
}
```

注意，xCoord 和 yCoord 这两个变量在 lock 语句外部声明。这是由于 lock 语句定义了它自己的作用域，块内定义的变量在退出块后消失。

3. 在"调试"菜单中选择"开始执行(不调试)"。如下图所示，这次 SerialPI 和 ParallelPI 方法计算的 PI 值终于相同。唯一区别是 ParallelPI 方法要快得多。(双核处理器花的时间约一半，四核约四分之一，六核约六分之一······)

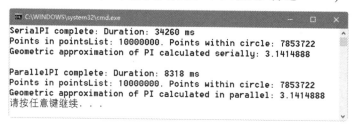

4. 关闭控制台窗口，返回 Visual Studio。

小结

本章首先讲述了如何使用 async 修饰符和 await 操作符来定义异步方法。异步方法以任务为基础，await 操作符指定了可用任务来异步执行的位置。

接着讲述了 PLINQ 的基础知识以及如何用 AsParallel 扩展方法来并行化一些 LINQ 查询。但 PLINQ 是一个比较大的主题，所以本章只是帮助你开始，详情可参见 MSDN 文档。

最后讲述了如何使用基于任务的同步基元，在并发的任务中对数据访问进行同步。讨论了如何使用并行集合类，以线程安全的方式维护数据集合。

* 如果希望继续学习下一章，请继续运行 Visual Studio 2022，然后阅读第 25 章。
* 如果希望现在就退出 Visual Studio 2022，请选择"文件"|"退出"。如果看到"保存"对话框，请单击"是"按钮保存项目。

第 24 章快速参考

目标	操作
实现异步方法	用 async 修饰符定义方法，更改方法类型来返回 Task(或 void)。方法主体用 await 操作符指定可执行异步操作的地方。示例如下： ```csharp\nprivate async Task<int> calculateValueAsync(...)\n{\n // 用 Task 调用 calculateValue\n Task<int> generateResultTask =\n Task.Run(() => calculateValue(...));\n await generateResultTask;\n return generateResultTask.Result;\n}\n```
并行化 LINQ 查询	在查询中为数据源指定 AsParallel 扩展方法。示例如下： ```csharp\nvar over100 = from n in numbers.AsParallel()\n where ...\n select n;\n```
在 PLINQ 查询中支持取消	在 PLINQ 查询中使用 ParallelQuery 类的 WithCancellation 方法，并指定取消标志。示例如下： ```csharp\nCancellationToken tok = ...;\n...\nvar orderInfoQuery =\n from c in CustomersInMemory.Customers.\n AsParallel().WithCancellation(tok)\n join o in OrdersInMemory.Orders.AsParallel()\n on ...\n```
同步一个或多个任务来实现对共享资源的线程安全独占访问	使用 lock 语句确保对数据的独占访问。示例如下： ```csharp\nobject myLockObject = new object();\n...\nlock (myLockObject)\n{\n // 要求对共享资源进行独占访问的代码\n ...\n}\n```
同步线程，使它们等待事件	• 用 ManualResetEventSlim 对象同步数量不确定的线程 • 用 CountdownEvent 对象等待收到信号指定次数 • 用 Barrier 对象协调指定数量的线程，在固定位置同步它们

目标	操作

同步对共享资源池的访问	使用 SemaphoreSlim 对象。在构造器中指定池中有多少个资源。访问共享池中的一个资源之前调用 Wait 方法。完成后调用 Release 方法。示例如下：
	
	`SemaphoreSlim semaphore = new SemaphoreSlim(3);`
	`...`
	`semaphore.Wait();`
	`// 访问池中的一个资源`
	`...`
	`semaphore.Release();`

实现对资源的独占写入和共享读取	使用 ReaderWriterLockSlim 对象。读取资源前调用 EnterReadLock 方法。结束读取后调用 ExitReadLock 方法。向共享资源写入前调用 EnterWriteLock 方法。结束写入之后调用 ExitWriteLock 方法。示例如下：
	
	`ReaderWriterLockSlim readerWriterLock = new ReaderWriterLockSlim();`
	`Task readerTask = Task.Factory.StartNew(() =>`
	`    {`
	`        readerWriterLock.EnterReadLock();`
	`        // 读取共享资源`
	`        readerWriterLock.ExitReadLock();`
	`});`
	`Task writerTask = Task.Factory.StartNew(() =>`
	`    {`
	`        readerWriterLock.EnterWriteLock();`
	`        // 向共享资源写入`
	`        readerWriterLock.ExitWriteLock();`
	`});`

取消阻塞的等待操作	根据 CancellationTokenSource 对象创建取消标志，将标志指定为等待操作的参数。取消等待就调用 CancellationTokenSource 对象的 Cancel 方法。示例如下：
	
	`CancellationTokenSource cancellationTokenSource =`
	`new CancellationTokenSource();`
	`CancellationToken cancellationToken =`
	`cancellationTokenSource.Token;`
	`...`
	`// 此信号量保护包含 3 个资源的一个池`
	`SemaphoreSlim semaphoreSlim = new SemaphoreSlim(3);`
	`...`
	`// 在信号量上等待。如果发现另一个线程调用了`
	`// cancellationTokenSource 的 Cancel 方法，`
	`// 就抛出一个 OperationCanceledException`
	`semaphore.Wait(cancellationToken);`

第 25 章

实现 UWP 应用的用户界面

学习目标

- 理解典型 UWP 应用的特色
- 使用"空白应用"模板作为 UWP 应用的基础
- 为 UWP 应用实现可伸缩的用户界面，以适应不同屏幕大小和方向
- 为 UWP 应用创建并应用样式

    Windows 提供了一个构建和开发高度交互式应用程序的平台，实现了一直连接、由触摸驱动并支持嵌入传感器的用户界面。这个平台称为 Windows Runtime(WinRT)。WinRT 为底层的 Windows 操作系统提供了一个可编程的接口，允许你构建能访问和控制 Windows 资源的应用程序。

    可用 Visual Studio 开发能适应从平板电脑到台式机的多种设备的 WinRT 应用程序，这些设备的尺寸规格不一。使用 Windows 10/11 和 Visual Studio 2022，可在 Windows 商店中将这些应用程序作为"Windows Store 应用"发布。

    不同设备提供了不同的功能和 GUI 布局选项。Microsoft 开发的"通用 Windows 平台"(UWP)在 WinRT 顶部运行。作为一个抽象层，它允许你构建在多种硬件平台上运行的 GUI 应用，同时不需要针对不同平台修改代码。UWP 应用可在多种 Windows 设备上运行，不需要维护单独的代码库。不仅手机、平板电脑和台式机，就连 Xbox 也支持 UWP。

注意 UWP 定义了一组核心特性和功能。UWP 将设备划分为多种设备家族：桌面设备家族、移动设备家族和 Xbox 设备家族等。每个设备家族都定义了一组 API 和用于实现这些 API 的设备。另外，通用设备家族定义了所有设备家族都支持的一组核心特性和功能。每个设备家族的库都包含条件方法，允许应用检测它当前在什么设备家族上运行。

本章将介绍 UWP 的基础概念，帮你开始用 Visual Studio 2022 构建在这种环境下工作的应用。将介绍 Visual Studio 20 22 为构建 UWP 应用而提供的新功能和工具。将实际构建一个具有 Windows 10/11 外观和感觉的 UWP 应用。重点解释如何实现易于伸缩的用户界面来适应不同的设备分辨率和屏幕大小，以及如何通过应用样式为应用程序赋予不同的外观和感觉。之后各章将专注于应用的功能和其他特色。

第 1 章说过，Windows 支持几个平台来构建 GUI 应用程序，从 Windows Forms 和 WPF 到 MAUI 和 WinUI 3.0。WinUI 3.0 可运行基于 WinRT 的 UWP 代码，但也可以使用 Win32 API 来构建原生 Windows 应用。预计 WinUI 3.0 将成为在 Windows 上构建 GUI 应用程序的首选 API，尽管在本书写作时，它还不是完全可用。然而，学习 UWP 的时间并没有浪费，因为你所学的关于 UWP 的几乎所有东西都可应用于 WinUI 3.0。下图展示了 WinUI 3.0 与 UWP(和 WinRT)以及 Win32 API 的关系。

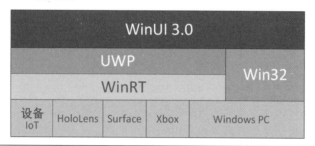

注意　因篇幅有限，本书无法更深入地讨论 UWP 应用的构建过程。在本书最后这几章里，将重点讨论构建 Windows 10/11 用户界面时要注意的基本原则。要进一步了解如何开发 UWP 应用，请参考"什么是通用 Windows 平台(UWP)应用？"，网址是 http://mtw.so/6nTGsU。

25.1　UWP 应用的特点

今天的手持和平板设备允许通过触摸与应用交互，UWP 应用的设计也要基于这种形式的用户体验。Windows 10/11 提供了丰富的触屏控制；如使用的不是触摸屏，也支持用鼠标和键盘来操作。但应用程序不需要分开提供触摸和鼠标功能；只需围绕触摸来设计。如用户更愿意使用键鼠，或设备不支持触摸，仍可正常操作。

GUI 通过对手势的响应向用户提供视觉反馈，从而大幅增强应用程序的专业性。Visual Studio 2022 提供的 UWP 应用模板包含一个动画库，可用它在自己的应用程序中标准化动画反馈，在风格上实现与 Microsoft 操作系统和自带软件的统一。

注意　"手势"是指用手指执行的各种触摸操作。例如，可手指"单击"，效果等同于用鼠标单击。但是，手势能做的事情比鼠标多得多。例如，两个手指在屏幕上转动可以实现"旋转"。在典型的 Windows 10/11 应用中，该手势造成选中的项目朝转动方向旋转。其他手势还有"捏放"来进行缩小或放大，"长按"显示项目的更多信息(类似鼠标右键单击)，"滑动"拖动项目。

UWP 的设计目标是在大范围设备上运行。这些设备具有不同屏幕大小和分辨率。所以在实现 UWP 应用时，需让它适应运行环境，能根据屏幕大小和方向自行调整。这样你的软件才能面向更大的市场。此外，许多现代设备都能通过内置的传感器和加速计来检测方向和加速度。UWP 应用能在设备发生倾斜或旋转后调整布局，使用户随时都能以舒适的方式工作。另外，移动性是许多现代应用程序的核心要求，UWP 应用允许用户漫游。他们的数据任何时候都能从云端迁移到当前所用设备。

UWP 应用的生存期也有别于传统桌面应用程序。在智能手机等设备上运行时，当用户将焦点切换到其他应用时，你的应用应该能暂停执行，并在焦点返回时恢复运行。这有助于节省资源和延长电池寿命。事实上，Windows 可能在发现系统资源(如内存)不足时关闭挂起的应用。应用下次运行时，应该能从之前离开的位置恢复。这意味着需要在代码中管理应用的状态信息，把它保存到磁盘，并在需要时恢复。

注意 要进一步了解如何管理 UWP 应用的生存期，请参考"启动、恢复和后台任务"(https://msdn.microsoft.com/library/windows/apps/hh465088.aspx)。

开发好新的 UWP 应用之后，可用 Visual Studio 2022 提供的工具打包并上传到 Windows 应用商店供消费者下载和安装。应用可收费，也可免费。这种分发和部署机制的前提是你的应用必须可信，且符合微软的安全策略。

应用上传到 Windows 应用商店后，会经过一系列检查来验证它不含恶意代码，并符合 UWP 应用的安全要求。这些安全限制规定了应用如何访问计算机上的资源。例如，UWP 应用默认不能直接向文件系统写入或侦听网络的入站请求(病毒和其他恶意软件的两种常见行为)。但如果确实需要执行这些受限操作，可在应用的 Package.appxmanifest 文件的清单数据中把它们指定为功能。这些信息会记录到应用的元数据中，并通知 Microsoft 执行额外的测试来验证应用使用这些功能的方式。

Package.appxmanifest 文件是 XML 文档，但可以在 Visual Studio 中使用清单设计器来编辑，如下图所示。其中，"功能"标签页指定的就是应用程序能执行的受限操作。

注意 要想进一步了解 UWP 应用支持的功能，请参考"应用功能声明"，网址为 https://docs.microsoft.com/zh-cn/windows/uwp/packaging/app-capability-declarations。

在这个例子中，应用程序声明它需要执行以下任务。
- 从 Internet 接收入站数据，但不能作为服务器，也不能访问局域网。
- 访问 GPS 信息来了解设备位置。
- 读写用户"图片"文件夹中的文件。

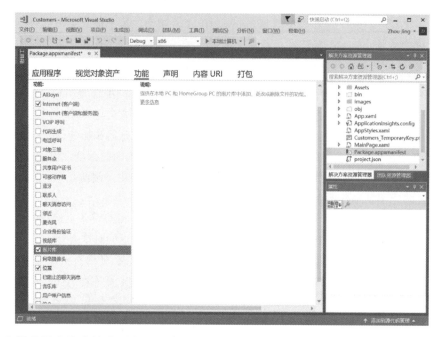

它会提醒用户注意这些要求，用户也可在应用安装好之后禁用设置。所以，应用程序必须能检测这种情况，准备好采用替代方案或完全禁用这些功能。

理论上的东西足够多了，下面开始构建 UWP 应用。

25.2　使用"空白应用"模板构建 UWP 应用

构建 UWP 应用最简单的方式就是使用 Visual Studio 2022 在 Windows 10/11 上自带的模板。本书之前的许多 GUI 应用程序都使用了"空白应用"模板。它是一个很好的起点。

以下练习将为虚构的 Adventure Works 公司设计和实现一个简单应用的 UI。该公司制造并销售自行车及相关用品。该应用允许用户输入和修改 Adventure Works 的客户细节。

➢ 创建 Adventure Works Customers 应用

1. 启动 Visual Studio 2022，选择"创建新项目"。如 Visual Studio 2022 已在运行，请选择"文件" | "新建" | "项目"。

2. 如下图所示，在"创建新项目"对话框中，从"语言"下拉列表中选择 C#，从"平台"下拉列表中选择 Windows，并从"项目类型"下拉列表中选择 UWP。选择"空白应用(通用 Windows)"模板并单击"下一步"按钮。

3. 在"配置新项目"对话框中，为"项目名称"文本框输入 **Customers**。将"位置"文本框设为自己"文档"文件夹下的 Microsoft Press\VCSBS\Chapter 25 子文件夹。单击"创建"。

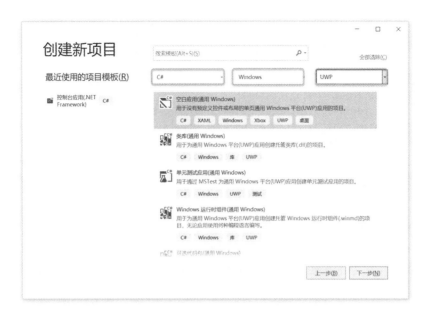

4. 在"新式通用 Windows 平台项目"对话框中，接受目标版本和最低版本的默认值。
单击"确定"。

随后会新建应用并显示"概述"页(如下图所示)，其中包含一些链接，指导你开始
创建、配置和部署 UWP 应用。

5. 在解决方案资源管理器中双击 MainPage.xaml。

随后会在设计视图中显示空白页。可从工具箱拖放各种控件，这已在第 1 章体验过
了。本练习将重点放在定义窗体布局的 XAML 标记上面，如下所示。

```
<Page
    x:Class="Customers.MainPage"
    xmlns="http://schemas.microsoft.com/winfx/2006/xaml/presentation"
    xmlns:x="http://schemas.microsoft.com/winfx/2006/xaml"
    xmlns:local="using:Customers"
    xmlns:d="http://schemas.microsoft.com/expression/blend/2008"
    xmlns:mc="http://schemas.openxmlformats.org/markup-compatibility/2006"
    mc:Ignorable="d"
    Background="{ThemeResource ApplicationPageBackgroundThemeBrush}">
    <Grid>
    </Grid>
</Page>
```

窗体以 XAML 标记<Page>开头，以</Page>结束。之间的一切定义了页面内容。
<Page>标记的属性包含许多 xmlns:id = "…"形式的声明。这些是 XAML 命名空间
声明，工作方式类似于 C#的 using 指令，都是将项引入作用域。添加到页面的许多
控件和其他项都是在这些 XAML 命名空间中定义的，目前可忽略大多数声明。但有
一个看起来很奇特的声明要注意：

```
xmlns:local="using:Customers"
```

该声明将 C# Customers 命名空间中的项引入作用域，使开发人员能在自己的 XAML
代码中通过附加 local 前缀的方式引用该命名空间中的类和其他类型。Customers
命名空间是为当前应用的代码生成的命名空间。

6. 在解决方案资源管理器中展开 MainPage.xaml，双击 MainPage.xaml.cs 显示它。
   以前的练习说过，该 C#文件包含应用程序逻辑和事件处理程序，如下所示(省略顶
   部的 using 指令以节省篇幅)：

```
// https://go.microsoft.com/fwlink/?LinkId=402352&clcid=0x804 上介绍了"空白页"
项模板

namespace Customers
{
    /// <summary>
    /// 可用于自身或导航至 Frame 内部的空白页
    /// </summary>
    public sealed partial class MainPage : Page
    {
        public MainPage()
        {
            this.InitializeComponent();
        }
    }
}
```

文件定义了 Customers 命名空间中的类型。页由名为 MainPage 的类实现，该类派生自 Page 类。Page 类实现了 UWP 应用的 XAML 页面的默认功能，所以开发人员只需在 MainPage 类中实现自己的应用程序特有的功能。

7. 返回设计视图。查看该页的 XAML 标记，注意 `<Page>` 标记包含以下属性：

```
x:Class="Customers.MainPage"
```

该属性将定义页面布局的 XAML 标记连接到提供应用程序逻辑的 MainPage 类。

这便是简单 UWP 应用的基本结构。当然，图形应用程序最吸引人的还是它向用户展示信息的方式。但这并非总是想象的那么简单。设计吸引人的、易于使用的图形界面要求专业技能，不是所有开发人员都能掌握 (我自己就没有)。但是，有这些技能的许多图形艺术家并不是程序员，所以他们虽然能设计出色的 UI，但实现不了让它变得真正有用的逻辑。幸好，Visual Studio 2022 允许将界面设计与业务逻辑分开。这样艺术家和程序员就能合作开发又酷又好用的应用了。程序员只需关注应用的基本布局，把样式什么的交给艺术家。

25.3 实现可伸缩用户界面

进行 UWP 应用的 UI 布局时，最关键的就是理解如何使它具有伸缩性，能适应不同的屏幕大小。以下练习将展示如何实现伸缩性。

➤ 布局 Customers 应用页面

1. 注意，在设计视图顶部的工具栏中，可利用下拉列表选择设计平面的分辨率和大小，还有一对按钮为支持旋转的设备选择横向或纵向(平板和手机支持，桌面、Xbox、Surface Hub、IoT 设备和 HoloLens 设备不支持)。可利用下图所示的这些选项快速查看 UI 在不同设备上的表现。

默认布局是横向 13.5" Surface Book 屏幕。该规格不支持纵向模式。

2. 从下拉列表选择 8" Tablet (1280×800)。这是支持旋转的平板规格，横向和纵向模式均可用。

3. 最后选择 13.3" Desktop。这是我们最终为 Customers 应用程序选择的尺寸规格。默认横向。

注意 设计视图显示的页面可能过小或过大。利用窗口左下方的"缩放"下拉列表调整到舒适状态即可。也可利用 Ctrl+鼠标滚轮来调整。

4. 查看 MainPage 页的 XAML 标记。其中包含单个 Grid 控件：

```
<Grid>
</Grid>
```

为了构建可伸缩的、灵活的用户界面，有必要理解 Grid 控件的工作原理。Page 元素只能包含一项，如果愿意可将 Grid 控件替换成 Button，如下所示。

注意 不要输入以下代码，它仅供演示。

```
<Page
    x:Class="Customers.MainPage"
    ... >
    <Button Content="Click Me"/>
/Page>
```

但这样会使应用程序变得没什么用——窗体只包含一个按钮，其他什么都不显示。如添加第二个控件(比如 TextBox)，代码将不能编译，显示的错误如下图所示。

Grid 控件的作用是允许在页上添加多个项。Grid 是一种容器控件，可在其中包含其他大量控件，而且可指定其他控件在网格中的位置。还存在其他容器控件。例如，StackPanel 控件自动垂直排列其中的控件，每个控件都紧接在上一个控件下方。本应用将用 Grid 容纳供用户输入和查看客户数据的控件。

5. 在页中添加一个 TextBlock 控件，要么从工具箱拖动，要么直接在 XAML 窗格的起始`<Grid>`标记之后输入**`<TextBlock />`**。如下所示：

```
<Grid>
    <TextBlock />
</Grid>
```

> 📝提示　如果没有看到工具箱，请选择"视图"|"工具箱"。我们要用到的控件在"常用 XAML 控件"类别中。另外，可直接在 XAML 窗格中输入页面布局代码。并非一定要从工具箱拖动。

6. 该 TextBlock 用于显示页的标题。使用下表的值设置 TextBlock 控件的属性。

属性名称	值
HorizontalAlignment	Left
Margin	400,90,0,0
TextWrapping	Wrap
Text	Adventure Works Customers
VerticalAlignment	Top
FontSize	50

既可使用属性窗口设置，也可直接在 XAML 窗格中输入，如加粗的代码所示：

```
<TextBlock HorizontalAlignment="Left" Margin="400,90,0,0" TextWrapping="Wrap"
Text="Adventure Works Customers" VerticalAlignment="Top" FontSize="50"/>
```

下图展示了目前在设计视图中显示的布局。

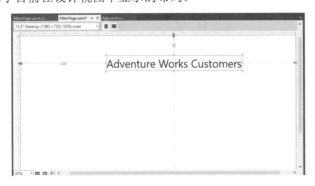

注意，将控件从工具箱拖放到窗体上，有两条连接线会显示控件的两个边距离容器控件边缘的距离。在本例中，TextBlock 控件的两条连接线显示距离网格左边 400，距离网格顶边 90。如果在运行时改变 Grid 控件的大小，TextBlock 会自行移动来保持这些距离(锚定)，造成 TextBlock 到 Grid 右边和底边的距离发生改变。

要指定控件锚定到哪一边(或者哪些边)，可以设置 HorizontalAlignment 和 VerticalAlignment 属性，然后设置 Margin 属性来指定到锚定边的距离。在本例中，TextBlock 的 HorizontalAlignment 属性设为 Left，VerticalAlignment 属性设为 Top，表明控件锚定网格左边和顶边。Margin 属性包含 4 个值，指定了控件到容器左边、顶边、右边和底边的距离(以此顺序)。如果控件的一边没有锚定到容器的一边，可在 Margin 属性中将对应值设为 0。

7. 添加另外 4 个 TextBlock 控件。它们是要显示的用户数据的标签。用下表的值设置属性。

控件	属性名称	值
第一个标签	HorizontalAlignment	Left
	Margin	330,190,0,0
	TextWrapping	Wrap
	Text	ID
	VerticalAlignment	Top
	FontSize	20
第二个标签	HorizontalAlignment	Left
	Margin	460,190,0,0
	TextWrapping	Wrap
	Text	Title
	VerticalAlignment	Top
	FontSize	20
第三个标签	HorizontalAlignment	Left
	Margin	620,190,0,0
	TextWrapping	Wrap
	Text	First Name
	VerticalAlignment	Top
	FontSize	20

控件	属性名称	值
第四个标签	HorizontalAlignment	Left
	Margin	975,190,0,0
	TextWrapping	Wrap
	Text	Last Name
	VerticalAlignment	Top
	FontSize	20

和之前一样，可以拖放控件并使用属性窗口来设置，也可直接在 XAML 窗格的现有
TextBlock 控件之后、结束</Grid>标记之前输入。

```
<TextBlock HorizontalAlignment="Left" Margin="330,190,0,0" TextWrapping="Wrap"
Text="ID" VerticalAlignment="Top" FontSize="20"/>
<TextBlock HorizontalAlignment="Left" Margin="460,190,0,0" TextWrapping="Wrap"
Text="Title" VerticalAlignment="Top" FontSize="20"/>
<TextBlock HorizontalAlignment="Left" Margin="620,190,0,0" TextWrapping="Wrap"
Text="First Name" VerticalAlignment="Top" FontSize="20"/>
<TextBlock HorizontalAlignment="Left" Margin="975,190,0,0" TextWrapping="Wrap"
Text="Last Name" VerticalAlignment="Top" FontSize="20"/>
```

8. 在现有 TextBlock 控件下方，添加 3 个 TextBox 控件来显示 ID、First Name 和 Last
   Name。根据下表设置控件的属性值。注意，Text 属性应该设为空白字符串""。另
   外，名为 id 的 TextBox 标记为只读，因为客户 ID 由以后添加的代码自动生成。

控件	属性名称	值
第一个 TextBox	x:Name	id
	HorizontalAlignment	Left
	Margin	300,240,0,0
	TextWrapping	Wrap
	Text	留空不填
	VerticalAlignment	Top
	FontSize	20
	IsReadOnly	True
第二个 TextBox	x:Name	firstName
	HorizontalAlignment	Left
	Margin	550,240,0,0
	TextWrapping	Wrap
	Text	留空不填
	VerticalAlignment	Top
	FontSize	20

控件	属性名称	值
第三个 TextBox	x:Name	lastName
	HorizontalAlignment	Left
	Margin	875,240,0,0
	TextWrapping	Wrap
	Text	留空不填
	VerticalAlignment	Top
	FontSize	20

以下代码是等价的 XAML 标记:

```
<TextBox x:Name="id" HorizontalAlignment="Left" Margin="300,240,0,0"
TextWrapping="Wrap" Text="" VerticalAlignment="Top" FontSize="20" IsReadOnly="True"/>
<TextBox x:Name="firstName" HorizontalAlignment="Left" Margin="550,240,0,0"
TextWrapping="Wrap" Text="" VerticalAlignment="Top" Width="300" FontSize="20"/>
<TextBox x:Name="lastName" HorizontalAlignment="Left" Margin="875,240,0,0"
TextWrapping="Wrap" Text="" VerticalAlignment="Top" Width="300" FontSize="20"/>
```

Name 属性不是控件必须的,但要在 C#代码中引用控件的话,就必须设置。注意,Name 属性附加了 x:前缀,它引用由顶部的 Page 标记的属性指定的 XML 命名空间 http://schemas.microsoft.com/winfx/2006/xaml。该命名空间定义了所有控件的 Name 属性。

注意 不需要理解 Name 属性为何要这样定义,但如果想知道更多信息,可参考"x:Name 指令",网址为 http://mtw.so/6vqifH。

Width 属性指定控件宽度,TextWrapping 属性指定输入的文字超出这个宽度怎么办。本例是自动换行(控件垂直扩充)。设为 NoWrap 的话,则随着输入自动水平滚动。

9. 添加一个 ComboBox 控件,定位到 id 和 firstName 两个文本框之间的 Title TextBlock 控件下方。如下表所示设置属性。

属性名称	值
x:Name	title
HorizontalAlignment	Left
Margin	420,240,0,0
VerticalAlignment	Top
Width	100
FontSize	20

等价的 XAML 标记如下：

```
<ComboBox x:Name="title" HorizontalAlignment="Left" Margin="420,240,0,0"
VerticalAlignment="Top" Width="100" FontSize="20"/>
```

该 ComboBox 控件显示一组可供用户选择的值。

10. 在 XAML 窗格中将 ComboBox 控件的定义修改成下面这样，其中添加了 4 个 ComboBoxItem 控件。

```
<ComboBox x:Name="title" HorizontalAlignment="Left" Margin="420,240,0,0"
VerticalAlignment="Top" Width="75" FontSize="20">
    <ComboBoxItem Content="Mr"/>
    <ComboBoxItem Content="Mrs"/>
    <ComboBoxItem Content="Ms"/>
    <ComboBoxItem Content="Miss"/>
</ComboBox>
```

应用程序运行时，会在下拉列表显示各个 ComboxBoxItem 元素，用户可以从中选择一个。

注意一个语法问题，独立的 ComboBox 标记拆分成起始<ComboBox>标记和结束</ComboBox>标记。所有 ComboBoxItem 控件放到两者之间。

注意 ComboBox 控件除了能显示简单元素，比如一组显示了文本的 ComboBoxItem 控件，还能显示较复杂的元素，比如按钮、复选框和单选钮。如只是添加简单 ComboBoxItem 控件，直接输入 XAML 标记较容易。但添加复杂控件时，属性窗口提供的对象集合编辑器更佳。但是，应避免在组合框中搞太多花样，因为最好的应用总是最让人一目了然的。在组合框中嵌入复杂控件可能适得其反。

---

11. 再添加两个 TextBox 控件和两个 TextBlock 控件。TextBox 控件供用户输入客户电子邮件和电话号码，TextBlock 控件则显示文本框的标签。根据下表设置属性。

控件	属性名称	值
	HorizontalAlignment	Left
	Margin	300,390,0,0
	TextWrapping	Wrap
	Text	Email
第一个 TextBlock	VerticalAlignment	Top
	FontSize	20
	x:Name	email
	HorizontalAlignment	Left
	Margin	450,390,0,0

控件	属性名称	值
第一个 TextBox	TextWrapping	Wrap
	Text	留空不填
	VerticalAlignment	Top
	Width	400
	FontSize	20
第二个 TextBlock	HorizontalAlignment	Left
	Margin	300,540,0,0
	TextWrapping	Wrap
	Text	Phone
	VerticalAlignment	Top
	FontSize	20
第二个 TextBox	x:Name	phone
	HorizontalAlignment	Left
	Margin	450,540,0,0
	TextWrapping	Wrap
	Text	留空不填
	VerticalAlignment	Top
	Width	200
	FontSize	20

这些控件的 XAML 标记如下所示:

```
<TextBlock HorizontalAlignment="Left" Margin="300,390,0,0" TextWrapping="Wrap"
Text="Email" VerticalAlignment="Top" FontSize="20"/>
<TextBox x:Name="email" HorizontalAlignment="Left" Margin="450,390,0,0"
TextWrapping="Wrap" Text="" VerticalAlignment="Top" Width="400" FontSize="20"/>
<TextBlock HorizontalAlignment="Left" Margin="300,540,0,0" TextWrapping="Wrap"
Text="Phone" VerticalAlignment="Top" FontSize="20"/>
<TextBox x:Name="phone" HorizontalAlignment="Left" Margin="450,540,0,0"
TextWrapping="Wrap" Text="" VerticalAlignment="Top" Width="200" FontSize="20"/>
```

完成后的窗体如下图所示。

12. 在"调试"菜单中选择"开始调试"生成并运行应用程序。

应用程序启动并显示窗体。可在窗体中输入并从组合框选择称谓，但别的就做不了什么了。一个更大的问题是窗格在自由缩放的时候看起来太糟糕了。右边的显示被切掉，大多数文本已经自动换行，而且，Last Name 文本框只剩了一半。

13. 单击并拖动窗口右下角来放大窗口，使文本和控件按照它们在 Visual Studio 设计视图那样正常显示。这才是窗体设计的最佳大小。

14. 缩小窗口。窗体大部分都消失了。有的 TextBlock 内容发生自动换行，这个时候的窗体显然没什么用。

15. 返回 Visual Studio，选择"调试" | "停止调试"。

这个简单的例子让你体验了为什么在布局时要小心。虽然应用在和设计视图一样大小的窗口中看起来不错，但一旦切换到更小的视图，就变得不好用甚至完全没法用。另外，应用假定用户在横向设备上使用。如果在设计视图中临时切换成 12" Tablet 规格，并单击"纵向"按钮，就能模拟在平板设备上运行应用并旋转到纵向模式。(不要忘记在实验完成之后调回 13.3" Desktop 规格)

目前的布局还不能伸缩并适应不同屏幕大小和方向。幸好，可利用 Grid 控件的属性和一个名为"可视状态管理器"的功能解决问题。

25.3.1 用 Grid 控件实现表格布局

可用 Grid 控件实现表格布局。Grid 包含行和列，可指定要将控件放在哪一行和哪一列。Grid 控件的一个优点是可以用相对值指定行列大小。这样当网格缩小或放大来适应不同的屏幕大小和方向时，行和列也能成比例地缩小和放大。行列交汇构成一个单元格。将控件放到单元格中，它们会随着行和列的缩小和放大而移动。所以，实现可伸缩界面的关键就是将界面分解成一组单元格，相关元素放到同一个单元格中。单元格可包含另一个网格，以便对每个元素进行准确定位。

以 Customers 应用程序为例，UI 可以划分为两个主要区域。一个是标题区域，一个是包含客户详细信息的主体区域。不同区域之间要有一定间距，窗体底部要有边距。可以为每个区域都指定相对大小，如下图所示。

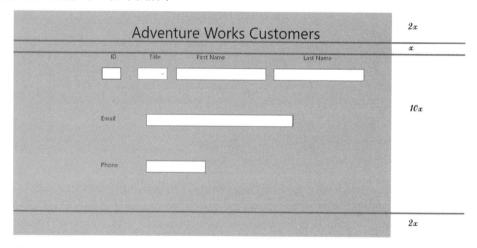

在这个大致的示意图中，标题行的高度是它下方的间隔的两倍。主体高度是间隔的 10 倍。底部边距则是 2 倍。

容纳这些元素需定义 4 行，并将相关项放到各自的行中。其中，主体可以用另一个更复杂的网格来描述，如下图所示。

ID	Title	First Name	Last Name	y
				y
				$2y$
Email				y
				$2y$
Phone				y
				$4y$
z	z	z	$2z$	$2z$	z

同样，每一行的高度都是相对值，宽度也是。另外，注意容纳 Email 和 Phone 信息的 TextBox 和网格有一点冲突。如果愿意，可以定义嵌套更深的网格来对齐这些项。但请注意，网格的目的只是定义元素的相对位置和间距，元素完全允许超过单元格的边界。

以下练习将修改 Customers 应用程序的布局，用上述网格布局定位控件。

➤ **修改布局以适应不同的屏幕大小和方向**

1. 在 Customers 应用程序的 XAML 窗格中，在现有 Grid 元素内添加另一个 Grid。新 Grid 的边距设为距离父 Grid 左右两边 10 像素，距离顶边和底边 20 像素，如以下加粗代码所示：

```
<Grid>
    <Grid Margin="10,20,10,20">
    </Grid>
    <TextBlock HorizontalAlignment="Left" TextWrapping="Wrap"
        Text="Adventure Works Customers" ... />
    ...
</Grid>
```

注意 行和列可作为现有 Grid 的一部分定义，但为了保持与其他 UWP 应用一致的外观和感觉，左侧和顶部应该留一些空。

2. 将以下加粗显示的<Grid.RowDefinitions>区段添加到新的 Grid 元素中：

```
<Grid Margin="10,20,10,20">
    <Grid.RowDefinitions>
        <RowDefinition Height="2*"/>
        <RowDefinition Height="*"/>
```

```
        <RowDefinition Height="10*"/>
        <RowDefinition Height="2*"/>
    </Grid.RowDefinitions>
</Grid>
```

`<Grid.RowDefinitions>`区段定义网格中的行。本例定义 4 行。可用绝对值(以像素为单位)指定行的大小,也可用*操作符指出这是相对大小(造成 Windows 在程序运行时根据屏幕大小和分辨率计算行的大小)。本例的值对应于前面图示的 header(标题)、body(主体)、spacer(间隔)和 bottom margin(底部边距)的相对大小。

3. 将包含标题文本“Adventure Works Customers”的 TextBlock 控件移到 Grid 中,放到结束`</Grid.RowDefinitions>`标记之后、结束`</Grid>`标记之前。

4. 为该 TextBlock 控件添加 Grid.Row 属性,值设为 0,指出 TextBlock 应定位在 Grid 的第一行(Grid 控件的行列编号都从 0 开始)。

```
<Grid Margin="10,20,10,20">
    <Grid.RowDefinitions>
    ...
    </Grid.RowDefinitions>
    <TextBlock Grid.Row="0" ... Text="Adventure Works Customers" ... />
    ...
</Grid>
```

注意 Grid.Row 是所谓的附加属性(attached property),也就是从容器控件获得的属性。网格外部的 TextBlock 没有 Row 属性(因为没有意义),但只要定位到网格中,Row 属性就会附加到 TextBlock 上,TextBlock 控件可向其赋值。然后,Grid 控件根据这个值判断在哪里显示 TextBlock 控件。附加属性很容易区分,因为它必然是 *ContainerType.PropertyName* 这样的形式。

5. 删除 Margin 属性,将 HorizontalAlignment 属性和 VerticalAlignment 属性设为 Center。这会造成 TextBlock 在行内居中。
目前 Grid 和 TextBlock 控件的 XAML 标记如下所示(改动的地方加粗显示):

```
<Grid Margin="10,20,10,20">
    ...
    </Grid.RowDefinitions>
    <TextBlock Grid.Row="0" HorizontalAlignment="Center" TextWrapping="Wrap"
Text="Adventure Works Customers" VerticalAlignment="Center" FontSize="50"/>
    ...
</Grid>
```

6. 在 TextBlock 控件后添加另一个嵌套 Grid 控件。该网格对主体中的所有控件进行布局,应该出现在外层 Grid 的第 3 行(行大小是 10*),所以将 Grid.Row 属性设为 2,

如加粗的代码所示：

```
<Grid Margin="10,20,10,20">
    <Grid.RowDefinitions>
        <RowDefinition Height="2*"/>
        <RowDefinition Height="*"/>
        <RowDefinition Height="10*"/>
        <RowDefinition Height="2*"/>
    </Grid.RowDefinitions>
    <TextBlock Grid.Row="0" HorizontalAlignment="Center" .../>
    <Grid Grid.Row="2">
    </Grid>
    ...
</Grid>
```

7. 在新 Grid 控件中添加以下<Grid.RowDefinition>和<Grid.ColumnDefinition>行列定义：

```
<Grid Grid.Row="2">
    <Grid.RowDefinitions>
        <RowDefinition Height="*"/>
        <RowDefinition Height="*"/>
        <RowDefinition Height="2*"/>
        <RowDefinition Height="*"/>
        <RowDefinition Height="2*"/>
        <RowDefinition Height="*"/>
        <RowDefinition Height="4*"/>
    </Grid.RowDefinitions>
    <Grid.ColumnDefinitions>
        <ColumnDefinition Width="*"/>
        <ColumnDefinition Width="*"/>
        <ColumnDefinition Width="20"/>
        <ColumnDefinition Width="*"/>
        <ColumnDefinition Width="20"/>
        <ColumnDefinition Width="2*"/>
        <ColumnDefinition Width="20"/>
        <ColumnDefinition Width="2*"/>
        <ColumnDefinition Width="*"/>
    </Grid.ColumnDefinitions>
</Grid>
```

这些代码定义了前面示意图所描述的行列高度和宽度。容纳控件的每一列间隔 20 像素。

8. 将显示 ID、Title、Last Name 和 First Name 等标签的 TextBlock 控件移动到嵌套 Grid 控件中，放到结束<Grid.ColumnDefinitions>标记之后。

9. 将每个 TextBlock 的 Grid.Row 属性设为 0(从而在第一行显示这些标签)。将 ID 标签的 Grid.Column 属性设为 1，Title 标签的 Grid.Column 属性设为 3，First Name 标签的 Grid.Column 属性设为 5，Last Name 标签的 Grid.Column 属性设为 7。

10. 删除所有 TextBlock 控件的 Margin 属性，将 HorizontalAlignment 属性和 VerticalAlignment 属性设为 Center。目前这些控件的 XAML 标记如下所示(改动的地方加粗显示)：

```
<Grid Grid.Row="2">
    <Grid.RowDefinitions>
        ...
    </Grid.RowDefinitions>
    <Grid.ColumnDefinitions>
        ...
    </Grid.ColumnDefinitions>
    <TextBlock Grid.Row="0" Grid.Column="1" HorizontalAlignment="Center"
TextWrapping="Wrap" Text="ID" VerticalAlignment="Center" FontSize="20"/>
    <TextBlock Grid.Row="0" Grid.Column="3" HorizontalAlignment="Center"
TextWrapping="Wrap" Text="Title" VerticalAlignment="Center" FontSize="20"/>
    <TextBlock Grid.Row="0" Grid.Column="5" HorizontalAlignment="Center"
TextWrapping="Wrap" Text="First Name" VerticalAlignment="Center" FontSize="20"/>
    <TextBlock Grid.Row="0" Grid.Column="7" HorizontalAlignment="Center"
TextWrapping="Wrap" Text="Last Name" VerticalAlignment="Center" FontSize="20"/>
</Grid>
```

11. 将 id、firstName 和 lastName 等 TextBox 控件和 title ComboBox 控件移动到嵌套 Grid 控件中，放到显示 Last Name 的 TextBlock 控件之后。

将这些控件放到 Grid 的行 1。id 控件放到列 1，title 控件列 3，firstName 控件列 5，lastName 控件列 7。

12. 删除所有控件的 Margin 属性，将 VerticalAlignment 属性设为 Center。删除 Width 属性，HorizontalAlignment 属性设为 Stretch——造成控件占据整个单元格，并随着单元格大小的改变而自动缩小或变大。

这些控件最终的 XAML 标记如下所示。

```
<Grid Grid.Row="2">
    <Grid.RowDefinitions>
        ...
    </Grid.RowDefinitions>
    <Grid.ColumnDefinitions>
        ...
    </Grid.ColumnDefinitions>
    ...
    <TextBlock Grid.Row="0" Grid.Column="7" ... Text="Last Name" .../>
    <TextBox Grid.Row="1" Grid.Column="1" x:Name="id" HorizontalAlignment="Stretch"
TextWrapping="Wrap" Text="" VerticalAlignment="Center" FontSize="20" IsReadOnly="True"/>
```

```
        <TextBox Grid.Row="1" Grid.Column="5" x:Name="firstName" HorizontalAlignment=
"Stretch" TextWrapping="Wrap" Text="" VerticalAlignment= "Center" FontSize="20"/>
        <TextBox Grid.Row="1" Grid.Column="7" x:Name="lastName" HorizontalAlignment =
"Stretch" TextWrapping="Wrap" Text="" VerticalAlignment="Center" FontSize="20"/>
        <ComboBox Grid.Row="1" Grid.Column="3" x:Name="title" HorizontalAlignment=
"Stretch" VerticalAlignment="Center" FontSize="20">
            <ComboBoxItem Content="Mr"/>
            <ComboBoxItem Content="Mrs"/>
            <ComboBoxItem Content="Ms"/>
            <ComboBoxItem Content="Miss"/>
        </ComboBox>
    </Grid>
```

13. 将显示 Email 标签的 TextBlock 控件和 email TextBox 控件移动到嵌套 Grid 控件
    中，放到 title ComboBox 控件之后。

    将这些控件放到 Grid 控件的行 3。Email 标签放到列 1，email TextBox 控件放到
    列 3。另外，将 email TextBox 控件的 Grid.ColumnSpan 属性设为 5；这使其跨越
    5 列，就像前面的示意图展示的那样。

14. 将 Email 标签控件的 HorizontalAlignment 属性设为 Center，但 email TextBox
    的 HorizontalAlignment 属性仍然设为 Left；该控件应左对齐它跨越的第一列，
    而不是在 5 个列的范围内居中。

15. 将 Email 标签和 email TextBox 控件的 VerticalAlignment 属性设为 Center。删
    除这些控件的 Margin 属性。下面是这些控件最终的 XAML 标记：

```
<Grid Grid.Row="2">
    <Grid.RowDefinitions>
        ...
    </Grid.RowDefinitions>
    <Grid.ColumnDefinitions>
        ...
    </Grid.ColumnDefinitions>
        ...
    <ComboBox Grid.Row="1" Grid.Column="3" x:Name="title" HorizontalAlignment="Stretch"
VerticalAlignment="Center" FontSize="20">
        ...
    </ComboBox>
    <TextBlock Grid.Row="3" Grid.Column="1" HorizontalAlignment="Center"
TextWrapping="Wrap" Text="Email" VerticalAlignment="Center" FontSize="20"/>
    <TextBox Grid.Row="3" Grid.Column="3" Grid.ColumnSpan="5" x:Name="email"
HorizontalAlignment="Left" TextWrapping="Wrap" Text="" VerticalAlignment="Center"
Width="400" FontSize="20"/>
</Grid>
```

16. 将显示 Phone 标签的 TextBlock 控件和 phone TextBox 控件移动到嵌套 Grid 控件中，放到 email TextBox 控件之后。

    将这些控件放到 Grid 控件的行 5。将 Phone 标签放到列 1，phone TextBox 控件放到列 3。将 phone TextBox 控件的 Grid.ColumnSpan 属性设为 3。

17. 将 Phone 标签控件的 HorizontalAlignment 属性设为 Center，phone TextBox 的 HorizontalAlignment 属性则继续保持 Left。然后，将两个控件的 VerticalAlignment 属性设为 Center 并删除 Margin 属性。

    两个控件最终的 XAML 标记如下所示：

```
<Grid Grid.Row="2">
    <Grid.RowDefinitions>
        ...
    </Grid.RowDefinitions>
    <Grid.ColumnDefinitions>
        ...
    </Grid.ColumnDefinitions>
    ...
    <TextBox ..." x:Name="email" .../>
    <TextBlock Grid.Row="5" Grid.Column="1" HorizontalAlignment="Center"
TextWrapping="Wrap" Text="Phone" VerticalAlignment="Center" FontSize="20"/>
    <TextBox Grid.Row="5" Grid.Column="3" Grid.ColumnSpan="3" x:Name="phone"
HorizontalAlignment="Left" TextWrapping="Wrap" Text="" VerticalAlignment="Center"
Width="200" FontSize="20"/>
</Grid>
```

下个练习将运行应用，体验布局如何自动适应不同的分辨率和尺寸规格。

➤ 测试应用

1. 在"调试"菜单中选择"开始调试"。现在的应用如下所示：

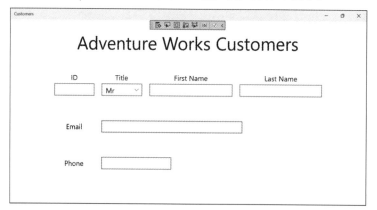

2. 改变窗口大小，使它变得更窄。控件应自动调整其位置和大小。但到了某个程度后，

窗口会因为太窄而无法正确显示文本和固定宽度的控件(电子邮件和电话)，造成文本自动换行和截断。应用在小型平板电脑或手机上的显示如下图所示。

3. 返回 Visual Studio 并停止调试。

4. 如下图所示，在设计视图左上角下拉列表框中选择"6" Phone"布局。设计视图会调整显示，请确认应用在手机上的显示效果。

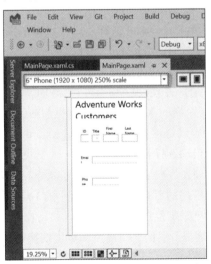

5. 试验其他设备尺寸和方向。观察网格会自动造成控件调整其位置。

6. 切换回 13.3" Desktop 布局。

25.3.2 用可视状态管理器调整布局

Customers 应用的 UI 能适应不同分辨率和屏幕大小，但视图宽度变小后仍不理想。另外，在手机上使用效果不佳，因为手机宽度更小。稍微想一下就知道问题不出在控件缩放，而是出在布局。例如，在较窄的屏幕上，布局最好是下图显示的这样。

有以下几种方式可实现这种效果。

- **创建几个版本的 MainPage.xaml 文件，每个设备家族一个。** 每个 XAML 文件均链接到同一个代码隐藏文件 MainPage.xaml.cs，全部运行相同的代码。例如，要为智能手机创建 XAML 文件，就在项目中添加一个名为 DeviceFamily-Mobile 的文件夹(一定要是这个名字)，并使用"项目"|"添加新项"命令在文件夹中添加名为 MainPage.xaml 的一个新的 XAML 视图。根据想在手机上达到的效果对页面进行布局。XAML 视图会自动链接到现有 MainPage.xaml.cs 文件。运行时，UWP 根据运行应用的设备类型自动选择合适的视图。

- **通过"可视状态管理器"在运行时修改页面布局。** 所有 UWP 应用都实现了可视状态管理器，它跟踪应用的可视状态，能检测窗口高度和宽度变化。可添加 XAML 标记，根据窗口大小来定位控件。该标记能移动控件或显示/隐藏控件。

- **通过"可视状态管理器"根据窗口高度和宽度切换不同视图。** 它综合了前两种方式的优点，实现起来最轻松，无须使用许多繁琐的 XAML 代码计算每个控件的最佳位置。还最灵活，窗口在同一个设备上变窄也能起作用。

后续练习将采用第三种方式。第一步是定义客户数据在窄屏上的布局。

1. 在 Customers 应用程序的 XAML 窗格中，向定义控件表格布局的 Grid 控件添加以下加粗的 x:Name 和 Visibility 属性。

```
<Grid>
    <Grid x:Name="customersTabularView" Margin="10,20,10,20" Visibility="Collapsed">
        ...
    </Grid>
</Grid>
```

该 Grid 用于容纳窗体的默认视图。后续练习将在其他 XAML 标记中引用该 Grid，所以需为它指定名称。Visibility 属性指定控件是显示(Visible)还是隐藏(Collapsed)。默认值是 Visible，但暂时隐藏该 Grid，并定义另一个 Grid 以列格式显示数据。

2. 在 customersTabularView Grid 控件的结束</Grid>标记后添加另一个 Grid，x:Name 属性设为 customersColumnarView，Margin 属性设为 10,20,10,20，Visibility 属性设为 Visible。该 Grid 将容纳窗体的"窄"视图。网格中的字段将采用之前描述的列布局。

```
<Grid>
    <Grid x:Name="customersTabularView" Margin="10,20,10,20" Visibility="Collapsed">
        ...
    </Grid>
<Grid x:Name="customersColumnarView"
        Margin="10,20,10,20" Visibility="Visible">
    </Grid>
</Grid>
```

📝**提示** 要使结构更易读，可单击 XAML 标记左侧的+或-符号，从而展开或收缩 XAML 窗格中的元素。

---

3. 在 customersColumnarView Grid 控件中添加以下行定义。

```
<Grid x:Name="customersColumnarView" Margin="10,20,10,20" Visibility="Visible">
    <Grid.RowDefinitions>
        <RowDefinition Height="*"/>
        <RowDefinition Height="10*"/>
    </Grid.RowDefinitions>
</Grid>
```

第一行显示标题，第二行(这一行高度大得多)显示供用户输入数据的控件。

4. 在行定义后添加以下 TextBlock 控件，在 Grid 控件第一行显示被截短的标题"Customers"。将 FontSize 设为 30。

```
<Grid x:Name="customersColumnarView" Margin="10,20,10,20" Visibility="Visible">
    <Grid.RowDefinitions>
        ...
    </Grid.RowDefinitions>
    <TextBlock Grid.Row="0" HorizontalAlignment="Center" TextWrapping="Wrap"
Text="Customers" VerticalAlignment="Center" FontSize="30"/>
</Grid>
```

5. 在 customersColumnarView Grid 控件的行 1 添加另一个 Grid 控件，以便用两列
显示标签和数据输入控件。在 Grid 中添加以下行列定义。

```
<TextBlock Grid.Row="0" ... />
<Grid Grid.Row="1">
    <Grid.ColumnDefinitions>
        <ColumnDefinition/>
        <ColumnDefinition/>
    </Grid.ColumnDefinitions>
    <Grid.RowDefinitions>
        <RowDefinition/>
        <RowDefinition/>
        <RowDefinition/>
        <RowDefinition/>
        <RowDefinition/>
        <RowDefinition/>
    </Grid.RowDefinitions>
</Grid>
```

> **注意** 如果集合中所有行或列都有相同的高度或宽度，就不需要指定大小了。

6. 将 ID、Title、First Name 和 Last Name 等 TextBlock 控件的 XAML 标记从
customersTabularView Grid 控件复制到新 Grid 中，放到刚才添加的行定义之后。
ID 控件放到行 0，Title 控件行 1，First Name 控件行 2，Last Name 控件行 3。所
有控件都放到列 0。

```
<Grid.RowDefinitions>
...
</Grid.RowDefinitions>
<TextBlock Grid.Row="0" Grid.Column="0" HorizontalAlignment="Center"
TextWrapping="Wrap" Text="ID" VerticalAlignment="Center" FontSize="20"/>
<TextBlock Grid.Row="1" Grid.Column="0" HorizontalAlignment="Center"
TextWrapping="Wrap" Text="Title" VerticalAlignment="Center" FontSize="20"/>
<TextBlock Grid.Row="2" Grid.Column="0" HorizontalAlignment="Center"
TextWrapping="Wrap" Text="First Name" VerticalAlignment="Center" FontSize="20"/>
<TextBlock Grid.Row="3" Grid.Column="0" HorizontalAlignment="Center"
TextWrapping="Wrap" Text="Last Name" VerticalAlignment="Center" FontSize="20"/>
```

7. 将 id、firstName 和 lastName 这三个 TextBox 控件以及 title ComboBox 控件从 customersTabularView Grid 控件复制到新 Grid 中，放到 TextBox 控件之后。id 控件放到行 0，title 行 1，firstName 行 2，lastName 行 3。全部 4 个控件都放到列 1。另外，为所有控件名称附加字母 c(代表 column 或列)来改名。这是为了防止和 customersTabularView Grid 中的现有控件冲突。

```
<TextBlock Grid.Row="3" Grid.Column="0" HorizontalAlignment="Center"
TextWrapping="Wrap" Text="Last Name" .../>
<TextBox Grid.Row="0" Grid.Column="1" x:Name="cId" HorizontalAlignment="Stretch"
TextWrapping="Wrap" Text="" VerticalAlignment="Center" FontSize="20" IsReadOnly="True"/>
<TextBox Grid.Row="2" Grid.Column="1" x:Name="cFirstName"
        HorizontalAlignment="Stretch"
TextWrapping="Wrap" Text="" VerticalAlignment="Center" FontSize="20"/>
<TextBox Grid.Row="3" Grid.Column="1" x:Name="cLastName"
        HorizontalAlignment="Stretch"
TextWrapping="Wrap" Text="" VerticalAlignment="Center" FontSize="20"/>
<ComboBox Grid.Row="1" Grid.Column="1" x:Name="cTitle"
        HorizontalAlignment="Stretch"
VerticalAlignment="Center" FontSize="20">
    <ComboBoxItem Content="Mr"/>
    <ComboBoxItem Content="Mrs"/>
    <ComboBoxItem Content="Ms"/>
    <ComboBoxItem Content="Miss"/>
</ComboBox>
```

8. 将代表电子邮件地址和电话号码的 TextBlock 和 TextBox 控件从 customersTabularView Grid 控件复制到新 Grid 中，放到 cTitle ComboBox 控件之后。将两个 TextBlock 控件放到列 0，占用行 4 和行 5。两个 TextBox 控件放到列 1，也是占用行 4 和行 5。将 email TextBox 控件的名称更改为 cEmail，phone TextBox 控件的名称更改为 cPhone。删除 cEmail 和 cPhone 控件的 Width 属性，把它们的 HorizontalAlignment 属性设为 Stretch。

```
<ComboBox ...>
    ...
</ComboBox>
<TextBlock Grid.Row="4" Grid.Column="0" HorizontalAlignment="Center" TextWrapping="Wrap"
Text="Email" VerticalAlignment="Center" FontSize="20"/>
<TextBox Grid.Row="4" Grid.Column="1" x:Name="cEmail" HorizontalAlignment="Stretch"
TextWrapping="Wrap" Text="" VerticalAlignment="Center" FontSize="20"/>
<TextBlock Grid.Row="5" Grid.Column="0" HorizontalAlignment="Center" TextWrapping="Wrap"
Text="Phone" VerticalAlignment="Center" FontSize="20"/>
<TextBox Grid.Row="5" Grid.Column="1" x:Name="cPhone" HorizontalAlignment="Stretch"
TextWrapping="Wrap" Text="" VerticalAlignment="Center" FontSize="20"/>
```

设计视图显示的布局如下图所示。

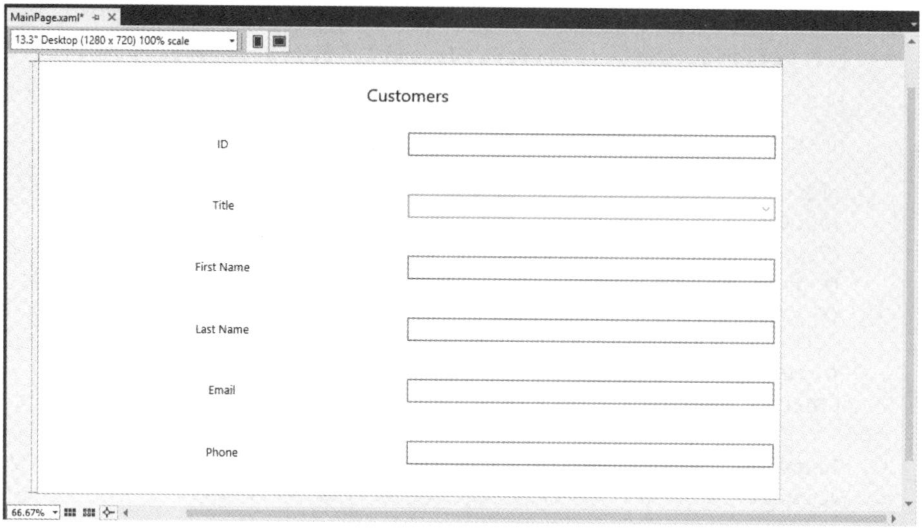

9. 返回 customersTabularView Grid 控件的 XAML 标记，将 Visibility 属性设为 Visible：

```
<Grid x:Name="customersTabularView" Margin="10,20,10,20" Visibility="Visible">
```

10. 在 customersColumnarView Grid 控件的 XAML 标记中，将 Visibility 属性设为 Collapsed：

```
<Grid x:Name="customersColumnarView" Margin="10,20,10,20" Visibility="Collapsed">
```

设计视图将显示 Customers 窗体的原始表格布局。这是应用的默认视图。

现已定义好了窄视图的布局。你或许会感到疑惑，前面只是复制了许多控件，并以不同方式进行布局。那么，在不同视图之间切换时，一个视图中的数据如何传输到另一个？例如，假定应用程序以全屏幕模式运行时输入了一个客户的详细信息，那么当切换到窄视图后，新控件并不包含刚才输入的信息。解决这个问题的方案是数据绑定，它将数据和多个控件关联。数据改变时，所有控件都显示更新的信息。具体过程将在第 26 章讨论。目前只需考虑在视图发生改变时，如何用可视状态管理器在不同布局之间切换。

这时要用到触发器。它们在某些显示参数(比如高度或宽度)发生变化时通知可视状态管理器。可在应用的 XAML 标记中定义由这些触发器执行的可视状态过渡。下一个练习演示具体怎么做。

> ## 使用可视状态管理器修改布局

1. 在 Customers 应用的 XAML 窗格中，在 customersColumnarView Grid 控件的结束 </Grid>标记后添加以下标记：

```
<Grid x:Name="customersColumnarView" Margin="10,20,10,20" Visibility="Visible">
    ...
</Grid>
<VisualStateManager.VisualStateGroups>
    <VisualStateGroup>
        <VisualState x:Name="TabularLayout"/>
    </VisualStateGroup>
</VisualStateManager.VisualStateGroups>
```

定义可视状态的过渡需实现一个或多个**可视状态组**,指定当可视状态管理器切换到该状态时应发生什么过渡。为每个状态都指定有意义的名称来注明用途。

2. 将以下加粗的可视状态触发器添加到可视状态组:

```
<VisualStateManager.VisualStateGroups>
    <VisualStateGroup>
        <VisualState x:Name="TabularLayout">
            <VisualState.StateTriggers>
                <AdaptiveTrigger MinWindowWidth="660"/>
            </VisualState.StateTriggers>
        </VisualState>
    </VisualStateGroup>
</VisualStateManager.VisualStateGroups>
```

该触发器在窗口宽度超过 660 像素时触发。大于该宽度应切换为表格布局。如低于该宽度,Customers 窗体上的控件和标签开始自动换行和难以使用,所以应切换为列布局(窄视图)。

3. 在触发器定义后添加以下加粗的代码:

```
<VisualStateManager.VisualStateGroups>
    <VisualStateGroup>
        <VisualState x:Name="TabularLayout">
            <VisualState.StateTriggers>
                <AdaptiveTrigger MinWindowWidth="660"/>
            </VisualState.StateTriggers>
            <VisualState.Setters>
                <Setter Target="customersTabularView.Visibility" Value="Visible"/>
                <Setter Target="customersColumnarView.Visibility" Value="Collapsed"/>
            </VisualState.Setters>
        </VisualState>
    </VisualStateGroup>
</VisualStateManager.VisualStateGroups>
```

这些代码指定触发器触发后采取的行动。行动用 Setter 元素定义。每个 Setter 都指定要设置的属性及其值。本例就是使 customersTabularView Grid 控件可见,使 customersColumnarView Grid 控件隐藏。

4. 在 TabularLayout 可视状态后添加另一个针对窄视图的可视状态，并定义其触发器和触发后采取的行动。

```
<VisualStateManager.VisualStateGroups>
    <VisualStateGroup>
        <VisualState x:Name="TabularLayout">
            ...
        </VisualState>
        <VisualState x:Name="ColumnarLayout">
            <VisualState.StateTriggers>
                <AdaptiveTrigger MinWindowWidth="0"/>
            </VisualState.StateTriggers>
            <VisualState.Setters>
                <Setter Target="customersTabularView.Visibility" Value="Collapsed"/>
                <Setter Target="customersColumnarView.Visibility" Value="Visible"/>
            </VisualState.Setters>
        </VisualState>
    </VisualStateGroup>
</VisualStateManager.VisualStateGroups>
```

窗口宽度低于 660 像素时发生该过渡。应用将可视状态切换为 ColumnarLayout，隐藏 customersTabularView Grid，显示 customersColumnarView Grid。

5. 在"调试"菜单中选择"开始调试"。

应用开始运行并显示 Customers 窗体。数据用表格布局显示。

6. 改变 Customers 应用的窗口大小用窄视图显示。窗口宽度小于 660 像素后将切换为列布局。

7. 改变窗口大小(或直接最大化)，窗口宽度超过 660 像素后将还原为表格布局。

8. 返回 Visual Studio 并停止调试。

25.4 向 UI 应用样式

了解应用程序的基本布局机制后，下一步是应用样式来增强界面的吸引力。UWP 应用中的控件提供了大量属性来更改字体、颜色、大小和其他特性。可单独为每个控件设置属性，但如果大量控件都需要相同样式就不合适了。此外，好的应用都做到了 UI 样式的统一，单独设置很难保持一致性。常在河边走，哪有不湿鞋？

UWP 应用允许定义可重用样式。可创建资源字典将其作为应用级资源来实现，让应用的所有页的控件都能使用。还可在一个页的 XAML 标记中定义本地资源，只有那个页才能使用。

下个练习要为 Customers 应用程序定义一些简单样式，将其应用于 Customers 窗体上的控件。

➢ **为 Customers 窗体定义样式**

1. 在解决方案资源管理器中右击 Customers 项目，从弹出的快捷菜单中选择"添加"|"新建项"。

2. 在"添加新项"对话框中单击中间窗格的"资源字典"。在"名称"文本框中输入 **AppStyles.xaml**，单击"添加"按钮。

随后会在"代码和文本编辑器"窗口中显示 AppStyles.xaml 文件。资源字典是 XAML 文件，定义了可由应用程序使用的资源。AppStyles.xaml 文件的内容如下：

```
<ResourceDictionary
    xmlns="http://schemas.microsoft.com/winfx/2006/xaml/presentation"
    xmlns:x="http://schemas.microsoft.com/winfx/2006/xaml"
</ResourceDictionary>
```

样式只是资源的一种，还有其他许多资源。事实上，我们首先添加的资源并不是样式，而是用于描绘 Customers 窗体最外层 Grid 控件背景的一个 ImageBrush。

3. 在解决方案资源管理器中右击 Customers 项目，选择"添加"|"新建文件夹"。将新文件夹的名称更改为 **Images**。

4. 右击 Images 文件夹，选择"添加"|"现有项"。

5. 在"添加现有项"对话框中，切换到"文档"文件夹下的\Microsoft Press\VCSBS\Chapter 25\Resources 文件夹，选中 wood.jpg 并单击"添加"按钮。

   wood.jpg 文件添加到 Customers 项目的 Images 文件夹。这是准备在 Customers 窗体中使用的一张木纹背景图片。

6. 在 AppStyles.xaml 文件中添加以下加粗的 XAML 标记：

```
<ResourceDictionary
    xmlns="http://schemas.microsoft.com/winfx/2006/xaml/presentation"
    xmlns:x="http://schemas.microsoft.com/winfx/2006/xaml"
```

```
    <ImageBrush x:Key="WoodBrush" ImageSource="Images/wood.jpg"/>
</ResourceDictionary>
```

该标记创建名为 WoodBrush 的 ImageBrush 资源。可用该画笔设置控件背景来显示 wood.jpg。

7. 在 ImageBrush 资源下方添加以下加粗的样式。

```
<ResourceDictionary
    ...>

    <ImageBrush x:Key="WoodBrush" ImageSource="Images/wood.jpg"/>
    <Style x:Key="PageStyle" TargetType="Page">
        <Setter Property="Background" Value="{StaticResource WoodBrush}"/>
    </Style>
</ResourceDictionary>
```

该标记演示了如何定义样式。Style 元素要有名称(以便在应用程序中引用),而且要指定样式应用于什么控件类型。该样式将应用于 Grid 控件。

样式主体包括一个或多个 Setter 元素。本例将 Background 属性设为名为 WoodBrush 的 ImageBrush 资源。但语法有些奇怪。既可引用系统定义的属性值(例如,将背景设为纯红色就使用"Red"),也可指定已定义的资源。为了引用其他地方定义的资源,需使用 StaticResource 关键字,然后将整个表达式放到大括号中。

8. 使用该样式必须先更新应用的全局资源字典,添加对 AppStyles.xaml 文件的引用。在解决方案资源管理器中双击 App.xaml 来显示它,如下所示。

```
<Application
    x:Class="Customers.App"
    xmlns="http://schemas.microsoft.com/winfx/2006/xaml/presentation"
    xmlns:x="http://schemas.microsoft.com/winfx/2006/xaml"
    xmlns:local="using:Customers">

</Application>
```

App.xaml 文件目前只定义了 App 对象并引入了几个命名空间,全局资源字典空白。

9. 在 App.xaml 文件中添加以下加粗的代码。

```
<Application
    x:Class="Customers.App"
    xmlns="http://schemas.microsoft.com/winfx/2006/xaml/presentation"
    xmlns:x="http://schemas.microsoft.com/winfx/2006/xaml"
    xmlns:local="using:Customers">

    <Application.Resources>
      <ResourceDictionary>
```

```
        <ResourceDictionary.MergedDictionaries>
            <ResourceDictionary Source="AppStyles.xaml"/>
        </ResourceDictionary.MergedDictionaries>
      </ResourceDictionary>
    </Application.Resources>
</Application>
```

该标记将 AppStyles.xaml 文件中定义的资源添加到全局资源字典的可用资源列表中。
现在整个应用程序都可以使用这些资源了。

10. 切换到正在显示 Customers 窗体 UI 的 MainPage.xaml 文件。在 XAML 窗格中检查
Page 控件标记:

```
<Page
    x:Class="Customers.MainPage"
    xmlns="http://schemas.microsoft.com/winfx/2006/xaml/presentation"
    xmlns:x="http://schemas.microsoft.com/winfx/2006/xaml"
    xmlns:local="using:Customers"
    xmlns:d="http://schemas.microsoft.com/expression/blend/2008"
    xmlns:mc="http://schemas.openxmlformats.org/markup-compatibility/2006"
    mc:Ignorable="d"
    Background="{ThemeResource ApplicationPageBackgroundThemeBrush}">
```

11. 在该控件的 XAML 标记中, 将 Background 属性替换为一个 Style 属性来引用
PageStyle 样式, 如加粗的部分所示。

```
<Page
    x:Class="Customers.MainPage"
    xmlns="http://schemas.microsoft.com/winfx/2006/xaml/presentation"
    xml ns:x="http://schemas.microsoft.com/winfx/2006/xaml"
    xmlns:local="using:Customers"
    xml ns:d="http://schemas.microsoft.com/expression/blend/2008"
    xmlns:mc="http://schemas.openxmlformats.org/markup-compatibility/2006"
    mc:Ignorable="d"
    Style="{StaticResource PageStyle}">
```

12. 选择"生成"|"重新生成解决方案"。设计视图中的页面应显示木纹背景, 如下图
所示。

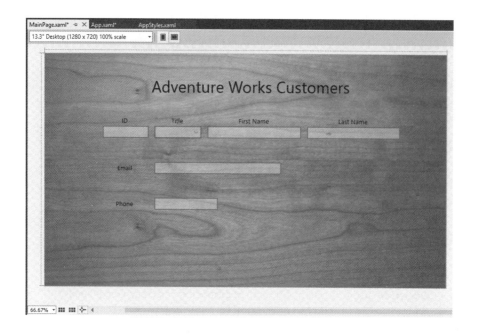

理想情况下，应确保应用于页面或控件的任何背景图像在设备大小和方向改变时保持美观。一个在 30 英寸显示器上看起来很酷的图像，在平板电脑上可能会出现扭曲和压扁。可能需要为不同的视图和方向提供替代的背景，并使用可视状态管理器来修改控件的背景属性，在可视状态发生变化时在它们之间切换。

13. 返回 AppStyles.xaml 文件，在 **PageStyle** 样式后面添加以下 **FontStyle** 样式。

```
<Style x:Key="PageStyle" TargetType="Page">
    ...
</Style>
<Style x:Key="FontStyle" TargetType="TextBlock">
    <Setter Property="FontFamily" Value="Segoe Print"/>
</Style>
```

该样式应用于 TextBlock 元素，将字体修改成 Segoe Print，一种手写体风格的字体。目前可以在需要该字体的每个 TextBlock 控件中都引用 FontStyle 样式，但如果只是设置字体，还不如直接在每个控件的标记中设置 FontFamily 属性。样式真正变得强大是将多个属性合并起来的时候，如后续几个步骤所示。

14. 将以下加粗显示的 **HeaderStyle** 样式添加到 AppStyles.xaml 文件中。

```
<Style x:Key="FontStyle" TargetType="TextBlock">
    ...
</Style>
<Style x:Key="HeaderStyle" TargetType="TextBlock" BasedOn="{StaticResource FontStyle}">
```

```xml
        <Setter Property="HorizontalAlignment" Value="Center"/>
        <Setter Property="TextWrapping" Value="Wrap"/>
        <Setter Property="VerticalAlignment" Value="Center"/>
        <Setter Property="Foreground" Value="SteelBlue"/>
    </Style>
```

该复合样式设置了 TextBlock 的 HorizontalAlignment、TextWrapping、VerticalAlignment 和 Foreground 属性。另外，HeaderStyle 样式使用 BasedOn 属性引用 FontStyle 样式。BasedOn 属性提供了简单的样式继承手段。

该样式将用于格式化 customersTabularGrid 和 customersColumnarGrid 控件顶部显示的标签。但这些标题的字号不同(表格布局的标题比列布局的大一些)，所以要创建另外两个样式来扩展 HeaderStyle 样式。

15. 在 AppStyles.xaml 文件中添加以下加粗的样式。

```xml
<Style x:Key="HeaderStyle" TargetType="TextBlock" BasedOn="{StaticResource FontStyle}">
    ...
</Style>
<Style x:Key="TabularHeaderStyle" TargetType="TextBlock"
BasedOn=" {StaticResource HeaderStyle}">
        <Setter Property="FontSize" Value="30"/>
</Style>

<Style x:Key="ColumnarHeaderStyle" TargetType="TextBlock"
BasedOn=" {StaticResource HeaderStyle}">
        <Setter Property="FontSize" Value="30"/>
</Style>
```

注意，这些样式选用的字号比 Grid 控件中的标题目前使用的字号稍小，这是因为 Segoe Print 字体比默认字体大。

16. 返回 MainPage.xaml 文件，找到 customersTabularView Grid 控件中显示 Adventure Works Customers 标签的 TextBlock 控件的 XAML 标记。

```xml
<TextBlock Grid.Row="0" HorizontalAlignment="Center" TextWrapping="Wrap"
Text="Adventure Works Customers" VerticalAlignment="Center" FontSize="50"/>
```

17. 修改这个控件的属性来引用 TabularHeaderStyle 样式，如加粗部分所示。

```xml
<TextBlock Grid.Row="0" Style="{StaticResource TabularHeaderStyle}"
Text="Adventure Works Customers"/>
```

在设计视图中，颜色、字号和字体都发生变化，如下图所示。

18. 找到 customersColumnarView Grid 控件中显示 Customers 标签的 TextBlock 控件的 XAML 标记。

```
<TextBlock Grid.Row="0" HorizontalAlignment="Center" TextWrapping="Wrap"
Text="Customers" VerticalAlignment="Center" FontSize="30"/>
```

修改这个控件的属性来引用 ColumnarHeaderStyle 样式，如加粗的部分所示。

```
<TextBlock Grid.Row="0" Style="{StaticResource ColumnarHeaderStyle}"
Text="Customers"/>
```

注意设计视图没有变化，因为 ColumnarView Grid 控件默认是折叠(隐藏)的。但稍后运行应用就能看到效果。

19. 返回 AppStyles.xaml 文件。修改 HeaderStyle 样式来添加额外的属性 Setter 元素，如加粗的语句所示。

```
<Style x:Key="HeaderStyle" TargetType="TextBlock" BasedOn="{StaticResource
FontStyle}">
    <Setter Property="HorizontalAlignment" Value="Center"/>
    <Setter Property="TextWrapping" Value="Wrap"/>
    <Setter Property="VerticalAlignment" Value="Center"/>
    <Setter Property="Foreground" Value="SteelBlue"/>
    <Setter Property="RenderTransformOrigin" Value="0.5,0.5"/>
    <Setter Property="RenderTransform">
        <Setter.Value>
            <CompositeTransform Rotation="-5"/>
        </Setter.Value>
    </Setter>
</Style>
```

这些元素通过一个变换使标题文本围绕中点旋转 5 度。

注意　本例展示了一个简单的变换(transformation)。可通过 RenderTransform 属性执行大量变换动作，且多个变换可合并。例如，可在 x 和 y 轴平移，并可进行倾斜和按比例缩放等。另外注意，RenderTransform 属性的值本身就是一个"属性/值"对(本例属性是 Rotation，值是-5)。这种情况要用<Setter.Value>标记指定值。

---

20. 重新生成应用程序。

21. 切换到 MainPage.xaml 文件。在设计视图中，标题现在应该微微上扬(参见下图)。

22. 在 AppStyles.xaml 文件中添加以下样式。

```xml
<Style x:Key="LabelStyle" TargetType="TextBlock"
        BasedOn="{StaticResource FontStyle}">
    <Setter Property="FontSize" Value="30"/>
    <Setter Property="HorizontalAlignment" Value="Center"/>
    <Setter Property="TextWrapping" Value="Wrap"/>
    <Setter Property="VerticalAlignment" Value="Center"/>
    <Setter Property="Foreground" Value="AntiqueWhite"/>
</Style>
```

该样式应用于各个 TextBlock 元素，它们为 TextBox 和 ComboBox 控件(用于输入客户信息)提供标签。样式引用了和标题一样的字体样式，但将其他属性设为更适合标签的值。

23. 返回 MainPage.xaml 文件。在 XAML 窗格中修改 customersTabularView 和 customersColumnarView Grid 控件中的所有标签 TextBlock 控件；删除 HorizontalAlignment、TextWrapping、VerticalAlignment 和 FontSize 属性并引用 LabelStyle 样式，如加粗的部分所示。

```xml
<Grid x:Name="customersTabularView" Margin="10,20,10,20" Visibility="Visible">
    ...
    <Grid Grid.Row="2">
        ...
        <TextBlock Grid.Row="0" Grid.Column="1" Style="{StaticResource LabelStyle}"
Text="ID"/>
        <TextBlock Grid.Row="0" Grid.Column="3" Style="{StaticResource LabelStyle}"
Text="Title"/>
        <TextBlock Grid.Row="0" Grid.Column="5" Style="{StaticResource LabelStyle}"
Text="First Name"/>
        <TextBlock Grid.Row="0" Grid.Column="7" Style="{StaticResource LabelStyle}"
Text="Last Name"/>
        ...
        <TextBlock Grid.Row="3" Grid.Column="1" Style="{StaticResource LabelStyle}"
Text="Email"/>
        ...
```

```
            <TextBlock Grid.Row="5" Grid.Column="1" Style="{StaticResource LabelStyle}"
Text="Phone"/>
            ...
        </Grid>
    </Grid>
    <Grid x:Name="customersColumnarView" Margin="10,20,10,20" Visibility="Collapsed">
            ...
        <Grid Grid.Row="1">
            ...
            <TextBlock Grid.Row="0" Grid.Column="0" Style="{StaticResource LabelStyle}"
Text="ID"/>
            <TextBlock Grid.Row="1" Grid.Column="0" Style="{StaticResource LabelStyle}"
Text="Title"/>
            <TextBlock Grid.Row="2" Grid.Column="0" Style="{StaticResource LabelStyle}"
Text="First Name"/>
            <TextBlock Grid.Row="3" Grid.Column="0" Style="{StaticResource LabelStyle}"
Text="Last Name"/>
            ...
            <TextBlock Grid.Row="4" Grid.Column="0" Style="{StaticResource LabelStyle}"
Text="Email"/>
            ...
            <TextBlock Grid.Row="5" Grid.Column="0" Style="{StaticResource LabelStyle}"
Text="Phone"/>
            ...
        </Grid>
    </Grid>
```

现在，标签应该像下图所示那样变成白色 30 像素 Segoe Print 字体。

24. 在"调试"菜单中选择"开始调试"生成并运行应用程序。

将显示 Customers 窗体并应用和设计视图一样的样式。在文本框中输入任意英语文本，注意，它们使用的是 TextBox 控件的默认字体和样式。

注意　虽然 Segoe Print 字体显示标签和标题效果不错，但不适合数据输入，因为有的字符很难区分。例如，小写字母 *l* 和数字 *1* 就很像，大写字母 *O* 和数字 *O* 几乎一模一样。因此，TextBox 控件用默认字体就好。

25. 改变窗口大小，验证在窄视图中，**customersColumnarView** 网格中的控件也正确应用了样式，如下图所示。

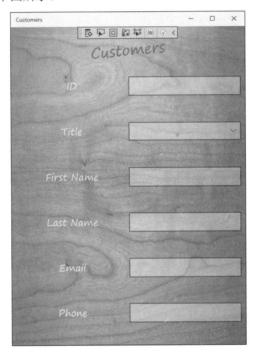

注意　如果在宽视图中输入了文本，这些文本在切换为窄视图后不会保留。下一章会解释原因和如何修复。

26. 返回 Visual Studio 并停止调试。

可用样式轻松实现许多很酷的效果。此外，和单独设置属性相比，精心设计的样式还使代码变得更易维护。例如，要改变 Customers 应用的标签和标题字体，单独修改 FontStyle 样式就可以了。

总之，要尽量使用样式。除了增强可维护性，样式还使窗体的 XAML 标记变得更简洁。窗体的 XAML 只需指定控件和布局就可以了，不必指定控件如何在窗体上显示。

可使用 Microsoft Blend for Visual Studio 定义复杂样式并将其集成到应用程序。专业图形艺术家用 Blend 生成定制样式，以 XAML 标记的形式将样式提供给应用程序开发人员。开发人员为 UI 元素添加合适的 Style 标记来引用这些样式。

小结

本章讲述了如何使用 Grid 控件实现可适应不同屏幕大小和方向的用户界面，还讲述了如何使用可视状态管理器在用户切换窗口大小时调整控件布局，最后讲述了如何创建自定义样式并将其应用于窗体上的控件。定义好用户界面后，下一步是为应用程序添加功能，允许用户显示和更新数据，这是下一章的主题。

- 如果希望继续学习下一章，请继续运行 Visual Studio 2022，然后阅读第 26 章。
- 如果希望现在就退出 Visual Studio 2022，请选择"文件"|"退出"。如果看到"保存"对话框，请单击"是"按钮保存项目。

第 25 章快速参考

目标	操作
新建 UWP 应用	使用 Visual Studio 2022 提供的某个 UWP 应用模板，比如"空白应用"
实现能适应不同屏幕大小和方向的用户界面	使用 Grid 控件。将网格划分为行和列，将控件放在单元格中，而不要相对于网格各边进行绝对定位
实现能适应不同显示宽度的用户界面	为不同视图创建不同布局，以恰当方式显示控件。然后，用可视状态管理器选择可视状态发生改变时要显示的布局
创建自定义样式	为应用程序添加资源字典。使用\<Style\>元素在字典中定义样式，指定每个样式要改变什么属性。示例如下： \<Style x:Key="PageStyle" TargetType="Page"\> \<Setter Property="Background" Value="{StaticResource WoodBrush}"/\> \</Style\>
向控件应用自定义样式	设置控件的 Style 属性来引用样式名称。示例如下： \<Page Style="{StaticResource PageStyle}"\>

第 26 章

在 UWP 应用中显示和搜索数据

学习目标

- 理解如何使用 Model-View-ViewModel 模式实现 UWP 应用的逻辑
- 使用数据绑定显示和修改视图中的数据
- 创建 ViewModel 使视图能和模型交互

第 25 章讲述了如何设计 UWP 应用的用户界面(UI)，使之自动适应屏幕大小、方向和视图。创建了一个简单应用来显示和编辑客户的详细信息。

本章要展示如何在 UI 中显示数据，以及如何利用 Windows 10/11 提供的功能在应用中搜索数据。通过执行这些任务，还可进一步理解如何构造 UWP 应用。本章讲解了大量基础知识，包括如何通过数据绑定将 UI 连接到它显示的数据，以及如何创建 ViewModel，将 UI 逻辑与数据模型和业务逻辑分开。

26.1 实现 Model-View-ViewModel 模式

结构良好的 UWP 应用会将 UI 设计与应用程序使用的数据和实现应用程序功能的业务逻辑分开。这有助于避免各个组件之间的依赖性，修改的数据的呈现方式不需要修改业务逻辑或底层数据模型。另外，不同的人可以方便地设计和实现不同的元素。例如，图形艺术家专注于 UI 外观设计，数据库专家专注于实现高效的数据结构集来存取数据，而 C#开发人员专门负责业务逻辑。这是很常见的开发模式，并非 UWP 应用独享。过去几年间，人们开发了许多技术来进行完善。

最流行(虽然有争议)的是 Model-View-ViewModel (MVVM)设计模式。在该设计模式中，模型(Model)提供应用程序需要的数据，视图(View)则指定数据在 UI 中的显示方式。视图模型(ViewModel)包含用于连接两者的逻辑，它获取用户输入并将其转换成对模型执行业务操作的指令；它还从模型获取数据，并以视图要求的方式格式化。

下图展示了 MVVM 模式各元素间的关系。注意，应用程序可能提供相同数据的多个视图。例如在 UWP 应用中，可实现不同的可视状态，用不同的屏幕布局来呈现信息。ViewModel 的一个工作就是确保来自相同模型的数据能由不同视图显示和处理。在 UWP 应用中，视图可配置数据绑定以连接 ViewModel 提供的数据。另外，视图可调用由 ViewModel 实现的命令，请求 ViewModel 更新模型中的数据或执行业务操作。

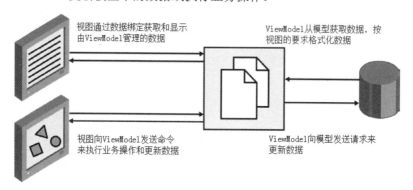

26.2　通过数据绑定显示数据

开始为 Customers 应用实现 ViewModel 之前，有必要先了解一下数据绑定，以及如何运用这种技术在 UI 中显示数据。数据绑定允许将控件的属性和对象的属性链接起来；对象属性值改变，控件属性值也改变。数据绑定还可以是双向的；控件属性值改变，对象属性也改变。以下练习演示了如何用数据绑定显示数据。它基于第 25 章开发的 Customers 应用。

➢ **通过数据绑定显示客户信息**

1. 启动 Visual Studio 2022。
2. 打开"文档"文件夹下的\Microsoft Press\VCSBS\Chapter 26\DataBinding 子文件夹中的 Customers 解决方案。它克隆了第 25 章开发的 Customers 应用，但 UI 布局稍有变动，即控件在蓝色背景上显示，显得更醒目。

📖**注意**　蓝色背景用一个 Rectangle 控件创建。该控件跨越和显示标题/数据的 TextBlock/TextBox 控件一样的行和列。矩形用 LinearGradientBrush 填充，从顶部的中蓝色渐变到底部的深蓝色。下面是 customersTabularView Grid 控件中的 Rectangle 控件的 XAML 标记。customersColumnarView Grid 控件包含类似的 Rectangle 控件，跨越那个布局使用的行和列。

```
<Rectangle Grid.Row="0" Grid.RowSpan="6" Grid.Column="1" Grid.ColumnSpan="7" ...>
    <Rectangle.Fill>
        <LinearGradientBrush EndPoint="0.5,1" StartPoint="0.5,0">
            <GradientStop Color="#FF0E3895"/>
            <GradientStop Color="#FF141415" Offset="0.929"/>
        </LinearGradientBrush>
    </Rectangle.Fill>
</Rectangle>
```

3. 在解决方案资源管理器中右击 Customers 项目，选择"添加"|"类"。

4. 在"添加新项"对话框中确定选中的是"类"模板，在"名称"文本框中输入
   Customer.cs，单击"添加"。将用该类实现 Customer 数据类型，然后实现数据绑
   定，以便在 UI 中显示 Customer 对象的详细信息。

5. 在 Customers.cs 文件中使 Customer 类成为公共类，添加以下加粗的私有字段和公共
   属性。

```
public class Customer
{
    public int _customerID;
    public int CustomerID
    {
        get => this._customerID;
        set { this._customerID = value; }
    }

    private string _title;
    public string Title
    {
        get => this._title;
        set { this._title = value; }
    }

    public string _firstName;
    public string FirstName
    {
        get => this._firstName;
        set { this._firstName = value; }
    }

    public string _lastName;
    public string LastName
    {
        get => this._lastName;
        set { this._lastName = value; }
    }
```

```
        public string _emailAddress;
        public string EmailAddress
        {
            get => this._emailAddress;
            set { this._emailAddress = value; }
        }

        public string _phone;
        public string Phone
        {
            get => this._phone;
            set { this._phone = value; }
        }
    }
}
```

> **注意** 你可能奇怪这些属性为何不作为自动属性实现，毕竟它们唯一做的事情就是获取和
> 设置字段值。但下一个练习将为这些属性添加额外的代码。

6. 在解决方案资源管理器中双击 MainPage.xaml 文件显示设计视图。

7. 在 XAML 窗格中找到 id TextBox 控件并修改其 Text 属性，如加粗部分所示：

```
<TextBox Grid.Row="1" Grid.Column="1" x:Name="id" ...
Text="{Binding CustomerID}" .../>
```

Text="{Binding *路径*}"指出 Text 属性的值在运行时由*路径*表达式提供。本例的路
径是 CustomerID，所以控件将显示 CustomerID 表达式的值。但需提供更多信息指
明 CustomerID 实际是 Customer 对象的属性。这需要设置控件的 DataContext 属性，
这将在稍后进行。

8. 为窗体上其他每个文本控件都添加以下绑定表达式。将数据绑定应用于
customersTabularView 和 customersColumnView Grid 控件中的 TextBox 控件，如
加粗部分所示。ComboBox 控件的处理方式稍有不同，将在本章后面的 26.1.3 节讨论。

```
<Grid x:Name="customersTabularView" ...>
    ...
    <TextBox Grid.Row="1" Grid.Column="5" x:Name="firstName" ...
Text="{Binding FirstName}" .../>
    <TextBox Grid.Row="1" Grid.Column="7" x:Name="lastName" ...
Text="{Binding LastName}" .../>
    ...
    <TextBox Grid.Row="3" Grid.Column="3" Grid.ColumnSpan="3"
x:Name="email" ... Text="{Binding EmailAddress}" .../>
    ...
    <TextBox Grid.Row="5" Grid.Column="3" Grid.ColumnSpan="3"
x:Name="phone" ... Text="{Binding Phone}" ..."/>
</Grid>
```

```
<Grid x:Name="customersColumnarView" Margin="10,20,10,20"
Visibility="Collapsed">
    ...
    <TextBox Grid.Row="0" Grid.Column="1" x:Name="cId" ...
Text="{Binding CustomerID}" .../>
    ...
    <TextBox Grid.Row="2" Grid.Column="1" x:Name="cFirstName" ...
Text="{Binding FirstName}" .../>
    <TextBox Grid.Row="3" Grid.Column="1" x:Name="cLastName" ...
Text="{Binding LastName}" .../>
    ...
    <TextBox Grid.Row="4" Grid.Column="1" x:Name="cEmail" ...
Text="{Binding EmailAddress}" .../>
    ...
    <TextBox Grid.Row="5" Grid.Column="1" x:Name="cPhone" ...
Text="{Binding Phone}" .../>
</Grid>
```

注意，同一个绑定表达式可用于多个控件。例如，id 和 cId 这两个 TextBox 控件都
使用了{Binding CustomerID}表达式，所以两者显示一样的数据。

9. 在解决方案资源管理器中展开 MainPage.xaml 文件，双击 MainPage.xaml.cs 文件来
显示它。

10. 在 MainPage 构造器中添加以下加粗显示的语句。

```
public MainPage()
{
    this.InitializeComponent();

    Customer customer = new Customer
    {
        CustomerID = 1,
        Title = "Mr",
        FirstName = "John",
        LastName = "Sharp",
        EmailAddress = "john@contoso.com",
        Phone = "111-1111"
    };
}
```

代码创建 Customer 类的新实例并填充一些示例数据。

11. 创建好新的 Customer 对象后，添加以下加粗的语句。

```
Customer customer = new Customer
{
    ...
};
this.DataContext = customer;
```

该语句指定 MainPage 窗体上的控件要绑定到哪个对象。每个控件的 XAML 标记 Text="{Binding *路径*}"都针对该对象进行解析。例如，id TextBox 和 cId TextBox 控件都指定了 Text="{Binding CustomerID}"，所以都显示窗体绑定到的那个 Customer 对象的 CustomerID 属性的值。

> **注意** 本例设置窗体的 DataContext 属性，向窗体的所有控件都自动应用同一个数据绑定，也可设置单独控件的 DataContext 属性，将特定控件绑定到不同对象。

12. 在"调试"菜单中选择"开始调试"生成并运行应用程序。
验证窗体显示客户 John Sharp 的详细信息，如下图所示。

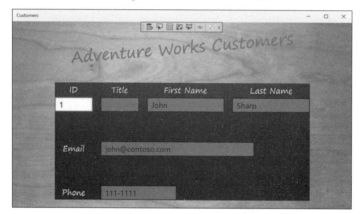

13. 将应用切换到窄视图，验证显示相同的数据，如下图所示。

窄视图和全屏幕视图中的控件绑定到相同的数据。

14. 在窄视图中，将电子邮件地址更改为 **john@treyresearch.com**。

15. 将应用切换回到宽视图，注意，该视图中的电子邮件地址没有变。

16. 返回 Visual Studio 并停止调试。

17. 在 Visual Studio 中显示 **Customer** 类的代码，在 **EmailAddress** 属性的 **set** 属性访问器中设置断点。

18. 在"调试"菜单中选择"开始调试"命令。

19. 调试器第一次到达断点时，按功能键 F5 继续运行。

20. Customers 应用程序 UI 出现之后，切换到窄视图并将电子邮件改为 **john@treyresearch.com**。

21. 切换回宽视图。注意调试器没有到达 **EmailAddress** 属性的 **set** 访问器的断点。也就是说，email **TextBox** 失去焦点时，更新的值没有写回 **Customer** 对象。

22. 返回 Visual Studio 并停止调试。

23. 删除断点。

26.2.1 通过数据绑定修改数据

上一个练习演示了如何通过数据绑定显示对象中的数据。但数据绑定默认是单向操作，对显示的数据进行的任何改动都不会写回数据源。证据就是在窄视图中修改电子邮件地址，切换回宽视图数据根本没变。可修改 XAML 标记的 **Binding** 规范的 **Mode** 参数来实现双向数据绑定。**Mode** 参数指定数据绑定是单向(默认)还是双向。下一个练习演示具体做法。

➤ **实现双向数据绑定来修改客户信息**

1. 在设计视图中显示 MainPage.xaml 文件，修改每个 **TextBox** 控件的 XAML 标记，如加粗部分所示：

```
<Grid x:Name="customersTabularView" ...>
    ...
    <TextBox Grid.Row="1" Grid.Column="1" x:Name="id" ...
Text="{Binding CustomerID, Mode=TwoWay}" .../>
    ...
    <TextBox Grid.Row="1" Grid.Column="5" x:Name="firstName" ...
Text="{Binding FirstName, Mode=TwoWay}" .../>
    <TextBox Grid.Row="1" Grid.Column="7" x:Name="lastName" ...
Text="{Binding LastName, Mode=TwoWay}" .../>
    ...
    <TextBox Grid.Row="3" Grid.Column="3" Grid.ColumnSpan="3"
x:Name="email" ... Text="{Binding EmailAddress, Mode=TwoWay}" .../>
    ...
    <TextBox Grid.Row="5" Grid.Column="3" Grid.ColumnSpan="3"
x:Name="phone" ... Text="{Binding Phone, Mode=TwoWay}" ..."/>
```

```
    </Grid>
    <Grid x:Name="customersColumnarView" Margin=" 10,20,10,20" ...>
        ...
        <TextBox Grid.Row="0" Grid.Column="1" x:Name="cId" ...
Text="{Binding CustomerID, Mode=TwoWay}" .../>
        ...
        <TextBox Grid.Row="2" Grid.Column="1" x:Name="cFirstName" ...
Text="{Binding FirstName, Mode=TwoWay}" .../>
        <TextBox Grid.Row="3" Grid.Column="1" x:Name="cLastName" ...
Text="{Binding LastName, Mode=TwoWay}" .../>
...
        <TextBox Grid.Row="4" Grid.Column="1" x:Name="cEmail" ...
Text="{Binding EmailAddress, Mode=TwoWay}" .../>
...
        <TextBox Grid.Row="5" Grid.Column="1" x:Name="cPhone" ...
Text="{Binding Phone, Mode=TwoWay}" .../>
    </Grid>
```

Binding 规范的 Mode 参数指出数据绑定是单向(默认)还是双向。将 Binding 规范的 Mode 参数设为 TwoWay，任何更改都将传回控件所绑定的对象。

2. 选择"调试"|"开始调试"来生成并运行应用程序。

3. 以宽视图显示应用时，将电邮地址更改为 **john@treyresearch.com**，然后改变窗口大小，以窄视图显示应用程序。注意，虽然将数据绑定模式更改为 TwoWay，但窄视图显示的电子邮件地址没有更新，仍是 john@contoso.com。

4. 返回 Visual Studio 并停止调试。

显然有什么地方不对！现在的问题不是数据有没有更新，而是视图不显示数据的最新版本(重新在 Customer 类的 EmailAddress 属性的 set 访问器中设置断点，会发现每当电子邮件地址发生改变，而且焦点从 TextBox 控件离开时，都会到达断点)。数据绑定不是魔法，它无法知道所绑定的数据何时已发生变化。对象需要向 UI 发送一个 PropertyChanged 事件来告诉数据绑定发生了变化。该事件是 INotifyPropertyChanged 接口的一部分，支持双向数据绑定的所有对象都应实现该接口。这正是下个练习要做的事情。

➤ 在 Customer 类中实现 INotifyPropertyChanged 接口

1. 在 Visual Studio 中显示 Customer.cs 文件。

2. 在文件顶部添加以下 using 指令：

```
using System.ComponentModel;
```

INotifyPropertyChanged 接口在该命名空间中定义。

3. 修改 Customer 类来实现 INotifyPropertyChanged 接口，如加粗部分所示：

```
public class Customer : INotifyPropertyChanged
{
```

```
    ...
}
```

4. 将以下加粗的 PropertyChanged 事件添加到 Customer 类，放到 Phone 属性后：

```
public class Customer : INotifyPropertyChanged
{
    ...
    public string _phone;
    public string Phone {
        get => this._phone;
        set { this._phone = value; }
    }

    public event PropertyChangedEventHandler PropertyChanged;
}
```

    INotifyPropertyChanged 接口唯一定义的就是该事件。实现该接口的所有类都必须提供该事件，而且每次要向外部世界通知一个属性值的变动时都应引发该事件。

5. 在 Customer 类中添加以下方法，放到 PropertyChanged 事件后：

```
public class Customer : INotifyPropertyChanged
{
    ...
    public event PropertyChangedEventHandler PropertyChanged;
    protected virtual void OnPropertyChanged(string propertyName)
    {
        if (PropertyChanged is not null)
        {
            PropertyChanged(this, new PropertyChangedEventArgs(propertyName));
        }
    }
}
```

    OnPropertyChanged 方法引发 PropertyChanged 事件。PropertyChanged 事件的 PropertyChangedEventArgs 参数指定了发生改变的属性的名称。该值作为参数传给 OnPropertyChanged 方法。

📖 **注意** 可用空条件操作符(?.)和 Invoke 方法将 OnPropertyChanged 方法的代码精简为一个语句，例如：

```
PropertyChanged?.Invoke(this, new PropertyChangedEventArgs(propertyName));
```

但我的个人习惯是优先可读性而不是代码简化，这样以后好维护。

---

6. 修改 Customer 类的所有属性的 set 访问器，指定在值被修改时都要调用 OnPropertyChanged 方法。如加粗的部分所示：

```csharp
public class Customer : INotifyPropertyChanged
{
    public int _customerID;
    public int CustomerID
    {
        get => this._customerID;
        set
        {
            this._customerID = value;
            this.OnPropertyChanged(nameof(CustomerID));
        }
    }
    public string _title;
    public string Title
    {
        get => this._title;
        set
        {
            this._title = value;
            this.OnPropertyChanged(nameof(Title));
        }
    }
    public string _firstName;
    public string FirstName
    {
        get => this._firstName;
        set
        {
            this._firstName = value;
            this.OnPropertyChanged(nameof(FirstName));
        }
    }
    public string _lastName;
    public string LastName
    {
        get => this._lastName;
        set
        {
            this._lastName = value;
            this.OnPropertyChanged(nameof(LastName));
        }
    }
    public string _emailAddress;
    public string EmailAddress
    {
        get => this._emailAddress;
```

```
        set
        {
            this._emailAddress = value;
            this.OnPropertyChanged(nameof(EmailAddress));
        }
    }
    public string _phone;
    public string Phone
    {
        get  => this._phone;
        set
        {
            this._phone = value;
            this.OnPropertyChanged(nameof(Phone));
        }
    }
    ...
}
```

nameof 操作符

这里演示的 nameof 操作符是 C#的一个很少使用、但用处很大的特性。它以字符串形式返回作为实参传递的变量的名称。不使用 nameof 操作符，就必须使用硬编码的字符串值。例如：

```
public int CustomerID
{
    get  => this._customerID;
    set
    {
        this._customerID = value;
        this.OnPropertyChanged("CustomerID");
    }
}
```

虽然用字符串值能少打一些字，但将来如果修改了属性名称就可能造成 bug，因为可能忘记同时修改字符串值。如果忘记修改，代码仍能编译并运行，只是在运行时对属性值的任何修改都不会引发事件。这会造成很难发现的 bug。而使用 nameof 操作符，属性名变化后如果忘记修改传给 nameof 的实参，代码将不能编译，使你能快速、方便地修正。

7. 选择"调试"|"开始调试"来生成并运行应用程序。

8. 以宽视图显示应用时，将电子邮件地址更改为 **john@treyresearch.com**，将电话号码更改为 **222-2222**。

9. 改变窗口大小，以窄视图显示应用，验证电子邮件和电话都已改变。

10. 在窄视图中将 First Name 更改为 **James**，再在宽视图中验证名字已改变。

11. 返回 Visual Studio 并停止调试。

26.2.2　为 ComboBox 控件使用数据绑定

为 TextBox 或 TextBlock 等控件使用数据绑定很简单，但 ComboBox 控件较为特殊，因为它实际要显示两样东西：下拉列表(供用户从中选择一项)和当前选定的那一项的值。如实现数据绑定来显示 ComboBox 控件下拉列表中的值列表，那么用户选择的值必须是该列表的成员。在 Customers 应用中，可设置 SelectedValue 属性，为 title ComboBox 控件的当前选定值配置数据绑定，如下所示：

```
<ComboBox ... x:Name="title" ... SelectedValue="{Binding Title}" ... />
```

但要记住，下拉列表的值列表是硬编码到 XAML 标记中的，如下所示：

```
<ComboBox ... x:Name="title" ... >
    <ComboBoxItem Content="Mr"/>
    <ComboBoxItem Content="Mrs"/>
    <ComboBoxItem Content="Ms"/>
    <ComboBoxItem Content="Miss"/>
</ComboBox>
```

该标记在控件创建后才会实际应用，所以数据绑定指定的值在列表中是找不到的。构造数据绑定的时候，列表还不存在！结果是值不会显示。如果愿意可自行尝试——像上面展示的那样配置 SelectedValue 属性的数据绑定并运行应用程序。最初显示时，title ComboBox 将是空白的，即使客户有 Mr 的称谓。

有几个解决方案，但最简单的就是创建包含有效值列表的数据源，然后指定 ComboBox 控件将该列表作为下拉列表的值列表。该步骤要在为 ComboBbox 应用数据绑定之前完成。

➢ **为 title ComboBox 控件实现数据绑定**

1. 在 Visual Studio 中显示 MainPage.xaml.cs 文件。

2. 将以下加粗的代码添加到 MainPage 构造器中：

```
public MainPage()
{
    this.InitializeComponent();

    List<string> titles = new List<string>
    {
        "Mr", "Mrs", "Ms", "Miss"
    };
    this.title.ItemsSource = titles;
    this.cTitle.ItemsSource = titles;
```

```
Customer customer = new Customer
{
    ...
};
this.DataContext = customer;
}
```

上述代码创建一个字符串列表，其中含有客户所有可能的称谓。然后，代码设置两
个 title ComboBox 控件的 ItemsSource 属性来引用该列表。记住，每个视图都有
一个 ComboBox 控件。

注意 商业应用一般从数据库或其他数据源获取 ComboBox 控件所显示的值列表，而不是
使用硬编码的列表。

这些代码的位置至关重要。它们必须在设置 MainPage 窗体的 DataContext 属性之
前运行，也就是必须在数据和窗体上的控件绑定之前运行。

3. 用设计视图显示 MainPage.xaml。

4. 如加粗的代码所示，修改 title 和 cTitle ComboBox 控件的 XAML 标记。

```
<Grid x:Name="customersTabularView" ...>
    ...
    <ComboBox Grid.Row="1" Grid.Column="3" x:Name="title" ...
        SelectedValue="{Binding Title, Mode=TwoWay}">
    </ComboBox>
...
</Grid>
<Grid x:Name="customersColumnarView" ...>
    ...
    <ComboBox Grid.Row="1" Grid.Column="1" x:Name="cTitle" ...
        SelectedValue="{Binding Title, Mode=TwoWay}">
    </ComboBox>
...
</Grid>
```

注意，每个控件的 ComboBoxItem 元素列表已经删除了，而且 SelectedValue 属性
配置成与 Customer 对象的 Title 字段绑定。

5. 选择"调试"|"开始调试"来生成并运行应用程序。

6. 在宽视图中，验证客户称谓正确显示(默认 Mr)。单击 ComboBox 控件的下箭头，验
证其中包含 Mr、Mrs、Ms 和 Miss 等值。

7. 改变窗口大小以窄视图显示应用并进行相同的检查。注意，可在窄视图中更改称谓。
切换回宽视图后将显示新称谓。

8. 返回 Visual Studio 并停止调试。

26.3 创建 ViewModel

前面探讨了如何配置数据绑定将数据源同 UI 控件连接，但所用的数据源非常简单，仅由单个客户构成。现实世界的数据源一般复杂得多，由不同对象类型的集合构成。

用 MVVM 的术语来说，数据源一般由模型提供，而 UI(视图)只是间接地通过一个 ViewModel 对象与模型通信。这里的基本出发点是，模型和视图应相互独立；修改 UI 不需要修改模型，而修改了模型之后，UI 不需要跟着修改。

ViewModel 在视图和模型之间建立了连接，还实现了应用程序的业务逻辑。同样地，业务逻辑应独立于视图和模型。ViewModel 通过实现一组命令向视图公开业务逻辑。UI 可根据用户在应用中的导航方式来触发命令。下个练习将扩展 Customers 应用，实现包含 Customer 对象列表的模型，并创建 ViewModel 来提供命令，使视图能在不同客户之间切换。

> **创建 ViewModel 来管理客户信息**

1. 打开"文档"文件夹下的\Microsoft Press\VCSBS\Chapter 26\ViewModel 文件夹中的 Customers 解决方案，它是之前同名应用程序的完成版本。如愿意，可继续使用自己的版本。

2. 在解决方案资源管理器中右击 Customers 项目，选择"添加"|"类"。

3. 在"添加新项"对话框的"名称"框中输入 **ViewModel.cs**，单击"添加"。

   该类提供基本的 ViewModel，其中包含一个 Customer 对象集合。UI 将和该 ViewModel 公开的数据绑定。

4. 在 ViewModel.cs 文件中将类标记为 public，添加以下加粗的代码：

```
public class ViewModel
{
    private List<Customer> customers;

    public ViewModel()
    {
        this.customers = new List<Customer>
        {
            new Customer {
                CustomerID = 1,
                Title = "Mr",
                FirstName="John",
                LastName="Sharp",
                EmailAddress="john@contoso.com",
                Phone="111-1111"},
            new Customer {
                CustomerID = 2,
```

```
                Title = "Mrs",
                FirstName="Diana",
                LastName="Sharp",
                EmailAddress="diana@contoso.com",
                Phone="111-1112"},
            new Customer {
                CustomerID = 3,
                Title = "Ms",
                FirstName="Francesca",
                LastName="Sharp",
                EmailAddress="frankie@contoso.com",
                Phone="111-1113"
            }
        };
    }
}
```

ViewModel 类将一个 List<Customer> 对象作为它的模型,构造器用示例数据填充该
列表。严格地说,应将数据放到一个单独的 Model 类中。但考虑到本练习的目的,
我们就使用这些示例数据。

5. 在 ViewModel 类中添加以下加粗的私有变量 currentCustomer,在构造器中把它初
    始化为零:

```
class ViewModel
{
    private List<Customer> customers;
    private int currentCustomer;

    public ViewModel()
    {
        this.currentCustomer = 0;
        this.customers = new List<Customer>
        {
            ...
        }
    }
}
```

ViewModel 类用该变量跟踪视图当前显示的 Customer 对象。

6. 在 ViewModel 类中添加 Current 属性,放到构造器之后:

```
class ViewModel
{
    ...
    public ViewModel()
    {
```

```
    ...
}

public Customer Current
{
    get => this.customers.Count > 0 ? this.customers[currentCustomer] : null;
}
}
```

Current 属性访问模型中的当前 Customer 对象。没有客户就返回 null。

> **注意** 最好为数据模型提供受控访问；只有 ViewModel 才能修改模型。但这并不会妨碍视图更新 ViewModel 呈现的数据——它只是无法修改模型来引用不同的数据源。

7. 打开 MainPage.xaml.cs 文件。

8. 在 MainPage 构造器中删除创建 Customer 对象的代码，替换成创建 ViewModel 类实例的一个语句。修改设置 MainPage 对象的 DataContext 属性的语句来引用新的 ViewModel 对象，如加粗的语句所示：

```
public MainPage()
{
    ...
    this.cTitle.ItemsSource = titles;
    ViewModel viewModel = new ViewModel();
    this.DataContext = viewModel;
}
```

9. 在设计视图中打开 MainPage.xaml 文件。

10. 在 XAML 窗格中修改 TextBox 和 ComboBox 控件的数据绑定，引用由 ViewModel 公开的 Current 属性所返回的客户对象的属性，如加粗部分所示。

```
<Grid x:Name="customersTabularView" ...>
    ...
    <TextBox Grid.Row="1" Grid.Column="1" x:Name="id" ...
Text="{Binding Current.CustomerID, Mode=TwoWay}" .../>
    <TextBox Grid.Row="1" Grid.Column="5" x:Name="firstName" ...
Text="{Binding Current.FirstName, Mode=TwoWay }" .../>
    <TextBox Grid.Row="1" Grid.Column="7" x:Name="lastName" ...
Text="{Binding Current.LastName, Mode=TwoWay }" .../>
    <ComboBox Grid.Row="1" Grid.Column="3" x:Name="title" ...
SelectedValue="{Binding Current.Title, Mode=TwoWay}">
    </ComboBox>
    ...
    <TextBox Grid.Row="3" Grid.Column="3" ... x:Name="email" ...
Text="{Binding Current.EmailAddress, Mode=TwoWay }" .../>
    ...
```

```
            <TextBox Grid.Row="5" Grid.Column="3" ... x:Name="phone" ...
Text="{Binding Current.Phone, Mode=TwoWay }" ..."/>
        </Grid>
        <Grid x:Name="customersColumnarView" Margin="10,20,10,20" ...>
            ...
            <TextBox Grid.Row="0" Grid.Column="1" x:Name="cId" ...
Text="{Binding Current.CustomerID, Mode=TwoWay }" .../>
            <TextBox Grid.Row="2" Grid.Column="1" x:Name="cFirstName" ...
Text="{Binding Current.FirstName, Mode=TwoWay }" .../>
            <TextBox Grid.Row="3" Grid.Column="1" x:Name="cLastName" ...
Text="{Binding Current.LastName, Mode=TwoWay }" .../>
            <ComboBox Grid.Row="1" Grid.Column="1" x:Name="cTitle" ...
SelectedValue="{Binding Current.Title, Mode=TwoWay}">
            </ComboBox>
            ...
            <TextBox Grid.Row="4" Grid.Column="1" x:Name="cEmail" ...
Text="{Binding Current.EmailAddress, Mode=TwoWay }" .../>
            ...
            <TextBox Grid.Row="5" Grid.Column="1" x:Name="cPhone" ...
Text="{Binding Current.Phone, Mode=TwoWay }" .../>
        </Grid>
```

11. 选择"调试" | "开始调试"来生成并运行应用程序。

12. 验证应用程序显示客户 John Sharp(客户列表的第一个客户)的详细信息。修改客户细节并切换宽窄视图，证实数据绑定仍能正确工作。

13. 返回 Visual Studio 并停止调试。

ViewModel 通过 Current 属性提供对客户信息的访问，但没有提供在不同客户之间导航的方式。可实现方法来递增和递减 currentCustomer 变量，使 Current 属性能获取不同的客户。但这样做的时候，又不能使视图对 ViewModel 产生依赖。

最常见的解决方案是 Command 模式。在这个模式中，ViewModel 用方法来实现可由视图调用的命令。这里的关键在于不能在视图的代码中显式引用这些方法名。所以，需要将命令绑定到由 UI 控件触发的操作。这正是下一节的练习要做的事情。

26.4 向 ViewModel 添加命令

ViewModel 所公开的命令必须实现 ICommand 接口，控件的操作才能和命令绑定。该接口定义了以下方法和事件。

- **CanExecute** 该方法返回 Boolean 值来指出命令是否能够运行。通过该方法，ViewModel 可基于上下文来启用或禁用命令。例如，从列表获取下一个客户的命令只有在确实有客户时才执行。没有更多客户，命令应被禁用。

- **Execute** 命令被调用时运行该方法。
- **CanExecuteChanged** ViewModel 的状态改变时触发该事件。之前能运行的命令现在可能被禁用，反之亦然。例如，假定 UI 调用命令从列表获取下一个客户，如果这是最后一个客户，则后续 CanExecute 调用返回 false。这时应触发 CanExecuteChanged 事件来指出命令已被禁用。

下一个练习创建泛型 Command 类来实现 ICommand 接口。

> **实现 Command 类**

1. 在 Visual Studio 右击 Customers 项目，选择"添加"|"类"。

2. 在"添加新项"对话框的"名称"文本框中输入 **Command.cs**，单击"添加"。

3. 在 Command.cs 文件顶部添加以下 using 指令：

```
using System.Windows.Input;
```

ICommand 接口在该命名空间中定义。

4. 使 Command 类成为公共类，指定它要实现 ICommand 接口，如加粗部分所示：

```
public class Command : ICommand
{
}
```

5. 在 Command 类中添加以下私有字段：

```
public class Command : ICommand
{
    private Action methodToExecute = null;
    private Func<bool> methodToDetectCanExecute = null;
}
```

第 20 章简单描述了 Action 类型和 Func 类型。Action 委托引用无参和无返回值的方法。Func<T>委托引用的方法也无参，但要返回由类型参数 T 指定的那个类型的值。methodToExecute 字段引用的是在被视图调用时由 Command 对象运行的代码，而 methodToDetectCanExecute 字段引用的方法检测命令能否运行(取决于应用的状态或数据，命令可能被禁用)。

6. 为 Command 类添加构造器。构造器获取两个参数：一个 Action 对象和一个 Func<T> 对象，参数值赋给 methodToExecute 和 methodToDetectCanExecute 字段，如以下加粗代码所示：

```
public Command : ICommand
{
    ...
    public Command(Action methodToExecute, Func<bool> methodToDetectCanExecute)
    {
```

```
        this.methodToExecute = methodToExecute;
        this.methodToDetectCanExecute = methodToDetectCanExecute;
    }
}
```

ViewModel 为每个命令都创建该类的实例。ViewModel 提供用于运行命令的方法，以及在调用构造器时检测命令是否应该启用的方法。

7. 使用 methodToExecute 字段和 methodToDetectCanExecute 字段引用的方法来实现 Command 类的 Execute 方法和 CanExecute 方法，如下所示：

```
public Command : ICommand
{
    ...
    public Command(Action methodToExecute, Func<bool> methodToDetectCanExecute)
    {
        ...
    }

    public void Execute(object parameter)
    {
        this.methodToExecute();
    }

    public bool CanExecute(object parameter)
    {
        if (this.methodToDetectCanExecute == null)
        {
            return true;
        }
        else
        {
            return this.methodToDetectCanExecute();
        }
    }
}
```

如 ViewModel 为构造器的 methodToDetectCanExecute 参数提供了 null 引用，表明命令总是可以运行，CanExecute 返回 true。

8. 为 Command 类添加公共 CanExecuteChanged 事件：

```
public Command : ICommand
{
    ...
    public bool CanExecute(object parameter)
    {
        ...
```

```
    }

    public event EventHandler CanExecuteChanged;
}
```

将命令绑定到控件，控件将自动订阅该事件。ViewModel 状态更新且 CanExecute
的返回值改变，Command 对象就应引发该事件。最简单的做法是使用计时器按大致
每秒一次的频率引发 CanExecuteChanged 事件。然后，控件可调用 CanExecute 判
断命令是否仍可执行，并根据结果启用或禁用自己。

9.   在文件顶部添加以下 using 指令：

```
using Windows.UI.Xaml;
```

10. 在 Command 类中添加以下加粗的字段，放到构造器之前：

```
public class Command : ICommand
{
    ...
    private Func<bool> methodToDetectCanExecute = null;
    private DispatcherTimer canExecuteChangedEventTimer = null;

    public Command(Action methodToExecute, Func<bool> methodToDetectCanExecute)
    {
        ...
    }
}
```

Windows.UI.Xaml 命名空间定义的 DispatcherTimer 类实现了一个计时器，它按指
定周期引发事件。将用 canExecuteChangedEventTimer 字段以 1 秒的周期引发
CanExecuteChanged 事件。

11. 在 Command 类末尾添加以下加粗的 canExecuteChangedEventTimer_Tick 方法：

```
public class Command : ICommand
{
    ...
    public event EventHandler CanExecuteChanged;

    void canExecuteChangedEventTimer_Tick(object sender, object e)
    {
        if (this.CanExecuteChanged != null)
        {
            this.CanExecuteChanged(this, EventArgs.Empty);
        }
    }
}
```

起码有一个控件绑定到命令，该方法就引发 CanExecuteChanged 事件。严格地说，引发事件之前，方法还应检查对象的状态是否发生改变。但是，由于计时器周期较长(相对于处理器周期)，所以不检查状态变化对性能的影响微乎其微。

12. 在 Command 构造器中添加以下加粗的语句：

```
public class Command : ICommand
{
    ...
    public Command(Action methodToExecute, Func<bool> methodToDetectCanExecute)
    {
        this.methodToExecute = methodToExecute;
        this.methodToDetectCanExecute = methodToDetectCanExecute;

        this.canExecuteChangedEventTimer = new DispatcherTimer();
        this.canExecuteChangedEventTimer.Tick +=
                canExecuteChangedEventTimer_Tick;
        this.canExecuteChangedEventTimer.Interval = new TimeSpan(0, 0, 1);
        this.canExecuteChangedEventTimer.Start();
    }
    ...
}
```

这些代码初始化 DispatcherTimer 对象，将计时器周期设为 1 秒并启动计时器。

13. 选择"生成"|"生成解决方案"。验证应用程序正确生成。

现在就可以用 Command 类向 ViewModel 类添加命令了。下一个练习将定义命令，使视图能在不同客户之间切换。

> **向 ViewModel 类添加 NextCustomer 和 PreviousCustomer 命令**

1. 在 Visual Studio 中显示 ViewModel.cs 文件。

2. 在 文件 顶部添加以下 using 指令，修改 ViewModel 类的定义来实现 INotifyPropertyChanged 接口：

```
...
using System.ComponentModel;

namespace Customers
{
    public class ViewModel : INotifyPropertyChanged
    {
        ...
    }
}
```

3. 在 ViewModel 类末尾添加 PropertyChanged 事件和 OnPropertyChanged 方法。其

实就是在 Customer 类中添加的代码：

```
public class ViewModel : INotifyPropertyChanged
{
    ...
    public event PropertyChangedEventHandler PropertyChanged;
    protected virtual void OnPropertyChanged(string propertyName)
    {
        if (PropertyChanged is not null)
        {
            PropertyChanged(this, new PropertyChangedEventArgs(propertyName));
        }
    }
}
```

记住，视图在控件的数据绑定表达式中通过 Current 属性来引用数据。ViewModel 类移动至不同客户时，必须引发 PropertyChanged 事件通知视图要显示的数据发生了变化。

4. 在 ViewModel 类中添加以下字段和属性，放到构造器之后：

```
public class ViewModel : INotifyPropertyChanged
{
    ...
    public ViewModel()
    {
        ...
    }

    private bool _isAtStart;
    public bool IsAtStart
    {
        get => this._isAtStart;
        set
        {
            this._isAtStart = value;
            this.OnPropertyChanged(nameof(IsAtStart));
        }
    }

    private bool _isAtEnd;
    public bool IsAtEnd
    {
        get => this._isAtEnd;
        set
        {
            this._isAtEnd = value;
```

```
            this.OnPropertyChanged(nameof(IsAtEnd));
        }
    }
}
```

将用这两个属性跟踪 ViewModel 的状态。如 ViewModel 的 currentCustomer 字段定位在 customers 集合起始处，IsAtStart 属性将设为 true；定位在 customers 集合末尾，IsAtEnd 属性将设为 true。

5. 修改构造器来设置 IsAtStart 和 IsAtEnd 属性，如加粗的语句所示：

```
public ViewModel()
{
    this.currentCustomer = 0;
    this.IsAtStart = true;
    this.IsAtEnd = false;
    this.customers = new List<Customer>
    ...
}
```

6. 将以下加粗的私有方法 Next 和 Previous 添加到 ViewModel 类, 放到 Current 属性之后：

```
public class ViewModel : INotifyPropertyChanged
{
    ...
    public Customer Current
    {
        ...
    }

    private void Next()
    {
        if (this.customers.Count - 1 > this.currentCustomer)
        {
            this.currentCustomer++;
            this.OnPropertyChanged(nameof(Current));
            this.IsAtStart = false;
            this.IsAtEnd = (this.customers.Count - 1 == this.currentCustomer);
        }
    }

    private void Previous()
    {
        if (this.currentCustomer > 0)
        {
            this.currentCustomer--;
            this.OnPropertyChanged(nameof(Current));
            this.IsAtEnd = false;
```

```
                this.IsAtStart = (this.currentCustomer == 0);
            }
        }
        ...
    }
```

注意   Count 属性返回集合中的数据项数量，但记住集合项编号是从 0 到 Count-1。

这些方法更新 currentCustomer 变量来引用客户列表中的下一个(或上一个)客户。注意，方法负责维护 IsAtStart 和 IsAtEnd 属性的值，并通过为 Current 属性引发 PropertyChanged 事件来指出当前客户已发生改变。两个方法都私有，不应从 ViewModel 类外部访问。外部类通过命令来运行这些方法。命令将在下面的步骤中添加。

7. 在 ViewModel 类中添加 NextCustomer 和 PreviousCustomer 自动属性：

```
public class ViewModel : INotifyPropertyChanged
{
    private List<Customer> customers;
    private int currentCustomer;
    public Command NextCustomer { get; private set; }
    public Command PreviousCustomer { get; private set; }
    ...
}
```

视图将绑定到这些 Command 对象，允许在客户之间切换。

8. 在 ViewModel 构造器中设置 NextCustomer 和 PreviousCustomer 属性来引用新的 Command 对象，如下所示：

```
public ViewModel()
{
    this.currentCustomer = 0;
    this.IsAtStart = true;
    this.IsAtEnd = false;
    this.NextCustomer = new Command(this.Next, () =>
        this.customers.Count > 1 && !this.IsAtEnd);
    this.PreviousCustomer = new Command(this.Previous, () =>
        this.customers.Count > 0 && !this.IsAtStart);
    this.customers = new List<Customer>
    {
        ...
    };
}
```

NextCustomer Command 指定在调用 Execute 方法时执行 Next 方法。Lambda 表达式() => this.customers.Count > 1 && !this.IsAtEnd)是运行 CanExecute 方法时要调用的函数。只要客户列表包含至少一个客户，而且 ViewModel 当前定位的

不是列表最后一个客户，表达式就返回 true。PreviousCustomer Command 大同小异，它调用 Previous 方法从列表获取上一个客户，CanExecute 方法引用表达式() => this.customers.Count > 0 && !this.IsAtStart)。如客户列表包含至少一个客户，而且 ViewModel 当前定位的不是第一个客户，表达式就返回 true。

9. 选择"生成"|"生成解决方案"。验证应用正确生成。

将 NextCustomer 和 PreviousCustomer 命令添加到 ViewModel 中之后，就可以将这些命令和视图中的按钮绑定。单击按钮将运行对应的命令。

Microsoft 发布了在 UWP 应用中为视图添加按钮的规范。调用命令的按钮一般要放到命令栏上。UWP 应用提供了两个命令栏，一个在窗体顶部，一个在底部。在应用或数据中导航的按钮通常放到顶部，下一个练习将采用这个布局。

📖 注意 访问 https://docs.microsoft.com/zh-cn/windows/apps/design/controls/command-bar 了解 Microsoft 命令栏实现规范。

➢ **在 Customers 窗体中添加 Next 和 Previous 按钮**

1. 以设计视图显示 MainPage.xaml 文件。

2. 滚动到 XAML 窗格底部，在结束</Page>标记之前、最后一个</Grid>标记之后添加以下加粗的标记：

```
...
</Grid>
    <Page.TopAppBar >
        <CommandBar>
            <AppBarButton x:Name="previousCustomer" Icon="Previous"
Label="Previous" Command="{Binding Path=PreviousCustomer}"/>
            <AppBarButton x:Name="nextCustomer" Icon="Next"
Label="Next" Command="{Binding Path=NextCustomer}"/>
        </CommandBar>
    </Page.TopAppBar>
</Page>
```

这些 XAML 标记有下面几点需要注意。

● 命令栏默认出现在屏幕顶部并显示按钮图标。每个按钮的标签仅在用户单击命令栏右侧的"更多"(…)按钮时才显示。但如果应用程序设计在多种语言文化中使用，就不要为标签使用硬编码的值。相反，要将标签文本存储到语言文化特有的资源文件中，并在应用程序运行时动态绑定 Label 属性。欲知详情，请查阅文档中的"对 UI 和应用包清单中的字符串进行本地化"主题，网址是 http://t.cn/RDhLomm。

● CommandBar 控件只能包含有限的一组控件(这些控件实现了 ICommandBarElement 接口)，其中包括 AppBarButton, AppBarToggleButton

和 AppBarSeparator。这些控件专为 CommandBar 设计。试图向命令栏添加像按钮这样的控件将显示错误消息: "无法向该集合分配指定的值。"

- UWP 应用模板包含许多现成的图标供你在 AppBarButton 控件上显示(比如示例代码使用的 Previous 按钮和 Next 按钮)。还可定义自己的图标和位图。
- 每个按钮都有 Command 属性,可与实现了 ICommand 接口的对象绑定。本例将按钮绑定到 ViewModel 类中的 PreviousCustomer 命令和 NextCustomer 命令。在运行时单击这两个按钮将运行对应的命令。

3. 选择"调试"|"开始调试"。

随即显示 Customers 窗体,其中包含 John Sharp 的详细信息。命令栏在窗体顶部出现,其中包含 Next 按钮和 Previous 按钮,如下图所示。

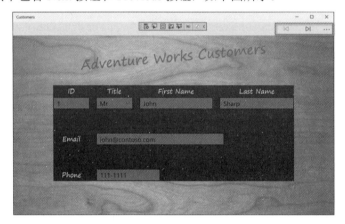

注意,Previous 按钮被禁用,这是由于 ViewModel 的 IsAtStart 属性为 true,Previous 按钮引用的 Command 对象的 CanExecute 方法指出命令不能运行。

4. 单击命令栏最右侧的省略号。将显示所有按钮的文本标签。再次单击省略号恢复。

5. 在命令栏中单击 Next。

随即显示客户 2(Diana Sharp)的详细信息。短暂延迟(最多 1 秒)后,Previous 按钮被启用。IsAtStart 属性不再为 true,所以,命令的 CanExecute 方法返回 true。但在命令中的计时器对象到期并触发 CanExecuteChanged 事件之前(这要花最多 1 秒的时间),按钮是不会收到这个更改通知的。

注意 要想对命令状态的变化做出更迅捷的响应,可在 Command 类中设置更短的计时器周期。但不要太短,过于频繁引发 CanExecuteChanged 事件只会影响 UI 性能。

6. 在命令栏中再次单击 Next 按钮。

7. 随即显示客户 3(Francesca Sharp)的详细信息,短暂延迟后将禁用 Next 按钮。这次 ViewModel 的 IsAtEnd 属性变为 true,所以 Next 按钮引用的 Command 对象的

CanExecute 方法返回 true，命令被禁用。

8. 改变窗口大小，用窄视图显示，验证应用仍能正常工作。可以用 Next 和 Previous 这两个按钮可在客户列表中前后移动。

9. 返回 Visual Studio 并停止调试。

小结

本章讲解了如何使用数据绑定在窗体上显示数据，如何设置窗体的数据上下文，以及如何实现 INotifyPropertyChanged 接口使数据源支持数据绑定。还讲解了如何使用 Model-View-ViewModel 模式来创建 UWP 应用，以及如何创建 ViewModel 使视图通过命令和数据源交互。

- 如果希望继续学习下一章，请继续运行 Visual Studio 2022，然后阅读第 27 章。
- 如果希望现在就退出 Visual Studio 2022，请选择"文件"|"退出"。如果看到"保存"对话框，请单击"是"按钮保存项目。

第 26 章快速参考

目标	操作
将控件的属性和对象的属性绑定在一起	在控件的 XAML 标记中使用数据绑定表达式。示例如下： `<TextBox ... Text="{Binding FirstName}" .../>`

允许对象向绑定通知数据值发生变化	在类中实现 INotifyPropetyChanged 接口，每当属性值变化就引发 PropertyChanged 事件。示例如下：
	
	`class Customer : INotifyPropertyChanged`
	`{`
	`    ...`
	`    public event PropertyChangedEventHandler`
	`        PropertyChanged;`
	`    protected virtual void OnPropertyChanged(`
	`        string propertyName)`
	`    {`
	`        if (PropertyChanged is not null)`
	`        {`
	`            PropertyChanged(this,`
	`                new`
	`PropertyChangedEventArgs(propertyName));`
	`        }`
	`    }`
	`}`

目标	操作
允许控件通过数据绑定更新它绑定的属性的值	配置双向数据绑定。示例如下： `<TextBox ... Text="{Binding FirstName, Mode=TwoWay} " .../>`

将单击按钮控件时的业务逻辑和 UI 逻辑分开	在 ViewModel 中提供用 ICommand 接口实现的命令，将 Button 控件和命令绑定。示例如下：
	
	`<Button x:Name="nextCustomer" ...`
	`    Command="{Binding Path=NextCustomer}"/>`

第 27 章

在 UWP 应用中访问远程数据库

学习目标

- 创建 REST Web 服务，通过实体模型提供对数据库的远程访问
- 从 UWP 应用连接 REST Web 服务
- 使用 REST Web 服务从远程数据库获取数据
- 使用 REST Web 服务插入、更新和删除远程数据库中的数据

第 26 章讲述了如何实现 Model-View-ViewModel (MVVM)模式，即使用 **ViewModel** 类提供对模型中数据的访问，并实现命令以便 UI 调用应用逻辑，从而将应用的业务逻辑和 UI 分开。还解释了如何使用"数据绑定"在 UI 中显示 ViewModel 中的数据，并允许 UI 更新这些数据。现在已开发好了具有完整功能的 UWP 应用。

本章将重心转移到 MVVM 模式的"模型"(第一个 M)。具体地说，将解释如何实现一个模型使 UWP 应用能获取和更新远程数据库中的数据。

27.1　从数据库获取数据

到目前为止，使用的数据都限定为应用的 ViewModel 中嵌入的简单集合。而真实应用程序所显示和维护的数据一般存储在关系式数据库这样的数据源中。

UWP 应用不能通过 Microsoft 的技术直接访问关系式数据库 (虽然有些第三方数据库解决方案可供选择)。这表面上限制挺大，但实际是有原因的。首先，它消除了 UWP 应用对外部资源的依赖，使其自成一体，能方便地从 Windows Store 打包和下载，无须在计算机上安装和配置数据库管理系统。其次，许多 Windows 10/11 设备的资源都非常吃紧，没有运行本

地数据库管理系统的内存或磁盘空间。但许多商业应用程序确实需要访问数据库。这时可用 Web 服务来满足需求。

Web 服务可以实现多种功能，但最常见的还是提供一个接口让应用程序连接远程数据源来获取和更新数据。Web 服务可位于任何地方。可以和应用程序在同一台计算机上，也可以在另一个大洲的 Web 服务器上。只要能连上，就能通过 Web 服务提供对自己的信息存储的访问。

可以利用 Visual Studio 提供的模板和工具快速和方便地构建 Web 服务。最简单的策略是使用实体框架(Entity Framework)生成实体模型，以该模型为基础创建 Web 服务，如下图所示。实体框架是连接关系式数据库的强大技术，它减少了在应用中添加数据访问功能所需要的代码。

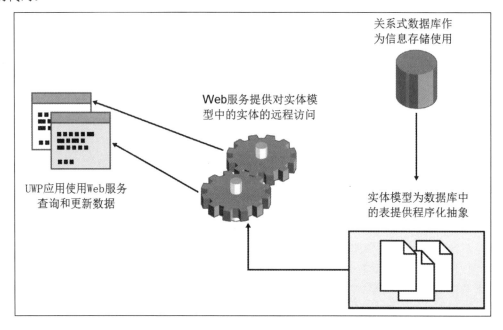

关系式数据库作为信息存储使用

Web服务提供对实体模型中的实体的远程访问

UWP应用使用Web服务查询和更新数据

实体模型为数据库中的表提供程序化抽象

注意 因篇幅有限，本书无法更深入地讨论实体框架的使用。本章的练习只能指导你体验最基本的步骤。详情可参考"Entity Framework 6"(https://docs.microsoft.com/zh-cn/ef/ef6/)。

本章继续为虚构的 AdventureWorks 公司开发 Customers UWP 应用。首先设置 AdventureWorks 数据库，它包含了 Adventure Works 公司的详细客户信息。为了更真实地模拟现实情况，本章的练习展示了如何使用 Microsoft Azure SQL Database 创建云端数据库，以及如何在 Azure 上部署 Web 服务。许多商业应用都采用这个架构，其中包括电商应用、移动银行服务以及视频串流系统等。

> **注意** 要完成本章的练习，需要有要求 Azure 帐户并订阅服务。如果没有 Azure 帐户，可以访问 https://azure.microsoft.com/pricing/free-trial/注册试用帐户[①]。另外，Azure 要求和 Azure 帐户关联一个有效的 Microsoft 帐户。请访问 https://signup.live.com/注册 Microsoft 帐户。

➤ 创建 Azure SQL 数据库服务器并安装 AdventureWorks 示例数据库

1. 在 Web 浏览器中访问 Azure 门户网站 https://portal.azure.com(中国版门户则是 https://portal.azure.cn/)。用自己的微软帐户登录。新用户请跳过导览。

2. 如下图所示，单击"创建资源"命令。

3. 在"创建资源"页中，在"搜索服务和市场"框中输入 SQL，选择结果列表中的"SQL Database"，如下图所示。

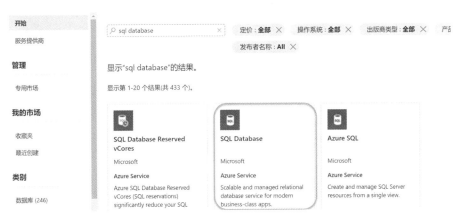

4. 在"SQL Database"页中单击"创建"。

5. 在"创建 SQL 数据库"页的"基本"标签页中执行以下任务。

   a. "订阅"框保持当前订阅方式不变。

   b. 在"资源组"区域单击"新建"，在文本框中输入 **awgroup**。

   c. 在"数据库名称"文本框中输入 **AdventureWorks**。

   d. 在"服务器"区域单击"新建"。在"新服务器"窗格为服务器输入唯一性的名

---

① 译注：也可尝试中国版 Azure 云（由世纪互联提供服务），网址是 https://www.azure.cn/。

称(使用公司名或你自己的名字为佳。我使用 **csharpstepbystep2022**。如输入的名称被占用，系统会提示，此时需输入另一个名称)。再输入管理员登录名和密码。请记录好这些登录凭据。我使用登录名 **JohnSharp**，密码自定并记住。再选择一个就近的位置。完成后单击"确定"，返回"创建 SQL 数据库"页。

e. 为"想要使用 SQL 弹性池"选择"否"。

f. 在"计算 + 存储"区域单击"配置数据库"。在配置页中，从"服务层"下拉列表中选择"基本"，单击"应用"。

重要提示 除非想在月末收到一张大额账单，否则不要选择除"基本"之外的其他任何定价层。访问 https://azure.microsoft.com/zh-cn/pricing/details/sql-database/，进一步了解 SQL Database 定价。

---

g. 在"备份存储冗余"区域，选择"异地冗余备份存储"(这是默认选项)。

6. 在网页底部单击"下一步：网络>"按钮。

7. 在"创建 SQL 数据库"页的"网络"标签页中，接受默认设置并单击"下一步：安全性>"。

8. 在"创建 SQL 数据库"页的"安全性"标签页中，接受默认设置并单击"下一步：其他设置 >"。

9. 在"创建 SQL 数据库"页的"其他设置"标签页中，在"数据源"区域单击"示例"。这会创建 AdventureWorksLT 数据库，其中包含示例客户和其他数据。然后单击"下一步：标记>"。接受默认设置，单击"下一步：查看 + 创建"。

10. 在"创建 SQL 数据库"的最后一页中，单击"创建"。稍候片刻，等待创建数据库服务器并部署数据库。①

11. 部署完成后，单击"转到资源"，如下图所示。

12. 在 AdventureWorks 数据库页中，单击顶部工具栏中的"设置服务器防火墙"，如下图所示。

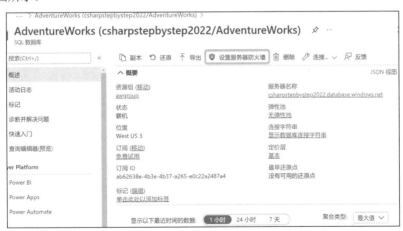

---

① 译注：看到每月 4.99 美元的订阅费用不用慌张。如果最开始选择了"免费试用"，会直接有 200 美元的余额供你使用。完成本练习后，取消订阅即可。

13. 如下图所示，在"防火墙设置"页中，单击"添加客户端 IP"。选择"允许 Azure 服务和资源访问此服务器"。有了这些设置，便可以从自己的电脑访问数据库，同时用自己创建的 Web 服务连接数据库。

14. 单击"保存"，验证显示消息"已成功更新服务器防火墙规则"。

注意 这些步骤是必要的，否则无法通过自己计算机上运行的应用程序连接到数据库。如果需要向一组计算机开放访问权限，也可修改防火墙规则来涵盖一组 IP 地址。

　　示例 AdventureWorks 数据库包含一个使用 SalesLT 架构(微软官方文档将 schema 翻译为"架构")的 Customer 表。该表包含的部分列要由 UWP 应用 Customers 显示其中的数据，部分列则不需要。使用实体框架，可选择忽略不相关的列。但是，如果忽略的列不允许空值，又没有默认值，就无法创建新客户。Customer 表的 NameStyle，PasswordHash 和 PasswordSalt 列(用于加密用户密码)均存在该限制。除此之外，rowguid 和 ModifiedDate 列也存在该限制，它们由引用了该表的其他 Microsoft 示例应用使用。为避免问题复杂化，将重点放在应用本身的功能上，下个练习将从 Customer 表中删除这些列。

➤ 从 AdventureWorks 数据库删除不需要的列

1. 在 Azure 门户中(https://portal.azure.com/)，单击左上角的导航菜单██，选择"所有资源"，再单击 AdventureWorks 数据库。
2. 在上方工具栏单击"连接"，再单击"Visual Studio"，如下图所示。

3. 如下图所示，单击"在 Visual Studio 中打开"。

4. 取决于所用的浏览器，可能询问是否切换应用程序或者启动外部应用程序。下图显示的是 Chrome 浏览器的提示。

Microsoft Edge 的提示则如下图所示。

请允许打开，Visual Studio 将启动并提示连接数据库。

5. 如下图所示，在"连接"对话框中输入早先指定的管理员密码，单击"连接"按钮。

如下图所示，Visual Studio 将连接数据库并在左侧的"SQL Server 对象资源管理器"中显示。

6. 在"SQL Server 对象资源管理器"窗格中展开 AdventureWorks 数据库，展开"表"，展开"SalesLT.Customer"，再展开"列"。
   有几列不需要，它们不允许空值，所以必须删除，否则应用程序无法创建新客户。

7. 按住 Ctrl 键，同时单击 NameStyle、PasswordHash、PasswordSalt、rowguid 和 ModifiedDate 这几列。

8. 如下图所示，按 Delete 键将选中的列删除。也可右击它们并从弹出的快捷菜单中选择"删除"命令。

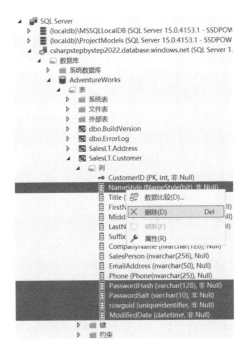

Visual Studio 分析这些列，下图所示的"预览数据库更新"对话框将显示一系列警告，并描述删除列之后可能会发生的其他问题。

9. 单击"更新数据库"。

10. 关闭"SQL Server 对象资源管理器"，但不要关闭 Visual Studio 2022。

27.1.1 创建实体模型

在云端创建好 AdventureWorks 数据库后，可通过实体框架创建实体模型，以便应用程序查询和更新这个数据库中的信息。如果以前用过数据库，可能熟悉像 ADO.NET 这样的技术，可利用它提供的类库来连接数据库并运行 SQL 命令。ADO.NET 很有用，但要求对 SQL 有较深入的理解。稍不注意就会将重心偏移到执行 SQL 命令所需的逻辑上，而不是将重心放在应用的业务逻辑上。实体框架提供了新的抽象层，减少了应用程序对 SQL 的依赖。

简单地说，实体框架在关系数据库和应用程序之间实现了一个映射层；它生成一个由对象集合构成的实体模型，应用程序像使用其他任何集合那样使用该集合。一个集合通常对应数据库中的一个表，而每个表行都对应集合中的一项。一般用 LINQ 遍历集合中的项来执行查询。实体模型在幕后将查询转换成 SQL SELECT 命令来获取数据。可修改集合中的数据，再安排实体模型生成并执行恰当的 SQL INSERT、UPDATE 和 DELETE 这几个命令来进行相应的操作。总之，实体框架是连接数据库并获取和管理数据的好帮手，不要求在代码中嵌入 SQL 命令。

以下练习将创建 Web API 项目来访问代表 AdventureWorks 数据库中的 Customer 表的一个实体模型。

> ➢ **创建 AdventureWorks 实体模型**

1. 在 Visual Studio 2022 中打开"文档"文件夹下的\Microsoft Press\VCSBS\Chapter 27\Web Service 子文件夹中的 Customers 解决方案。
   该项目是上一章的 Customers 应用的修改版本。ViewModel 包含额外的命令来跳至客户集合的第一个和最后一个客户，命令栏包含 First 和 Last 按钮来调用这些命令。由 ViewModel 中的构造器创建的示例数据已被移除。

2. 在解决方案资源管理器中右击 Customers 解决方案(不是 Customers 项目)，选择"添加"|"新建项目"。

3. 如下图所示，在"添加新项目"对话框中，从"语言"下拉列表中选择 C#，从"平台"下拉列表中选择 Windows，并从"项目类型"下拉列表中选择"Web"。选择"ASP.NET Core Web API"模板。单击"下一步"。

📝**注意** 不要因为不慎而选择"ASP.NET Core Web 应用"模板。

4. 在"配置新项目"对话框中，将项目名称配置为 **AdventureWorksService**。接受默认位置，单击"下一步"按钮。

5. 在"其他信息"对话框中，将框架设为".NET 5.0"。其他设置都保留默认值。单击"创建"。
   Visual Studio 会创建新项目，并把它添加到 Customers 解决方案。

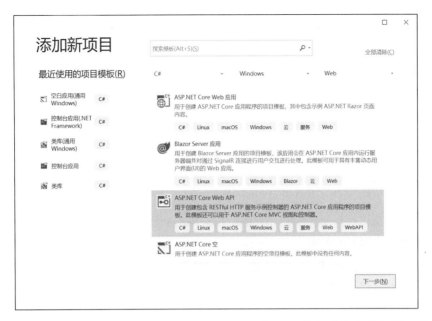

6. 默认的 Web API 项目含有你不需要的示例代码。在解决方案资源管理器中选中 WeatherForecast.cs 文件并将其删除。然后，展开 Controllers 文件夹，选中 WeatherForecastController.cs 文件，也将其删除。

7. 选择"生成"|"重新生成解决方案"。这个操作会移除项目中存在的对已删除项的所有缓存的引用。

如前所述，不能直接从 UWP 应用中访问关系式数据库。相反，我们是创建一个 Web API 应用(这不是 UWP 应用)，并在其中包含你即将创建的实体模型。Web API 模板允许构建一个由 Azure 云托管的 Web 服务，客户端应用可以快速和方便地连接。该 Web 服务为 Customers UWP 应用提供了对实体模型的远程访问。利用 Visual Studio 提供的附加向导和工具，可以快速地为 Web 服务创建代码。

> 创建 Customers 实体模型

1. 在解决方案资源管理器中右击 AdventureWorksService 项目，选择"添加"|"新建文件夹"。将新文件夹命名为 **Models**。

2. 在解决方案资源管理器中右击 Models 文件夹，选择"添加"|"类"。

3. 在"添加新项"对话框的"名称"文本框中输入 **CustomerModel.cs**，单击"添加"。

4. 在代码和文本编辑器中，在 CustomerModel.cs 文件顶部添加以下 using 指令：

```
using System.ComponentModel.DataAnnotations;
using System.ComponentModel.DataAnnotations.Schema;
```

5. 用 Table 特性批注 CustomerModel 类，如下所示：

```
[Table("Customer", Schema = "SalesLT")]
public class CustomerModel
{ }
```

在 C#中，可用"特性"(attributes)为类和其他对象附加元数据。"实体框架"用 Table
特性将类与数据库中指定的表和 schema 关联。本例就是与 SalesLT schema 中的
Customer 表关联。生成并运行应用程序时，"实体框架"用这些信息来生成适当的
SQL SELECT、INSERT、UPDATE 和 DELETE 语句。

> **注意** 要想详细了解"实体框架"使用的特性，请参考"Code First 数据批注"，网址是
> https://docs.microsoft.com/ef/ef6/modeling/code-first/data-annotations。

6. 将以下加粗的自动属性添加到 CustomerModel 类。Key 特性指定 CustomerID 列是
   数据库中的表的主键。

```
[Table("Customer", Schema = "SalesLT")]
public class CustomerModel
{
    [Key]
    public int CustomerID { get; set; }
    public string Title { get; set; }
    public string FirstName { get; set; }
    public string LastName { get; set; }
    public string EmailAddress { get; set; }
    public string Phone { get; set; }
}
```

7. 在解决方案资源管理器中右击 AdventureWorksService 项目，从弹出的快捷菜单中选
   择"管理 NuGet 程序包"。

8. 如下图所示，在"NuGet 包管理器"中，单击"浏览"标签，在搜索框中输入
   Microsoft.EntityFrameworkCore。选择 Microsoft.EntityFrameworkCore 包。在"版
   本"列表框中选择一个 5.0.x 版本(本例选择预发行版 5.0.15)，单击"安装"将这个
   包添加到项目。

9. 在"预览更改"对话框中，单击"确定"来确认包的安装。在"接受许可协议"对话框中，单击"我接受"。

10. 回到"NuGet 包管理器"的"浏览"标签页，搜索并选择 Microsoft.EntityFrameworkCore.SqlServer 包，选择同样的版本，单击"安装"将这个包添加到项目。

11. 在"预览更改"对话框中，单击"确定"来确认包的安装。在"接受许可协议"对话框中，单击"我接受"。

12. 在解决方案资源管理器中右击 Models 文件夹，选择"添加"|"类"。在"名称"文本框中输入 **CustomerContext.cs**。

13. 在代码和文本编辑器中，在 CustomerContext.cs 文件顶部添加以下 using 指令：

```
using Microsoft.EntityFrameworkCore;
```

14. 修改 CustomerContext 类的定义，使其从 DbContext 类继承。

```
public class CustomerContext : DbContext
{ }
```

DbContext 类是"实体框架"的一部分。该类提供了必要的管道和其他一些代码，以便从一个 C#类映射到数据库中的一个表。

15. 在 CustomerContext 类中添加以下构造器和 Customers 自动属性：

```
public class CustomerContext : DbContext
{
    public CustomerContext(DbContextOptions<CustomerContext> options)
        : base(options)
    {
    }

    public DbSet<CustomerModel> Customers { get; set; }
}
```

创建 CustomerContext 类的新实例时，该构造器直接调用基类 DbContext 类的构造器来设置所需的基础结构。Customers 属性在应用程序代码创建的一组 Customers 对象和数据库中的 Customer 表行之间建立映射。

注意　欲知详情，请参考"定义 DbSet"，网址是 https://docs.microsoft.com/ef/ef6/modeling/code-first/dbsets。

---

16. 在解决方案资源管理器中选择 AdventureWorksService 项目中的 Startup.cs 文件，在代码和文本编辑器中打开。

17. 在文件顶部添加以下 using 指令：

```
using Microsoft.EntityFrameworkCore;
using AdventureWorksService.Models;
```

18. 在文件中找到 ConfigureServices 方法。该方法在 Web 服务启动时运行。将用该方法设置 Web 服务需要运行的各种项，其中包括创建用于连接数据库的 DbContext 对象。

19. 在 ConfigureServices 方法中添加以下加粗的语句。该语句创建一个 DbContext 对象来连接 AdventureWorks 数据库。连接细节存储在一个配置文件中，并可使用 AdventureWorksDB 键来访问。

```
public void ConfigureServices(IServiceCollection services)
{
    services.AddDbContext<CustomerContext>(optionsBuilder =>
        optionsBuilder.UseSqlServer(Configuration.GetConnectionString
("AdventureWorksDB")));

    services.AddControllers();
    services.AddSwaggerGen(c =>
    {
        c.SwaggerDoc("v1", new OpenApiInfo { Title = "AdventureWorksService",
Version = "v1"
});
    });
}
```

📝注意　ConfigureServices 方法设置的 Swagger 生成器会部署一个有用的测试床，可用它验证在 Web 服务中实现的操作能正确工作。稍后就会用到这个特性。

20. 在解决方案资源管理器中选择 appsettings.json 文件，在代码和文件编辑器窗口中打开它。

21. 在文件中添加以下加粗的连接字符串。该字符串包含连接 AdventureWorks 数据库所需的参数。请将其中的服务器名 *csharpstepbystep2022* 替换成你在 Azure 云中创建数据库时设置的服务器名。将 *JohnSharp* 替换成自己的用户名，将 *YourPassword* 替换成自己的密码。

```
{
    "ConnectionStrings": {
        "AdventureWorksDB": "Server=tcp:csharpstepbystep2022.database.windows.net,1433;
        Initial Catalog=AdventureWorks;Persist Security Info=False;
        User ID=JohnSharp;Password=YourPassword;
        MultipleActiveResultSets=False; Encrypt=True;
        TrustServerCertificate=False; Connection Timeout=30;"
    },
```

```
    "Logging": {
      "LogLevel": {
      "Default": "Information",
      "Microsoft": "Warning",
      "Microsoft.Hosting.Lifetime": "Information"
      }
    },
    "AllowedHosts": "*"
  }
```

> **注意** 现实世界永远都不要像这样硬编码密码。相反，应以加密格式存储它。详情参考 "ASP.NET Core 中的哈希密码" 一文，网址是 https://tinyurl.com/yd7p6tf7。

22. 选择"生成"|"重新生成解决方案"。解决方案应成功生成，不会报告任何错误。

27.1.2 创建并使用 REST Web 服务

现已创建好实体模型，它提供了用于检索和维护客户信息的各种操作。下一步是实现一个 Web 服务，使 UWP 应用能访问实体模型。

Visual Studio 2022 允许在 ASP.NET Core Web API 项目中基于"实体框架"生成的一个实体模型来创建 Web 服务。Web 服务使用实体模型从数据库检索数据以及更新数据库。

Web 服务使用一个或多个"控制器"在互联网上公开它支持的操作。控制器与 Web 服务中的一个地址关联，用户通过该地址访问资源。ASP.NET Core Web API 项目创建的是实现了 REST 模型的 Web 服务控制器。REST 是 Representational State Transfer 的简称。REST 模型使用一个可导航的架构来表示网络上的业务对象和服务，并使用 HTTP 协议来传输访问这些对象和服务的请求。

要访问资源的客户端应用需要以 URL 的形式提交请求，Web 服务解析并处理该请求。例如，Adventure Works 可通过以下形式发布客户信息，将每个客户的详细信息作为一个资源来公开：

https://Adventure-Works.com/DataService/Customers/1

访问该 URL 导致 Web 服务获取客户 1 的信息。数据可通过多种格式返回，但为了便于移植，一般使用 XML 和 JavaScript Object Notation (JSON)格式。针对上述请求，REST Web 服务生成的典型 JSON 响应如下：

```
{
  "CustomerID":1,
  "Title":"Mr",
  "FirstName":"Orlando",
  "LastName":"Gee",
  "EmailAddress":"orlando0@adventure-works.com",
  "Phone":"245-555-0173"
}
```

REST 模型要求应用发送恰当的 HTTP 动词来作为数据访问请求的一部分。例如，上述简单请求应向 Web 服务发送 HTTP GET 请求。HTTP 还支持其他动词，比如 POST，PUT 和 DELETE(分别用于创建、修改和删除资源)。写代码来生成正确的 HTTP 请求以及解析 REST Web 服务的响应，这一切听起来很复杂。幸好，ASP.NET Core Web API 提供了一些库来帮你管控这背后的大多数复杂性。

以下练习将为 AdventureWorks 实体模型实现 REST Web 服务的各种操作，以便客户端应用查询和维护客户信息。

➢ **创建 AdventureWorks Web 服务的各种操作**

1. 在 AdventureWorksService 项目中右击 Controllers 文件夹，从弹出的快捷菜单中选择"添加"|"控制器"。如果没有看到 Controllers 文件夹，请单击解决方案资源管理器顶部工具栏中的"显示所有文件"按钮，如下图所示。

2. 如下图所示，在"添加已搭建基架的新项"向导中，在左侧窗格选择"API"，在中间窗格选择"其操作使用 Entity Framework 的 API 控制器"①。单击"添加"按钮。

3. 如下图所示，在"添加 API 控制器"对话框中，从"模型类"下拉列表中选择 Customer (AdventureWorksService.Models)。从"数据上下文类"下拉列表中选择 AdventureWorksEntities(AdventureWorksService.Models)。将"控制器名称"改为 CustomersController。单击"添加"按钮。

---

① 译注：这个对话框的中文本地化存在问题。对话框的名称是"Add New Scaffolded Item"，应翻译为"添加新的基架项"；模板名称是"API Controller with actions, using Entity Framework"，应翻译为"带操作的 API 控制器（使用实体框架）"。

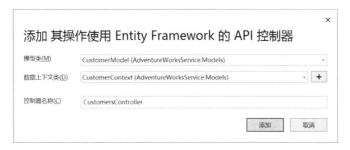

在使用 ASP.NET Web API 模板创建的 Web 服务中，所有传入的 Web 请求都由一个或多个控制器类处理，每个控制器类都为控制器公开的每个资源公开了映射到不同类型的 REST 请求的方法。例如，以下是由基架向导生成的 `CustomersController`类如下所示：

```
[Route("api/[controller]")]
[ApiController]
public class CustomersController : ControllerBase
{
    private readonly CustomerContext _context;

    public CustomersController(CustomerContext context)
    {
        _context = context;
    }

    // GET: api/Customers
    [HttpGet]
    public async Task<ActionResult<IEnumerable<CustomerModel>>> GetCustomers()
    {
        return await _context.Customers.ToListAsync();
    }

    // GET: api/Customers/5
    [HttpGet("{id}")]
    public async Task<ActionResult<CustomerModel>> GetCustomerModel(int id)
    {
        var customerModel = await _context.Customers.FindAsync(id);

        if (customerModel == null)
        {
            return NotFound();
        }

        return customerModel;
    }
```

```csharp
    // PUT: api/Customers/5
// To protect from overposting attacks,
// see https://go.microsoft.com/fwlink/?linkid=2123754
    [HttpPut("{id}")]
public async Task<IActionResult> PutCustomerModel(int id,
    CustomerModel customerModel)
    {
        if (id != customerModel.CustomerID)
        {
            return BadRequest();
        }

        _context.Entry(customerModel).State = EntityState.Modified;

        try
        {
            await _context.SaveChangesAsync();
        }
        catch (DbUpdateConcurrencyException)
        {
            if (!CustomerModelExists(id))
            {
                return NotFound();
            }
            else
            {
                throw;
            }
        }

        return NoContent();
    }

    // POST: api/Customers
// To protect from overposting attacks,
// see https://go.microsoft.com/fwlink/?linkid=2123754
    [HttpPost]
public async Task<ActionResult<CustomerModel>> PostCustomerModel(
        CustomerModel customerModel)
    {
        _context.Customers.Add(customerModel);
        await _context.SaveChangesAsync();

        return CreatedAtAction("GetCustomerModel",
            new { id = customerModel.CustomerID }, customerModel);
    }
```

```
// DELETE: api/Customers/5
[HttpDelete("{id}")]
public async Task<IActionResult> DeleteCustomerModel(int id)
{
    var customerModel = await _context.Customers.FindAsync(id);
    if (customerModel == null)
    {
        return NotFound();
    }

    _context.Customers.Remove(customerModel);
    await _context.SaveChangesAsync();

    return NoContent();
}

private bool CustomerModelExists(int id)
{
    return _context.Customers.Any(e => e.CustomerID == id);
}
}
```

GetCustomers 方法处理检索所有客户的请求,它从之前创建的实体框架数据类型返回整个 Customers 集合(DbSet)。幕后是由实体框架从数据库取回所有客户,并用该信息填充 Customers 集合。客户端应用向 Web 服务的 *api/Customers* URL 发送 HTTP GET 请求时,就会调用该方法。

GetCustomerModel 方法则获取代表客户 CustomerID 的一个整数参数。方法通过实体框架查找客户的详细信息并返回。客户端应用向 *api/Customers/n* 这个 URL 发送 HTTP GET 请求时,就会调用该方法。其中 *n* 代表要检索的客户 ID。

PutCustomerModel 方法在向 Web 服务发送 HTTP PUT 请求时运行。该请求指定一个客户 ID 以及客户的详细信息,方法则通过实体框架更新指定客户。

PostCustomerModel 方法响应 HTTP POST 请求,获取客户的详细信息作为参数。方法用这些详细信息向数据库添加新客户(上述示例代码未显示细节)。

最后,DeleteCustomerModel 方法处理 HTTP DELETE 请求并删除指定 ID 的客户。注意,所有这些方法都是异步的。通过互联网来连接 Web 服务并从云端数据库获取数据可能要花好几秒的时间。你肯定不希望 Web 服务的线程在此期间阻塞。

注意 Web API 模板生成的代码乐观假设总是能连接到数据库。但在分布式系统的世界里,数据库和 Web 服务分开放在不同服务器上,所以这个假设并非一定成立。网络容易出现瞬时误差和超时;一次连接尝试可能因临时故障而失败,短时间重试又好了。向客户端报告这种临时故障有骚扰之嫌。应尽可能悄悄地重试失败的操作，只要重试次数不超出限制(你肯定不想在数据库真的不可用时 Web 服务假死)。要想进一步了解这个策略，请参考标题为"Cloud Service Fundamentals Data Access Layer—Transient Fault Handling"的文章，网址为 *http://t.cn/RDhYVSe*。

ASP.NET Web API 模板自动生成代码，将请求定向至控制器类中对应的方法。如需管理其他资源(例如 Products 和 Orders)，可以添加更多的控制器类。

可使用和 `CustomersController` 类一样的模式手动创建控制器类，并非一定要用实体框架取回和存储数据。ASP.Net Core Web API 模板在 ValuesController.cs 文件中包含一个示例控制器，可根据需要定制。

4. 在解决方案资源管理器中右击 AdventureWorksService 项目，从弹出的快捷菜单中选择"调试"|"启动新实例"。随后会启动托管了 Web 服务的 IISExpress 服务器。

5. 如果出现"信任 ASP.NET Core SSL 证书"消息框，请选择"是"，并允许 Visual Studio 安装一个证书。IISExpress 用这个证书支持 SSL 连接的本地测试。

   Web 浏览器会显示一个如下图所示的网页。这是 Swagger 测试页。它显示了 Web 服务当前支持的操作，并允许你进行测试。

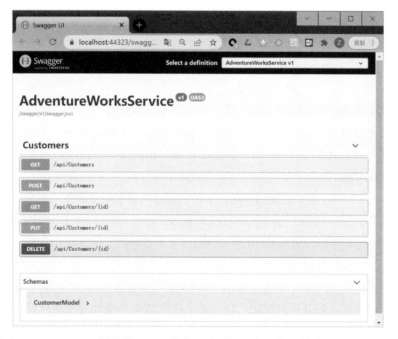

6. 单击/api/Customers 操作的 GET 按钮。记住，该操作是检索所有客户的详细信息。单击 Try it out，再单击 Execute 来查看结果。这个操作应返回一个包含 JSON 数组的应答主体，数组中包含了所有客户资料。可在结果中滚动查看，如下图所示。

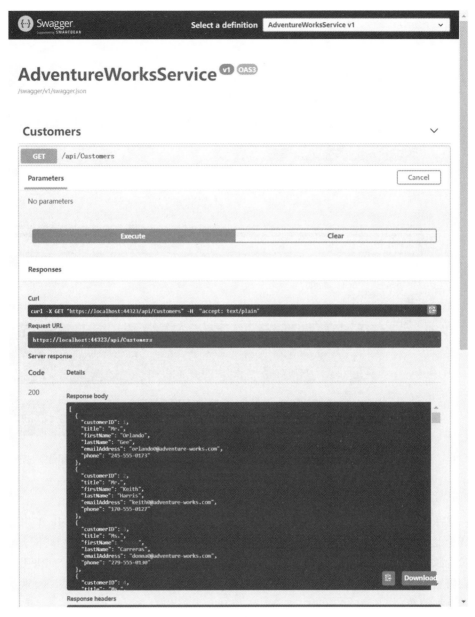

7. 在 Swagger 页中滚动到/api/Customers/{id}操作，单击选中 GET。该操作返回的是指定客户的详细信息。单击 Try it out，在参数区域输入客户 ID **55**，单击 Execute 按钮，查看结果。如下图所示，随后将显示 Eric Lang 的资料。

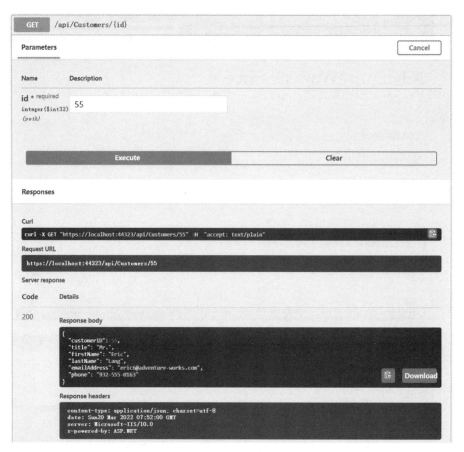

8. POST，PUT 和 DELETE 按钮允许你测试 Web 服务的插入、更新和删除操作。请自由尝试。

9. 结束后关闭浏览器并返回 Visual Studio。

就目前的情况来看，虽然 Web API 的功能很完善，但伸缩性不佳。例如，如果数据库包含成千上万客户，你真的希望通过 GET 操作来检索所有客户吗？这不仅浪费时间，还会消耗大量资源。针对这种情况，大多数现代应用会每次 100 行分批次检索数据。如果用户愿意，他们仍然可以取回并浏览每一行。但是，如果他们实际只对前几十行感兴趣，检索每个客户就是一种浪费。

此外，Web API 目前允许通过客户 ID 来检索客户，但在许多情况下，通过其他属性来检索客户会更有用，例如通过名字，甚至通过电子邮件地址。下个练习将修改 Web API 以满足这些要求。

➤ **分批准检索客户数据**

1. 在 CustomersController.cs 文件中找到 GetCustomers 方法。

2. 修改该方法的签名来获取两个参数：一个偏移量和一个计数。方法将从数据库指定的 offset 行开始开始检索 count 个客户。

```
[HttpGet]
public async Task<ActionResult<IEnumerable<CustomerModel>>> GetCustomers(
    int offset, int count)
{
    ...
}
```

3. 如加粗的代码所示修改方法主体。

```
[HttpGet]
public async Task<ActionResult<IEnumerable<CustomerModel>>> GetCustomers(
    int offset, int count)
{
    if (offset < 0 || count < 0)
    {
        return BadRequest();
    }

    return await _context.Customers.OrderBy(r => r.CustomerID).
        Skip(offset).Take(count).ToListAsync();
}
```

这些代码核实 offset 和 count 值不为负。如参数有效，方法就用"实体框架"检索指定范围的数据。Skip 方法跳过指定行数，Take 方法则取回指定数量的行。在 SQL Server 这样的关系型数据库中，行的存储顺序是没有保证的，所以从 offset 开始检索 count 行会返回一个随机的客户集合。为纠正这个问题，要先用 OrderBy 方法确保数据按 CustomerID 排序。

> **实现增强搜索**

1. 在 CustomersController 类中创建一个名为 FindCustomers 的方法。它获取定义了搜索条件的一组参数，并返回一个客户列表，其中包含符合条件的所有客户。索条件默认为%。这是 SQL 的通配符。如用户省略所有参数，该通配符就相当于匹配任何值。

```
// GET: api/Customes/find
[HttpGet("find")]
public async Task<ActionResult<IEnumerable<CustomerModel>>> FindCustomers(
    string title = "%", string firstName = "%", string lastName = "%",
    string email = "%", string phone = "%")
{ }
```

注意，该方法为 HttpGet 特性设置了相对 URI "find"，允许用户在 Web 服务中使用 api/Customers/find 地址调用该方法。

2. 将以下加粗的代码添加到 FindCustomers 方法主体。

```
public async Task<ActionResult<IEnumerable<CustomerModel>>> FindCustomers(
    string title = "%", string firstName = "%", string lastName = "%",
    string email = "%", string phone = "%")
{
    var query = from c in _context.Customers
    where EF.Functions.Like(c.Title, title) &&
        EF.Functions.Like(c.FirstName, firstName) &&
        EF.Functions.Like(c.LastName, lastName) &&
        EF.Functions.Like(c.EmailAddress, email) &&
        EF.Functions.Like(c.Phone, phone)
        select c;
    return await query.ToListAsync();
}
```

这些代码运行一个 LINQ 查询，它使用作为"实体框架"一部分提供的静态 Like 函数查找与搜索条件匹配的所有行。Like 函数是静态 EF 类的一部分，EF 代表"实体框架"。

3. 选择"生成"|"重新生成解决方案"。验证 Web 服务成功生成，不会报告任何错误。

4. 在解决方案资源管理器中右击 AdventureWorksService 项目，从弹出的快捷菜单中选择"调试"|"启动新实例"。

5. 在 Swagger 网页中，单击/api/Customers 操作的 GET 按钮，再单击 Try it out。

6. 为 offset 参数输入 10，为 count 参数输入 5。单击 Execute 按钮。这个操作应返回 5 名客户。

7. 在 Swagger 页中向下滚动，单击/api/Customers/find 操作的 GET 按钮，单击 Try it out。

8. 在 firstName 字段中输入 **O%**，在 lastName 字段中输入 **%a%**。其他字段保留其默认值(%)。单击 Execute。这个操作会返回名字以 O 开头，姓氏中包含 a 的所有客户。该查询最后应返回三名客户，其 ID 分别是 348，452 和 29511。

9. 请随意尝试其他搜索。结束后，关闭 Web 浏览器并返回 Visual Studio。

Web API 目前是在你的电脑上使用 IISExpress 服务器运行。为了使别的用户也能使用，需将其部署到 Azure 云。在下个练习中，将用 Visual Studio 2022 的发布向导来完成这件事情。

➤ 将 Web 服务部署到云端

1. 在解决方案资源管理器中右击 AdventureWorksService 项目，从弹出的快捷菜单中选择"发布"命令。

2. 在下图所示的发布向导中，从"目标"页选择"Azure"，单击"下一步"按钮。

3. 如下图所示，在"特定目标"页中，选择"Azure 应用服务(Windows)"，单击"下
   一步"。

4. 如下图所示，在"应用服务"页中，如果出现提示，请登录你的 Azure 帐户。然后
   选择你的 Azure 订阅。在"应用服务实例"区域，单击加号(+)来新建一个 Azure 应
   用服务。

5. 如下图所示，在"应用服务(Windows)"对话框中，接受默认应用名称，选择自己的订阅，将资源组设为 **awgroup**。(之前已在 Azure 门户网站创建好了这个资源组。)接受默认的托管计划。最后单击"创建"按钮。

"应用服务"为你的 Web 服务提供了托管环境。在幕后，Microsoft 会将你的 API 应用托管到一台 Web 服务器上。

---

6. 如下图所示，返回发布向导，验证"应用服务实例"文本框中已经列出新的应用服务实例。单击"下一步"按钮。

7. 如下图所示，在"API 管理"页中，勾选"跳过此步骤"，单击"完成"按钮。

8. 等待向导完成。然后，在下图所示的 Visual Studio 发布页中单击"发布"按钮。

Web 服务部署好之后，会自动启动你的 Web 浏览器，并可能显示一个如下图所示的报错页面。之所以出错，是因为 Web 服务的默认地址并没有可用的资源。相反，我们是通过 api/Customers URI 来访问所有数据。

9.   在浏览器的地址栏中，在现在地址最后附加**/api/Customers/5**，按 Enter 键。这样会向 Web 服务发送一个 GET 请求来检索 ID 为 5 的客户。如下图所示，返回的结果是一个 JSON 字符串。

{"customerID":5,"title":"Mr.","firstName":"Lucy","lastName":"Harrington","emailAddress":"lucy0@adventure-works.com","phone":"828-555-0186"}

10.   在地址栏中，将 URI 更改为**/api/Customers/?offset=20&count=15**，按 Enter 键。这个 URI 向获取 offset 参数和 count 参数的方法发送 GET 请求。如下图所示，将返回 15 行数据，从第 20 个客户开始(实际客户 ID 是 29)。

[{"customerID":29,"title":"Mr.","firstName":"Bryan","lastName":"Hamilton","emailAddress":"bryan2@adventure-works.com","phone":"344-555-0144"},
{"customerID":30,"title":"Mr.","firstName":"Todd","lastName":"Logan","emailAddress":"todd0@adventure-works.com","phone":"783-555-0110"},
{"customerID":34,"title":"Ms.","firstName":"Barbara","lastName":"German","emailAddress":"barbara4@adventure-works.com","phone":"1 (11) 500 555-0181"},
{"customerID":37,"title":"Mr.","firstName":"Jim","lastName":"Geist","emailAddress":"jim1@adventure-works.com","phone":"724-555-0161"},
{"customerID":38,"title":"Ms.","firstName":"Betty","lastName":"Haines","emailAddress":"betty0@adventure-works.com","phone":"867-555-0114"},
{"customerID":39,"title":"Ms.","firstName":"Sharon","lastName":"Looney","emailAddress":"sharon2@adventure-works.com","phone":"377-555-0132"},
{"customerID":40,"title":"Mr.","firstName":"Darren","lastName":"Gehring","emailAddress":"darren0@adventure-works.com","phone":"417-555-0182"},
{"customerID":41,"title":"Mr.","firstName":"Erin","lastName":"Hagens","emailAddress":"erin1@adventure-works.com","phone":"244-555-0127"},
{"customerID":42,"title":"Mr.","firstName":"Jeremy","lastName":"Los","emailAddress":"jeremy0@adventure-works.com","phone":"911-555-0165"},
{"customerID":43,"title":"Ms.","firstName":"Elsa","lastName":"Leavitt","emailAddress":"elsa0@adventure-works.com","phone":"482-555-0174"},
{"customerID":46,"title":"Mr.","firstName":"David","lastName":"Lawrence","emailAddress":"david19@adventure-works.com","phone":"653-555-0159"},
{"customerID":47,"title":"Ms.","firstName":"Hattie","lastName":"Haemon","emailAddress":"hattie0@adventure-works.com","phone":"141-555-0172"},
{"customerID":48,"title":"Ms.","firstName":"Anita","lastName":"Lucerne","emailAddress":"anita0@adventure-works.com","phone":"164-555-0118"},
{"customerID":52,"title":"Ms.","firstName":"Rebecca","lastName":"Laszlo","emailAddress":"rebecca2@adventure-works.com","phone":"1 (11) 500 555-0155"},
{"customerID":55,"title":"Mr.","firstName":"Eric","lastName":"Lang","emailAddress":"eric6@adventure-works.com","phone":"932-555-0163"}]

11. 关闭 Web 浏览器，返回 Visual Studio。

27.2　更新 UWP 应用来使用 Web 服务

下一步是从 Customers UWP 应用连接 Web 服务，并使用 Web 服务来获取一些数据。在此之前，需要先更新 Customers 项目的 UI。向 Web 服务发送请求可能是一个相当耗时的操作，所以需确保用户知道在此期间发生的事情。此外，通过网络发送请求本身就是一个容易出错的操作；网络经常发生故障和超时，还有可能发生其他错误。所以，UI 还需要向用户显示和错误有关的信息。

➤ **为 UI 增加对耗时操作和错误报告的支持**

1. 在解决方案资源管理器中展开 Customers 项目，在代码和文本编辑器中打开 ViewModel.cs 文件。

2. 在 **ViewModel** 类的构造器后添加以下字段和属性：

```
private bool _isBusy;
public bool IsBusy
{
  get => this._isBusy;
  set
  {
    this._isBusy = value;
    this.OnPropertyChanged(nameof(IsBusy));
  }
}
```

```
    }
    private string _lastError = null;
    public string LastError
    {
        get => this._lastError;
        private set
        {
            this._lastError = value;
            this.OnPropertyChanged(nameof(LastError));
        }
    }
```

3. 在 ViewModel 类的开头添加以下加粗的属性。(未加粗的字段应该已经存在了。)应用程序将使用这些属性来确定 UI 当前显示的记录。

```
    private List<Customer> customers;
    public int CustomerListCount { get => customers is null ? 0 : customers.Count; }
    private int currentCustomer;
    public int CurrentCustomerIndex { get => currentCustomer + 1; }
```

4. 如以下加粗的代码所示，更新 Next，Previous，First 和 Last 方法的代码，在用户切换不同客户时指出当前记录已发生变化。

```
    private void Next()
    {
        if (this.customers.Count - 1 > this.currentCustomer)
        {
            this.currentCustomer++;
            this.OnPropertyChanged(nameof(Current));
            this.OnPropertyChanged(nameof(CurrentCustomerIndex));
            ...
        }
    }
    private void Previous()
    {
        if (this.currentCustomer > 0)
        {
            this.currentCustomer--;
            this.OnPropertyChanged(nameof(Current));
            this.OnPropertyChanged(nameof(CurrentCustomerIndex));
            ...
        }
    }
    private void First()
    {
        this.currentCustomer = 0;
        this.OnPropertyChanged(nameof(Current));
```

```
            this.OnPropertyChanged(nameof(CurrentCustomerIndex));
            ...
        }
        private void Last()
        {
            this.currentCustomer = this.customers.Count - 1;
            this.OnPropertyChanged(nameof(Current));
            this.OnPropertyChanged(nameof(CurrentCustomerIndex));
            ...
        }
```

5. 在设计视图中打开 MainPage.xaml 文件。

6. 在顶层 Grid 控件中添加以下 ProgressRing(进度环)控件。

```
<Page
    ...
    Style="{StaticResource PageStyle}">
    <Grid>
        <ProgressRing HorizontalAlignment="Center" VerticalAlignment="Center"
        Foreground="AntiqueWhite" Height="100" Width="100"
        IsActive="{Binding IsBusy}" Canvas.ZIndex="1"/>
        <Grid x:Name="customersTabularView" Margin="10,20,10,20" Visibility="Visible">
    ...
```

    ProgressRing 控件在应用程序忙的时候显示转圈的圆环,向用户表明目前正在执行
    一个操作。换言之,应用程序没有冻结。该控件仅在 ViewModel 的 IsBusy 属性为
    true 时才进入活动状态。将 Canvas.ZIndex 属性设为 1,可确保进度环在页面上的
    其他所有控件上方显示。

7. 在 customersTabularView Grid 控件末尾,在显示客户电话号码的控件后,添加以
    下 TextBlock 控件。该控件用于显示 ViewModel 的 LastError 属性中存储的信息。

```
...
<Grid x:Name="customersTabularView" Margin="40,54,0,0" Visibility="Visible">
    ...
    <Grid Grid.Row="2">
        ...
        <TextBox Grid.Row="5" Grid.Column="3" Grid.ColumnSpan="3" x:Name="phone" .../>
        <TextBlock Grid.Row="6" Grid.Column="1" Grid.ColumnSpan="7"
            Style="{StaticResource ErrorMessageStyle}" Text="{Binding LastError}"/>
    </Grid>
</Grid>
...
```

8. 找到 customersColumnarView Grid 控件。向其中嵌套的 Grid 控件添加第 7 个
    RowDefinition 控件。

```
...
<Grid x:Name="customersColumnarView" Margin="10,20,10,20" Visibility="Collapsed">
    ...
    <Grid Grid.Row="1">
    ...
    <Grid.RowDefinitions>
    <RowDefinition/>
    <RowDefinition/>
    <RowDefinition/>
    <RowDefinition/>
    <RowDefinition/>
    <RowDefinition/>
    <RowDefinition/>
    </Grid.RowDefinitions>
    ...
```

9. 在嵌套 Grid 控件末尾添加一个 TextBlock 控件来显示 ViewModel 类的 LastError 属性中的消息。

```
...
<TextBox Grid.Row="5" Grid.Column="1" x:Name="cPhone" .../>
<TextBlock Grid.Row="6" Grid.Column="0" Grid.ColumnSpan="2"
    Style="{StaticResource ErrorMessageStyle}" Text="{Binding LastError}"/>
</Grid>
```

10. 在解决方案资源管理器中双击 AppStyles.xaml 文件。

11. 在资源字典末尾添加以下样式。所有显示错误消息的 TextBlock 将使用该样式。

```
<Style x:Key="ErrorMessageStyle" TargetType="TextBlock">
    <Setter Property="HorizontalAlignment" Value="Left"/>
    <Setter Property="TextWrapping" Value="Wrap"/>
    <Setter Property="VerticalAlignment" Value="Top"/>
    <Setter Property="FontSize" Value="20"/>
    <Setter Property="Foreground" Value="White"/>
</Style>
```

12. 在页面末尾添加以下 Page.BottomAppBar 控件，放在结束</Page>标记之前。该控件将显示一个命令栏，指明当前正在显示哪个记录。TextBlock 的 Run 元素允许将多个文本项作为同一个控件的一部分显示。

```
<Page.BottomAppBar>
  <CommandBar>
    <AppBarElementContainer VerticalAlignment="Center">
      <TextBlock Padding="0, 0, 20, 0">
        <Run Text="{Binding Path=CurrentCustomerIndex}"/>
        <Run Text=" of "/>
        <Run Text="{Binding Path=CustomerListCount}"/>
```

```
        </TextBlock>
      </AppBarElementContainer>
    </CommandBar>
  </Page.BottomAppBar>
```

现在就可以更新 ViewModel 类，调用 Web 服务来获取客户数据。

➢ **从 AdventureWorks Web 服务获取数据**

1. 在解决方案资源管理器中右击 Customers 项目并选择"管理 NuGet 程序包"。

2. 在"NuGet 包管理器"中单击"浏览"标签，在搜索框中输入 **System.Text.Json**。

3. 选择 **System.Text.Json** 包。在右侧窗格单击"安装"。

   System.Text.Json 包支持序列化和反序列化 JSON 文本，并允许将其转换成应用程序
   中的对象。

4. 在代码和文本编辑器窗口中打开 ViewModel.cs 文件。

5. 在文件顶部添加以下 using 指令：

   ```
   using System.Net.Http;
   using System.Text.Json;
   using System.Net.Http.Headers;
   ```

6. 在 ViewModel 类中，在构造器上方添加以下私有字段。在初始化 ServerUrl 变量
   的语句中，将字符串 **"https://yourwebservice.azurewebsites.net/"** 替换成你
   在上个练习中部署的自己的 Web 服务的 URL。例如，我的 URL 是
   https://adventureworksservice20210729160556.azurewebsites.net/。

   ```
   public class ViewModel: INotifyPropertyChanged
   {
       ...
       public Command LastCustomer { get; private set; }

       private const string ServerUrl = "https://yourwebservice.azurewebsites.net/";
       private int offset = 0;
       private int count = 0;
       private HttpClient client = null;
       private JsonSerializerOptions options = new()
       {
           PropertyNameCaseInsensitive = true
       };

       public ViewModel()
       {
           ...
       }
       ...
   }
   ```

7. 在构造器末尾添加以下代码：

```
public ViewModel()
{
    ...
    this.client = new HttpClient();
    this.client.BaseAddress = new Uri(ServerUrl);
    this.client.DefaultRequestHeaders.Accept.Add(
        new MediaTypeWithQualityHeaderValue("application/json"));
}
```

这些语句创建并初始化一个新的 HttpClient 对象。应用程序使用 HttpClient 对象向 Web 服务发送 HTTP 请求，并获得由 Web 服务返回的任何响应。BaseAddress 属性指定了 Web 服务的地址，DefaultRequestHeaders 属性指定了所收发的数据的类型。本例是发送和接收以 JSON 字符串格式化的消息。

8. 在 ViewModel 类中添加以下 GetDataAsync 方法，放在构造器后。

```
public async Task GetDataAsync(int offset, int count)
{
}
```

该异步方法向 Web 服务中获取 offset 和 count 参数的一个 GET 操作发送请求。方法的作用是检索一批客户，并把它们添加到 Customers 列表。

9. 在 GetDataAsync 方法中实现使用 Web 服务检索客户信息的逻辑，如以下加粗的代码所示。

```
public async Task GetDataAsync(int offset, int count)
{
    this.offset = offset;
    this.count = count;
    try
    {
        this.IsBusy = true;
        var response = await
            this.client.GetAsync($"api/customers?offset={offset}&count={count}");
        if (response.IsSuccessStatusCode)
        {
            var customersJsonString = await response.Content.ReadAsStringAsync();
            var customersData =
            JsonSerializer.Deserialize<List<Customer>>(customersJsonString, options);
            if (this.customers is null)
            {
                this.customers = customersData;
                this.First();
            }
            else
```

```
        {
            this.customers.AddRange(customersData);
        }
    }
    else
    {
        this.LastError = response.ReasonPhrase;
    }
}
catch (Exception e)
{
    this.LastError = e.Message;
}
finally
{
    this.OnPropertyChanged(nameof(CustomerListCount));
    this.IsBusy = false;
}
}
```

上述代码的要点如下。

- VideoModel 类的状态设为“忙”。这会导致页面显示 ProgressRing(进度环)
  控件。
- 客户端对象的 GetAsync 方法向 Web 服务发送一个 HTTP GET 请求。请求被发
  送给 api/customers 端点。offset 和 count 使用提供给 GetDataAsync 方法的参
  数值来填充。
- 如客户端对象的 GetAsync 方法调用成功，Web 服务返回的数据从 JSON 字符
  串反序列化为一个 Customer 对象集合。
- 如 customers 集合当前为 null，直就接将这个 Customer 对象集合赋给它；否
  则，就将集合中的数据追加到 customers 集合中。
- 如发生错误，错误消息赋给 LastError 属性，随后在页面上显示。
- 在 finally 块中重置“忙”状态(ProgressRing 控件会消失)，同时更新记录计
  数，在页面底部的应用栏上显示。

10. 在代码和文本编辑器中打开 MainPage.xaml.cs 文件。

11. 为 MainPage 类添加如下所示的 BatchSize 常量。该值指定一次从 Web 服务检索多
    少行。

```
public sealed partial class MainPage : Page
{
    internal const int BatchSize = 100;
    ...
}
```

12. 在 MainPage 构造器中调用 GetDataAsync 方法来填充 ViewModel 对象。将 offset 参数设为 0(以从头开始)，将 count 参数设为 BatchSize。

```
public MainPage()
{
    ...
    ViewModel viewModel = new ViewModel();
    _ = viewModel.GetDataAsync(0, BatchSize);
    this.DataContext = viewModel;
}
```

13. 选择"调试"|"开始调试"来生成并运行应用程序。应用程序启动后，在取回数据之前，应短暂地出现 ProgressRing 控件。随后会显示第一个客户。

14. 利用顶部应用栏的按钮在不同客户之间移动。注意，底部应用栏上的计数会指出当前定位在哪一行(如下图所示)。

15. 结束浏览数据后，关闭应用并返回 Visual Studio。

Customers 应用取回并显示前 100 个客户的资料。但是，如果想看更多怎么办？下个练习将完成这个任务。将提供一个合适的偏移值以取回下一批客户。还需要更新 UI 并添加一个 More 按钮。

➤ **显示更多客户并添加 More 按钮**

1. 在代码和文本编辑器窗口中显示 ViewModel.cs 文件。

2. 在 ViewModel 类的命令列表中添加以下加粗的 MoreCustomers 命令和 Rest 命令。

```
public class ViewModel : INotifyPropertyChanged
{
    ...
    public Command LastCustomer { get; private set; }
    public Command MoreCustomers { get; private set; }
    public Command Reset { get; private set; }
    ...
}
```

3. 在 ViewModel 类中添加 More 方法，放到 Last 方法后面。该方法使用 GetDataAsync 从当前记录块的末尾取回下 count 条记录。代码更新 ViewModel 对象的状态，确保导航按钮如常工作。

```
private async Task More()
{
    await this.GetDataAsync(this.offset + this.count, this.count);
    this.currentCustomer = this.customers.Count >
            offset ? offset : this.customers.Count - 1;
    this.OnPropertyChanged(nameof(Current));
    this.IsAtStart = (this.currentCustomer == 0);
    this.IsAtEnd = (this.customers.Count == 0 ||
            this.customers.Count - 1 == this.currentCustomer);
}
```

4. 在 ViewModel 构造器中初始化 MoreCustomers 命令来运行 More 方法。只有在存在一个有效的 HttpClient 对象可以检索数据时，才启用该命令。

```
public ViewModel()
{
    ...
    this.LastCustomer = new Command(this.Last, ...);
    this.MoreCustomers = new Command(async () => await this.More(),
        () => this.client is not null);
    ...
}
```

5. 与此类似，初始化 Reset 命令来丢弃 Customers 集合中现有的数据，并重新取回第一批客户。

```
public ViewModel()
{
    ...
    this.MoreCustomers = new Command(...);
    this.Reset = new Command(async () => {
        this.customers = null;
        await this.GetDataAsync(0, MainPage.BatchSize);
    }, () => this.client is not null);
```

```
   ...
}
```

6. 在设计视图中打开 MainPage.xaml 文件。在 TopAppBar 控件末尾添加
   AppBarSeparator 和两个 AppBarButton 控件。用户可单击按钮来获取下一批客户
   资料或将页面重置为初始状态。AppBarSeparator 的作用是显示分隔线，在视觉上
   对不同的应用栏按钮进行分组。

```xml
<Page.TopAppBar>
  <CommandBar>
    ...
    <AppBarButton x:Name="lastCustomer" .../>
    <AppBarSeparator/>
    <AppBarButton x:Name="more" Icon="More" Label="More"
      Command="{Binding Path=MoreCustomers}"/>
    <AppBarButton x:Name="reset" Icon="Rotate" Label="Reset"
      Command="{Binding Path=Reset}"/>
  </CommandBar>
</Page.TopAppBar>
```

7. 生成并以调试模式运行应用程序。

   顶部应用栏现在包含 More 和 Reset 这两个按钮。每次单击 More 之后，都将取回额
   外的 100 行数据。如单击 Reset，现有客户数据会被清空并重新取回最开始的 100
   行。注意，底部应用栏上的计数也会更新，指出当前总共取回了多少行(如下图所示)。

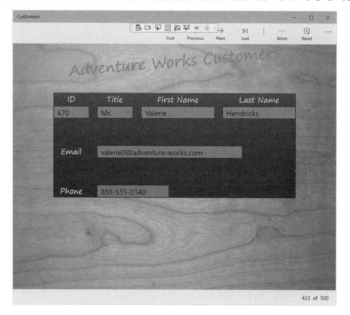

8. 返回 Visual Studio 并停止调试。

27.3 在 Customers 应用中查找数据

Customers 应用现在允许浏览客户记录,但有时也需要更准确地定位一个或一组特定的客户。许多应用都实现了按表格查询(Query By Forms,QBF)功能来满足这一需求。使用 QBF,你在页面上的字段中输入搜索条件,然后单击 Find 按钮来查找所有匹配的行。AdventureWorks Web 服务通过本章之前创建的 api/customers/find 端点支持 QBF。本节将研究如何在 Customers 应用中实现 QBF。

应用最开始启动时是浏览数据,我称其为"浏览"模式。但 QBF 要求将该应用切换为另一个模式;为方便讨论,我将其称为"查找"模式。在这种模式下,页面上的数据被清除,用户需输入各种搜索条件。例如,用户可在页面上的 **FirstName** 字段中输入 **O%**,代表想要查找以大写 O 开头的名字。随后,应用程序可调用 Web 服务的 api/customers/find 端点来检索符合条件的客户列表,并呈现给用户供浏览。

为支持这个查找功能,需添加属性来指示页面是处于浏览模式还是搜索模式。在浏览模式下,用户可以使用 Next,Previous,First,Last,More 和 Reset 这 6 个按钮来浏览客户集合。用户也可要求进入查找模式。在这种模式下,页面上的内容会被清空。然后,用户可以输入搜索条件,并单击 Find 按钮来实际搜索数据。随后,应用程序返回浏览模式,让用户检查返回的数据。下个练习将实现浏览模式和搜索模式,并添加允许用户查找数据的按钮。

> **在 ViewModel 中实现浏览和查找模式**

1. 在 Customers 项目中,在代码和文本编辑器中显示 ViewModel.cs 文件。

2. 在 **ViewModel** 类顶部添加以下加粗的 **Command** 命令。这些命令允许用户进入查找模式,运行查询并返回浏览模式,或直接取消查找模式。

```
public int CurrentCustomerIndex { get => currentCustomer + 1; }
public Command SearchCustomers { get; private set; }
public Command RunQuery { get; private set; }
public Command CancelSearch { get; private set; }
public Command NextCustomer { get; private set; }
```

3. 在 **More** 方法后添加如下所示的枚举和字段。枚举指定了 **ViewModel** 支持的模式,**EditMode** 字段用于标识当前模式。

```
private enum EditMode { Browsing, Searching };
private EditMode editMode;
```

4. 在 **EditMode** 字段后添加以下 **IsBrowsing** 和 **IsSearching** 属性。这些属性对 **ViewModel** 的模式进行 **get** 操作和 **set** 操作。

```
public bool IsBrowsing
{
```

```
      get => this.editMode == EditMode.Browsing;
      private set
      {
        if (value)
        {
          this.editMode = EditMode.Browsing;
        }
        this.OnPropertyChanged(nameof(IsBrowsing));
        this.OnPropertyChanged(nameof(IsSearching));
      }
    }

    public bool IsSearching
    {
      get => this.editMode == EditMode.Searching;
      private set
      {
        if (value)
        {
          this.editMode = EditMode.Searching;
        }
        this.OnPropertyChanged(nameof(IsBrowsing));
        this.OnPropertyChanged(nameof(IsSearching));
      }
    }
```

5. 在 IsSearching 属性后，添加如下所示的 **CanBrowse** 属性和 **CanSearch** 属性。它们检查 ViewModel 的模式以及 **Customers** 集合是否有效。

```
    private bool CanBrowse
    {
      get => this.IsBrowsing && this.client is not null;
    }

    private bool CanSearch
    {
      get => this.IsSearching;
    }
```

> **注意** 严格地说，CanSearch 属性是多余的，因其只是返回由 IsSearching 返回的值。但是，好的编程实践是保持 ViewModel 中的属性的"正交性"(相互不可替代，组合起来可实现其他功能)。这样设计还有利于明确意图，方便后期的后维护更容易。

6. 在 ViewModel 构造器中初始化 SearchCustomers 命令、RunQuery 命令和 CancelSearch 命令。稍后会创建相应的 Search 方法、View 方法和 Cancel 方法。注意，这些命令只有在 ViewModel 处于恰当的模式时才会启用。

```
public ViewModel()
{
    ...
    this.IsAtEnd = false;
    this.SearchCustomers = new Command(this.Search,
       () => this.CanBrowse);
    this.RunQuery = new Command(this.View,
       () => this.CanSearch);
    this.CancelSearch = new Command(this.Cancel,
       () => this.CanSearch);
    this.NextCustomer = new Command(this.Next,
       () => this.customers is not null && this.customwP.Count > 1 && !this.IsAtEnd);
    ...
}
```

7. 更 新 NextCustomer，PreviousCustomer，FirstCustomer，LastCustomer，MoreCustomers 和 Reset 这 6 个命令，使其仅在 ViewModel 处于浏览模式时才启用。

```
this.NextCustomer = new Command(this.Next,
   () => this.CanBrowse &&
   this.customers is not null && this.customers.Count > 1 && !this.IsAtEnd);
this.PreviousCustomer = new Command(this.Previous,
   () => this.CanBrowse &&
   this.customers is not null && this.customers.Count > 0 && !this.IsAtStart);
this.FirstCustomer = new Command(this.First,
   () => this.CanBrowse &&
   this.customers is not null && this.customers.Count > 0 && !this.IsAtStart);
this.LastCustomer = new Command(this.Last,
   () => this.CanBrowse &&
   this.customers is not null && this.customers.Count > 0 && !this.IsAtEnd);
this.MoreCustomers = new Command(async () => await this.More(),
   () => this.CanBrowse && this.client is not null);
this.Reset = new Command(async () => {
    this.customers = null;
    await this.GetDataAsync(0, MainPage.BatchSize);
}, () => this.CanBrowse && this.client is not null);
```

8. 创建 FindCustomersAsync 方法，将其添加到 ViewModel 类的构造器后面。

```
public async Task FindCustomersAsync(Customer pattern)
{
    try
    {
        this.IsBusy = true;
        var response = await this.client.GetAsync(
        $"api/customers/find?title={pattern.Title ?? "%"}" +
        $"&firstName={pattern.FirstName ?? "%"}&lastName={pattern.LastName ?? "%"}"
```

```
    + $"&email={pattern.EmailAddress ?? "%"}&phone={pattern.Phone ?? "%"}");
    if (response.IsSuccessStatusCode)
    {
        var customersJsonString = await response.Content.ReadAsStringAsync();
        customers =
          JsonSerializer.Deserialize<List<Customer>>(customersJsonString,
            options);
        this.First();
    }
    else
    {
        this.LastError = response.ReasonPhrase;
    }
}
catch (Exception e)
{
    this.LastError = e.Message;
}
finally
{
    this.OnPropertyChanged(nameof(CustomerListCount))
        this.IsBusy = false;
}
```

这个方法类似于之前实现的 GetDataAsync 方法。主要区别如下。

- 方法获取一个 Customer 对象作为参数。该对象将包含由用户提供的搜索条件。
- 代码调用 HttpClient 对象的 GetAsync 方法向 Web 服务的/api/customers/find 端点发送请求，具体参数从 Customer 对象获取。如任何字段为 null，就改为发送通配符%。

9. 在 FindCustomerAsync 方法后定义 Search 方法。

```
private void Search()
{
    Customer searchPattern = new Customer { CustomerID = 0 };
    this.customers.Insert(currentCustomer, searchPattern);
    this.IsSearching = true;
    this.OnPropertyChanged(nameof(Current));
}
```

该方法新建一个 Customer 对象，并使其成为 Customers 列表中的当前客户，然后将 ViewModel 设置为搜索模式。这个操作会使客户在页面上显示。随后，用户可输入客户的搜索条件。

10. 在 Search 方法后创建 View 方法。

```
private void View()
{
    _ = FindCustomersAsync(Current);
    this.IsBrowsing = true;
    this.LastError = String.Empty;
}
```

这些代码使用当前指定了搜索条件的 Customer 对象来调用 FindCustomersAsync 方法。然后，将 ViewModel 恢复为浏览模式，允许用户查看结果。

11. 在 View 方法后添加 Cancel 方法。

```
private void Cancel()
{
    this.customers.Remove(this.Current);
    this.OnPropertyChanged(nameof(Current));
    this.IsBrowsing = true;
    this.LastError = String.Empty;
}
```

该方法从 Customers 集合移除用于输入搜索条件的 Customer 对象，并 ViewModel 恢复为浏览模式。

12. 重新生成解决方案。确定不会报告任何错误或警告。

最后，我们需要更新 UI，并在应用栏上添加按钮在搜索和浏览模式间切换。

➢ 更新 UI

1. 在设计视图中打开 MainPage.xaml 文件，找到靠近页面末尾的 Page.TopAppBar 控件。

2. 在 CommandBar 控件开头添加三个 AppBarButton 控件和一个 AppBarSeparator。AppBarButton 控件连接到 ViewModel 对象中的相应 Command 对象。

```
<Page.TopAppBar>
  <CommandBar>
    <AppBarButton x:Name="searchCustomers" Icon="Find"
      Label="Search" Command="{Binding Path=SearchCustomers}" />
    <AppBarButton x:Name="runQuery" Icon="View"
      Label="View Results" Command="{Binding Path=RunQuery}"/>
    <AppBarButton x:Name="cancelSearch" Icon="Cancel"
      Label="Cancel Search" Command="{Binding Path=CancelSearch}"/>
    <AppBarSeparator/>
  ...
  </CommandBar>
</Page.TopAppBar>
```

3. 选择"调试"|"开始调试"。

4. 应用启动后，单击顶部应用栏中的 Search 按钮(有放大镜图标的那个)。注意，除 View Results 和 Cancel 之外的所有按钮都被禁用，如下图所示。

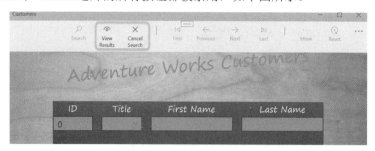

5. 在 First Name 字段中输入_o%来查找名字中第二个字符为小写字母 o 的所有客户。

6. 按 Tab 键跳到 Last Name 字段。单击应用栏中的 View Results 按钮。查询应返回 136 行。可用 Next 按钮、Previous 按钮、First 按钮和 Last 按钮来浏览结果。

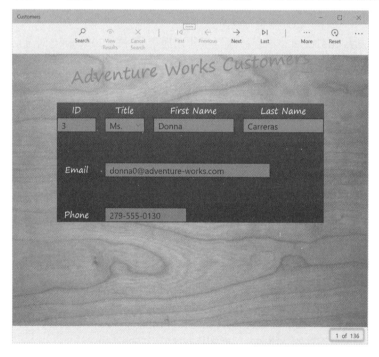

注意　单击 Search 之前，必须先按 Tab 键使焦点离开 First Name 字段，这一点很重要。如果你不离开该字段，就不会触发文本发生改变的事件，查询会返回所有记录(840 行)。当然，有一些办法可以解决这个问题。例如，可以每按一次键就触发 TextChanging 事件。但具体技术细节超出了本章的范围。

---

7. 再次单击 Search 按钮，这次在多个字段中指定搜索条件。单击 View Results 后，只有符合全部条件的记录才会返回。

8. 再次单击 Search 按钮，这次立即单击 Cancel。页面应恢复为浏览模式。

9. 完成试验后，关闭应用并返回 Visual Studio。

27.4 通过 REST Web 服务插入、更新和删除数据

除了查询和显示数据，许多应用还要求支持插入、更新和删除数据。ASP.NET Web API 实现了一个模型来支持这些操作，其中用到了 HTTP PUT、POST 和 DELETE 请求。按照约定，PUT 请求修改 Web 服务中现有的资源，POST 请求新建资源的实例，而 DELETE 请求删除资源。ASP.NET Web API 模板的"添加已搭建基架的新项"向导遵循这些约定。

REST Web 服务的幂等性

在 REST Web 服务中，PUT 请求应该是幂等(同前)的。也就是说，反复执行相同的更新，结果总是相同。在 AdventureWorksService 例子中，若是修改一个客户并将电话号码设为 "888-888-8888"，那么，不管执行这个操作多少次都没有关系，因为结果一致。这听起来似乎理所当然，但在设计 REST Web 服务时一定要谨记这一点，确保在发生并发请求或者网络故障时 Web 服务的健壮性。如客户端应用失去与 Web 服务的连接，它会尝试重新连接并再次执行相同的请求，而不必关心之前的请求是否成功。所以，应该将 REST Web 服务看成是一种数据存储和检索方式，而不是一组跟业务相关的操作。

例如，假定要开发一个银行系统，开发者提供了一个 CreditAccount 方法在客户帐户余额上增加金额，并作为 PUT 操作来公开该方法。由于每次调用这个操作都会造成帐户余额增加，所以有必要跟踪该操作是否成功。应用程序不能以为之前的一次调用失败或超时就反复调用该操作，否则可能造成在同一个帐户上反复增加金额。

要想进一步了解如何在云端应用程序中管理数据一致性，请参考"Data Consistency Primer"(https://msdn.microsoft.com/library/dn589800.aspx)。

许多现代应用程序都不提供删除特定类型的数据的功能。例如，在 Customers 应用中，你可能想保留所有和 Adventure Works 有过业务往来的客户，这可能是审计的要求。另外，即使客户长时间不活动，但将来也可能重新跟你合作，所以不能删除。事实上，商业软件普遍采取永不删除数据的做法，只是执行一下更新操作，将数据标记为"移除"来防止显示。这主要是为了保留完整数据记录，一般是出于监管要求。

遗憾的是，因时间和篇幅有限，不允许我们详细讨论如何在 Customers 应用中实现搜索和编辑功能。简单地说，你需要在 ViewModel 中实现额外的模式(添加和编辑)，并创建命令来调用 Web 服务中相关的方法。不过，本书示例代码提供了一个完整的、可工作的应用，它

实现了创建和更新客户的功能。具体细节请参考自己"文档"文件夹中的\Microsoft Press\VCSBS\Chapter 27\Web Service\Customers with Insert and Update Features 子文件夹，需要修改你的 Azure 云的 **ServerUrl**。

小结

本章讲解了如何用"实体框架"创建实体模型以便连接 SQL Server 数据库。数据库可在本地或云端运行。讲解了如何创建 REST Web 服务，以便 UWP 应用通过实体模型查询和更新数据库中的数据。还讲解了如何在 ViewModel 中集成调用 Web 服务的代码。

本书所有练习至此全部结束。你现在已全面熟悉了 C#语言，并理解了如何使用 Visual Studio 2022 构建专业的 Windows 10/11 应用。但事情还没完。虽已成功迈出第一步，但顶尖的 C#程序员是需要经验积累的。只有通过自己写 C#程序才能积累起这些宝贵的经验。只有通过实践，才能找到本书限于篇幅未讲到的使用 C#语言的各种新方式以及 Visual Studio 2022 的其他许多功能。

另外要记住，C#是一个仍在不断发展的语言。

- 2001 年，当我写本书第一版时，C#提供的语法和语义还比较基本。当时开发的是基于.NET Framework 1.0 的应用程序。

- 2003 年，Visual Studio 和.NET Framework 1.1 获得了一些增强。

- 2005 年，C# 2.0 问世，开始提供对泛型和.NET Framework 2.0 的支持。

- C# 3.0 问世时，更是增添了丰富的特性，例如匿名类型、Lambda 表达式以及最重要的 LINQ 等等。

- C# 4.0 进一步扩展了语言，支持具名参数、可选参数、协变和逆变接口以及与动态语言的集成。

- C# 5.0 通过 **async** 和关键字和 **await** 操作符提供了对异步处理的完全支持。

- C# 6.0 对语言进行了众多调整，比如表达式主体方法、字符串插值、**nameof** 操作符、异常过滤器等等。

- C# 7 和 C#8 则引入了更多特性，包括元组、方法中的局部函数(嵌套方法)，属性和其他地方也能使用表达式主体成员，**switch** 语句中的模式匹配，以新方式处理和抛出异常，用新的常量表达式来定义数值字面值，还规范了 **out** 变量的定义和使用方式。

- 最新版本 C# 9 和 C# 10 则添加了更多语法糖，它们使你的代码更简洁，可读性更好，还新增了 **record** 类型。

和 C#语言一起进步的还有 Windows 操作系统。其中，Windows 8 的变化最为激进。现在，开发者又要迎接新的、令人激动的挑战，为 Windows 10/11 所规划的现代的、以触控为中心的移动平台开发应用。除此之外，现代商业应用将组织的边界扩展到云端，要求你实现伸缩性好的解决方案，能游刃有余地支持从几千名到数百万名并发用户。联合了 Azure 和 C# 的 Visual Studio 2022 是你迎接新挑战的忠实助手。

第 27 章快速参考

目标	操作
使用实体框架创建实体模型	在项目中添加新类，将数据库表中的每一列定义成属性。用 Table 特性来批注这个类，用 Key 特性来指定作为主键的列。创建 DbContext 类以便应用用它连接模型和数据库
创建 REST Web 服务，通过实体模型提供对数据库的远程访问	使用 ASP.NET Core Web API 模板创建 Azure API 应用。运行"添加已搭建基架的新项"向导，选择"其操作使用 Entity Framework 的 API 控制器"模板。指定来自实体框架的实体类作为模型类，指定实体模型的数据上下文类作为数据上下文类
将 REST Web 服务作为 Azure API 应用部署到云端	在 Visual Studio 中连接你的 Azure 订阅。用发布向导将你的 Web 服务作为 Azure App 服务来发布。选择好和自己的估算流量对应的服务"计划"

在 UWP 应用中使用作为 Azure API 应用发布的 REST Web 服务	在 UWP 应用中创建一个 HttpClient 对象。将 HttpClient 对象连接到 Web 服务的 URL。示例如下：
	
	`const string ServerUrl =`
	`   "https://yourwebservice.azurewebsites.net/";`
	`HttpClient client = null;`
	`client = new HttpClient();`
	`client.BaseAddress = new Uri(ServerUrl);`

在 UWP 应用中从 REST Web 服务获取数据	调用与 REST Web 服务相连接的 HttpClient 对象的 GET 方法。示例如下：
	
	`var serializedData = await client.GetAsync($"api/customers/5");`
	
	数据作为 JSON 字符串返回，可以将其反序列化为对象：
	
	`var customer =`
	`   JsonSerializer.Deserialize<Customer>(serializedData);`

目标	操作

从 UWP 应用向 REST Web 服务添加新数据项	调用和 REST Web 服务连接的 **HttpClient** 对象的 POST 方法。将数据作为 JSON 字符串来序列化，传递该字符串和相应的 URI。示例如下：
	
	```csharp```
	`var serializedData = JsonSerializer.Serialize(myData);`
	`StringContent content = new`
	`    StringContent(serializedData, Encoding.UTF8, "text/json");`
	`var response = await client.PostAsync("api/customers", content);`
	`if (response.IsSuccessStatusCode)`
	`{`
	`    // POST 操作成功`
	`}`
	`else`
	`{`
	`    // 处理错误`
	`}`

从 UWP 应用更新 REST Web 服务中现有的数据项	调用和 REST Web 服务连接的 **HttpClient** 对象的 PUT 方法。将键和数据作为参数传递。示例如下：
	
	`var serializedData = JsonSerializer.Serialize(myData);`
	`string path = $"api/customers/{key}";`
	`var response = await client.PutAsync(path, serializedData);`

译后记

C#(读作"C sharp")作为一种编程语言，宗旨是创建在.NET 上运行的各种应用程序。C#简单、功能强大、类型安全，而且完全面向对象。凭借着来自多个方面的创新，C#语言在保持 C 语言风格的表现力和雅致特征的同时，实现了应用程序的快速开发。

Visual C#是微软对 C#语言的实现。而 Visual Studio 作为微软的"交互开发环境"(IDE)产品，通过功能齐全的代码编辑器、编译器、项目模板、设计器、代码向导、强大且易用的调试器以及其他工具，实现了对 Visual C#的支持。通过.NET 类库，可访问许多操作系统服务以及其他许多有用的、精心设计的类，从而显著加快开发过程。

本书是为 Visual C#开发人员量身定制的"快速上手"指南。和市面上简单罗列各种语法元素的书籍不同，本书使用了大量生动、实际的例子，逐步骤指引你用 Visual Studio 进行 C#编程历练。

随着历练的深入，你将熟悉 C#语言的各种概念，并很快掌握编写各种实际 C#程序的技巧。这些程序从简单的控制台应用程序，一直到更高级的 UWP(通用 Windows 平台)应用。学习过程清晰而直接。依托本书前几版成功的经验，这一版针对 Windows 10/11 平台上用 Visual Studio 2022 和 C#进行开发进行了修订和增补。如果是 C#的新手，可选择从头读到尾，整个阅读过程应该是流畅、没有阻碍的。如果是有经验的 C#开发者，可以针对性地阅读自己感兴趣的主题，比如感觉比较薄弱的环节以及和 C#新特性有关的章节。具体参见本书前言的"导读"一节。

任何书都难免有瑕疵。翻译一本书的过程其实和写程序差不多。无论在这个过程中感觉有多"完美"，最后总能找出这样或那样的错误或者并不完美的地方。因此，一本没有勘误、没有后期维护的书不能算是真正的好书。根据传统，本书在付印之后，我的博客会开辟它的专栏，提供相关资源(比如源代码、练习文件和勘误)，详情请访问 https://bookzhou.com。本书需要重印的时候，我也会提醒出版社将已确定的勘误反映到新的印次中。

阅读本书的同时，推荐关注我翻译的《CLR via C#》(第 4 版)。这本书从更底层的角度讲解了 C#以及它面向的"公共语言运行时"(CLR)，帮助你深入体验该语言的精妙之处，并牢牢掌握这门语言，加深和巩固你在本书中学到的知识。

简单地说，像《Visual C#从入门到精通》这样的书侧重于特定的应用程序，帮助你"自上而下"学习；而《CLR via C#》这样的书侧重于运行环境，帮助你"自下而上"学习。

下面列出本书使用的术语，主要以 MSDN 文档(以后简称"文档")为准，如有区别，会另行指出。

术语	说明
antecedent task 和 continuation task	前置任务和延续任务
block	阻塞(停下来等着)
callback	回调(回调方法简称为"回调")
calling thread	调用线程(发出调用的线程，也称主调线程)
capture	捕捉(文档中主要用"捕捉"，偶尔用"捕获")
cast	转型("强制类型转换"的简称)
dispose	文档翻译成"释放"。但"dispose 一个对象"真正的意思是：清理或处置对象中包装的资源(比如它的字段引用的对象)，然后等着在一次垃圾回收之后回收该对象占用的托管堆内存(此时才释放)。为避免误解，本书将 dispose 翻译成"清理"，但偶尔也会保留原文
get accessor method	get 访问器方法(取值函数或 getter)
guideline	设计规范
handler	处理程序(文档如此，个人不喜欢"程序"二字，宁愿翻译成处理器或者处理方法)
helper method	辅助方法
invoke 和 call	都翻译成"调用"，但两者是有区别的。执行一个所有信息都已知的方法时，用 call 比较恰当。但在需要先"唤出"某个东西来帮你调用一个信息不明的方法时，用 invoke 就比较恰当。阅读关于委托的章节时，可以更好地体会两者的区别
literal	直接在代码中书写的值就是 literal 值，比如字符串值和数值("Hello"和 123)。翻译成什么的都有，包括直接量、字面值、文字常量、常值(台湾地区的翻译)等。但实际最容易理解的还是英文原文。本书采用"字面值"
operand	操作数(要操作/运算的目标)
operator	操作符(而不是文档中的"运算符")
overload 和 override	重载和重写。区别在于，A overload B 后，A 和 B 会共存，而 A override B 后，A 会代替 B。另外注意 override 和 new 的区别。override 后，基类的方法被覆盖了(重写了)，此时使用父类引用，看到的还是重写后的方法。而在 new 后，基类的方法在子类那里被隐藏了，基类引用看到的是基类的方法，子类引用看到的是子类的方法

术语	说明
primitive types	基元类型(文档如此，不是"基本类型"。可以在代码中使用的最基础的、语言原生支持的构造就是"基元"，其他构造都是它们复合而成的)
provider	提供程序(文档如此，个人不喜欢"程序"这两个字)
raise an event	引发事件
set accessor method	set 访问器方法(赋值函数或 setter)
synchronous 和 asynchronous	同步和异步(同步意味着一个操作开始后必须等待它完成；异步则意味着不用等它完成，可以立即返回做其他事情。不要将"同步"理解成"同时")
throw an exception	抛出异常(而不是文档中的"引发异常")